Ulrich Nortmann

Modale Syllogismen, mögliche Welten, Essentialismus

Perspektiven der Analytischen Philosophie
Perspectives in Analytical Philosophy

Herausgegeben von
Georg Meggle und Julian Nida-Rümelin

Band 9

Walter de Gruyter · Berlin · New York

1996

Ulrich Nortmann

Modale Syllogismen, mögliche Welten, Essentialismus

Eine Analyse der aristotelischen Modallogik

W DE G

Walter de Gruyter · Berlin · New York

1996

Gedruckt mit Unterstützung des Förderungs- und Beihilfefonds
Wissenschaft der VG Wort

∞ Gedruckt auf säurefreiem Papier,
das die US-ANSI-Norm über Haltbarkeit erfüllt.

Die Deutsche Bibliothek – CIP-Einheitsaufnahme

Nortmann, Ulrich:
Modale Syllogismen, mögliche Welten, Essentialismus : eine Analyse der aristotelischen Modallogik / Ulrich Nortmann. – Berlin ; New York : de Gruyter, 1996
(Perspektiven der Analytischen Philosophie ; Bd. 9)
Zugl.: Bonn, Univ., Habil.-Schr., 1993
ISBN 3-11-014660-6
NE: GT

Printed in Germany
Datenkonvertierung und Druck: Arthur Collignon GmbH, Berlin
Buchbinderische Verarbeitung: Lüderitz & Bauer, Berlin
Einbandentwurf: Rudolf Hübler, Berlin

Vorwort

Bei der Beschäftigung mit der aristotelischen Modallogik und, am Ende, beim Niederschreiben meiner Ansichten zu diesem Thema habe ich neben anderen Textausgaben und Kommentaren gelegentlich die kommentierte und mit einer lateinischen Übersetzung versehene Organon-Ausgabe des Julius Pacius zu Rate gezogen. In diesem Fall konnte ich mit der Arbeit das bibliophile Vergnügen verbinden, ein Exemplar der Auflage aus dem Jahre 1598 (Frankfurt/M., A. Wechels Erben) in die Hände zu nehmen. Dabei wurde jedesmal meine Neugier geweckt durch einige von offensichtlich alter Hand auf einem der ersten Blätter notierte Zeilen, deren Inhalt mir zunächst einigermaßen unklar blieb. Nach vielen Anläufen zur Entzifferung (und nach freundlicher Beratung durch in paläographischen Dingen versierte Kollegen) bin ich nun ziemlich sicher, daß es sich bei den Zeilen um eine Widmung handelt, deren Adressat als ein für seine Schärfe zu fürchtender Satiriker hingestellt wird; vor seinem Spott sei unter den menschlichen Angelegenheiten weniges sicher, im Hinblick jedoch auf die von Aristoteles mit dem Organon erbrachte Leistung sage er:

> quo opere omnia mortalium ingenia (divina autem de rebus divinis semper excipio) longe superavit,
>
> also:
>
> mit diesem Werk hat er alle Verstandesleistungen der Sterblichen (über an göttlichen Angelegenheiten sich zeigende göttliche Fähigkeiten spreche ich nicht) weit übertroffen.

Das ist mit einer Emphase geurteilt, die (glücklicherweise) aus der Mode gekommen ist. Doch Bestand hat die Tendenz des Urteils, soweit es das Außergewöhnliche an der Leistung des Autors der Organon-Schriften hervorhebt. Freilich mußte man bisher wenigstens eine Einschränkung machen.

Ein Teil der *Analytica priora* nämlich – ich meine hier die den modalen Syllogismen gewidmeten Kapitel dieser Organon-Schrift – erweckte bei den Interpreten (sofern sie den überlieferten Text überhaupt für authentisch ansahen) den Eindruck, es sei das in diesen Passagen von Aristoteles in Angriff genommene Vorhaben ihm dann doch über den Kopf gewachsen und ihm letztlich gründlich mißlungen. Als exemplarisch kann eine Äußerung gelten, mit der B. Mates im logikgeschichtlichen Schlußkapitel seiner vielbenutzten Einführung in die Prädikatenlogik die modale Syllogistik übergeht:

> „Platzmangel hindert uns an einer Würdigung des aristotelischen Beitrags zur modalen Logik, d. h. zur Theorie der modalen Operatoren ‚notwendig'

> und ‚möglich'. Er hatte zu diesem Thema viel zu sagen, doch das meiste davon scheint verstümmelt und durcheinandergebracht zu sein. Unglücklicherweise bleibt der Leser immer darüber im Unklaren, welcher Teil der Schwierigkeiten durch die Natur der Sache bedingt ist, welcher Teil durch die Konfusion des Aristoteles, welcher durch die Verfälschung des Textes und welcher durch das Brett vor dem eigenen Kopf" (S. 266 der deutschen Ausgabe „Elementare Logik – Prädikatenlogik der ersten Stufe", Göttingen 1969).

Zwar ist diese so erfrischend unakademisch vorgetragene Einschätzung mittlerweile mehr als zwei Jahrzehnte alt, doch hat sich in diesen Jahren nichts getan, was das Bild grundlegend hätte ändern können.

1985 gaben mir Gespräche mit Gisela Striker (die damals in Göttingen an den Vorarbeiten für eine kommentierte neue Übersetzung der Ersten Analytiken saß) den Anstoß, mich näher mit jenen modallogischen Kapiteln zu beschäftigen. Dabei kam ich auf einige Interpretationsideen, die mir die Chance zu bieten schienen, aus der Perspektive gegenwärtiger Modallogik eine Revision des ungünstigen Urteils über die modale Syllogistik in Gang zu bringen.

In den darauffolgenden Jahren habe ich die Ausarbeitung dieser Ideen betrieben, um schließlich 1990/91 meine Ergebnisse zu einer Gesamtdarstellung zusammenzufassen (die im Sommersemester 1993 von der Philosophischen Fakultät der Universität Bonn als Habilitationsschrift angenommen wurde). Der Text des vorliegenden Buchs unterscheidet sich nur wenig von dem der Habilitationsschrift. Änderungen erfolgten hauptsächlich mit dem Ziel, Lesern den Zugang zu der nicht einfachen Materie zu erleichtern.

Das Hauptproblem dürfte darin bestehen, daß in diesem Fall die ideale Leserin und der ideale Leser Kenntnisse in der griechischen Philologie mit etwas weiter reichenden Logikkenntnissen verbinden würden. Andererseits möchte ich mehr Interessenten erreichen als nur die mit einer nicht sehr häufig gegebenen idealen Kombination von Voraussetzungen. Ich habe mich daher bemüht, das Material so darzustellen, daß auch Leser ohne Griechischkenntnisse dem Gedankengang folgen und möglichst auch die spezielleren philologischen Problemstellungen und Diskussionen nachvollziehen können. Das mindeste, was ich zu tun hatte, war natürlich, den im laufenden Text immer wieder vorkommenden griechischen Formulierungen hinreichend oft in Parenthese deutschsprachige Entsprechungen beizugeben. Darunter wird die Lesbarkeit des Textes für Leser mit Griechischkenntnissen leiden, doch mußte in diesem Punkt ein Kompromiß gemacht werden.

Hauptsächlich einer Anregung Julian Nida-Rümelins ist es zu verdanken, daß die Einleitung jetzt, wie ich glaube, auch solchen Lesern eine Einstiegsmöglichkeit eröffnet, die mit dem Thema „Logik" erst wenig Berührung hatten. Im übrigen habe ich mit dem Auge auf Interessenten, deren Interessenschwerpunkt mehr auf der philologischen als auf der logischen Seite liegt, im Hauptteil der Arbeit eine Reihe von Beweisen ausgeführt, die für den Logiker Routine sind und für ihn nicht hätten gebracht werden müssen.

Leserinnen und Lesern, die adäquate Vorkenntnisse bereits mitbringen und sich zunächst einen raschen Eindruck verschaffen wollen, ohne gleich alle Aspekte der Untersuchung zur Kenntnis zu nehmen, ist folgende Vorgehensweise zu empfehlen. Man beginne mit einer kursorischen Lektüre der Einleitung und gehe anschließend zur Liste LSF (S. 115) über. Auf die in dieser Liste notierten Kandidaten für Repräsentanten aristotelischer Modalaussagen lasse man sich zunächst ein, ohne nach Befunden zu fragen, wie sie in den Abschnitten 1.–8. von Kapitel II. zur Rechtfertigung der Wahl gerade solcher Repräsentanten angeführt werden. Anhand etwa der Abschnitte 2.3. und 2.4. von Kapitel III. sowie des Schlußkapitels VI. verfolge man dann, wie mit den Repräsentanten gearbeitet werden kann und welche Konsequenzen für einige vieldiskutierte Fragen sich gewinnen lassen.

In einem der Jahre zwischen 1985 und 1991 bin ich mit den modalen Syllogismen besonders gut vorangekommen, nämlich in der Zeit von Herbst 1986 bis Herbst 1987. Während dieser zwölf Monate konnte ich mich, mit einem Forschungsstipendium der DFG versehen, ganz auf Aristoteles konzentrieren. Ich bin der Deutschen Forschungsgemeinschaft außerordentlich dankbar für diese ihre Förderung meines Projekts – und Günther Patzig dafür, daß er den Projektantrag mit seiner Stellungnahme unterstützt hat.

Gisela Striker habe ich nicht nur dafür zu danken, daß sie seinerzeit sozusagen den Kontakt zwischen mir und dem Thema hergestellt hat. Ich habe auch zu erwähnen, daß sie mir erste Versionen ihres Kommentars, soweit diese sich auf die modalsyllogistischen Kapitel der Analytiken bezogen, großzügig überließ. Die Benutzung dieses Materials hat mir die Arbeit nicht unwesentlich erleichtert. Ich bin dadurch beispielsweise auf einige interessante Passagen bei antiken Kommentatoren aufmerksam geworden, die mir sonst womöglich entgangen oder nur bei einem sehr systematischen Studium der betreffenden Kommentare in den Blick gekommen wären. Wo ich im Hauptteil meiner Arbeit auf bestimmte Überlegungen Gisela Strikers verweise, ohne Stellen anzugeben, beziehe ich mich auf das genannte, noch nicht veröffentlichte Material.

Rainer Stuhlmann-Laeisz und Hermann Weidemann haben zu einer ersten Fassung meines Textes zahlreiche wertvolle Verbesserungsvorschläge gemacht. Beim Korrekturlesen standen mir Ulf Schäfer und, in der Endphase,

Heinz Neitzel zur Seite. Letzterer hat vor allem einen abschließenden Blick auf das Griechische geworfen und im übrigen durch anhaltendes Interesse an meiner Arbeit zur Ermutigung beigetragen. Ihnen allen bin ich für ihre Hilfe zu Dank verpflichtet – ebenso wie den Herausgebern der Reihe, die es möglich machen, das Resultat der Anstrengungen ans Licht der Öffentlichkeit zu bringen.

Bonn, im März 1996 Ulrich Ernst Nortmann

Inhalt

I. Einleitung: die Problemlage; Methodisches; Voraussetzungen

Die gewöhnlich mit dem lateinischen Namen „Analytica priora" bezeichnete Schrift ist diejenige unter den Organon-Schriften des Aristoteles, welche die Logik im engeren Sinn zum Thema hat. In den Kapiteln 3 und 8 bis 22 des ersten Buchs dieser Abhandlung trägt Aristoteles modallogische Überlegungen vor, die zusammengenommen das ausmachen, was wir die modale Syllogistik nennen.

Bei der modalen Syllogistik handelt es sich um einen (unabgeschlossenen) Teil eines Systems der modalen Prädikatenlogik. Es ist hier nicht der Ort, dasjenige Stück Logik im Detail auszubreiten, welches man heute als die Prädikatenlogik (der ersten Stufe) bezeichnet. Ich will mich auf zwei Feststellungen und auf einige Erläuterungen zu diesen Feststellungen beschränken. Darüber hinausgehende Informationen können aus einer Fülle teils elementarer, teils anspruchsvollerer Lehrbücher gezogen werden[1]. Ich verweise ferner auf meine Bemerkungen zum System PL + T gegen Ende dieser Einleitung.

Erstens, die Prädikatenlogik erlaubt es – nämlich dann, wenn das mit ihr gegebene formallogische Instrumentarium auf Sätze der natürlichen Sprache angewandt werden soll –, ganz bestimmte Gemeinsamkeiten von Sätzen kenntlich zu machen und gegebenenfalls in ihrer logischen Relevanz zum Tragen kommen zu lassen. Ich meine beispielsweise das Gemeinsame der beiden folgenden Sätze.

(*1*) Platon war ein Philosoph, aber kein Mathematiker;
(*2*) nicht alle Philosophen sind auch Mathematiker (gewesen).

Den Sätzen (*1*) und (*2*) ist u. a. gemeinsam, daß in beiden der Begriffsausdruck (das Prädikat) „... ist ein Philosoph" vorkommt. Eben deshalb, weil das prädikatenlogische Instrumentarium derartigen Gemeinsamkeiten auf der Ebene der *Prädikate* Rechnung zu tragen vermag, spricht man mit Bezug auf dieses Instrumentarium von Prädikaten-Logik und grenzt es damit gegenüber einem aussagenlogischen Instrumentarium ab. Im Fall der Sätze (*1*) und (*2*) sind offenbar die Gemeinsamkeiten auf der Ebene der vorkommenden Begriffsausdrücke auch logisch relevant. (*2*) folgt aus (*1*) – gemessen zunächst an einer logischen Intuition, welche alle Sprecher teilen dürften, die beide

[1] Für die erste Kategorie von Lehrbüchern nenne ich, zusätzlich zu dem im Vorwort erwähnten Titel von Mates, von Kutschera/Breitkopf (1985); sehr viel weiter geht Mendelson (1987).

Sätze verstehen, gemessen dann aber auch an dem logischen Apparat der Prädikatenlogik (der jene Intuition schließlich ein Stück weit explizieren soll); und die genannte Tatsache hat ihren Grund offenbar darin, daß *(2)* eine gewisse Aussage über ein Verhältnis zweier solcher Begriffe trifft, über die auch *(1)* eine Information enthält (nämlich die Information, daß das Individuum Platon unter den einen der beiden Begriffe fällt, unter den anderen dagegen nicht). Das Instrumentarium der Aussagenlogik wäre demgegenüber nur zur Darstellung solcher Gemeinsamkeiten gegebener natürlichsprachlicher Sätze geeignet, welche im Vorkommen einer und derselben Teil-*Aussage* in mehreren dieser Sätze bestehen.

Soviel zur Klärung des Wortes „Prädikatenlogik". Die zweite Feststellung zur Sache lautet: die Prädikatenlogik entfaltet die logischen Eigenschaften generalisierender Ausdrücke (oder der „Quantoren") von der Art von „alle" (vorkommend etwa in Satz *(2)*) und „es gibt". Ein Vorkommnis des zweiten dieser Ausdrücke hätte man in dem folgenden, mit *(2)* im wesentlichen inhaltsgleichen Satz

(2') Es gibt / gab Philosophen, die nicht zugleich auch Mathematiker sind / waren,

oder auch in

(2") Es gibt ein Individuum, das ein Philosoph ist und nicht ein Mathematiker ist.

(2') folgt ebenso wie *(2)* aus *(1)*. Der dieser Implikationsbeziehung zugrunde liegende allgemeine Sachverhalt besteht darin, daß von jeder Aussage des Inhalts, ein bestimmtes Individuum habe eine Eigenschaft (z. B. die, ein Philosoph und nicht ein Mathematiker zu sein), übergegangen werden darf zu der Aussage, es gebe ein Individuum mit der betreffenden Eigenschaft. Mit der letzteren, allgemeinen Formulierung ist ein Beispiel für ein recht triviales, aber doch grundlegendes prädikatenlogisches Gesetz gegeben, das eine Eigenschaft von „es gibt" ausdrückt. In der symbolischen Notation, deren man sich üblicherweise bedient, würde dieses Gesetz etwa die Form

$$A(b) \supset \exists x A(x)$$

annehmen (lies: „wenn b die Eigenschaft A hat, dann gibt es ein Individuum – sagen wir: x – von der Art, daß es – nämlich x – die Eigenschaft A hat"). Ich setze im folgenden Bekanntschaft mit der hier angesprochenen Notation voraus, als Hilfe ist die Liste häufig benutzter logischer Symbole mit ihren natürlichsprachlichen Entsprechungen am Schluß des Buches gedacht. Ansonsten wird in Notationsangelegenheiten sowie für weitere Details einer Logik der Quantoren auf die erwähnten Lehrbücher verwiesen.

Was ist nun *modale* Prädikatenlogik? Unter modalen Ausdrücken versteht man satzbildende Operatoren wie „es ist notwendig, daß ...“ oder „es ist möglich, daß ...“ sowie deren adverbiale Gegenstücke „notwendigerweise“, „möglicherweise“. Natürlich gibt es eine Fülle von stilistischen Varianten. Anstelle einer etwas spröden Formulierung wie „es war notwendig, daß dieser Film ein Erfolg wurde“ würde man beispielsweise eher äußern „dieser Film mußte ja ein Erfolg werden“. Ein Zusammenhang zwischen modalen Satzoperatoren und ihnen entsprechenden Adverbien ist leicht herzustellen. Ein Satz vom Typ „es ist (sagen wir: naturgesetzlich) notwendig, daß p“ etwa könnte reformuliert werden als „daß p, ist notwendigerweise (aufgrund der und der akzeptierten Naturgesetze) wahr“. Mit dem Übergang zu einem Satz der letzteren Art wäre, so könnte man sagen, eine entsprechende einfachere Prädikation „... ist wahr“ spezifiziert worden zu „... ist notwendigerweise wahr“. In der Tat hat die Rede von „Modal“-Ausdrücken ihre Wurzel in dem Gedanken, daß solche Ausdrücke geeignet sind, Prädikationen mit einer *Modifikation* zu versehen. P. Abaelard erklärt an der Stelle seiner „Dialektik“, an der er den Übergang zum Abschnitt „De modalibus“ vollzieht, daß die modalen Aussagen ihre Benennung „ex modificata predicatione“ bezögen (de Rijk (1970), S. 190).

Zweifellos spielt modales Räsonieren in lebenspraktischen Zusammenhängen eine gewichtige Rolle. Wir haben beispielsweise nur zu oft Anlaß, die Frage zu stellen, ob ein gegebenes Unglück q unter den Umständen $p_1, \ldots, p_n$ doch noch hätte vermieden werden können. Das heißt, wir stellen die Frage nach der Möglichkeit von $p_1 \wedge \ldots \wedge p_n \wedge \neg q$. Wir fragen, mit abermals anderen Worten, danach, ob der Eintritt von q unter den in den Blick genommenen Umständen – im Verein mit gewissen Gesetzen der Physik und der Biologie beispielsweise – bereits zwangsläufig war, ob also der Satz „es ist / war notwendig, daß $(p_1 \wedge \ldots \wedge p_n) \supset q$“ wahr ist.

Vorhin diente mir ein Beispiel zur Illustration dessen, was unter logischen Eigenschaften generalisierender Ausdrücke zu verstehen ist. Logisch relevante Bedeutungs-Eigenschaften haben auch modale Ausdrücke, und eine Aufgabe der Modallogik besteht darin, diese Eigenschaften herauszuarbeiten. In philosophischer Hinsicht liegt hier deshalb eine Aufgabe von Belang, weil modales Räsonieren nicht nur in lebenspraktischen Zusammenhängen, bei der Diskussion um Verantwortlichkeiten etwa, sondern auch in philosophischen Argumentationszusammenhängen seine Bedeutung hat und von Fall zu Fall auf seine Gültigkeit hin analysiert werden muß. Die Beispiele für solche Argumente sind zahlreich. Ich will einmal exemplarisch zwei Fälle nennen.

Erstens, man hat in Philosophie und Theologie viel Mühe darauf verwendet, die Existenz eines ens realissimum zu beweisen. Ein Typus von Argumenten nimmt von der durchaus nicht unplausiblen Prämisse seinen Ausgang, daß es notwendig sei, daß, *wenn* ein vollkommenes Wesen existiert (= p), es notwendig existiert (= notwendig p). (Die Möglichkeit der Nichtexistenz wäre bereits ein Mangel.) Man wird in Ansehung der Form dieser Prämisse nicht erwarten, daß die einschlägigen Argumente auf eine Weise vonstatten gehen, die nicht geradezu danach verlangte, mittels modallogischer Analyseinstrumente aufgehellt zu werden. Tatsächlich hat man hier zu interessanten Ergebnissen gelangen können. Einen Einblick in die Details vermittelt der Beitrag „Modale Versionen des ontologischen Arguments für die Existenz Gottes" von W. Löffler in Meggle/Wessels (1994).

Zweitens sei an die Leib-Seele-Thematik und an S. Kripkes Kritik der Identitätstheorien erinnert[2]. In diesem Diskussionszusammenhang geht es u. a. um die Frage, ob es möglich ist (und wenn ja, in welchem genauen Sinne), daß sich das Gehirn eines Menschen in einem bestimmten physikalisch vollständig beschreibbaren Zustand z_1 befindet, ohne daß der Betreffende sich zugleich in dem „mentalen" Zustand z_2 des Verspürens von Schmerzen befindet, oder ob das Umgekehrte möglich ist. (z_1 soll dabei diejenige Sorte von Zustand sein, von dem die Identitätstheoretiker, dem jeweiligen Stand der Neurobiologie entsprechend, annehmen, er sei identisch mit z_2.) Ebensowenig wie im ersten Fall können wir die Argumentation um diese Fragen hier nachzeichnen. Ich will nur ein Detail hervorheben, weil es uns die Brücke zum sogenannten Essentialismus zu schlagen ermöglicht.

Ein Defensivargument der Identitätstheoretiker gegen jeden, der auf der Möglichkeit des Auftretens von z_1 ohne z_2 (oder umgekehrt) insistiert, besteht – so Kripke – darin zu sagen: ebenso wie z_1 mit z_2 identisch ist, ist auch Wärme identisch mit Molekularbewegung; an dieser Identität darf man nicht irre werden aus dem Grund, daß es Wesen geben könnte, deren sensorischer Apparat anders organisiert ist als der von Menschen, Wesen nämlich, die z. B. keine Hitzeempfindungen hätten, obwohl Hitze (und ipso facto Molekularbewegung) vorliegt; ein ähnlicher Grund führe zu dem falschen Anschein, z_1 sei ohne z_2 möglich. So geht es nicht, meint Kripke. Es könnte zwar Hitze geben, die nicht als Hitze empfunden wird. Aber jeder Schmerz muß auch als Schmerz empfunden werden, sonst ist er nicht das Phänomen, das er ist. Man kann auch sagen: Kripke zufolge ist es eine wesentliche (oder eine essentielle und in diesem Sinn notwendige) Eigenschaft von Schmerzen, die an irgendwelchen empfindenden Wesen vorkommen, durch diese jeweiligen Wesen als Schmerzen empfunden zu werden.

Die Unterscheidung essentieller von nicht-essentiellen Eigenschaften kann man natürlich auch anhand von Beispielen erklären, die nicht im Zusammen-

[2] Der einschlägige Text ist Kripke (1980), darin vor allem der Schluß von „Lecture III".

hang intrikater philosophischer Argumentationen auftreten. Ich habe an einem bestimmten Tag meines Lebens am Schreibtisch gesessen. Ich – als derselbe – hätte stattdessen auch einkaufen gehen können. Es ist, mit anderen Worten, ein alternativer Weltverlauf denkbar, bei dem eben dieses Individuum U. N., das faktisch am Schreibtisch saß, die fragliche Zeit anders verbrachte. Also ist es für U. N. nicht essentiell, zu jener Zeit am Schreibtisch gesessen zu haben. Hätte ich aber andere Eltern haben können, als ich tatsächlich habe, und dabei doch derselbe Mensch sein können, der ich bin? Darüber kann man streiten. Unstrittig scheint dagegen z. B. zu sein, daß ich nicht derselbe sein könnte, der ich bin, ohne ein Mensch zu sein, und daß daher Menschsein mir notwendig zukommt. In Wirklichkeit ist freilich nicht einmal das unstrittig – so wie die Berechtigung des Essentialismus überhaupt, der Sinn einer Unterscheidung essentieller von nicht-essentiellen Eigenschaften von Individuen also (der für Aristoteles nicht in Frage stand), bestritten wurde, etwa in zahlreichen Äußerungen W. V. O. Quines, die „against Aristotelian essentialism" gehen.

Wie auch dieser Streit zu entscheiden sein mag, klar wird folgendes geworden sein. Wenn es Versionen der Modallogik gibt, die zur Analyse von Argumenten wie desjenigen Kripkes geeignet sind, dann sollte es auch Versionen der Modallogik geben, die etwas mit Essentialismus zu tun haben (um es einmal so vage zu sagen) und z. B. essentielle Prädikationen auszudrücken erlauben. Tatsächlich ist die aristotelische Modallogik als eine Logik des Essentialismus bezeichnet worden. (Der Titel einer im Erscheinen begriffenen Studie P. Thoms zur modalen Syllogistik lautet: „The Logic of Essentialism".)

Ich habe jetzt erläutert, was unter modalen Ausdrücken zu verstehen ist und wieso es für die Philosophie ein Desiderat ist, die Logik dieser Ausdrücke zu entwickeln. Die Antwort auf die Frage, was modale Prädikatenlogik ist, steht noch aus. Nehmen wir an, daß uns – etwa in der heute gebräuchlichen symbolischen Notation – ein System von Axiomen und Transformationsregeln gegeben ist, welches sozusagen in nuce die Gesamtheit der gültigen prädikatenlogischen Gesetze enthält. (Das unten beschriebene System PL ist ein derartiges System.) Nehmen wir weiter an, daß uns – ebenfalls unter Benutzung der üblichen Symbole – eine Axiomatik einer Modallogik gegeben ist, die zunächst ein System *aussagenlogischer* Modallogik darstelle. Es soll etwa festgelegt sein, daß jede Formel der modalen Aussagenlogik von der Gestalt $N\alpha \supset \alpha$ (man lese: „wenn α notwendigerweise der Fall ist, ist α der Fall") ein Axiom des Systems ist. Man kann nun das gegebene modallogische und das prädikatenlogische System gleichsam zueinander addieren, indem man Festlegungen trifft wie: als Axiom gelte (wie gehabt) jede Formel des Typs $N\alpha \supset \alpha$, jetzt aber mit der Erweiterung, daß in dem soeben notierten

Schema für α auch jede solche Formel substituiert werden kann, die man durch Kombination der beiden Symbolvorräte bilden kann; es wäre also nicht mehr nur $Np \supset p$, sondern z. B. auch $N\exists xF(x) \supset \exists xF(x)$ ein Axiom. (Eine analoge Erweiterung der Substitutionsmöglichkeiten sei für die prädikatenlogischen Axiomenschemata verabredet.) Das Resultat ist jedesmal ein System der modalen Prädikatenlogik. Das unten mit „PL + T" bezeichnete System kann als Beispiel dienen.

Ein geeignetes System der modalen Prädikatenlogik würde etwa die Feststellung erlauben, daß die Konjunktion der Formeln $N\forall x(B(x) \supset NA(x))$ und $N\forall x(C(x) \supset NB(x))$ die Formel $N\forall x(C(x) \supset NA(x))$ impliziert. Das entsprechende Schlußschema

(3)
$$\frac{\begin{array}{l} N\forall x(B(x) \supset NA(x)) \\ N\forall x(C(x) \supset NB(x)) \end{array}}{N\forall x(C(x) \supset NA(x))}$$

stellt, so bin ich beinahe zu sagen versucht, ein Beispiel dar für einen aristotelischen modalen Syllogismus. Tatsächlich ist es besser, der Versuchung zu widerstehen – mehr zu der hier ins Spiel kommenden Problematik weiter unten – und sich vorsichtiger auszudrücken. Ein modaler Syllogismus ist jedenfalls ein Schlußschema (oder auch das einem solchen Schema entsprechende Konditional), welches zwei Prämissen(-formeln) aufweist, die – genauso wie die Konklusion – u. a. mittels generalisierender Ausdrücke und modaler Ausdrücke formuliert sind. Aristoteles interessiert sich jedoch nur für gewisse Typen unter den Aussagen, welche dieser allgemeinen Beschreibung genügen. Es handelt sich, genauer gesagt, um modalisierte a-, e-, i- und o-Aussagen oder -Aussageschemata. Ein Beispiel für eine aristotelische Notwendigkeitsaussage vom a-Typ wäre im Deutschen der (falsche) Satz

Flugfähigkeit kommt notwendigerweise allen Vögeln zu.

(Ein zugehöriges Aussageschema wäre „A kommt notwendigerweise allen B zu", „A kommt jedem B mit Notwendigkeit zu".)

An dieser Stelle muß ich sagen, daß ich die Terminologie, in welcher die assertorische (= nicht-modale) Syllogistik traditionell abgehandelt wird, als bekannt voraussetze. Leser, die nicht vertraut sind mit der Einteilung von Aussagen in die Typen a, e, i und o, die ferner nicht vertraut sind mit Begriffen wie denen der (Schluß-)Figur, des Modus, der Konversion, mit den traditionellen Namen der Modi (Barbara, Celarent, ...) und dergleichen, können die benötigten Informationen aus Patzig (1969) entnehmen.

Die wesentliche Aufgabe, welche Aristoteles mit dem Theoriestück verfolgt, das wir die modale Syllogistik nennen, lautet: stelle alle diejenigen aus insgesamt drei Aussagen (oder Aussageformen) bestehenden Schlußschemata (modalen Syllogismen) zusammen, für die gilt: sie fallen in eine der drei Figuren; die vorkommenden Prämissen sind nicht-modale Aussagen oder Notwendigkeitsaussagen oder sogenannte zweiseitige Möglichkeitsaussagen jeweils eines der Typen a, e, i, o; die vorkommenden Schlußsätze sind entweder nicht-modale Aussagen oder Notwendigkeitsaussagen oder zweiseitige Möglichkeitsaussagen oder auch sogenannte einseitige Möglichkeitsaussagen ebenfalls eines der Typen a, e usw.; und, natürlich, die Prämissen implizieren den jeweiligen Schlußsatz logisch (anders gesagt, der Schluß von den Prämissen auf die Konklusion ist logisch gültig). Die Behauptung der Gültigkeit eines Syllogismus könnte bei Aristoteles beispielsweise durch eine Formulierung erfolgen, der im Deutschen ziemlich genau diese Formulierung entspricht:

(4) wenn A jedem B mit Notwendigkeit zukommt [vgl. hierzu etwa die Formulierung in *An. pr.* A9, 30a21 f.] und B jedem C mit Notwendigkeit zukommt, dann kommt auch A jedem C mit Notwendigkeit zu.

Warum habe ich oben nicht ohne weiteres behaupten wollen, daß *(3)* ein modaler Syllogismus sei, nämlich dasjenige Schema, dessen Gültigkeit Aristoteles mit *(4)* hätte ausdrücken können? Der Grund liegt darin, daß das vorliegende Buch gerade deshalb geschrieben wurde, weil wir bisher nichts Sicheres darüber aussagen können, wie sich beispielsweise *(4)* zu *(3)* verhält. Es ist nämlich bislang ungeklärt, ob Aristoteles, wenn er sich des griechischen Pendants einer Formulierung wie „A kommt jedem B mit Notwendigkeit zu" bediente, das meinte, was wir durch eine Formel wie $N\forall x(B(x) \supset NA(x))$ repräsentieren können, oder ob er nicht vielleicht etwas ganz anderes meinte – etwa den durch die Formel $N\forall x(B(x) \supset A(x))$ repräsentierten Sachverhalt.

Mit diesen Feststellungen habe ich den Kern der Interpretationsprobleme berührt, welche die modale Syllogistik dem heutigen Leser stellt. Wir wollen uns die Problemlage gleich noch etwas genauer ansehen. Zuerst aber noch einige Bemerkungen zu der Frage, was uns die Lösung der hier in den Blick kommenden Interpretationsprobleme einbringen könnte. Die modallogischen Kapitel der *An. pr.* geben zweifellos seit der Antike den Interpreten Rätsel auf, und Rätsel gelöst zu sehen, ist immer erfreulich. Doch darin läge klarerweise noch kein philosophischer Gewinn (auch wenn ein Text eines Klassikers der Philosophie all dem unterliegt), weil die fraglichen Rätsel dem Bereich der Logik und damit einer Disziplin zuzurechnen sind, die nicht per se Philosophie ist. Immerhin aber sollte aus dem bisher von mir Gesagten deutlich geworden sein, daß es genuin philosophische Argumentationszusammenhänge gibt, die nach modallogischer Analyse verlangen. Ich füge jetzt noch hinzu: wir haben einerseits den Befund, daß die Philosophie sich mit wissenschaftlichen Disziplinen wie der Mathematik, die ganz in extensionaler Sprache formuliert werden können, in den Gebrauch der extensionalen Logik *teilt* (von der Tatsache, daß diese in der Mathematik von der Breite des Gebrauchs her eine viel größere Rolle als in der Philosophie spielt, sehe ich hier ab); andererseits aber gilt, daß die Modallogik für die Philosophie zwar ebenfalls wichtig, für jene anderen Disziplinen jedoch vollkommen irrelevant ist. Weil dem so ist, steht die Modallogik in einem besonders intimen Zusammenhang mit der Philosophie. Unter diesen Umständen ist es zweifellos wünschenswert, zu einem einigermaßen befriedigenden Verständnis desjenigen Texts zu gelangen, der, soweit wir wissen, zum ersten Mal diesen „philosophischsten" Zweig der Logik thematisiert.

Ferner, diejenigen unter den überlieferten Schriften des Aristoteles, die nicht der Logik, sondern z. B. metaphysischen Themen gewidmet sind, enthalten eine Reihe von Argumentationen, in denen modale Ausdrücke eine offenbar wichtige Rolle spielen. Beispiele sind Passagen im Buch Θ der „Metaphysik", in *De caelo* A sowie in *De interpretatione.* Daß Aristoteles an diesen Stellen Anwendungen seiner modalen Syllogistik im Kopf gehabt habe, ist nicht anzunehmen. Überhaupt liegt eine Merkwürdigkeit in dem Faktum, daß Aristoteles einerseits da, wo er sich „offiziell", nämlich in wissenschaftstheoretischer Absicht äußert, die Reichweite der Syllogistik außerordentlich hoch einschätzt, andererseits aber in seinen außerhalb des Bereichs der Logik durchgeführten Betrachtungen so wenig Gebrauch von der Syllogistik macht, daß seine Praxis ihn eigentlich an der Richtigkeit der offiziellen Einschätzungen hätte zweifeln machen müssen. Wir, die wir in Kenntnis der voll entwikkelten Prädikaten- und Modallogik sowie im Bewußtsein der logischen Komplexität von Sätzen, in denen grundlegendes Wissen ausgedrückt sein kann, die äußerst begrenzte Reichweite der Syllogistik klar zu sehen vermögen, sind in der Position zu sagen: anders konnte es sich mit der Praxis des Aristoteles gar nicht verhalten (wäre er überall mit der Syllogistik ausgekommen, würde sich in seinen Schriften nicht viel Interessantes finden lassen). Die Überschätzung der wissenschaftlichen Tragweite der Syllogistik hängt – ich deutete es eben bereits an – wohl auch mit einer unzutreffenden Konzeption von Wissen zusammen. Es handelt sich um eine Konzeption, der zufolge Wissen im wesentlichen in der Kenntnis der Naturen (Essenzen) von Dingen besteht – in einer Kenntnis, die ihren sprachlichen Ausdruck in essentiellen Prädikationen findet, welche dann ihrerseits den Ausgangspunkt für die Deduktion allen weiteren Wissens bilden sollen. (Das ist eine Konzeption, die noch Spinoza, und zwar in äußerster Zuspitzung, vertreten hat.) Im neunten Kapitel des Buchs Z der „Metaphysik" des Aristoteles heißt es beispielsweise im Kontext einer Erörterung von Entstehungsprozessen: „Daraus folgt, daß auch hier, ebenso wie bei den Schlußfolgerungen, aller Dinge Anfang die ousia ist. Denn aus dem ‚Was etwas ist' entspringen dort die Schlußfolgerungen [οἱ συλλογισμοί], hier die Entstehungen" (1034a30ff.; Übers. aus Frede/Patzig (1988)). Angenommen jedoch, es ließe sich zeigen, daß der modalen Syllogistik – so begrenzt sie ist – eine vernünftige modallogische Intuition zugrunde liegt, welche auch die Basis für die Ausarbeitung einer weniger fragmentarischen Modallogik hätte abgeben *können* – etwa eine Konzeption der Modalitäten, die mit der modernen „mögliche-Welten-Semantik"[3] in Verbindung gebracht werden kann; dann wäre ein guter Ausgangspunkt gewonnen für die weitere Auslegung und Diskussion der oben gemeinten, nicht dem Bereich der Logik zuzuordnenden Argumentationen des Aristoteles. Man bräuchte sich ihnen dann nämlich nicht länger in dem unguten Gefühl zu nähern, sie stünden womöglich auf ebenso wackligen und für den modernen Leser nicht recht nachvollziehbaren modaltheoretischen Füßen, wie das bei der Modallogik selbst – nicht nur auf den ersten Blick – der Fall zu sein scheint.

Wie stellt sich nun die Problemlage bei einer genaueren Betrachtung einiger der bereits durchgeführten Interpretationsversuche dar? Vergleicht man die vorliegenden Arbeiten zur Interpretation der Modalsyllogistik miteinander, so sieht man, daß zwei Arten von Ansätzen vorkommen. Die eine Art bezeichne ich als den internen Ansatz. Man kann ihn studieren an Arbeiten wie McCall, „Aristotle's Modal Syllogisms" (1963), oder Wieland, „Die aristotelische Theorie der Konversion von Modalaussagen" (1980). Intern anzusetzen heißt hier, bestimmte der Gültigkeitsbehauptungen, welche Aristoteles vorträgt, ohne den eigenen Versuch einer Verifikation dieser Behauptungen zunächst einmal einfach hinzunehmen und anschließend der Frage nachzugehen: zu welchen weiteren Gültigkeitsbehauptungen verpflichten die als Basis akzeptierten Behauptungen, und sind diese weiteren Behauptungen diejenigen, welche Aristoteles tatsächlich vorbringt? Eigene Verifikationsversuche entfallen hier in der Regel deshalb, weil es schon nicht gelingt, plausible Hypothesen über den genauen *Inhalt* der Aussagen oder Aussagetypen aufzustellen, auf welche die aristotelischen Gültigkeits- (und Nichtgültigkeits-)Behauptungen sich beziehen. Im günstigsten Fall – das wäre derjenige, in dem die vom Interpreten als aus den Grundbehauptungen ableitbar erkannten Behauptungen genau die aristotelischen sind – gelangt man so zu einer Art von internem Verständnis der aristotelischen Theorie, indem man nämlich ihre innere Folgerichtigkeit einsieht.

Sehen wir uns kurz an, welche Ausformung der interne Ansatz bei S. McCall hat. McCall versucht, die aristotelische Logik einschließlich der Mo-

---

[3] Dieser Semantik-Typ wird im weiteren Verlauf der Einleitung erklärt werden.

dallogik oder Teile davon (zunächst geht es nur um die Logik solcher syllogistischer Formeln, die entweder modalfrei sind oder an Modalausdrücken höchstens einen Ausdruck der Notwendigkeit oder einen Ausdruck der einseitigen Möglichkeit enthalten) in Form von Kalkülen zu reproduzieren. Es handelt sich um die in McCall (1963) so genannten Systeme L-X-M und Q-L-X-M. Diese Kalküle enthalten als Axiome (neben anderen Axiomen wie z. B. aussagenlogischen Gesetzen, Konversionsregeln) jeweils eine Reihe syllogistischer Modi, die als Subjunktionen formuliert sind. Sie enthalten ferner Regeln, die es ermöglichen, aus den Axiomen weitere syllogistische Modi zu gewinnen. Die Frage, ob und warum die Axiome, von denen ausgegangen wird, als logische Gesetze zu akzeptieren sind, bleibt weitgehend unerörtert. Selbst dann, wenn von Aristoteles unternommene Rechtfertigungsversuche als gescheitert angesehen und eigene nicht angestellt werden, hindert das nicht, die betreffenden Formeln als Axiome zu verwenden. So heißt es in McCall (1963), S. 90:

> „However, the fact that we do not accept Aristotle's proof of Barbara, Celarent, Darii and Ferio XQM does not mean that we should not accept them as valid moods“.

In der Tat treten drei der genannten Modi als Axiome im Q-L-X-M-Kalkül auf (a. a. O., S. 77).

Zur Notation: McCall verwendet die folgenden Symbole zur Bezeichnung der aristotelischen Modalitäten: X – assertorisch; L – notwendig; M – (einseitig) möglich; Q – kontingent, zweiseitig möglich. Ich werde im folgenden für L das Symbol N setzen (wie schon auf den vorangehenden Seiten) und für Q das Symbol K setzen. Eine Formel wie A a_NB wird dann zu lesen sein als „alle B sind notwendig A“, oder als „A kommt notwendig allen B zu“. Statt A a_XB schreibe ich wie üblich A a B, entsprechend für die anderen Qualitäten und Quantitäten.

Ich werde unten in Kapitel III. zeigen, daß sich von dem in der Literatur besonders umstrittenen Modus Barbara XKM – d. i. Barbara mit assertorischem Obersatz, mit Untersatz im Modus der Kontingenz sowie mit Conclusio vom Möglichkeitstyp – im Rahmen der von mir vorgeschlagenen Interpretation der Modalsyllogistik sehr leicht einsehen läßt, daß und warum er gültig ist; ferner, daß die beiden von Aristoteles vorgebrachten Argumente für die Gültigkeit dieses Modus, recht interpretiert, korrekt sind.

Selbst wenn sich herausgestellt hätte (was nicht so ist), daß McCalls Q-L-X-M-Kalkül exakt diejenigen Formeln als Theoreme liefert, welche Aristoteles für gültig behauptet, hielte ich das Ergebnis für unbefriedigend. Denn es kann uns schon vom Ansatz her kein wirkliches Verständnis dessen geben, was Aristoteles tut, wenn er Modallogik treibt. Wir wollen nicht nur feststellen – wenn dies die Sachlage ist –, *daß* Aristoteles bestimmte Formeln, die er als Grundformeln verwendet, für gültig hält; wir wollen wissen, *aus welchen Gründen* er sie für gültig hält, und zwar aus welchen auch *uns* einleuchtenden Gründen (in der Annahme, daß es solche Gründe gibt). Dies Ziel kann nicht erreicht werden, wenn man die modale Syllogistik als eine Logik sui generis ansieht, die keine Beziehung zu unseren neueren Modallogiken oder auch nur zur Modallogik Theophrasts hat (vgl. eine entsprechende Äußerung in Wieland (1980), S. 115). Sicher kann nicht von vornherein ausgeschlossen werden, daß wir noch keine Modal- oder sonstige Logik entwikkelt haben, zu der die Modalsyllogistik sich in Beziehung setzen ließe. Wäre das der Fall, so müßte man sagen, daß der Zeitpunkt für eine wirklich verstehende Interpretation der Modalsyllogistik noch nicht gekommen ist (vgl. McCall (1963), S. 96f., Alternative (c)). Ich möchte einen Beitrag zu dem Nachweis leisten, daß dies nicht so ist. Aus dem Gesagten ist klar, daß ich zu diesem Zweck nicht einen internen Ansatz wählen werde.

Der zweite Ansatz, den ich den externen nenne, kann beispielsweise studiert werden an A. Beckers Dissertation „Die Aristotelische Theorie der Möglichkeitsschlüsse" (1933) oder an Angelelli, „The Aristotelian Modal Syllogistic in Modern Modal Logic" (1979). Beide Autoren gehen, und das ist charakteristisch für den externen Ansatz, so an die Interpretationsaufgabe heran: sie nehmen sich die Aussagetypen vor, deren logische Beziehungen zueinander Aristoteles untersucht, und stellen Hypothesen über deren logische Form auf, soweit sie in moderner prädikatenlogisch-modallogischer Notation ausgedrückt werden kann; in der Literatur ist von „Strukturhypothesen" die Rede. Die Autoren ermitteln sodann, welche logischen Beziehungen relativ zu den *uns* verfügbaren unter den einschlägigen Logiksystemen zwischen den in den Strukturhypothesen angenommenen Strukturformeln bestehen, und vergleichen diese Beziehungen mit denjenigen Beziehungen, welche Aristoteles für die korrespondierenden assertorischen oder modalisierten a-, e-, i- und o-Sätze behauptet. Je größer die Übereinstimmung, desto größer auch hier der Erfolg der Interpretation. Man trägt bei diesem Verfahren also gleichsam von außen moderne Logiken an den überlieferten Text heran. Es ist wichtig, sich im klaren über eine Gefahr zu sein, die jeder solche externe Ansatz mit sich bringt. Wenn man eine Hypothese darüber hat, welches die *Sache* ist, deren Theorie Aristoteles zu entwickeln unternimmt, sowie eine begründete Meinung darüber, was von der Sache gilt und was nicht, ist die Versuchung groß, alle Passagen des Textes, die dem widersprechen, sehr schnell als durch Überlieferungsfehler zustande gekommen abzutun. Immerhin könnte aber in einem solchen Fall die verhandelte *Sache* eine andere sein, als zunächst angenommen wurde. So operiert Becker, wie ich zeigen will, bei aller sonstigen Sorgfalt doch viel zu großzügig mit Athetesen. Freilich glaube ich, daß ein dieser Gefahr gegenüberstehender Nachteil aller internen Ansätze noch unangenehmer ist. Man muß sicherlich davon ausgehen, daß Aristoteles bei der Entwicklung seiner Theorie auch einmal ein Fehler unterläuft. Wenn man nun keine klare Vorstellung davon hat, welches die verhandelte Sache ist (und dazu gehören insbesondere die Wahrheitsbedingungen der thematisierten Aussagen), kann man keinen Irrtum identifizieren, sondern muß alle Behauptungen des Aristoteles für Münze gleichen Wertes nehmen. Wenn dann etwa eine Gültigkeitsbehauptung, die nur aufgrund eines bei Aristoteles selbst weitgehend folgenlos gebliebenen Versehens zustande gekommen ist, für ein Axiom herhält, kann es sein, daß das ganze in rekonstruierender Absicht entwickelte System in eine falsche Richtung entwickelt wird.

Eine Schwierigkeit, an der alle mir bekannten extern angesetzten Interpretationen scheitern, besteht darin, die Kapitel der *Analytica priora* A3 auf der einen und A8–A22 auf der anderen Seite als Einheit zu interpretieren. In A3 behandelt Aristoteles die Konversion von Modalaussagen, in A8–A22 wird die eigentliche Modalsyllogistik entwickelt. Wenn wir uns auf den überlieferten Text verlassen, *bilden* beide Komplexe eine Einheit, denn bei der Ausarbeitung der Modalsyllogistik wird von den in A3 vorgetragenen Konversionsregeln extensiver und ausdrücklicher Gebrauch gemacht. Andererseits scheint es, als erforderten die Kapitel 3 sowie 8–22 zur externen Verifikation der dort vorgebrachten (Nicht-) Gültigkeitsbehauptungen relativ zu irgendwelchen uns vertrauten Logiken je eigene Strukturhypothesen. Wenn man sich beispielsweise einmal daran orientiert, daß in A19 der Modus Camestres KNX (A kommt kontingenterweise allen B zu, A kommt notwendigerweise keinem C zu, also: B kommt keinem C zu) als gültig behauptet wird, so liegt es am nächsten, von den folgenden Strukturhypothesen für die beteiligten Aussagetypen auszugehen – wobei noch vorausgesetzt ist, daß Kp aufgefaßt wird als Konjunktion von Mp und M¬p[4]:

A a_KB hat die Struktur $\forall x(B(x) \supset KA(x))$;
A e_NC hat die Struktur $\forall x(C(x) \supset N\neg A(x))$.

Das sind soweit Beckers Strukturhypothesen. Man spricht hier auch von der de-re-Interpretation der aristotelischen Modalitäten. Aus den beiden rechts stehenden Formeln folgt offensichtlich

$$\forall x(C(x) \supset \neg B(x))$$

[4] Trotz gegenteiliger Äußerungen McCalls in (1963), Abschn. 24, dürfte es kaum Gründe dafür geben zu meinen, diese Version des Zusammenhangs von zweiseitiger und einseitiger Möglichkeit entspreche nicht der Auffassung des Aristoteles.

relativ zu jeder Logik, nach der $N\neg A(x)$ $\neg MA(x)$ – und damit auch $\neg KA(x)$ – impliziert. Aufgrund ähnlicher Verhältnisse (die C haben eine Eigenschaft nicht, welche die B haben) wird ja der assertorische Modus Camestres gültig.

In A3 wird nun von Aristoteles die Möglichkeit der conversio simplex der e_N-Aussagen behauptet (25a27f.), d. h. es soll gelten: A e_NC ist äquivalent zu C e_NA. Wir haben jedoch keine Modallogik, die den Übergang von $\forall x(C(x) \supset N\neg A(x))$ zu $\forall x(A(x) \supset N\neg C(x))$ rechtfertigen könnte. Vielmehr gilt unter einigen schwachen Voraussetzungen: eine Modallogik, welche diesen Übergang erlaubte (in dem Sinne, daß die entsprechende Subjunktion relativ zu dieser Logik gültig bzw. ein Theorem wäre), fiele letztlich zu einer nichtmodalen Logik zusammen. Zu den Einzelheiten dieser Behauptung siehe unten II.3., Ziffer (6). Es liegt in diesem Kontext nahe, die oben notierte Strukturhypothese für A e_NC aufzugeben zugunsten der Hypothese:

A e_NC hat die Struktur $N\forall x(C(x) \supset \neg A(x))$

(und analog:

A a_KB hat die Struktur $K\forall x(B(x) \supset A(x))$).

Man spricht auch von der de-dicto-Interpretation der aristotelischen Modalitäten. Damit wiederum kommt man bei Camestres KNX nicht durch. Aus

$$K\forall x(B(x) \supset A(x))$$

und

$$N\forall x(C(x) \supset \neg A(x))$$

folgt relativ zu den üblichen Systemen der Modallogik nicht mehr als

$$M(\forall x(B(x) \supset A(x)) \wedge \forall x(C(x) \supset \neg A(x)))$$

sowie

$$M(\neg\forall x(B(x) \supset A(x)) \wedge \forall x(C(x) \supset \neg A(x))),$$

woraus man über das Verhältnis von B und C nur erschließen kann:

$$M\forall x(C(x) \supset \neg B(x)).$$

Diese und andere bei der Interpretation von A3 auftretende Schwierigkeiten haben Becker dazu veranlaßt, die Authentizität des überlieferten Textes in Zweifel zu ziehen, verschiedene Athetesen vorzunehmen und schwerste sachliche Bedenken anzumelden ((1933), z.B. S. 63f.) – mit dem Resultat: „In der uns überlieferten Gestalt kann es [d.i. Kapitel A3] aber *nicht* auf Aristoteles selbst zurückgehen" (a.a.O., S. 90).[5]

Ich habe einen neuen Versuch unternommen, im Rahmen eines externen Ansatzes A3 und A8–22 bzw. A3 und A8–12 sowie A3 und A13–22 als

---

[5] Hervorhebungen in Zitaten, die ich nicht als meine eigenen Hervorhebungen kennzeichne, sind stets Hervorhebungen durch den jeweiligen Autor.

Einheit zu interpretieren. Die Kapitel A8–12 enthalten die Notwendigkeitssyllogistik, d. i. die Theorie der modalen Syllogismen mit assertorischen oder apodiktischen Prämissen. Die Kapitel A13–22 enthalten die Möglichkeitssyllogistik, d. i. die Theorie der Syllogismen mit mindestens einer Möglichkeitsprämisse. Dieser Versuch ist nach meiner Einschätzung unerwartet günstig ausgegangen. Ich will zunächst in Kapitel II. die meinem Ansatz zugrunde gelegten Annahmen über die logischen Formen aristotelischer Modalaussagen zusammenstellen. Dabei sollen in Ergänzung des eben Gesagten schon eine Reihe von Einzelbeobachtungen zur Sprache kommen, welche zur Rechtfertigung dieser Annahmen dienen können. Neuere Interpretationsliteratur beziehe ich ein, soweit sie mir in diesem Zusammenhang aufschlußreich erscheint. Die Tragfähigkeit des neuen Ansatzes muß sich schließlich erweisen, indem er mit der aristotelischen Theorie im ganzen konfrontiert wird, das heißt: mit der Summe der Gültigkeits- und Nichtgültigkeitsbehauptungen, die Aristoteles in A3 und A8–22 der *Analytica priora* aufstellt; sowie mit den Argumenten, welche Aristoteles für seine Behauptungen anführt. Dementsprechend werde ich in Kapitel III. der Frage nachgehen, wie sich unser Instrumentarium bei der Analyse von A8–22 bewährt. Es ist nicht sinnvoll, das gesamte Material, welches diese Kapitel des aristotelischen Textes enthalten, mit der gleichen Ausführlichkeit zu behandeln. Ich werde einige Dinge, die ich für besonders interessant halte, detailliert am Text erörtern, anderes mehr summarisch durchgehen. Ausführlich will ich z. B. über den oben erwähnten Modus Barbara XKM von A15 sprechen, weil die Ausführungen des Aristoteles dazu den Interpreten bisher besondere Schwierigkeiten bereitet haben. Was die Argumente des Aristoteles angeht, so handelt es sich naturgemäß einerseits um Argumente für Gültigkeitsbehauptungen, andererseits um solche für Nichtgültigkeits- oder Unschlüssigkeitsbehauptungen. Als Unschlüssigkeitsbehauptungen sollen Behauptungen des Inhalts gelten, daß ein Paar von Aussagen eines bestimmten Typs überhaupt keine Aussage logisch impliziere, die im Rahmen der modalen Syllogistik als Conclusio in Frage käme. (Eins von vielen Beispielen für eine solche Behauptung: A15, 35a20–23, die Prämissenkombination $\begin{smallmatrix}\mathrm{Aa}_{\mathrm{K}}\mathrm{B}\\ \mathrm{Be}\ \ \mathrm{C}\end{smallmatrix}$ „liefert überhaupt keinen Schluß".)[6] Aristoteles' Argumente für Nichtgültigkeits- und derartige

[6] Übersetzungen ohne Quellenangabe stammen von mir selbst. In der Regel greife ich bei den aristotelischen Schriften auf vorhandene Übertragungen ins Deutsche oder Englische zurück. Dies Vorgehen ist klarerweise vor allem im Hinblick auf solche Textstellen angebracht, welche für die Bewertung des von mir durchgeführten Interpretationsansatzes wichtig sind und deren Interpretation zugleich strittig ist. In derartigen Fällen will ich nicht bereits durch eine bestimmte Art der Übersetzung eine Vorentscheidung zugunsten meiner Auffassung herbeiführen.

Unschlüssigkeitsbehauptungen pflegen von einem Typ zu sein, den ich als den Typ der Begriffseinsetzungsargumente (kurz: BE-Argumente) bezeichne. Die Frage, wie sich mein Interpretationsansatz im Licht der aristotelischen BE-Argumente darstellt, welche wir in A8–22 vorfinden, ist das Thema von Kapitel V. In Kapitel IV. gehe ich auf die aristotelische Theorie der Konversion von Modalaussagen, im wesentlichen auf der Grundlage von A3 der *Analytica priora*, ein. Dieses Thema ist mir nicht zuletzt deshalb wichtig, weil A3 Becker besonders suspekt ist. Abschließend will ich vor dem Hintergrund meiner eigenen Überlegungen noch einige Elemente der Theorien anderer Autoren diskutieren und bewerten, deren detaillierte Behandlung aus dem Hauptteil der Studie auszugliedern mir um der Lesbarkeit willen vernünftig erscheint.

Der griechische Text, mit dem ich hauptsächlich arbeite, ist der von W. D. Ross in der Reihe der Oxford Classical Texts edierte: Ross/Minio-Paluello (1978). Ich habe keine Handschriften angesehen. Wo ich Textvarianten in die Diskussion einbeziehe, verlasse ich mich auf die textkritischen Angaben Ross' in der genannten Edition und in Ross (1949).

Ich will diese Einleitung abschließen mit einer, wie ich hoffe, hilfreichen Beschreibung des modallogischen Rahmens, innerhalb dessen meine Analyse der modalen Syllogistik durchgeführt werden soll. Dieser Rahmen ist gegeben durch ein Spektrum von modallogischen Systemen und durch modallogische Semantiken, mit denen man die betreffenden Systeme charakterisieren kann. Das Spektrum umfaßt diejenigen Systeme der modalen Aussagenlogik, auf die man sich mit den Kürzeln „T", „B", „S4", „S5" bezieht. Es umfaßt ferner die prädikatenlogischen Erweiterungen dieser Systeme mit und ohne Barcan-Formel. Alle nötigen Informationen über diesen logischen Rahmen (an dessen Erstellung in der zweiten Hälfte dieses Jahrhunderts übrigens der bereits erwähnte S. Kripke wesentlichen Anteil hatte[7]) findet der Leser detailliert in Hughes/Cresswell (1972) entwickelt. Ich beschränke mich an dieser Stelle darauf, einen kurzen Überblick über das Wesentliche zu geben. Leser, die mit den Grundzügen der Modallogik vertraut sind, können den Rest des Kapitels überschlagen.

Am Beginn der modernen Modallogik (oder, wie man genauer sagen müßte, der modernen alethischen Modallogik) steht die Aufgabe, unseren Gebrauch von Satzoperatoren wie

> „es ist notwendig, daß ...", „notwendigerweise gilt, daß ...", „es ist möglicherweise der Fall, daß ..."

[7] Wichtig ist in diesem Zusammenhang Kripke (1963).

soweit zu explizieren, daß man zu Aussagen über die Logik dieser Operatoren kommen kann. Man wird nicht erwarten, daß der Gebrauch der fraglichen Operatoren in natürlichsprachlichen, nicht normierten Kontexten derart stringent ist, daß die Analyse des Gebrauchs auf *genau ein* System der Logik führt. Tatsächlich bietet die Modallogik (als Disziplin) mehrere Systeme an, welche zunächst auf derselben intuitiv plausiblen Grundidee basieren. Die Grundidee können wir folgendermaßen ausdrücken (wenn „s" Sätze vertritt).

Erstens, ein Satz vom Typ

„es ist notwendig, daß s"

gilt genau dann als wahr (in einer Bezugssituation w), wenn s selbst in allen möglichen Situationen (oder: bei allen möglichen Weltverfassungen; oder kurz: in allen möglichen Welten) wahr ist (bzw. wenn s nicht nur in w wahr ist, sondern darüber hinaus in allen Situationen w′, die als mögliche Alternativen von w gelten). Zweitens, ein Satz vom Typ

„es ist möglich, daß s"

gilt genau dann als wahr (in w), falls s in einer möglichen Situation wahr ist (bzw. falls s in einer Situation w′ wahr ist, die als mögliche Alternative von w angesehen wird).

Diese Grundidee kann in verschiedenen Weisen spezifiziert werden. Zunächst ist ziemlich offen, welchen Inhalt der Begriff der möglichen Welt oder der möglichen Alternative zu einer Welt hat. Was man jedenfalls wird sagen können, sofern man bestimmte sehr spezielle Deutungen der Notwendigkeit (wie die beweistheoretische Deutung) beiseite setzt, ist: die Bezugssituation w, d. h. die real gegebene Weltverfassung, auf die ein Sprecher sich bezieht, gilt immer auch als mögliche Weltverfassung; oder: w ist stets eine mögliche (unechte) Alternative von w. Man wird, mit anderen Worten, davon ausgehen können, daß der Begriff der möglichen Alternative so verwendet wird, daß die Relation der Alternativität reflexiv ist. In der Modallogik werden gewisse weiter gehende und plausible Normierungen des Begriffs der Alternativität in Betracht gezogen, über deren Adäquatheit die Analyse natürlichsprachlicher Kontexte vermutlich nicht mehr zu entscheiden erlaubt. Diese Normierungen lassen den Begriff der Alternativität immer noch zu einem großen Teil offen. Sie gehen aber schon weit genug, um Konsequenzen für die resultierende Logik des Notwendigkeits- und des Möglichkeitsoperators zu haben. Man gelangt zu einer Anzahl von modallogischen Systemen unterschiedlicher Stärke, unter denen man schwerlich eines als *die* Logik des Notwendigen und des Möglichen auszeichnen kann. Ein Weg, welcher von der Grundidee zu den gemeinten Systemen (zunächst sind das Systeme der aussagenlogischen Modallogik) führt, nämlich der semantische Zugang, kann wie folgt beschrieben werden.

Die Semantik der nicht-modalen Aussagenlogik arbeitet mit Bewertungen, die den Formeln des einschlägigen Symbolismus unter Wahrung bestimmter Bedingungen Wahrheitswerte zuordnen. Orientieren wir uns an der skizzierten Grundidee, so haben wir beim Übergang zur Modallogik nicht mehr davon zu sprechen, daß Sätze schlicht wahr sind, sondern davon, daß sie wahr sind in einer Situation. Diese Modifikation wird auf der formalsemantischen Seite dadurch berücksichtigt, daß Bewertungen von einem zusätzlichen Parameter abhängig gemacht werden: eine Bewertung ordnet einer Formel relativ zu einem Wert des Parameters einen Wahrheitswert zu. Um den Bezug zur Ausgangsidee deutlich zu machen, redet man i. a. so, als seien die Werte des Parameters „mögliche Welten" oder „mögliche Weltverfassungen" – auch wenn tatsächlich keinerlei Voraussetzungen über die Beschaffenheit dieser Werte im Spiel sind. Man hat dementsprechend für Semantiken des hier erläuterten Typs den Terminus „mögliche-Welten-Semantiken" geprägt. Eine modallogische Interpretationsstruktur des Grundtyps ist dann ein Tripel $\langle W, R, V \rangle$, in dem die erste Komponente W (die „Trägermenge") eine beliebige nicht-leere Menge (von Werten des „Welten-Parameters") ist; in dem R eine zweistellige reflexive Relation auf W ist (R modelliert die Relation, eine mögliche Alternative von … zu sein); in dem schließlich V eine Bewertungsfunktion ist, welche allen Paaren aus Formeln (der modalen Aussagenlogik) und Elementen von W je einen der beiden Wahrheitswerte zuordnet – wiederum unter Einhaltung bestimmter Bedingungen. Formeln der modalen Aussagenlogik sind Zeichenfolgen, die nach den üblichen Formierungsregeln gebildet sind über einem gegebenen Vokabular von Aussagebuchstaben, aussagenlogischen Junktoren und dem Notwendigkeitsoperator. Zu den Bedingungen, die V erfüllen muß, gehört außer den üblichen Bedingungen, welche die Junktoren betreffen, insbesondere die folgende Bedingung:

(*5*) $V(N\alpha, w) = 1$ genau dann, wenn $V(\alpha, w') = 1$ für alle $w' \in W$ mit $\langle w, w' \rangle \in R$.

Hier ist N, der Notwendigkeitsoperator, das symbolische Gegenstück des Satzoperators „es ist notwendig, daß …". α ist eine beliebige Formel. w ist ein Element von W. Die Ziffer „1" steht für den Wahrheitswert „wahr" (für „falsch": „0"). Wir denken uns die Relation R als Menge von Paaren gegeben, so daß „$\langle w, w' \rangle \in R$" soviel bedeutet wie: „$w'$ ist ein R-Relatum von w". Die Anforderung (*5*) an V ist das formalsemantische Analogon unserer intuitiven

Ausgangskonzeption von der Wahrheit von Notwendigkeitssätzen. (Wir können uns im folgenden auf die Betrachtung des Notwendigkeitsfalls beschränken, da „es ist möglich, daß s“ als gleichwertig mit „es ist nicht notwendig, daß nicht s“ behandelt wird.)

Strukturen des beschriebenen Typs heißen T-Strukturen. Nennt man eine aussagenlogisch-modallogische Formel α T-gültig, falls für alle T-Strukturen $\langle W, R, V\rangle$ gilt, daß für alle $w \in W$ gilt:

$$V(\alpha, w) = 1,$$

so kann man zeigen: T-gültig sind genau die Formeln, welche in dem mit „T“ bezeichneten Axiomensystem beweisbar sind. Dies System sieht wie folgt aus.

Axiome von T:

(A1) alle Formeln (der modalen Aussagenlogik) von der Gestalt $\alpha \supset (\beta \supset \alpha)$;

(A2) ... von der Gestalt $(\alpha \supset (\beta \supset \gamma)) \supset ((\alpha \supset \beta) \supset (\alpha \supset \gamma))$;

(A3) ... $(\neg\alpha \supset \neg\beta) \supset (\beta \supset \alpha)$;

(A4) $N\alpha \supset \alpha$;

(A5) $N(\alpha \supset \beta) \supset (N\alpha \supset N\beta)$.

Beweisregeln von T:

(R1) wenn α und $\alpha \supset \beta$ Theoreme sind, ist β ein Theorem;

(R2) wenn α ein Theorem ist, ist $N\alpha$ ein Theorem.

Die Axiome der Typen (A1) bis (A3) liefern zusammen mit (R1) die nichtmodale Aussagenlogik. Die Reflexivität der zweiten Komponente von T-Strukturen spiegelt sich in der Gültigkeit der Axiome vom Typ (A4).

Von der Möglichkeit, über die Reflexivität hinaus weitere Eigenschaften von Alternativitätsrelationen zu fordern, war die Rede. Tatsächlich kann man die Systeme B, S4 und S5 durch entsprechende Forderungen gewinnen.

B-Strukturen heißen diejenigen T-Strukturen $\langle W, R, V\rangle$, bei denen R nicht nur reflexiv, sondern auch symmetrisch ist. Wird der Begriff der B-Gültigkeit in Analogie zum Begriff der T-Gültigkeit gefaßt, so erweisen sich als B-gültig genau diejenigen Formeln, welche Theoreme im System B sind.

Axiome und Regeln von B:

die Axiome und Regeln von T sowie zusätzlich:

$\alpha \supset NM\alpha$ („Brouwersches Axiom“).

In der Gültigkeit des charakteristischen B-Axioms schlägt sich gerade die Symmetrieforderung für R nieder.

S4-Strukturen heißen diejenigen T-Strukturen, deren Alternativitätsrelation reflexiv und transitiv ist. Man zeigt, daß genau diejenigen Formeln S4-

gültig sind, für welche es Beweise gibt im System S4 – in einem System, das folgendermaßen aussieht.

Axiome und Regeln von S4:

die Axiome und Regeln von T sowie zusätzlich:

$N\alpha \supset NN\alpha$;

oder alternativ (unter der Voraussetzung, daß der Operator M der einseitigen Möglichkeit definitorisch eingeführt ist durch die Festsetzung „$M\alpha = \neg N \neg \alpha$"):

$MM\alpha \supset M\alpha$.

Wieder sind es genau diese zusätzlichen Formeln, welche objektsprachlich die zusätzlich ins Spiel gekommene Eigenschaft der Transitivität von Alternativitätsrelationen ausdrücken.

S5-Strukturen sind T-Strukturen, deren Alternativitätsrelation eine Äquivalenzrelation ist. Da die Trägermenge W einer S5-Struktur $\langle W, R, V\rangle$ disjunkt in R-Äquivalenzklassen zerfällt, hat man die Möglichkeit, die zweite, relationale Komponente von S5-Strukturen wegfallen zu lassen und *(5)* zu ersetzen durch

(6) $V(N\alpha, w) = 1$ genau dann, wenn $V(\alpha, w') = 1$ für alle $w' \in W$.[8]

Diese Modifikation führt auf einen Gültigkeitsbegriff, der äquivalent ist zum Begriff der Geltung in allen Welten aller S5-Strukturen im ursprünglichen Sinn. Die Bedingung *(6)* entspricht genau unserer Ausgangsidee in der Version: notwendig ist, was in allen möglichen Welten gilt.

Charakteristisches S5-Axiom:

$\neg N \neg \alpha \supset N \neg N \neg \alpha$ bzw. $M\alpha \supset NM\alpha$;

oder alternativ:

$MN\alpha \supset N\alpha$.

Im Hinblick auf die logische Stärke verhalten sich die angegebenen Systeme so zueinander: S5 enthält S4, B und T; S4 und B enthalten jeweils T; S4 enthält nicht B und ist nicht enthalten in B. Die vier Systeme stellen lediglich einen kleinen Ausschnitt dar aus der Menge aller Systeme der modalen Aussagenlogik, welche mit unterschiedlichen Anwendungsinteressen konstruiert

[8] Die Modifikation ist so zu verstehen, daß man jede S5-Struktur im ursprünglichen Sinn, deren Träger sich aus, sagen wir, n Äquivalenzklassen zusammensetzt, in n Strukturen im modifizierten Sinn aufspaltet, deren jede als Träger eine jener Äquivalenzklassen hat. Die Vernachlässigbarkeit der Alternativitätsrelation im S5-Fall beruht also nicht darauf, daß (wie Weidemanns Formulierung in seinem Artikel (1984), Spalte 27, es anzunehmen nahelegt) etwa schon im Fall einer jeden S5-Struktur im ursprünglichen Sinn je zwei beliebige Elemente des Trägers Alternativen voneinander wären.

worden sind. Für die Zwecke, die ich in der vorliegenden Arbeit verfolge, ist dieser Ausschnitt der geeignete. Freilich muß man, da die Syllogistik des Aristoteles ein prädikatenlogisches Theoriestück ist, für die Analyse noch einen Schritt weiter gehen zu prädikatenlogischen Erweiterungen der in Frage kommenden aussagenlogischen Systeme. Die Systeme PL + T, PL + B usw. (mit „PL" wie „Prädikatenlogik") sind die prädikatenlogischen Erweiterungen von T, B usw., die man folgendermaßen erhält.

(PL + T)-Axiome sind nicht mehr nur solche Formeln der unter (A1), (A2), ... , (A5) beschriebenen Gestalten, in denen für α, β, γ Formeln der modalen Aussagenlogik eintreten. (PL + T)-Axiome sind vielmehr Formeln der fraglichen Gestalten, in denen für α, β, γ Formeln der modalen Prädikatenlogik eintreten. Formeln der modalen Prädikatenlogik sind Zeichenfolgen, die nach den üblichen Formierungsregeln über einem Vokabular gebildet sind, welches neben Aussagebuchstaben, Junktoren und dem N-Operator zusätzlich Individuenvariable, Prädikatbuchstaben und den Allquantor $\forall$ enthält. (PL + T)-Axiome sind ferner modal-prädikatenlogische Formeln der beiden Typen:

(A3.1) $\forall \mathfrak{X}\alpha \supset \alpha[\mathfrak{X}/\mathfrak{X}']$ – hierbei sind $\mathfrak{X}$ und $\mathfrak{X}'$ Individuenvariable, und $\alpha[\mathfrak{X}/\mathfrak{X}']$ ist das Resultat der Ersetzung aller freien Vorkommnisse von $\mathfrak{X}$ in α durch $\mathfrak{X}'$; es wird gefordert, daß $\mathfrak{X}$ in α nicht frei vorkommt im Bereich eines Quantors, der die Variable $\mathfrak{X}'$ bei sich führt;

(A3.2) $\forall \mathfrak{X}(\alpha \supset \beta) \supset (\alpha \supset \forall \mathfrak{X}\beta)$ – hierbei wird gefordert, daß $\mathfrak{X}$ in α nicht frei vorkommt.

Beweisregeln von PL + T sind (R1), (R2) sowie

(R1.2) wenn α ein Theorem und $\mathfrak{X}$ eine Individuenvariable ist, so ist $\forall \mathfrak{X}\alpha$ ein Theorem.

Das System PL, dessen Axiome alle prädikatenlogischen Formeln der Typen (A1) bis (A3), (A3.1), (A3.2) und dessen Beweisregeln (R1) sowie (R1.2) sind, charakterisiert die prädikatenlogisch gültigen Formeln.

Die Systeme PL + B usw. erhält man in analoger Weise aus B usw.

Ich habe hier eine Axiomatik für die Prädikatenlogik angegeben, weil ich den Systemnamen „PL" in Zusammensetzungen wie „PL + T" immer wieder benutzen werde und dies nicht tun will, ohne das betreffende System einmal beschrieben zu haben. Doch wird der Leser in den folgenden Kapiteln Axiome wie (A3.1) und (A3.2) nicht wieder begegnen. Denn wir werden keine axiomatischen Beweise in PL durchführen. Das einzige, was der Leser wissen muß, ist, was ich eben gesagt habe: die prädikatenlogisch gültigen Schlußweisen sind durch die angegebene PL-Axiomatik erfaßt.

Semantisch kann man die (PL + T)-Theoreme durch die Interpretationsstrukturen $\langle W, R, D, Q, V\rangle$ charakterisieren, welche im 3. Abschnitt von Kapitel II. unter Ziffer (6) eingeführt werden, sofern man an diese Strukturen zusätzlich die beiden folgenden Anforderungen stellt:

> die Alternativitätsrelation R muß – wie im aussagenlogischen T-Fall – reflexiv sein;
>
> für je zwei Elemente w und w′ von W mit $\langle w, w'\rangle \in R$ muß Q(w) eine Teilmenge von Q(w′) sein.

Für die Erklärung von Q verweise ich auf die genannte Stelle.

Semantische Charakterisierungen der (PL + B)-, (PL + S4)- und (PL + S5)-Theoreme erhält man auf ähnliche Weise, indem man von R zusätzlich Symmetrie bzw. Transitivität bzw. Symmetrie und Transitivität verlangt.

Formeln des Typs

(7) $N\forall\mathfrak{X}\alpha \supset \forall\mathfrak{X}N\alpha$

sind Theoreme aller eben beschriebenen Systeme. Die Umkehrungen

(8) $\forall\mathfrak{X}N\alpha \supset N\forall\mathfrak{X}\alpha$

von *(7)* heißen Barcan-Formel (-n). Die „prädikatenlogische Erweiterung von T mit Barcan-Formel" ist PL + T vermehrt um die Formeln vom Typ *(8)* als Axiome. Entsprechendes wird für den S4-Fall verabredet. In PL + B und damit erst recht in PL + S5 können die Barcan-Formeln bereits *bewiesen* werden.

Die prädikatenlogischen Erweiterungen unserer Systeme mit Barcan-Formel können wir semantisch dadurch charakterisieren, daß wir uns auf solche Interpretationsstrukturen $\langle W, R, D, Q, V\rangle$ des jeweils in Frage kommenden Typs beschränken, bei denen Q die konstante Funktion auf W ist (vgl. unten II.4.). Im S5-Fall ist R eine Äquivalenzrelation. Daher ist in diesem Fall die Konstanz-Forderung für jede R-Äquivalenzklasse schon erfüllt aufgrund der Voraussetzung, daß für alle w und w′ mit $\langle w, w'\rangle \in R$ die Inklusion $Q(w) \subseteq Q(w')$ gilt. Im wesentlichen dasselbe gilt für den Brouwerschen Fall. Mit diesen Beobachtungen stimmt die eben erwähnte Tatsache zusammen, daß die Barcan-Formeln in PL + B und in PL + S5 bewiesen werden können.

Ist $\mathfrak{S}$ ein System und α eine Formel, so drückt man den Sachverhalt, daß α in $\mathfrak{S}$ beweisbar ist bzw. in der zu $\mathfrak{S}$ gehörenden Semantik gültig ist (falls es eine solche Semantik gibt), durch „$\vdash_{\mathfrak{S}} \alpha$" bzw. durch „$\Vdash_{\mathfrak{S}} \alpha$" aus, oder auch einfach durch „$\vdash \alpha$" und durch „$\Vdash \alpha$".

II. Strukturhypothesen

1. Allgemeine Notwendigkeitsaussagen

Aufgrund des in Kapitel I. zur Charakterisierung externer Ansätze Gesagten kann der Leser erwarten, daß ein neuer externer Ansatz wesentlich von neuen Strukturhypothesen abhängen wird. Man könnte sagen, daß das System von Hypothesen, welches ich angeben will, einen Fall der zweiten unter den von McCall ins Auge gefaßten drei Entwicklungsmöglichkeiten für Interpretationen der Modalsyllogistik darstellt. In McCall (1963), S. 96, heißt es nämlich:

> „We are left with three possibilities. Either (a) ... Or (b) the alternatives for a modal word to ‚modify a term' or ‚modify a proposition' are not exhaustive. Or (c) ...".

(Die unter (b) formulierte Alternative fällt ungefähr zusammen mit der Alternative von de-re- und de-dicto-Auffassung der aristotelischen Modalitäten.)

In der Tat will ich für die Annahme argumentieren, daß die logische Form einschlägiger Aussagen, welche Aristoteles unter Verwendung nur *eines* Modalausdrucks der griechischen Sprache formuliert, in der heute gebräuchlichen Notation durch Formeln ausgedrückt wird, die jeweils *zwei* Modaloperatoren enthalten; und zwar so, daß man zumindest in einer Reihe von Fällen von dem einen Modaloperator sagen könnte, er modifiziere eine Aussage, von dem anderen, er modifiziere einen Prädikatausdruck. Für allgemeine Notwendigkeitsaussagen lautet die – vorläufige – Strukturhypothese: A a_NB („A kommt allen B notwendigerweise zu") hat die Struktur

(*1*) $N\forall x(B(x) \supset NA(x))$,

und A e_NB („A kommt allen B notwendig nicht zu", „A kommt notwendig keinem B zu", „A kann keinem B zukommen") hat dementsprechend die Struktur

$$N\forall x(B(x) \supset N\neg A(x)).$$

Im System der Strukturhypothesen, wie es am Ende des Kapitels in der Liste LSF zusammengestellt ist, werden diese beiden Ausdrücke zwar ersetzt sein durch die endgültigen Strukturformeln

$$\forall xN(B(x) \supset NA(x))$$

und

$$\forall xN(B(x) \supset N\neg A(x)).$$

Unter geeigneten Voraussetzungen, von denen noch zu reden sein wird, sind die letzteren Formeln aber zu den ersteren respektive äquivalent. In (*1*) haben wir den Fall, daß der links stehende N-Operator das symbolische Gegenstück einer Aussage „modifiziert" und der weiter rechts stehende N-Operator eine atomare Aussageform „modifiziert", die als Gegenstück eines Prädikatausdrucks gelten kann.

Ich gehe von der Annahme aus, daß Aristoteles sich bei der Entwicklung seiner Modallogik und zur Klärung seiner im übrigen vielleicht durch Beispiele entwickelten logischen Intuitionen eines Hilfsmittels bedient, welches als Vorstufe einer „mögliche-Welten-Semantik" vom Kripke-Typ anzusehen ist. Als ungefähre Analoga möglicher Welten dienen Querschnitte durch den tatsächlichen (oder herstellbaren? oder vorstellbaren?) Weltverlauf zu bestimmten Zeitpunkten.[9] Die Rolle einer alethischen Alternativitätsrelation wird übernommen durch die Relation der zeitlichen Aufeinanderfolge. Eine ähnliche Auffassung drückt J. Hintikka in (1973) aus, wo er nämlich schreibt:

> „Aristotle was probably working with some sort of intuitive tense-logical model of possibility and necessity. What is possible was thought of by him as being realized at some point of a one-dimensional sequence of moments of time" (a. a. O., S. 145).

Von der Annahme, daß Aristoteles im Prinzip auf der Basis einer mögliche-Welten-Semantik zu argumentieren in der Lage ist, werde ich häufig und an wichtigen Stellen Gebrauch machen (z. B. in Kapitel III., Abschnitt 2.3., bei der Rekonstruktion des aristotelischen Arguments für die Gültigkeit von Barbara XKM). Ich will daher an diesem Punkt den Gedankengang unterbrechen, um als Beleg für die Triftigkeit dieser Annahme zu zeigen, wie sie sich bewährt bei der Analyse von *An. pr.* A15, 34a5–12. Einige Grundsätze, von denen ich mich bei den weiteren Überlegungen zur modalen Syllogistik leiten lasse, kann ich am besten darstellen, indem ich meine Auffassung der genannten Textstelle gegen die Position halte, welche G. Seel in (1982) dazu vorträgt und welche ich zunächst erläutern und kritisieren will.

2. Ein Gesetz der modalen Aussagenlogik in A15

Die Passage 34a5–12 lautet in der Übersetzung von Rolfes (1921)[10] (die Untergliederung durch Ziffern habe ich hinzugefügt; später werde ich stillschweigend ähnlich verfahren):

---

[9] Was ich zur Klärung der in der Parenthese aufgeworfenen Fragen sagen kann, findet der Leser zum einen in demjenigen Teil von III.2.3., in dem die dort mit den Ziffern (*31*) bis (*34*) gekennzeichneten Sätze betrachtet werden; zum anderen sind die Stellen in Kap. V. einschlägig, an denen ich das Thema „BE-Argumentation mit Fiktionen" behandle.

[10] Die Übersetzungen von E. Rolfes sind vielfach nicht befriedigend. Da eine Neuübersetzung des Texts der *Analytica priora* im Rahmen der vom Akademie-Verlag veranstalteten deutsch-

Wir stellen zuerst folgenden Satz auf: (1) wenn falls A ist, notwendig B ist, ist auch, falls A möglich ist, notwendig B möglich. (2) Denn nehmen wir an, bei einem solchen Verhältnis der Begriffe sei A möglich und B unmöglich. (3) Wenn nun das Mögliche, wann es möglich ist, werden kann, (4) und das Unmögliche, wann es unmöglich ist, nicht werden kann, (5) und in derselben Zeit, wenn A möglich, auch B unmöglich ist, (6) so kann A ohne B werden und, wenn werden, auch sein, (7) da das Gewordene, wann es geworden ist, ist.

Wie dieser „Satz" von Aristoteles verwendet wird, werden wir bei der Analyse der Argumente des Aristoteles für die Gültigkeit von Barbara XKM sehen. Dabei wird, nebenbei, erneut dasselbe deutlich, was schon mit aller wünschenswerten Deutlichkeit aus den Bemerkungen des Aristoteles in 34a16–24 hervorgeht: daß nämlich im Kontext der zitierten Passage A und B ausnahmsweise Aussagevariablen sind. Daher muß der Satz (2) in Rolfes' Übersetzung entsprechend korrigiert werden; es geht nicht um ein Verhältnis von Begriffen, und der griechische Wortlaut ist in der Tat neutral: οὕτως ἐχόντων = wenn sie, d. i. A und B, sich so verhalten, oder: wenn die Dinge sich so verhalten, in einem derartigen Fall. Aristoteles argumentiert hier offenbar für ein Gesetz, welches wir in der heute gebräuchlichen Notation entweder darstellen können in der Form

(*2*) wenn $\Vdash A \supset B$, dann $\Vdash MA \supset MB$

oder in der Form

(*3*) $\Vdash N(A \supset B) \supset (MA \supset MB)$

oder in der Form

(*4*) $\Vdash N(A \supset B) \supset N(MA \supset MB)$.

(Zur Entscheidung zwischen den Alternativen siehe die Hinweise unten S. 32 sowie S. 196.) Eine in unserem Zusammenhang interessante Frage besteht darin, was mit den Ausdrücken ὅτε, ὅτ' und ἅμα in 34a9 bzw. 34a10 zu machen ist (mit „wann" in (3), „wann" in (4) und „in derselben Zeit" in (5) der Übersetzung). In 34a8/9 ist zunächst davon die Rede, daß vom Möglichen dann, wenn (= zu dem Zeitpunkt, zu welchem) es möglich ist, daß es (der Fall) sei, das und das gelte. Im Griechischen: τὸ μὲν δυνατόν, ὅτε δυνατὸν εἶναι, ... Bei Rolfes: (3), „... das Mögliche, wann es möglich ist ...". Die deutsche Formulierung und ebenso wahrscheinlich die griechische ist vereinbar mit zwei Deutungen der hier vorgenommenen Bezugnahme auf

sprachigen Ausgabe der aristotelischen Schriften zur Zeit noch nicht vorliegt, halte ich es aber für zweckmäßig, für den deutschsprachigen Leser weiterhin von Rolfes' Arbeit Gebrauch zu machen. In Ausnahmefällen zitiere ich nach der Oxford-Übersetzung oder gebe eine eigene Übersetzung an.

einen bestimmten Zeitpunkt. Die Zeitbestimmung kann auf das Prädikat des Temporal- bzw. des Relativsatzes (auf das Prädikat des Satzes „wenn es möglich ist“ bzw. auf das Prädikat des Satzes „zu welchem es möglich ist“) bezogen werden, also auf „ist möglich“ bzw. im Griechischen auf δυνατόν oder δυνατόν ἐστιν; oder sie kann bezogen werden auf den von diesem Prädikat abhängenden Infinitiv, d. h. auf εἶναι im Griechischen; im Deutschen auf „daß es (der Fall) sei“. (Rolfes läßt den Infinitiv unübersetzt.) Machen wir den Punkt anhand eines Beispiels noch deutlicher! Wenn wir annehmen, daß es innerhalb der nächsten zehn Jahre (noch) möglich sei, daß die Nordsee (irgendwann) wieder in einen biologisch gesunden Zustand versetzt sei, oder wie wir dann eher formulieren würden: versetzt werde, dann können wir von dem Zeitpunkt oder dem Zeitraum reden, zu dem bzw. in dem es noch möglich sei, daß ... (während nach Ablauf dieses Zeitraums nach unserem Dafürhalten ohne Ergreifen geeigneter Maßnahmen sozusagen ein point of no return für die See erreicht sei). Und wenn wir annehmen, daß es möglich sei (z. B. jetzt), daß die Nordsee innerhalb der nächsten zehn Jahre wieder in einen biologisch gesunden Zustand versetzt werde, dann können wir ebenfalls von dem Zeitraum reden, in dem es möglich sei, daß die Nordsee zur Gesundung gebracht werde. Im ersten Fall führt der Möglichkeitsoperator explizit einen – relativ – definiten Zeitbezug bei sich, im zweiten Fall der Sachverhalt, auf den der Möglichkeitsoperator angewandt wird. Welche der beiden möglichen Auffassungsweisen soll nun für die in Rede stehenden Zeilen des Aristoteles-Textes zugrunde gelegt werden? Seel behandelt unsere Textstelle im Rahmen seiner Studie Seel (1982) über die aristotelische Modaltheorie auf den Seiten 202–204. In dieser Studie klammert Seel zwar die modale Syllogistik aus (vgl. dazu Seels „Vorbemerkung“ a. a. O., S. XIV), der wiederum unser Interesse gilt; aber naturgemäß gibt es einige thematische Überschneidungen. Seel votiert offenbar dafür, stellenweise die zweite der aufgewiesenen Möglichkeiten zugrunde zu legen, denn er schreibt, daß des Aristoteles Argument nur dann schlüssig sei, „wenn die Termini ‚δυνατόν‘ und ‚ἀδύνατον‘ in den folgenden Zeilen [gemeint sind die auf a5–8 folgenden Zeilen] ... – entsprechend dem ὅτε und dem ἅμα – teilweise *zeitgebundene* Möglichkeitsbegriffe bezeichnen“ (a. a. O. S. 203 f.). Zum Verständnis dieser Aussage ist es nötig zu wissen, daß Seel unter einem „zeitgebundenen Möglichkeitsbegriff“ einen solchen versteht, der als Operator auf eine zeitlich determinierte Größe angewandt ist (vgl. dazu a. a. O. S. 52, S. 199). Diese Auffassung zieht jedoch aus Seels Sicht für das hier zur Debatte stehende Argument eine Schwierigkeit nach sich. Dabei handelt es sich aber nicht wirklich um eine Schwierigkeit, das Problem hängt vielmehr nur an einer irreführenden, aber verbreiteten Art, die Wahrheitsbedingungen von Subjunktionen zu formulieren (eine Art, welche auch Seel im Sinn zu haben scheint). Man sagt häufig: „‚wenn A, dann B' ist genau dann falsch, wenn A der Fall und *gleichzeitig* B nicht der Fall ist". Oder für die im vorliegenden Zusammenhang einschlägige Art von Subjunktionen (Aristoteles spricht offensichtlich von Verhältnissen strikter Implikation im Unterschied zur bloß materialen „Implikation", denn in 34a5f. bzw. (1) der Übersetzung wird die Voraussetzung gemacht, daß, wenn A der Fall sei, mit – hypothetischer – Notwendigkeit B der Fall sei, daß also „notwendig: wenn A, dann B" gelte[11]): „‚notwendig: wenn A, dann B' ist genau dann falsch, wenn es möglich ist, daß A wahr und *gleichzeitig* B falsch (bzw. nicht der Fall) ist". Daß es um Konditionale der zweiten Art geht, war Seel sicherlich klar, wenn er es auch versäumt, das adäquat zum Ausdruck zu bringen. Denn Seel notiert bei der Behandlung unserer Aristoteles-Stelle symbolisch „A → B", und nach S. 7 seiner Studie, wo → als „Junktor" eingeführt und vom Zeichen der logischen Implikation unterschieden wird, sollte man eigentlich annehmen, daß → bei Seel nicht mehr bezeichnet als die materiale „Implikation".[12] Wenn man davon ausgeht, daß Vorder- und Hinterglied eines materialen Konditionals „wenn A, dann B" wahrheitsfähige und damit zeitlich determinierte Sachverhaltsausdrücke sind, besagt „A ist der Fall (ist wahr), und gleichzeitig ist B nicht der Fall (ist B falsch)"[13] nicht mehr, als daß eben A – schlechthin – wahr und dazu B – schlechthin – falsch ist. (Und analog für den Fall strikter Konditionale.)

Wie sieht nun Seels Schwierigkeit aus, die, wie mir scheint, aus der Vernachlässigung dieser Einsicht resultiert? Sei A möglich und B unmöglich oder nicht möglich (d. i. (2) der Übersetzung), und seien die beiden Vorkommnisse von „möglich" Vorkommnisse eines im Sinne Seels zeitgebundenen Möglichkeitsbegriffs. A und B sollen also Stellvertreter für Ausdrücke zeitlich determinierter Sachverhalte sein. Demnach könnte A stehen für einen Ausdruck vom Typ „Sokrates sitzt zu t", B für einen Ausdruck wie „Sokrates steht nicht zu t'" – wobei t und t' irgendwelche Zeitbestimmungen, z. B. Datie-

[11] Läuft Aristoteles' Resultat auf (*2*) hinaus, so ist hier ›notwendig‹ = ›logisch notwendig‹.

[12] In seiner Rezension der Studie Seels hat Weidemann darauf hingewiesen, daß dem Autor bei seinem Versuch einer symbolischen Explikation des aristotelischen Möglichkeitsbegriffs, der auf eine mit unserem Gesetz in enger Verbindung stehende Formel führt, der gleiche Fehler unterläuft, nämlich die Vernachlässigung des strikten Charakters des fraglichen Konditionals (Weidemann (1986), S. 116 n.42).

[13] Mitunter ist es sprachlich weniger aufwendig, von Sätzen zu reden, mitunter, von Sachverhalten zu reden. Ich möchte zwischen beiden Möglichkeiten hin und her wechseln können und lege daher nicht fest, ob eine Variable wie A stellvertretend für Sachverhalte oder für Sätze stehen soll. Die Begriffe der Wahrheit und des der-Fall-Seins verwende ich, einem eingeführten Gebrauch folgend, so, daß der erste für Sätze, der zweite für Sachverhalte in Frage kommt.

rungen, seien und der Fall zugelassen ist, daß diese Zeitbestimmungen sich auf verschiedene Zeitstellen beziehen. Nun wäre nach Seel zu zeigen, und das ist in der Tat die Struktur des aristotelischen Arguments, daß unter dieser Voraussetzung „notwendig: wenn A, dann B" falsch ist. Aus der Voraussetzung „A möglich, B unmöglich" folgt, sowohl bei Aristoteles als auch der Sache nach, daß es möglich ist, daß A der Fall und B nicht der Fall ist ((6) und (7) der Übersetzung). Falls man sich eines Zeitpunkte-Modells der Semantik der Modalitäten bedienen will, wie ich es für Aristoteles annehme (worin Seel S. 203f. offenbar Aristoteles folgt), kann man die Sache so ausdrücken, daß sich ergibt: für irgendeinen Zeitpunkt $\bar{t}$ gilt, daß zu ihm, erstens, A der Fall ist und, zweitens, B nicht der Fall ist. Sind nun A und B bereits zeitlich determiniert, so tut die Bestimmung des der-Fall-Seins-*zu-$\bar{t}$* nichts mehr zur Sache: daß es zu $\bar{t}$ z.B. der Fall ist, daß Sokrates zu t sitzt, ist gleichbedeutend damit, daß Sokrates zu t sitzt; und daß es ebenfalls zu $\bar{t}$ nicht der Fall ist, daß Sokrates zu t′ nicht steht, ist gleichbedeutend damit, daß Sokrates zu t′ steht. Daher kann man, wenn t′ ≠ t ist, *nicht* darauf schließen, daß es einen Zeitpunkt gibt von der Art, daß zu diesem Zeitpunkt Sokrates sitzt und zu eben diesem Zeitpunkt Sokrates steht. Demnach hätte man, und darin scheint Seels Schwierigkeit zu bestehen, nicht erschlossen, daß „notwendig: wenn A, dann B" falsch ist (was einer reductio ad absurdum gleichgekommen wäre). Denn man hätte nicht erschlossen, daß es möglich (zu einem Zeitpunkt der Fall) ist, daß A der Fall *und gleichzeitig* B nicht der Fall ist. In der Tat schreibt Seel:

> „... es gibt keinen Sinn, an dieser Stelle [gemeint ist: τὸ δ' ἀδύνατον, ὅτ' ἀδύνατον in 34a9f., (4) der Übers.] die Unmöglichkeit des B zeitlich zu binden, da dann nicht mehr sichergestellt ist, daß die Unmöglichkeit von B *an denselben Zeitpunkt* gebunden ist wie die Möglichkeit von A" (Seel (1982), S. 202 n.77; Hvhbg. U.N.).

Tatsächlich besteht kein Problem darin, auch B als zeitlich determiniert und sogar auf einen anderen Zeitpunkt als A bezogen zu denken. Wir können dann, um es für das Beispiel auszusprechen, zwar nicht unter der Annahme (2) sagen, daß es einen Zeitpunkt gibt, zu dem Sokrates sitzt und (nicht nicht) steht, wohl aber, daß es einen Zeitpunkt (eine mögliche Welt) gibt, zu dem (resp. in der) gleichzeitig – und das heißt eben nicht mehr als: sowohl das erste als auch das zweite von dem Folgenden – Sokrates zu t sitzt und nicht Sokrates zu t′ nicht steht; und dies würde bedeuten: „Sokrates sitzt zu t" impliziert nicht strikt „Sokrates steht nicht zu t′", wie gewünscht. Wenn A und B als zeitlich determiniert angenommen werden, geht es nun einmal – im Beispiel – um das Konditional „(notwendig:) wenn Sokrates zu t sitzt, steht Sokrates nicht zu t′", und nicht um das Konditional „(notwendig:)

wenn Sokrates sitzt, dann steht Sokrates nicht". Selbstverständlich hat das zweite Konditional viel bessere Chancen als das erste, tatsächlich als wahr zu gelten; aber es geht darum zu zeigen, daß MA ∧ ¬MB oder auch – der Version (*4*) entsprechend – M(MA ∧ ¬MB) falsch ist, *wenn* N(A ⊃ B) wahr ist.

Ich halte fest, daß man das aristotelische Argument in Wirklichkeit nicht mit einem Problem von der Art des von Seel vermeinten belastet, falls man die Annahme macht, A und B seien durchgängig zeitlich determinierte Sachverhalte. Eine Schwierigkeit erzeugt man dann, wenn man an irgendeiner Stelle A als zeitlich determiniert annimmt (wie Seel es tut für τὸ μὲν δυνατόν, ὅτε δυνατὸν εἶναι in 34a8/9) und dann gleichzeitig annimmt, daß in dem in Rede stehenden Konditional Antezedens und Sukzedens zeitlich *in*-determiniert seien. In der Tat: aus „es ist möglich, daß Sokrates zu t sitzt" kann man nur dann auf „es gibt (möglicherweise) einen Zeitpunkt, zu dem Sokrates sitzt und Sokrates steht" schließen, wenn man nicht als weitere Voraussetzung bloß hat „es ist unmöglich, daß Sokrates zu t′ nicht steht", sondern wenn man darüber hinaus hat „es ist unmöglich, daß Sokrates zu *irgendeinem* Zeitpunkt nicht steht". Wenn ein Modaloperator auf einen propositionalen Ausdruck angewandt wird, der z. B. in dieser Weise auf die *Gesamtheit* aller Zeitstellen bezogen ist – wobei diese Bezugnahme im Beispielsatz explizit erfolgt, aber auch implizit erfolgen kann, indem überhaupt nicht von irgendwelchen Zeiten die Rede ist –, dann spricht Seel von einem „nicht-zeitgebundenen" Modalbegriff. Man vergleiche dazu wieder Seel a. a. O., S. 52 und S. 199, und beachte S. 52 das Beispiel, bei welchem der Ausdruck hinter dem Modaloperator wie in unserem obigen Beispielsatz eine zeitliche Existenzquantifikation darstellt. Und dementsprechend fordert Seel an der zitierten Stelle S. 202 n.77, in „B ist unmöglich" den Modalausdruck im erklärten Sinne als nicht-zeitgebunden aufzufassen. Dies veranlaßt Seel dazu, am Ende der Ross'schen Zeile a9 nicht ὅτ' (für ὅτε) zu lesen, sondern ὅτι anzusetzen (dem entspräche in (4) der Übers. „weil" statt „wann"). Ich habe gezeigt, daß dieses Abweichen vom überlieferten Text zunächst nicht nötig ist, weil Seels Problem der Sache nach und, wie ich meine, auch für Aristoteles sich nicht stellt. Noch dazu ist Seels Ausweg aus der eher selbstgemachten Schwierigkeit unbefriedigend genug. Denn wir hätten es mit recht inkonsistenten Begriffsverwendungen zu tun, falls, wie Seel unterstellt, „die Termini ‚δυνατόν' und ‚ἀδύνατον' in a5–8 die nicht-zeitgebundenen Begriffe des Möglichen und des Unmöglichen, in den folgenden Zeilen aber – entsprechend dem ὅτε und dem ἅμα – teilweise zeitgebundene Möglichkeitsbegriffe bezeichnen" (a. a. O., S. 203f.) – und zwar „teilweise" offenbar deshalb, weil δυνατόν in a9 gebunden sein soll, ἀδύνατον ebenfalls in a9 aber weiterhin nicht-gebunden sein soll. Auch kann man klarerweise nicht ohne weiteres davon ausgehen, daß, wenn zunächst – in 34a7/8, (2) der Übersetzung – die Möglichkeit von A im Sinne der Nicht-Gebundenheit vorausgesetzt wird, dann auf eine entsprechende zeitgebundene Modalaussage geschlossen werden könne. So stellt Seel es sich vor, wenn er a. a. O. S. 204 schreibt:

> „Somit müssen A und B zunächst die nichtzeitgebundenen Modi der Möglichkeit resp. der Unmöglichkeit zugesprochen werden, um dann mit Hilfe *der von diesen Modalbegriffen implizierten Modalbestimmtheiten* den Beweis zu führen ..." (Hvhbg. U.N.).

Wenn nämlich „möglicherweise A" auch in dem Sinne nicht-zeitgebunden sein kann, daß A für eine temporale *Existenz*-Quantifikation $\exists t\mathfrak{A}[t]$ steht wie z. B. für „möglicherweise sitzt Sokrates irgendwann" – und diese Art der Bezugnahme auf die Gesamtheit aller Zeitstellen räumt Seel ausdrücklich ein –, dann folgt aus „möglicherweise A" in der Regel *nicht* für irgendeine definite Zeitbestimmung t_0 die Aussage „möglicherweise $\mathfrak{A}[t_0]$".

Sehen wir also zu, wie weit wir im Verständnis des aristotelischen Arguments kommen, wenn wir gegen Seel den mit ὅτε am Anfang der Zeile 34a9 des Ross'schen Texts formulierten Zeitbezug dem Möglichsein selbst zuordnen statt dem, von welchem das Möglichsein ausgesagt wird; und wenn wir ebenfalls gegen Seel und mit Ross am Ende der Zeile a9, einem Zweig der Überlieferung gemäß, ὅτε lesen und dies ὅτε in Analogie zu ὅτε am Beginn derselben Zeile interpretieren. Seel würde dann hier von einer zeitlichen Indizierung der „reinen" Modi der Möglichkeit und Unmöglichkeit sprechen.

Zur Erläuterung der Terminologie Seels sei an dieser Stelle folgendes gesagt. Seel unterscheidet – anknüpfend an N. Hartmann (1949) – „reine Modi" und „Hilfsmodi". Ein reiner Modus soll z. B. der Modus der Möglichkeit heißen. Der Hilfsmodi sind zwei, nämlich das der-Fall-Sein und das nicht-der-Fall-Sein. Reine Modi sollen zur Gewinnung von „relationalen Modi" an Hilfsmodi gebunden werden können. Gemeint ist z. B. der Übergang von Möglichkeit und nicht-der-Fall-Sein zum relationalen Modus des möglicherweise-nicht-der-Fall-Seins (vgl. Seel (1982), S. 49, S. 51 f.). Sowohl reine als auch Hilfsmodi sollen zeitlich indiziert sein können. In der Terminologie Seels gehen wir also in der Tat von einer zeitlichen Indizierung der reinen Modi aus, unabhängig von der Frage einer zeitlichen Indizierung der Hilfsmodi, auf welche die reinen Modi bezogen sind.

Von Seels Position aus läge es sicherlich nahe hiergegen einzuwenden, daß das aristotelische Argument bei einem derartigen Verständnis als eines angesehen werden müßte, das nur für diese besondere Unterart von Modalbegriffen – solche mit zeitlicher Indizierung des reinen Modusanteils –

durchgeführt wird und damit in seiner Allgemeinheit ziemlich stark eingeschränkt ist. Eine solche Konsequenz würde ich allerdings nur ungern in Kauf nehmen. Ich bin der Auffassung, daß es in manchen Studien zur aristotelischen Modaltheorie und Modallogik eine nicht fruchtbare, oder eine jedenfalls in logischer Hinsicht nicht fruchtbare, Tendenz gibt, Aristoteles die Verwendung einer Fülle verschiedener Modalbegriffe zu unterstellen und auf diese Weise an ein Lehrstück wie die modale Syllogistik, das mir so unüberschaubar gar nicht zu sein scheint, Komplikationen heranzutragen, die den Blick auf das Wesentliche verstellen können. Von dieser Tendenz wird auch später bei der Analyse von A3 zu sprechen sein. Seel scheint mir in zu starkem Maße dieser Tendenz zur inflationären Vermehrung der Modaloperatoren zu folgen. Ich sehe keinerlei Anlaß, einen Operator der Möglichkeit des der-Fall-Seins von einem der Möglichkeit des nicht-der-Fall-Seins zu unterscheiden (vgl. a. a. O. S. 246). Wir haben zunächst *einen* Möglichkeitsoperator oder Möglichkeitsbegriff, der auf Sätze oder Sachverhalte angewandt werden kann, und diese Sätze können Negationen sein oder nicht sein.

Unbeschadet dessen ist es richtig, daß, erstens, inhaltliche Differenzierungen des Begriffs der Möglichkeit möglich und in unserem Sprachgebrauch ebenso wie im aristotelischen tatsächlich aufweisbar sind; aber diese Differenzierungen sind auf einer anderen Ebene anzusiedeln als auf der Ebene der „Bindung an den positiven oder den negativen Hilfsmodus". Wir können beispielsweise davon sprechen, daß ein Sachverhalt schlechthin möglich sei, und damit meinen, daß er – etwa relativ zu irgendeiner im Bedarfsfall anzugebenden nicht-modalen Logik – logisch möglich sei. Wir können aber auch davon sprechen, daß ein Sachverhalt A zu einem bestimmten Zeitpunkt t möglich sei oder möglich gewesen sei, und damit meinen: gewisse zu t als Tatsachen feststehende oder akzeptierte empirische Sachverhalte – deren Auswahl in konkreten Redesituationen näher zu bestimmen wäre – schließen A nicht aus.

Trifft man übrigens zur Spezifizierung solcher Begriffe der „relativen" Möglichkeit keine echten Auswahlen, sondern zieht die Gesamtheit alles dessen in Betracht, was zu t der Fall ist oder war, kann man – eventuell nach der Einführung einiger Zusatzannahmen – verhältnismäßig bizarre Modalbegriffe erhalten wie die von N. Hartmann favorisierten, deren nicht durchgängiges Vorhandensein bei Aristoteles Hartmann glaubte kritisieren zu müssen. Ich meine solche Modalbegriffe, für welche die Relation gilt, daß A genau dann möglich ist, wenn A notwendig ist. (Vgl. Hartmann (1949), S. 167–186; ferner Wolf (1979), Teil I, Kap. I., über die Beziehung zwischen aristotelischem und megarischem Möglichkeitsbegriff.) Wählt man dagegen z. B. einen geeigneten Bestand von Naturgesetzen aus, erhält man so etwas wie den vernünftigen Begriff des physikalisch Möglichen.

Zweitens ist klar, daß es sein kann, daß ein jeder der in Frage kommenden Möglichkeitsbegriffe ein Feld von Anwendungsfällen abdeckt, welches in mehrere Typen zerfällt; und zwar so, daß das Vorliegen der betreffenden Möglichkeit für die Elemente der verschiedenen Typen je unterschiedlich begründet werden kann. Daß es für einen bestimmten Greis z. B. (naturgesetzlich) kontingent ist, daß er jetzt ergraut ist, wird man vielleicht damit begründen, daß zwar einer biologischen Tendenz nach die Menschen in der Regel im Alter ergrauen, daß es aber auch immer einmal wieder Ausnahmen von dieser Regel gibt. Daß es für ihn, quasi in noch höherem Maße, kontingent ist, daß er im Garten und nicht im Haus sitzt, kann man mit dem Hinweis begründen, daß jeder Mensch nach Belieben das eine ebenso gut wie das andere tun kann. (Vgl. die Unterscheidung in A13, 32b4–13, zwischen dem meistens und dem ganz regellos oder zufällig Geschehenden, ὡς ἐπὶ τὸ πολύ und ἀπὸ τύχης γινόμενον.) Wichtig ist, daß es eine Logik zu geben scheint, die für alle diese Spezies von Möglichkeitsbegriffen (und von den damit jeweils zusammenhängenden Kontingenz- und Notwendigkeitsbegriffen) Geltung hat. Auch Seel äußert immerhin die Einschätzung, daß „in der Regel ... die ... Intermodalgesetze der generellen Modi auch für die einzelnen Modalbegriffsarten [gelten]" (Seel (1982), S. 190; vgl. auch a. a. O. S. 207, 3.).

Es scheint mir vernünftig, sich in der Tat zunächst einmal an dem Grundsatz zu orientieren, daß Aristoteles da, wo er explizit Modallogik treibt, *eine* Logik entwickelt, die im erläuterten Sinne invariant ist gegenüber Spezies-Übergängen und gegenüber verschiedenen Typen von Anwendungsfällen für Modalbegriffe. In Verbindung damit halte ich es weiter für vernünftig, z. B. in allen den Fällen, in denen Aristoteles Modalbegriffe mit Zeitbestimmungen in einen Zusammenhang bringt, zumindest mit der Möglichkeit zu rechnen, daß gilt: es werden nicht neue Typen von objektsprachlichen Sätzen in die Argumentation eingeführt (die etwa mittels neuer Typen irgendwie zeitlich modifizierter Modalbegriffe gebildet sind, für die womöglich eine je eigene Logik gilt), sondern die involvierten Zeitbestimmungen sind ein Ausdruck dafür, daß in einer bestimmten Weise metasprachlich-semantisch argumentiert wird. In einer Weise nämlich, die in Analogie zu Argumentationen verläuft, wie sie vom mögliche-Welten-Standpunkt aus zu führen wären.

Diese Grundsätze bewähren sich jedenfalls schon einmal bei dem hier zur Diskussion stehenden Argument. Denn es ist kein Problem, das aristotelische Argument in Übereinstimmung mit diesen Grundsätzen befriedigend so zu rekonstruieren, daß es sich als Bestandteil einer „generellen Modaltheorie", um diesen Terminus Seels aufzugreifen, erweist, und dabei gleichzeitig die temporalen Ausdrücke von 34a9/10 doch als eine Art von zeitlichen Relativierungen der Modalausdrücke selbst aufzufassen. Ein Schlüssel zu dieser Rekonstruktion liegt vielleicht in der Beachtung der Möglichkeit, daß, was Aristoteles in 34a5–12 beweisen will, auf die Alternative (*4*) hinausläuft; also auf den Beweis der Gültigkeit einer Subjunktion, deren Hinterglied die Form *N*(MA ⊃ MB) hat. Denn es heißt ja: „falls A möglich ist, [ist] *notwendig* B möglich" ((1) der Übers., Hvhbg. U. N.). Freilich ist mit dem sprachlichen Material auch die Möglichkeit vereinbar, daß ἐξ ἀνάγκης (≈ notwendig) hier die Notwendigkeit des Folgens von MA ⊃ MB aus N(A ⊃ B) ausdrückt. Hintikka hält (*4*) für die wahrscheinlichere unter den Alternativen (*3*) und (*4*). Für diese Einschätzung und für Argumente, die zu ihren Gunsten sprechen, beachte man Hintikka (1973), S. 60, und die dortigen Verweise. Auf die zuerst genannte Möglichkeit geht Seel leider ebensowenig ein wie auf die Tatsache, daß das Vorderglied des Konditionals in jedem Fall als von der Form *N*(A ⊃ B) anzunehmen ist. (Falls wir uns an der Version (*2*) des aristotelischen Satzes orientieren: „‖— A ⊃ B" bedeutet soviel wie die Wahrheit von N(A ⊃ B) mit N als Ausdruck *logischer* Notwendigkeit.) Vom mögliche-Welten-Standpunkt aus würden wir folgendermaßen für die Gültigkeit von (*4*) argumentieren. Angenommen, N(MA ⊃ MB) ist falsch (in einer beliebigen Bezugswelt x_0 einer beliebigen relational-frame-Struktur), das heißt: in einer (relativ zu x_0) möglichen Welt (sagen wir, in x_1) ist MA ⊃ MB falsch, das heißt: dort (in x_1) ist MA wahr und MB falsch. In einer Zeitstellen-Variante der mögliche-Welten-Semantik hätte die entsprechende Formulierung zu lauten: zu einem Zeitpunkt (etwa zu t_1) ist MA wahr und MB falsch, das heißt: zu *einem* Zeitpunkt – dies auszudrücken könnte ἅμα in 34a10 gesetzt sein – ist A möglich und B unmöglich. So finden wir den Sachverhalt bei Aristoteles ausgedrückt (in 34a10, (5) der Übers.). Weiter im Argument: wenn A in einer Welt (hier: in x_1) möglich ist, wird A auch in einer (relativ zu x_1) möglichen Welt (sagen wir, in x_2) der Fall sein, oder im temporalen Idiom ausgedrückt: wenn A zu einem Zeitpunkt (t_1) möglich ist, dann wird A zu diesem Zeitpunkt auch werden (34a8f., (3) der Übers.); das heißt, falls zu werden ist, zu irgendeinem zukünftigen Zeitpunkt zu sein: A wird zu irgendeinem von diesem Zeitpunkt (t_1) aus gesehen zukünftigen Zeitpunkt (zu t_2 mit $t_2 > t_1$) der Fall sein.

Ich gehe hier also davon aus, daß in der Zeitstellen-Version das Analogon der Relation, eine mögliche Alternative von … zu sein, die Relation ist, ein späterer Zeitpunkt als … zu sein. Tatsächlich findet man bei Aristoteles Formulierungen, die zeigen, daß er die Vorstellung hat, Möglichkeit sei immer die Möglichkeit des der-Fall-Seins zu einem höchstens späteren Zeitpunkt. Ein Beispiel ist *De caelo* A12, 283b13f., es gibt keine Möglichkeit des gewesen-Seins, sondern nur des Seins oder sein-Werdens.

Die Relation, ein späterer Zeitpunkt zu sein als, ist transitiv. Das modallogische System S4 kann man den Bemerkungen in Kapitel I. zufolge semantisch so charakterisieren, daß es durch eine relational-frame-Semantik erzeugt wird, bei der die Alternativitätsrelationen transitiv sind. Wir sollten daher im folgenden auf mögliche Beziehungen achten zwischen S4 bzw. PL + S4 und dem System der aristotelischen Modallogik.

Wenn B in derselben Welt (in x_1) unmöglich ist, in der A möglich ist, wird B in keiner (relativ zu x_1) möglichen Welt (und insbesondere nicht in x_2) der Fall sein; in der Zeitstellen-Version ausgedrückt: wenn B zu einem Zeitpunkt (hier: zu t_1) unmöglich ist, dann wird B zu diesem Zeitpunkt nicht werden (34a9f., (4) der Übers.), das heißt: B wird nicht zu irgendeinem von diesem Zeitpunkt aus gesehen zukünftigen Zeitpunkt der Fall sein (insbesondere wird B zu t_2 nicht der Fall sein). Also gibt es eine (relativ zu x_1) mögliche Welt (x_2), in der A der Fall und B nicht der Fall ist. Das heißt, es gilt (in x_0), daß es möglich ist, daß $A \wedge \neg B$ möglich ist, oder in der Zeitstellen-Version: es gilt (zu t_0), daß es möglich (hier: der Fall zu t_1) ist, daß $A \wedge \neg B$ wird (hier: zu t_2 der Fall ist) – und dies ist 34a11 ((6) der Übers.). Wenn wir S4 zugrunde legen, haben wir damit: es gilt (in x_0), daß $A \wedge \neg B$ möglich ist, bei Aristoteles: A kann ohne B sein (34a12, (6) der Übers.). Und damit wäre $N(A \supset B)$ falsch (in x_0), was zu zeigen war.

Sicherlich müssen wir die Möglichkeit einräumen, daß, was Aristoteles beweist, lediglich auf die schwächere Alternative (*3*) hinausläuft, oder auf das noch schwächere (*2*) (aus $\Vdash A \supset B$ folgt für T $\Vdash N(A \supset B)$). Bei der Analyse der Argumentation für Barbara XKM in III.2.3. werden wir sehen, daß Aristoteles mit (*2*) auskommt – falls meine Rekonstruktion jener Argumentation zutrifft. Wir müssen dementsprechend die Möglichkeit einräumen, daß der durch ἅμα in 34a10 (der durch „in derselben Zeit" in (5) d. Übers.) eingeleitete Teilsatz lediglich auf diejenige Annahme hinausläuft, welche im Rahmen eines mögliche-Welten-semantischen Arguments lauten würde, daß – in der Ausgangswelt – MA wahr und MB falsch ist. Aristoteles hätte sich dann der Ausdrucksweise bedient, allerdings ohne schädliche Auswirkungen, von der ich S. 25 sage, daß sie etwas in die Irre führen kann. Es könnte sogar sein, daß ἅμα nicht mehr besagen soll, als daß zu den zwei im Konditionalsatz von 34a8–11 schon aufgezählten Bedingungen ((3) und (4) der Übers.) noch eine weitere dazugenommen wird: wenn das und das gilt, und wenn dazu – oder eben: und wenn zugleich – noch dies gelten sollte, dann ... Allerdings glaube ich, daß, wie sich dies auch immer verhalten mag, wenig Zweifel daran bestehen kann, daß der wesentliche Schritt des aristotelischen Arguments in dem Schluß von $MA \wedge \neg MB$ bzw. von $MA \wedge N\neg B$ auf das der-Fall-Sein von $A \wedge \neg B$ in einer Alternative besteht. Und das ist, worauf es mir hier vor allem ankommt.

3. *Allgemeine Notwendigkeitsaussagen, Fortsetzung*

Ich habe mich für die Arbeitshypothese ausgesprochen, daß Aristoteles auf der Grundlage einer in temporale Termini gekleideten mögliche-Welten-Semantik modallogisch zu argumentieren und dabei von entsprechenden Deutungen der Modaloperatoren Gebrauch zu machen in der Lage ist. Ich mache weiter die Annahme, daß der Notwendigkeitsoperator, auf eine atomare Aussage oder auf die Negation einer solchen angewandt, bei Aristoteles die Funktion haben kann, so etwas wie das essentielle Zukommen bzw. das essentielle nicht-Zukommen einer Eigenschaft auszudrücken. Davon soll gleich noch die Rede sein. Dies beides vorausgesetzt, kann man sagen, daß der Inhalt einer Aussage vom Typ (*1*) ungefähr auf folgendes hinausläuft:

(*1'*) Für alle Zeitpunkte (vom jetzigen oder von jedem beliebigen an) gilt: was immer zu einem dieser Zeitpunkte die Eigenschaft B hat, hat zu demselben Zeitpunkt die Eigenschaft A, und zwar hat es diese Eigenschaft A dann essentiell.

(*1'*) dürfte von (*1*) jedenfalls impliziert werden. Die Umkehrbarkeit der Implikationsbeziehung steht allerdings in Frage, wenn man (*1'*) als Aussage nimmt, die tatsächlich über Zeitpunkte und Gegebenheiten der realen Welt zu diesen Zeitpunkten quantifiziert.[14] Wenn die Semantik der zeitlichen Querschnitte nur eine behelfsmäßige Vorstufe einer wirklich adäquaten Semantik für N darstellt, dann insofern, als die Klasse der möglichen Welten einer solchen adäquaten Semantik mehr umfassen kann als die Gegebenheiten der faktischen Weltgeschichte zu verschiedenen Zeitpunkten. Freilich hat man darüber diskutiert, ob Aristoteles ein „Prinzip der Fülle" („principle of plenitude") für richtig gehalten haben könnte, demzufolge gelten würde: alles, was möglich ist, wird zu irgendeinem Zeitpunkt der tatsächlichen Weltgeschichte real. (Für diese Diskussion verweise ich auf Hintikka (1973), Kap. V: „Aristotle on the Realization of Possibilities in Time".)

Will man die Argumente einigermaßen nachvollziehen können, die Aristoteles oft zur Begründung von Nichtgültigkeitsbehauptungen vorbringt, so muß man eine Vorstellung davon entwickeln, was essentielles Zukommen im Gegensatz zu akzidentiellem Zukommen sein könnte – unabhängig davon,

---

[14] Wir können von einem Individuum aussagen, daß es eine Eigenschaft *zu einem Zeitpunkt t* habe, und wir können im wesentlichen dasselbe von ihm aussagen, indem wir davon sprechen, daß es jene Eigenschaft *bei der zu t bestehenden Weltverfassung* habe. Die erste Art zu reden ist natürlicher, die zweite Art kommt den in der modernen Modallogik üblichen Formulierungen näher. Wegen der Gleichwertigkeit beider Redeweisen unterscheide ich hier und im folgenden nicht streng zwischen Zeitpunkten und den Gegebenheiten zu solchen Zeitpunkten.

ob man letztlich den Essentialismus als philosophische Position überhaupt haltbar findet. Denn Aristoteles arbeitet in diesen Fällen gern mit natürlichsprachlichen Einsetzungsinstanzen der betreffenden Formeln; es kann dann vorkommen, daß man zur Beurteilung eines in solcher Weise angelegten Arguments z. B. eine Meinung dazu haben muß, ob es wahr ist oder falsch, daß jedes irgendwann bewegte Ding dann, wenn es bewegt ist, essentiell bewegt ist. Für diese Zwecke kann man sich an den Vorschlägen Plantingas und Kripkes orientieren. Im übrigen hätte man zur strengen externen Verifikation aristotelischer Nichtgültigkeitsbehauptungen vor allem auf falsifizierende Interpretationen in geeigneten formalen Semantiken zurückzugreifen, welche die mathematisch exakt faßbaren Gegenstücke von natürlichsprachlichen Einsetzungsinstanzen sind. Oft kann man sich aber mit viel weniger aufwendigen Betrachtungen begnügen, und von dieser Möglichkeit werde ich Gebrauch machen. A. Plantingas Vorschlag ist: das Individuum x hat die Eigenschaft F essentiell, wenn x in jeder möglichen Welt, in der x existiert, F hat (Plantinga (1974), S. 56). Kripke: x hat F essentiell, wenn x nicht dasselbe Individuum, das es ist, wäre, falls x F nicht hätte. Für Kripke ist etwa die Eigenschaft von Objekten im Raum, aus Molekülen zu bestehen oder sogar aus ganz bestimmten individuellen Molekülen zu bestehen, ein guter Kandidat für eine Eigenschaft, die, wenn sie zukommt, essentiell zukommt. Und dafür argumentiert Kripke in (1980) z. B. so:

> „This table is composed of molecules. ... could anything be *this very object* and not be composed of molecules? Certainly there is some feeling that the answer to that must be ‚no' ..." (a. a. O. S. 47, vgl. auch S. 126; Hvhbg. U. N.).

Zugunsten der Hypothese, daß, zumindest in einigen Zusammenhängen, aristotelische allgemeine Notwendigkeitsaussagen diese beiden Notwendigkeitskomponenten – man kann von einer Regularitätskomponente und von einer Essentialitätskomponente sprechen – in sich miteinander verbinden, die in (*1*) auch syntaktisch repräsentiert sind, möchte ich die folgenden Beobachtungen (1) bis (7) anführen.

(1) Aus Kapitel A6 der *Analytica posteriora* geht hervor, daß Aristoteles der Gedanke einer solchen Kombination von Notwendigkeitsanteilen, wie ich sie eben beschrieben habe, jedenfalls vertraut war und daß er mit ihm, jedenfalls in dem betreffenden Kontext, auch gearbeitet hat. Die einschlägigen Stellen habe ich ausführlich in Nortmann (1990) besprochen, ich beschränke mich deshalb hier auf eine kurze Zusammenfassung des Wesentlichen.

In A6 erfahren wir, daß diejenigen Sätze, um deren Wahrheit man aufgrund eines gewissen Anforderungen genügenden wissenschaftlichen Arguments (ἀπόδειξις) weiß, kurz: um deren Wahrheit man apodiktisch (ἀποδεικτικῶς) weiß, es sind, von denen man auch weiß, warum sie wahr sind und daß sie notwendig wahr sind (75a12–15). Und weiter heißt es in 75a31–33, daß bestimmte Arten von Prädikationen nicht apodiktisch gewußt werden und daher, wie man wird sagen dürfen, nicht notwendig sind auch dann, wenn sie „immer sind". Daß sie „immer" seien, gilt hier anscheinend als eine Bedingung, welche notwendige Prädikationen auf jeden Fall erfüllen müssen. Aber die Erfüllung dieser Bedingung allein wird nicht als hinreichend für Notwendigkeit angesehen. Solche Prädikationen nämlich, in denen den Exemplaren eines Subjektsbegriffs nicht eine ihnen „an sich" zukommende Eigenschaft, ein καθ' αὑτὰ ὑπάρχον, sondern lediglich ein gemeinsames Akzidens (συμβεβηκός) zugesprochen wird, werden, so heißt es, nicht apodiktisch gewußt. Mit Prädikationen, die „immer sind", sind zweifellos die κατὰ παντός-Prädikationen von *An. post.* A4 gemeint, also Prädikationen, die nicht einmal gelten, ein andermal aber nicht (73a28f.). Auch in A4 wird über Notwendigkeit gesprochen: dasjenige (genau das?), was allgemein (≈ καθόλου) ist, kommt den Dingen mit Notwendigkeit zu (73b27f.). Das Allgemeine wurde zuvor als dasjenige bestimmt, was sowohl allgemein im Sinne des „von jedem" (κατὰ παντός) ist als auch eine „an sich"-Prädikation darstellt (73b26f.). Demnach werden als notwendig wahr (nur) solche Aussagen über Umfangsverhältnisse zwischen Prädikaten anerkannt, für die sowohl gilt, daß die betreffenden Umfangsverhältnisse über alle Zeitpunkte erstreckt bestehen, als auch, daß die prädizierten Eigenschaften ihren Trägern nicht akzidentiell, sondern essentiell zukommen. Nun kann man zwar vielleicht nicht ohne weiteres davon ausgehen, daß die Bedingungen für die Notwendigkeit der Wahrheit irgendwelcher modalfreier Aussagen – und modalfreie Aussagen dürften es sein, die Aristoteles als Bestandteile von ἀποδείξεις im Sinn hat – automatisch die Bedingungen der Wahrheit entsprechender (objektsprachlicher) Notwendigkeitsaussagen sind. Einen engen Zusammenhang wird man aber zunächst einmal vermuten dürfen. Die Auszeichnung solcher Prädikationen als notwendigerweise wahr, welche Kombinationen von κατὰ παντός- und καθ' αὑτό-Prädikationen sind, bestätigt dann unsere Annahme über die Struktur allgemeiner Notwendigkeitsaussagen insofern, als sich aufgrund dieser Struktur für solche Aussagen entsprechende Wahrheitsbedingungen ergeben.

(2) Angenommen, unsere Strukturhypothese wäre insofern falsch, als aristotelische allgemeine Notwendigkeitsaussagen nur die Regularitätskomponente aufweisen. Wir wollen uns nun zwei Argumente vom BE-Typ ansehen, um in Verbindung damit zu zeigen, daß sich aus dieser Annahme interne Schwierigkeiten für die Modalsyllogistik ergeben. Zunächst will ich aber in

einem etwas längeren Exkurs noch einige Bemerkungen voranschicken, die mir angezeigt scheinen, um eine mögliche Konfusion im Zusammenhang mit solchen Argumenten zu verhindern.

BE-Argumente gehen im großen und ganzen so vonstatten, daß syllogistische Argumentformen (wie z. B.: $\begin{array}{c} A\ a_N B \\ \underline{B\ a_N C} \\ A\ a_N C \end{array}$) dadurch in Argumente, also in Folgen von Sätzen, überführt werden, daß für die Prädikatvariablen (wie A, B, C) konkrete Prädikate substituiert werden. Ich greife hier und im folgenden etwas vor und stelle die Dinge, soweit BE-Argumente thematisiert werden, teilweise vergröbert dar; für eine detaillierte Behandlung des Instruments der BE-Argumente verweise ich auf Kapitel V. Diese Substitutionen haben so zu geschehen, daß man etwas über die Wahrheitswerte der durch sie gewonnenen Sätze sagen kann, um damit wiederum etwas sagen zu können über die Gültigkeit bzw. über die Nichtgültigkeit der Argumentformen, von denen man ausgegangen war. Angenommen, wir haben es beispielsweise mit einer Argumentform zu tun, in der eine assertorische Prämissenformel wie B a C vorkommt. Diese Formel wäre also, so scheint das Verfahren gedacht zu sein, durch geeignete Substitutionen für B und C in einen *wahrheitsfähigen* Satz zu überführen. Dies kann eigentlich nur geschehen, indem für B und C zeitlich indizierte Prädikate eingesetzt werden. Denn welches sollte anders der Wahrheitswert eines Satzes wie „alle Bewohner des Hauses ...straße Nr. ... sind Studenten" sein, falls wir diesen Satz wirklich als einen der Modalität X und nicht bereits als einen solchen auffassen wollen, der implizit eine zeitliche Generalisierung enthält?[15] Wir werden, wenn wir diesen Satz auswerten wollen, fragen müssen, um die Bewohner des betreffenden Hauses zu welcher Stichzeit es denn gehen soll und um deren eventuellen Studentenstatus zu welcher Zeit. G. Frege hat sich, diese Dinge betreffend, so ausgedrückt, daß in einem Satz mit Vorkommnissen der Kopula, wenn dieser Satz den vollständigen Ausdruck eines Gedankens darstellen solle, die Kopula eine Zeitbestimmung bei sich führen müsse (Frege (1918), S. 76). Ferner tendiert Frege dahin, die Kopula zu den Ausdrücken hinzuzurechnen, welche man normalerweise als Prädikate anzusehen bereit ist. Beispielsweise würde Frege eher „... *ist* Bewohner des Hauses ..." als einen wirklichen Begriffsausdruck anerkennen als den Ausdruck „Bewohner des Hauses ...". Ist dies die richtige Sicht der Dinge, so folgt in der Tat, daß Begriffsausdrücke, mit deren

[15] Ich sehe an dieser Stelle davon ab, daß ich für die Interpretation der Möglichkeitssyllogistik die Hypothese einführen werde, daß auch bereits allgemeine assertorische Aussagen in zeitlicher Hinsicht generalisierte Aussagen sind; daß sie also, um es mit Aristoteles' Wort zu sagen, κατὰ παντός-Aussagen im Sinne von *An. post.* A4 sind.

Hilfe wahrheitsfähige Sätze zusammengesetzt sind, zeitlich indiziert sein müssen. Sollen wir also unterstellen, daß Aristoteles da, wo er mit BE-Argumenten arbeitet, eigentlich derartige Prädikate als Einsetzungen im Sinn hat (oder haben sollte), auch wenn er temporale Bestimmungen nicht explizit zu machen pflegt? Man muß darauf jedenfalls antworten, daß eine solche Annahme zu Problemen führt, wenn man sie mit der weiter oben eingeführten Annahme kombiniert, die modallogische Semantik, auf deren Grundlage Aristoteles argumentiere, sei eine Zeitstellen-Version der üblichen mögliche-Welten-Semantiken. Die Quelle dieser Probleme liegt darin, daß unter diesen Umständen zeitlich indizierte Prädikate zu Ausdrücken dessen werden, was man „world-indexed properties" nennt (siehe z.B. Plantinga (1974), Kap. IV) – denn in der Zeitstellen-Version sind ja Welten gleich Zeitstellen. Welche Probleme ich meine, wird sogleich deutlich werden, wenn wir uns nun dem BE-Argument zuwenden, das Aristoteles in *An. pr.* A9, 30a28–32, vorträgt (vgl. Rolfes (1921), S. 20).

Aristoteles verfolgt an der eben genannten Stelle das Ziel nachzuweisen, daß z.B. Barbara mit Obersatz der Modalität X und Untersatz der Modalität N keine Notwendigkeitskonklusion hat. Sein Argument lautet in der Übersetzung von Rolfes:

> Überdies zeigen auch die Begriffe, daß der Schlußsatz [unter den angenommenen Bedingungen] nicht notwendig sein kann, wie wenn z.B. A Bewegung, B Sinnenwesen, C Mensch ist. Denn Sinnenwesen ist der Mensch notwendig, Bewegung aber hat das Sinnenwesen nicht notwendig, noch auch der Mensch.

Die angenommenen Bedingungen bestehen darin, daß es sich um die erste Figur handelt und in dieser Figur um Modi mit Prämissen der Modalitäten XN (in dieser Reihenfolge).

Anscheinend geht Aristoteles davon aus, daß, wenn Barbara XNN gültig *wäre*, für jede Einsetzungsinstanz dieses Modus gälte, daß in jeder möglichen Situation, in der die Prämissen der Instanz wahr sind, auch der Schlußsatz wahr ist. Eine Einsetzungsinstanz ist:

(1.1) ›Bewegung‹ (bzw. ›Bewegtsein‹) kommt jedem Lebewesen zu;
(1.2) ›Lebewesen‹ kommt notwendig jedem Menschen zu;

(1.3) ›Bewegung‹ kommt notwendig jedem Menschen zu.

Diese Einsetzungsinstanz will Aristoteles vermutlich auf eine Situation bezogen wissen, die im Prinzip, wie er zu meinen scheint, herstellbar, also jedenfalls möglich ist. Auf eine Situation nämlich, in der kein Lebewesen in Ruhe verharrt, sondern jedes sich bewegt oder bewegt wird. Wenn man sich der Auffassung nicht anschließen will, daß eine derartige Situation herstellbar sei, kann man sich sehr leicht Instanzen ausdenken, welche in allen Hinsichten, auf die es hier ankommt, dasselbe leisten wie Aristoteles' Beispiel und im übrigen so beschaffen sind, daß die Herstellbarkeit einer Situation, in der der Obersatz wahr ist, auch praktisch gegeben ist. Relativ zu jener Situation hält Aristoteles (1.3) für falsch sowie (1.1) und (1.2) – natürlich – für wahr. Sei unsere Situation etwa der (faktisch gegebene oder herzustellende) Weltzustand zu einem Zeitpunkt t_0. Wenn wir nun eine Annahme über die Einsetzung zeitlich indizierter Prädikate ins Spiel brächten, dann müßten wir unsere Einsetzungsinstanz des zur Debatte stehenden Modus als eine solche, welche auf die Gegebenheiten zu t_0 zu beziehen ist, genauer so formulieren (soweit es die Prämissen betrifft):

(1.1.1) ›Bewegt zu t_0‹ kommt allem zu, was Lebewesen zu t_0 ist;

(1.2.1) für alle Zeitpunkte t: ›Lebewesen zu t‹ kommt allem zu, das Mensch zu t ist.

Zu (1.2.1): Die Aussage ist so formuliert, wie sie hier steht, weil vorausgesetzt wurde, daß Notwendigkeitsaussagen nur über die Regularitätskomponente verfügen. Wir dürfen aber sicher davon ausgehen, daß wir (1.2.1) auch ersetzen könnten durch eine entsprechende Aussage mit zusätzlicher Essentialitätskomponente (unbeschadet der Wahrheit). Denn Aristoteles würde zweifellos sagen, daß man ein Lebewesen, zu welchem Zeitpunkt auch immer, nur entweder essentiell sein oder essentiell nicht sein kann, und damit befände er sich zweifellos in Übereinstimmung mit dem Kripke-Plantinga-Kriterium. Eine Eigenschaft wie die, *zu einem bestimmten Zeitpunkt* bewegt zu sein, muß, wie gesagt, als Gegenstück von „world-indexed properties" angesehen werden. Aus (1.1.1) und (1.2.1) *folgt* nun

(1.3.1) ›Bewegt zu t_0‹ kommt allem zu, das Mensch zu t_0 ist.

Aus (1.3.1) wiederum *folgt*

(1.3.2) für alle Zeitpunkte t: ›(Bewegt zu t_0) zu t‹ kommt allem zu, das (Mensch zu t_0) zu t ist.

Denn von einem Ding und von beliebigen Zeitpunkten t und t_0 gilt genau dann, daß das Ding zu t die Eigenschaft hat, zu t_0 die Eigenschaft F zu haben (bzw. gehabt zu haben, falls nämlich $t > t_0$ ist), wenn es zu t_0 die Eigenschaft F hat(-te). Formuliert à la Plantinga: world-indexed properties kann man nur essentiell haben; wenn man sie hat, hat man sie in allen möglichen Situationen, in denen man vorkommt, resp. zu allen Zeitpunkten, zu denen man existiert. Betrachtet man die Sache auf diese Weise, das heißt reduziert man auch das essentielle Zukommen auf zeitliche Generalisierungen, so wäre es sogar legitim, auch diese Conclusio (1.3.2) unbeschadet der

Wahrheit durch eine entsprechende Aussage mit zusätzlichem Essentialitätsanteil zu ersetzen: weil dann jedem Individuum, dem zu t „Bewegt zu t_0" zukommt, dem also „Bewegt zu t_0" zukommt, zu jedem Zeitpunkt t′ das Prädikat „Bewegt zu t_0" zukommt und damit zu t die Eigenschaft zukommt, daß ihm zu jedem t′ Bewegt-zu-t_0 zukommt (man orientiere sich an der Paraphrase (*1′*) der Formel (*1*)).

Wenn also allgemeine Notwendigkeitsaussagen nur die Regularitätskomponente hätten (und vermutlich auch dann, wenn sie nicht nur diese hätten), so ergäbe sich aus der Annahme, daß als Einsetzungsinstanzen syllogistischer Modi in Frage kommende Aussagesequenzen aus zeitlich indizierten Aussagen bestehen, daß Barbara mit Prämissen der Modalitäten XN doch eine N-Conclusio haben könnte; zumindest könnte Aristoteles' Argument diese Möglichkeit nicht ohne weiteres widerlegen. Ich will hierbei einmal vernachlässigen, daß man insofern Zweifel daran haben kann, daß das aus den Prämissen (1.1.1) und (1.2.1) sowie dem Schlußsatz (1.3.2) bestehende Argument eine akzeptable Einsetzungsinstanz von

$$\frac{\begin{array}{c} A\ a\ B \\ B\ a_N C \end{array}}{A\ a_N C}$$

ist, als nicht klar ist, ob nicht die nötige Uniformität bei der Ersetzung der Prädikatvariablen verletzt wurde. Man könnte schließlich sagen: für B beispielsweise wurde einmal „Lebewesen zu t_0" eingesetzt, dann wiederum, so scheint's, jedenfalls etwas nicht genau damit Identisches, sei es nun einfach „Lebewesen" oder „Lebewesen zu t" oder was immer dergleichen. Wenn Aristoteles' BE-Argument gut ist und zeigt, was es zeigen soll, müssen wir daher mit einiger Wahrscheinlichkeit schließen, daß diejenige Auffassungsweise von BE-Argumenten die richtige ist, nach der in diesen Argumenten mit nicht zeitlich relativierten Prädikaten zu operieren ist. Wie aber kann Aristoteles dann zu Wahrheitswerten für seine Substitutionsresultate gelangen?

Wenn wir auf die heute übliche Weise modal-prädikatenlogische Semantik treiben und in diesem Rahmen Formeln zu Wahrheitswerten verhelfen, dann tun wir das in zwei Schritten. In einem ersten Schritt wird eine Formel dadurch interpretiert, daß sie zu einer Interpretationsstruktur in Beziehung gesetzt wird. Im Vorgriff auf die Festlegungen unter Ziffer (6) wäre das so zu präzisieren, daß derartige Interpretationsstrukturen aus den Ingredienzien W (Weltenmenge), R (Alternativitätsrelation), D (Gesamtbereich von Individuen), Q (Auswahl von Teilbereichen der in den einzelnen Welten existierenden Individuen) bestehen sowie aus den Einschränkungen der S. 54 f. betrachteten Funktionen V auf die Menge der Individuenvariablen und Prädikatbuchstaben. Man hat damit für jeden Prädikatbuchstaben dessen Extension *in einer Welt*. Einen Wahrheitswert erhält eine Formel dann in einem zweiten Schritt, indem sie zu einem Element des Trägers einer solchen Interpretationsstruktur in Beziehung gesetzt wird. Handelt es sich z. B. um die Formel $\forall x(B(x) \supset A(x))$ und ist $w \in W$, so ist für die Auswertung dieser Formel relativ zu w maßgeblich, ob die Extension von B *in w* eine Teilmenge der Extension von A *in w* ist.

Die aristotelischen BE-Argumente muß man in Analogie hierzu auffassen. Das Analogon des ersten Schritts besteht im wesentlichen in der Einsetzung von zeitlich nicht indizierten Begriffsausdrücken wie „... ist bewegt" für Prädikatvariable wie A – wobei immer schon ein bestimmter „relational frame" als im Hintergrund stehend zu denken ist, d. h. ein mögliche Welten simulierendes System von Bezugsstellen mit Alternativitätsrelation. Die aristotelischen relational frames muß man sich so vorstellen – davon war bereits die Rede – , daß die Rolle der möglichen Welten durch die Gesamtheiten der Zustände übernommen wird, die zunächst in der realen Welt zu bestimmten Zeitpunkten faktisch vorfindbar sind; hinzu kommen oder können jedenfalls kommen solche Gesamtheiten von Zuständen, von denen angenommen werden kann, daß sie durch gewisse limitierte Veränderungen des tatsächlichen Weltgeschehens zu einem Zeitpunkt hergestellt werden *könnten*. Die Alternativitätsrelation ist bestimmt durch die Relation des zeitlichen „später als". Was die limitierten Veränderungen betrifft, so sind die Grenzen dabei so gesteckt, daß Veränderungen in den modalen Verhältnissen, und das soll hier heißen: solche Veränderungen, welche Sachverhalte des akzidentiellen oder essentiellen Zukommens von Eigenschaften betreffen, nicht in Betracht gezogen werden dürfen. Vorzugsweise kommen anscheinend Veränderungen in Frage, deren Resultate im Zukommen oder nicht-Zukommen solcher Eigenschaften bestehen, über die deren potentielle Träger relativ freie Verfügung haben, und zwar freie Verfügung unabhängig von der Befindlichkeit der jeweils anderen unter diesen potentiellen Trägern. Zum Beispiel: fiktive Weltverfassungen zu einem Zeitpunkt, bei denen alle Lebewesen sich nicht im Ruhezustand befinden, dürfen in Betracht gezogen werden; nicht dagegen Weltverfassungen, in denen ein Individuum etwa bloß kontingenterweise ein Lebewesen ist (in denen ein Individuum ein Lebewesen ist, das – als dasselbe – zum Individuenvorrat auch einer anderen in Betracht gezogenen Weltverfassung gehört und dort kein Lebewesen ist). Man beachte: daß er ein bestimmtes Rennen nicht gewonnen habe, ist für jeden Läufer – in einem Sinne jedenfalls – eine kontingente Annahme und daher keine Annahme, welche eine Änderung in den modalen Verhältnissen der Welt postuliert, in der dies Rennen stattgefunden haben soll; dennoch ist die Annahme, daß *jeder* Läufer das betreffende Rennen nicht gewonnen habe, analytisch unvereinbar mit dem Sachverhalt, daß das Rennen stattgefunden hat. Solche

Fälle sind der Anlaß für die oben formulierte Unabhängigkeitsbedingung. An den Stellen, an denen Aristoteles bei der BE-Argumentation von zugelassenen Fiktionen der beschriebenen Art Gebrauch macht und sich zugleich sorgfältig ausdrückt, macht er durch die Formulierung geeigneter Möglichkeitsaussagen (die dann *metatheoretisch* aufgefaßt werden müssen) ausdrücklich deutlich, wovon er Gebrauch macht. Ein Beispiel ist 31b29f., τὸ δὲ Α (= ἐγρήγορσις, Wachsein) τῷ Γ (= ζῷον, Lebewesen) ἐνδέχεται (scil. ὑπάρχειν): ›Wachsein‹ kann allen Lebewesen zukommen (und hierbei geht es nicht etwa um die Diskussion eines Modus, in dem eine objektsprachliche Möglichkeitsformel vorkäme). Ich werde solche Stellen später (u. a. in Kapitel V.) im einzelnen besprechen und auch die Frage behandeln, welche Besonderheiten der Sachlage Aristoteles dazu gezwungen haben, für die Zwecke des Argumentierens über *modale* Syllogismen das BE-Instrumentarium für scheinbar willkürliche Annahmen zu öffnen.

Hat man vor diesem Hintergrund die Einsetzungsschritte vollzogen, die ich als Analoga des ersten formalsemantischen Schritts in Anspruch nehmen will, so ist in der Tat eine Zuweisung von Extensionen relativ zu Bezugsstellen für Prädikatsymbole geleistet, nämlich im Hinblick auf unser Beispiel ausgesprochen: ist t ein Zeitpunkt bzw. die tatsächlich vorfindbare (oder auch die angenommene) Weltverfassung zu diesem Zeitpunkt, so umfaßt die Extension von A relativ zu t (nach der Substitution von „... ist bewegt" für A) alle Individuen, die eben zu t auf der Welt in Bewegung *sind.* Das Analogon des zweiten Schritts besteht dann in der natürlichen Auswertung der Ausgangsformeln oder auch ihrer Substitutionsresultate relativ zu bestimmten Zeitpunkten auf der Grundlage der so zugewiesenen Extensionen.

In dieser Weise verstanden, *zeigt* das aristotelische Argument aus 30a28–32, was es zeigen soll; und zwar sowohl für den Fall, in dem vorausgesetzt wird, allgemeine Notwendigkeitsaussagen hätten nur die Regularitätskomponente, als auch für den anderen Fall. Denn in der Tat ist relativ zu der von Aristoteles als Bezugspunkt gewählten t_0-Situation (vgl. oben S. 38 f.) wahr der Satz

(*5*) ›Bewegt‹ kommt allem zu, was Lebewesen ist.

Es wurde ja *vereinbart*, oder es wäre explizit zu vereinbaren gewesen[16], daß die t_0-Situation so beschaffen ist, daß in ihr die Extension von „... ist be-

[16] Meistens ist Aristoteles nicht so ausdrücklich wie an der zuvor besprochenen Stelle 31b29f. Vielmehr verläßt er sich in vielen Fällen – und so auch in 30a28–32 – offenbar darauf, daß der Leser schon wisse, wie's gemeint ist, d. h. daß Vereinbarungen und welche Vereinbarungen zugrunde gelegt werden müssen.

wegt" die von „... ist Lebewesen" einschließt. Ferner ist relativ zu t_0 wahr der Satz[17]

(*6*) für alle Zeitpunkte t (bzw. für alle t > t_0): ›Lebewesen‹ kommt zu t allem zu, dem zu t ›Mensch‹ zukommt

wie auch der Satz

(*6'*) für alle t (> t_0): ›Lebewesen‹ kommt zu t notwendig / essentiell allem zu, dem zu t ›Mensch‹ zukommt.

Denn Situationen, in denen, bzw. Zeitpunkte t, zu denen andere modale Verhältnisse herrschen, als es die in der tatsächlichen Welt z. B. im Augenblick oder jederzeit vorfindbaren sind, dürfen nach den eben entwickelten Grundsätzen nicht in Betracht gezogen werden. Menschen kommt es aber de facto nach Aristoteles zweifellos essentiell zu, Lebewesen zu sein, und dem wird man zustimmen, sofern man den Essentialismus überhaupt mitzumachen bereit ist. Solche Urteile sind durchaus keine Angelegenheiten des Beliebens. Es ist zwar im Grunde richtig, daß Kriterien wie das von Plantinga-Kripke vollkommen nichtssagend sind, solange das Spektrum möglicher Welten nicht abgesteckt ist, von denen etwa in der ersten der seinerzeit gebrauchten Formulierungen die Rede ist. Doch kann man essentiellen Prädikationen sehr wohl eine einigermaßen objektive Basis verleihen, indem man sie nämlich in sprachlichen Tatbeständen verankert: in den Individuationsprinzipien, welche allerdings zur Semantik vieler Begriffsausdrücke zu gehören scheinen. Von diesen Dingen soll später noch die Rede sein.

Falsch dagegen ist relativ zu t_0 der Satz

(*7*) für alle t (> t_0): ›Bewegt‹ kommt zu t allem zu, dem zu t ›Mensch‹ zukommt,

und damit erst recht der Satz

(*7'*) für alle t (> t_0): ›Bewegt‹ kommt zu t essentiell allem zu, dem zu t ›Mensch‹ zukommt.

Der Grund ist klar: Zeitpunkte, zu denen sich wenigstens ein Mensch ruhig verhält, dürfen innerhalb der gesteckten Grenzen in Betracht gezogen werden, vernünftigerweise wird man sich hier sogar mit dem Verweis auf faktisch vorfindbare Situationen begnügen.

---

[17] Wenn man es genau nimmt, müßte man hier sagen: relativ zu t_0 ist wahr der Satz „›Lebewesen‹ kommt allen Menschen notwendig zu", falls er als nur mit einer Regularitätskomponente versehen aufgefaßt wird; denn seine Wahrheitsbedingung relativ zu t_0 lautet dann auf (*6*), und diese Bedingung ist erfüllt. Ich werde der Einfachheit halber regelmäßig in diesem Punkt ungenau sein.

Unser Exkurs hat folgendes gezeigt. Modallogische BE-Argumente muß man in Übereinstimmung mit Aristoteles' Vorgehensweise so durchführen, daß man mit zeitlich nicht indizierten Begriffsausdrücken als Einsetzungen für die jeweils vorkommenden Prädikatsymbole arbeitet. Zu wahrheitswertfähigen Sätzen vermag man trotzdem zu kommen, weil man Modallogik treibt und weil dies bedeutet: die jeweils erhaltenen Substitutionsresultate sind stets nur relativ zu bestimmten zeitlichen Bezugsstellen auszuwerten, welche ein immer zugrundeliegender modallogischer Interpretationsrahmen bereitstellt. Die Bezugnahme auf solche Stellen kompensiert sozusagen die auf der Ebene der Substitution noch unterlassenen zeitlichen Determinierungen. Ferner hat sich herausgestellt, daß die Interpretationsrahmen, von denen Aristoteles Gebrauch macht, gelegentlich so beschaffen sind, daß sie fiktive Weltverfassungen zu einem Zeitpunkt einschließen. Diese Beobachtung spricht übrigens für die Vermutung, daß *(1′)* als aristotelisches Explikat für *(1)* zu nehmen heißt, die in *(1′)* enthaltene Quantifikation auf mehr Zeitpunkte in Kombination mit ihnen zugeordneten Gegebenheiten zu erstrecken, als es die im Verlauf der tatsächlichen Weltgeschichte zu irgendwelchen Zeitpunkten auftretenden Gegebenheiten sind.

Richten wir nach diesen Vorklärungen nun den Blick wieder auf die Frage, der unser Interesse gilt, nämlich auf die Frage: kann es sein, daß aristotelische allgemeine N-Aussagen angemessen durch Strukturformeln wiedergegeben sind, in denen lediglich ein äußerer Modaloperator N auftritt? Wäre diese Frage mit „ja“ zu beantworten, so könnte vom aristotelischen Standpunkt aus in der folgenden Weise argumentiert werden. Man wähle als Bezugssituation eine Situation von derselben Art, wie es die t_0-Situation ist, mit der gegen die Gültigkeit von Barbara XNN argumentiert wird. In dieser Situation gilt, daß jeder Mensch bewegt ist. Ferner gilt in dieser Situation (wie in jeder anderen) unter der Annahme, daß Notwendigkeitsaussagen nur die Regularitätskomponente haben, daß alles Bewegte notwendig nicht im Ruhezustand ist (dann, *wenn* es bewegt ist) – aufgrund einer analytischen Implikationsbeziehung. Nun hält Aristoteles den Modus Celarent NXN für gültig (A9, 30a15–20). Also muß jede Einsetzungsinstanz dieses Modus relativ zu jeder Bezugssituation, bei der ihre Prämissen wahr sind, eine wahre Conclusio haben. Das bedeutet für die Instanz, welche man durch die Wahl von „im Ruhezustand“, „bewegt“, „Mensch“ als Oberbegriff, Mittelbegriff und Unterbegriff resp. erhält, relativ zu t_0: wahr ist, daß jeder Mensch notwendig nicht im Ruhezustand ist. Einsetzungsinstanzen dieses Typs sind spätestens von Aristoteles' Nachfolgern tatsächlich im Zusammenhang mit der Frage diskutiert worden, ob die NXN-Modi der ersten Figur wirklich gültig seien (dazu

McCall (1963), S. 16f., sowie Ross (1949), S. 42). Unsere Conclusio muß nun, regularistisch interpretiert, als in jeder Situation falsch angesehen werden: jederzeit kann der Fall hergestellt werden, daß ein Mensch in den Ruhezustand übergeht.

Selbstverständlich könnten wir diese letztere Feststellung nicht so klar treffen, wenn wir nicht zuvor die Hypothese zurückgewiesen hätten, daß in BE-Argumenten womöglich zeitlich indizierte Begriffsausdrücke für Prädikatsymbole substituiert werden. Denn eine Aussage wie „für alle Zeitpunkte t: alles was zu t ein Mensch zu t_0 ist, ist zu t nicht im Ruhezustand zu t_0“ könnte sehr wohl aufgrund des über t_0 Vereinbarten als wahr gelten.

Falls wir Aristoteles' Behauptungen über die Gültigkeit der NXN-Modi der ersten Figur akzeptieren, müssen wir folglich annehmen, daß Notwendigkeitsaussagen nicht höchstens einen Regularitätsanteil haben. In der Tat: geht man von einem zusätzlichen Essentialitätsanteil aus, das heißt vom Auftreten eines zusätzlichen inneren Modaloperators in der einschlägigen Strukturformel, so kann man sehr leicht die eben dargestellte Überlegung abweisen, welche gegen die Gültigkeit von Celarent NXN zu sprechen scheint. Das wird man nämlich tun, indem man sagt: unter jener Voraussetzung ist die Conclusio der betrachteten Einsetzungsinstanz des Modus zwar erst recht falsch; aber das braucht uns dann nicht zu stören, weil dann auch die erste Prämisse der Instanz falsch ist, d. i. die Aussage „alles Bewegte ist notwendig nicht im Ruhezustand“. Denn es ist mindestens für sehr vieles unter dem irgendwann Bewegten (und speziell in t_0 für alle Menschen) nicht essentiell, nicht im Ruhezustand zu sein bzw. bewegt zu sein – jedes Lebewesen, das sich z. B. jetzt bewegt, *hätte* in diesem Moment auch stillhalten können, d. h. es ist eine Situation möglich, in der es, als dasselbe Lebewesen, eine Eigenschaft hat, die es in der tatsächlichen Situation nicht hat.

Im übrigen kann ich zur Stützung der Hypothese, daß der Prädikatsterminus aristotelischer allgemeiner Notwendigkeitsaussagen bzw. – im Falle negativer Aussagen – dessen Komplementärterminus einen Modaloperator bei sich führt, auf die Evidenzen verweisen, welche Becker in (1933) zugunsten seiner einschlägigen Strukturhypothese gesammelt hat.

(3) Angenommen, unsere Strukturhypothese wäre insofern falsch, als allgemeine aristotelische N-Aussagen keinen Regularitätsanteil, sondern lediglich einen Essentialitätsanteil haben. In *An. pr.* A15 gibt es nun einen sehr bemerkenswerten Passus. Ich meine 34b7–18. Man kann diesen Passus so auffassen, als lege Aristoteles darin fest, daß allgemeine assertorische Aussagen als Aussagen mit Regularitätskomponente genommen werden sollen. A a B beispielsweise soll nur dann als wahr gelten, wenn *für alle* Zeitpunkte t /

Situationen S gilt: was zu t / in S unter B fällt, fällt zu t / in S auch unter A. Aristoteles drückt sich so aus, daß man das jedem-Zukommen (-de)[18] nehmen müsse, ohne es der Zeit nach zu begrenzen:

> Δεῖ δὲ λαμβάνειν τὸ παντὶ ὑπάρχον μὴ κατὰ χρόνον ὁρίσαντας, οἷον νῦν ἢ ἐν τῷδε τῷ χρόνῳ, ἀλλ' ἁπλῶς (34b7 f.).

> Das heißt:

> Das jedem Zukommende ist aber so zu verstehen, daß man es nicht nach der Zeit begrenzt, als gälte es nur jetzt oder in der und der Zeit, sondern man muß es schlechthin [≈ ἁπλῶς, d.i. soviel wie „einfach"] verstehen (Rolfes (1921), S. 33).

Es liegt nahe, solche zeitlich uneingeschränkte Geltung als eine Art von Notwendigkeit aufzufassen. Dazu vergleiche man Striker (1985), S. 159. So ist die Angelegenheit auch von J. Buridan gesehen worden, der, wie sich noch zeigen wird, beachtliche Einsichten in der Theorie der modalen Syllogismen erzielt hat. Es heißt bei Buridan, allerdings ausdrücklich nur mit Bezugnahme auf assertorische Aussagen: „... Aristotle means by ‚simply assertoric sentence' an assertoric sentence which is necessary, and by ‚assertoric sentence ut nunc', he means an assertoric sentence which is contingent" (übers. in King (1985), S. 295).[19] Ich neige dazu, den fraglichen Abschnitt so zu verstehen, daß er von allgemeinen Aussagen, also von a- und e-Aussagen, *aller* Modalitäten handelt (der Status X des Assertorischen soll dabei entsprechend einer bereits früher von mir geübten Redeweise ebenfalls als Modalität gelten). In diesem Sinne äußert sich auch I. Angelelli in (1979), S. 201. Selbst dann, wenn dies als Interpretation nicht zutreffen sollte, ist klar, daß Aristoteles eine entsprechend umfassende Aussage oder jedenfalls eine, die auch allgemeine Notwendigkeitsaussagen einschließt, hätte machen müssen. Falls nämlich a_N- und e_N-Aussagen keine Regularitätskomponente von der Art der hier zur Sprache gebrachten aufwiesen, könnte gegen die von Aristoteles behauptete Gültigkeit z.B. von Barbara NKM (dazu A16, 35b38–36a1) in genau der gleichen Weise argumentiert werden, wie 34b7–18 zufolge gegen die Gültigkeit von Barbara XKM argumentiert werden kann, wenn der Obersatz keine

---

[18] Sowohl das Partizip ὑπάρχον (≈ zukommend) als auch der Infinitiv ὑπάρχειν (≈ zukommen) sind überliefert.

[19] ... ARISTOTELES per ‚propositionem de inesse simpliciter' intendit propositionem de inesse quae est necessaria et per ‚illam de inesse ut nunc' intendit illam de inesse quae est contingens (*Tract. de consequ.*, lb IV, cap. 1, 23–25). Propositiones de inesse sind assertorische Aussagen, oder spezieller Prädikationen; simpliciter ist Aristoteles' ἁπλῶς; ut nunc ist Aristoteles' οἷον νῦν.

Regularität beinhaltet. Man könnte sogar genau die Begriffseinsetzungen benutzen, die Aristoteles in 34b7 ff. angibt. Das Argument sähe dann aus wie folgt.

Eine Einsetzungsinstanz von Barbara NKM ist

(2.1) ›Mensch‹ kommt notwendigerweise allem Bewegten zu;
(2.2) ›Bewegt‹ kommt kontingenterweise jedem Pferd zu;

(2.3) ›Mensch‹ kommt möglicherweise jedem Pferd zu.

Wenn man diese Einsetzungsinstanz in der Weise, wie wir das oben kennengelernt haben, auf eine (von Aristoteles wiederum für im Prinzip herstellbar gehaltene) Situation bezieht, in der alle von Menschen verschiedenen Dinge im Ruhezustand sind[20], in der sich also nur Menschen bewegen, dann ist in dieser Situation wahr:

(2.1.1) ›Mensch‹ kommt allem Bewegten zu.

(2.1.1) aber impliziert, so wird man annehmen dürfen, für Aristoteles (2.1), *falls* Notwendigkeitsaussagen nur eine Essentialitätskomponente haben. Denn jeder Mensch, so wird man wiederum annehmen dürfen, hat die Eigenschaft, Mensch zu sein, essentiell; wenn also wirklich in der Bezugssituation alles Bewegte ein Mensch ist, so ist in ihr auch alles Bewegte essentiell ein Mensch. Ferner wird Aristoteles (2.2) für eine in jeder Situation, also insbesondere in der speziellen Bezugssituation, wahre Aussage halten – auch darin könnte man ihm ohne weiteres folgen. (2.3) dagegen ist in jeder Situation als falsch anzusehen: Pferde sind essentiell Nicht-Menschen und daher niemals möglicherweise Menschen.

Mithin: wenn Notwendigkeitsaussagen keine Regularitätskomponente haben, kann Aristoteles die Gültigkeit von Barbara NKM nicht aufrecht erhalten, und zwar aus Gründen, die ihm bekannt gewesen sein müßten. Daher gehe ich davon aus, daß aristotelische Notwendigkeitsaussagen eine solche Komponente *haben,* wenigstens in bestimmten Zusammenhängen.

(4) Einen weiteren Anhaltspunkt zugunsten der Hypothese vom Vorkommen des Regularitätsteils ziehe ich aus dem von Aristoteles in A10, 30b31–40, vorgetragenen BE-Argument gegen die Gültigkeit von Camestres NXN, d. i. gegen die Gültigkeit von $\begin{array}{c} A\,a_N B \\ A\;e\;\;C \\ \hline B\,e_N C \end{array}$. Aristoteles will für A, B, C in dieser Reihenfolge die Begriffsausdrücke „Lebewesen", „Mensch", „weiß" (λευκόν) substituieren. λευκόν ist im Griechischen üblich zur Charakterisie-

[20] Es ist wiederum einfach, sich Instanzen auszudenken, die alles Gewünschte leisten und in dieser Hinsicht weniger problematisch sind.

rung des hellen Teints der wenig der Sonne ausgesetzten Haut. Man muß dies wissen, um mit der Behauptung etwas anfangen zu können, die Aristoteles im Zuge der Argumentation aufstellen wird, daß nämlich ein Mensch weiß werden könne (30b37). Einige BE-Argumente, in denen Aristoteles mit λευκόν arbeitet, sind so, daß alles, was bei ihnen durch λευκόν geleistet werden soll, ebenso gut durch ein Prädikat wie „bewegt" geleistet werden kann, und sie klingen dann für unsere Ohren plausibler. (Insofern als es z. B. plausibler klingt, daß ›bewegt‹ für Menschen nicht nur eine in einem verhältnismäßig schwachen Sinne kontingente Eigenschaft ist, sondern eine Eigenschaft, die anzunehmen oder abzulegen für Menschen eine ganz ins Belieben gestellte Angelegenheit ist.) Ich nehme daher für den vorliegenden Fall einfach eine entsprechende Ersetzung an. Die Situation, auf welche Aristoteles seine Einsetzungsinstanz bezieht, wäre dann eine, von der die Annahme gemacht wird: alle Lebewesen verharren in ihr im Ruhezustand, d. h.: ›Lebewesen‹ kommt keinem Bewegten zu. Für die originale Version des Aristoteles lautet die Annahme: alle Lebewesen sind nicht weiß. Auch wenn es für uns etwas eigenartig klingen mag, so könnten wir Aristoteles doch mit genügend Großzügigkeit – zur Rolle dieser Attitüde gegenüber BE-Argumenten vergleiche man Kapitel V. – zugestehen, daß, da jeder Mensch seinen Teint zu ändern einigermaßen in der eigenen Hand hat, eine Situation theoretisch herstellbar ist (und im Sinne der unter Ziffer (2) formulierten Darstellung des BE-Verfahrens als mögliche Welt in Betracht gezogen werden darf), in der immerhin alle *Menschen* nicht weiß sind, nachdem sie sich sogar gleichzeitig über eine gewisse Zeitspanne der Sonne ausgesetzt haben. Anders sieht es allerdings aus, wenn statt von Menschen von Lebewesen die Rede ist. Und wirklich zeigt die Betrachtung verschiedener BE-Argumente[21], daß Aristoteles davon ausgeht, daß einige Lebewesen, wie z. B. Schwäne, notwendig / essentiell weiß sind. Also kommt nach den Grundsätzen unter Ziffer (2) eine Situation nicht als mögliche Welt in Betracht, in der (Schwäne existieren und) alle Lebewesen und damit insbesondere alle Schwäne nicht weiß sind. Wir müssen sagen, daß Aristoteles hier einfach eines seiner Prädikate unsorgfältig gewählt hat. Das haben auch schon die antiken Kommentatoren beanstandet. Alexander schreibt, man müsse bessere Begriffe wählen, und verweist zur Begründung auf den Schwan, der weiß und notwendig Lebewesen sei. Eigentlich geht es eher darum, daß jeder Schwan, mithin mindestens ein Lebewesen, notwendig

[21] Ich nenne die Stellen 36b11 sowie 30b5f. Im Hinblick auf die zweite Stelle ist zu berücksichtigen, daß nach 25a32f. i_N-Aussagen konvertibel sind, so daß mit der von Aristoteles an der zuerst genannten Stelle als wahr angenommenen Aussage „ein Weißes ist notwendig Lebewesen" auch die Aussage „ein Lebewesen ist notwendig weiß" wahr sein müßte.

weiß ist; aber wenn man die von Aristoteles behauptete Konvertibilität der i_N-Aussagen akzeptiert, ist das letztere gleichbedeutend damit, daß ein Weißes notwendig Lebewesen ist. Alexanders Verbesserungsvorschlag lautet (Alexander 141, 10f.): für A „wach" (oder „bewegt"); für B „gehend"; für C „Mensch". (Ebenso bei Themistios und bei Philoponos.) Dieser Vorschlag ist jedoch nicht akzeptabel, wenn a_N-Aussagen einen Essentialitätsanteil haben. Denn dann ist „alles Gehende ist notwendig bewegt" falsch, da es nichts zu geben scheint, das essentiell bewegt ist. (Vgl. jedoch die Überlegungen in Kap. V. zum Thema „ontologische Variation".) Wir tun also auch im Hinblick auf diesen Fehler des Aristoteles gut daran, die ursprüngliche Begriffswahl zu korrigieren, indem wir, nicht wie Alexander „Lebewesen", sondern „weiß" durch „bewegt" ersetzen. Wie ich das schon unter Ziffer (2) sagte, drückt Aristoteles den Übergang zu einer geeigneten Bezugssituation durch eine metatheoretisch zu nehmende Möglichkeitsaussage aus, hier: ἐνδέχεται γὰρ τὸ ζῷον μηδενὶ λευκῷ ὑπάρχειν, „›Lebewesen‹ kommt möglicherweise keinem Weißen (bzw. Bewegten) zu." Relativ zu dieser Bezugssituation ist dann also der Untersatz der betrachteten Instanz von Camestres NXN wahr. Weiter ist relativ zu dieser Situation, ebenso wie relativ zu jeder anderen in Betracht kommenden Situation, wahr der Obersatz „›Lebewesen‹ kommt notwendig jedem Menschen zu", ob er nun nur einen Regularitäts- oder nur einen Essentialitätsanteil oder beide Anteile haben mag. Die Conclusio dagegen muß in der Bezugssituation falsch sein, wenn das von Aristoteles vorgebrachte Argument zeigt, was es zeigen soll. Die Conclusio lautet „›Mensch‹ kommt notwendig keinem Bewegten zu". Da in der Bezugssituation alle Lebewesen und damit insbesondere alle Menschen im Ruhezustand verharren, ist in ihr wahr „›Mensch‹ kommt keinem Bewegten zu". Da Menschsein nur entweder essentiell zukommen oder essentiell nicht zukommen kann, wäre in der Bezugssituation auch wahr „›Mensch‹ kommt notwendig keinem Bewegten zu" ($\approx$ B e_NC), *falls* e_N-Aussagen nur einen Essentialitätsanteil hätten, d. h. falls B e_NC von der Form $\forall x(C(x) \supset N\neg B(x))$ wäre. Wenn also Aristoteles 30b36f. sagt, daß, in der angenommenen Situation, zwar B e C wahr sei, B e_NC aber falsch sei, obwohl es so ist, daß $\neg B(x)$ die Aussage $N\neg B(x)$ impliziert[22], ist dies ein Indiz für die These: Aristoteles will in e_N-Aussagen noch an einer anderen Stelle als – um es vor dem Hintergrund unseres Symbolismus auszudrücken – im Hinterglied der allquantifizierten Subjunktion einen Modalfaktor lokalisieren.

[22] Dies versteht sich im Sinn eines Begriffs der analytischen Implikation, welcher so zu konzipieren wäre, daß er auch die semantische Eigenschaft von Prädikaten berücksichtigt, nur entweder essentiell zukommen oder essentiell nicht zukommen zu können.

Allerdings werden wir später zu dem Ergebnis gelangen, daß Aristoteles, will er in Übereinstimmung mit seiner bei der Etablierung diverser Gültigkeitsbehauptungen geübten Praxis sein, für solche apodiktischen Aussagen, welche die Rolle der *Konklusionen* von Syllogismen spielen sollen, zulassen muß, daß sie *nicht* einen derartigen zusätzlichen Modalfaktor aufweisen (vgl. III.1.2., Ziffer 1.), und III.1.3., Ziffer 4.)). Dessen scheint Aristoteles sich nicht jederzeit zu erinnern. So kommt es, daß er ein Argument vorbringt, welches nicht wirklich die Gültigkeit des recht verstandenen Modus Camestres NXN widerlegt (vgl. wiederum III.1.3., Ziffer 4.)); welches aber unzweifelhaft anzeigt, daß er den Gedanken einer regularistischen Interpretation allgemeiner apodiktischer Aussagen gefaßt hatte, auch wenn er ihn mit Bezug auf die Konklusion von Camestres mit Prämissen der Modalitäten NX gerade nicht ins Spiel hätte bringen sollen.

Daß der zweite Modalfaktor ein im Einklang mit unserer Strukturhypothese vor der allquantifizierten Subjunktion zu setzender Notwendigkeitsoperator sein dürfte, ergibt sich aus der zu Beginn der Ziffer erwähnten Bemerkung in 30b37, „denn es ist möglich, daß ein Mensch weiß [bzw. bewegt] ist“ (Rolfes (1921), S. 21), im Griechischen: ἐνδέχεται γὰρ ἄνθρωπον γενέσθαι λευκόν. Diese Bemerkung kann auf verschiedene Weisen aufgefaßt werden, welche aber für unsere Sache keinen wesentlichen Unterschied machen.

Es könnte gemeint sein, daß ein Individuum a, welches in der Bezugssituation vorkommt und in ihr ein Mensch ist (und damit in jeder Situation ein Mensch ist), die Möglichkeit hat, sich so zu verändern, daß es weiß bzw. bewegt wird. Es könnte, mit anderen Worten, gemeint sein, daß für ein a, dem in jeder Situation, in der es vorkommt, B zukommt, in der Bezugssituation MC(a) wahr ist. Das hieße dann nach den in Abschnitt 2. formulierten Grundsätzen, daß dem Individuum a in einer Alternative C und nach wie vor B zukommt, so daß in der Bezugssituation $\exists x M(C(x) \wedge B(x))$ wahr ist und damit auch

(*8*) $M\exists x(C(x) \wedge B(x))$.

Mit der Bemerkung könnte, wenn hier ἐνδέχεται eher metatheoretisch zu interpretieren ist, auch gemeint sein: es gibt eine Alternative zur Bezugssituation, in der etwas, was dort ein Mensch ist, auch weiß oder bewegt ist; dies bedeutet wiederum, daß in der Bezugssituation eine Aussage der Form (*8*) wahr ist. Schließlich könnte gemeint sein – wenn wir uns wieder an den Grundsätzen von Abschnitt 2. orientieren und γενέσθαι (≈ werden) ernst nehmen im Sinne des Seins zu einem zukünftigen Zeitpunkt und damit im Sinne des Seins in einer möglichen Alternative (vgl. S. 32 f.) –, daß es eine Alternative zur Bezugssituation gibt, in der etwas, was dort ein Mensch ist, in einer Alternative (zur Alternative der Bezugssituation) weiß oder bewegt ist. Da diese letztere Alternative selbst eine Alternative zur Bezugssituation wäre (Transitivität des „später als"!) und das betreffende Individuum auch in ihr ein Mensch ist, liefe dies wiederum hinaus auf die Wahrheit von (*8*) in der Bezugssituation.

Aristoteles meint offenbar, daß aus dem ἐνδέχεται γὰρ ἄνθρωπον γενέσθαι λευκόν die Falschheit von B e_NC bzw. die Wahrheit der Verneinung von B e_NC in der Bezugssituation folge. Hätte B e_NC die logische Form $\forall x(C(x) \supset N\neg B(x))$, so wäre die Verneinung von B e_NC gegeben durch

(*9*) $\exists x(C(x) \wedge MB(x))$,

und (*9*) folgt nicht aus (*8*). Was dagegen aus (*8*) folgt, ist

(*10*) $\neg N\forall x(C(x) \supset N\neg B(x))$,

denn (*10*) ist gleichwertig mit

(*11*) $M\exists x(C(x) \wedge MB(x))$.

(5) Unter Ziffer (3) habe ich aus 34b7–18 von *An. pr.* A15 zitiert und gesagt, daß dieser Stelle zufolge jedenfalls auch allgemeine assertorische Aussagen als Aussagen mit (äußerem) Notwendigkeitsoperator aufzufassen sind – was diese Aussagen nicht gleich zu Notwendigkeitsaussagen macht, wenn unsere Strukturformel für allgemeine N-Aussagen adäquat ist. Denn beispielsweise $N\forall x(B(x) \supset A(x))$ unterscheidet sich immer noch wesentlich von $N\forall x(B(x) \supset NA(x))$.[23] Ich habe an jener Stelle noch nichts zu der Frage gesagt, wie ich den Geltungsbereich der Festlegung des Aristoteles einschätze, einer Festlegung, die ja immerhin erst in einem fortgeschrittenen Stadium der modalen Syllogistik eingeführt wird; nämlich in einem Stadium, in dem die Notwendigkeitssyllogistik bereits abgeschlossen ist. Es ist in der Tat so, daß sich die Annahme bewähren wird, daß diese Festlegung, soweit sie assertorische Aussagen betrifft, erst für die Möglichkeitssyllogistik Geltung hat. Das Ziel meiner Untersuchung ist, unter Rückgriff auf plausibel erscheinende Hypothesen über die logischen Formen aristotelischer Modalaussagen nicht nur möglichst viele der Gültigkeitsbehauptungen des Aristoteles relativ zu heute

---

[23] Weil das Arbeiten mit Formeln, die zweifach modalisiert sein können, diese Möglichkeit der Differenzierung zwischen „zeitlich uneingeschränkten" assertorischen Aussagen und Notwendigkeitsaussagen bietet, brauchen uns die Zeilen 34b7ff. nicht die Sorgen zu bereiten, welche sie R. Smith bereiten. Smith sieht auf der einen Seite Aristoteles eine „beunruhigende" Angleichung von zeitlich beschränkten Aussagen und solchen vom assertorischen Typ sowie von zeitlich unbeschränkten Aussagen und solchen vom Notwendigkeitstyp vornehmen (Smith (1989), S. 132). Auf der anderen Seite hat er mit Blick etwa auf *De caelo* A12 Bedenken (und dies aus meiner Sicht ganz zu Recht), Aristoteles zu unterstellen, er gehe in unserem A15-Abschnitt von einer Unterscheidung aus zwischen Geltung zu allen Zeitpunkten und Notwendigkeit.

ausgearbeitet vorliegenden und gut in unserem intuitiven Vorverständnis der Modalbegriffe verankerten Logiksystemen zu verifizieren, sondern auch möglichst viele der Nichtgültigkeitsbehauptungen. Wenn man die Hypothese, A a(e) B habe die Form $N\forall x(B(x) \supset (\neg)A(x))$, auch schon an die Notwendigkeitssyllogistik heranträgt, hat man recht guten Erfolg, solange es um die Verifikation der einschlägigen Gültigkeitsbehauptungen geht. Im Hinblick auf das zweite der genannten Ziele gibt es dann aber Schwierigkeiten. Es ist nämlich so, daß Aristoteles beispielsweise lediglich Barbara XNX, nicht aber Barbara XNN für gültig hält (dazu A9, 30a23–25). Nun nehme man an,
$\begin{matrix} A\ a\ B \\ B\ a_N C \end{matrix}$ sei adäquat symbolisiert durch das Formelpaar

$$N\forall x(B(x) \supset A(x))$$
$$N\forall x(C(x) \supset NB(x))$$

oder auch durch das Paar

$$N\forall x(B(x) \supset A(x))$$
$$\forall x(C(x) \supset NB(x)).$$

Unter gewissen Voraussetzungen – Näheres dazu Abschn.4., Ziffern *(20)* und folgende – kann von diesen Formelpaaren übergegangen werden zu

$$\forall x N(B(x) \supset A(x))$$
$$\forall x N(C(x) \supset NB(x))$$

bzw. zu

$$\forall x N(B(x) \supset A(x))$$
$$\forall x(C(x) \supset NB(x)).$$

$\forall x N(B(x) \supset A(x))$ impliziert $\forall x(NB(x) \supset NA(x))$, und daß Aristoteles einen solchen Schluß zu ziehen in der Lage ist, dürfen wir ihm zutrauen, nachdem wir in Abschnitt 2. gesehen haben: er ist sich auch klar über die Gültigkeit von

(12) $\quad N(p \supset q) \supset (Mp \supset Mq).$

Tatsächlich formuliert Aristoteles zum Abschluß seiner Erörterung von *(12)* auch ein entsprechendes Distributivgesetz – eingeschränkt allerdings auf die Teilsätze von Syllogismen – für den Notwendigkeitsoperator:

> Wenn man also A setzt, als stelle es die beiden Vordersätze [d. i.: die beiden Vordersätze eines Syllogismus] dar, und ebenso B für den Schlußsatz einsetzt, so folgt, daß nicht nur, ***wenn A notwendig ist, auch B notwendig ist***, sondern auch, daß wenn A möglich ist, B möglich ist (Rolfes (1921), S. 32; Hvhbg. U.N.).

Das erste Formelpaar liefert dann offensichtlich als Konklusion $\forall x(C(x) \supset NA(x))$ (bzw. sogar $\forall x N(C(x) \supset NA(x))$, wenn man mit S4 im Obersatz vor der Distribution des N auf die Glieder der Subjunktion $B(x) \supset A(x)$ zunächst den N-Operator verdoppelt), das zweite Formelpaar liefert ebenfalls ∀x(C(x) ⊃ NA(x)). Es gibt Indizien dafür, daß Aristoteles dahin tendiert, Aussagen, welche ich so analysieren möchte, daß sie einen weiter außen und einen weiter innen stehenden Modalfaktor aufweisen, ihrer Modalität nach so zu klassifizieren, wie es der weiter innen stehende Modalfaktor anzeigt. (Dementsprechend lasse ich später z. B. aristotelische allgemeine Kontingenzaussagen ohne weiteres einen äußeren Modalfaktor N – und nicht K – haben.) Eines der Indizien liefert eben unser Passus 34b7–18, dem zufolge Aristoteles bereit zu sein scheint, Aussagen unbeschadet eines äußeren Modalfaktors als assertorisch zu bezeichnen, wenn nur kein (vom Faktor der Faktizität verschiedener) innerer Faktor vorliegt. Man sollte also erwarten, daß eine Aussage, die wir als Aussage der Struktur ∀x(C(x) ⊃ NA(x)) analysieren, von Aristoteles als Notwendigkeitsaussage angesehen würde. Man erhielte demnach unter der angenommenen Voraussetzung in jedem Fall durch Schlüsse, die auch für Aristoteles auf der Hand gelegen haben dürften, Notwendigkeitsformeln als Conclusiones. Es scheint daher, daß im Rahmen der Notwendigkeitssyllogistik allgemeine X-Aussagen noch als Aussagen genommen werden müssen, die auch dadurch wahr sein können, daß sie bloß νῦν oder ἐν τῷδε τῷ χρόνῳ (≈ jetzt oder zu dieser Zeit) gelten. Wofür ich argumentiere, ist, daß im Unterschied zu diesem Befund bei X-Aussagen für allgemeine Notwendigkeitsaussagen von Anfang an eine Konvention vorauszusetzen ist, die 34b7f. entspricht. Daß dies sich so verhält, kann man auch einsehen, indem man sich einen Gesamtüberblick über die von Aristoteles in der modalen Syllogistik eingesetzten BE-Argumente verschafft. Klar ist zunächst einmal, daß die beschriebene Strategie des Aristoteles, in BE-Argumentationen nötigenfalls fiktive Weltverfassungen als Bezugspunkte einzuführen, nur auf solche Bezugspunkte oder Zeitstellen führen wird, für die gilt: die einschlägigen Aussagen gelten relativ zu diesen Zeitstellen tatsächlich bloß ἐν τῷδε τῷ χρόνῳ. Wird beispielsweise die Vereinbarung getroffen, daß zu t_0 der unwahrscheinliche, aber mögliche Sachverhalt der Fall sei, daß alle Lebewesen in Bewegung sind, so muß selbstverständlich davon ausgegangen werden, daß zu irgendwelchen späteren Zeitpunkten dieser Sachverhalt nicht mehr der Fall ist (und seien die in Betracht gezogenen späteren Weltverfassungen auch nur solche der realen Weltgeschichte). Es muß also davon ausgegangen werden, daß *N*∀x(Lebewesen(x) ⊃ Bewegt(x)) zu t_0 nicht wahr ist. Beachtenswert ist nun folgendes. Erstens, diese Strategie wird, von einer Ausnahme abgesehen, nur bis Kapitel A11 einschließlich benutzt (die Durchführung der Möglichkeitssyllogistik beginnt in A13). Die Stellen, an denen – unausdrücklich oder ausdrücklich (durch Verwendung eines entsprechenden ἐνδέχεσθαι) – die Strategie benutzt wird, sind nämlich: 30a28–32; 30b2–6; 30b31–40; 31b4–8; 31b27–31; 32a1f.; 32a4f.(; 37b35–38). Der in Parenthese gesetzte Verweis bezieht sich auf die genannte Ausnahme. Zweitens, die Strategie wird an den eben aufgezählten Stellen nur eingesetzt im Hinblick auf dort jeweils involvierte *assertorische* Formeln. Aristoteles denkt nicht daran, jemals in einem BE-Argument etwa folgendes zu sagen: es könnten einmal alle Menschen wach (oder weiß oder bewegt oder dergleichen) sein, d. h. eine Situation ist möglich, in der gilt: alles Schlafende (oder Dunkle oder Ruhende) ist kein Mensch, und damit: alles Schlafende oder dergleichen ist notwendig kein Mensch. Für diese Enthaltsamkeit kann es eigentlich nur den Grund geben, daß Aristoteles jederzeit in Notwendigkeitsaussagen einen Regularitätsanteil mitversteht.

(6) Bisher habe ich eher immanente Gesichtspunkte angeführt, um die nach Kap.I. zunächst zur Symbolisierung von A a_NB sich anbietenden Formeln $\forall x(B(x) \supset NA(x))$ und $N\forall x(B(x) \supset A(x))$ abzuweisen sowie $N\forall x(B(x) \supset NA(x))$ zu stützen. Ich meine Behauptungen, Praktiken oder Argumente, die sich bei Aristoteles selbst finden oder von denen man vermuten kann, daß Aristoteles sie zu entwickeln in der Lage war. Jetzt will ich wieder annehmen, daß aristotelische allgemeine N-Aussagen keine Regularitätskomponente, sondern lediglich eine Essentialitätskomponente haben, und dazu feststellen: dies hätte, wenn man zugleich am aristotelischen Theorem der Konvertierbarkeit der e_N-Aussagen festhält, der Sache nach eine sehr unerwünschte Konsequenz – wobei die Frage ausgeklammert sein soll, ob Aristoteles sich über diese Konsequenz mit seinen Mitteln hätte Rechenschaft ablegen können. Was ich meine, ist der in Kap. I. angeführte Sachverhalt des Kollabierens zu einer nicht-modalen Logik. Zur Präzisierung meiner Behauptung treffe ich einige begriffliche Vorbereitungen auf der Grundlage von Hughes und Cresswell (1972). Es wird darum gehen, im Anschluß an die in Kap. I. vorgestellten modallogischen Begriffsbildungen ein unserem intuitiven Vorverständnis der Modalbegriffe entsprechendes mathematisch handhabbares Konzept zu formulieren, und zwar insbesondere für den prädikatenlogischen Fall. Die Vorbereitungen liefern dann ein Resultat, das vom gleichen Typ ist wie Satz 1 in Nortmann (1990), S. 75. In diesem Buch werde ich noch bei weiteren Gelegenheiten von Resultaten desselben Typs Gebrauch machen. Der Beweis kann in allen Fällen nach demselben Muster geführt werden. Ich will mich daher darauf beschränken, an dieser Stelle das Beweisschema von Nortmann (1990) noch einmal zu reproduzieren, während ich später die Beweise wegfallen lasse.

Sei $\mathcal{M}$ irgendeine Menge von Paaren („Weltenrahmen“, „relational frames“) $\langle W, R\rangle$ mit: W ist eine nicht-leere Menge (intuitiv: eine Menge möglicher Welten), R ist eine zweistellige Relation auf W. Ist $\langle W, R\rangle \in \mathcal{M}$, so verstehen wir unter einer für $\langle W, R\rangle$ zulässigen aussagenlogischen Interpretationsfunktion jede Funktion V, welche Paaren aus aussagenlogisch-modallogischen Formeln und Elementen von W einen der Werte 0, 1 (0 für „falsch", 1 für „wahr") so zuordnet, daß die üblichen Bedingungen erfüllt sind, nämlich (für in Frage kommende Formeln α, β und $w \in W$):

$V(\neg\alpha, w) = 1$ gdw. $V(\alpha, w) = 0$;
$V(\alpha \vee \beta, w) = 0$ gdw. $V(\alpha, w) = 0 = V(\beta, w)$;
$V(N\alpha, w) = 1$ gdw. $V(\alpha, w') = 1$ für alle $w' \in W$ mit $\langle w, w' \rangle \in R$.

Unter einer für $\langle W, R \rangle$ zulässigen prädikatenlogischen Interpretationsfunktion verstehen wir ein Tripel $\langle D, Q, V \rangle$ mit den folgenden Eigenschaften. D ist eine nicht-leere Menge, intuitiv: die Vereinigung der Mengen von Individuen, welche in den verschiedenen zu W gehörenden Welten existieren. Q ist eine Funktion, welche jedem Element von W eine Teilmenge von D zuordnet, intuitiv: für $w \in W$ ist $Q(w)$ die Menge der in w existierenden Individuen. V ist eine Funktion, welche Individuenvariablen Elemente von D zuordnet; und welche n-stelligen Prädikatbuchstaben Teilmengen von $D^n \times W$ zuordnet (intuitiv: ist $\mathfrak{P}$ ein n-stelliger Prädikatbuchstabe und ist $w \in W$, so ist $\{\langle d_1, \ldots, d_n \rangle \in D^n \mid \langle d_1, \ldots, d_n; w \rangle \in V(\mathfrak{P})\}$ die Extension von $\mathfrak{P}$ in der Welt w); und welche Paaren aus prädikatenlogisch-modallogischen Formeln und Elementen von W einen der Werte 0, 1, $\emptyset$ ($\emptyset$ für „unbestimmt") so zuordnet, daß die folgenden Bedingungen erfüllt sind (für in Frage kommende Formeln α, β, Prädikatbuchstaben $\mathfrak{P}$, Individuenvariablen $\mathfrak{X}$, $\mathfrak{X}_1, \ldots, \mathfrak{X}_n$ und $w \in W$):

ist α ein Aussagebuchstabe, so ist $V(\alpha, w) \in \{0, 1\}$;
ist $\mathfrak{P}$ n-stellig, so ist $V(\mathfrak{P}\mathfrak{X}_1 \ldots \mathfrak{X}_n, w) = \emptyset$, falls nicht $V(\mathfrak{X}_i) \in Q(w)$ für $i = 1, \ldots, n$ (intuitiv: eine Aussage, mit welcher eine Relation zwischen Individuen ausgesprochen wird, die nicht sämtlich in w existieren, ist relativ zu w nicht sinnvoll und erhält keinen Wahrheitswert); ist dagegen $V(\mathfrak{X}_i) \in Q(w)$ für alle i, so ist $V(\mathfrak{P}\mathfrak{X}_1, \ldots, \mathfrak{X}_n, w) = 1$ falls $\langle V(\mathfrak{X}_1), \ldots, V(\mathfrak{X}_n); w \rangle \in V(\mathfrak{P})$, und $V(\mathfrak{P}\mathfrak{X}_1, \ldots, \mathfrak{X}_n, w) = 0$ falls $\langle V(\mathfrak{X}_1), \ldots, V(\mathfrak{X}_n); w \rangle \notin V(\mathfrak{P})$;
$V(\neg\alpha, w) = 1$ gdw. $V(\alpha, w) = 0$, $V(\neg\alpha, w) = 0$ gdw. $V(\alpha, w) = 1$;
$V(\alpha \vee \beta, w) = 1$ gdw. $V(\alpha, w), V(\beta, w) \neq \emptyset$ und $V(\alpha, w) = 1$ oder $V(\beta, w) = 1$, $V(\alpha \vee \beta, w) = 0$ gdw. $V(\alpha, w) = V(\beta, w) = 0$;
$V(N\alpha, w) = 1$ gdw. $V(\alpha, w') \neq 0$ für alle w' mit $\langle w, w' \rangle \in R$, $V(N\alpha, w) = 0$ gdw. $V(\alpha, w') = 0$ für ein w' mit $\langle w, w' \rangle \in R$;
$V(\forall\mathfrak{X}\alpha, w) = 1$ gdw. $V'(\alpha, w) = 1$ für jede $\mathfrak{X}$-Variante V' von V über $Q(w)$, $V(\forall\mathfrak{X}\alpha, w) = 0$ gdw. $V'(\alpha, w) = 0$ für eine solche Variante.

Diese Bedingungen sind offenbar so formuliert, daß sie mit N als Ausdruck des essentiellen Zukommens das Plantinga-Kripke-Konzept modellieren: für einstelliges $\mathfrak{P}$ ist $V(N\mathfrak{P}x, w) = 1$ (ist wahr „x hat – relativ zu w – die Eigenschaft $\mathfrak{P}$ essentiell") genau dann, wenn $V(\mathfrak{P}x, w') \neq 0$ für alle w' mit $\langle w, w' \rangle \in R$, also genau dann, wenn für alle w' mit $\langle w, w' \rangle \in R$: $V(x) \notin Q(w')$, oder $\langle V(x);w' \rangle \in V(\mathfrak{P})$, das heißt: für alle – von w aus – möglichen Welten gilt: wenn x (bzw. genauer: V(x)) dort existiert, dann gehört x dort zur Extension von $\mathfrak{P}$.

Eine aussagenlogisch-modallogische Formel α soll $\mathcal{M}$-gültig heißen, wenn für jedes Tripel $\langle W, R, V \rangle$ mit $\langle W, R \rangle \in \mathcal{M}$ und V eine für $\langle W, R \rangle$ zulässige aussagenlogische Interpretationsfunktion gilt: für jedes $w \in W$ ist $V(\alpha, w) = 1$. Im prädikatenlogischen Fall soll α $\mathcal{M}$-gültig heißen, wenn für jedes Quintupel $\langle W, R, D, Q, V \rangle$ mit $\langle W, R \rangle \in \mathcal{M}$ und $\langle D, Q, V \rangle$ eine für $\langle W, R \rangle$ zulässige prädikatenlogische Interpretationsfunktion gilt: für jedes $w \in W$ ist $V(\alpha, w) \neq 0$.

Wenn sich eine prädikatenlogische Modallogik $\mathfrak{L}$ und eine aussagenlogische Modallogik $\mathfrak{L}_0$ so zueinander verhalten, daß sie durch Semantiken erzeugt werden können, deren Strukturenklassen man durch die Hinzunahme jeweils zulässiger Interpretationsfunktionen zu den Elementen einer und derselben Klasse $\mathcal{M}$ von Weltenrahmen erhält, dann soll $\mathfrak{L}_0$ die aussagenlogische Einschränkung von $\mathfrak{L}$ heißen.

Satz 1: Sei $\mathfrak{L}$ eine prädikatenlogische Modallogik und $\mathfrak{L}_0$ die aussagenlogische Einschränkung von $\mathfrak{L}$. Wenn dann

[1] $\forall x(B(x) \supset N\neg A(x)) \supset \forall x(A(x) \supset N\neg B(x))$

ein $\mathfrak{L}$-Theorem ist, so ist

[2] $(q \supset N\neg p) \supset (p \supset N\neg q)$

ein $\mathfrak{L}_0$-Theorem.

Beweis: Sei $\langle W, R, V \rangle$ beliebig aus der $\mathfrak{L}_0$ erzeugenden Strukturenklasse, und sei $w_0 \in W$ beliebig mit $V(q \supset N\neg p, w_0) = 1 = V(p, w_0)$. Sei ferner $w_1 \in W$ beliebig mit $\langle w_0, w_1 \rangle \in R$. Wir haben zu zeigen: $V(\neg q, w_1) = 1$.

Sei $\langle D, Q, \tilde{V} \rangle$ die prädikatenlogische Interpretationsfunktion mit den Eigenschaften: (i) $D = \{1\}$. (ii) $Q(w) = D$ für alle $w \in W$. (iii) Für alle Individuenvariablen $\mathfrak{X}$ gilt $\tilde{V}(\mathfrak{X}) = 1$; für alle $n \in \mathbb{N}$ und für alle von A und B verschiedenen n-stelligen Prädikatbuchstaben $\mathfrak{P}$ ist $\tilde{V}(\mathfrak{P})$ eine beliebige Teilmenge von $D^n \times W$; $\tilde{V}(A) = \{\langle 1, w \rangle \mid w \in W \text{ mit } V(p, w) = 1\}$; $\tilde{V}(B) = \{\langle 1, w \rangle \mid w \in W \text{ mit } V(q, w) = 1\}$; den Paaren aus Aussagebuchstaben und Elementen von W ordnet $\tilde{V}$ jeweils einen beliebigen der Werte 0, 1 zu; auf Paare aus irgendwelchen Formeln und Elementen von W soll $\tilde{V}$ so fortgesetzt sein, daß die oben formulierten Bedingungen erfüllt sind. (Offensichtlich tritt dabei nie der Wert $\emptyset$ auf.) Dann ist $\langle W, R, D, Q, \tilde{V}\rangle$ eine $\mathfrak{L}$-Struktur, und nach Voraussetzung ist $\tilde{V}([1], w_0) \neq 0$ bzw. $\tilde{V}([1], w_0) = 1$ (da, wie gesagt, der Wert $\emptyset$ nicht auftritt). Ferner ist $\tilde{V}(\forall x(B(x) \supset N\neg A(x)), w_0) = 1$. Denn da es keine echte x-Variante $\tilde{V}'$ von $\tilde{V}$ über $Q(w_0)$ gibt, genügt dazu $\tilde{V}(B(x) \supset N\neg A(x), w_0) = 1$. Ist $\tilde{V}(B(x), w_0) = 1$, so ist $\langle\tilde{V}(x), w_0\rangle = \langle 1, w_0\rangle \in \tilde{V}(B)$, also $V(q, w_0) = 1$. Nach Voraussetzung über V ist dann $V(N\neg p, w_0) = 1$. Sei $w' \in W$ beliebig mit $\langle w_0, w'\rangle \in R$. Wegen $V(N\neg p, w_0) = 1$ ist $V(\neg p, w') = 1$, $V(p, w') \neq 1$, also $\langle 1, w'\rangle \notin \tilde{V}(A)$ und damit $\tilde{V}(A(x), w') = 0$, $\tilde{V}(\neg A(x), w') = 1$. Demnach ist $\tilde{V}(N\neg A(x), w_0) = 1$. Also: $\tilde{V}(A(x) \supset N\neg B(x), w_0) = 1$. Wegen $V(p, w_0) = 1$: $\tilde{V}(A(x), w_0) = 1$. Folglich ist $\tilde{V}(N\neg B(x), w_0) = 1$ und insbesondere $\tilde{V}(\neg B(x), w_1) = 1$, $\tilde{V}(B(x), w_1) \neq 1$. Dies bedeutet: $\langle\tilde{V}(x), w_1\rangle = \langle 1, w_1\rangle \notin \tilde{V}(B)$, also $V(q, w_1) = 0$, $V(\neg q, w_1) = 1$, q.e.d.

Unter der natürlichen Voraussetzung, daß eine prädikatenlogische Modallogik, welche die Konversion von rein essentialistisch verstandenen e_N-Aussagen legitimiert, als aussagenlogische Einschränkung eine aussagenlogische Modallogik von der gewöhnlichen Sorte enthält, in der man insbesondere die üblichen aussagenlogischen Prinzipien zur Verfügung hat, ergibt sich aus Satz 1 (mit Ersetzung von q durch $\neg p$ im Theorem [2]): $(\neg p \supset N\neg p) \supset (p \supset N\neg\neg p)$ ist ein Theorem, und damit – wegen $p \Rightarrow (\neg p \supset N\neg p)$ – auch $p \supset (p \supset Np)$ bzw. $p \supset Np$. Zusammen mit $Np \supset p$ erhielte man also die Äquivalenz von p und Np, und das ist, was man Zusammenfallen zu einer nicht-modalen Logik nennt.

Zu Beginn von Kapitel I. habe ich die Möglichkeit eingeräumt, daß unter den Modallogiken, mit denen wir heute zu arbeiten pflegen, keine ist, in deren Rahmen die Modalsyllogistik rekonstruiert werden könnte, und in diesem Zusammenhang auf McCall (1963), S. 96f., verwiesen. McCall nennt dort unter drei verschiedenen Möglichkeiten, auf die Schwierigkeiten zu reagieren, welche die aristotelische Syllogistik aus heutiger Sicht aufweist, als vielleicht attraktivste die, Modallogiken entlang der aristotelischen Linie den heutigen Standards entsprechend überhaupt erst zu *entwickeln*: „modal syllogistic presents the logician with a challenge to produce modal propositional laws which *do* satisfy Aristotle's intuitions". Wir können jetzt festhalten, daß ein solches Programm zu verfolgen jedenfalls zum Scheitern verurteilt wäre, wenn man ihm die Beckersche Strukturformel für e_N-Aussagen zugrunde legte – in Anbetracht von Satz 1 könnte man nicht erwarten, auf diesem Wege eine echte Modallogik zu erhalten.

(7) Wenn man sich an dem aristotelischen Theorem der Konvertierbarkeit der e_N-Aussagen orientiert, liegt es zunächst nahe, wie ich bereits in der

Einleitung sagte, anzunehmen, daß A $a(e)_N B$ die logische Form $N\forall x(B(x) \supset (\neg)A(x))$ habe. Nach allem, was wir bei Alexander von Aphrodisias über Theophrast erfahren[24], können wir diese Annahme wahrscheinlich als theophrastische Strukturhypothese ansehen. Es bietet sich aber noch eine weitere, von der theophrastischen verschiedene Strukturformel an, nämlich aufgrund etwa der folgenden Überlegung.

Wir gehen zunächst aus von dem Ansatz

(*13*) $\forall x(B(x) \supset N\neg A(x))$

für A $e_N B$. Im assertorischen Fall ist die Basis für die Konversion der e-Aussagen die aussagenlogische Kontraposition (d. h. der Übergang von $B(x) \supset \neg A(x)$ zu $\neg\neg A(x) \supset \neg B(x)$ bzw. zu $A(x) \supset \neg B(x)$). Kontraponieren wir also den quantorenfreien Teil von $\forall x(B(x) \supset N\neg A(x))$! Das Resultat ist: $\forall x(MA(x) \supset \neg B(x))$, man erhält eine Aussageform, deren Subjektsterminus einen M-Operator bei sich führt. Wenn diese Aussageform dem B $e_N A$ korrespondieren soll, muß der ursprüngliche Ansatz (*13*) für A $e_N B$ entsprechend abgeändert werden, der neue Kandidat für die Symbolisierung von A $e_N B$ also so aussehen:

(*14*) $\forall x(MB(x) \supset N\neg A(x))$.

B $e_N A$ wäre dann

(*15*) $\forall x(MA(x) \supset N\neg B(x))$,

und in der Tat geht nun (*15*) genau durch Kontraponierung aus (*14*) hervor.

Mit der Hypothese, daß (*14*) – wenigstens in Teilbereichen der aristotelischen Modaltheorie – die logische Form von A $e_N B$ geben könnte, arbeitet Angelelli (dazu Angelelli (1979), vor allem S. 205 f.; das Gegenstück zu (*14*) in der von Angelelli verwendeten Notation ist die Formel $\Lambda x.\nabla Bx \rightarrow \Delta\neg Ax.$). Angelellis Ansatz will ich im einzelnen in Kapitel III., Abschnitt 2.3., sowie gegen Ende von Kapitel IV. besprechen. An dieser Stelle will ich aber schon darauf hinweisen, daß Angelellis Hypothese über die Form von e_N-Aussagen und die korrespondierende Hypothese über die Form von a_N-Aussagen jedenfalls nicht für eine einheitliche Rekonstruktion der aristotelischen Modallogik verwendbar sind. Nämlich dann nicht, wenn wir bei einer solchen Rekonstruktion auch auf das Erfordernis achten, Aristoteles keine Behauptungen zu unterstellen, für die gilt: diese Behauptungen sind falsch, und ihre

[24] Für Zusammenfassungen dieser Informationen s. in Ross (1949) Introduction, chap. IV: „The Modal Syllogism"; sowie in Maier (1896–1900), Bd. II Halbbd.1, im 2. Kapitel des 1. Abschnitts III.4: „Die aristotel. Theorie der Möglichkeitsschlüsse und die Theophrastischen Korrekturen"; ferner in Becker (1933) im Kapitel VI die Beilage: „Die veränderte Gestalt der Aristotelischen Lehre bei Theophrast und Eudem".

Falschheit hätte auch für Aristoteles offensichtlich sein müssen. So würde es sich jedoch unter Angelellis Hypothese verhalten mit Aristoteles' Behauptung der Nichtgültigkeit beispielsweise von Barbara NKX (A16, 35b26–28) und mit der davon eingeschlossenen Behauptung der Nichtgültigkeit von Barbara NKN. Denn wenn wir Angelellis Hypothese für A a_NB einsetzen und dazu unsere Formel für B a_KC verwenden (diese Formel findet der Leser zu Beginn des folgenden Abschnitts 4. notiert) oder auch eine der dafür von Angelelli in Betracht gezogenen Formeln (nämlich $\forall x(MC(x) \supset KB(x))$ oder $\forall x(C(x) \supset KB(x)))$, so haben die Prämissen von Barbara NK die Form

$$\forall x(MB(x) \supset NA(x))$$
$$\forall x(N)((M)\ C(x) \supset KB(x)) \text{ bzw.}$$
$$\forall x(N)((M)\ C(x) \supset (MB(x) \wedge M\neg B(x)));$$

Aristoteles hätte schwerlich übersehen können, daß hier sogar eine N-Conclusio möglich ist.

Im Rahmen des von mir betriebenen Rekonstruktionsversuchs wird es sich als nötig herausstellen, die Möglichkeit einzuräumen, daß Aristoteles Sätze, welche die Rollen der Konklusionen von Syllogismen spielen, notfalls auch dann als Sätze eines bestimmten Modaltyps gelten läßt, wenn ihrem Gehalt derjenige Teil abgeht, welcher in unseren Symbolisierungen durch den äußeren Modaloperator erfaßt wird. Diese Tatsache scheint zunächst einmal ein Defizit unseres Rekonstruktionsversuchs darzustellen. Die Vor- und Nachteile verschiedener Systeme von Strukturhypothesen muß man gegeneinander abwägen. Ich habe auf einen Nachteil von Angelellis a_N/e_N-Hypothese hingewiesen. Jetzt will ich noch zeigen, daß dem kein Vorteil in der zuletzt angesprochenen Hinsicht gegenübersteht, das heißt: mit Angelellis a_N/e_N-Hypothese läßt sich eine (gelegentliche) Ungleichbehandlung von Sätzen in Prämissen- und Konklusionsfunktion, was die Setzung eines zweiten Modalfaktors außer dem beim Prädikatsterminus lokalisierten angeht, ebenfalls nicht vermeiden.

Nehmen wir etwa Aristoteles' Behauptung der Gültigkeit von Cesare NXN (A10, 30b9–13; vgl. III.1.3., Ziffer 1.)). Die Prämissen des Modus sind im Rahmen unseres Rekonstruktionsversuchs zu symbolisieren durch

(16) $\forall xN(B(x) \supset N\neg A(x))$
$\forall x(C(x) \supset A(x))$,

im Rahmen des Rekonstruktionsversuchs Angelellis durch

(17) $\forall x(MB(x) \supset N\neg A(x))$
$\forall x(C(x) \supset A(x))$.

Ich sehe hier davon ab, daß Angelelli für assertorisches A a C auch die Symbolisierung $\forall x(MC(x) \supset A(x))$ in Betracht zieht (Angelelli (1979),

S. 205). Denn diese Formel ist nicht akzeptabel. Aristoteles hätte bei einer derartigen Auffassung allgemeiner assertorischer Aussagen nicht entgehen können, daß etwa Barbara mit Prämissen der Modalitäten XK mehr liefert als nur eine M-Conclusio (vgl. A15, 34a34–36).

Was ich zeige ist, daß das Paar *(16)* die Formel $\forall x \mathcal{N}(C(x) \supset N\neg B(x))$ sowie das Paar *(17)* die Formel $\forall x(\mathcal{M}C(x) \supset N\neg B(x))$ in keiner irgendwie beschaffenen Erweiterung von T implizieren kann, es sei denn um den Preis des Kollabierens dieser Erweiterung zu einer nicht-modalen Logik. Innerhalb des unter (6) entwickelten Rahmens gewinnt man mit denselben Mitteln, wie sie dort verwendet wurden, den

Satz 2: Sei $\mathfrak{L}$ eine prädikatenlogische Modallogik und $\mathfrak{L}_0$ die aussagenlogische Einschränkung von $\mathfrak{L}$. Wenn dann

[1] $(\forall xN(B(x) \supset N\neg A(x)) \wedge \forall x(C(x) \supset A(x))) \supset \forall xN(C(x) \supset N\neg B(x))$

ein $\mathfrak{L}$-Theorem ist, so ist

[2] $((r \supset p) \wedge N(q \supset N\neg p)) \supset N(r \supset N\neg q)$

ein $\mathfrak{L}_0$-Theorem.

Und wenn

[3] $(\forall x(MB(x) \supset N\neg A(x)) \wedge \forall x(C(x) \supset A(x))) \supset \forall x(MC(x) \supset N\neg B(x))$

ein $\mathfrak{L}$-Theorem ist, so ist

[4] $((r \supset p) \wedge (Mq \supset N\neg p)) \supset (Mr \supset N\neg q)$

ein $\mathfrak{L}_0$-Theorem.

[4] liefert unter normalen Voraussetzungen (d. i.: Aussagenlogik und T-Prinzipien stehen zur Verfügung) die logische Äquivalenz von r und Nr, nämlich folgendermaßen. Man substituiere für q in [4] die Formel $s \supset s$ (oder ein beliebiges anderes *verum*). Im Normalfall hat man $\vdash_{\mathfrak{L}_0} M(s \supset s)$, was zusammen mit dem Substitutionsresultat $\vdash_{\mathfrak{L}_0} ((r \supset p) \wedge (M(s \supset s) \supset N\neg p)) \supset (Mr \supset N\neg(s \supset s))$ liefert: $\vdash_{\mathfrak{L}_0} ((r \supset p) \wedge N\neg p) \supset (Mr \supset N\neg(s \supset s))$, bzw. mit Aussagenlogik $\vdash_{\mathfrak{L}_0} ((r \supset p) \wedge N\neg p) \supset (M(s \supset s) \supset \neg Mr)$; wiederum mit $\vdash M(s \supset s)$: $\vdash ((r \supset p) \wedge N\neg p) \supset \neg Mr$, also ist beweisbar

(1) $(r \supset p) \supset (N\neg p \supset N\neg r)$.

Aus (1) erhält man nach Substitution von $\neg p$ für p und von $\neg r$ für r mit Aussagenlogik

(2) $(p \supset r) \supset (Np \supset Nr)$.

(2) ist übrigens eine Formel, von der J. Łukasiewicz meint, Aristoteles halte sie für gültig (vgl. III.2.3., zu *(22)*). (2) liefert aber fast unmittelbar unser Trivialitätsresultat, nämlich aus (2) durch Substitution von $s \supset s$ für p:

(3) $((s \supset s) \supset r) \supset (N(s \supset s) \supset Nr)$,

und mit Aussagenlogik

(4) $N(s \supset s) \supset (((s \supset s) \supset r) \supset Nr)$;

mit $\vdash N(s \supset s)$ folgt

(5) $((s \supset s) \supset r) \supset Nr$,

und ein aussagenlogisches Theorem ist

(6) $r \supset ((s \supset s) \supset r)$;

(5) und (6) zusammen liefern

(7) $r \supset Nr$,

was zusammen mit dem T-Theorem

(8) $Nr \supset r$

die Äquivalenz

(9) $Nr \equiv r$

ergibt.

Aus [2] erhalten wir durch Substitution von $s \supset s$ für q, von $\neg(s \supset s)$ für p (das sind Substitutionen, mit denen wir auch bei [4] zum Ziel gekommen wären)

(1) $(r \supset \neg(s \supset s)) \wedge N((s \supset s) \supset N\neg\neg(s \supset s))) \supset N(r \supset N\neg(s \supset s))$,

daraus in T

(2) $\neg r \supset N(M(s \supset s) \supset \neg r)$

und

(3) $\neg r \supset (NM(s \supset s) \supset N\neg r)$,

und mit $\vdash_T NM(s \supset s)$

(4) $\neg r \supset N\neg r$

oder

(5) $r \supset Nr$.

Später werden wir sehen, daß unter den von mir vorgeschlagenen Strukturhypothesen, zusammen mit der Hypothese über die Möglichkeit der beschränkten Ungleichbehandlung von Sätzen in Prämissen- und Konklusionsfunktion, gilt: die überwältigende Mehrheit der aristotelischen Gültigkeitsbehauptungen sind richtig zumindest relativ zur prädikatenlogischen Erweiterung der Modallogik S5, dabei insbesondere eingeschlossen die Behauptungen der e_N-Konvertibilität und der Gültigkeit von Cesare NXN.

Diese Modallogik ist, wie wir wissen, eine echte Modallogik. Also sind in dem Fall Trivialitätsresultate nach dem Muster von Satz 1 und Satz 2 ausgeschlossen.

Soviel zur Rechtfertigung der Strukturhypothese über A a_N/e_NB aus Abschnitt 1.

4. *Allgemeine (ein- und zweiseitige) Möglichkeitsaussagen*

Jetzt formuliere ich dem Fall der Notwendigkeitsaussagen entsprechende Hypothesen für Aussagen vom Typ A a_K/e_KB und für solche vom Typ A a_M/e_MB, nämlich so, daß ich die folgenden vorläufigen Zuordnungen von derartigen Aussagen zu modal-prädikatenlogischen Formeln vornehme.

A a_KB: $N\forall x(B(x) \supset KA(x))$ bzw. $N\forall x(B(x) \supset (MA(x) \wedge M\neg A(x)))$;
A e_KB: $N\forall x(B(x) \supset K\neg A(x))$;
A a_MB: $N\forall x(B(x) \supset MA(x))$;
A e_MB: $N\forall x(B(x) \supset M\neg A(x))$.

Im Deutschen, etwa bei Rolfes, finden wir für A a_KB die folgenden Formulierungen: „A kann jedem B zukommen"; „möglicherweise kommt A jedem B zu"; „A kommt möglicherweise jedem B zu" (z. B. Rolfes (1921), S. 28). Im Englischen haben wir bei Ross Formulierungen wie: „A is capable of belonging to every B"; „A may belong to all B" (z. B. Ross (1949), S. 326, S. 331); aber auch – für B a_KC – „B [is] contingent for all C" (a. a. O., S. 334). Aristoteles' bevorzugte Wendung ist: τὸ **A** παντὶ τῷ **B** ἐνδέχεται ⟨ὑπάρχειν⟩ (z. B. 32b31 f., 32b38–40), wir finden daneben auch: παντὶ τῷ **B** τὸ **A** ἐγχωρεῖ; καθ' οὗ τὸ **B**, τὸ **A** ἐνδέχεται ⟨λέγεσθαι⟩ (32b29 f.; der grammatische Zusammenhang, in welchem beide Formulierungen bei Aristoteles auftreten, ist so beschaffen, daß wir dort eigentlich statt finiter Prädikate die Infinitive ἐγχωρεῖν bzw. ἐνδέχεσθαι haben). Man muß davon ausgehen, daß Aristoteles *dieselben* Formulierungen auch an Stellen gebraucht, an denen er von allgemeinen *M*-Aussagen spricht.

Zunächst einmal ist klar, daß Aristoteles ἐνδέχεσθαι in der modalen Syllogistik jedenfalls auch, und zwar ausdrücklich, in einer Weise verwendet, welche dem Inhalt unseres Ausdrucks „kontingent (sein)" weitgehend entspricht. In A13, 32a18–20, wird nämlich die folgende Definition gegeben:

> Unter kontingent sein [für ἐνδέχεσθαι] und kontingent [für das zugehörige Partizip ἐνδεχόμενον] verstehe ich das, was nicht notwendig ist, wegen dessen aber, wenn es als vorhanden gesetzt wird, nichts Unmögliches sich ergibt (Rolfes (1921), S. 25).

Dies wird man so verstehen dürfen, daß ein ἐνδεχόμενον ist, was weder notwendig noch unmöglich ist; und daß eine Eigenschaft A einem Individuum a zukommen *kann* (in *diesem* Sinne, d. h. τὸ A τῷ a ἐνδέχεται ὑπάρχειν im Sinne der eben zitierten Definition von ἐνδέχεσθαι), wenn der Sachverhalt oder die Aussage A(a) weder notwendig noch unmöglich ist, bzw. wenn sowohl A(a) als auch ¬A(a) im gewöhnlichen Sinne möglich ist. (Demgemäß wurde oben KA(x) als ersetzbar durch MA(x) ∧ M¬A(x) behandelt.) Ich habe soeben von einer „weitgehenden" Entsprechung gesprochen, weil ich den Eindruck habe, daß im umgangssprachlichen Verständnis Formulierungen vom Typ „A kommt dem a kontingenterweise zu" oder „a ist kontingenterweise ein A" auch so genommen werden, als drücke „kontingenterweise" eine adverbiale Bestimmung des *faktischen* Zukommens aus: A kommt dem a zu, dies aber bloß kontingenterweise (und nicht notwendig). Aristotelische Kontingenzaussagen müssen dagegen tatsächlich so aufgefaßt werden, daß sie keine im engeren Sinne faktische Information enthalten. Es ist weiter klar, daß sich Aristoteles bei der Entwicklung der Möglichkeitssyllogistik durchaus der in A13 vorgenommenen Bestimmung des ἐνδέχεσθαι erinnert und Modi diskutiert, in denen ἐνδέχεσθαι-Aussagen vorkommen, welche Kontingenzaussagen sind. Als Belege können alle Stellen dienen, an denen Aristoteles darauf hinweist, daß das Notwendige als nicht ἐνδεχόμενον vereinbart war (τὸ ἐξ ἀνάγκης οὐκ ἦν ἐνδεχόμενον), z. B. 38a35f. An dieser Stelle geht es darum zu zeigen, daß Cesare vom Modaltyp ἐνδεχόμενον, N, ἐνδ. kein gültiger Modus ist; und was gezeigt wird ist, daß die Prämissenformeln verträglich sind mit B e_NC. Damit sei klar, so Aristoteles, daß hier keine ἐνδέχεσθαι-Conclusio möglich sei, und als Begründung wird der eben zitierte Hinweis über das Verhältnis von ἀναγκαῖον (≈ Notwendigem) und ἐνδεχόμενον gegeben. Also: B e_NC wird als eine Aussage(-form) behandelt, welche die Negation von τὸ B ἐνδέχεται μηδενὶ τῷ Γ ὑπάρχειν (≈ B kommt möglicherweise keinem C zu) impliziert. Daher haben wir davon auszugehen, daß wenigstens für die Conclusio des fraglichen Modus Aristoteles ἐνδέχεσθαι im K-Sinn verstehen will.

Auf der anderen Seite gehen die Interpreten beispielsweise darin weitgehend einig (und ich folge ihnen in dieser Hinsicht), daß Aristoteles für Barbara mit assertorischer Oberformel und Möglichkeits-Unterformel lediglich eine M-Conclusio (A a_MC) beansprucht, und doch heißt es an der betreffenden Stelle 34a35f.: ἀνάγκη οὖν τὸ A παντὶ τῷ Γ ἐνδέχεσθαι ὑπάρχειν (≈ nun, nämlich unter den 34a34–35 genannten Voraussetzungen, ist es notwendig, daß A jedem C zukommen kann). In der Tat stellt Ross in (1949), S. 334, den in 34a34ff. von Aristoteles als gültig behaupteten Modus dar durch das Kürzel A $A^C A^P$. Die Buchstabenkombination A A A steht hierbei für die drei Formelbestandteile von Barbara, und obere Indizes geben die Modalitäten der jeweiligen Formeln. c steht für „contingent“ (= weder notwendig noch unmöglich), p für „possible“ (= (einseitig) möglich; nicht unmöglich; nicht von der Art, daß das kontradiktorische Gegenteil notwendig ist). Fehlt ein oberer Index, so soll das selbstverständlich bedeuten, daß die betreffende Formel assertorisch ist. Zur Ross'schen Symbolik beachte man auch Ross (1949), S. 286, „Table of the Valid Moods“. Becker stellt in der nach S. 88 von (1933) eingefügten Tafel III den fraglichen Modus unter dem Schlüssel 15B1 dar durch $\begin{array}{c} B\ a\ A \\ \underline{\Gamma\ a\ E_2 B} \\ \Gamma\ a\ E_1 A \end{array}$. Der Schlüssel ist folgendermaßen zu interpretieren. Die erste Ziffer gibt das Kapitel im Buch A der *An. pr.*, in welchem der zu kennzeichnende Modus behandelt wird (hier: Kapitel 15). Die zweite Ziffer gibt die Stelle unter den Modi einer Figur, welche der betreffende Modus nach der traditionellen Anordnung der Modi dieser Figur einnimmt; hier handelt es sich mit Barbara um den ersten Modus der ersten Figur. Der Buchstabe B verweist auf die zweite Untergruppe der von Aristoteles behandelten Modi der ersten Figur mit einer Möglichkeitsprämisse und einer assertorischen Prämisse, nämlich auf die Gruppe derjenigen unter diesen Modi, bei denen der Obersatz assertorisch und der Untersatz ein Möglichkeitssatz ist. Was die Symbolfolge $\begin{array}{c} B\ a\ A \\ \underline{\Gamma\ a\ E_2 B} \\ \Gamma\ a\ E_1 A \end{array}$ angeht, so ist B a A zu lesen als „alle B sind A“, und, wenn wir zunächst die Symbole E_2, E_1 vernachlässigen, entsprechend für Γ a B, Γ a A. a kennzeichnet also wie üblich allgemein bejahende Aussagen. Dagegen besteht ein Unterschied zwischen dem von Becker und dem von mir verwendeten Notationssystem darin, daß ich im engeren Anschluß an Aristoteles' Art und Weise, syllogistische Prädikationen auszudrücken, an erster Stelle den sogenannten Prädikatsterminus bzw. die entsprechende Variable setze – während Becker der traditionellen Art, syllogistische Aussagen zu formulieren, folgt und zuerst den Subjektsterminus setzt. Dies bedeutet, daß, wo Becker etwa B a A schreibt, in der von mir benutzten Notation A a B zu stehen hätte, entsprechend dem morphologischen Unterschied zwischen den inhaltlich gleichwertigen Aussageformen „alle B sind A“ und „A kommt allen B zu“. G. Patzig weist in (1969), § 15, darauf hin, daß die traditionelle Formulierungsart gewisse der Behauptungen des Aristoteles unverständlich werden läßt, so daß es sich aus sachlichen Gründen empfiehlt, möglichst dicht bei den aristotelischen Formulierungen zu bleiben. Symbole, welche Becker wie hier E_1 und E_2 unmittelbar hinter die traditionellen Zeichen für Quantität und Qualität syllogistischer Aussagen stellt, dienen zum Ausdruck von Modalitäten. Becker gebraucht E_2 p für „es ist möglich, aber nicht notwendig, daß p" und – worauf es uns hier ankommt – E_1 p für „es ist möglich, daß p". W. Wielands Auffassung stimmt mit den Auffassungen Beckers und Ross' überein. (Dazu Wieland (1972), S. 149; Wieland symbolisiert hier die zweiseitige Möglichkeit durch M, die einseitige durch 𝔐.)

Wenn es sich bei Barbara Xἐνδ.ἐνδ. wirklich um einen Modus mit M-Conclusio handeln soll, dann möchte man Aristoteles der Behauptung und der Begründung der Gültigkeit des Modus wenigstens eine Bemerkung etwa des Inhalts anfügen sehen, daß ἐνδέχεσθαι hier nicht im Sinne der Definition von A13 gebraucht werde. Diese Erwartung wird nicht erfüllt, aber immerhin heißt es bei der wenig später folgenden Behandlung eines ähnlich gelagerten Falles (Gültigkeit von Celarent Xἐνδ.ἐνδ.), daß hier der Schluß nicht auf ein ἐνδεχόμενον gemäß der Definition gehe (34b27f.; vgl. auch die summarische Bemerkung 33b29–31). Die Stelle zeigt, daß Modi mit Möglichkeitskonklusionen, die keine Kontingenzaussagen sind, jedenfalls vorkommen. Aber zweifellos kann man sich nicht darauf verlassen, daß Aristoteles in jedem derartigen Fall eindeutig die Verwendung des schwächeren Möglichkeitsbegriffs anzeigt. In A16, 36a7–17, beispielsweise behauptet Aristoteles den Modus Celarent $N^{K}_{M}X$[25] als gültig und schließt an das für diese Behauptung gegebene Argument die Bemerkung an (36a15ff.): „Es ergibt sich aber offenbar auch ein Schluß auf die Möglichkeit des Nichtzukommens, da sich auch ein solcher auf das tatsächliche Nichtzukommen ergibt" (Rolfes (1921), S. 37f.). Also: eine assertorische Konklusion wird hier offenbar zu einer entsprechenden Möglichkeitskonklusion abgeschwächt, und daß dies nur für den schwächeren Möglichkeitsbegriff zulässig ist, wird Aristoteles klar gewesen sein. Jedoch gibt es hier keine Bemerkung von der Art der Bemerkung in 34b27f. Zwar heißt es an einer Stelle der Zusammenfassung, welche zu Beginn von A16 gegeben wird, daß das ἐνδέχεσθαι in der Konklusion ebenso aufzufassen sei wie in den früheren Fällen (35b32–34), aber der Bezugspunkt dieser Bemerkung ist nicht recht klar; dazu auch die Erörterung zu Beginn von III.2.4. Es erscheint realistisch, (mit Becker) als Befund zu akzeptieren, daß ἐνδέχεσθαι bei Aristoteles ambivalent ist und daß Aristoteles sich zwar dessen bewußt ist, aber nur gelegentlich etwas zur Beseitigung dieser Ambivalenz tut – sei es aus Nachlässigkeit oder im Vertrauen auf den

[25] In Fällen, in denen ich mich mit einem Kürzel der üblichen Art auf einen Modus beziehen will, ohne dabei schon eine Entscheidung in der Frage zu treffen, wie eventuelle Mehrdeutigkeiten auf der Seite der vorkommenden Modalitäten zu eliminieren wären, setze ich die Kennbuchstaben der in Frage kommenden Modalitäten als Alternativen übereinander. Gelegentlich lasse ich auch ἐνδ. als Kürzel für ἐνδεχόμενον unaufgelöst stehen.

mitdenkenden Leser oder Hörer. In der Tat scheinen Interpreten wie Ross und Becker so vorzugehen, daß sie K- oder M-Konklusionen jeweils für diejenigen Möglichkeitsmodi ansetzen, für welche ihnen das der Sache nach korrekt erscheint. Ich werde es ebenso machen. So kann man selbstverständlich nur dann vorgehen, wenn man sich eine Vorstellung über die von Aristoteles diskutierte Sache gebildet hat, wenn man also, wie ich es eingangs genannt habe, einen externen Ansatz verfolgt.

Dafür, daß im Organon der Gebrauch des ἐνδέχεσθαι und verwandter Ausdrücke wie des δύνασθαι (≈ können, möglich sein) sich im Flusse befindet, sprechen ebenfalls die einschlägigen Stellen aus *De interpretatione*. Diese Stellen in *De int.* 12, 13 wird man sich auch im Hinblick auf A3 der *An. pr.* ansehen. Wie sich nämlich in Kapitel IV. zeigen wird, tritt bei der Interpretation von A3 die Frage auf, in welchem Verhältnis δυνατόν und ἐνδεχόμενον zueinander stehen; ob eventuell einer dieser beiden Ausdrücke das Kontingente, der andere das (einseitig) Mögliche abdeckt; und wenn dem so ist, welcher der beiden Ausdrücke in diesem Kapitel was abdeckt. Gehen wir also in einem kurzen Exkurs den fraglichen Passagen von *De int.* nach!

Im Kapitel 12, 21b12, heißt es: δοκεῖ δὲ τὸ αὐτὸ δύνασθαι καὶ εἶναι καὶ μὴ εἶναι; „Es scheint aber, daß dasselbe vermögend ist, zu sein und nicht zu sein“ (Rolfes (1925), S. 112) – das heißt vermögend ist, etwas zu sein (eine gewisse Eigenschaft zu haben) und dieses auch nicht zu sein. Wenn man einmal davon absieht, daß natürlich nicht alle Sachverhalte von dem Typ sind, der im Zukommen oder nicht-Zukommen einer Eigenschaft zu einem Individuum oder zu allen Angehörigen einer Menge von Individuen besteht, scheint dies auf die Aussage hinauszulaufen: diejenigen Sachverhalte, die möglich sind (im Sinne des δύνασθαι εἶναι), sind dieselben wie die, deren Gegenteil möglich ist. Dies legt selbstverständlich die Idee nahe, δυνατόν solle den Bereich des Kontingenten abdecken (und unterscheide sich darin vielleicht vom ἐνδεχόμενον), entsprechend der Tatsache, daß Kp äquivalent ist mit K¬p. (Daß Aristoteles jedenfalls bei der Entwicklung seiner Modallogik sich über diese Äquivalenz im klaren ist, geht hervor aus seiner Anerkennung der Gültigkeit der sogenannten komplementären Konversion der allgemeinen K-Aussagen; dazu s. unten S. 71 f.) Andererseits muß man sehen, daß Aristoteles an der in Rede stehenden Stelle das Ziel verfolgt klarzumachen, daß δυνατὸν μὴ εἶναι (≈ vermögend nicht zu sein) nicht die Verneinung ist von δυνατὸν εἶναι (≈ vermögend zu sein). Und dafür würde es Aristoteles genügen zu haben, daß *wenigstens ein* Sachverhalt zugleich δύναται εἶναι (≈ zu sein vermag) und auch δύναται μὴ εἶναι (≈ nicht-zu-sein vermag). Es mag daher sehr wohl sein, daß mit δοκεῖ δὲ τὸ αὐτὸ ... keine wirklich allgemeine Behauptung aufgestellt werden soll, sondern daß damit lediglich soviel gemeint ist wie: zuweilen scheint ein und dasselbe zu sein als auch nicht zu sein vermögend zu sein. Für diese Deutung könnte man sich immerhin darauf berufen, daß 21b14 das Verfügen über die Möglichkeit zum Sein wie über die zum Nichtsein von allem *οὕτω* δυνατόν (≈ *so* Vermögenden) ausgesagt wird – nämlich von allem, welches in der Weise möglich ist, daß seine Möglichkeit auf *bestimmten* Verhältnissen gründet; und das scheint eben bloß eine Teilklasse alles dessen zu sein, das zu sein vermag.

Dagegen bringt nun der Anfang von Kapitel 13 wieder eine Aussage, aus der man nichts anderes schließen kann, als daß Aristoteles jedenfalls an dieser Stelle δυνατόν so verwenden will, daß es den Bereich des Kontingenten abdeckt: aus δυνατὸν εἶναι soll folgen μὴ ἀναγκαῖον εἶναι (≈ nicht notwendig, daß ist) (22a15ff.); und im übrigen soll ἐνδέχεσθαι εἶναι mit so verstandenem δυνατὸν εἶναι äquivalent sein (22a15f.). Dazu paßt Ross' Wiedergabe allgemeiner aristotelischer ἐνδέχεσθαι-Sätze durch Formulierungen wie das früher zitierte „A is *capable* of belonging to every B". Wenige Zeilen später wird aber diese Verwendungsweise schon nicht mehr eingehalten – oder wir müßten Aristoteles einen Fehler unterstellen, der ihm eigentlich nicht hätte unterlaufen sollen. Denn 22a19f. heißt es, aus μὴ δυνατὸν εἶναι (≈ nicht vermögend, daß ist) folge ἀναγκαῖον μὴ εἶναι (≈ notwendig, daß nicht ist); während, wenn das δυνατόν tatsächlich das Kontingente wäre, aus der Verneinung des δυνατόν selbstverständlich nur das schwächere „notwendig, daß nicht, *oder* notwendig, daß" gefolgert werden könnte. Kann an dieser Stelle noch das bloße Vorliegen eines Irrtums bei Aristoteles nicht völlig von der Hand gewiesen werden, so macht spätestens die Zeile 22b11 deutlich, daß Aristoteles jetzt doch die zu Beginn von Kapitel 13 zugrunde gelegte Verwendungsweise des δυνατόν fallenlassen will. Aristoteles sagt hier nämlich ausdrücklich, daß der Bereich des δυνατόν den des ἀναγκαῖον umfasse. Und so haben wir dann auch in 22b36f., korrespondierend mit 21b12 (sei es nun im bestätigenden oder im widersprechenden Sinne), die Klarstellung: *nicht* jedes δυνατὸν εἶναι (≈ zu sein Vermögende) ist etwas, das auch das Gegenteil, also nicht zu sein, vermag (≈ δύναται).

Die Zeilen 45b31f. in A29 der *An. pr.* bieten wiederum eher ein Indiz für eine Verwendung von δυνατόν im Sinne von „kontingent". Die Stelle steht in folgendem Kontext. Aristoteles hat darüber gesprochen, wie man vorgehen soll, um Termini aufzufinden, welche mit syllogistischen Mitteln zu erhärten gestatten, daß ein gegebenes Prädikat A einem ebenfalls gegebenen Subjekt C allgemein oder partikulär zukommt oder nicht zukommt. Dabei hat er zunächst nur über den assertorischen Fall gesprochen und erledigt nun summarisch das, was man die syllogistische Heuristik nennen könnte, für den modalen Fall. Von Möglichkeitssyllogismen spricht er als von Syllogismen τοῦ ἐνδέχεσθαι. Eine Anweisung für den assertorischen Fall hatte gelautet, Oberbegriffe zu C zu suchen, das heißt tatsächliche Oberbegriffe: solche, denen *tatsächlich* C untergeordnet ist. Für den Fall der Möglichkeitssyllogismen muß diese Anweisung jetzt natürlich dahingehend erweitert werden, daß auch Oberbegriffe B zu C zu suchen sind, die nicht tatsächliche Oberbegriffe sind, für die vielmehr (nur) gilt: alle C sind *möglicherweise* B. Dementsprechend sagt Aristoteles a. a. O.: bei den Möglichkeitsschlüssen muß man auch das zwar nicht Zukommende – also die nicht tatsächlich zukommenden Begriffe –, aber doch zuzukommen Fähige in Betracht ziehen. Mit „zuzukommen fähig" habe ich hier δυνατὸν ὑπάρχειν übersetzt. Aristoteles sagt nicht: τὰ μὴ ὑπάρχοντα (≈ das nicht Zukommende), *ἐνδεχόμενα* δ' ὑπάρχειν (≈ aber zuzukommen Vermögende). Bei der von ihm gewählten Formulierung mit δυνατά anstelle eines denkbaren ἐνδεχόμενα handelt es sich entweder um eine stilistische Zufälligkeit, oder es steckt ein sachlicher Gesichtspunkt hinter der Wortwahl; das könnte dann eigentlich nur der folgende sein. Wenn B beispielsweise einem C tatsächlich nicht zukommt, kommt es diesem erst recht möglicherweise (im einseitigen Sinn) nicht zu; wenn es darüber hinaus dem in Rede stehenden Vertreter von C möglicherweise (ebenfalls im einseitigen Sinn) doch zukommt, gilt sogar, daß es ihm *kontingenterweise* zukommt; und das könnte Aristoteles durch δυνατόν haben ausdrücken wollen. Der anschließende Satz ist dann klar: es wurde gezeigt (in den modalsyllogistischen Kapiteln der *An. pr.*), daß man auch auf der Basis solcher eventuell bloß möglichen Subsumtionsverhältnisse zwischen Begriffen Syllogismen erhalten kann.

Diese Beobachtungen, vor allem die, welche *De int.* betreffen, machen deutlich, mit welchen Schwankungen in den Bedeutungen des ἐνδεχόμενον und des δυνατόν man selbst innerhalb sehr begrenzter Textzusammenhänge zu rechnen hat. Es wird das Beste sein, die nötige Desambiguierung für jeden Einzelfall vorzunehmen und sich dabei, falls keine sonstigen Indizien vorliegen, von dem allgemeinen Grundsatz leiten zu lassen: unterstelle Aristoteles diejenige unter mehreren in Betracht kommenden Verwendungsweisen der einschlägigen Ausdrücke, welche seine Behauptungen – oder die größere Zahl seiner Behauptungen – korrekt erscheinen läßt. Im Hinblick auf das Wort ἐνδεχόμενον wird sich die folgende Faustregel bewähren: fasse Möglichkeitssyllogismen so auf, wie es für die Schlüssigkeit am günstigsten ist; das heißt, fasse sie so auf, daß die vorkommenden Möglichkeits*prämissen* den stärkeren der beiden in Betracht kommenden Gehalte haben, also Kontingenzformeln sind; und so, daß eventuelle Möglichkeits*konklusionen* den schwächeren der beiden Gehalte haben, also (einseitige) Möglichkeitsformeln sind – es sei denn, der Sache nach kann auch auf Kontingenzformeln geschlossen werden. (Ich bin bereits an einigen Stellen dieser Regel gefolgt, so nämlich in 3. unter Ziffer (3) mit der Rede von Barbara XKM, Barbara NKM.) Um im Deutschen Eindeutigkeit herzustellen, verabrede ich, daß Aussagen wie „A kann jedem B zukommen", „A kommt möglicherweise jedem B zu" nicht (wie bei Rolfes) die Ambiguität der griechischen Entsprechungen bewahren sollen, sondern fortan nur noch als einseitige Möglichkeitsaussagen interpretiert werden sollen. Für A a_KB schreibe ich: „A kommt kontingenterweise allen B zu" und Ähnliches, analog für andere Qualitäten und Quantitäten.

Ich will die Bemerkungen über den sprachlichen Ausdruck aristotelischer Kontingenz- und Möglichkeitsaussagen mit dem Hinweis abschließen, daß es noch eine weitere Quelle der Mehrdeutigkeit gibt, die aber vergleichsweise wenig Schwierigkeiten aufwirft. Es geht hierbei um die allgemein *verneinenden* ἐνδέχεσθαι-Aussagen, und die gemeinte Mehrdeutigkeit hat ihre genaue Entsprechung im Deutschen bei den mit „können" formulierten allgemein verneinenden Möglichkeits- oder Kontingenzaussagen (vom Typ „A kann jedem B nicht zukommen"). Sehen wir uns die Angelegenheit daher zunächst im Deutschen an. Wir behandeln „jeder nicht" als gleichwertig mit „keiner", und dementsprechend behandeln wir das assertorische allgemein verneinende „A kommt jedem B nicht zu" als gleichwertig mit „A kommt keinem B zu". Die analoge Operation für einen Typ von modalisierten Aussagen bestünde im Übergang von

(*18*) A kann jedem B nicht zukommen

zu

(*19*) A kann keinem B zukommen.

Der letztere Satz (*19*) ist nun offensichtlich zweideutig. Nämlich insofern, als er – jedenfalls bei einer de-dicto-Auffassung des Modaloperators – soviel besagen kann wie: „es kann sein, daß A keinem B zukommt", aber auch ebensogut – bei einer de-re-Auffassung – besagen kann: „für jedes B (d. h. für jedes Individuum a mit B(a)) gilt, daß A ihm (dem a) nicht zukommen kann". Die zuletzt notierte Formulierung ist jedoch gerade ein natürlicher Ausdruck für den Sachverhalt, daß jedes B notwendigerweise ein non-A ist. Das heißt: den durch A $e_{M,K}$B symbolisierten Typ von Sachverhalten im Deutschen wiederzugeben durch Formulierungen von der Art von (*19*), begünstigt eine Verwechslung von A $e_{M,K}$B mit A e_NB. Was das Griechische betrifft, verhält es sich so, daß Aristoteles' Standardwendung für den Ausdruck von A $e_{M,K}$B gerade nicht ein Pendant des relativ eindeutigen (*18*) ist, also nicht so etwas wie τὸ A παντὶ τῷ B ἐνδέχεται μὴ ὑπάρχειν. Vielmehr ist die Standardwendung ein Pendant von (*19*), nämlich: τὸ A ἐνδέχεται μηδενὶ τῷ B ὑπάρχειν (vgl. z. B. 33a2f., 33a6). Auf der anderen Seite finden wir τὸ A μηδενὶ τῷ B ἐνδέχεται ὑπάρχειν für A e_NB (vgl. 30b14f., mutatis mutandis).

Diese Ambivalenz ist, wie gesagt, eher harmlos. Das liegt u. a. daran, daß man aufgrund der Vorausblicke und Zusammenfassungen, die Aristoteles häufig am Anfang oder am Ende von Kapiteln gibt, immer gut orientiert ist über die Modalitäten der propositionalen Bestandteile der jeweils gerade behandelten Modi. Ein Beispiel: aus den ersten beiden Zeilen von A16 geht hervor, daß in diesem Kapitel Modi behandelt werden sollen, die über eine Notwendigkeits- und eine Kontingenz-/Möglichkeitsprämisse verfügen. Ferner geht aus 36a7f. hervor, daß an der Stelle solche Modi von dieser Sorte behandelt werden sollen, bei denen des näheren eine Prämisse bejahend und eine verneinend ist sowie die Notwendigkeitsprämisse die verneinende ist. Wenn es dann in 8f. weiter heißt, A solle keinem B zukommen können, B aber jedem C zukommen können (τὸ μὲν A μηδενὶ ἐνδεχέσθω τῷ B, τὸ δὲ B παντὶ τῷ Γ ἐνδεχέσθω), ist klar, daß die A-B-Prämisse vom Typ A e_NB sein muß; denn die B-C-Prämisse ist bejahend, also muß die andere vom Notwendigkeitstyp sein.

Was kann man nun zur Rechtfertigung der zu Beginn des Abschnitts eingeführten Hypothese über allgemeine K-Aussagen vorbringen?

Die Situation ist derjenigen recht ähnlich, welche wir im Falle der Notwendigkeitsaussagen vorgefunden haben. Zunächst ist klar, daß eine Strukturhypothese der theophrastischen Art ausscheidet, daß also A a_KB nicht adäquat wiedergegeben wird durch $K\forall x(B(x) \supset A(x))$. Denn Aristoteles hält Modi wie Barbara KK^K_M für gültig (vgl. A15, 33b33–36; ob wir es mit einer K- oder mit einer M-Conclusio zu tun haben, kann hier, entsprechend der oben anvisierten Faustregel, dahingestellt bleiben; daher habe ich eben bei der Kennzeichnung des Modus an der zur Angabe der Modalität der Conclusio vorgesehenen Stelle beide in Frage kommenden Symbole notiert). Aus $K\forall x(B(x) \supset A(x)) \wedge K\forall x(C(x) \supset B(x))$ kann jedoch, erstens, der Sache nach nicht einmal auf $M\forall x(C(x) \supset A(x))$ geschlossen werden. Man wird, zweitens, nicht ohne Not Aristoteles einen so schwerwiegenden und gleichzeitig so dummen Fehler unterstellen, wie er im Schluß von $Mp \wedge Mq$ auf $M(p \wedge q)$ bestünde (vgl. den Schluß des Abschnitts zur Kritik von W. Kneale und M. Kneale an Aristoteles' Behauptung der Gültigkeit von Barbara KK^K_M). Wenn die de-dicto-Auffassung ausscheidet, möchte man es mit einer de-re-Auffassung der allgemeinen Kontingenzaussagen probieren, also mit etwas von der Art von $\forall x(B(x) \supset KA(x))$ (für A a_KB). Diese Version bewährt sich gut bei der Validierung von Modi wie Barbara KX^K_M, denn $\forall x(B(x) \supset KA(x)) \wedge \forall x(C(x) \supset B(x))$ bzw., sofern wir das in 3. unter Ziffer (5) Gesagte in

Rechnung stellen, erst recht $\forall x(B(x) \supset KA(x)) \wedge N\forall x(C(x) \supset B(x))$ impliziert trivialerweise $\forall x(C(x) \supset KA(x))$. Schwieriger sieht es jedoch z. B. aus bei Barbara mit Prämissen der Modalitäten KK. Hinzu kommt folgendes. Es ist offensichtlich, daß gegen die Gültigkeit z. B. von Barbara KK_M^K ebenso wie bereits gegen die Gültigkeit von Barbara NK_M^K (s. oben 3., Ziffer (3)) ein dem in 34b7–18 referierten Argument ähnliches Argument vorgebracht werden könnte, wenn nicht auch allgemeine Kontingenzaussagen ohne zeitliche Einschränkung zu nehmen wären. Man beziehe etwa die Einsetzungsinstanz

(1) ›Nachdenkend‹ kommt kontingenterweise allem Bewegten zu;
(2) ›Bewegt‹ kommt kontingenterweise jedem Pferd zu;

---

(3) ›Nachdenkend‹ kommt kontingenterweise/möglicherweise jedem Pferd zu

auf eine Situation, in der nur Menschen bewegt sind bzw. sich bewegen. Dann ist (1) wahr, weil Menschen ihr Denkvermögen sowohl betätigen können als auch zu betätigen unterlassen können. (2) kann wieder als in jeder Situation wahr angenommen werden und (3) als falsch: von Aristoteles' Standpunkt aus dürfte es für Pferde essentiell sein, über ein bestimmtes intellektuelles Vermögen nicht zu verfügen, und damit auch essentiell sein, ein solches Vermögen insbesondere nicht zu betätigen.

Als Ausweg bietet sich wie im Notwendigkeitsfall an, zunächst im de-re-Sinn verstandene allgemeine Kontingenzaussagen zusätzlich οὐ κατὰ χρόνον (≈ zeitlich nicht eingeschränkt) aufzufassen, also A a_KB zu interpretieren als $N\forall x(B(x) \supset KA(x))$, und analog für A e_KB.

Die (einseitigen) Möglichkeitsaussagen schließlich scheint Aristoteles als Aussagen anzusehen, welche sich genau hinsichtlich des in sie involvierten Möglichkeitsbegriffs von den entsprechenden Kontingenzaussagen unterscheiden. Das macht die bereits früher erwähnte Passage 34b27f. deutlich: „Dieser Schluß [gemeint ist der Schluß auf die Conclusio von Celarent mit Prämissen der Modalitäten XK] geht nun nicht auf das Mögliche im Sinne der Definition [d. i. auf das Kontingente], sondern auf das ‚keinem mit Notwendigkeit'". Es gibt also keinen Grund zu der Annahme, daß die logische Form von A a_MB und die von A e_MB von derjenigen von A a_KB resp. von A e_KB in anderer Hinsicht als lediglich darin abwiche, daß K durch M zu ersetzen ist.

Man sieht sofort, daß unter diesen Strukturhypothesen relativ zu jeder üblichen prädikatenlogischen Modallogik die Äquivalenz

A a_KB äquiv. A e_KB

gilt. Das ist die von Aristoteles behauptete und heute nach Ross so genannte komplementäre Konvertierbarkeit der allgemeinen Kontingenzaussagen. Zum Terminus „complementary conversion“: Ross (1949), S. 44, S. 298; zur Behauptung des Aristoteles: A13, 32a33ff., neben zahlreichen anderen Stellen.

Bevor ich mich dem Thema der logischen Formen der partikulären Modalaussagen zuwende, will ich noch auf eine Möglichkeit eingehen, die von mir zunächst vorgeschlagenen Strukturformeln für allgemeine N-, M- und K- Aussagen äquivalent umzuformen. Gegeben sei eine Aussage der Form $N\forall x\mathfrak{A}[x]$, $\mathfrak{A}$ eine modal-prädikatenlogische Aussagefunktion. Informell wird man den Inhalt von $N\forall x\mathfrak{A}[x]$ so aussprechen, daß

(20) in jeder möglichen Welt (bzw. in jeder möglichen Alternative zu einer Bezugswelt, in der $N\forall x\mathfrak{A}[x]$ auszuwerten ist) jedes Individuum, das in der betreffenden Welt existiert, die Aussagefunktion $\mathfrak{A}[x]$ erfüllt.

Oder man wird den Inhalt noch etwas Aristoteles-gemäßer (wenn eine früher von mir geäußerte Vermutung zutrifft) so aussprechen, daß

zu jedem Zeitpunkt (bzw. zu jedem Zeitpunkt, der kein früherer ist als ein Bezugszeitpunkt) jedes Individuum, das zu diesem Zeitpunkt existiert, die Eigenschaft $\mathfrak{A}[x]$ hat.

Dabei ist der Bereich des Allquantors möglicherweise für jede Welt ein je eigener, nämlich eben die Menge der in dieser Welt existierenden Individuen. Dementsprechend haben wir in der unter Ziffer (6) in Abschn.3. präsentierten formalen Version einer Semantik der Modalbegriffe eine Wahrheitsbedingung für Allquantifikationen, bei der $\mathfrak{X}$-Varianten V' *über Q(w)* zu betrachten sind. Wenn man nun vereinbart:

(21.1) der Bereich des Allquantors soll für jede Welt derselbe sein, nämlich die Menge derjenigen Individuen, zu denen es jeweils eine Welt gibt, in der sie, im ursprünglichen Sinne, existieren (das ist die Vereinigung aller weltenspezifischen Individuenbereiche bzw. die Menge aller in Vergangenheit, Gegenwart und Zukunft vorkommenden Individuen);

(21.2) daß ein Individuum aus dem unter *(21.1)* genannten Bereich die Aussagefunktion $\mathfrak{A}[x]$ in einer Welt erfüllt, soll heißen, daß es in dieser Welt im ursprünglichen Sinne gar nicht existiert oder in ihr existiert und in ihr $\mathfrak{A}[x]$ im üblichen Sinne erfüllt;

dann gilt trivialerweise, daß die gemäß *(21.1)* und *(21.2)* verstandene Aussage $N\forall x\mathfrak{A}[x]$ die gleichen Wahrheitsbedingungen hat wie die in der zuerst erläuterten Weise, also im Sinne von *(20)*, aufgefaßte Aussage $N\forall x\mathfrak{A}[x]$.

Die hier vorgenommene Transformation kann man auch folgendermaßen beschreiben. Jeder Welt wird ein und derselbe allumfassende Bereich von Individuen zugeordnet als Bereich der in einem neuen Sinn in dieser Welt existierenden Individuen. Der Vorgang ist vergleichbar mit dem Einnehmen des Standpunkts, daß in gewisser Weise z. B. historische Personen noch zum Individuenvorrat der Jetztzeit gehören, und sei es nur als Abstrakta; denn immerhin kann man auch jetzt noch, so hat es den Anschein, etwa auf Aristoteles referieren. Die Erfüllungsbeziehung bleibt die alte, jedoch ist $\mathfrak{A}[x]$ ersetzt zu denken durch die Subjunktion $E(x) \supset \mathfrak{A}[x]$ (=: $\mathfrak{A}'[x]$), wobei $E(x)$ ein Prädikat sei, dessen Umfang in einer Welt w genau aus den im alten Sinn in w existierenden Individuen besteht. Das ist letztlich die bessere Art, die Umdeutung darzustellen. Denn man möchte eigentlich keine Erfüllungsrelation haben, die es ermöglicht, daß ein Individuum zugleich (in w) $\mathfrak{A}[x]$ und $\neg\mathfrak{A}[x]$ erfüllt – auch wenn dies bloß deshalb passiert, weil das Individuum (in w) nicht existiert. Außerdem ist die Formulierung *(21.2)* auf den speziellen Formeltyp zugeschnitten, der hier betrachtet wird. Diese Einschränkung wird augenfällig, wenn man die umgedeutete Formel $N\forall x\mathfrak{A}[x]$ negiert. Die Negation besagt dann: nicht gilt in jeder möglichen Welt, daß jedes Element des in *(21.1)* genannten Bereichs in ihr nicht existiert oder in ihr $\mathfrak{A}[x]$ erfüllt. Das können wir wiedergeben durch: $\neg N\forall x(E(x) \supset \mathfrak{A}[x])$. Wenn wir die gewöhnlichen Beziehungen zwischen All- und Existenzquantor sowie die zwischen N- und M-Operator bewahren, dann ist diese Formel gleichwertig mit $M\exists x(E(x) \wedge \neg\mathfrak{A}[x])$. Die letzte Formel entspricht nun der Formel $M\exists x\neg\mathfrak{A}[x]$ unter einer Deutung der Erfüllungsrelation, nach der gilt: in einer Welt erfüllt ein Individuum des Bereichs von *(21.1)* eine Aussagefunktion (hier: $\neg\mathfrak{A}[x]$), wenn es in ihr die Aussagefunktion im üblichen Sinne erfüllt *und in ihr existiert.*

Worauf es ankommt, ist, daß weiter folgendes gilt. Die den Vereinbarungen *(21.1)* und *(21.2)* gemäß aufgefaßte Aussage $N\forall x\mathfrak{A}[x]$ hat dieselben Wahrheitsbedingungen wie die Aussage $\forall xN\mathfrak{A}[x]$ – wenn verabredet wird, daß

(22) $\forall xN\mathfrak{A}[x]$ als Allaussage über dem bei *(21.1)* genannten Individuenbereich zu verstehen ist und die Erfüllungsbeziehung die bei *(21.2)* erklärte ist.

Es handelt sich hier um eine bekannte modallogische Tatsache, nämlich im wesentlichen darum, daß die sogenannte Barcan-Formel gültig wird, sobald man die in 3. beschriebene formale Semantik dahingehend spezialisiert, daß Q die konstante Funktion ist (vgl. Hughes und Cresswell (1972), S. 146ff. und S. 170–173). Die Barcan-Formel ist die Formel $\forall xN\mathfrak{B}[x] \supset N\forall x\mathfrak{B}[x]$.

Die Umkehrung dieser Subjunktion ist gültig, wenn man sich auf modallogische Strukturen ⟨W, R, D, Q, V⟩ beschränkt, für die gilt: für alle w, w′ ∈ W mit ⟨w, w′⟩ ∈ R ist $Q(w) \subseteq Q(w')$. Da diese Bedingung durch ein konstantes Q trivialerweise erfüllt wird, erhalten wir unter der eingeführten Voraussetzung über den Individuenbereich in der Tat die Äquivalenz von $N\forall x\mathfrak{A}'[x]$ mit $\forall xN\mathfrak{A}'[x]$. $N\forall x\mathfrak{A}[x]$ im Verständnis *(20)* ist also äquivalent zu $\forall xN\mathfrak{A}[x]$ im Verständnis *(22)*. Dahinter steckt, im temporalen Idiom ausgesprochen, nicht mehr als ungefähr diese Selbstverständlichkeit: wenn zu jedem Zeitpunkt alle zu diesem Zeitpunkt existierenden Individuen die Eigenschaft $\mathfrak{A}[x]$ haben, dann haben alle irgendwann in Vergangenheit, Gegenwart oder Zukunft vorkommenden Individuen während der gesamten Dauer ihrer jeweiligen Existenz die Eigenschaft $\mathfrak{A}[x]$ – und umgekehrt.

An die Stelle der früher formulierten Zuordnungen könnten daher ebenso gut die folgenden treten (ich notiere nur die Zuordnungen für bejahende Aussagen):

(23) A a_NB: $\forall xN(B(x) \supset NA(x))$;
(24) A a_KB: $\forall xN(B(x) \supset KA(x))$;
(25) A a_MB: $\forall xN(B(x) \supset MA(x))$

– wenn nur der Bereich des Allquantors als so umfassend angesetzt wird, wie ich es oben getan habe. Man beachte übrigens, daß zur Rechtfertigung dieser Transformationen erforderliche Änderungen auf der formalsemantischen Seite nicht die Geltung der früher bewiesenen Sätze 1 und 2 berühren können; denn die für den Beweis dieser Resultate zu konstruierenden Strukturen genügen der Bedingung der Konstanz von Q auf W. Für die Durchführung der logischen Operationen, die zur Verifikation aristotelischer Gültigkeitsbehauptungen dienen, wird sich die letztere Variante der Strukturformeln als besonders günstig erweisen: man kann sich darauf beschränken, aussagenlogische Modallogik hinter dem Quantor zu treiben. Ich lege sie für alles folgende zugrunde vorbehaltlich einer Ergänzung, auf die ich später zu sprechen komme (Abschn.9., Existenzvoraussetzungen).

Klarerweise hätte man gern eine Antwort auf die Frage, ob *Aristoteles* sich überlegt haben könnte, daß unter bestimmten für ihn akzeptablen Bedingungen zwei Varianten beispielsweise allgemeiner apodiktischer A-B-Aussagen als gleichwertig gelten konnten, die unseren Ausdrücken

$$N\forall x(B(x) \supset NA(x))$$

und

$$\forall xN(B(x) \supset NA(x))$$

entsprechen. Wahrscheinlich muß diese Frage aber unerörtert bleiben, da die Aristoteles zur Verfügung stehenden Ausdrucksmittel kaum geeignet gewesen sein dürften, ihn eine Unterscheidung überhaupt treffen zu lassen, welche unserer Unterscheidung von N∀x... und von ∀xN... korrespondiert. Was man schon eher erörtern könnte – nämlich im Hinblick auf die Tatsache, daß wir die fragliche Gleichwertigkeit als eine solche beschreiben können, die in temporalen Termini von der Bedingung abhängt: alle irgendwann vorkommenden Individuen können zu jeder Zeit als in einem und demselben umfassenden Individuenbereich versammelt und für generalisierende Ausdrücke erreichbar gedacht werden –, ist die Frage, ob Aristoteles die Konzeption eines derartigen umfassenden Individuenbereichs plausibel gefunden haben würde, d. h. die Konzeption einer Gesamtheit, zu der alle Individuen gehören, die vorhanden sind oder jemals vorhanden waren oder sein werden. Vielleicht sind aristotelische Formen tatsächlich individuelle Formen; so ist jedenfalls der Tenor einer neueren Interpretation der aristotelischen Metaphysik, von der noch die Rede sein wird. Wenn weiter individuelle Formen bei Aristoteles ewig wären – was freilich jene Interpretation bestreitet –, erschiene der Gedanke durchaus aristotelisch, daß beispielsweise ein zu einem Zeitpunkt bereits vergangenes Individuum zu diesem Zeitpunkt in gewisser Weise immer noch für eine Bezugnahme nach dem Modell der referentiellen Semantik zur Verfügung steht, nämlich in Gestalt der mit dem Individuum immerhin eindeutig korrelierten individuellen Form des Individuums.

Sehen wir von dergleichen Spekulationen ab und konzentrieren wir uns auf das gegebene logische Material, so bleibt uns das Folgende festzustellen. Falls es richtig ist, daß Aristoteles etwa Aussagen vom Typ A a_KB zunächst im Sinne der zu Beginn des Abschnitts gegebenen Zuordnung aufgefaßt hat, so hat er diese Aussagen bei der Gewinnung seiner logischen Theoreme so *behandelt*, als seien sie gleichwertig mit ihren unter Ziffer (*24*) in Betracht gezogenen Varianten – zumindest können *wir* gewisse unter den aristotelischen Theoremen nicht anders verifizieren als über eine solche Art, die fraglichen Aussagen zu behandeln. Zur Erläuterung dieser Behauptung verweise ich auf den Gültigkeitsbeweis für Barbara KKK, der am Ende des Abschnitts gegeben werden wird. Steht in dem Beweis anstelle der Konjunktion

$$\forall x N(B(x) \supset KA(x)) \wedge \forall x N(C(x) \supset KB(x))$$

die Konjunktion

$$N\forall x(B(x) \supset KA(x)) \wedge N\forall x(C(x) \supset KB(x))$$

als Voraussetzung zur Verfügung, so muß zunächst der Übergang von der zweiten zur ersten Konjunktion vollzogen werden, also ein zweifacher Übergang von N∀x... zu ∀xN... Ist dann in der am Ende des Abschnitts aufgezeigten Weise – und keine andere Weise zu argumentieren scheint zu dem gewünschten Resultat führen zu können – aus der ersten Konjunktion die Konsequenz

$$\forall x N(C(x) \supset KA(x))$$

gewonnen, so muß noch von dieser Formel zu

$$N\forall x(C(x) \supset KA(x))$$

übergegangen werden, sofern für a_K-Aussagen durchgängig die zuerst in Betracht gezogene Strukturformel zugrunde gelegt werden soll. Wenn aber die Systematisierung der logischen Daten nicht anders als so gelingt, daß sowohl Übergänge von $N\forall x\ldots$ zu $\forall xN\ldots$ als auch solche von $\forall xN\ldots$ zu $N\forall x\ldots$ vollzogen werden, können wir von vornherein annehmen, daß a_K-Aussagen im Sinne der unter Ziffer *(24)* notierten Zuordnung zu interpretieren sind (und analog für die anderen Fälle).

In einem kürzlich erschienenen Aufsatz von V. A. Smirnov habe ich die unter Ziffer *(23)* aufgeschriebene Strukturformel sowie deren Analogon für den verneinenden Fall ebenfalls im Zusammenhang mit der aristotelischen Modallogik angeführt gefunden: Smirnov (1986), S. 208. Leider ist der Arbeit nichts Genaueres darüber zu entnehmen, wie sich der Autor eine Verwendung dieser Formeln bei der Rekonstruktion der Modalsyllogistik vorstellt.

Bemerkenswert ist folgendes. Ausgehend von Äußerungen, die Aristoteles am Schluß von A13 macht (32b24–32), hat man angenommen, daß Aristoteles über die Differenzierung zwischen einseitiger Möglichkeit und Kontingenz hinaus noch einmal zwei mögliche Sinne von Aussagen des Typs

A kommt kontingenterweise jedem B zu (τὸ A τῷ B παντὶ ἐνδέχεται ὑπάρχειν) – A a_KB

unterscheide:

(26) A a_KB kann den Sachverhalt ausdrücken, daß allem, dem B *zukommt*, A kontingenterweise zukommt;

(27) A a_KB kann den Sachverhalt ausdrücken, daß allem, dem B zukommen *kann*, A kontingenterweise zukommt.

(27) kann weiter wie folgt aufgespalten werden:

(27.1) A a_KB kann den Sachverhalt ausdrücken, daß allem, dem B *kontingenterweise* zukommt, A kontingenterweise zukommt;

(27.2) A a_KB kann den Sachverhalt ausdrücken, daß allem, dem B *(einseitig) möglicherweise* zukommt, A kontingenterweise zukommt.

Becker beklagt, daß Aristoteles nichts darüber sagt, an welchen Stellen seiner Überlegungen er von welcher der beiden Auffassungsweisen *(26)* und *(27)* ausgehen will (Becker (1933), S. 33). Falls unsere Strukturhypothese für allgemeine Kontingenzaussagen Aristoteles' Verständnis solcher Aussagen einigermaßen angemessen ist, *war es nicht nötig*, daß Aristoteles solche Festlegungen vornahm – sofern man nur zwei Voraussetzungen machen kann: (i) bei (*27*) entspricht die Alternative (*27.2*) dem, was Aristoteles tatsächlich gemeint hat; und (ii) Aristoteles hat bei der Entwicklung seiner Modaltheorie mindestens die Logik PL + S4 zugrunde gelegt. Eine Formulierung wie die unter (ii) – und Formulierungen dieser Art werden öfters vorkommen – ist selbstverständlich als eine aus Bequemlichkeit gebrauchte façon de parler anzusehen. Wenn man es genau nimmt, und ich will es nur dieses eine Mal stellvertretend für alle weiteren Male genau nehmen, muß man etwas von dieser Art sagen: Aristoteles verstand die ihn interessierenden Typen von Aussagen so, daß sich bei Anwendung entweder seiner expliziten Modallogik oder seiner nicht explizierten logischen Intuitionen im wesentlichen derartige logische Beziehungen zwischen diesen Aussagetypen ermitteln ließen, wie wir sie zwischen den ihnen korrespondierenden Strukturformeln genau dann ermitteln können, wenn wir eine Logik verwenden, die mindestens so stark ist wie PL + S4. Diese Hypothese bewährt sich gut an der Modalsyllogistik im ganzen, ich deutete das bereits an. Und dieser Befund stimmt gut mit der Vermutung zusammen, daß Aristoteles so etwas wie eine Zeitpunkte-Semantik mit entsprechender Alternativitätsrelation vor Augen hatte; denn die Relation des Nachfolgens in der Zeit ist, wie gesagt, transitiv, und eine relational-frame-Semantik mit transitiver Alternativitätsrelation erzeugt mindestens die Logik S4.

Verstreut im aristotelischen Corpus wird man auch die eine oder andere Bemerkung finden, die man als direkteren Hinweis auf den S4-Charakter der aristotelischen Modaltheorie zu werten versucht sein kann. Ich neige dazu, aus solchen Stellen nicht zu viel zu machen. Nehmen wir etwa wiederum *De caelo*. Dort heißt es in A11, 280b31 ff., über den striktesten der verschiedenen Sinne von „unvergänglich" (ἄφθαρτον): in diesem striktesten Sinn werde unvergänglich dasjenige genannt, welches (der Fall) sei und von dem es unmöglich sei, daß es in der Weise vergehe, daß es jetzt sei und später nicht sei *oder* nicht zu sein vermöge. (τὸ δὲ μάλιστα κυρίως, τὸ ὂν μέν, ἀδύνατον δὲ φθαρῆναι οὕτως ὥστε νῦν ὂν ὕστερον μὴ εἶναι ἢ ἐνδέχεσθαι μὴ εἶναι ...) Sicherlich sieht das so aus, als behandle Aristoteles hier die folgenden beiden Aussagen als gleichwertig:

(*28*) es ist unmöglich, daß es (später) nicht ist;
(*29*) es ist unmöglich, daß es (später) möglicherweise nicht ist.

Das heißt, es sieht so aus, als behandle er $\neg M \neg p$ und $\neg MM \neg p$ bzw. $M \neg p$ und $MM \neg p$ als gleichwertig, und $Mp \equiv MMp$ ist die charakteristische S4-

Äquivalenz. Andererseits ist gewiß kein Verlaß darauf, daß das eine Glied der Disjunktion nicht lediglich als eine stilistische Variante des anderen gedacht ist oder auch als eine Verbesserung des anderen. Selbst wenn das anders wäre, könnte aus einem vereinzelten Befund für eine Stelle in *De caelo* nicht viel für die *Analytica priora* erschlossen werden.

Mit S4 jedenfalls gilt folgendes:

	$\forall x N(B(x) \supset KA(x))$	
äquiv.	$\forall x NN(B(x) \supset KA(x))$	[S4-Theorem: $Np \equiv NNp$]
sequ.	$\forall x N(MB(x) \supset M(MA(x) \wedge M\neg A(x)))$	[T-Theorem: $N(p \supset q) \supset (Mp \supset Mq)$, und damit: $N(N(p \supset q) \supset (Mp \supset Mq))$, und damit: $NN(p \supset q) \supset N(Mp \supset Mq)$]
sequ.	$\forall x N(MB(x) \supset (MMA(x) \wedge MM\neg A(x)))$	[T-Theorem: $M(p \wedge q) \supset (Mp \wedge Mq)$]
äquiv.	$\forall x N(MB(x) \supset (MA(x) \wedge M\neg A(x)))$	[S4-Theorem: $MMp \equiv Mp$]
d. i.	$\forall x N(MB(x) \supset KA(x))$;	

ferner gilt trivialerweise:

$$\forall x N(MB(x) \supset KA(x)) \text{ sequ. } \forall x N(B(x) \supset KA(x)).$$

Dieses letzte Implikationsverhältnis besteht nicht, wenn bei der Präzisierung von *(27)* die Alternative *(27.1)* zu wählen ist: B(x) impliziert zwar MB(x), nicht aber KB(x).

Die unter *(26)* explizierte Fassung von A a_KB ist also (S4-) logisch *äquivalent* zur Fassung unter *(27)* in der Version nach *(27.2)*.

Ich nehme an, daß die Frage letztlich unentschieden bleiben muß, ob Aristoteles sich dieser Äquivalenz wirklich bewußt war. Klar sollte sein, daß es nicht darum gehen kann zu behaupten, Aristoteles habe über Argumente von der Art des eben aufgeschriebenen verfügt. Da, wo Aristoteles tatsächlich argumentiert und nicht nur andeutet oder behauptet, kann man nach Ähnlichkeiten mit Argumenten suchen, wie wir sie führen würden. In allen anderen Fällen wird man bestenfalls annehmen, daß Aristoteles über Argumente verfügte, die, wie immer sie würden ausgesehen haben, Ähnliches leisteten wie Argumente, die wir führen könnten.

Becker nahm an, daß bezüglich *(27)* die Variante *(27.1)* die tatsächliche Auffassung von Aristoteles wiedergebe, und darin sind ihm viele Autoren gefolgt. Ich halte diese Meinung für wenig plausibel. Wenn Aristoteles die unter *(26)* und *(27)* zur Sprache gebrachten Versionen von A a_KB für in logisch relevanter Weise verschieden angesehen haben sollte, dann scheint mir das Fehlen einer ausdrücklichen Festlegung auf *(26)* oder auf *(27)* nur verständlich zu sein, falls man annehmen darf, Aristoteles habe sich stillschweigend für den logisch *stärkeren* zweier Typen von Aussagen entschieden. Ähnlich geht man ja davon aus, daß Aristoteles sich stillschweigend dafür entschieden hat, als ἐνδέχεσθαι-Prämissen Kontingenz-Aussagen anzusetzen: $\forall x N(B(x) \supset KA(x))$ ist logisch stärker als $\forall x N(B(x) \supset MA(x))$, und dieses Verhältnis wiederholt sich im partikulären Fall zwischen den dafür einschlägigen Strukturformeln, die ich noch anzugeben habe. Nun stehen aber die in *(26)* und *(27.1)* benannten Versionen von A a_KB in keinem Verhältnis der logischen Unterordnung. Weder impliziert die Version unter *(26)* diejenige unter *(27.1)* noch umgekehrt, wohl aber impliziert die Version nach *(27.2)* die von *(26)*. Zugunsten der von Becker vertretenen Auffassung kann man anführen, daß Aristoteles die KKK-Modi der ersten Figur als vollkommen bezeichnet (dazu A14, 32b38–33a27); und nach Patzig, der in (1969) allerdings in erster Linie die assertorische Syllogistik im Blick hat, hätte man davon auszugehen, daß diese Vollkommenheit in der Gleichheit von Prädikatausdruck des Untersatzes und Subjektausdruck des Obersatzes besteht (dazu s. a. a. O. Kap. III). Der Prädikatausdruck des Untersatzes etwa von Barbara KKK ist aber sowohl nach Beckers als auch nach unserer Strukturhypothese der Ausdruck KB(x). Man muß nun beachten, daß Aristoteles offenbar auch Syllogismen der Modalität NNN in der ersten Figur als vollkommen ansieht (A8, 29b36–30a5). Ich beabsichtige später in Kapitel VI. darzulegen, wie man meiner Meinung nach, wenn man die Modalsyllogistik mit einbezieht, die Vollkommenheit von Syllogismen neu zu definieren hat in einer Weise, daß sie im assertorischen Fall mit der Vollkommenheit im Sinne Patzigs zusammenfällt. Hier will ich mich auf die Andeutung beschränken, daß es auf eine gewisse Glattheit des Übergangs von einer Aussagefunktion zur anderen anzukommen scheint, die *nicht* der Grenzfall des natürlich besonders glatten Übergangs von einer Aussagefunktion zu eben derselben zu sein braucht. Diese Glattheit hat man offenbar als gegeben zu betrachten im Fall des in der Tat trivialen Übergangs von NB(x) zu B(x) (betreffs der NNN-Modi der ersten Figur). Mindestens ebenso trivial – und das kann präzisiert werden – ist aber der Übergang von KB(x) zu MB(x), wenn man KB(x) als durch $MB(x) \wedge M\neg B(x)$ definiert denkt. Dies spricht dafür, daß man aus der Tatsache, daß Aristoteles die KKK-Modi der ersten Figur vollkommen nennt, nicht zu schließen braucht, daß für *(27)* die Alternative *(27.1)* der Alternative *(27.2)* vorzuziehen ist.

Nach allem, was ich jetzt gesagt habe, ist klar, wie im Rahmen des von mir versuchten Ansatzes die Gültigkeit eines Modus wie Barbara KKK (und damit auch die von Barbara KKM) zu begründen ist:

aus	(1)	$\forall x N(B(x) \supset KA(x))$
und	(2)	$\forall x N(C(x) \supset KB(x))$
soll folgen	(3)	$\forall x N(C(x) \supset KA(x))$;
(1) S4-impliziert	(1.1)	$\forall x N(MB(x) \supset KA(x))$,
(2) impliziert	(2.1)	$\forall x N(C(x) \supset MB(x))$,
und (1.1) und (2.1)		
liefern schon in PL + T	(3)	$\forall x N(C(x) \supset KA(x))$.

W. und M. Kneale schreiben, Aristoteles begehe, indem er Barbara KKK für gültig halte, zwei schwere Fehler (Kneale und Kneale (1975), S. 88). Erstens einen quaternio terminorum. Dieser bestünde, im Hinblick auf unsere Formalisierung ausgesprochen, darin, daß KB(x) bzw. MB(x) (im Untersatz) eine von B(x) (im Obersatz) verschiedene Aussagefunktion ist. Das ist zwar richtig. Aber wie sich gezeigt hat, kann Aristoteles – immer vorausgesetzt, die vorgeschlagene Rekonstruktion trifft das von Aristoteles Gemeinte – von dem quaternio-Vorwurf vollkommen entlastet werden, weil in dem speziellen Kontext im Bereich eines N-Operators, in dem B(x) oben in Formel (1) vorkommt, B(x) aus spezifisch modallogischen Gründen durch MB(x) ersetzt werden darf. Die Modalsyllogistik ist eben keine im Grunde lediglich „assertorische" Syllogistik mit speziellen, modalisierten Termini, sondern eine echte Modallogik (dazu vergleiche man das a. a. O., S. 91, vorgetragene Dilemma). Der zweite Fehler, den Kneale und Kneale diagnostizieren wollen, bestünde darin, daß Aristoteles annähme: wenn zwei Sachverhalte je für sich genommen ἐνδεχόμενον sind, dann sind sie auch gemeinsam ein ἐνδεχόμενον (≈ etwas Mögliches). Es scheint, daß die Knealesche Kritik auf einer verschwommenen Vorstellung von der Form von Barbara KKK beruht, in der eine de-re- und eine de-dicto-Konzeption von Möglichkeit oder Kontingenz zusammenfließen. Vielleicht handelt es sich auch um die Annahme, Aristoteles habe mit einer solchen Vorstellung gearbeitet. Den Verweis auf einen zweiten Argumentationsfehler, der von dem genannten Typ sei, kann ich jedenfalls nur nachvollziehen, wenn ich annehme, daß Kneale und Kneale von so etwas wie der Hypothese ausgehen, Barbara KKK verfüge über eine Voraussetzung der Gestalt

$$M\forall x(B(x) \supset KA(x)) \land M\forall x(C(x) \supset KB(x)).$$

Es wäre in der Tat falsch, von dieser Konjunktion überzugehen zu

$$M(\forall x(B(x) \supset KA(x)) \land \forall x(C(x) \supset KB(x))).$$

Die Knealesche Darstellung gibt jedoch keinen genauen Aufschluß. Wie immer sie gemeint sein mag: auch vom Vorkommen eines Fehlers der zweiten Art kann bei unserer Analyse keine Rede mehr sein. Der einzige Übergang zu einer Konjunktion *unter einem Modaloperator*, der im oben notierten Argument vollzogen wird, ist der Übergang hinter dem Allquantor

von $N(MB(x) \supset KA(x))$
und $N(C(x) \supset MB(x))$
zu $N((C(x) \supset MB(x)) \wedge (MB(x) \supset KA(x)))$;

und $Np \wedge Nq \equiv N(p \wedge q)$ ist in jeder gebräuchlichen Modallogik gültig.

5. Partikuläre Modalaussagen

Ich wende mich jetzt den partikulären aristotelischen Modalaussagen zu. Klar scheint, daß man zu erwarten hat, daß in einer Aussage vom Typ „einige B sind notwendig A" dieselbe Prädikation für mindestens ein unter B fallendes Individuum vorgenommen wird, die in „alle B sind notwendig A" für eine Gesamtheit von unter B fallenden Individuen vorgenommen wird. Entsprechendes wird man für das Verhältnis von allgemeinen Kontingenz- und Möglichkeitsaussagen zu ihren jeweiligen partikulären Gegenstücken erwarten. Das heißt, daß man im Notwendigkeitsfall erwarten wird: so, wie der bereits aufgestellten Strukturhypothese für A a_NB zufolge in einer Aussage dieses Typs von allen B das A(x) unter dem N-Operator prädiziert bzw. das NA(x) prädiziert wird, wird in A i_NB von einem B das NA(x) prädiziert (genauer eigentlich: es wird ausgesagt, daß es ein B gebe, von dem NA(x) wahrheitsgemäß prädiziert werden kann). Danach würde mindestens ein Teil der Struktur von A i_NB wiedergegeben durch die Formel

$$\exists x(B(x) \wedge NA(x)).$$

Entsprechend für A i_KB: $\exists x(B(x) \wedge KA(x))$;
und für A i_MB: $\exists x(B(x) \wedge MA(x))$;

analog für o_N-, o_K- und o_M-Aussagen.

Den Strukturhypothesen zufolge, die ich für die universellen Aussagen aufgestellt habe, stehen dort alle Modalfaktoren beim Prädikatausdruck im Bereich eines weiteren, „äußeren" Modalfaktors. Wir sahen im letzten Abschnitt, daß diese Besonderheit den spezifisch *modal*-logischen Charakter der Modalsyllogistik bedingt. Soll man nun auch bei der Strukturanalyse partikulärer aristotelischer Modalaussagen äußere Modalfaktoren ins Spiel bringen, und wenn ja: welche? Es scheint klar, daß man dies tun muß, wenn man eine Chance haben will, die Behauptungen des Aristoteles in *An. pr.* A3 zu verifizieren. Zur Rechtfertigung der Strukturhypothesen im universellen Fall habe ich keineswegs nur auf A3, sondern wesentlich auf Teile von A8–22 Bezug genommen. Auch zur Rechtfertigung der Hypothesen für den partikulären Fall, die ich gleich zu formulieren beginnen werde, kann einiges aus A8–22 angeführt werden. Ich will aber nicht den Eindruck erwecken, der in der Tat falsch wäre, daß es nicht Konversionsbehauptungen aus A3 sind, die sich letztlich entscheidend in den partikulären Strukturhypothesen niederschlagen. Aristoteles behauptet beispielsweise in A3, 25a32f., daß A i_NB konvertibel sei zu B i_NA, ähnlich wie im assertorischen Fall A i B konvertibel ist zu B i A. Offensichtlich können dann die Formeln

$$\exists x(B(x) \wedge NA(x)) \text{ und } \exists x(A(x) \wedge NB(x))$$

nicht die volle logische Form von

$$A\ i_N B \text{ respektive } B\ i_N A$$

treffen. Denn sonst müßte $\exists x(B(x) \wedge NA(x))$ die Formel $\exists xNB(x)$ implizieren, was nicht der Fall ist (relativ zu allen modernen Modallogiken). Ähnlich liegen die Dinge im (einseitigen) Möglichkeitsfall. Aristoteles scheint in A3, 25a40-b2, zu behaupten, daß A i_MB konvertibel sei zu B i_MA. Wäre $\exists x(B(x) \wedge MA(x))$ die richtige Strukturformel für A i_MB, so müßte diese Formel die Formel $\exists xA(x)$ implizieren, was unmöglich scheint.

6. *Partikuläre Möglichkeitsaussagen*

Die zuletzt erwähnte Schwierigkeit kann beseitigt werden, indem man einen äußeren Modalfaktor M in die vorläufige Strukturformel für A i_MB einsetzt mit dem Ergebnis: $\exists xM(B(x) \wedge MA(x))$. Jetzt hat man tatsächlich immerhin (PL + S5)-Äquivalenz der Formeln für A i_MB und B i_MA:

(1)	$\exists xM(B(x) \wedge MA(x))$	
(2)	$\exists x(MB(x) \wedge MMA(x))$	(aus (1) in T)
(3)	$\exists x(MB(x) \wedge MA(x))$	(aus (2) in S4)
(4)	$\exists x(NMB(x) \wedge MA(x))$	(aus (3) in S5)
(5)	$\exists xM(A(x) \wedge MB(x))$	(aus (4) in T).

Der hier von mir vorgetragene Rekonstruktionsversuch wäre nun sicherlich ähnlicher Kritik ausgesetzt, wie ich sie eingangs an internen bzw. axiomatischen Ansätzen geübt habe, wenn er auf Strukturhypothesen basierte, die so, wie sie formuliert sind, *allein* im Hinblick auf das Ziel formuliert sind, bestimmte aristotelische Behauptungen reproduzierbar werden zu lassen; und die dabei nicht mehr die Eigenschaft haben, daß zwischen einem natürlichsprachlichen Satz und der ihm zugeordneten Formel ein nachvollziehbarer inhaltlicher Zusammenhang besteht. Ein etwas kurioses Beispiel dafür, wohin ein solches Vorgehen führen kann, findet man in McCall (1963), S. 74. Dort wird einmal versuchsweise – und zwar: „without any intuitive justification but solely in the interests of validating contingent syllogisms" – eine (relative) Strukturhypothese für allgemeine Kontingenzaussagen diskutiert, nach der B a_K C (in McCalls Notation: QAab) äquivalent ist zu B a C ∧ B e C. Nach den allgemein akzeptierten Strukturhypothesen für assertorische universelle Aussagen ist diese Konjunktion äquivalent zu ¬∃xC(x), und der Inhalt eines Satzes dieser logischen Form hat nicht mehr viel zu tun mit dem Inhalt des entsprechenden Satzes vom Typ „alle C sind kontingenterweise B". Käme man nur mit Strukturhypothesen weiter, die eine solche Kluft zwischen dem möglichen Inhalt des zu analysierenden Satztyps und dem möglichen Inhalt der zugeordneten Formel lassen, könnte man allerdings gleich zu einem rein axiomatischen Ansatz übergehen (wie McCall es dann auch tut). Es scheint mir dagegen vergleichsweise sehr gut vertretbar zu sein, Sätze des Typs

ein B ist möglicherweise A

bzw. des Typs

τὸ A τινὶ τῷ B ἐνδέχεται ὑπάρχειν

als Sätze der Form

(30) ∃xM(B(x) ∧ MA(x))

zu analysieren. Denn wenn man sich noch in *(30)* den Bereich des Existenzquantors so umfassend gewählt denkt, wie ich es in *(21.1)* für den Allquantor beschrieben habe (also als Menge aller in irgendeiner möglichen Situation bzw. zu irgendeinem Zeitpunkt in Vergangenheit, Gegenwart oder Zukunft existierenden Individuen), dann ist *(30)* äquivalent zu

(31) M∃x(B(x) ∧ MA(x)),

wobei der Bereich des Quantors hier die Menge der in einer Situation, deren Existenz in *(31)* ausgesagt wird, existierenden Individuen ist. Die Subjunktion M∃x𝔄[x] ⊃ ∃xM𝔄[x] und ihre Umkehrung sind nämlich offenbar äquivalent zur Barcan-Formel bzw. zu deren Umkehrung (vgl. Hughes und Cresswell (1972), S. 142f.). Mit den Ausdrucksmitteln einer Zeitpunkte-Semantik gesagt, läuft die Äquivalenz von *(30)* und *(31)* auf den Sachverhalt hinaus: wenn es ein irgendwann in Vergangenheit, Gegenwart oder Zukunft existierendes Individuum gibt, das in irgendeiner Phase seiner Existenz die Eigenschaft B(x) ∧ MA(x) hat, dann gibt es einen Zeitpunkt, zu dem ein zu ihm existierendes Individuum die Eigenschaft B(x) ∧ MA(x) hat – und umgekehrt.

Die Version (*31*) scheint ein ausgezeichnetes Explikat für

ein B ist möglicherweise A / ein B kann A sein / ein B kann A werden[26]

zu liefern. Denn mit Sätzen der durch (*31*) gegebenen logischen Form sagen wir etwas aus von der Art von:

es kann die Situation eintreten, daß etwas, was *in dieser* Situation ein B ist, ein A werden kann.

Die letztere Aussage ist nichts anderes als eine in einem Sinne explizit *der Zeit nach unbeschränkte* Version von „ein B kann A werden": es braucht sich bei dem Vertreter von B nicht unbedingt um etwas zu handeln, das *jetzt* ein B ist.

Wenn ich mit den Überlegungen nicht irre, die ich zur logischen Form allgemeiner Notwendigkeitsaussagen vorgebracht habe, dann ist die Wahrheit etwa von A a_NB nicht bereits gegeben mit dem Bestehen eines Inklusionsverhältnisses der Umfänge von A und B zu irgendeinem bestimmten Zeitpunkt oder in irgendeiner bestimmten Situation – von dem Essentialitätsanteil der Aussage sehe ich jetzt ab. Daher muß es sich der Sache nach analog verhalten mit der Negation von A a_NB (und mit der Negation von A e_NB): das Bestehen eines gewissen Verhältnisses der Umfänge von A und B in einer bestimmten Einzelsituation kann nicht schon zur Falschheit dieser Negationen hinreichen. Anders liegen die Dinge natürlich, wenn es um hinreichende Bedingungen für die *Wahrheit* der Negationen geht. Ich spreche deshalb von einer nicht vollständigen Determiniertheit der Wahrheitswerte durch die Verhältnisse in einer Einzelsituation. Aristoteles scheint nun A o_MB als Negation von A a_NB anzusehen. Das geht hervor aus A21, 39b31–39. An dieser Stelle führt Aristoteles einen Widerspruchsbeweis für die Gültigkeit von Bocardo mit Prämissen der Modalitäten KX und ἐνδέχεσθαι-Conclusio. Die in Anspruch genommene Conclusio lautet: τὸ A ἐνδέχεται τινὶ τῷ B μὴ ὑπάρχειν (≈ das A kann einem B nicht zukommen; für A besteht die Möglichkeit, einem B nicht zuzukommen). Als Ausgangspunkt für das gemeinte Argument διὰ τοῦ ἀδυνάτου (d. i. durch Ableitung eines Widerspruchs) dient die Aussage A a_NB: παντὶ τῷ B τὸ A ὑπάρχει ἐξ ἀνάγκης (≈ dem ganzen B kommt das A mit Notwendigkeit zu). Bei ihr muß es sich also um das kontradiktorische Gegenteil der ἐνδέχεσθαι-Conclusio handeln. Wie wir weiter unten

[26] Vgl. zu dieser letzten Formulierung die bereits in Abschn.3. unter Ziffer (4) diskutierte Stelle 30b36 f., wo als Begründung dafür, daß unter einer dort angenommenen Voraussetzung nicht notwendig ›Mensch‹ keinem Weißen zukomme (d. i. ¬(A e_NB) gelte), angeführt wird: es kann nämlich ein Mensch weiß werden – ἐνδέχεται γὰρ ἄνθρωπον γενέσθαι λευκόν.

sehen werden, ist Aristoteles sich vollkommen darüber im klaren, daß die Verneinung der Kontingenz auf eine Disjunktion aus Notwendigkeit und Unmöglichkeit führt (dazu A17, 37a15–26). Folglich kann es sich bei unserer Conclusio in der Tat nur um eine (einseitige) Möglichkeitsaussage handeln, also um A o_MB. Wenn A o_MB die Negation von A a_NB und entsprechend A i_MB die Negation von A e_NB ist, darf, der eben vorgetragenen Überlegung zufolge, der Wahrheitswert von A i,o_MB relativ zu einer Bezugssituation nicht vollständig durch die Umfangsverhältnisse der involvierten Prädikate in einer ganz bestimmten Situation (wie z. B. in der Bezugssituation) determiniert sein. Dieses Erfordernis wird erfüllt von $M\exists x(B(x) \wedge M(\neg)A(x))$.

Möglicherweise war sich Aristoteles, als er die Zeitlosigkeitsfestlegung von 34b7 ff. ausschließlich für Allaussagen traf, nicht voll dessen bewußt, daß diese Festlegung aufgrund der logischen Beziehungen zwischen allgemeinen und partikulären Aussagen auch Implikationen für diese letzteren Aussagen haben würde. Vielleicht war er auch lediglich nicht dazu bereit, in den Fällen von Uneingeschränktheit oder Einfachheit – vom ἁπλῶς λαμβάνειν – einer eine Gesamtheit von Situationen betreffenden Aussage zu sprechen, in denen es sich bloß um die Allgemeinheit der Existenz handelte (wie in: „*es gibt* eine mögliche Situation, in welcher die und die Verhältnisse herrschen", versus „in allen möglichen Situationen herrschen die und die Verhältnisse"). a_N- und e_N-Aussagen auf der einen sowie o_M- und i_M-Aussagen auf der anderen Seite können beide in demselben relativ schwachen Sinn zeitlich unbeschränkt genannt werden, daß nicht sowohl ihre Wahrheit als auch ihre Falschheit jedesmal durch die in einer geeigneten Einzelsituation bzw. an einer einzelnen Zeitstelle vorfindbaren Verhältnisse bestimmbar sind (einmal ist zur Wahrheit mehr erforderlich, einmal mehr zur Falschheit). Vor diesem schwachen Sinn könnte Aristoteles den Sinn haben auszeichnen wollen, nach dem für die *Wahrheit* die an allen Zeitstellen vorfindlichen Verhältnisse maßgebend sind. Wie dem auch sei: Aristoteles scheint mit seiner Art der Behandlung partikulärer Modalaussagen, wenn er nämlich etwa partikulär bejahende M-Aussagen konvertiert, stillschweigend den in Rede stehenden Implikationen Rechnung zu tragen.

Selbstverständlich könnte man eine partielle Indeterminiertheit der Wahrheitswerte von Aussagen des Typs A i,o_MB durch die Verhältnisse in einer fest gegebenen Situation auch dadurch herstellen, daß man die Grundform $\exists x(B(x) \wedge M(\neg)A(x))$ auf andere Weise modifiziert als gerade durch Voranstellen eines Möglichkeitsoperators. Ein sehr gutes Indiz dafür, daß dann doch $M\exists x(B(x) \wedge M(\neg)A(x))$ bzw. $\exists xM(B(x) \wedge M(\neg)A(x))$ die adäquate Strukturformel ist, besteht in der Tatsache, daß nur diese Weise der Symbolisierung, in Kombination mit der vorgeschlagenen Weise der Symbolisierung der allgemeinen N-Aussagen, die gewünschten Oppositionsverhältnisse zu reproduzieren erlaubt. Nur diese Symbolisierungsweise erlaubt nämlich zu verifizieren, daß A o_MB die Negation von A a_NB ist und A i_MB die Negation von A e_NB. $\neg$(A a(e)$_N$B) entspricht $\neg\forall x N(B(x) \supset N(\neg)A(x))$

äquiv. $\exists x \neg N(B(x) \supset N(\neg)A(x))$
äquiv. $\exists x M \neg(B(x) \supset N(\neg)A(x))$
äquiv. $\exists x M(B(x) \wedge \neg N(\neg)A(x))$
äquiv. $\exists x M(B(x) \wedge M \neg A(x))$ bzw. $\exists x M(B(x) \wedge MA(x))$,

was dem Aussagetyp A o(i)$_M$B entspricht.

Smirnov nennt in der bereits erwähnten Arbeit Smirnov (1986) eine Möglichkeit, die von ihm als „$T^{\nabla}SP$"-Sätze bezeichneten Sätze aufzufassen, zu der er vielleicht durch ähnliche Überlegungen gelangt ist, wie ich sie dargestellt habe. Es soll nämlich $T^{\nabla}SP$ analysiert werden als

$$\exists x \Diamond(Sx \,\&\, \Diamond Px) \,\&\, \exists x \Diamond(Sx \,\&\, \Diamond \neg Px)$$

(s. a. a. O., S. 208). Mir ist allerdings aus der sehr knappen und offensichtlich durch Übersetzungsmängel beeinträchtigten Darstellung Smirnovs nicht völlig klar geworden, Sätze von welchem Typ $T^{\nabla}SP$-Sätze sind. Nach S. 207 a. a. O. ist TSP zu lesen als: „only some S are P"; $^{\nabla}$ könnte der Möglichkeitsoperator der konstruktivistischen Modallogik sein. Vermutlich wäre $T^{\nabla}SP$ dann zu lesen als: „möglicherweise sind nur einige S P", und dies ist eventuell zu verstehen als „möglicherweise sind einige S P, und möglicherweise sind einige S non-P". Liegen wir mit dieser Lesart richtig, so haben wir bei Smirnov in Gestalt von

$$\exists x \Diamond(Sx \,\&\, \Diamond Px)$$

ein Analysat von P i_MS, das unserer Strukturformel für i_M-Aussagen genau entspricht.

7. Partikuläre Notwendigkeitsaussagen

Auf ähnliche Weise wie im i_M-Fall kann man die aristotelische Konversionsbehauptung für den i_N-Fall retten: setze in die vorläufige Strukturformel für Ai_NB, d. h. in $\exists x(B(x) \wedge NA(x))$, unmittelbar hinter dem ersten Vorkommnis der Variable, über die quantifiziert wird, ein N ein. $\exists x N(B(x) \wedge NA(x))$ impliziert wie gewünscht (in PL + T) $\exists x NB(x)$. Es scheint mir in diesem Fall allerdings nicht so leicht möglich wie im i_M-Fall, die Strukturformel auf eine befriedigende Weise inhaltlich zu deuten. Insbesondere dann, wenn wir uns an die Version

(31) $M\exists x(B(x) \wedge MA(x))$

der für A i_MB angenommenen Formel erinnern, ist klar, daß A i_MB sozusagen zum einen eine Aussage über ein Verhältnis von Begriffsumfängen unter einer Modalität macht (de-dicto-Komponente): B(x) *kann*, wenn nicht mit A(x), so doch wenigstens mit MA(x) einen nicht-leeren Durchschnitt haben; und zum anderen macht A i_MB eine Aussage darüber, unter welcher Modalität der zweite der involvierten Begriffe zu prädizieren ist (de-re-Komponente). Ähnlich kann man offensichtlich die Formeln für den Fall der universellen Aussagen deuten, und diese Kombination von de-dicto- und de-re-Komponenten entspricht der Grundidee meines Ansatzes, wie ich sie zu Beginn dargestellt habe. Dem gewöhnlichen Sprachverständnis nach scheint es mir durchaus naheliegend, im Einklang mit dieser Grundidee A i_NB-Sätze so aufzufassen, daß sie besagen: *stets* hat irgendein B die Eigenschaft A (die Umfänge von A und B haben *immer* einen nicht-leeren Schnitt), und zwar sogar *essentiell.* Die solchen Inhalten angemessene Formel scheint $N\exists x(B(x) \wedge NA(x))$ zu sein. Im Unterschied zu allen bereits behandelten Fällen sehe ich hier allerdings keine Möglichkeit, nur unter Benutzung von Voraussetzungen, die man noch als rein logische bezeichnen kann, den Modalfaktor bei Erhalt der Wahrheitsbedingungen hinter den Quantor zu ziehen mit dem Ergebnis $\exists xN(B(x) \wedge NA(x))$.

In Abschnitt 4. habe ich zwei mögliche Modifikationen des formalsemantischen Grundgerüsts aus Abschnitt 3. beschrieben. Die eine dieser Modifikationen bestand in der Einführung der Forderung, daß für Strukturen $\langle W, R, D, Q, V\rangle$ gelte:

(*32*) $Q(w) \subseteq Q(w')$, falls $\langle w, w'\rangle \in R$.

Man überlegt sich leicht, daß für jeden Kontext $\mathfrak{A}[x]$ unter dieser Modifikation die Subjunktion

(*33*) $\exists xN\mathfrak{A}[x] \supset N\exists x\mathfrak{A}[x]$
(intuitiv: wenn ein Individuum aus dem Individuenvorrat einer Bezugswelt in allen Alternativen zu dieser Bezugswelt – zu deren jeweiligen Individuenvorräten das betreffende Individuum ebenfalls gehört – die Funktion $\mathfrak{A}[x]$ erfüllt, dann gibt es in jeder Alternative zur Bezugswelt etwas, das in ihr $\mathfrak{A}[x]$ erfüllt)

gültig wird. Sie ist daher erst recht gültig unter der zweiten ins Spiel gebrachten Modifikation, welche ich in Anspruch genommen habe für die endgültige Fassung der Strukturformeln im universellen Fall. Dies ist die Festlegung, daß Q die konstante Funktion auf W sei. Man vergleiche Hughes und Cresswell (1972), S. 144: der Subjunktionstyp (*33*) kann bereits ohne die Barcan-Formel bewiesen werden.

Selbst diese Gültigkeit der Subjunktionen vom Typ (*33*), welche Plantinga in (1974), S. 58, unter dem Titel „Buridan-Formel" diskutiert, hilft uns natürlich dann nicht weiter, wenn wir uns darauf beschränken, generell N vor offenen Formeln als Ausdruck essentieller Prädikation im Sinne des Vorschlags von Plantinga zu deuten. Schon intuitive Überlegungen machen dann deutlich, daß (*33*) problematisch ist: wenn es etwas gibt, das eine bestimmte Eigenschaft in dem Sinne essentiell hat, daß es sie in allen möglichen Situationen hat, in denen es existiert, so ist damit keineswegs sichergestellt, daß es in allen möglichen Situationen etwas mit dieser Eigenschaft gibt; denn die Klasse aller möglichen Situationen kann umfassender sein als die Klasse der möglichen Situationen, in denen ein bestimmtes Individuum existiert. Das ist eine Möglichkeit, die durch die Forderung (*32*) gerade ausgeschlossen wird. Im Hinblick auf die früher beschriebenen Umdeutungen läßt sich die Sachlage auch folgendermaßen darstellen. Die fraglichen Umdeutungen führen nicht nur auf einen vergrößerten, einheitlichen Individuenbereich, sondern dazu auf eine veränderte Erfüllungsbeziehung, oder: auf Formeln, in denen jede Aussagefunktion mit einem Existenzpräfix versehen ist, welche im gemeinsamen Einzugsbereich eines N-Operators und eines Allquantors vorkommt. So ist etwa das Resultat der Umdeutung von

$$M\exists x(B(x) \land MA(x)),$$

das heißt das Resultat der Umdeutung von

$$\neg N\neg\neg\forall x\neg(B(x) \land \neg N\neg A(x)),$$

die Formel

$$\neg N\neg\neg\forall x(E(x) \supset \neg(B(x) \land \neg N(E(x) \supset \neg A(x)))),$$

welche gleichwertig ist mit

$$M\exists x\neg(E(x) \supset \neg(B(x) \land M\neg(E(x) \supset \neg A(x)))),$$

also mit

$$M\exists x(E(x) \land B(x) \land M(E(x) \land A(x))).$$

Diese letzte Formel ist, wie wir wissen, in der Semantik der konstanten Individuenbereiche – nennen wir sie kurz Barcan-Semantik – äquivalent mit

$$\exists xM(E(x) \land B(x) \land M(E(x) \land A(x))),$$

d.i. mit dem Resultat der Transformation von

$$\exists xM(B(x) \land MA(x)).$$

Dagegen ist das Resultat einer entsprechenden Transformation von (*33*) eine Formel vom Typ

(*34*) $\exists xN(E(x) \supset \mathfrak{A}[x]) \supset N\exists x(E(x) \land \mathfrak{A}[x]),$

also eine Formel, die nicht mehr von der Form von (*33*) ist und auch nicht Barcan-gültig ist.

Daß dies sich so verhält, das heißt: daß (*34*) nicht Barcan-gültig ist bzw. die Buridan-Formel (*33*) nicht gültig ist relativ zu einer Semantik mit entsprechend modifizierter Erfüllungsrelation, hat übrigens Buridan klar gesehen. Dies ergibt sich nicht nur aus der summarischen Aussage des Theorems 18 im siebten Kapitel des zweiten Buchs von Buridans Abhandlung *De consequentiis* (Hubien (1976), S. 77).[27] Es ergibt sich vor allem aus einer Passage des *Sophismata*-Traktats (nämlich Scott (1977), S. 77), in der Buridan auch eine Überlegung vorbringt, welche auf die Angabe eines Modells für die Negation der Buridan-Formel hinausläuft.[28] Auf dieses Modell können wir durchaus zurückgreifen, wenn unsere Nichtgültigkeitsbehauptung noch einer Begründung bedarf. Der unmittelbare Bezugspunkt dessen, was Buridan sagt, ist eine kontraponierte Form von (*33*) bzw. von (*34*), nämlich

(*35*) $M\forall x\mathfrak{B}[x] \supset \forall x M\mathfrak{B}[x]$

bzw.

(*36*) $M\forall x(E(x) \supset \tilde{\mathfrak{B}}[x]) \supset \forall x M(E(x) \wedge \tilde{\mathfrak{B}}[x])$.

Buridan schreibt, in der Übersetzung von T. K. Scott:

> „Likewise, it does not follow: it is possible for everything to be God, so every being is possibly God, since the first is true. For it was so before the creation of the world, and it would be so if God should destroy every creature. And yet the second would be false, since it is not possible for a creature to be God" (Scott (1966), S. 130).[29]

Wenn wir das Argument seiner theologischen und sonstigen Voraussetzungen entkleiden, bleibt als Idee übrig: wähle ein bestimmtes Individuum a aus einer Menge D von Dingen aus (um es die Rolle des Gottes Buridans spielen zu lassen); wähle als Extension von E(x) relativ zu einer gewissen Welt w (aus einem Vorrat W von Welten) die Menge, welche a als einziges Element ent-

---

[27] Das Theorem 18 lautet:
Decima octava conclusio est: ad nullam compositam [scil. propositionem modalem] de necessario affirmativam sequi aliquam divisam de necessario de modo affirmato, nec econverso, praeterquam ...
Die Nichtgültigkeit der Buridan-Formel sagt die nach econverso zu ergänzende Teilbehauptung aus. Die angemerkte Ausnahme ist für unseren Zusammenhang nicht einschlägig.

[28] Den Hinweis auf die einschlägige *Sophismata*-Stelle verdanke ich Hermann Weidemann, der seinerseits diese Information von Reinhard Hülsen erhalten hat (briefliche Mitteilung H. Weidemann vom 13.7.1988).

[29] Scott (1977), S. 77: Item non sequitur, possibile est omne ens esse Deum, ergo omne ens possibile est esse Deum, quia prima est vera – sic enim erat ante mundi creationem, et sic esset si Deus annihilaret omnem creaturam – Et tamen secunda esset falsa, quia creaturam non possibile est esse Deum.

hält (bei Buridan: vor der Erschaffung des Universums lag eine Weltverfassung vor, in der nichts existierte als Gott); interpretiere $\mathfrak{B}$ bzw. $\tilde{\mathfrak{B}}$ (relativ zu jeder Welt aus W) durch die Eigenschaft der Identität mit a, also, extensional, durch die Menge {a}, oder auch durch den Schnitt der Extension von E mit {a}; werte *(35)* bzw. *(36)* aus relativ zu einer Welt $\bar{w}$ aus dem Vorrat W (bei Buridan ist offensichtlich an die reale seinerzeitige Weltverfassung gedacht, von der angenommen wird, daß bei ihr außer Gott noch viele Kreaturen existieren), für die gilt: die Extension von E relativ zu $\bar{w}$ enthält außer a noch mindestens ein weiteres Element b. Wenn wir schließlich diese Idee auf *(33)* und *(34)* beziehen wollen, müssen wir $\mathfrak{A}[x]$ und $\tilde{\mathfrak{A}}[x]$ die Rolle von $\neg\mathfrak{B}[x]$ resp. $\neg\tilde{\mathfrak{B}}[x]$ übernehmen lassen, das heißt: die zu betrachtende Interpretation bleibt dieselbe bis auf den Unterschied, daß $\mathfrak{A}$, $\tilde{\mathfrak{A}}$ (relativ zu jeder Welt) durch die Eigenschaft der Verschiedenheit von a interpretiert werden; also, extensional, durch das Komplement von {a} in D, oder auch durch den Schnitt dieses Komplements mit der Extension von E. Diese Überlegungen liefern nach Auszeichnung einer Menge D, die mindestens zwei Elemente a und b enthält, als weltunabhängigen Gesamtindividuenbereichs und nach geeigneter Festlegung einer Alternativitätsrelation (nämlich so, daß w eine Alternative von $\bar{w}$ ist) eine Barcan-semantische Struktur, in der das Hinterglied von *(34)* relativ zu $\bar{w}$ falsch und das Vorderglied relativ zu $\bar{w}$ wahr ist. Denn in der Alternative w von $\bar{w}$ gehört als einziges Element von D a zur Extension von E, aber a ist in w, wie überall, nicht verschieden von a. Was endlich das Vorderglied angeht, so interpretiert man x mit b, und in jeder Welt, insbesondere in jeder Alternative zu $\bar{w}$, gehört b zu D\{a}, oder: nicht zur Extension von E oder zum Schnitt dieser Extension mit D\{a}, also: relativ zu jeder solchen Alternative erfüllt b die Aussagefunktion $E(x) \supset \tilde{\mathfrak{A}}[x]$. In Übereinstimmung mit der oben im Anschluß an *(32)* skizzierten informellen Überlegung haben wir hier in der Tat davon Gebrauch gemacht, daß die Klasse der möglichen Alternativen von $\bar{w}$ mehr umfaßt als die Klasse der möglichen Alternativen, in denen b existiert: die erste enthält w, die zweite enthält w nicht.

Wie man an diesem Beispiel sieht und wie man bei der Inspektion der aristotelischen BE-Argumente laufend festzustellen Gelegenheit hat, trügt der Anschein, daß die logische Aussagekraft solcher Argumente mehr oder weniger beschränkt sei durch deren Abhängigkeit von empirischen Voraussetzungen oder gar, wie hier, von metaphysischen Voraussetzungen. Es kommt letzten Endes nicht darauf an, ob man die in Anspruch genommenen Sachverhalte als wahr akzeptieren kann, wie etwa den Sachverhalt, daß eine Weltsituation möglich sei (weil sie sogar einmal realisiert gewesen sei), in der genau ein Ding zur Extension des Existenzprädikats gehört, nämlich Gott.

Es kommt nur darauf an, ob man, in der Regel unter Wahrung gewisser Nebenbedingungen, entweder diese Sachverhalte selbst als wahr *vereinbaren* könnte oder ihnen analog gelagerte Sachverhalte – so wie wir es eben getan haben. Modellkonstruktionen bestehen nun einmal in der freien Vereinbarung der Extensionen von Prädikatsymbolen etc. In diesem Sinne besteht aus heutiger Sicht die Aussagekraft von BE-Argumenten darin, daß sie als Anleitungen zum Treffen von geeigneten Vereinbarungen verstanden werden können.

(33) ist also bei einer in unserem Zusammenhang in Betracht kommenden Lesart nicht gültig. Davon aber ganz abgesehen ist erst recht die Umkehrung von *(33)* problematisch. Sie ist klarerweise nicht einmal so, wie sie ohne Umdeutung dastehen würde, Barcan-gültig. Eine *nicht*-logische Voraussetzung, unter der man die Äquivalenz von

$$N\exists xF(x) \quad \text{und} \quad \exists xNF(x)$$

bzw. von $N\exists x(E(x) \wedge F(x))$ und $\exists xN(E(x) \supset F(x))$

begründen könnte, wäre: genau diejenigen Eigenschaften, welche essentiell zukommen oder zukommen können, sind immer instantiiert. Daß F essentiell zukommen *kann*, heißt, daß $M\exists xNF(x)$ wahr ist; $M\exists xNF(x)$ ist unter geeigneten Voraussetzungen – vgl. Abschn.6. über den Zusammenhang von *(30)* und *(31)* – äquivalent zu $\exists xMNF(x)$, und dies ist (PL + S5)-äquivalent zu $\exists xNF(x)$. Die genannte Voraussetzung ist sicher nicht völlig unplausibel. Wenn man z. B. als paradigmatische Fälle höchstens akzidentiell zukommender Eigenschaften solche Eigenschaften vor Augen hat, welche die Individuen weitgehend nach Belieben ablegen oder annehmen können – wie die Eigenschaften (von Menschen) zu sitzen oder zu stehen –, liegt die Überlegung durchaus nahe, daß die potentiellen Träger solcher Eigenschaften sie auch einmal *gemeinsam* ablegen könnten. Es gäbe dann in einer Situation, die theoretisch möglich ist, keine Instanz der betreffenden Eigenschaften. Ich habe darauf hingewiesen, daß es tatsächlich gerade solche Möglichkeiten sind, die Aristoteles bei der Durchführung von BE-Argumenten in Anspruch nimmt. Umgekehrt möchte man meinen, daß bei Aristoteles paradigmatisch für Eigenschaften, die essentiell (und nur essentiell) zukommen können, die Formen stehen und das, was Aristoteles Teile der Formen nennt. Eins der bisherigen Interpretationsparadigmata für die aristotelische Metaphysik lautet: Formen sind einerseits ewig; sie sind aber andererseits bei Aristoteles – im Unterschied zu Platons Konzeption der Formen – nicht deshalb ewig, weil sie in einer solchen Weise „abgetrennt" von den raumzeitlichen Dingen existierten, wie Platon das annahm; vielmehr liegt ihre Beständigkeit darin begründet, daß sie immer wieder realisiert sind an konkreten Einzeldingen als den Kombinationen eben von (allgemeinen) Formen und (individuierenden) Stoffportionen. So erhielte man das Resultat, daß bei Aristoteles die für essentielle Prädikationen in Frage kommenden Prädikate stets einen nicht-leeren Umfang haben. Tatsächlich heißt es im 8. Kapitel des Buchs Z der „Metaphysik", 1033b16f., daß „das, was im Sinn der Form oũsia genannt wird, nicht entsteht" (in der Übers. von Frede und Patzig (1988), Bd.I S. 85); und nachdem Aristoteles in *De caelo* A11 und A12 die Position vertritt, alles Entstehungslose sei immerwährend, müßten die Formen ewig sein. Was schließlich den zweiten Teil des Interpretationsparadigmas betrifft, so lesen wir in Z13, 1038b33f.: „Damit meine ich, daß es z. B. kein Lebewesen gibt, das neben den bestimmten Lebewesen existierte, und daß das Entsprechende auch von allen anderen Teilen der Formel gilt" (a. a. O., Bd.I S. 109; mit „Formel" übersetzen Frede und Patzig λόγος an den Stellen, an denen Aristoteles damit den λόγος einer Sache meint).

Freilich ist das skizzierte Paradigma zuletzt in Frage gestellt worden durch die Auffassung von Buch Z der „Metaphysik", für die Frede und Patzig in (1988) argumentieren. Die beiden Autoren meinen, die aristotelischen Formen seien keine allgemeinen, sondern individuelle Formen. Ferner seien sie, obwohl entstehungslos, keineswegs immerwährend. Nun wird man von dergleichen individuellen Formen nicht mehr ohne weiteres sagen können, daß sie bzw. ihre sprachlichen Korrelate überhaupt für Prädikationen oder dann insbesondere für essentielle Prädikationen in Frage kommen. Wie sollte das angehen, wenn man Äußerungen des Aristoteles ernst nimmt wie die in Z6, 1031b18ff., „Aufgrund dieser Argumente also erweisen sich die jeweilige Sache und das ‚Was es heißt, dies zu sein' als ein und dasselbe" (a. a. O., Bd.I S. 77; „Was es heißt, dies zu sein" dient als Übersetzung von τὸ τί ἦν εἶναι)? Es handelt sich um eine Textstelle, die Patzig und Frede offensichtlich als guten Beleg für die Richtigkeit ihrer Auffassung von der Individualität der aristotelischen Formen nehmen können: die Form eines Dings ist dessen „Was es heißt, dies zu sein", und dies soll mit dem Ding selbst identisch sein. Sollten Patzig und Frede recht haben, blieben als Kandidaten für Entitäten, die des essentiellen Zukommens fähig sind, anscheinend Eigenschaften übrig, die als allgemeine „Formen" gelten könnten und als solche gerade nicht aristotelische Formen im strikten Sinne sind: Eigenschaften, die zu haben heißt, zu einer bestimmten „natürlichen Art" zu gehören, und Implikate solcher Eigenschaften. Derartige Eigenschaften *hat* Aristoteles für jederzeit exemplifiziert gehalten, daran lassen auch Patzig und Frede keinen Zweifel aufkommen (vgl. a. a. O., Bd.I S. 53). Den Gedanken, daß Arten nicht aussterben, bringt Aristoteles in der Tat immer wieder vor. Er drückt sich gern so aus, daß die natürlichen unter den vergänglichen Einzeldingen in der Weise am Ewigen Anteil hätten, welche bei ihnen dafür allein in Frage komme: daß sie nämlich Anteil hätten nicht der Zahl nach, das heißt als numerisch identische Individuen, sondern der Art nach, das heißt dadurch, daß es stets gleichartige Wesen gebe. (Dazu etwa *De anima* B4, 415b3–7; *De generatione animalium* B1, 731b32–732a1.)

Arten sterben aus. Sind wir also auf dem Weg, eine Interpretation der aristotelischen Modallogik zu versuchen, nach der es sich um ein Theoriestück handelt, das von nicht-logischen Voraussetzungen abhängt, die noch dazu falsch sind? Das wäre fatal. Allerdings mag sich mancher Aristotelesforscher der älteren Schule gerade gewünscht haben, die aristotelische Logik könnte durch Verquickung mit nicht zur Logik gehörenden Elementen der aristotelischen Doktrin aus den vermeintlichen Niederungen des bloß „Formalen" auf philosophische Höhe gezogen werden. (Zum Bild des Verhältnisses von Logik und Metaphysik des Aristoteles in der Forschung des 19. Jahrhunderts und bis in die Gegenwart hinein siehe Patzig (1969), S. 88.) Tatsächlich ist es durchaus nicht so, daß ich hier eine solche Verquickung anfinge. Ich habe gesagt, daß es eine Weise gibt, Sätze vom Typ τὸ Α τινὶ τῷ Β ὑπάρχει ἐξ ἀνάγκης (≈ ein B ist notwendig A; kurz: A i_NB) aufzufassen, die mir besonders natürlich erscheint, und daß dieser Auffassungsweise gemäß die logische Form dieser Sätze abzubilden wäre durch $N\exists x(B(x) \wedge NA(x))$. Ich bin andererseits zu dem Ergebnis gekommen, daß Aristoteles, jedenfalls soweit es die Konversionstheorie betrifft, A i_NB-Sätze eher so behandelt, als hätten sie einen Inhalt, den wir abbilden müßten durch $\exists xN(B(x) \wedge NA(x))$. Nun ist es, erstens, nicht ausgemacht, daß Aristoteles A i_NB-Aussagen wirklich in der Weise auffaßte, die mir nahe zu liegen scheint. Vielleicht hat er sie, von einem natürlichen Sprachgebrauch aus was für Gründen immer ein Stück weit abgehend, von vornherein im Sinne von $\exists xN(B(x) \wedge NA(x))$ verstanden und hatte es damit nicht nötig, durch Argumente von möglicherweise metaphysischem Charakter die Auffassung zu etablieren, diese Aussagen so zu behandeln, wie er es dann tut, sei zulässig. Und zweitens, selbst wenn Aristoteles diesen letzteren Weg gegangen sein sollte: der Zusammenhang zwischen der Formel $\exists xN(B(x) \wedge NA(x))$ auf der einen Seite und dem entsprechenden Typ von Ausgangssätzen auf der anderen Seite wäre dann immerhin noch nachvollziehbar (z. B. als ein Zusammenhang, der vermittelt wird durch den Grundsatz von der Ewigkeit der Arten), und Nachvollziehbarkeit heißt nicht, daß der Zusammenhang sachlicher Prüfung standhalten muß. Die Situation könnte dann so aussehen (freilich sind dies Spekulationen): Aristoteles glaubte irrtümlich, $N\exists x$... -Sätze wie $\exists xN$... -Sätze behandeln zu dürfen, und unter dieser Voraussetzung hat er seine einschlägigen Gültigkeitsbehauptungen aufgestellt; nichtsdestotrotz bleiben diese Behauptungen richtig (da, wo sie richtig sind), und zwar unabhängig von irgendwelchen sachfremden Prämissen, nämlich eben als Behauptungen über $\exists xN\ldots$ -Sätze (im Verein mit anderen Sätzen). Es scheint mir jedenfalls ein Gebot der Fairness zu sein, daß man, da explizite Äußerungen des Aristoteles zum genauen Gehalt der von ihm in ihren logischen Zusammenhängen untersuchten Sätze fehlen, die Gültigkeitsbehauptungen der aristotelischen Logik und die dazu gehörigen Argumente nicht anders analysiert als unter der Voraussetzung, daß die thematisierten objektsprachlichen Sätze den Gehalt haben, welchen sie der Art ihrer Behandlung nach haben müssen.

Was ich bisher zugunsten der Behauptung vorgebracht habe, A i_NB habe die Form $\exists xN(B(x) \wedge NA(x))$, war sicher nicht übermäßig viel. Auch die theophrastische Strukturformel $N\exists x(B(x) \wedge A(x))$ etwa sichert selbstverständlich die Konvertierbarkeit der i_N-Aussagen; und sie paßt bestens zu einem natürlichen Verständnis von τὸ A τινὶ τῷ B ὑπάρχει ἐξ ἀνάγκης. Die Erprobung meiner abweichenden i_N-Hypothese, im Verein mit der Erprobung der die anderen Arten von Sätzen betreffenden Hypothesen, am Gesamtbestand der aristotelischen Gültigkeitsbehauptungen steht noch aus. Frage daher: liefert der Text zusätzliche Einzelhinweise auf den von mir angenommenen Gehalt von Aussagen des i_N-Typs? Die Antwort lautet „ja". Ich entwickle eine Reihe von einschlägigen Beobachtungen mit den Schlüssen, die ich daraus für unsere Frage ziehe, unter den beiden folgenden Ziffern.

(1) Beschäftigen wir uns zunächst mit dem aristotelischen ἔκθεσις-Beweis für den Modus Baroco NNN. Aristoteles unterscheidet bekanntlich „vollkommene" Syllogismen, deren Gültigkeit evident und keines Nachweises bedürftig sein soll, von Syllogismen, bei denen das so nicht sei. Er verfügt über eine Reihe von Techniken, die Gültigkeit unvollkommener Syllogismen mit Rückgriff auf vollkommene Modi zu erweisen. Eine dieser Techniken ist die Technik der ἔκθεσις (≈ Aussetzung, Herausstellung; engl. exposition). In A8, 30a6–14, gibt Aristoteles andeutungsweise Ekthesis-Beweise für Baroco NNN und Bocardo NNN, vielleicht auch nur für Baroco NNN (vgl. Waitz (1844–46), I S. 394f.). In der Übersetzung von A. Jenkinson, die bereits viel an Explikation enthält, lautet der Passus:

> (1) But in the middle figure when the universal statement is affirmative, and the particular negative, and again in the third figure when the universal is affirmative and the particular negative, the demonstration will not take the same form, (2) but it is necessary by the ‚exposition' of a part of the subject of the particular negative proposition, to which the predicate does not belong, to make the syllogism in reference to this: with terms so chosen

> the conclusion will necessarily follow. (3) But if the relation is necessary in respect of the part taken, it must hold of some of that term in which this part is included: for the part taken is just some of that. (4) And each of the resulting syllogisms is in the appropriate figure (Ross/Jenkinson (1928)).

Für Baroco NNN sieht das Argument, welches Aristoteles hier im Sinn hat, nach der üblichen Interpretation im wesentlichen wie folgt aus (ich halte mich an Patzig (1969), S. 177). Als Prämissen für Baroco NNN hat man B a_NA und B o_NC; hier füge ich die Modaloperatoren hinzu, die Patzig der Einfachheit halber in seiner Darstellung weggelassen hat, die aber für unseren Zusammenhang wichtig sind. Zur Gewinnung der Conclusio A o_NC wird aus (dem Umfang von) C ein Teil „herausgestellt", dies Manöver ist „the ‚exposition' of a part of the subject of the particular negative proposition". Dieser Teil wird etwa mit D bezeichnet. Das heißt: nachdem vorausgesetzt ist, daß einige der C notwendig nicht unter B fallen, subsumiert man eben diese Exemplare von C unter einen neuen Begriff D und hat damit einen Begriff, dem B nicht zukommt („to which the predicate does not belong"), und zwar *allgemein* nicht zukommt – in dem Sinne, daß B notwendig keinem Exemplar von D zukommt. Im übrigen kommt C dem D allgemein zu (ist C a D wahr). Nun soll in Bezug auf D („in reference to this") geschlossen werden. Patzig nimmt an, daß die durch die Ekthesis gewonnene Zusatzprämisse B e D (bzw. B e_ND) mit der ersten Prämisse B a_NA von Baroco kombiniert werden soll zu einem Prämissenpaar für Camestres (der Modalität NNN). Mit diesem Modus erhält man die Konklusion A e_ND. Was die Modalität der Zusatzprämisse betrifft, so ist wohl tatsächlich davon auszugehen, daß es sich bei dieser Prämisse um eine N-Aussage handeln soll. Denn Aristoteles will auf eine N-Conclusio hinaus. Zwar wird er später zeigen, daß er eine solche Conclusio auch bekommen kann bei N-Obersatz und bloß assertorischem Untersatz; aber in A8 stehen zunächst nur Modi vom Typ NNN für die Gewinnung von N-Konklusionen bereit. Von A e_ND, so der letzte Schritt der Argumentation, wird dann übergegangen zu A o_NC: „the part taken [= der aus C herausgestellte Teil, D] is just some of that [= C]". Die Interpretation stimmt zusammen mit der abschließenden Bemerkung (4) des Aristoteles, da Camestres zur gleichen Figur wie Baroco gehört. Hinsichtlich des Übergangs von A e_ND zu Ao_NC bemerkt Patzig a. a. O.:

> „Eigentlich müßte man diesen zweiten Teil der Argumentation auch auf syllogistische Form bringen: Aus ‚A e D & C a D' [bzw. aus A e_ND & C $a_{(N)}$D] kann ich nach *Felapton* auf A o C [bzw. auf A o_NC] *schließen.* Wir sehen indessen, daß Aristoteles diesen Schritt nicht durch einen Syllogismus vollzieht; wahrscheinlich deswegen nicht, weil er bei *Baroco* (der *zweiten* Figur) nicht gut *Felapton* (der *dritten* Figur) voraussetzen kann".

Patzig sieht im letzten Schritt der von ihm vermuteten Argumentation für Baroco ein nichtsyllogistisches Schlußprinzip zur Anwendung kommen, dessen Inhalt sei, „daß, was allgemein vom Teil gilt [hier: A kommt dem Teil D von C allgemein nicht zu], wenigstens partikulär vom Ganzen [hier: von C, das sich als Ganzes zum Teil D verhält] gilt" (a. a. O., S. 178). T. Waitz, der offenbar dieselbe Argumentation für Baroco annimmt wie Patzig, zieht daraus die Konsequenz, daß die Bemerkungen des Aristoteles nur auf den Fall von Baroco, nicht auch auf Bocardo zu beziehen seien:

> „...quae sequuntur vs.10 κατὰ ... συλλογισμόν de II δ' solo accipienda sunt, quum in syllogismo III ε' τὸ ἐκτιθέμενον non est pars termini minoris ut in II δ', sed pars medii termini..." (Waitz (1844–46), I S. 395).

Waitz' Aussage bezieht sich auf 30a10, κατὰ τούτου ποιεῖν τὸν συλλογισμόν (≈ „to make the syllogism in reference to this"); II δ' ist Waitz' Symbol für den vierten Modus der zweiten Figur, also für Baroco, III ε' entsprechend das Symbol für Bocardo. In der Tat: für Bocardo NNN hat man die Prämissen $A\ o_N B$, $C\ a_N B$; für die Ekthesis kommt nur ein Unterbegriff D von B, also vom Mittelbegriff, in Frage, und wenn man etwas über das Verhältnis von A zu einem derartigen D weiß, folgt daraus nichts über das Verhältnis von A zu C. Diese Schwierigkeit sieht Patzig. Er versucht sie aus dem Weg zu räumen, indem er die Äußerungen (3) des Aristoteles als Ausdruck gewisser Auffassungen über das Verhältnis eines Ganzen zu seinen Teilen nimmt, die eigentlich noch etwas mehr einschließen als nur das für Baroco vermutete und oben schon einmal zitierte Schlußprinzip, nämlich: „daß, was allgemein vom Teil gilt, wenigstens partikulär vom Ganzen gilt (wie in *Baroco*) und daß, was allgemein vom Ganzen gilt, auch allgemein von jedem Teil gilt (wie bei Bocardo)" (Patzig a. a. O.). Wie der Verweis auf Bocardo anzeigt, wird der zweite dieser Grundsätze bei Patzigs Rekonstruktion eines Ekthesis-Arguments für Bocardo NNN in Funktion gesetzt, und zwar wie folgt. Der Obersatz $A\ o_N B$ liefert durch Ekthesis für ein D mit B a D (oder mit $B\ a_N D$) $A\ e_N D$. Der Untersatz $C\ a_N B$ liefert mit B a D („D ist Teil von B") nach dem genannten Grundsatz C a D (oder $C\ a_N D$); und schließlich liefert das Prämissenpaar $\begin{matrix} A e_N D \\ C a_{(N)} D \end{matrix}$ nach Felapton $A\ o_N C$, wie gewünscht. Ich halte diese Art, auf die geschilderte Schwierigkeit zu reagieren, nicht für einen befriedigenden Ausweg. Denn Aristoteles sagt in 30a11 f. eindeutig: wenn der Schluß (oder: das zu Erweisende) *von dem Herausgestellten* notwendig gilt, dann auch von etwas gewissem anderen; davon, daß umgekehrt aus der Geltung für etwas Gewisses (hier: aus der Geltung von C für alle Exemplare von B) geschlossen werden könne auf die Geltung für das Herausgestellte, also für den Teil (hier: auf die Geltung von C für alle Exemplare von D), ist nicht die Rede. Andererseits möchte man, der einleitenden Bemerkung (1) entsprechend, den Rest des Passus schon gern auf beide Modi beziehen können.

Nun gibt J. van Rijen in (1989), S. 194, denkbare Ekthesis-Argumente für Baroco und Bocardo der Modalitäten NNN an, welche dieses Desiderat erfüllen und welchen ich daher den Standardrekonstruktionen gegenüber den Vorzug gebe. Für unseren Zusammenhang ist wichtig, daß sich, wie sich zeigen wird, aus diesen Rekonstruktionen eine Bestätigung meiner Strukturhypothese für i_N-Aussagen ergibt.

Van Rijens Ekthesis-Argumente bestehen jeweils aus zwei Syllogismen, die, wohlgemerkt, jeweils beide zur richtigen Figur gehören. In jeweils einen dieser Syllogismen geht eine i-Prämisse ein, als deren Ausdruck man 30a12f., τὸ γὰρ ἐκτεθὲν ὅπερ ἐκεῖνό τί ἐστιν (≈ „for the part taken is just some of that"), nehmen kann. κατ' ἐκείνου τινός in 30a12 (≈ von etwas von jenem; Jenkinson: „of some of that term in which this part is included") muß man, soll die Beschreibung des Aristoteles auf beide Fälle passen, beziehen auf den Subjektsbegriff der angestrebten Conclusio (der nur im Falle von Baroco der Begriff ist, aus dem herausgestellt wird – Jenkinsons Übersetzung geht hier zu weit). Für Baroco sieht van Rijens Argument folgendermaßen aus (ich transformiere hier und im weiteren Verlauf van Rijens Notation in unseren Symbolismus). Es geht nicht über Camestres (und Felapton), sondern über Cesare und Festino. Wie gehabt liefert der Untersatz $B\ o_N C$ von Baroco durch Ekthesis $B\ e_N D$ für ein D mit C a D (oder mit $C\ a_N D$). Diese Ekthesisprämisse wird mit dem Obersatz $B\ a_N A$ von Baroco kombiniert zu dem Paar $\begin{smallmatrix} B e_N D \\ B a_N A \end{smallmatrix}$, das sich von dem bei Patzig angesetzten Paar nur durch die Reihenfolge der Glieder unterscheidet. Das Paar liefert nach Cesare NNN die Zwischenkonklusion $D\ e_N A$. C a D wird partikulär konvertiert zu D i C (oder: $C\ a_N D$ wird nach A3, 25a32f., konvertiert zu $D\ i_N C$), und mit der Zwischenkonklusion hat man ein Prämissenpaar $\begin{smallmatrix} D e_N A \\ D i_{(N)} C \end{smallmatrix}$ für Festino der Modalitäten NNN (oder NXN). Der Modus liefert als Conclusio wie gewünscht $A\ o_N C$. Wiederum gilt: da bis zu der in Rede stehenden Stelle nur NNN-Modi als Lieferanten von N-Konklusionen zur Verfügung stehen, muß davon ausgegangen werden, daß für die Anwendung von Festino ein N-Untersatz vorliegt (vgl. van Rijen a. a. O., S. 202); also: dieser Satz muß herkommen von einer Konversion von $C\ a_N D$. 30a11–13, d. i. (3) der Übersetzung, paßt auf dieses Cesare-Festino-Argument: das zu Erweisende, nämlich das nicht-Zukommen von A, gilt vom Herausgestellten notwendig (und allgemein) – denn es gilt $D\ e_N A$, und das ist nach des Aristoteles Meinung gleichbedeutend mit $A\ e_N D$; damit gilt – nach Durchführung eines geeigneten *Syllogismus*

– das zu Erweisende auch von einem Teil von C – es gilt $A\,o_N C$; denn das Herausgestellte (D) ist gerade identisch mit einem Teil von jenem (C), also: einiges von jenem ist D, es gilt $D\,i_N C$.

Ich habe gesagt, daß ich van Rijens Rekonstruktionen und damit insbesondere seine Rekonstruktion des Arguments für Baroco den Standardrekonstruktionen vorziehe, weil diese Rekonstruktionen es erlauben, Aristoteles' Äußerungen auf beide Modi zu beziehen. Sehen wir uns daher noch van Rijens Version des Bocardo-Arguments an, auch wenn es für meinen Verwertungszweck dann schon genügt zu haben, daß die Baroco-Rekonstruktion adäquat ist.

Ebenfalls wie gehabt liefert der Obersatz $A\,o_N B$ von Bocardo durch Ekthesis $A\,e_N D$ für ein D mit $B\,a_N D$. Durch partikuläre Konversion erhält man aus letzterem Satz $D\,i_N B$, und mit dem Untersatz $C\,a_N B$ von Bocardo hat man ein Prämissenpaar $\genfrac{}{}{0pt}{}{C\,a_N B}{D\,i_N B}$ für Datisi NNN. Das Paar liefert die Zwischenkonklusion $C\,i_N D$. Der Ekthesis-Satz $A\,e_N D$ bildet mit der Zwischenkonklusion ein Prämissenpaar $\genfrac{}{}{0pt}{}{A e_N D}{C i_N D}$ für Ferison NNN, und man erhält schließlich, durch insgesamt zwei Syllogismen in der richtigen Figur, das gewünschte $A\,o_N C$. Das zu Erweisende, das nicht-Zukommen von A, gilt vom Herausgestellten D: man hatte $A\,e_N D$ als Ekthesis-Prämisse; es folgt dann, daß es auch von einem Teil von jenem (von C, worauf der Schluß eigentlich zu gehen hat) gilt: man hat $A\,o_N C$ als Endresultat; denn das Herausgestellte (D) ist gerade identisch mit einem Teil von jenem (C): zur Ableitung von $A\,o_N C$ aus $A\,e_N D$ hat man einen Syllogismus durchgeführt, in den die Aussage einging, daß einiges D C ist; D ist identisch mit denjenigen C, die B und nicht A sind.

Waitz sieht noch einen zweiten Grund für die Vermutung, Aristoteles' Andeutungen bezögen sich nur auf Baroco. 30a9f. heißt es, man müsse etwas herausstellen, dem beides nicht zukomme (ᾧ τινὶ ἑκάτερον μὴ ὑπάρχει; Jenkinson: „to which the predicate does not belong"). Waitz faßt diese Aussage offenbar so auf, als solle gelten: beide Begriffe des zu betrachtenden Modus, welche von dem Begriff verschieden sind, *aus* dem herausgestellt wird, kommen dem Herausgestellten nicht zu. So ist es bei Baroco, denn sowohl B als auch A kommt D allgemein nicht zu. Dementsprechend schreibt Waitz a. a. O., S. 394f.: „verba ᾧ τινὶ ἑκάτερον μὴ ὑπάρχει ... de syllogismo II δ' [d. i. Baroco] solo [dicta sunt]...: nam ei parti termini C, quam D appellavimus, neutrum convenit, h.e. neque A neque B de D praedicari possunt." So ist es aber nicht bei Bocardo: A kommt D allgemein nicht zu, C aber kommt D allgemein zu, da die D B sind und der Untersatz auf

C a_NB lautet. Waitz' Argument ist dann entkräftet, wenn man die Wendung ᾧ τινὶ... so versteht, daß dem jeweils Herausgestellten der Prädikatsterminus der jeweiligen partikulären Prämisse nicht zukommen soll (also B im Falle von Baroco, A im Falle von Bocardo). So hat anscheinend Jenkinson die Stelle verstanden.

Wenden wir uns nun wieder dem Baroco-Argument zu! Ist van Rijens Rekonstruktion zutreffend, so macht Aristoteles von der folgenden modalisierten Version der von Patzig a. a. O., S. 177, modalfrei angegebenen Ekthesis-Regel

$$\text{B o C} \Rightarrow \exists \text{ D (C a D} \land \text{B e D)}$$

Gebrauch, nämlich von:

$$\text{B } o_N\text{C} \Rightarrow \exists \text{ D (C } a_N\text{D} \land \text{B } e_N\text{D).}$$

(Man vergleiche bei van Rijen die gegenüber der Fassung von S. 193 a. a. O. dann später, S. 203, als Resultat der Analyse unserer A8-Stelle verschärfte Ekthesis-Regel.) Die entsprechende Regel für den partikulär bejahenden Fall wäre:

$$\text{B } i_N\text{C} \Rightarrow \exists \text{ D (C } a_N\text{D} \land \text{B } a_N\text{D).}$$

Wenn ich jetzt meine Strukturhypothese für a_N-Aussagen, die ich als gut gesichert betrachte, hinzuziehe, bedeutet das: Aristoteles macht davon Gebrauch, daß B i_NC für ein Prädikat D impliziert $\forall x N(D(x) \supset NC(x)) \land \forall x N(D(x) \supset NB(x))$; die letztere Konjunktion aber impliziert unter der bei Aristoteles wohl immer als erfüllt zu betrachtenden Voraussetzung, daß die vorkommenden Prädikate (hier: D) nicht-leere Umfänge haben: $\exists x(NC(x) \land NB(x))$. Diese Formel ist offensichtlich S4-äquivalent zu $\exists x N(C(x) \land NB(x))$.

(2) Eine weitere für unsere Frage einschlägige Textstelle ist A17, 37a9–31. Aristoteles liefert in diesem Kapitel drei Argumente für eine Behauptung, die er bereits in A3, 25b16f., formuliert hatte (vgl. IV., Ziffer 11.)). Die Behauptung lautet: allgemein verneinende Kontingenzaussagen sind nicht einfach konvertibel, das heißt, A e_KB ist nicht äquivalent mit B e_KA. Das dritte der Argumente des Aristoteles besteht in der Widerlegung der Korrektheit eines potentiellen Arguments *für* die Konvertierbarkeit der e_K-Aussagen. Dieses Argument für den von Aristoteles bestrittenen Sachverhalt würde dem in 37a10–14 gegebenen Referat nach folgendermaßen aussehen. A e_KB wird als wahr vorausgesetzt, und unter dieser Voraussetzung wird angenommen – um am Ende einen Widerspruch zu erhalten –, daß B e_KA nicht der Fall sei. Demnach gelte, so ein fiktiver Proponent, daß B einem A notwendig zukomme.

Wenn wir meine Hypothese über die logische Form von e_K-Aussagen zugrunde legen, ist die zu reductio-Zwecken eingeführte Annahme gleichbedeutend mit $\neg\forall xN(A(x) \supset K\neg B(x))$; diese Formel wiederum ist äquivalent mit

$$\exists xM(A(x) \land (NB(x) \lor N\neg B(x))),$$

äquiv. $$\exists xM((A(x) \land NB(x)) \lor (A(x) \land N\neg B(x))),$$

äquiv. $$\exists x(M(A(x) \land NB(x)) \lor M(A(x) \land N\neg B(x))),$$

äquiv. *(37)* $$\exists xM(A(x) \land NB(x)) \lor \exists xM(A(x) \land N\neg B(x)).$$

Der Übergang von der Annahme zu der Aussage, daß B einem A notwendig zukomme, ist also der Sache nach schon deshalb unzulässig, weil dabei nur das erste Glied der Alternative *(37)* berücksichtigt wird, mit der die Annahme gleichwertig ist. Der Übergang ist mithin unzulässig ganz unabhängig davon, wie die Antwort auf die Frage ausfällt, ob und, wenn ja, in welcher Weise der Kern $\exists x(A(x) \land NB(x))$ der vermeintlichen Konsequenz „B kommt einem A notwendig zu" vom Proponenten, und damit von Aristoteles, eventuell noch modifiziert gedacht wird durch einen weiteren Modalfaktor. Wir sehen jedenfalls, daß, *wenn* man überhaupt auf eines der beiden Glieder der Alternative schließen könnte, man damit eine partikuläre N-Aussage erschlossen hätte, bei der der weiter außen stehende Modalfaktor nicht ein N, sondern bloß ein M ist.

Nun wieder der fiktive Proponent: aus „B kommt einem A notwendig zu" folgt „A kommt einem B notwendig zu" – dies ist ein Übergang, der abgedeckt wäre durch Aristoteles' Behauptung von der Konvertierbarkeit der i_N-Aussagen.

Allerdings ist auch dieser Übergang im vorliegenden Fall inkorrekt, weil zwar $\exists xN(A(x) \land NB(x))$ äquivalent ist mit $\exists xN(B(x) \land NA(x))$, nicht aber $\exists xM(A(x) \land NB(x))$ mit $\exists xM(B(x) \land NA(x))$ – und mehr als höchstens eine solche schwache i_N-Aussage kann, wie wir gesehen haben, die Annahme nicht liefern.

Die vermeintlich korrekt erzielte Conclusio „A kommt einem B notwendig zu", egal ob in der Form $\exists xN(B(x) \land NA(x))$ oder in der Form $\exists x(B(x) \land NA(x))$ oder auch nur in der Form $\exists xM(B(x) \land NA(x))$, widerspräche nun in der Tat der Voraussetzung $\forall xN(B(x) \supset K\neg A(x))$. Aristoteles sagt 37a14: dies ist unmöglich (τοῦτο δ' ἀδύνατον). Ich schätze er meint damit, daß das referierte Argument (≈ „dies") nicht akzeptiert werden könne. Sicher liegt es nahe anzunehmen, τοῦτο δ' ἀδύνατον sage aus, dies, nämlich daß A einem B notwendig zukomme, sei unmöglich, stehe nämlich im Widerspruch zur Voraussetzung. Der mit der Begründungspartikel γάρ (≈ denn; nämlich) sich unmittelbar anschließende Satz bringt aber keine Begründung für die (relative) Unmöglichkeit der Wahrheit von A i_NB, sondern eine Kritik an dem referierten Argument. Er bringt nämlich einen Hinweis auf den ersten der beiden von mir benannten Fehler. Also muß der Bezugssatz eine Behauptung über die Inkorrektheit des Arguments enthalten. Daß A i_NB unverträglich ist mit der Voraussetzung, wird Aristoteles für evident und nicht unbedingt einer Bemerkung für wert gehalten haben.

Die Interpunktion, welche Waitz für Zeile 37a 14 wählt, ist daher derjenigen Ross' vorzuziehen. Waitz schreibt: ὥστε καὶ τὸ A τινὶ τῶν **B** [scil. ἐξ ἀνάγκης]. τοῦτο δ' ἀδύνατον· οὐ γὰρ... (≈ so daß auch A einem der B ⟨notwendig zukommt⟩. Dies aber ist unmöglich; nicht nämlich...). Dagegen schreibt Ross ein Kolon nach τῷ B (≈ dem B), das er anstelle von Waitz' τῶν **B** (≈ der B; Genitiv pl.) liest, und einen Punkt nach ἀδύνατον (≈ unmöglich). Vgl. Ross (1949), S. 352.

Aristoteles' Kritik an dem Argument lautet: wenn es nicht richtig ist, daß B kontingenterweise keinem A zukommt (dies war die Annahme), ergibt sich daraus *nicht*, daß einem A B zukommen muß (37a14f.); denn ¬(B e_KA) ist sowohl dann wahr, wenn B i_NA wahr ist, als auch dann, wenn B o_NA wahr ist. Aristoteles verweist also ganz zu Recht, wenn man es so ausdrücken will, darauf, daß es nicht zulässig war, das zweite Glied der Alternative (*37*) zu unterdrücken. Ebenfalls ganz zu Recht vergleicht er den als unzulässig erkannten Übergang mit der Tatsache, daß aus „nicht: C kommt kontingenterweise allen D zu" auch nicht folgt „C kommt einem D notwendig nicht zu" (37a19–22); denn unter geeigneten Umständen, „wenn es sich so treffen möchte" (man beachte zu Zeile 22 die Textvariante ὑπάρχει + εἰ τύχοι, von der z. B. Pacius ausgeht), ist einerseits falsch:

C kommt kontingenterweise allen D zu,

andererseits aber auch falsch:

C kommt einem D notwendig nicht zu.

Beide Aussagen sind nämlich dann falsch, wenn die Umstände so sind, daß C zwar de facto allen D zukommt, einigen D aber notwendig, mithin nicht kontingenterweise, zukommt. Aristoteles' Kritik macht deutlich, daß er, wie ich früher sagte, ohne weiteres sieht: die Verneinung der Kontingenz führt auf eine Disjunktion. Bezeichnend ist, daß Aristoteles keine Kritik übt an dem zweiten der von mir monierten Übergänge. Aristoteles hält die Komplexität der Formulierungen in Grenzen, durch welche er die für seine Theorie einschlägigen Aussagen ausdrückt: indem er sich nämlich in allen Fällen mit je einem Modalausdruck begnügt. Klarerweise büßt er dadurch die Möglichkeit ein, deutlich zwischen Aussagen zu unterscheiden und ein ausgeprägtes Bewußtsein für den Unterschied zwischen Aussagen zu entwickeln, die uns unsere symbolischen Hilfsmittel leicht zu unterscheiden erlauben; z. B. als Aussagen der Form $\exists x M(A(x) \wedge NB(x))$, als solche der Form $\exists x(A(x) \wedge NB(x))$, oder schließlich als solche der Form $\exists x N(A(x) \wedge NB(x))$. Diese Verwischung eventueller Differenzen zwischen Sätzen auf der Seite eventuell vorhandener äußerer Modalfaktoren bildet eine beträchtliche potentielle Fehlerquelle für Aristoteles' Theorie. Sie scheint mir verständlich zu machen, warum Aristoteles hier und an anderen Stellen nicht auf den Gedanken kommt, es könnte eine fehlerhafte Anwendung des Prinzips der Konvertierbarkeit der i_N-Aussagen vorliegen. (Für eine weitere fehlerhafte Anwendung siehe etwa III.1.4., zu Ziffer 2.).)

Die Textstelle, die mich jetzt vor allem interessiert, ist 37a26–31. Es handelt sich in diesen Zeilen um Bemerkungen, die mit der eben erläuterten Argumentation in Verbindung stehen. Der Abschnitt lautet in der Übersetzung Rolfes':

> (1) Man muß also offenbar als Gegenteil des in der ursprünglich definierten Weise Möglichen und Nichtmöglichen nicht nur das ‚notwendig einem zukommen' setzen, sondern auch das ‚notwendig einem nicht zukommen'. (2) Wenn man aber dieses Letztere nimmt, so folgt nichts Unmögliches, und so erhält man denn keinen Schluß. (3) Man sieht also aus dem Gesagten, daß die Verneinung sich nicht umkehren läßt (Rolfes (1921), S. 41).

In Übereinstimmung mit Rolfes' Auffassung des Passus, wie sie aus dessen Übersetzung erhellt, könnte man zunächst tatsächlich vermuten, daß Aristoteles in 37a26–29 (d.i. (1) der Übers.) nur noch einmal auf neue Weise als allgemeine Regel formuliere, was er etwa in 37a15–17 schon gegen das zuvor referierte Argument einwandte. Allerdings müßte man die Zeilen dann anders zu übersetzen versuchen als Rolfes, nämlich folgendermaßen: gegen das so, wie wir es am Anfang festgelegt haben (nämlich als Kontingentes), verstandene zukommen-Können (und nicht-zukommen-Können), das heißt als Gegensatz davon, ist nicht nur das einem-notwendig-Zukommen, sondern auch das einem-notwendig-nicht-Zukommen zu nehmen. „Gegen" steht für πρός in Zeile 26. Kurz gesagt: B a,e_KA ist nicht nur falsch, wenn B i_NA wahr ist, sondern auch dann, wenn B o_NA wahr ist. Ich habe in meiner Paraphrase an die Stelle von μὴ ἐνδεχόμενον in 27 (d.i. das „Nichtmögliche" in (1)) in Parenthese gesetzt: „nicht-zukommen-Können". Denn immerhin ist ein Ausdruck vom Typ „... kann dem a nicht zukommen" insoweit ambivalent, als er auch soviel bedeuten kann wie: „... kommt möglicherweise [oder kontingenterweise] dem a nicht zu". Anders gesagt, „nicht-zukommen-Können" ist ambivalent, weil es auf zweierlei Art gegliedert werden kann: als „(nicht-zukommen)-Können" und als „nicht-(zukommen-Können)". Das heißt: ich habe den Übersetzungsvorschlag so angelegt, als sei in Zeile 27 von den allgemein bejahenden und den allgemein verneinenden Kontingenzaussagen, die ja *gleichwertig* sind, die Rede. Wenn das nämlich nicht so ist, kann man 26–29 nicht ohne weiteres so verstehen, wie Rolfes die Stelle offenbar verstanden hat. Denn es ist dann nicht klar, über die (konträren) Gegenteile welchen Typs von Aussage geredet wird. Das Mögliche und das Nichtmögliche der Übersetzung Rolfes' jedenfalls kann man nur auf kontradiktorisch einander entgegengesetzte Aussagen beziehen, und die können nicht gleiche Gegenteile haben. Der Übersetzungsvorschlag kommt zwar Rolfes' Auffassung unserer Stelle zunächst einmal soweit wie möglich entgegen, ist aber letztlich mit dem griechischen Wortlaut doch nicht verträglich. μὴ ἐνδεχόμενον kann keine Kurzformel für allgemein verneinende Kontingenzaussagen sein, dafür kämen nur ἐνδεχόμενον μή (≈ das Vermögende, daß nicht...) oder μὴ ὑπάρχειν ἐνδεχόμενον (≈ das nicht-zuzukommen Vermögende) in Frage. Ich sehe jedoch keinerlei philologisch verwertbare Evidenz zugunsten dieser Ausdrücke. Will man daher 26–29 im wesentlichen verstehen, wie Rolfes es tut, bleibt einem nichts übrig, als καὶ μὴ ἐνδεχόμενον (≈ „und Nichtmöglichen" in (1)) zu ignorieren oder Aristoteles stillschweigend zu korrigieren, indem man einen zutreffenden Ausdruck für e_K-Aussagen ins Spiel bringt. Das ist, was Philoponos offenbar macht. Er schreibt zu 26–31:

> „Aus dem Gesagten, sagt er [d.i. Aristoteles], ist uns klar, daß von dem anfangs durch uns bestimmten ἐνδεχόμενον ... [hier wird die Definition des „möglicherweise" aus A13 wiederholt] sowohl für die Verneinung, nämlich für das ‚kontingenterweise keinem', als auch für die Bejahung, nämlich für das ‚kontingenterweise jedem', die Gegensätze zwei und für jedes dieselben sind, nämlich das ‚einem notwendig' und das ‚notwendig nicht allen' [d. h. das ‚notwendig einem nicht']".[30]

Will man dagegen Aristoteles' Äußerung so nehmen, wie sie dasteht, kann man das Problem, daß Aristoteles nicht gut gedacht haben kann, zwei zueinander kontradiktorisch sich verhaltende Aussagen könnten über die gleichen Kontraria verfügen, einfach dadurch lösen, daß man πρός in 26 nicht mit „gegen" übersetzt, sondern neutral mit „bei", „im Hinblick auf". In diesem Sinne formuliert Pacius: „cum ita contingens et non contingens accipitur, ut initio definivimus, ..." Klarerweise stellt sich dann aber die Frage nach dem Kontext, in dem sowohl das „notwendig einem" als auch das „notwendig einem nicht" zu „setzen" (ληπτέον) seien. Wenn πρός nicht mehr „gegen" ist, hat ληπτέον keinen unmittelbaren Bezugspunkt mehr; der Zweck, zu dem etwas gesetzt oder genommen werden soll, hat dann jedenfalls an dieser Stelle nicht seinen Ausdruck, wenn es sich nicht um den Zweck der Verneinung des ἐνδεχόμενον handelt. Eine weitere Schwierigkeit: alle eben genannten Interpreten – Philoponos, Pacius, Rolfes – legen für die Zeile 28 die Textvariante mit οὐ μόνον – ἀλλὰ καί zugrunde (d.i. in (1) der Übers.: „nicht

[30] ἐκ τῶν εἰρημένων, φησί, δῆλόν ἐστιν ἡμῖν ὅτι τοῦ διορισθέντος ἡμῖν ἐξ ἀρχῆς ἐνδεχομένου ... καὶ τῇ ἀποφάσει τῇ ‚ἐνδέχεται μηδενί' καὶ τῇ καταφάσει τῇ ‚ἐνδέχεται παντί' δύο εἰσὶ καὶ τὰ αὐτὰ ἑκάστῳ τὰ ἀντικείμενα, τὸ ‚ἀνάγκη τινί' καὶ ‚ἀνάγκη μὴ παντί' (Philoponos 214, 12–17).

nur – sondern auch“); worauf soll aber τούτου (≈ dies) in Zeile 29 (≈ „wenn dies genommen ist...“) referieren, wenn vorher gerade zwei gleichberechtigte Alternativen genannt wurden und gesagt wurde, *beide* seien zu nehmen? Um da Eindeutigkeit herzustellen, muß man dann schon wie Rolfes in (2) etwas zum Demonstrativum hinzusetzen: „dieses *Letztere*“.

Mir scheint es angesichts all dieser Unstimmigkeiten klar, daß Aristoteles hier nicht jene allgemeine Regel formulieren will. Abgesehen davon, daß dies uninteressant wäre in Anbetracht dessen, was Aristoteles schon gesagt *hat*: der Wortlaut von Zeile 29/30, „wenn man aber dieses Letztere nimmt, so folgt nichts Unmögliches“, macht deutlich, daß der Kontext, in dem man hier etwas „setzen muß“, ein ganz spezieller ist; nämlich das zuvor versuchte Widerspruchsargument. Und was da zu setzen ist, wird in 28 f. eindeutig gesagt, denn der richtige Text muß der Ross’sche sein, in dem οὐ μόνον und ἀλλὰ καί fehlen. Aristoteles will offenbar sagen: bei dem so verstandenen Möglichen und Nichtmöglichen, wie wir es ursprünglich einmal (als Kontingentes) bestimmt haben, ist in dem referierten Argument nicht darauf zu schließen, daß B einem A notwendig zukommt, sondern darauf, daß B einem A notwendig nicht zukommt; wenn man aber darauf schließt oder dies „nimmt“ – τούτου (≈ dies) hat jetzt einen eindeutigen Bezug –, ergibt sich kein Widerspruch, so daß das referierte Argument nicht korrekt durchgeht; aus dem Gesagten ist klar, daß das Verneinende (d.i. die allgemein verneinende Kontingenzaussage) nicht konvertibel ist. Man vergleiche hiermit den Text der Oxford-Übersetzung Ross/Jenkinson (1928), der mit unserer Auffassung zusammenstimmt bis auf die Tatsache, daß dort die Variablen A und B vertauscht wurden. Die Überlegung, welche Aristoteles im Kopf hat, kann nur die folgende sein. Das referierte Argument stand unter der Voraussetzung, daß A e_KB wahr sei. Dann wurde ¬(B e_KA) angenommen. Diese Annahme läßt *unter der Voraussetzung* A e_KB aber nur noch die Möglichkeit B o_NA offen, nicht mehr dagegen B i_NA. Mit anderen Worten: ¬(B e_KA) ist gleichbedeutend mit der Alternative B i_NA ∨ B o_NA, und B i_NA ist unverträglich mit der Voraussetzung A e_KB. Weiter: da B o_NA, im Gegensatz zu B i_NA, nicht konvertibel ist (dazu A3, 25a34 ff.), kann dann nicht auf A o_NB geschlossen werden, so daß man auf diesem Wege keinen Widerspruch zu A e_KB erhält.

Die erste Hälfte dieser Überlegung findet man mit aller wünschenswerten Deutlichkeit bei Alexander ausgesprochen: „Wenn die Aussage A e_KB wahr ist, kann die Aussage B e_KA durch nichts anderes falsch sein als dadurch, daß B einem A notwendig nicht zukommt.“[31]

[31] Alexander 226, 21–23: οὐ γὰρ δι᾽ ἄλλο τι οὔσης ἀληθοῦς τῆς ‚τὸ A τῷ B ἐνδέχεται μηδενί‘ δύναται ψευδὴς εἶναι ἡ τὸ B τῷ A ἐνδέχεσθαι μηδενὶ λέγουσα ἢ διότι τινὶ αὐτῷ ἐξ ἀνάγκης οὐχ ὑπάρχει.

Wir haben jetzt ein Verständnis von 37a24–31 erreicht, das uns einen Schluß auf die Form von i_N-Aussagen zu ziehen erlaubt. Für meine Vermutungen über die logischen Formen allgemeiner aristotelischer Modalaussagen nehme ich in Anspruch, daß sie verhältnismäßig gut bestätigt sind. Unter dieser Prämisse ginge dann Aristoteles an der fraglichen Stelle von der Unverträglichkeit von $\forall xN(B(x) \supset K(\neg)A(x))$ und B i_NA aus. Also muß Aristoteles angenommen haben – sei es, weil er sich am Theorem der Konvertierbarkeit von B i_NA zu A i_NB orientierte, sei es aus davon unabhängigen Gründen –, daß B i_NA die Behauptung der Existenz eines Individuums einschließe, das unter B und nicht kontingenterweise unter A fällt. Dieser Sachverhalt *wird* eingeschlossen von $\exists xN(A(x) \wedge NB(x))$. Er wird nicht eingeschlossen von $\exists xM(A(x) \wedge NB(x))$ – von der Formel, die eigentlich am ehesten zur Wiedergabe des Gehalts von B i_NA in Frage käme; wenn wir nämlich davon ausgehen könnten, daß Aristoteles, der offenbar $\neg$(B e_KA) für äquivalent zu B i_NA $\vee$ B o_NA hält, ein klares Bewußtsein davon hatte, wie sich der äußere Modalfaktor beim Übergang von $\neg\forall xN(A(x) \supset K\neg B(x))$ zu einer Disjunktion von Existenzformeln transformiert. Der Sachverhalt wird schließlich erst recht nicht eingeschlossen von der theophrastischen Formel $N\exists x(A(x) \wedge B(x))$, die selbstverständlich verträglich ist mit $\forall xN(B(x) \supset K\neg A(x))$. Freilich ist $N\exists x(A(x) \wedge B(x))$ unverträglich mit einem theophrastischen Kandidaten für A e_KB, nämlich mit $K\forall x(B(x) \supset \neg A(x))$. Daß aber die letzte Formel nicht in Frage kommt zur Wiedergabe des Gehalts des aristotelischen A e_KB, wissen wir.

Ich will die Betrachtungen zum Gehalt der partikulären Notwendigkeitsaussagen abschließen mit dem Hinweis auf eine kürzlich erschienene Arbeit zur formalen Semantik der Notwendigkeitssyllogistik. Es handelt sich um Johnson (1989), „Models for Modal Syllogisms“. F. Johnson orientiert sich ausschließlich an den Beständen der von Aristoteles als gültig behaupteten sowie der von ihm als nicht-gültig verworfenen Syllogismen, wie sie etwa in McCall (1963) zusammengefaßt werden, und stellt keine weitere exegetische Arbeit am Originalmaterial an. Immerhin, die vordringliche Aufgabe besteht allerdings darin, auf irgendeine systematisch begründete Weise die aristotelischen Gültigkeits- und Nichtgültigkeitsbehauptungen in möglichst großem Umfang zu verifizieren. Johnsons Art, diese Aufgabe anzugehen, sieht zunächst ganz anders aus als meine Art. Johnson verzichtet darauf, ausdrückliche Vermutungen aufzustellen über die logischen Formen aristotelischer Modalaussagen im Hinblick auf die heute gebräuchlichen modal-prädikatenlogischen Ausdrucksmittel. Vielmehr treibt er die Analyse und die Symbolisierung solcher Aussagen nicht weiter, als sie bei Aristoteles und in der Tradition schon angelegt sind. Das heißt, er bleibt stehen bei Formeln wie A a_NB, A i_NB (in Johnsons Notation: LAba, LIba). Stattdessen entwickelt er eine spezielle formale Semantik für derartige Formeln. Trotz dieser Differenz ist es leicht möglich, einen Zusammenhang zwischen Johnsons Ansatz und dem hier verfolgten Weg herzustellen. Sobald man diesen Zusammenhang herstellt, sieht man, daß Johnson in einigen Fällen – mutatis mutandis – zu den gleichen Ergebnissen gekommen ist, zu denen ich in Gestalt meiner Strukturhypothesen gelangt bin. Das gilt für den Fall der partikulären N-Aussagen. Ich sehe mich durch diese Beobachtung in der Einschätzung bestärkt, daß man, will man eine Chance haben, den aristotelischen Gültigkeitsbehauptungen gerecht zu werden, eigentlich nicht anders kann als beispielsweise A i_NB zu deuten im Sinne von $\exists x(NB(x) \wedge NA(x))$ – mag diese Deutung auch noch so merkwürdig erscheinen, etwa im Hinblick auf das Fehlen entsprechender Erklärungen im Konversionskapitel (vgl. Kap.IV., Schluß); und vielleicht auch im Hinblick auf den Befund, den die aristotelischen BE-Argumente bieten (darüber mehr in Kapitel V.).

Johnsons Ansatz sieht im einzelnen folgendermaßen aus. Johnson beschränkt sich auf die Notwendigkeitssyllogistik. Dementsprechend ist die Formelsprache gebaut, zu der dann ein Modellbegriff entwickelt wird. Man hat, ähnlich wie bei McCall, als nicht-logische Zeichen (einstellige) Prädikatbuchstaben a, b, c usw., welche die Rollen der Subjekts- und Prädikatstermini in den aristotelischen Aussagen übernehmen; und man hat als logische Grundzeichen im wesentlichen N, C, A, I, L. Sind x und y Prädikatbuchstaben, so sind Axy und Ixy Formeln. Man liest für Axy: „alle x sind y"; für Ixy: „ein x ist y". Sind α und β Formeln, so sind Nα, Lα und C$\alpha\beta$ Formeln. Man liest für Nα: „nicht: α"; für Lα: „notwendig: α"; für C$\alpha\beta$: „wenn α, dann β" (in der schwachen Bedeutung des materialen Konditionals). Dazu können noch Formeln kommen, die mittels definierter logischer Zeichen gebildet sind, wie mit: E (für NI); O (für NA). LNIab z. B. kann abgekürzt werden durch LEab und ist dann, entsprechend unserem B e_NA, zu lesen als: „alle a (bzw. A) sind notwendig nicht b (bzw. B), b kommt notwendig keinem a zu". In der folgenden Darstellung transformiere ich Johnsons Symbolismus stillschweigend in das von mir bisher verwendete Notationssystem, insbesondere stehen große lateinische Buchstaben als Prädikatbuchstaben bzw. als Metavariable für Prädikatbuchstaben.

Johnsons formale Semantik für die skizzierte Formelsprache findet man a. a. O. S. 274 f. dargelegt. Eine J-Struktur, wie ich sie nenne, ist ein 6-tupel $\langle W, V^e, V^a, V^e_c, V^a_c, V\rangle$, welches eine Reihe von Bedingungen erfüllt. (Ich habe Johnsons Darstellung der Angelegenheit hier geringfügig modifiziert, indem ich die Funktion V mit zu den Komponenten der Strukturen geschrieben habe.) Die Bedingungen sind:

(1) W ist eine nicht-leere Menge;
das steht zwar nicht bei Johnson, wird aber sicher als Voraussetzung mitgedacht (es folgt aus (2) und (4)); intuitiv ist W ein Individuenbereich.

(2) V^e, V^a, V^e_c, V^a_c sind Funktionen, welche jeweils den Prädikatbuchstaben Teilmengen von W zuordnen.
Johnson gibt folgenden Hinweis zur intuitiven Deutung: „Think of ... $V^e(x)$ as the things that are essentially x, $V^a(x)$ as the things that are accidentally x, $V^e_c(x)$ as the things that are essentially non-x, and $V^a_c(x)$ as the things that are accidentally non-x“ (a. a. O., S. 274). In diesem Licht ist die Bedingung (3) zu sehen.

(3) Für jeden Prädikatbuchstaben X: $V^j_k(X) \cap V^m_n(X) = \emptyset$, falls $j \neq m$ oder $k \neq n$; und $V^e(X) \cup V^a(X) \cup V^e_c(X) \cup V^a_c(X) = W$.

(4) $V^e(X) \neq \emptyset$ für jeden Prädikatbuchstaben X.

(5) V ist eine Funktion, welche ebenfalls Prädikatbuchstaben Teilmengen von W zuordnet sowie Formeln je einen der (Wahrheits-)Werte 1, 0.

(6) $V(X) = V^e(X) \cup V^a(X)$ für alle Prädikatbuchstaben X.

(7) Für alle Prädikatbuchstaben X, Y, Z:
Wenn $V(Z) \subseteq V^e_c(Y)$ und $V(X) \subseteq V(Y)$, dann $V(X) \subseteq V^e_c(Z)$.

(8) Wenn $V(Y) \subseteq V^e(Z)$ und $V(X) \cap V(Y) \neq \emptyset$, dann $V^e(X) \cap V^e(Z) \neq \emptyset$.

(9) Wenn $V(Y) \subseteq V^e_c(Z)$ und $V(X) \cap V(Y) \neq \emptyset$, dann $V^e(X) \cap V^e_c(Z) \neq \emptyset$.

(10) Wenn $V(Z) \subseteq V^e(Y)$ und $V^e(X) \cap V^e_c(Y) \neq \emptyset$, dann $V^e(X) \cap V^e_c(Z) \neq \emptyset$.

(11) Für alle Prädikatbuchstaben X, Y und für alle Formeln α, β:
$V(Y\ a\ X) = 1$ genau dann, wenn $V(X) \subseteq V(Y)$.

(12) $V(Y\ i\ X) = 1$ gdw. $V(X) \cap V(Y) \neq \emptyset$.

(13) $V(\neg\alpha) = 1$ gdw. $V(\alpha) = 0$.

(14) $V(Y\ a_N X) = 1$ gdw. $V(X) \subseteq V^e(Y)$

(15) $V(Y\ i_N X) = 1$ gdw. $V^e(X) \cap V^e(Y) \neq \emptyset$.

(16) $V(Y\ o_N X) = 1$ gdw. $V^e(X) \cap V^e_c(Y) \neq \emptyset$.
(Bei Johnson steht für Y o_NX: LNAxy.)

(17) $V(Y\ e_N X) = 1$ gdw. $V(X) \subseteq V^e_c(Y)$.
(Bei Johnson steht für Y e_NX: LNIxy.)

(18) $V(N\neg\neg\alpha) = 1$ gdw. $V(N\alpha) = 1$.

(19) $V(\alpha \supset \beta) = 1$ gdw. $V(\alpha) = 0$ oder $V(\beta) = 1$.

Eine Formel α heißt J-gültig, wenn für jede J-Struktur $\langle W, V^e, V^a, V^e_c, V^a_c, V\rangle$ gilt: $V(\alpha) = 1$.

Wie sieht der Zusammenhang zwischen Johnsons Semantik und dem von mir gewählten Ansatz aus? Die Antwort ergibt sich aus Johnsons Bemerkung zur intuitiven Deutung der Funktionen V^e, V^a, V^e_c, V^a_c. Man nehme als Explikat des essentiellen Zukommens das Zukommen in jeder möglichen Alternativwelt zu einer Bezugswelt, als Explikat des akzidentiellen Zukommens das nicht-essentielle Zukommen. Dann lassen sich innerhalb aller gewöhnlichen modal-prädikatenlogischen Strukturen, wie sie in Abschnitt 3. beschrieben wurden, Funktionen *definieren*, welche die Rolle der Johnson-Funktionen V^e, V^a, V^e_c, V^a_c spielen können. Sei eine Struktur $\langle \bar{W}, \bar{R}, \bar{D}, \bar{Q}, \bar{V}\rangle$ gegeben. (Um Verwechslungen mit den Komponenten von J-Strukturen auszuschließen, markiere ich hier alle Komponenten von $\mathcal{M}$-Strukturen durch Querstriche.) Zunächst wäre dann beispielsweise für eine Welt $w \in \bar{W}$ und für den Prädikatbuchstaben A, Existenzfragen beiseite gesetzt, die essentielle Extension $V^e(A,w)$ von A relativ zu w die Menge $\{d \in \bar{D} \mid \langle d,w'\rangle \in \bar{V}(A)$ für alle $w' \in \bar{W}$ mit $\langle w,w'\rangle \in \bar{R}\}$ (vgl. oben S. 55). Um eine möglichst weit gehende Vergleichbarkeit herzustellen, wird man sich die $\mathcal{M}$-Strukturen für den Vergleichszweck noch etwas zuschneiden. Man wird etwa $\mathcal{M}$ vom S5-Typ wählen, also so, daß auf die Alternativitätsrelation $\bar{R}$ ganz verzichtet werden kann; man wird in $\bar{W}$ eine Welt $\bar{w}_0$ auszeichnen (intuitiv: als die wirkliche Welt); und man wird auf $\bar{Q}$ verzichten, also $\bar{D}$ als einheitlichen Individuenbereich für alle Welten wählen. Was bleibt, sind Strukturen der Bauart $\langle \bar{w}_0, \bar{W}, \bar{D}, \bar{V}\rangle$, und relativ zu jeder solchen Struktur kann für einstellige Prädikatbuchstaben $\mathfrak{P}$ weltenunabhängig definiert werden:

$V^e(\mathfrak{P})$ (= $V^e(\mathfrak{P},w)$ für alle $w \in \bar{W}$) = $\{d \in \bar{D} \mid \langle d,w'\rangle \in \bar{V}(\mathfrak{P})$ für alle $w' \in \bar{W}\}$;
$V^e_c(\mathfrak{P}) = \{d \in \bar{D} \mid \langle d,w'\rangle \notin \bar{V}(\mathfrak{P})$ für alle $w' \in \bar{W}\}$;
$V^a(\mathfrak{P})$ (= $V^a(\mathfrak{P},\bar{w}_0)$) = $\{d \in \bar{D} \mid$ nicht für alle $w' \in \bar{W}$: $\langle d,w'\rangle \in \bar{V}(\mathfrak{P})$, und $\langle d, \bar{w}_0\rangle \in \bar{V}(\mathfrak{P})\}$,
und für $V^a_c(\mathfrak{P})$ analog.

Also: man hat aus $\langle \bar{w}_0, \bar{W}, \bar{D}, \bar{V}\rangle$ eine abgeleitete Struktur $\langle \bar{D}, V^e, V^a, V^e_c, V^a_c, \bar{V}\rangle$ ($\bar{V}$ eingeschränkt auf $\bar{w}_0$) gewonnen, die kategorial von der Art der J-Strukturen ist. Freilich ist es in der Regel nicht so, daß diese abgeleiteten Strukturen J-Strukturen *wären*. Zwar sind einige von Johnsons Bedingungen erfüllt, z. B.: $V^e(\mathfrak{P}) \cap V^a(\mathfrak{P}) = \emptyset$; aber andere Bedingungen sind in der Regel nicht erfüllt, und das ist gut so (dazu unten Näheres). Der Zusammenhang, auf den es ankommt, ist nun der folgende. Bezieht man Bedingungen wie etwa die Bedingung (15) für i_N-Aussagen auf derartige abgeleitete Strukturen vom J-Typ, so erhält man Wahrheitsbedingungen für gewisse modal-prädikatenlogische Formeln; diese können dann als in Johnsons Ansatz implizit enthaltene Strukturformeln für die jeweiligen traditionellen Formeln, wie für A i_NB, angesehen werden. Das sieht für (15) so aus:

$V(A\ i_N B) - 1$
⇔ $V^e(B) \cap V^e(A) \neq \emptyset$
(15)
⇔ $\{d \in \bar{D} \mid \langle d,w' \rangle \in \bar{V}(B)$ für alle $w' \in \bar{W}\} \cap \{d \in \bar{D} \mid \langle d,w' \rangle \in \bar{V}(A)$ für alle $w' \in \bar{W}\} \neq \emptyset$
⇔ es gibt $d_0 \in \bar{D}$ mit: $\langle d_0,w' \rangle \in \bar{V}(A) \cap \bar{V}(B)$ für alle $w' \in \bar{W}$
⇔ es gibt eine x-Variante $\bar{V}'$ von $\bar{V}$ (nämlich die mit $\bar{V}'(x) = d_0$) mit: $\langle \bar{V}'(x),w' \rangle \in \bar{V}(A) \cap \bar{V}(B)$ für alle $w' \in \bar{W}$
⇔ es gibt eine x-Variante $\bar{V}'$ von $\bar{V}$ mit: $\bar{V}'(A(x),w') = 1 = \bar{V}'(B(x), w')$ für alle $w' \in \bar{W}$
⇔ es gibt eine x-Variante $\bar{V}'$ von $\bar{V}$ mit: $\bar{V}'(NA(x) \wedge NB(x), w_0) = 1$
⇔ $\bar{V}(\exists x(NA(x) \wedge NB(x)), w_0) = 1$.

Also: A i_NB wird analysiert als $\exists x(NB(x) \wedge NA(x))$. Dementsprechend wird mit (16) A o_NB analysiert als $\exists x(NB(x) \wedge N\neg A(x))$. Soweit besteht Übereinstimmung mit unserer Analyse. Man muß sich fragen, ob diese Übereinstimmung viel wert ist, da auf der anderen Seite gemäß (14) und (17) A a_NB behandelt wird wie $\forall x(B(x) \supset NA(x))$, A e_NB wie $\forall x(B(x) \supset N\neg A(x))$. Ich sage, daß die festgestellte Übereinstimmung signifikant bleibt, weil es einen Umstand gibt, der genau die festgestellte Differenz unerheblich werden läßt. Es ist nämlich offensichtlich so, daß das in Johnsons Semantik implizit enthaltene Analysat der allgemeinen apodiktischen Aussagen nur dadurch gehalten werden kann, daß für diese Semantik ad hoc gewisse kompensatorische Maßnahmen ergriffen werden: es werden Anforderungen an Strukturen eingeführt, deren Zweck die Herstellung einschlägiger Theoreme der modalen Syllogistik ist und die nicht unabhängig von diesem Zweck motiviert werden können.

Wir haben gesehen, daß eins der Hauptprobleme einer Analyse des A e_NB durch $\forall x(B(x) \supset N\neg A(x))$ darin besteht, daß unter dieser Analyse die e_N-Konversion nicht gesichert werden kann – weil $\forall x(B(x) \supset N\neg A(x)) \equiv \forall x(A(x) \supset N\neg B(x))$ nicht gültig sein kann relativ zu modallogischen Semantiken des üblichen Zuschnitts. Johnson umgeht das Problem, indem er diese

Gültigkeit einfach erzwingt. Die Bedingung (7) geht nämlich für X = Y über in die Bedingung:

> wenn $V(Z) \subseteq V_c^e(X)$, d. h. (mit (17)) wenn $V(X\ e_N Z) = 1$, dann $V(X) \subseteq V_c^e(Z)$, d. h. $V(Z\ e_N X) = 1$.

Johnsons Ansatz erweist sich in dieser Hinsicht, entgegen dem ersten Anschein, als genauso extern, wie ein externer axiomatischer Ansatz es nur sein kann. Denn es macht keinen wesentlichen Unterschied, ob man gewisse aristotelische Theoreme ohne Verifikationsversuch als Axiome akzeptiert oder ob man solche Theoreme zwar verifiziert, dies aber relativ zu einer formalen Semantik, deren Strukturen letztlich *definiert* werden als diejenigen Strukturen (etwa aus der umfassenderen Klasse aller in der oben skizzierten Weise abgeleiteten Strukturen), welche Modelle dieser Theoreme sind. Das zweite ist, was Johnson tut. Durch die Forderung (7) wählt er – abgesehen von der speziellen Bedeutung, die diese Forderung im Falle X = Y hat – aus dem Vorrat aller in Frage kommenden Strukturen diejenigen aus, welche Modelle von Cesare NXN sind; durch (8) die, welche Modelle von Darii NXN sind; durch (9) und (10) die, welche Modelle von Ferio NXN und Baroco NNN sind. Die genannten Modi sind, vermutlich nicht zufällig, Modi, welche in McCalls System L-X-M als Axiome fungieren (s. McCall (1963), S. 38). Ein formalsemantisches Postulat wie

(*38*) $V(Z) \subseteq V_c^e(X) \Rightarrow V(X) \subseteq V_c^e(Z)$

will man natürlich intuitiv gerechtfertigt sehen; zumal dann, wenn u. a. $V_c^e(X)$ ausdrücklich intuitiv gedeutet wird. Wenn wir bei $V_c^e(X)$ an die Dinge denken sollen, die essentiell non-X sind, wollen wir auch wissen, warum stets – wenn es so sein sollte – alle Exemplare von X essentiell non-Z sind, gegeben daß alle Exemplare von Z essentiell non-X sind. Auf die Frage gibt es keine befriedigende Antwort; und deshalb ist es gut, daß die Johnson-artigen Strukturen, die aus den intuitiv wohl motivierten Strukturen abgeleitet werden können, mit denen wir arbeiten, in der Regel nicht wirklich J-Strukturen sind (dadurch, daß sie z. B. (*38*) in der Regel verletzen). Johnson drückt eine Hoffnung aus: „... the semantics will provide the reader with an intuitive grasp of Aristotle's thinking about a substantial fragment of Aristotelian syllogisms" (Johnson (1989), S. 271). Wir müssen sagen, daß diese Hoffnung durch Johnsons Semantik aus den angegebenen Gründen nur zum Teil erfüllt wird.

8. Partikuläre Kontingenzaussagen

Eine Strukturhypothese für den i_K-Fall erhalte ich, indem ich vom i_M- und i_N-Fall aus extrapoliere: die Struktur von A i_KB wird gegeben durch die Formel $\exists x K(B(x) \wedge KA(x))$ – und analog für A o_KB.

Auch hier ist die Rechtfertigung der Strukturformel nicht so ohne weiteres zu leisten. Ich sehe immerhin die Möglichkeit, im Rahmen von PL+S5 zu argumentieren wie folgt. Unter Berücksichtigung dessen, was ich zu Beginn von Abschnitt 7. über die Kombination von de-dicto- und de-re-Komponenten gesagt habe, sollte man meinen, daß A i_KB-Sätze ungefähr folgendes beinhalten: kontingenterweise ist ein B kontingenterweise ein A, das heißt: es kann sein, daß ein B ein A sein und auch nicht sein kann; es ist aber auch der Fall möglich, daß kein B dies kann. Die solchen Inhalten adäquate Formel scheint zu sein:

$$\underbrace{M\exists x(B(x) \wedge KA(x))}_{(39)} \quad \wedge \quad \underbrace{M\neg\exists x(B(x) \wedge KA(x))}_{(40)}.$$

Aus *(39)* ergibt sich zunächst im Rahmen der Barcan-Semantik

$$\exists x M(B(x) \wedge KA(x)),$$

und daraus folgt weiter

$$\exists x(MB(x) \wedge MKA(x));$$

MKA(x) ist M(MA(x) ∧ M¬A(x)), daraus folgt zunächst in S4 MA(x) ∧ M¬A(x), daraus in S5 NMA(x) ∧ NM¬A(x), also NKA(x); aus MB(x) folgt ebenfalls in S5 NMB(x), mithin haben wir aus ∃x(MB(x) ∧ MKA(x)) in S5

$$\exists x N(MB(x) \wedge KA(x));$$

daraus folgt (nach den Überlegungen in 7. zu Formel *(33)*, jedoch unter dem dort formulierten Vorbehalt)

$$N\exists x(MB(x) \wedge KA(x)).$$

Die letzte Formel liefert zusammen mit *(40)* in T

$$M(\neg\exists x(B(x) \wedge KA(x)) \wedge \exists x(MB(x) \wedge KA(x)))$$

bzw.

$$M(\forall x(B(x) \supset \neg KA(x)) \wedge \exists x(MB(x) \wedge KA(x))),$$

also nach prädikatenlogischen Grundsätzen

$$M\exists x(MB(x) \wedge KA(x) \wedge (KA(x) \supset \neg B(x))),$$

mithin

$$M\exists x(MB(x) \wedge KA(x) \wedge \neg B(x))$$

bzw.

$$\exists x M(MB(x) \wedge KA(x) \wedge \neg B(x))$$

oder (mit S4)

$$\exists x(MB(x) \wedge MKA(x) \wedge M\neg B(x)).$$

Später werden wir sehen, daß diese letzte Formel S5-äquivalent ist zu

$$\exists x K(B(x) \wedge KA(x)).$$

Im Rahmen einer ziemlich starken Logik, die leider in einigen Hinsichten nicht dem entspricht, was man bei Aristoteles ohne weiteres an logischer Intuition vermuten könnte (dazu etwa die Einwände in 7. gegen die Buridan-Formel sowie das Faktum, daß die S5-Alternativitätsrelation symmetrisch ist, nicht aber die Relation des Nachfolgens in der Zeit), gelingt es also zu zeigen, daß A i_KB-Sätze, in einer naheliegenden Weise aufgefaßt, mindestens so stark sind wie Sätze der logischen Form $\exists xK(B(x) \wedge KA(x))$.

Sicherlich ist auch die Position nicht unplausibel, daß der Sachverhalt, daß ein B kontingenterweise A ist, genau das kontradiktorische Gegenteil des Sachverhalts sei, daß alle B nicht die Eigenschaft haben, kontingenterweise A zu sein. Dann wäre die Form von A i_KB gegeben durch

$$\neg\forall xN(B(x) \supset \neg KA(x)),$$

und diese Formel ist äquivalent zu

$$\exists xM(B(x) \wedge KA(x)),$$

das wäre *(39)*. Offenbar geht bei dieser Auffassung die de-dicto-Komponente von i_K-Aussagen verloren, wenn es richtig ist, daß sie eine solche Komponente haben. Das allein wäre nicht sonderlich störend, zumal man mit $\exists xM(B(x) \wedge KA(x))$ als Übersetzung von A i_KB in der Modalsyllogistik sehr gut arbeiten kann. Es ist aber $\exists x\mathit{M}(B(x) \wedge KA(x))$ nicht konvertibel, während $\exists x\mathit{K}(B(x) \wedge KA(x))$ dies ist, wie wir noch sehen werden. Die Konvertierbarkeit der i_K-Aussagen behauptet Aristoteles, wenn ich ihn richtig interpretiere, in A3, 25a37–25b2.

9. Ergänzungen; Zusammenfassung

Unsere Strukturhypothesen liefern ein durchaus erwünschtes Nebenresultat: A i_NB (A o_NB) sowie A i_KB (A o_KB) implizieren A i_MB (A o_MB). Ein weniger erwünschtes Nebenresultat ist, daß ein intuitiv plausibles Oppositionsverhältnis verloren geht: das kontradiktorische Gegenteil von

(41) $\forall xN(B(x) \supset M\neg A(x))$

(*(41)* entspricht A e_MB) ist

(42) $\exists x\mathit{M}(B(x) \wedge NA(x))$,

und *(42)* ist schwächer als

(43) $\exists x\mathit{N}(B(x) \wedge NA(x))$

(*(43)* entspricht A i_NB). Analoges gilt für das Verhältnis von a_M und o_N. Immerhin bleiben A e_MB und A i_NB konträr. Es wird darauf zu achten sein, ob Aristoteles in Fällen, in denen er die Gültigkeit von Modi mit e_M- oder a_M-Conclusio per reductionem zu begründen versucht, als Annahme wirklich die der jeweiligen Konklusion entsprechende volle i_N- bzw. o_N-Formel braucht oder ob nicht das schwächere kontradiktorische Gegenteil der jeweiligen Konklusion als Annahme zur Durchführung des Arguments ausreicht. Wahrscheinlich muß man in solchen Fällen durchaus damit rechnen, daß Aristoteles auch dann z. B. davon spricht, daß ein B notwendig ein A sei, wenn er eigentlich nur von einer Aussage ausgehen kann, deren Inhalt vom Typ $\exists x M(B(x) \wedge NA(x))$ ist, und auch nicht mehr als etwas von dieser Art braucht. Ich habe bereits darauf hingewiesen, daß Aristoteles, der im Griechischen nun einmal so formuliert, daß in Modalaussagen in der Regel nur jeweils *ein* Modalausdruck vorkommt (alles andere würde zu ziemlich unnatürlichen Sätzen führen), nicht die Differenzierungsmöglichkeiten besitzt, die unsere formale Notation bietet – sie macht es uns leicht, zwischen einem äußeren und einem inneren Modalfaktor zu unterscheiden. Und ich habe die Vermutung geäußert, daß Aristoteles deshalb dahin tendiert, vor allem auf das an einem Sachverhalt zu achten, was wir durch einen von zwei Modalfaktoren, welcher der innere ist, auszudrücken hätten; sowie Aussagen gleich zu behandeln, von denen wir sagen würden, daß sie zwar hinsichtlich des inneren Modalfaktors und auch sonst übereinstimmen, aber wegen einer Differenz beim äußeren Modalfaktor doch als verschieden anzusehen sind.

Ein Kontradiktionsverhältnis zwischen A e_MB und A i_NB bliebe, falls man an der Strukturhypothese für A i_NB festhält, genau dann bestehen, wenn man die Strukturformel für A e_MB abänderte zu $\forall x M(B(x) \supset M\neg A(x))$. Mit einem solchen Zug wäre aber schon deshalb nicht viel gewonnen, weil dann eine andere intuitiv ähnlich plausible logische Relation verloren ginge: A e_MB $\wedge$ A a_MB würde nicht mehr A a_KB implizieren, und dies selbst dann nicht, wenn man auch in der Formel für A a_KB den äußeren Faktor N durch M (oder durch K) ersetzte. Daß man bei a_K-Aussagen der Sache nach ohnehin das äußere *N* haben muß, habe ich in Abschnitt 4. begründet.

Das System der benötigten Strukturhypothesen ist jetzt fast komplett. Unter anderem im Hinblick auf die von Aristoteles im Rahmen der Konversionstheorie behaupteten Subalternationsverhältnisse muß ich aber noch etwas ergänzen, ich hatte das schon angekündigt. Aus der assertorischen Syllogistik ist bekannt, daß die Subalternationsgesetze nur unter Existenzvoraussetzungen gelten, welche Aristoteles aber nicht explizit formuliert. Beispielsweise folgt aus A a B in der Version

(*44*) $\forall x(B(x) \supset A(x))$

nur dann A i B mit der Symbolisierung

$$\exists x(B(x) \wedge A(x)),$$

wenn man (*44*) verstärkt zu

$$\forall x(B(x) \supset A(x)) \wedge \exists x B(x).$$

Was die im engeren Sinne syllogistischen Gültigkeitsbehauptungen betrifft, erscheint es vernünftig, nur im Falle solcher Syllogismen, die anders nicht als gültig erkannt werden können, anzunehmen, daß die allgemeinen unter den Prämissen entsprechende Existenzvoraussetzungen mit beinhalten. Eine Existenzformel wie $\exists x B(x)$ als ständigen Bestandteil der logischen Form von A a B und dementsprechend dann auch als Bestandteil der logischen Form von A e B anzusetzen, würde schon im assertorischen Fall zu Schwierigkeiten führen, nämlich bei der Verifikation des e-Konversionsgesetzes. Zwar impliziert $\forall x(B(x) \supset \neg A(x))$ die Formel $\forall x(A(x) \supset \neg B(x))$, aber $\forall x(B(x) \supset \neg A(x)) \wedge \exists x B(x)$ impliziert nicht $\forall x(A(x) \supset \neg B(x)) \wedge \exists x A(x)$.

Im Rahmen meines Ansatzes zur Rekonstruktion der modalen Syllogistik brauche ich folgendes an Existenzvoraussetzungen (B sei jeweils der Subjektsbegriff der in Rede stehenden Aussagen):

(45) a-, e-Aussagen können beinhalten, daß ein Individuum unter B fällt.

(46) a_N-, e_N-Aussagen können beinhalten, daß ein Individuum ***notwendigerweise*** unter B fällt.

Wir haben gesehen, daß Johnson bei der Rekonstruktion der Notwendigkeitssyllogistik eine noch stärkere Bedingung einführt; nämlich die, daß für jeden Prädikatausdruck X $\exists x NX(x)$ gelte (vgl. Definition der J-Strukturen, Bedingung (4)).

(47) a_M-, e_M-Aussagen können beinhalten, daß ein Individuum ***möglicherweise*** unter B fällt.

Falls Aristoteles für die Syllogistik die Generalvoraussetzung macht, daß alle Prädikate (oder alle Prädikate, die in syllogistischen Sätzen an Subjektstelle stehen) faktisch instantiiert sind, ist damit *(47)* bereits abgedeckt.

(48) a_K-, e_K-Aussagen können beinhalten, daß ein Individuum ***kontingenterweise*** unter B fällt.

Ich sehe keine Möglichkeit, *(46)* und *(48)* unabhängig von dem Ziel zu rechtfertigen, bestimmte Gültigkeitsbehauptungen des Aristoteles zu reproduzieren. Über ein Argument zugunsten von *(48)* könnten wir verfügen, wenn wir 32b24–32 in A13 so interpretierten, wie Becker es tat. So also, als habe, zumindest bei einer unter mehreren denkbaren Auffassungsweisen, A $a(e)_K$B einen Inhalt, welcher abzubilden wäre durch $\forall x(N)(KB(x) \supset K(\neg)A(x))$ – entsprechend der Version *(27.1)* von *(27)*. Wenn danach als Subjektsbegriff von A a_KB auch der Begriff sollte gelten können, den „... ist kontingenterweise (ein) B" ausdrückt, und wenn weiter für derartige komplexe modalisierte Begriffe die Generalvoraussetzung der faktischen Exemplifikation aller Subjektsbegriffe übernommen würde, so erhielte man: eine Bedingung für die Wahrheit von $A\ a,e_K B$ kann sein, daß es ein Individuum gibt, welches kontingenterweise (ein) B ist. Da wir uns aber entschlossen haben, die fragliche Stelle anders als Becker zu deuten, können wir nicht auf eine solche Überlegung zurückgreifen.

In der folgenden Liste von Strukturformeln LSF sind jetzt alle Hypothesen zusammengestellt.

LSF:

$A \underset{(e)}{a} B$:	$\forall x(B(x) \supset (\neg)A(x))$ $(\wedge\ \exists xB(x))$	[für die assertorische und die Notwendigkeitssyllogistik]
	$\forall xN(B(x) \supset (\neg)A(x))$ $(\wedge\ \exists xB(x))$	[für die Möglichkeitssyllogistik]
$A \underset{(e)_N}{a} B$:	$\forall xN(B(x) \supset N(\neg)A(x))$ $(\wedge\ \exists xNB(x))$	
$A \underset{(e)_M}{a} B$:	$\forall xN(B(x) \supset M(\neg)A(x))$ $(\wedge\ \exists xMB(x))$	
$A \underset{(e)_K}{a} B$:	$\forall xN(B(x) \supset K(\neg)A(x))$ $(\wedge\ \exists xKB(x))$	
$A \underset{(o)}{i} B$:	$\exists x(B(x) \wedge (\neg)A(x))$	
$A \underset{(o)_N}{i} B$:	$\exists xN(B(x) \wedge N(\neg)A(x))$	
$A \underset{(o)_M}{i} B$:	$\exists xM(B(x) \wedge M(\neg)A(x))$	
$A \underset{(o)_K}{i} B$:	$\exists xK(B(x) \wedge K(\neg)A(x))$.	

III. Die Modi in A8-A22 der *Analytica priora*

Ich wende mich nun einem Test der von mir formulierten Strukturhypothesen zu, und zwar im wesentlichen an den von Aristoteles zunächst in *An. pr.* A8–22 aufgestellten Gültigkeitsbehauptungen. Dabei sind auch Argumente zu berücksichtigen, welche für diese Behauptungen vorgebracht werden. Zu diesem Zweck gehe ich die Kapitel der Reihe nach durch. Gültigkeits- und Nichtgültigkeitsbehauptungen aus dem Text zu extrahieren, ist mitunter nicht ganz einfach. Ein Grund dafür ist, daß Aristoteles sich oft sehr summarisch ausdrückt. Meinungsverschiedenheiten hinsichtlich des genauen Gehalts des Textes an logischen Theoremen sind durchaus möglich. Ich folge überwiegend der Interpretation, welche Becker in den Tafeln II und III seiner Studie (1933) zusammenfaßt. Diese beiden Tafeln, „II: Übersicht über die Aristotelischen Notwendigkeitsschlüsse" und „III: Übersicht über die Aristotelischen Möglichkeitsschlüsse", sind der vorliegenden Arbeit als Anhänge beigegeben. Die in den Tafeln verwendete Notation ist, so hoffe ich, durch meine Erläuterungen am Beginn von II.4. hinreichend geklärt. Da, wo Beckers Darstellung gewisser Modi nicht neutral ist, sondern bereits auf bestimmte Strukturhypothesen verweist, denen wir uns nicht anschließen, sind die Besonderheiten der Darstellung für unsere Betrachtung selbstverständlich nicht maßgeblich. Becker stellt etwa Barbara KKK in Tafel III dar durch die Formelfolge

$$\begin{array}{c} E_2B \text{ a } E_2A \\ \underline{\Gamma \text{ a } E_2B} \\ \Gamma \text{ a } E_2A. \end{array}$$

Hier spiegelt die Gestalt der Oberformel Beckers Überzeugung wider, A a_KB könne interpretiert werden als Aussage mit „... ist kontingenterweise B" als Subjektsprädikat. Bei der Arbeit mit den Tafeln ist von solchen Besonderheiten der Beckerschen Auffassung abzusehen.

Die auf den folgenden annähernd 200 Seiten entwickelten Überlegungen stellen teilweise Routinearbeit dar. Der nicht an allen in ihrer Fülle vielleicht ermüdenden Einzelheiten interessierte Leser mag sich daher auf eine exemplarische Lektüre beschränken. Hierbei sollten die Erörterungen über A15 nicht ausgelassen werden. Eine exemplarische Darstellung zu geben habe ich mir verboten. Denn ich fühle mich verpflichtet, meine Hypothesen unter den Augen des Lesers mit der vollen Menge der zur Verfügung stehenden Testinstanzen zu konfrontieren.

Die Art, in der ich mich hier ausdrücke, zeigt meine Auffassung an, daß die Interpretationsarbeit des Textwissenschaftlers in einigen wesentlichen Hinsichten mit der Arbeit des Naturwissenschaftlers übereinstimmt. In beiden Fällen gilt es, Hypothesen mit Daten zu konfrontieren. In unserem Fall machen einen guten Teil des Datenmaterials die aristotelischen Gültigkeitsbehauptungen aus. Ich habe darauf hingewiesen, daß dies Material sich dem Interpreten keineswegs durchgehend in der wünschenswerten Klarheit darbietet. Tatsächlich werden zuweilen, wo Aristoteles seine Behauptungen mit ungenügender Ausführlichkeit vorbringt, die Hypothesen die Richtung weisen müssen, in der die Daten zu interpretieren und in gewisser Weise erst zu konstruieren sind. Woran ich dabei genauer denke, wird etwa aus unserer Diskussion von A21 in 2.9. deutlich werden. Die Einsicht, daß analoge Verhältnisse von hermeneutischer Zirkularität durchaus auch in der naturwissenschaftlichen Arbeit vorgefunden werden können – um noch einmal zu dem eben gezogenen Vergleich zurückzukehren –, ist unter dem Begriff der „Theoriegeladenheit von Beobachtungen" geläufig geworden.

Der Gesichtspunkt eines Tests der einschlägigen Hypothesen und der Verwendung dieser Hypothesen für die Klärung bestimmter systematischer Fragen wird die Darstellung in den Abschnitten des Kapitels III. leiten. Im übrigen kann jeder Abschnitt als Kommentar zu dem in ihm besprochenen Kapitel des aristotelischen Texts gelesen werden und wird die Darstellung auch durch die Abfolge bestimmt werden, in der Aristoteles in dem jeweiligen Kapitel seine Überlegungen vorträgt. Ich werde also auch zu solchen Interpretationsfragen Stellung nehmen, die keine oder nur geringe Relevanz im Hinblick auf die logische Theorie haben. Naturgemäß werden Textpassagen, die ich in den vorangegangenen Kapiteln bereits unter systematischen Gesichtspunkten zum Thema gemacht habe, bei der kontinuierlichen Kommentierung des aristotelischen Texts erneut zur Sprache kommen. Der Leser wird dann sehen, welche Stellen diese Passagen im Gesamtzusammenhang der Überlegungen des Aristoteles einnehmen.

1. Die Notwendigkeitssyllogistik

1.1. A8; der logische Status der e_N-Konversion

In diesem Kapitel behandelt Aristoteles – sehr summarisch allerdings – die Syllogismen mit zwei apodiktischen Prämissen. Die Behauptung lautet: durch alle Figuren hindurch sind, mit einer apodiktischen Konklusion versehen, genau dieselben Modi gültig, welche im assertorischen Fall gültig sind. Diese

Behauptung schließt zwei Teilbehauptungen ein. Die eine besteht in der Aussage, daß durch die Transformation assertorischer Prämissenpaare in Paare von Notwendigkeitsaussagen keine gegenüber der assertorischen Syllogistik *neuen* gültigen Modi gewonnen werden können. Wenn man sich die modale Syllogistik im ganzen ansieht, stellt man fest, daß Aristoteles offenbar Entsprechendes für richtig hält bei allen anderen Möglichkeiten der Transformation assertorischer Prämissenpaare in modalisierte Paare. Allerdings sagt Aristoteles nichts zur Begründung dieser Sachverhalte. Ich werde auf die Frage, warum die modale Syllogistik, von den Modalfaktoren abgesehen, keine neuen Modi liefert, in Abschnitt 2.5. eingehen. Die andere Teilbehauptung besteht in der Aussage, daß die aus der assertorischen Syllogistik bekannten Modi (Barbara, Celarent, ...) gültig sind als Modi der Modalitäten NNN. Diesen Sachverhalt wollen wir zunächst auf der Grundlage der Strukturhypothesen verifizieren.

1.) Barbara NNN geht unter den für diesen Fall einschlägigen der Hypothesen aus LSF über in das Schlußschema

$$\begin{array}{l} (1)\ \forall x N(B(x) \supset NA(x)) \\ (2)\ \forall x N(C(x) \supset NB(x)) \\ \hline (3)\ \forall x N(C(x) \supset NA(x)). \end{array}$$

Zur Verifikation der Gültigkeit des Schemas genügt es nun, wie angekündigt, im wesentlichen nicht-modale Prädikatenlogik und aussagenlogische Modallogik einzusetzen. Im vorliegenden Fall genügt auf der modallogischen Seite schon das schwache System T. (1) und (2) implizieren (prädikatenlogisch)

(3*) $\forall x(N(C(x) \supset NB(x)) \wedge N(B(x) \supset NA(x)))$,

und T liefert hinter dem Quantor

(4) $\forall x N((C(x) \supset NB(x)) \wedge (B(x) \supset NA(x)))$;

daraus ergibt sich mit $\vdash_T NB(x) \supset B(x)$

(3) $\forall x N(C(x) \supset NA(x))$,

das ist: A a_NC.

Celarent NNN wird durch Ersetzung von A(x) durch $\neg A(x)$ verifiziert.

2.) Darii NNN geht über in das Schlußschema

$$\begin{array}{l} (1)\ \forall x N(B(x) \supset NA(x)) \\ (2)\ \exists x N(C(x) \wedge NB(x)) \\ \hline (3)\ \exists x N(C(x) \wedge NA(x))\ . \end{array}$$

(1) und (2) (PL+T)-implizieren

(3*) $\exists x N(C(x) \wedge NB(x) \wedge (B(x) \supset NA(x)))$,

und daraus folgt

(3) $\exists x N(C(x) \wedge NA(x))$.

Auch hier machen wir Gebrauch von der Möglichkeit der Abschwächung von NB(x) zu B(x). Dagegen vertritt Wieland die Auffassung: „die Annahme der Gültigkeit von ‚Np → p' ist mit dem aristotelischen System der Modalsyllogistik denn auch nicht zu vereinbaren" (Wieland (1975), S. 80 n.6). Der weitere Gang der Untersuchung wird bestätigen, daß diese Auffassung falsch ist.

Ferio NNN wird wiederum mittels Ersetzung von A(x) durch ¬A(x) verifiziert.

3.) Cesare NNN geht über in

$$\frac{\begin{array}{l}(1)\ \forall x N(B(x) \supset N\neg A(x))\\(2)\ \forall x N(C(x) \supset NA(x))\end{array}}{(3)\ \forall x N(C(x) \supset N\neg B(x)).}$$

Für die Gültigkeit des Schemas reicht an Modallogik zwar nicht mehr T hin, immerhin aber noch S4. (1) S4-impliziert

(2*) $\forall x NN(B(x) \supset N\neg A(x))$;

daraus ergibt sich nach T-Prinzipien

(3*) $\forall x N(MB(x) \supset MN\neg A(x))$
bzw.
(4) $\forall x N(\neg MN\neg A(x) \supset \neg MB(x))$,

das ist

(5) $\forall x N(NMA(x) \supset N\neg B(x))$;

wegen $\vdash_T NA(x) \supset NMA(x)$ liefert (5) in Kombination mit (2)

(6) $\forall x N(C(x) \supset N\neg B(x))$,

und (6) ist (3).

4.) Dem Modus Festino NNN entspricht das Schlußschema

$$\frac{\begin{array}{l}(1)\ \forall x N(B(x) \supset N\neg A(x))\\(2)\ \exists x N(C(x) \wedge NA(x))\end{array}}{(3)\ \exists x N(C(x) \wedge N\neg B(x))\ .}$$

Wie im Fall von Cesare benutzt man, daß (1) impliziert

(2*) $\forall x N(NMA(x) \supset N\neg B(x))$;

(2*) impliziert in Kombination mit (2)

(3) $\exists x N(C(x) \wedge N\neg B(x))$.

Camestres und Baroco der Modalitäten NNN kann man als gültig einsehen, indem man in den respektiven Schlußschemata, in die sich Cesare und Festino transformieren, A(x) durch $\neg A(x)$ ersetzt.

Damit komme ich zu den NNN-Modi der dritten Figur.

5.) Darapti NNN transformiert sich in das Schema

$$\frac{\begin{array}{l}(1)\ \forall x N(C(x) \supset NA(x))\\(2)\ \forall x N(C(x) \supset NB(x))\end{array}}{(3)\ \exists x N(B(x) \wedge NA(x))\ .}$$

Nicht anders als im assertorischen Fall bei den allgemeinen Modi der dritten Figur muß hier, der in II.9. formulierten Richtlinie entsprechend, die Prämissenmenge um eine Existenzvoraussetzung vermehrt werden, wenn Gültigkeit hergestellt werden soll. Es genügt bereits die schwächste in Frage kommende Voraussetzung, nämlich

(EV-M) $\exists x MC(x)$,

sofern man S5-Prinzipien einzusetzen bereit ist. (1) T-impliziert

(2*) $\forall x(MC(x) \supset MNA(x))$;

mit $\vdash_{S5} MNA(x) \supset NA(x)$ S5-impliziert (2*)

(3*) $\forall x(MC(x) \supset NA(x))$;

analog S5-impliziert (2)

(4) $\forall x(MC(x) \supset NB(x))$;

kombiniert mit der Existenzvoraussetzung im Modus der Möglichkeit (EV-M) liefern (3*) und (4)

(5) $\exists x(NB(x) \wedge NA(x))$,

und (5) ist S4-äquivalent mit

(6) $\exists x N(B(x) \wedge NA(x))$,

das ist (3). Mit S4-Prinzipien allein kommt man offenbar aus, wenn man anstelle von (EV-M) die stärkere assertorische Existenzvoraussetzung

(EV-X) $\exists x C(x)$

zu den Prämissenformeln hinzufügt – in Übereinstimmung mit der vermutlich von Aristoteles für die Syllogistik akzeptierten Generalvoraussetzung: alle Subjektsbegriffe sind faktisch instantiiert.

6.) Dem Modus Datisi NNN entspricht unter den Strukturhypothesen das Schema

$$\begin{array}{l} (1)\ \forall x N(C(x) \supset NA(x)) \\ (2)\ \exists x N(C(x) \wedge NB(x)) \\ \hline (3)\ \exists x N(B(x) \wedge NA(x))\ . \end{array}$$

Dies Schema ist ersichtlich ohne weitere Zusätze S4-gültig.

7.) Disamis NNN transformiert sich in

$$\begin{array}{l} (1)\ \exists x N(C(x) \wedge NA(x)) \\ (2)\ \forall x N(C(x) \supset NB(x)) \\ \hline (3)\ \exists x N(B(x) \wedge NA(x)), \end{array}$$

und hier gilt dasselbe wie im zuvor notierten Fall.

Die Gültigkeit der Modi Felapton, Ferison und Bocardo mit Prämissen und Konklusionen der Modalität N wird wiederum durch die übliche Ersetzung eingesehen.

Wie steht es nun mit eventuellen Argumenten des Aristoteles zugunsten der summarischen Gültigkeitsbehauptung für den NNN-Fall? Die NNN-Modi der ersten Figur hält Aristoteles offenbar für vollkommen und ihre Gültigkeit für keines Beweises bedürftig. Über die Vollkommenheit modaler Syllogismen wird später zu reden sein. In den anderen Fällen, so heißt es, werde die Konklusion wie im assertorischen Fall als (relativ auf die jeweiligen Prämissen) notwendig erwiesen mit dem Mittel der Konversion. Offenbar sind unter den anderen Fällen die NNN-Modi der zweiten und dritten Figur mit Ausnahme von Baroco und Bocardo zu verstehen. Denn für diese Fälle müsse der Gültigkeitsbeweis durch Ekthesis geführt werden. Das Mittel der Konversion muß vor allem auch das Mittel der Konversion der e_N-Aussagen sein, nachdem unmittelbar zuvor (in 30a2) festgestellt wurde, daß die verneinende N-Aussage dasselbe Konversionsverhalten zeige wie die verneinende assertorische Aussage. Über die Gültigkeitsbeweise durch e_N-Konversion oder durch andere Arten von Konversion erhält der Leser keine weitere Information; zu den fälligen Ekthesis-Argumenten sagt Aristoteles etwas mehr, wie wir bereits bei der Besprechung dieser Argumente unter Ziffer (1) in II.7. gesehen haben. Vor dem Hintergrund der assertorischen Syllogistik ist klar, wie sich Aristoteles z. B. die mit e_N-Konversion durchzuführenden Reduktionen unvollkommener Modi denkt. Ein Beispiel: Camestres NNN ist

$$\frac{\begin{matrix} A\ a_N B \\ A\ e_N C \end{matrix}}{B\ e_N C}$$

Die propositio minor wird konvertiert zu $C e_N A$ und zur maior eines neuen Prämissenpaars gemacht, dessen minor die maior des ursprünglichen Paars ist: $\begin{matrix} C e_N A \\ A a_N B \end{matrix}$; dies Paar liefert nach Celarent NNN als Konklusion $C\ e_N B$, und daraus mit abermaliger e_N-Konversion: $B\ e_N C$. Andere Formen der Konversion müßten bei der Reduktion der Modi der dritten Figur ins Spiel gebracht werden.

Ich will an dieser Stelle nicht zu sehr der Erörterung der Konversionstheorie in Kapitel IV. vorgreifen. Da aber Aristoteles die Konvertierbarkeit der (allgemein) verneinenden N-Aussagen hier zur Sprache bringt, wollen wir uns immerhin klarmachen: diese Konvertierbarkeit kann unter den einschlägigen Strukturhypothesen gerechtfertigt werden relativ zu einer genügend starken Modallogik. Es geht um die Behauptung der Äquivalenz von $A\ e_N B$ und $B\ e_N A$, also unter den Hypothesen: um die Behauptung der Äquivalenz von

(1) $\forall x N(B(x) \supset N\neg A(x))$

und

(2) $\forall x N(A(x) \supset N\neg B(x))$.

In der Tat impliziert etwa die erste Formel die zweite, wenn man S5-Prinzipien einsetzt: (1) liefert zunächst mit Aussagenlogik (AL)

(2*) $\forall x N(\neg N\neg A(x) \supset \neg B(x))$,

das ist

(3) $\forall x N(MA(x) \supset \neg B(x))$;

aus (3) folgt in S4

(4) $\forall x N(NMA(x) \supset N\neg B(x))$;

wegen $\vdash_{S5} Mp \supset NMp$ und $\vdash_{T} p \supset Mp$ haben wir in PL+S5

(5) $\forall x N(A(x) \supset NMA(x))$,

und aus (4) und (5) folgt

(6) $\forall x N(A(x) \supset N\neg B(x))$,

das ist (2) wie gewünscht. Tatsächlich kann man die e_N-Konversion nicht mit geringeren als mit S5-Mitteln bekommen. Denn in Nortmann (1990) habe ich mit den Mitteln, welche ich exemplarisch oben beim Beweis von Satz 1 vorgeführt habe, bewiesen den

Satz 3: Sei $\mathfrak{L}$ eine prädikatenlogische Modallogik und $\mathfrak{L}_0$ die aussagenlogische Einschränkung von $\mathfrak{L}$. Wenn dann

[1] $\forall x N(B(x) \supset N\neg A(x)) \supset \forall x N(A(x) \supset N\neg B(x))$

ein $\mathfrak{L}$-Theorem ist, so ist

[2] $N(q \supset N\neg p) \supset N(p \supset N\neg q)$

ein $\mathfrak{L}_0$-Theorem.

Im wesentlichen also gilt: rechtfertigt eine prädikatenlogische Modallogik die e_N-Konversion, so basiert diese Logik auf einer aussagenlogischen Modallogik, nach der [2] gültig ist. Schließlich gilt, wie ich ebenfalls a. a. O. gezeigt habe, der

Satz 4: T + [2] ist mindestens so stark wie S5,

nämlich 1.) $p \supset NMp$ ist beweisbar in T + [2]:

(1)	$N(N\neg p \supset N\neg p) \supset N(p \supset N\neg N\neg p)$	(durch Einsetzung aus [2])
(2)	$N(N\neg p \supset N\neg p)$	(T-Theorem)
(3)	$N(p \supset N\neg N\neg p)$	(aus (1), (2))
(4)	$N(p \supset N\neg N\neg p) \supset (p \supset N\neg N\neg p)$	(T-Theorem)
(5)	$p \supset N\neg N\neg p$	(aus (3), (4));

und 2.) $Np \supset NNp$ ist beweisbar in T + [2]:

(1)	$p \supset (\neg p \supset N\neg(p \supset p))$	(T-Theorem)
(2)	$N(p \supset (\neg p \supset N\neg(p \supset p)))$	(aus (1) in T)
(3)	$Np \supset N(\neg p \supset N\neg(p \supset p))$	(aus (2) in T)
(4)	$N(\neg p \supset N\neg(p \supset p)) \supset N((p \supset p) \supset N\neg\neg p)$	(durch Einsetzung aus [2])
(5)	$Np \supset N((p \supset p) \supset N\neg\neg p)$	(aus (3), (4))
(6)	$Np \supset (N(p \supset p) \supset NN\neg\neg p)$	(aus (5) in T)
(7)	$N(p \supset p) \supset (Np \supset NN\neg\neg p)$	(aus (6))
(8)	$N(p \supset p)$	(T-Theorem)
(9)	$Np \supset NN\neg\neg p$	(aus (7), (8))
(10)	$NN\neg\neg p \supset NNp$	(T-Theorem)
(11)	$Np \supset NNp$	(aus (9), (10)).

$p \supset NMp$ ist das charakteristische Axiom der Brouwerschen Logik B, $Np \supset NNp$ erzeugt S4, und S4 + B = S5.

Wir haben jetzt nicht nur die Gültigkeitsbehauptungen von A8 gerechtfertigt, sondern auch eine der Argumentationstechniken des Aristoteles. Es hat sich gezeigt, daß man zur Verifikation der syllogistischen Gültigkeitsbehauptungen den Rahmen von S4 nicht notwendig verlassen muß. Andererseits sehen wir nun, daß die e_N-Konversion gleichwertig mit S5 ist. Die Gültigkeitsbeweise, welche Aristoteles im Sinn hat, sind also nicht in jedem Fall die mit den schwächsten möglichen Mitteln geführten. Die Frage, ob Aristoteles sich der vollen logischen Stärke einiger der von ihm gebrauchten Beweismittel bewußt war, will ich im Verlauf der Untersuchung im Auge behalten.

Wie ist das zweite der in A8 erwähnten Beweismittel im Licht der Strukturhypothesen zu bewerten, nämlich die in 30a6–14 skizzierte Ekthesis? Ich fasse zur Erinnerung das Ekthesis-Argument für Baroco zusammen, wie es nach den Bemerkungen in II.7. zu van Rijens Rekonstruktionen gedacht sein müßte:

> Die gegebenen Prämissen sind $\begin{matrix} B\,a_N\,A \\ B\,o_N\,C \end{matrix}$. Durch Ekthesis geht aus dem Untersatz für ein D mit C a_ND hervor: B e_ND. Das Paar $\begin{matrix} B\,e_N\,D \\ B\,a_N\,A \end{matrix}$ liefert D e_NA. C a_ND liefert durch partikuläre Konversion D i_NC, und das Paar $\begin{matrix} D\,e_N\,A \\ D\,i_N\,C \end{matrix}$ impliziert A o_NC.

Hier kommt es darauf an, den Übergang von $\exists x N(C(x) \wedge N\neg B(x))$ zu $\forall x N(D(x) \supset N\neg B(x)) \wedge \forall x N(D(x) \supset NC(x))$ – für ein geeignetes D – zu überprüfen. Ich argumentiere jetzt semantisch. Angenommen, wir haben eine Barcan-Struktur im Sinne von II.7., also eine Struktur $\langle W, R, D, Q, V\rangle$ wie in II.3. mit konstanter Funktion Q, und ein $w_0 \in W$ mit $V(\exists x N(C(x) \wedge N\neg B(x)), w_0) = 1$. Nun können wir die zugrundeliegende modal-prädikatenlogische Sprache um ein neues einstelliges Prädikatsymbol, sagen wir: D, erweitern und zur Interpretation von D festlegen (falls V′ eine x-Variante von V ist mit $V'(N(C(x) \wedge N\neg B(x)), w_0) = 1$): sei $V(D) = \{V'(x)\} \times W$. Für das so interpretierte D gilt offenbar wie gewünscht: $V(\forall x N(D(x) \supset N\neg B(x)), w_0) = 1 = V(\forall x N(D(x) \supset NC(x)), w_0)$ – letzteres unter der Voraussetzung, daß R transitiv ist.

1.2. A9; die Frage der Geltung einer modallogischen peiorem-Regel

In A8 hat Aristoteles den NNN-Fall für alle drei Figuren auf einmal behandelt. Er geht jetzt über zu Modi, die eine apodiktische und eine assertorische Prämissenformel aufweisen, und behandelt die Modi dieses Modalitätentyps nach Figuren gesondert: in A9 geht es um die erste Figur, in A10 um die zweite, in A11 um die dritte. Zu Beginn von A10 und A11 wird ausdrücklich die Figur benannt, die den Gegenstand der Untersuchung bilden soll; bei A9 ist das zwar nicht so, aber aus dem, was Aristoteles dann macht, wird deutlich: hier ist das Thema die erste Figur. Aristoteles' Behauptungen lauten folgendermaßen. Erstens, ist bei den zur Debatte stehenden Modi der Obersatz apodiktisch, so erhält man eine apodiktische Conclusio, das heißt: Barbara, Celarent, Darii, Ferio vom Modaltyp NXN sind gültige Modi. Ist dagegen, zweitens, der Untersatz apodiktisch, so erhält man keine apodiktische Conclusio. Hier wird man ergänzen dürfen: man erhält vielmehr (bloß) eine assertorische Conclusio – da die minor zu einer entsprechenden assertorischen Formel abgeschwächt werden kann und dann die Resultate der assertorischen Syllogistik einschlägig werden. Diese Möglichkeit zu argumentieren ist allerdings problematisiert worden, ich gehe darauf im Abschnitt über A11 und A12 ein. Ich beginne damit, die vier NXN-Modi unter den Strukturhypothesen zu bewerten.

1.) Barbara NXN transformiert sich zunächst in die Schlußform

$$\begin{array}{l} (1)\ \forall x N(B(x) \supset NA(x)) \\ (2)\ \forall x(N)(C(x) \supset B(x)) \\ \hline (3)\ \forall x(N)(C(x) \supset NA(x))\ . \end{array}$$

Bei (2) habe ich den Modaloperator in Parenthese gesetzt, weil ich den Überlegungen von II.3., Ziffer (5), entsprechend für die Notwendigkeitssyllogistik von der Annahme ausgehen will, daß assertorische Aussagen keinen äußeren Modalfaktor aufweisen. Zwar spräche an dieser Stelle noch nichts dagegen, bei (2) den N-Operator stehen zu lassen; denn $\forall x N(B(x) \supset NA(x)) \wedge \forall x N(C(x) \supset B(x))$ T-impliziert $\forall x N(C(x) \supset NA(x))$. Aber man muß auch der zweiten der Behauptungen des Aristoteles Rechnung tragen (Nichtgültigkeit von Barbara XNN etc.), und das war es, was wir an der angegebenen Stelle getan haben. Bei (3) habe ich den Modalfaktor in Parenthese gesetzt, weil ich an diesem Punkt die oben verschiedentlich besprochene Annahme vom Vorrang innerer Modalfaktoren bei Aristoteles ins Spiel bringen muß – nachdem ich bei (2) den N-Operator streiche. Denn $\forall x N(B(x) \supset NA(x)) \wedge \forall x(C(x) \supset B(x))$ impliziert *nicht* $\forall x \mathit{N}(C(x) \supset NA(x))$. Unter der Hypothese, daß die Konklusionsformel $A\ a_N C$ hier vielmehr adäquat symbolisiert ist durch $\forall x(C(x) \supset NA(x))$, haben wir es dann endgültig zu tun mit der Schlußform

$$\begin{array}{l} (1)\ \forall x N(B(x) \supset NA(x)) \\ (2)\ \forall x(C(x) \supset B(x)) \\ \hline (3)\ \forall x(C(x) \supset NA(x)), \end{array}$$

und diese Schlußform ist offenbar T-gültig. Im Hinblick auf die vorkommenden apodiktischen Formeln ist unser Vorgehen in Übereinstimmung mit einer Faustregel nach Art der S. 68 formulierten: für Aussagen in Prämissenfunktion sei der stärkste von mehreren in Frage kommenden Gehalten maßgeblich, für Aussagen in Konklusionsfunktion der schwächste. Freilich könnten wir im vorliegenden Fall unbeschadet der Gültigkeit auch bei (1) den N-Operator streichen. Anders werden sich dagegen die Dinge in der zweiten Figur verhalten bei einem Modus wie Cesare NXN.

Die Gültigkeit von Celarent NXN kann wieder mit der üblichen Ersetzung von A(x) durch ¬A(x) verifiziert werden.

2.) Wenn ich mich erneut an die im zuvor besprochenen Fall beachteten Richtlinien halte, transformiert sich Darii NXN in das Schema

$$\begin{array}{l} (1)\ \forall x N(B(x) \supset NA(x)) \\ (2)\ \exists x(C(x) \wedge B(x)) \\ \hline (3)\ \exists x(C(x) \wedge NA(x))\ . \end{array}$$

Das Schema ist offenbar T-gültig. Für Ferio NXN gilt Entsprechendes wie für Celarent NXN.

Die NXN-Modi und später andere von Aristoteles für gültig gehaltene Modi – und zwar unter den Strukturhypothesen zu Recht für gültig gehaltene Modi – zeigen, daß Aristoteles für die Modalitäten keine theophrastische peiorem-Regel akzeptiert haben würde. Das heißt, er würde keine Regel des Inhalts akzeptiert haben, daß die Conclusio eines gültigen modalen Syllogismus der Modalität nach höchstens so stark sein könne wie die schwächere der beiden Prämissen; oder anders gesagt, daß sie „dem schwächeren Teil folge" („peiorem sequitur semper conclusio partem"). Vorausgesetzt ist dabei eine Anordnung M-X-N der Modalfaktoren nach zunehmender Stärke. Klarerweise wäre eine solche Regel richtig, sobald man rein de-dicto-modalisierte Strukturformeln im Sinne der Modallogik Theophrasts zugrunde legte. Solche Formeln sind aber eben zweifellos der aristotelischen Auffassung der Modalaussagen nicht angemessen. Daß die Akzeptanz socher Modi durch Aristoteles, welche mit einer modallogischen peiorem-Regel nicht konform sind, im Rahmen der aristotelischen Theorie keinen Betriebsunfall darstellt, erkennt man u. a. daran, daß Aristoteles ausdrücklich ein anders lautendes Gesetz formuliert. Das tut er allerdings an einer Stelle der *An. pr.*, die nicht mehr zu dem modallogischen Theoriestück im engeren Sinn gehört, nämlich in A24. Die vergleichbare Stelle 32a8–12 in A12 will ich zunächst beiseite lassen wegen gewisser spezieller Schwierigkeiten dieses Kapitels und wegen des eingeschränkten Geltungsbereichs, den das dort Gesagte vermutlich hat.

Ich komme auf die Stelle später zurück. In A24 heißt es in den Zeilen 41b27–31, mindestens eine der Prämissen eines jeden gültigen modalen Syllogismus müsse der Modalität nach mit der Conclusio übereinstimmen (und man darf, da Verstärkungen von Prämissen nicht die Gültigkeit eines Syllogismus beeinträchtigen können, sicher ergänzen: oder mindestens eine muß der Modalität nach stärker sein); also brauchen nicht notwendig beide Prämissen so mit der Conclusio übereinzustimmen, und das bedeutet: der Modalfaktor der Conclusio braucht nicht höchstens schwächer zu sein, als die Modalfaktoren *beider* Prämissen es sind, die Conclusio braucht im Modalfaktor nicht der im Hinblick auf die Modalität schwächeren der beiden Prämissen zu folgen.

Daß schließlich die XNX-Modi der ersten Figur (T-)gültig sind, versteht sich von selbst wegen der Möglichkeit der Abschwächung von apodiktischen zu assertorischen Aussagen, die durch die Strukturhypothesen gedeckt ist. Daß man keine gültigen XNN-Modi hat, wenn hier tatsächlich die X-Aussagen vollkommen modalfrei sind (im Sinne des Fehlens eines echten, von X verschiedenen Modalfaktors), liegt ebenfalls auf der Hand.

1.3. A10; mögliche Folgen einer Deutung syllogistischer Aussagen als Prädikationen höherer Stufe

In A10 werden die Modi der zweiten Figur mit Prämissenpaaren der Modalitäten XN und NX untersucht. Aristoteles' Behauptungen lauten:

Von den Modi mit zwei allgemeinen Prämissen (Cesare, Camestres) haben die eine N-Conclusio, bei denen die verneinende Prämisse apodiktisch ist, die anderen unter diesen Modi haben eine assertorische, aber keine apodiktische Conclusio (30b7–9).

Dabei wird wie immer stillschweigend vorausgesetzt, daß jedenfalls keine anderen Modi als die aus der assertorischen Syllogistik bekannten in Frage kommen. Aristoteles behauptet hier also die Gültigkeit von Cesare NXN, Camestres XNN, Cesare XNX, Camestres NXX sowie die Nicht-Gültigkeit von Cesare XNN und Camestres NXN. Weiter:

Von den Modi mit einer partikulären Prämisse (Festino, Baroco) haben diejenigen – bzw. hat derjenige – eine N-Conclusio, die über eine allgemein verneinende N-Prämisse verfügen – resp. der über eine solche Prämisse verfügt; und unter diesen Modi haben diejenigen bloß eine assertorische Conclusio, bei denen die verneinende Prämisse, egal welche Modalität sie aufweist, partikulär ist (31a1–5).

Ist die allgemein verneinende Prämisse assertorisch, so soll es wohl bloß eine assertorische Conclusio geben. Also wären gültig Festino NXN, Festino

XNX, Baroco NXX, Baroco XNX, nicht gültig Festino XNN, Baroco NXN und Baroco XNN. Schauen wir uns die Modi im einzelnen an!

1.) Cesare NXN geht unter den Hypothesen über in das Schema

(1) $\forall x N(B(x) \supset N\neg A(x))$
(2) $\forall x(C(x) \supset A(x))$

---

(3) $\forall x(N)(C(x) \supset N\neg B(x))$.

In der Conclusio müssen wir in der Tat wieder den weiter außen stehenden N-Operator streichen, um Gültigkeit herzustellen (vgl. II.3., Satz 2). Nach dieser Abschwächung des Schlußsatzes haben wir dann die Gültigkeit des Schemas in der prädikatenlogischen Version PL+B der Brouwerschen Logik und damit erst recht in PL+S5: (1) T-impliziert

(2*) $\forall x N(\neg N\neg A(x) \supset \neg B(x))$,

und (2*) wiederum T-impliziert

(3*) $\forall x(NMA(x) \supset N\neg B(x))$;

das charakteristische B-Axiom ist $p \supset NMp$, also folgt in PL+B aus (2) und (3*)

(3) $\forall x(C(x) \supset N\neg B(x))$.

Die volle Logik PL+S5 brauchen wir deshalb nicht unbedingt einzusetzen, weil wir wegen des modalfreien Untersatzes ohnehin keine Chance haben, die Variante des Schemas auch *mit* äußerem N-Operator in der Conclusio als gültig zu erweisen; wäre dies dagegen unser Ziel gewesen (in dem hypothetischen Fall, daß der Untersatz gegeben wäre durch $\forall x N(C(x) \supset A(x)))$, so hätten wir dafür sorgen müssen, daß in (3*) ein äußerer N-Operator zu stehen kam, und das hätte bedeutet: der äußere N-Operator des Obersatzes wäre zunächst zu verdoppeln gewesen, mithin hätten wir S4+B und damit S5 zugrunde gelegt. Aristoteles dagegen begründet die Gültigkeit des Schemas mit Mitteln, die im Effekt S5-Mittel sind. Er konvertiert den Obersatz, was, wie wir gesehen haben (Abschn.1.1., Satz 3 und die anschließenden Betrachtungen), auf die Verwendung von S5 hinausläuft. Damit erhält er nach Celarent NXN korrekt die gewünschte Conclusio (30b9–13).

Mit Aristoteles' Behauptung der Gültigkeit von Cesare NXN ist ein Stadium in der modalen Syllogistik erreicht, in dem die Schwierigkeiten dieser Theorie notorisch zu werden beginnen. Denn die Art und Weise, in der Aristoteles die NXN-Modi der ersten Figur behandelt, drängt dem Interpreten die Annahme geradezu auf, aristotelische N-Aussagen unterschieden sich von normalen syllogistischen Aussagen nur darin, daß das grammatische Prädikat unter einem Notwendigkeitsoperator steht; die Annahme also, daß z. B. $A\ a_N B$ die Form $\forall x(B(x) \supset NA(x))$ habe. Aristoteles sagt nämlich in A9 zur

Rechtfertigung von Barbara NXN sinngemäß: wenn A allen B mit Notwendigkeit zukommt und B allen C einfach (d.i.: unmodalisiert) zukommt, dann sind ja die C ein Teil der B, und folglich muß von den C gelten, was von den B gilt, daß sie nämlich notwendig A sind. Also, so sollte man meinen, hat A a_NB genau den Gehalt, daß den Exemplaren von B – und damit denen von C – eine gewisse Eigenschaft, nämlich die des notwendig-A-Seins, zukommt. Wer auf diese Annahme baut, kann nur frappiert sein, wenn Aristoteles nun in A10 mit Cesare NXN ein Schlußschema als gültig behauptet, das der Annahme zufolge die Form

$$\begin{array}{l} (1)\ \forall x(B(x) \supset N\neg A(x)) \\ (2)\ \forall x(C(x) \supset A(x)) \\ \hline (3)\ \forall x(C(x) \supset N\neg B(x)) \end{array}$$

haben müßte. Daß von (1) in der Tat kein Weg zu

(1') $\forall x(A(x) \supset N\neg B(x))$

führt, haben wir uns in II.3. klargemacht. Unsere Strukturhypothese für allgemeine N-Aussagen liefert einen Ausweg immerhin schon einmal aus dieser Sackgasse.

2.) Camestres XNN entspricht das Schema

$$\begin{array}{l} (1)\ \forall x(B(x) \supset A(x)) \\ (2)\ \forall x N(C(x) \supset N\neg A(x)) \\ \hline (3)\ \forall x(C(x) \supset N\neg B(x))\ . \end{array}$$

Wir müssen feststellen, daß dieses Schema selbst in PL+S5 *nicht* gültig ist und daß es ebensowenig in irgendeiner nicht-trivialen Erweiterung von T gültig ist. Die Formel $((\neg p \supset \neg q) \wedge N(r \supset N\neg p)) \supset (r \supset N\neg q)$ liefert nämlich durch Substitution von *falsum* für p und *verum* für r die Formel $\neg q \supset N\neg q$. Selbstverständlich wäre das Schema gültig, und zwar schon (PL+T)-gültig, falls wir (1) ersetzten durch

(2') $\forall x N(B(x) \supset A(x))$,

also für assertorische allgemeine Aussagen bereits hier unterstellten: sie dürfen nicht so beschaffen sein, daß ihre Wahrheit eine Angelegenheit ἐν τῷδε τῷ χρόνῳ (≈ zu diesem bestimmten Zeitpunkt) sein kann. Diese Beobachtung bietet aber keinen hinreichenden Anlaß, tatsächlich für die Notwendigkeitssyllogistik eine entsprechende Annahme zu machen. Unser Ziel muß darin bestehen, Strukturhypothesen zu haben, welche ein Minimum der Gültigkeits- und Nichtgültigkeitsbehauptungen des Aristoteles in falsche Behauptungen übergehen lassen; und welche in den Fällen, in denen sie in falsche Behauptungen münden, wenigstens Raum für die Möglichkeit lassen, die von

Aristoteles vermutlich begangenen Argumentationsfehler als gut nachvollziehbar zu erkennen. Die Misere bisheriger externer Interpretationsansätze bestand oft gerade darin, daß man Aristoteles Behauptungen zu unterstellen gezwungen war, die nicht nur falsch, sondern grotesk falsch waren und für die man nicht einmal zwar inkorrekte, aber wenigstens psychologisch einigermaßen nachvollziehbare Argumente hätte anbieten können (wie für die Behauptung einer Konvertierbarkeit von $\forall x(B(x) \supset N\neg A(x))$). Würden wir mit Blick auf den einen Modus Camestres XNN A a,e B in der N-Syllogistik durch *(2)* bzw. durch das negative Gegenstück von *(2)* symbolisieren, so würden wir uns damit schon in A9 vier falsche und nicht gut nachvollziehbare Nichtgültigkeitsbehauptungen einhandeln; nämlich die Behauptungen der Nichtgültigkeit von Barbara bis Ferio XNN. Freilich wären diese Behauptungen auch relativ zu der fraglichen Art der Symbolisierung richtig, wenn man als Conclusiones der Modi nur zweifach modalisierte Aussagen gelten ließe und auf die Verwendung von S4-Prinzipien verzichtete. Beispielsweise aus $\forall xN(B(x) \supset A(x))$ folgt dann nicht $\forall xN(NB(x) \supset NA(x))$, sondern lediglich $\forall x(NB(x) \supset NA(x))$ durch Distribution des N-Operators über die Glieder der Subjunktion, und $\forall x(NB(x) \supset NA(x))$ liefert zusammen mit $\forall xN(C(x) \supset NB(x))$ lediglich $\forall x(C(x) \supset NA(x))$ – ohne äußeren N-Operator. Genauer gesagt: die Prämissenformeln liefern nicht mehr in einer schwächeren Logik als PL+S4, denn aus einem Theorem $((Nq \supset Np) \wedge N(r \supset Nq)) \supset N(r \supset Np)$ ergäbe sich durch Substitution von *verum* für q und für r die Subjunktion $Np \supset NNp$, d.i. das charakteristische S4-Axiom.

Die Technik der Begründung von Behauptungen des Inhalts, daß bestimmte Implikationsverhältnisse nicht bestehen relativ zu bestimmten oder auch zu beliebigen Erweiterungen von T, habe ich jetzt einige Male gezeigt (nicht bei allen Gelegenheiten). Fortan verzichte ich in klaren Fällen wie den zuletzt behandelten darauf.

Für apodiktische Conclusiones den zweiten N-Operator zu fordern und zugleich S4 nicht zuzulassen, bringt uns jedoch wieder in Konflikt mit der Gültigkeitsbehauptung etwa für Cesare NNN (s. 1.1., Ziffer 3.)). Bevor wir uns auf diese Weise in immer neue Schwierigkeiten verstricken, bleiben wir lieber bei den bisher bewährten Hypothesen und verweisen darauf, daß man gut nachvollziehen *kann*, wie Aristoteles zur Behauptung der Gültigkeit von Camestres XNN gelangen konnte. Dazu sehen wir uns das Argument in 30b14–18 an. Die Prämissen für Camestres XNN sind $\genfrac{}{}{0pt}{}{A\ a\ B}{A e_N C}$; Aristoteles konvertiert A e_NC – (S5-) korrekt – zu C e_NA; dies Zwischenresultat kombiniert er mit A a B zu einem Prämissenpaar $\genfrac{}{}{0pt}{}{C\ e_N A}{A\ a\ B}$ für Celarent NXN; er erhält C e_NB – allerdings nur mit einem *inneren* Modalfaktor N; an der Stelle glaubt Aristoteles, erneut e_N -Konversion anwenden zu können mit dem von ihm angestrebten Resultat B e_NC – und hierin liegt sein Irrtum. Die zweite e_N-Konversion durfte nicht vollzogen werden, weil Celarent NXN nur eine schwache e_N-Konklusion liefert, nämlich eine mit ἐν τῷδε τῷ χρόνῳ ($\approx$ zu dieser bestimmten Zeit)-Charakter. Ich habe bei der Besprechung eines aristotelischen Arguments gegen die e_K-Konversion in II.7. gesagt, daß die wohl sprachlich begründete Neigung des Aristoteles, diejenigen Bestandteile des Gehalts von Aussagen aus dem Blick zu verlieren, welche wir durch das Setzen äußerer Modaloperatoren berücksichtigen, eine beträchtliche Fehlerquelle für seine Theorie darstelle. Hier scheint diese Fehlerquelle wirksam geworden zu sein.

3.) Dem Modus Cesare XNX entspricht das Schema

$$\begin{array}{l} (1)\ \forall x(B(x) \supset \neg A(x)) \\ (2)\ \forall x N(C(x) \supset NA(x)) \\ \hline (3)\ \forall x(C(x) \supset \neg B(x))\ . \end{array}$$

Es ist offenbar (PL+T-) gültig.

Eine Merkwürdigkeit, die uns oft begegnen wird, besteht darin, daß Aristoteles anscheinend nie auf den Gedanken gekommen ist, Modi durch eine Operation ineinander zu überführen – und diese Modi damit als nicht wesentlich voneinander verschieden zu erkennen –, welche der von uns bereits mehrfach geübten Ersetzung offener Formeln durch deren Negationen entspricht. Wir haben gesehen, daß Aristoteles Camestres XNN, also $\begin{array}{c} A\ a\ B \\ A\ e_N\ C \\ \hline B\ e_N C \end{array}$ für gültig hält. Nun ersetze man in diesem Schema A durch $\neg$A; oder man ersetze in den von uns gewählten Symbolisierungen die Formeln A(x) durch $\neg$A(x) (denn nimmt man es genau, wird man Prädikatsymbole nicht negieren wollen). Eine derartige Ersetzung kann die Gültigkeit eines Schlußschemas nicht beeinträchtigen. Was nach der Elimination doppelter Negationen bleibt, ist das Schema $\begin{array}{c} A\ e\ B \\ A\ a_N\ C \\ \hline B\ e_N C \end{array}$, also genau Cesare XN*N* - ein Modus, den Aristoteles für nicht-gültig hält. Der Sache nach können wegen dieses einfachen Substitutionszusammenhangs nur entweder beide Modi Cesare XNN und Camestres XNN gültig oder beide nicht-gültig sein. Man ist verwundert, daß Aristoteles dies nicht gesehen hat. Immerhin hätte er so auch zu der aus unserer Perspektive richtigen Einsicht gelangen können, daß Camestres mit XN-Prämissen eben keine N-Conclusio liefert. Vielleicht ist Aristoteles' Zurückhaltung gegenüber derartigen Substitutionen damit zu erklären, daß er Aussagen wie „alle B sind nicht A" eher aufgefaßt hat wie Prädikationen höherer Stufe; also wie Aussagen über das Bestehen von Beziehungen zwischen gewissen Entitäten, bei denen man an Eigenschaften oder auch an Klassen denken kann, die man aber in jedem Fall nicht ohne weiteres für geeignete Objekte des Negierens ansehen wird – während man die Prädikationen insgesamt natürlich sehr wohl für negationsfähig nehmen wird. Aristoteles ist weit davon entfernt, Sachverhalte, die man durch A e B symbolisiert, auszudrücken durch griechische Analoga von Formulierungen wie:

(*3*) für jedes Ding, für das gilt: es ist ein B, gilt auch: nicht: es ist ein A.

Vielmehr sagt er so etwas wie:

τὸ A παντὶ τῷ B οὐχ ὑπάρχει, τὸ A οὐδενὶ τῷ B ὑπάρχει
(≈ das A kommt dem ganzen B nicht zu, kommt keinem B zu),

und hierbei hat die Negationspartikel mit A oder einem Ausdruck des ein-A-Seins von irgendetwas denkbar wenig Verbindung. Aristoteles' Formulierung verhält sich zu (*3*) und zu dem symbolischen Korrelat $\forall x(B(x) \supset \neg A(x))$ von (*3*) ungefähr so, wie sich dazu die Prädikation verhält:

A hat einen leeren Umfangsdurchschnitt mit B.

Ähnlich sagt Patzig in (1969), S. 60: „... man kann die Symbole a, e, i, o als Zeichen für *Beziehungen* zwischen Begriffen auffassen". Wenn dann A a B und A e B verschiedene Prädikationen höherer Stufe darstellen, so liegt – auch wenn man bereit ist, auf die Relata Operationen anzuwenden wie die Negation oder, besser, die Komplementbildung – jedenfalls nicht in dem Maße auf der Hand, daß A^{C}e B im wesentlichen dasselbe ist wie A a B, wie auf der Hand liegt, daß $\forall x(B(x) \supset \neg\neg A(x))$ im wesentlichen dasselbe ist wie $\forall x(B(x) \supset A(x))$. Für ein Prädikat bzw. für eine Menge A soll hier A^{C} das komplementäre Prädikat bzw. die Komplementmenge zu A sein.

Im Gegensatz zu Aristoteles werden wir uns auch weiterhin der Substitutionsargumente bedienen, um die Auswertung der aristotelischen Behauptungen in möglichst ökonomischer Weise betreiben zu können. In diesem Sinn können wir betreffs der Nichtgültigkeitsbehauptungen in A10 schon einmal notieren (als Konsequenz aus unserer Feststellung, daß Camestres XNN auch relativ zu den stärksten in Betracht gezogenen logischen Mitteln nicht gültig ist): Aristoteles hat recht mit der Ansicht, daß Cesare XNN nicht gültig ist. Freilich ist aus dem oben Gesagten klar, daß Aristoteles zu dieser Ansicht aufgrund von Überlegungen gelangt sein muß, die von den unsrigen verschieden sind. Ich gehe unten auf diese Überlegungen ein.

Wo wir Aristoteles im Recht sehen, glaubt H. Maier einen Irrtum zu erkennen. Nach Maiers Auffassung ist nämlich nicht nur Cesare XNX, sondern auch Cesare XNN gültig (Entsprechendes soll für verschiedene andere Modi gelten). Zugunsten dieser Auffassung führt Maier das folgende Argument an:

> „... kein B ist thats. A, alles C ist notwendig A: kein C kann B sein. Deduktion: einiges C ist mögl. B, kein B ist thats. A: möglicherw. ist einiges C nicht A. Das widerspricht dem Satz: alles C ist notw. A. Also ist die Hypothesis: einiges C ist möglicherw. B, falsch, und ihr Gegenteil, der zu beweisende Schlusssatz: kein C kann B sein, wahr" (Maier (1896–1900), Bd.II, Halbbd.2, S. 97 n.1).

Maier will also einen indirekten Beweis durch Rückgang auf Ferio X$\overset{K}{M}$M führen. Der letztere Modus ist, wie wir in 2.3., Ziffer 4.), sehen werden, gültig, und so scheint Maiers Argument gut zu sein. Tatsächlich ist es entgegen dem ersten Anschein inkorrekt, und zwar aus folgendem Grund: Ferio X$\overset{K}{M}$M ist nur unter der Voraussetzung gültig, daß die assertorische Prämisse in zeitlich unbeschränkter Version gegeben ist; von der assertorischen Prämisse A e B von Cesare XN aber nehmen wir an, daß sie von der Form $\forall x(B(x) \supset \neg A(x))$ ist und nicht von der Form $\forall x N(B(x) \supset \neg A(x))$.

4.) Camestres NXX geht über in

(1) $\forall x N(B(x) \supset NA(x))$
(2) $\forall x(C(x) \supset \neg A(x))$

---

(3) $\forall x(C(x) \supset \neg B(x))$.

Man sieht unmittelbar, daß das Schema (PL+T)-gültig ist. Aristoteles ist allerdings im Unrecht mit der Behauptung, daß Camestres NX*N* nicht gültig sei. Denn (1) T-impliziert

(2*) $\forall x(N\neg NA(x) \supset N\neg B(x))$,

und (2*) liefert zusammen mit (2), ähnlich wie im Falle von Cesare NXN, in PL+B

(3*) $\forall x(C(x) \supset N\neg B(x))$.

Frage also: durch welchen vielleicht nachvollziehbaren Argumentationsfehler ist Aristoteles auf die Behauptung der Nichtgültigkeit von Camestres NXN geführt worden? Aristoteles argumentiert für diese Behauptung ziemlich ausführlich in 30b18–40. Vermutlich hat man die Argumentation auch zu beziehen auf die (richtige) Behauptung der Nichtgültigkeit von Cesare XNN. Denn Aristoteles führt die fraglichen Betrachtungen ein als Betrachtungen über den

Fall, in dem die bejahende Prämisse notwendig sei – eine Kennzeichnung, die auch auf Cesare mit Prämissen der Modalitäten XN zutrifft. Aristoteles gibt drei verschiedene Argumente an.

(1) Gegeben seien die Prämissen $\genfrac{}{}{0pt}{}{A a_N B}{A\,e\,C}$ von Camestres NX. Das Paar ist nach Konversion der Unterformel und Vertauschung der Reihenfolge äquivalent mit $\genfrac{}{}{0pt}{}{C e\,A}{A a_N B}$. Damit hat man Prämissen für Celarent XN, und nach A9 liefern diese lediglich ein assertorisches C e B.

Soweit ist Aristoteles' Überlegung korrekt. Aber: daß Camestres NX nur C e B und nicht C e_NB liefert, ist sehr wohl damit verträglich, daß man als Konklusion – mit umgekehrter Reihenfolge der Termini – B e_NC hat, und zwar B e_NC im schwachen Sinn (ohne Regularitätskomponente). Denn schwaches B e_NC ist eben nicht äquivalent mit schwachem C e_NB. Aristoteles scheint hier einmal mehr dadurch zu einem Fehler verleitet worden zu sein, daß er den Unterschied zwischen einfach und zweifach modalisierten Aussagen nicht genügend beachtete. Dieselbe Diagnose trifft für das zweite der drei Argumente zu, ein Widerspruchsargument.

(2) Angenommen, das Paar $\genfrac{}{}{0pt}{}{A a_N B}{A\,e\,C}$ impliziert B e_NC. Dann, so Aristoteles, impliziert es auch C e_NB (inkorrekt für schwache e_N-Aussagen). Ferner impliziert der Obersatz A a_NB die partikuläre N-Aussage B i_NA (korrekt mit der für N-Aussagen einschlägigen Existenzvoraussetzung). Also hat man ein Prämissenpaar $\genfrac{}{}{0pt}{}{C e_N B}{B i_N A}$ für Ferio NNN, und nach A8 erhält man C o_NA (korrekt). Die Ausgangsprämissen sind aber verträglich mit dem mit C o_NA unverträglichen Sachverhalt, daß alle A möglicherweise C sind, daß $\forall x(A(x) \supset MC(x))$ wahr ist (korrekt).

Das letzte der Argumente ist vom BE-Typ. Die ausführliche Analyse der Argumente dieses Typs soll in Kapitel V. geleistet werden. Das eine oder andere BE-Argument betrachte ich im Vorgriff auf diese Gesamtbewertung schon während unseres Durchgangs durch die einzelnen modalsyllogistischen Kapitel; so wie ich auch das eine oder andere, wenn der Gang der Argumentation es nahelegte, bereits zu Beginn der Untersuchung betrachtet habe, darunter das jetzt hier erneut vorgenommene.

(3) Aristoteles gibt, wie wir in II.3. unter Ziffer (4) sahen, eine Interpretation des Schemas $\begin{array}{c} A\ a_N B \\ \underline{A\ e\ C} \\ B\ e_N C \end{array}$ an, indem er für das Prädikatsymbol A den Begriffsausdruck „... ist ein Lebewesen" substituiert sowie für B „... ist ein Mensch" und für C „... ist weiß". Die Interpretation ist als falsifizierende

Interpretation gedacht. Es muß also, im Sinne der früher gegebenen Beschreibung des Verfahrens, ein mögliche-Welten-Rahmen mit einem darin als Bezugswelt ausgezeichneten Element im Hintergrund stehen, relativ zu welchem die Prämissenformeln mit „wahr" bewertet werden. Im Hinblick auf den Obersatz kann man sich dabei auf die realen Weltzustände zu irgendwelchen Zeitpunkten beschränken: es steht aufgrund analytischer Implikationsbeziehungen a priori fest, daß in jeder Weltsituation alles, was in ihr ein Mensch ist, auch in ihr ein Lebewesen ist. Im Hinblick auf den Untersatz muß mindestens ein eventuell nie zur Verwirklichung kommender, also ein eventuell bloß fiktiver, aber im Prinzip herstellbarer Weltzustand in den Rahmen eingeführt werden, für den gilt: alles, was in diesem Zustand an Lebewesen vorkommt, ist nicht weiß. Ich erinnere daran, daß man die Eigenschaft, eine helle Haut oder ein helles Haar- oder Federkleid zu haben, nicht gerade als den paradigmatischen Fall einer Eigenschaft wird anerkennen wollen, über welche die potentiellen Träger einigermaßen freie Verfügung haben – zumal dies im Widerspruch mit der Auffassung des Aristoteles stünde, nach der das Weißsein beispielsweise eine essentielle Eigenschaft von Schwänen ist. Doch darauf soll es uns in diesem Zusammenhang nicht ankommen. „weiß" kann durch „bewegt" oder ein sonstiges geeignetes Prädikat ersetzt werden, wie wir es in unserer früheren Betrachtung des Arguments taten. Damals haben wir beobachtet, daß Aristoteles die Einführung einer (höchstwahrscheinlich) bloß möglichen Weltverfassung in den mögliche-Welten-Rahmen anzeigt, indem er eine entsprechende, metasprachlich zu verstehende ἐνδέχεσθαι-Aussage formuliert (in 30b35): es kann sein, daß ›Lebewesen‹ keinem Weißen zukommt. Das heißt: es gibt eine mögliche Welt(-situation), sagen wir: w_0, in der A e C wahr ist. Relativ zu dieser Welt w_0 sind demnach die Einsetzungsresultate der beiden Prämissenformeln wahr. Nun wäre noch einzusehen, daß ebenfalls relativ zu w_0 das Einsetzungsresultat von B e_NC falsch ist, daß also in w_0 falsch ist der Satz: „›Mensch‹ kommt notwendig keinem Weißen zu". Dazu bringt Aristoteles in 30b37 f. eine Behauptung vor, deren erste Hälfte wir in II.3. analysiert haben, nämlich:

> ἐνδέχεται γὰρ ἄνθρωπον γενέσθαι λευκόν, οὐ μέντοι ἕως ἂν ζῷον μηδενὶ λευκῷ ὑπάρχῃ,
>
> das ist
>
> „... es ist möglich, daß ein Mensch weiß ist [oder: weiß wird], wenn auch freilich nicht, solange Sinnenwesen keinem Weißen zukommt" (Rolfes (1921), S. 21).

Aristoteles hat recht damit: es gibt mögliche Welten, und insbesondere Alternativen zu w_0, in denen ein Mensch weiß ist; oder: zu einem Individuum, das – etwa in w_0 – ein Mensch ist und das damit in jeder alternativen Welt, in der es vorkommt, ebenfalls ein Mensch ist, gibt es eine Alternative, in der dieses Individuum weiß ist, d. h. in der Zeitstellenversion der Semantik: es gibt einen zukünftigen Zeitpunkt, zu dem das Individuum weiß ist, das Individuum kann weiß werden. In jedem Fall gibt es Alternativen zu w_0, in denen ein Mensch weiß und damit ein Weißes Mensch ist.

Ich befinde mich hier in Übereinstimmung mit in II.2. formulierten Grundsätzen. γενέσθαι schließt, sofern es sich in der Bedeutung von „werden" auf einen Prozeß bezieht, den Hinweis auf einen zukünftigen Zeitpunkt als den Endpunkt des Prozesses ein. Das Vorkommnis von γενέσθαι und damit das Vorkommnis einer speziellen Zeitbestimmung in Verbindung mit dem Modalbegriff ἐνδέχεσθαι (in dem Kontext „es ist möglich, daß ... wird" der Übers.) ist mir kein hinreichender Anlaß, bei Aristoteles sogleich das Auftreten eines neuen Typs von Modalbegriffen zu diagnostizieren, nämlich solcher Begriffe, wie Seel sie als „Modalbegriffe des Werdens" einführt (dazu Seel (1982), S. 146). Vielmehr habe ich das fragliche Vorkommnis als den Ausdruck der Existenz einer alethischen Alternative im Rahmen einer mögliche-Welten-semantischen Argumentation genommen.

Diese möglichen Welten, in denen ein Weißes Mensch ist, müssen selbstverständlich *echte* Alternativen von w_0 sein, nachdem in w_0 alles Weiße nicht Lebewesen und damit insbesondere nicht Mensch ist. Diesem Sachverhalt trägt die zweite Hälfte der Behauptung des Aristoteles Rechnung. Jedoch zeigt dies nur, daß $\forall x N(C(x) \supset N\neg B(x))$ bei der angegebenen Interpretation falsch ist in w_0. Ist w_1 eine jener Alternativen zu w_0, so gibt es in w_1 ein Individuum, welches gleichzeitig zur Extension von C und zur Extension von B in w_1 gehört; also gibt es – unter Barcan-semantischen Voraussetzungen – in w_0 ein Individuum, welches in einer Alternative zu w_0 nicht die Aussagefunktion $C(x) \supset \neg B(x)$ und damit erst recht nicht $C(x) \supset N\neg B(x)$ erfüllt, welches also in w_0 selbst $N(C(x) \supset N\neg B(x))$ nicht erfüllt; mithin: $\forall x N(C(x) \supset N\neg B(x))$ ist falsch in w_0. Wahr in w_0 ist dagegen mit der bereits bei unserer ersten Sichtung des Arguments in II.3. gegebenen Begründung $\forall x(C(x) \supset N\neg B(x))$: in w_0 gilt, daß alles Weiße kein Lebewesen ist; nachdem in allen Welten jeder Mensch ein Lebewesen ist, ist in w_0 alles Weiße kein Mensch; Mensch kann man – so würde jedenfalls Aristoteles die Dinge sehen – nur entweder essentiell sein oder essentiell nicht sein; also ist alles in w_0 Weiße sogar notwendig nicht Mensch (in w_0).

Wenn unsere bisherigen Überlegungen zutreffen, dann hat Aristoteles wieder nicht beachtet, daß als Conclusiones modaler Syllogismen auch apodiktische Aussagen vom ἐν τῷδε τῷ χρόνῳ-Typ zulässig sind. Wäre dem nicht so, könnte man mit BE-Argumenten von genau derselben Art wie dem hier referierten die Gültigkeit der NXN-Modi der ersten Figur angreifen. Mit Bezug auf Barbara NXN: $\dfrac{\begin{array}{c}A\ a_N\ B\\ B\ a\ C\end{array}}{A\ a_N\ C}$ könnte man folgendermaßen vorgehen.

Substituiere für A: „Lebewesen"; für B: „Mensch"; für C: „bewegt". „Alle Menschen sind notwendig Lebewesen" ist wahr in jeder Welt eines jeden mögliche-Welten-Rahmens. „Alles Bewegte ist Mensch" ist in einer gewissen Welt eines derartigen Rahmens wahr, denn: „alle von Menschen verschiedenen Dinge können einmal (zufällig) im Ruhezustand sein". „Alles Bewegte ist notwendig Lebewesen" ist in derselben Welt falsch, denn z. B.: „ein Stein kann in Bewegung versetzt werden"; dann ist „ein Bewegtes ist ein Stein" und damit sogar „ein Bewegtes ist notwendig *nicht* Lebewesen" wahr. Diese Möglichkeit, gegen Barbara NXN zu argumentieren, ist schon in der Antike gesehen worden (vgl. Alexander 124, 21–25).

Es ist klar, daß man die Argumentation des Aristoteles gegen Camestres NXN mit geringfügigen Modifikationen auf den Fall von Cesare XNN übertragen kann. Das Analogon von Argument (1) etwa würde folgendermaßen aussehen. Gegeben seien die Prämissenformeln $\begin{array}{c}A\ e\ B\\ A a_N C\end{array}$. Das Paar ist nach Konversion der Oberformel äquivalent mit dem Prämissenpaar $\begin{array}{c}B\ e\ A\\ A a_N C\end{array}$ für Celarent XN, und nach A9 wird nicht mehr impliziert als eine assertorische Formel B e C. In diesem Fall zeigt das Argument sogar, was es zeigen soll, weil aufgrund der Tatsache, daß der Übergang zu Prämissen für Celarent ohne eine Vertauschung von Prämissen möglich war, die Termini der Konklusion bereits die richtige Anordnung haben.

Was ist der Grund für die erstaunliche Asymmetrie in der Bewertung von Cesare mit Prämissen XN und von Camestres mit Prämissen XN bei Aristoteles? Ich habe oben zunächst nur eine Vermutung darüber geäußert, warum Aristoteles einen Gedankengang nicht vollzogen hat, der ihn zu einer symmetrischen Bewertung hätte veranlassen können. Damit ist die Frage nach positiven Gründen für eine asymmetrische Bewertung noch nicht beantwortet. Die Dinge verhalten sich folgendermaßen.

Wir haben unter Ziffer 2.) gesehen, warum Aristoteles glaubt, die Prämissenformeln $\begin{array}{c}A\ a\ B\\ A e_N C\end{array}$ von Camestres XN implizierten B e_NC: A e_NC wird konvertiert zu C e_NA, $\begin{array}{c}C e_N A\\ A\ a\ B\end{array}$ liefert nach Celarent NXN C e_NB, und davon glaubt Aristoteles übergehen zu können zu B e_NC. Die Prämissenformeln von Cesare XN sind $\begin{array}{c}A\ e\ B\\ A a_N C\end{array}$. Aristoteles kennt nun keine die Allgemeinheit erhaltende Konversionsmöglichkeit für a_N-Formeln, also mußte er glauben, in diesem Fall, anders als bei Camestres, nur durch eine Transformation des Obersatzes ohne zusätzliche Prämissenvertauschung (die eine apodiktische Formel an die erste Stelle hätte bringen können) zu einem Paar für die erste Figur gelangen zu können: zu $\frac{\text{B e A}}{\text{A a}_N\text{C}}$. Celarent XN aber liefert lediglich eine assertorische Konklusion.

Hier wird ein Mangel, nämlich eine gewisse Unabgeschlossenheit, der aristotelischen Konversionstheorie deutlich. Die Konvertibilität der e- und auch der e_N-Aussagen hat ihren Grund letztlich in der Möglichkeit, Subjunktionen zu kontraponieren. (Für den e_N-Fall handelt es sich um den Übergang von (1) zu (2*) in dem Argument, welches ich dem Satz 3 in 1.1. vorangestellt habe; freilich muß in diesem Fall noch zusätzlich einiges an Modallogik ins Spiel gebracht werden.) Der logischen Sache nach spricht selbstverständlich nichts dagegen, auch solche Subjunktionen zu kontraponieren, deren Consequens kein Negationszeichen bei sich führt. Genauso gut, wie man von $\forall x(B(x) \supset \neg A(x))$ zu $\forall x(\neg\neg A(x) \supset \neg B(x))$ bzw. zu $\forall x(A(x) \supset \neg B(x))$ übergehen kann, kann man von $\forall x(B(x) \supset A(x))$ zu $\forall x(\neg A(x) \supset \neg B(x))$ übergehen; und nach den gleichen logischen Grundsätzen, welche von $\forall xN(B(x) \supset N\neg A(x))$ zu $\forall xN(A(x) \supset N\neg B(x))$ führen, ist $\forall xN(B(x) \supset NA(x))$ transformierbar in $\forall xN(\neg A(x) \supset N\neg B(x))$. Also: Aristoteles hätte für a- und a_N-Aussagen über „reine", die Quantität erhaltende, Konversionsgesetze (zusätzlich zu den von ihm anerkannten und benutzten „unreinen" oder allgemein-partikulären Konversionsgesetzen „A a B sequ. B i A", „A a_NB sequ. B i_NA") verfügen können, wäre er bereit gewesen, Aussagen mit negierten Subjektstermini zuzulassen. A a B impliziert $(\neg B)a(\neg A)$ und B $e(\neg A)$, oder besser: impliziert B^Ca A^C und B e A^C, A a_NB impliziert B $e_N A^C$. Solche Aussagen zuzulassen war Aristoteles vermutlich der sprachlichen Sache wegen nicht bereit; jedenfalls hätte deren Ausdruck die sprachliche Glattheit der von Aristoteles benutzten Formeln von der Art von „A kommt keinem B zu" nicht haben können.

Mit allgemein-allgemeiner Konversion von a_N-Aussagen wäre eine der Behandlung von Camestres XN in dem wesentlichen Punkt analoge Behandlung von Cesare XN möglich gewesen: das Paar $\frac{\text{Ae B}}{\text{A a}_N\text{C}}$ ist äquivalent zu $\frac{\text{C e}_N\text{A}^C}{\text{Ae B}}$ bzw. zu $\frac{\text{C e}_N\text{A}^C}{\text{A}^C\text{a B}}$, und nach Celarent NXN folgt C e_NB.

5.) Festino NXN wird symbolisiert durch

(1) $\forall xN(B(x) \supset N\neg A(x))$

(2) $\exists x(C(x) \land A(x))$

---

(3) $\exists x(N)(C(x) \land N\neg B(x))$.

Der bei (3) zunächst in Parenthese gesetzte äußere N-Operator muß gestrichen werden. Dann ist das Schlußschema (PL + B)-gültig, da wie im Fall von Cesare NXN die Prämissenformel (1) die Formel $\forall x(NMA(x) \supset N\neg B(x))$ impliziert und damit die Formel $\forall x(A(x) \supset N\neg B(x))$ (PL + B)-impliziert.

6.) Für Festino XNX setzen wir das Schema

$$\begin{array}{l} (1)\ \forall x(B(x) \supset \neg A(x)) \\ (2)\ \exists xN(C(x) \wedge NA(x)) \\ \hline (3)\ \exists x(C(x) \wedge \neg B(x)) \end{array}$$

an, und dies Schema ist klarerweise aufgrund der in der assertorischen Syllogistik erzielten Ergebnisse gültig, nachdem (2) zur entsprechenden assertorischen Formel abgeschwächt werden kann.

Festino XNN ist offensichtlich auch dann nicht gültig, wenn als Kandidat für die Conclusio die schwache o_N-Formel $\exists x(C(x) \wedge N\neg B(x))$ genommen wird.

7.) Für Baroco NXX setzen wir

$$\begin{array}{l} (1)\ \forall xN(B(x) \supset NA(x)) \\ (2)\ \exists x(C(x) \wedge \neg A(x)) \\ \hline (3)\ \exists x(C(x) \wedge \neg B(x)), \end{array}$$

und die Gültigkeit folgt wieder aus der assertorischen Syllogistik.

Da das Baroco NXN zuzuordnende Schema eine Einsetzungsinstanz des Schemas für Festino NXN darstellt, ist Aristoteles im Irrtum mit der Behauptung, dieser Modus sei nicht gültig. Es wiederholen sich hier im partikulären Fall die Verhältnisse, die wir bei der Gegenüberstellung von Cesare NXN und Camestres NXN vorgefunden haben. Gegen die Gültigkeit von Baroco NXN könne, so meint Aristoteles, ein BE-Argument auf der Basis derselben Einsetzungen gegeben werden wie im allgemeinen Fall, also wie im Fall von Camestres NXN (31a14f.). Den Fehler eines solchen Arguments hätten wir an derselben Stelle zu lokalisieren, an der er nach unserer Diagnose im Camestres-Fall lag: Aristoteles könnte zwar mit Recht sagen, daß es nicht nur möglich sei, daß ein Mensch weiß (oder bewegt) und damit ein Weißes (oder ein Bewegtes) Mensch ist, sondern sogar möglich sei, daß *alles* Bewegte Mensch ist (nachdem alle von Menschen verschiedenen Individuen einmal gemeinsam in den Ruhezustand übergehen könnten); doch das Bestehen dieser Möglichkeit ist mit dem Satz „ein Bewegtes ist notwendig nicht Mensch" nur dann unverträglich, wenn dieser Satz wiederum so aufgefaßt wird, daß er eine Aussage über ein Verhältnis der Umfänge der involvierten Begriffe in allen möglichen Welten einschließt (wie es für Aussagen der Form $\exists x\mathcal{N}(C(x) \wedge N\neg B(x))$ zutrifft), nämlich die Aussage: in jeder Welt hat der

Umfang des einen mit dem Komplement des Umfangs des anderen Begriffs einen nicht-leeren Durchschnitt, mit anderen Worten, in jeder Welt ist der Umfang des einen im Umfang des anderen nicht enthalten. Verträglich dagegen ist das Bestehen jener Möglichkeit mit „ein Bewegtes ist notwendig nicht Mensch", sofern dieser Satz als ein Satz der logischen Form $\exists x(C(x) \wedge N\neg B(x))$ aufgefaßt wird.

8.) Aristoteles' Behauptungen über Baroco XNX und Baroco XNN sind den Bemerkungen unter Ziffer 6.) zufolge richtig, da Baroco und Festino der respektiven Modalitäten Einsetzungsinstanzen voneinander sind.

Ich halte abschließend fest, daß genau eine der Gültigkeitsbehauptungen von A10 auch relativ zu PL + S5 nicht verifiziert werden konnte, nämlich die Behauptung der Gültigkeit von Camestres XNN.

1.4. A11, A12; Aristoteles' Anerkennung der Gültigkeit der N-X-Abschwächung; die Frage einer speziellen Modalität assertorischer Aussagen

Was zur Komplettierung der Notwendigkeitssyllogistik noch aussteht, ist die Behandlung der Modi der dritten Figur mit gemischt assertorischen und apodiktischen Prämissen. Dieser Teil der Theorie wird in A11 entwickelt.

1.) (1) $\forall xN(C(x) \supset NA(x))$
(2) $\forall x(C(x) \supset B(x))$
―――――
(3) $\exists x(N)(B(x) \wedge NA(x))$

sowie

(1) $\forall xN(C(x) \supset N\neg A(x))$
(2) $\forall x(C(x) \supset B(x))$
―――――
(3) $\exists x(N)(B(x) \wedge N\neg A(x))$

sind die Schlußschemata, welche den Modi Darapti NXN bzw. Felapton NXN entsprechen. Beide Modi werden von Aristoteles als gültig angesehen. Dazu für Darapti 31a18–21 sowie 31a24–30, für Felapton 31a21–23 sowie 31a33–37. Eine solche Gleichbewertung kann im Licht unserer Symbolisierungen nur sachgerecht sein, da die beiden Schemata, wie wir das schon oft hatten, bis auf die unwesentliche Differenz zwischen $NA(x)$ und $N\neg\neg A(x)$ durch Substitution von $\neg A(x)$ für $A(x)$ auseinander hervorgehen. Beide Schemata sind offenbar T-gültig, sofern man jeweils in (3) den in Parenthese gesetzten weiter außen stehenden Modaloperator streicht sowie über dem Strich eine Existenzvoraussetzung gemäß (*45*) in Kapitel II. hinzufügt – wie man das bei den Modi der dritten Figur aus der assertorischen Syllogistik nicht anders kennt.

2.) (1) $\forall x(C(x) \supset A(x))$
(2) $\forall xN(C(x) \supset NB(x))$
―――――
(3) $\exists x(N)(B(x) \wedge NA(x))$
(3′) $\exists x(B(x) \wedge A(x))$

sowie

(1) $\forall x(C(x) \supset \neg A(x))$
(2) $\forall xN(C(x) \supset NB(x))$
―――――
(3) $\exists x(N)(B(x) \wedge N\neg A(x))$
(3′) $\exists x(B(x) \wedge \neg A(x))$

ordnen wir den Modi Darapti XNN und Darapti XNX bzw. Felapton XNN und Felapton XNX zu. Diese Modi hängen paarweise durch die übliche Substitution zusammen. Man erwartet daher wieder eine symmetrische Behandlung durch Aristoteles. Diese Erwartung wird leider nicht erfüllt. Aristoteles hält Darapti XNN für gültig (31a18–21 sowie 31a31–33), dagegen Felapton XNN für nicht gültig und lediglich Felapton XNX für gültig (31a37–31b10). Genaugenommen sagt Aristoteles im Hinblick auf Darapti XNN in den Zeilen 31a31–33 nur, daß die Prämissen A a C und B a_NC das B i_NA implizieren, also einen Ausdruck, in dem die Reihenfolge der Termini nicht die gewünschte ist. Im Licht der summarischen Bemerkung von 31a18–21 sowie des später (31b16–19) vorgebrachten Arguments für die Gültigkeit von Disamis XNN kann aber kein Zweifel daran bestehen, daß Aristoteles hier stillschweigend davon ausgeht, daß B i_NA noch zu A i_NB konvertiert wird. Aristoteles hat offenbar vollkommen analoge Argumente für Darapti XNN und Disamis XNN im Sinn. Im Fall von Darapti sind Prämissen A a C, B a_NC gegeben, und der Obersatz wird unrein konvertiert zu C i A, woraus nach einer Umkehrung der Reihenfolge der Prämissen das Paar $\begin{array}{c} B a_N C \\ C\ i\ A \end{array}$ resultiert. Im Fall von Disamis ist $\begin{array}{c} A\ i\ C \\ B a_N C \end{array}$ das Ausgangspaar, und was im ersten Fall durch unreine Konversion gewonnen wurde, erhält man jetzt durch die reine Konversion von A i C zu C i A (dazu 31b15f.: „der Beweis ist derselbe wie früher, konvertibel ist nämlich auch die partikulär bejahende Aussage"): das Paar $\begin{array}{c} B a_N C \\ C\ i\ A \end{array}$. In beiden Fällen folgt nach Darii NXN (korrekt) B i_NA, und nur im Fall von Disamis fügt Aristoteles ausdrücklich hinzu, was er sich im Fall von Darapti gedacht haben muß, daß nämlich daraus A i_NB durch i_N-Konversion folge (31b18f.). Freilich ist es gerade dieser zusätzliche Schritt, mit dem Aristoteles, wie wir sagen müssen, einen Irrtum begeht. Denn (1) und (2) von Darapti implizieren (3) offensichtlich auch dann nicht relativ zu irgendeiner in Frage kommenden Modallogik, wenn in (3) der äußere Modaloperator gestrichen wird (daß die Menge der Prämissenformeln um eine C(x)-Existenzvoraussetzung vermehrt gedacht wird, versteht sich in diesem Zusammenhang von selbst). Die Behauptung der Gültigkeit von Darapti XNN ist die zweite unter den Gültigkeitsbehauptungen des Aristoteles, die wir als Fehler festhalten. Die Fehlerquelle ist dieselbe wie im Falle der ersten falschen Gültigkeitsbehauptung (1.3., Ziffer 2.), der Fall Camestres XNN): Aristoteles versucht eine Reduktion des jeweils in Rede stehenden Modus auf einen NX-Modus der ersten Figur, und er vergißt offenbar, daß derartige Modi nur schwache N-Conclusiones (d. h. solche ohne zusätzlichen äußeren N-Operator) besitzen; Conclusiones also, welche die zur Komplettierung des versuchten Gültigkeitsbeweises benötigte Konversion nicht gestatten. Im Recht ist Aristoteles demnach, wenn er Felapton XNN für nicht gültig erklärt. Und im Recht ist er – die assertorische Syllogistik vorausgesetzt – auch, wenn er Felapton XNX für gültig erklärt.

Bei der Betrachtung von gemischt assertorischen und apodiktischen Prämissenpaaren im Rahmen der Notwendigkeitssyllogistik bringt Aristoteles in sehr vielen der Fälle, in denen er eine apodiktische Conclusio nicht für möglich hält, lediglich eben dies tatsächlich zum Ausdruck; das heißt, er sagt so etwas wie: die Conclusio wird unter den und den Voraussetzungen nicht apodiktisch sein, und er sagt nicht: immerhin gibt es aber eine assertorische Conclusio. (Vgl. dazu Patterson (1989), S. 36, mit Bezug auf Wieland (1966), S. 325.) So verhält es sich zunächst auch bei Felapton mit Prämissen der Modalitäten XN, indem es nämlich in 31a37f. heißt: „wenn aber die bejahende Prämisse notwendig ist [im Fall, daß man zwei allgemeine Prämissen und darunter eine bejahende und eine verneinende hat sowie eine apodiktische und eine assertorische], wird die Conclusio nicht notwendig sein". Im Anschluß an diese Behauptung bringt Aristoteles aber ein (korrektes) Argument für die Gültigkeit von Felapton XNX, in dem er, erstens, ausdrücklich die assertorische Conclusio A o B formuliert und in dem er, zweitens, ganz selbstverständlich den Übergang von einer apodiktischen Aussage zu ihrem assertorischen Korrelat vollzieht: gegeben sind die Prämissen A e C und B a_NC von Felapton XN; B a_NC wird ((PL + S4)-korrekt, falls man eine Existenzformel gemäß (*46*) in Kap.II. hinzunimmt) konvertiert zu C i_NB, diese Formel liefert durch Abschwächung von N zu X C i B, und A e C impliziert mit C i B die Beziehung A o B nach Resultaten der assertorischen Syllogistik. (Das Argument wäre, was den hineingezogenen Anteil an Konversionstheorie betrifft, weniger aufwendig gewesen, hätte Aristoteles gleich B a_NC abgeschwächt zu B a C und dies dann assertorisch konvertiert zu C i B.) Wenn damit – und aufgrund anderer Hinweise – aber klar ist, daß Aristoteles die Gültigkeit der N-X-Abschwächung akzeptiert, ist auch klar, daß bei Aristoteles Paare aus Prämissen der Modalitäten NX oder XN eben auf dem Wege der Abschwächung der jeweiligen N-Prämisse in jedem Fall mindestens X-Conclusiones liefern, sofern die entsprechenden assertorischen Paare sich als schlüssig erwiesen haben – auch wenn Aristoteles das nicht immer wieder ausdrücklich macht. Auf diese Tatsache haben wir uns bereits eingerichtet (vgl. die Bemerkungen zu Festino XNX). Ich bringe diese Dinge deshalb noch einmal zur Sprache, weil Wieland in (1966), im wesentlichen unter Berufung auf eine Aussage des Aristoteles in A12, die Auffassung entwickelt, Aristoteles halte es weder für möglich, daß eine apodiktische und eine assertorische Prämisse zusammen eine assertorische Conclusio lieferten, noch halte er es – in der Konsequenz – für zulässig, aus einem apodiktischen Satz dessen assertorisches Korrelat zu folgern. In der Tat:

> „Hätte Aristoteles die Gültigkeit einer solchen Relation [gemeint ist eine Relation der Implikation von p durch Np] anerkannt, so hätte er ... auch assertorische Conclusiones gemischter Prämissenpaare zulassen müssen. Denn in diesem Fall hätte sich jeder dieser Syllogismen auf den entsprechenden rein assertorischen Syllogismus reduzieren lassen" (a. a. O., S. 329).

Weil ich Wielands Auffassung widerspreche, freilich nicht als erster (vgl. z. B. die von R. Patterson in (1989) geübte Kritik an Wieland), will ich mich jetzt zunächst dem Kapitel A12 zuwenden, bevor ich die Betrachtung von A11 abschließe, und der Frage nachgehen, ob A12 Wielands Auffassung erzwingt.

Das zwölfte Kapitel ist sehr kurz. Es bringt keine weiteren Einzelbetrachtungen über irgendwelche modalen Syllogismen, sondern zum Abschluß der Notwendigkeitssyllogistik einige allgemeine Regeln, die Aristoteles auf der Basis der vorangegangenen Betrachtungen glaubt aufstellen zu können. Für die Bewertung des Kapitels spielt es keine große Rolle, daß wir den Rest von A11 noch nicht zur Kenntnis genommen haben. Das gesamte Kapitel lautet in der Übersetzung von Rolfes:

> (1) So zeigt sich denn, daß ein Schluß auf das einfache Zukommen nicht möglich ist, wenn nicht beide Vordersätze ein Zukommen aussprechen, (2) dagegen ein Schluß auf das notwendige schon geschehen kann, wenn auch nur der eine Vordersatz notwendig ist. (3) In beiden Fällen, mögen nun die Schlüsse bejahend oder verneinend sein, muß ein Vordersatz dem Schlußsatz gleichartig sein, d. h. ein einfaches Zukommen aussprechen, wenn dieser es tut, und ein notwendiges, wieder wenn dieser es tut. (4) Und so sieht man auch das, daß der Schlußsatz weder ein notwendiges, noch ein einfaches Zukommen aussprechen kann, wenn nicht ein Vordersatz so gefaßt ist, daß er ein notwendiges oder ein einfaches Zukommen ausspricht (Rolfes (1921), S. 25).

Hier steht in (1) „das einfache Zukommen" für ὑπάρχειν, „ein Zukommen aussprechen" für εἶναι ἐν τῷ ὑπάρχειν. In der Tat liegt es am nächsten, Aristoteles gemäß (1) und (2) so zu verstehen, als wolle er auf einen Unterschied zwischen Syllogismen mit assertorischen und solchen mit apodiktischen Konklusionen hinweisen. Wenn das so ist, besagt (1) entweder:

(1a) ein Syllogismus liefert nur dann eine assertorische Conclusio, wenn beide Prämissen assertorisch sind;

oder:

(1b) ein Syllogismus liefert nur dann eine assertorische Conclusio, wenn beide Prämissen mindestens assertorisch, d. h. jeweils assertorisch oder apodiktisch, sind.

Dabei kommt (1a) in Frage, falls εἶναι ἐν τῷ ὑπάρχειν ebenso strikt wie das vorangegangene ὑπάρχειν als Kennzeichnung assertorischer Aussagen zu nehmen ist. (1b) kommt in Frage, falls εἶναι ἐν τῷ ὑπάρχειν vielmehr in einem weiteren Sinn aufzufassen ist, so nämlich, daß es auf die assertorischen wie die apodiktischen Aussagen zutrifft. Rolfes hält sich offenbar an den weiteren Sinn und übersetzt dementsprechend mit „ein Zukommen aussprechen", nicht mit „ein einfaches Zukommen aussprechen". Die Version (1b) hat den folgenden Nachteil. Es handelt sich bei der fraglichen Behauptung des Aristoteles entweder um eine Behauptung, die ausschließlich in der Rückschau auf den bis zu der Stelle entwickelten Teil der Syllogistik formuliert ist. Dann wäre die Behauptung im Verständnis (1b) ein Konditional („wenn nicht beide Prämissen eines Syllogismus jeweils assertorisch oder apodiktisch sind, ist auch die Conclusio nicht assertorisch") mit *leerem* Vorderglied; denn bisher wurden noch gar keine anderen als assertorische oder apodiktische Aussagen in Betracht gezogen als Prämissen von Syllogismen. Darauf weist auch Wieland mit Recht hin (in (1966), S. 315). Oder es handelt sich um eine Behauptung, die auch schon in der Vorschau auf den Rest der Syllogistik, also in der Vorschau auf die Möglichkeitssyllogistik, formuliert ist. In dem Teil der Theorie kommen immerhin mit den K-Aussagen solche Aussagen als Prämissen ins Spiel, die nicht assertorisch oder apodiktisch sind. Doch dann widerspricht die Behauptung in der Version (1b) einigen der Resultate, die Aristoteles erzielen wird. Celarent NKX beispielsweise wird in A16 von Aristoteles (mit Recht) als gültig behauptet. Also wäre die Version (1a) vorzuziehen? Das ist, was Wieland tut, der mit Bezug auf 32a6–8 (d. i. (1) und (2) der Übers.) schreibt:

> „Die Formulierung des Textes scheint mir im Hinblick auf die Schlüsse mit assertorischer Conclusio so eindeutig zu sein, daß sie die Deutung ausschließt, nach der Aristoteles hier nur eine Minimalbedingung formuliert. [Gemeint ist: eine Mindest-Bedingung für das Auftreten einer X-Conclusio.] Dann gilt jedoch: Wenn also auch nur eine apodiktische Prämisse an einem Syllogismus beteiligt ist, kann die Conclusio nicht mehr assertorisch sein" (Wieland (1966), S. 315).

Daß letzteres, also (1a), nicht des Aristoteles Auffassung sein kann, glaube ich genügend belegt zu haben. Was dann also mit (1) anfangen?

Es gibt einen Ausweg aus der Schwierigkeit, den J. Pacius anbietet und der mir sehr einleuchtend erscheint, obwohl er bei den modernen Kommentatoren bisher wenig Anklang gefunden hat. Pacius bemerkt zu der in Rede stehenden Stelle:

> „Conclusio affirmans non colligitur nisi ex duabus propositionibus affirmantibus: sed necessaria colligitur etiam ex una propositione necessaria."
> Das heißt:
> „Eine bejahende Conclusio wird nur aus zwei bejahenden Prämissen erschlossen, aber eine notwendige wird auch aus einer einzigen notwendigen Prämisse erschlossen".

Aristoteles unterscheidet die syllogistischen Aussagen nach Qualität, Quantität und Modalität. Unter Rückgriff auf diese Differenzierungen kann er gewisse allgemeine Gesetze aufstellen. So zeigt sich z. B. bei der Betrachtung der Syllogistik im ganzen, daß eine Conclusio der Qualität „bejahend" – unabhängig von Quantität und Modalität – nur möglich ist, falls beide Prämissen dieselbe Qualität „bejahend" aufweisen. In der Tat handelt der bereits in 1.2. erwähnte Passus aus A24 nicht nur von Modalitäten, sondern auch von Qualitäten. Also nach A24: „entweder beide Prämissen müssen oder eine der Prämissen muß der Conclusio ähnlich sein", muß z. B. bejahend sein, wenn die Conclusio bejahend sein soll (und analog für die Qualität „verneinend"). Es hat fast den Anschein, als eröffne Aristoteles die Alternative „entweder beide – oder (mindestens?) eine der Conclusio ähnlich" deshalb, weil er der Tatsache Rechnung tragen will, daß das entsprechende Gesetz für den Fall der positiven *Qualität* eine Aussage über *beide* Prämissen eines jeden Syllogismus machen kann, für den Fall der *Modalitäten* dagegen schwächer ausfallen muß. Doch damit greife ich vor. Was liegt nun näher, nachdem für den Aspekt der Qualität klar ist, daß man ein Gesetz haben kann wie: die Conclusio ist nur bejahend, wenn beide Prämissen bejahend sind, als sich zu fragen, ob analoge Gesetze auch für den Aspekt der Modalität gelten? Daß Aristoteles so gedacht haben könnte, ist offenbar die Annahme, auf der Pacius' Interpretationsvorschlag beruht. Danach beziehen sich ὑπάρχειν (≈ zukommen) und εἶναι ἐν τῷ ὑπάρχειν (≈ im Zukommen sein) in 32a6f. nicht auf die Faktizität, sondern auf die positive Qualität[32] – versus οὐχ ὑπάρχειν (≈ nicht zukommen) – von Aussagen. Danach stellt Aristoteles weiter in 32a7f. (in (2) der Übers.) als Konsequenz aus den vorangegangenen Betrachtungen fest, daß für die Modalität des Notwendigen kein Gesetz gilt, das völlige Analogie aufwiese zu dem in (1) für die positive Qualität formulierten Gesetz: nicht gilt, die Conclusio ist nur apodiktisch, falls beide Prämissen apodiktisch sind, sondern: eine apodiktische Conclusio ist auch möglich, wenn lediglich eine der Prämissen apodiktisch ist. Aristoteles scheint sich anschließend zu fragen: wenn für die Modalität schon kein völlig analoges Gesetz gilt, gilt dann wenigstens ein dem Gesetz für die Qualität möglichst nahe kommendes? Und er scheint in 32a8–12 (d. i. in (3) der Übers.) klarmachen zu wollen: jetzt wird nicht weiter über Modi von positiver Qualität (d. h. über Modi mit einer Conclusio von positiver Qualität) gesprochen, sondern über Modi von welcher Qualität auch immer, und für diese Modi ein Gesetz,

---

[32] Auch in 35b4 drückt τὸ ὑπάρχειν – neben anderem – die positive Qualität von Aussagen aus: die assertorischen Aussagen insgesamt werden charakterisiert als Aussagen über ein ὑπάρχειν oder über ein μὴ ὑπάρχειν (d. i. über Zukommen oder über nicht-Zukommen).

das die *Modalitäten* betrifft, formuliert; Gleichartigkeit soll jetzt nicht etwa – wie in A24 – auch Gleichartigkeit im Hinblick auf die Qualität meinen, sondern sich auf das Verhältnis assertorischer zu assertorischen Aussagen (ὑπάρχουσαι προτάσεις), apodiktischer zu apodiktischen Aussagen beziehen (32a11 f.). Zweifellos besteht eine gewisse Härte der von mir favorisierten Interpretation von A12 darin, daß dieser Interpretation zufolge hier in 32a11 ὑπάρχον (≈ zukommend) und ὑπάρχουσα (≈ zukommend) sich auf die Modalität der Faktizität beziehen, während sich ὑπάρχειν in 6f. gerade darauf nicht beziehen sollte. (Die mit „zukommend" wiedergegebenen Partizipien stehen für die in (3) der Übersetzung ausgesagten Sachverhalte, daß der Schlußsatz ein einfaches Zukommen ausspreche und daß ein Vordersatz ein solches Zukommen ausspreche.) Mit der Annahme einer solchen Ambiguität kann man aber, denke ich, in Anbetracht der Nachteile der Interpretationsalternativen leben.

Wie lautet nun das die Modalitäten betreffende Gesetz? Für die Beantwortung der Frage muß man eine Entscheidung darüber treffen, wie ὁμοίαν in 32a11 (d. i. „gleichartig" in (3) der Übers.) zu interpretieren ist. Im Hinblick auf den vergleichbaren Passus in A24 (vgl. oben 1.2., Schluß) bin ich davon ausgegangen, daß dort „Gleichartigkeit" im weiten Sinn verwendet wird und dementsprechend Gleichartigkeit im Bereich der Modalitäten auch dann gegeben ist, wenn zwar keine Übereinstimmung, aber eine Einschlußbeziehung vorliegt. Dagegen scheint Aristoteles in A12 im Vergleich zu dem in A24 Gesagten noch einen spezielleren Punkt machen zu wollen, für dessen Ausdruck es wesentlich ist, daß ὁμοίαν den engen Sinn hat. Aristoteles teilt ausdrücklich mit (in (3) der Übers.), daß er hier die Gleichartigkeit so verstehe, daß einer assertorischen eine assertorische Aussage gleichartig ist (und einer notwendigen eine notwendige). Ich nehme an, daß Wieland vor allen Dingen diese Mitteilung im Sinn hat, wenn er, wie früher zitiert, meint: der aristotelische Wortlaut schließe allzu eindeutig die Möglichkeit aus, es gehe Aristoteles um die Angabe der Minimal-Modalität von Prämissen, die eine assertorische Aussage implizieren können. Wieland hat mit dieser Ansicht durchaus recht. Unrecht hat er nach der von uns vertretenen Auffassung nur darin, daß er diese Ansicht bereits auf 32a6f. bezieht, wo es nicht um Modalitäten, sondern um Qualitäten geht. Was Aristoteles in 32a8–12 behauptet, ist verschieden von dem, was er in 32a6f. behauptet haben würde, falls die Stelle der Version (1a) gemäß verstanden werden müßte; und jenes ist, im Unterschied zu diesem, recht verstanden richtig. Denn Aristoteles behauptet: (mindestens) eine Prämisse muß der Modalität nach der Konklusion (im engen Sinn) gleichartig sein. Das heißt, wenn man die Behauptung auf die bisher überhaupt in Frage gekommenen Prämissenpaare bezieht: will man aus Prämissen, die jeweils assertorisch oder apodiktisch sind, eine apodiktische Conclusio ziehen, so muß mindestens eine der Prämissen apodiktisch sein (und unter Umständen genügt das auch) – das ist sogar konform mit den Resultaten der gesamten modalen Syllogistik; und will man aus Prämissen, die jeweils assertorisch oder apodiktisch sind, eine assertorische Conclusio *und nicht mehr* (d. h.: nicht auch eine entsprechende apodiktische Conclusio) ziehen können, so muß mindestens eine der Prämissen assertorisch sein. Und wirklich: A8 hat gezeigt, daß zwei apodiktische Prämissen, wenn sie überhaupt eine der in Frage kommenden Aussagen implizieren, bereits eine apodiktische Aussage implizieren. Diese zweite Teilbehauptung wäre nicht richtig, wenn sie sich auf die modale Syllogistik im ganzen bezöge. Denn auf Celarent NKX habe ich schon hingewiesen. Es besteht kein Anlaß, einen solchen Einzugsbereich der Behauptung zu unterstellen, nachdem sie am Ende der assertorischen und Notwendigkeits-Syllogistik vorgebracht wird. Die Zusatzannahme, es gehe hier um assertorische Conclusiones „und nicht mehr", ist natürlich unumgänglich, wenn Aristoteles so interpretiert werden soll, daß er etwas Richtiges sagt. Dementsprechend erwägt Striker die Möglichkeit, daß Aristoteles als die Conclusio jeweils die stärkste ableitbare Aussage bezeichne.

Die Zeilen 32a12–14 (d. i. (4) der Übers.) bringen lediglich noch einmal eine andere Formulierung der angegebenen Resultate.

Damit sollte klar sein, daß auch A12 nicht die Auffassung erzwingt, Aristoteles anerkenne nicht die Gültigkeit der N-X-Abschwächung. Wer jedoch wie Wieland diese Auffassung vertreten will, muß eine Antwort auf die Frage zu geben versuchen, was denn apodiktische Aussagen beinhalten und was – jedenfalls im Kontext der Notwendigkeitssyllogistik – assertorische Aussagen beinhalten sollen, das zur Folge hat, daß zwischen diesen Typen von Aussagen keine Implikationsbeziehung besteht. Wielands Antwort lautet: in apodiktischen Aussagen werden Wesensbestimmungen prädiziert, in assertorischen Aussagen akzidentielle Bestimmungen. Im einzelnen heißt es in Wieland (1966), S. 332:

> „Man wird in der aristotelischen Modallogik die assertorischen Sätze nicht als ‚unmodalisierte' Sätze ansehen dürfen, denen dann die ‚modalisierten' apodiktischen (und problematischen) Sätze gegenübergestellt werden könnten; den assertorischen Sätzen muß vielmehr eine Modalität eigener Art zugesprochen werden. Assertorische Aussagen verwendet Aristoteles in der Lehre von den Notwendigkeitsschlüssen immer dann, wenn er die Realisierung einer – von mehreren – Möglichkeiten behaupten will."

Nach dieser Auffassung würde in der Notwendigkeitssyllogistik assertorisches A a B genau das ausdrücken, von dem ich zu Beginn von II.4. gesagt habe, daß A a_KB es, im Unterschied zu einem verbreiteten Verständnis von „kontingenterweise Zukommen", nicht ausdrückt: daß nämlich A den Exemplaren von B faktisch zukommt, und zwar kontingenterweise. In der Tat: $\forall x N(B(x) \supset NA(x))$ ist unverträglich mit $\forall x(N)(B(x) \supset (A(x) \wedge KA(x)))$ (unter der Voraussetzung, daß es Individuen gibt, welche die Formel B(x) erfüllen). Das faktische Zukommen, das zugleich ein kontingentes Zukommen ist, ist ein Anwendungsbereich des Prädikats des faktischen Zukommens; ebenso wie das faktische Zukommen, das sogar ein essentielles ist, einen anderen Anwendungsbereich darstellt. Wenn ich mich an den eingangs aufgestellten Sparsamkeitsprinzipien orientiere, verbietet es sich, ohne triftigen Grund, wie er für den zweiten der genannten Anwendungsfälle vorliegt, auch für den ersten Anwendungsfall bei Aristoteles einen eigenen Modalbegriff anzusetzen und nach einer dafür spezifischen Logik zu suchen.

Wieland bemerkt ganz richtig, daß Aristoteles, wo er in der Notwendigkeitssyllogistik BE-Argumente durchführt, als Substitute für Prädikatsymbole solche Prädikate wählt – und zwar in der Regel, wie ich betone –, welche assertorische Prämissenformeln in Prädikationen überführen, die als explizit akzidentielle Prädikationen cum grano salis wahr wären.

Ich unterscheide hier explizit akzidentielle Prädikationen von Prädikationen, in denen assertorisch ein Akzidens prädiziert wird. „Sokrates sitzt" ist vom letzteren Typ, „Sokrates sitzt zufällig", „Sokrates sitzt, und zwar kontingenterweise", „Sokrates sitzt, aber er könnte auch stehen" sind vom explizit akzidentiellen Typ.

So verhält es sich etwa in A11, 31b27–31, wo die Oberformel A a C von Datisi XNX übergeht in die Aussage: „jedes Lebewesen ist wach". Von Wahrheit cum grano salis spreche ich deshalb, weil normalerweise eben nicht vom faktischen Zukommen der jeweiligen akzidentiellen Bestimmung (wie es das Zukommen, das ein bloß-kontingenterweise-Zukommen ist, einschließt) ausgegangen werden kann; es müssen, wie ich es früher ausgedrückt habe, nötigenfalls bloß mögliche Weltverfassungen als Bezugsstellen für die Auswertung der jeweiligen X-Formeln eingeführt werden. Es wird im wesentlichen diese Tatsache sein, die Wieland meint, wenn er über die BE-Argumente in der Notwendigkeitssyllogistik sagt: die Unterscheidung zwischen essentiellen und akzidentiellen Bestimmungen mag dabei „gelegentlich einmal nur hypothetisch angesetzt sein" (a. a. O., S. 332).[33] Diese Eigentümlichkeit der BE-

[33] Wir haben gesehen, daß die Liberalisierung des BE-Verfahrens, welche in der Zulassung von in einer bestimmten Weise begrenzten Fiktionen besteht, Aristoteles mitunter dazu verleitet, die fraglichen Grenzen noch zu überschreiten und Weltverfassungen auf der einen Seite für möglich zu erklären, deren Beschaffenheit andererseits mit gewissen der essentialistischen Ansichten des Aristoteles in Konflikt steht. Ich erinnere an den Widerspruch zwischen der

Argumente braucht aber durchaus nicht als Beleg dafür gewertet zu werden (wie es bei Wieland geschieht), daß assertorische Aussagen in der Notwendigkeitssyllogistik eo ipso akzidentielle Prädikationen seien. Denn es gibt eine einfache Erklärung für das Auftreten der Eigentümlichkeit. Das Beweisziel des Aristoteles an den einschlägigen Stellen besteht darin zu zeigen, daß bestimmte gemischt assertorische und apodiktische Prämissenpaare über keine apodiktischen Conclusiones verfügen. Nachdem Aristoteles in A8 gezeigt hat, daß schlüssige Paare aus zwei apodiktischen Prämissen eine apodiktische Conclusio *haben*, weiß er: das Beweisziel kann nicht erreicht werden über Begriffseinsetzungen, die so beschaffen sind, daß sie mit der assertorischen Prämisse zugleich eine entsprechende apodiktische Aussage wahr werden lassen; denn bei einer jeden derartigen Interpretation müßte nach A8 das Einsetzungsresultat der bestrittenen apodiktischen Konklusionsformel eine *wahre* Aussage sein – was Aristoteles gerade nicht brauchen kann.

Genau gesagt bin ich nicht sicher, daß Aristoteles über eine entsprechende Einsicht auf diesem Niveau der Generalisierung verfügte. Er wird jedenfalls bei der Entwicklung von BE-Argumenten seine Erfahrungen gemacht und gemerkt haben, daß er mit gewissen zunächst versuchten Substitutionen nicht zum Ziel kam. Im allgemeinen verhält sich Aristoteles so, als habe er die Einsicht gehabt, aber nicht immer. Beispielsweise verhält er sich nicht so bei der Wahl der Einsetzungen im BE-Argument gegen Camestres NXN (s. 1.3., zu Ziffer 4.)). In diesem Fall geht A e C über in die Aussage „›Lebewesen‹ kommt keinem Weißen zu“, und wo diese Aussage wahr ist, da ist auch immerhin die entsprechende schwache essentielle Prädikation (vom ἐν τῷδε τῷ χρόνῳ-Typ) wahr; denn wenn ein Individuum kein Lebewesen ist, dann ist es essentiell kein Lebewesen. Hier ist Aristoteles ein Versehen unterlaufen, mit dem bereits aus dem oben genannten Grund sein Argument zum Scheitern verurteilt ist. Selbst wenn man anstelle der ursprünglichen assertorischen Unterformel als Unterformel nur eine schwache apodiktische Prädikation $\forall x(C(x) \supset N\neg A(x))$ wählen kann, erhält man zusammen mit dem Obersatz von Camestres NX $\forall xN(B(x) \supset NA(x))$ bzw. zusammen mit dessen Implikat $\forall x(NM\neg A(x) \supset N\neg B(x))$ schon in PL + T (und nicht erst in PL + B) die schwache apodiktische Konklusion $\forall x(C(x) \supset N\neg B(x))$.

Möglichkeit von „alle Lebewesen sind nicht weiß“ und der Wahrheit von „alle Schwäne sind notwendig weiß“. Mit der zitierten Formulierung will Wieland wohl auf derartige Fälle hinweisen, in denen durch die Einführung von Fiktionen eine vorher klare Klassifikation einer Eigenschaft als essentiell oder nicht-essentiell (für gewisse Individuen) in Frage gestellt wird. In unserem exemplarischen Fall wird es, nachdem es möglich sein soll, daß alle Lebewesen nicht weiß sind, fraglich, ob Weiße als für Schwäne essentiell oder nicht-essentiell gelten soll.

Die fragliche Eigentümlichkeit hat also, wenn man es überhaupt so anspruchsvoll ausdrücken will, ihren Grund in beweistechnischen Notwendigkeiten; man darf aus ihr keine voreiligen Schlüsse über die Semantik der X-Aussagen ziehen. Auch darf man solche Schlüsse nicht ziehen aus den gelegentlichen Vorkommnissen des ἐνδέχεσθαι (≈ möglich sein) in BE-Kontexten, von denen die Rede war. (In A11 haben wir solche Vorkommnisse an den Stellen 31b6 im BE-Argument gegen Felapton XNN sowie 31b30 im BE-Argument gegen Datisi XNN.) Ich habe meine Position deutlich gemacht, nach der es in diesen Kontexten um die Existenz gewisser möglicher Welten geht. Nicht geht es um den Ausdruck bestimmter objektsprachlicher Aussagen, etwa solcher der logischen Form $\forall x(N)(B(x) \supset (A(x) \wedge MA(x) \wedge M\neg A(x)))$. Daß es darum gehe und daß dies die Funktion des ἐνδέχεσθαι in den betreffenden Passagen sei, ist die Richtung, in welche Wieland zu denken scheint, wenn er wie oben bereits zitiert schreibt: „Assertorische Aussagen verwendet Aristoteles in der Lehre von den Notwendigkeitsschlüssen immer dann, wenn er die Realisierung einer – von mehreren – Möglichkeiten behaupten will" (a. a. O., S. 332; in der eben notierten Formel wären die beiden einschlägigen Möglichkeiten durch die Konjunktionsglieder $MA(x)$, $M\neg A(x)$ ausgedrückt, die Realisierung einer von ihnen durch das Glied $A(x)$). Dafür spreche „auch der Gebrauch von ‚ἐνδέχεσθαι' in den Argumentationen mit konkreten Begriffen" (a. a. O.).

Ich habe oben eingeräumt, daß Aristoteles' Substitutionsresultate, soweit es X-Formeln angeht, in der Regel Prädikationen darstellen, welche zugleich mit entsprechenden akzidentiellen Prädikationen im Sinne Wielands wahr sind. Gibt es Ausnahmen von der Regel, dann liefern die BE-Kontexte kein so zugkräftiges Argument mehr für Wielands Gleichsetzung von X-Aussagen mit (explizit) akzidentiellen Prädikationen. Eine Ausnahme wie die im Rahmen des BE- Arguments gegen Camestres NXN gefundene will ich nicht gegen Wielands Schlußfolgerung anführen, weil Aristoteles sich mit dem Argument offensichtlich vertan hat. Eine weitere Ausnahme ist jedoch mit dem vollkommen korrekten BE-Argument gegeben, das Aristoteles in 32a1–4 gegen Ferison XNN:

$$\frac{\begin{array}{c} A\, e\, C \\ B\, i_N\, C \end{array}}{A\, o_N B}$$

wendet.

Aristoteles gibt die folgenden Einsetzungen an. Für A: „... ist wach"; für B: „... ist Lebewesen"; für C: „... ist weiß". Die Substitutionsresultate haben wir auszuwerten relativ zu einer möglichen Weltverfassung, bei der alles Weiße nicht wach ist, bei der also alle hellen Individuen, die des Wachseins und Schlafens überhaupt fähig sind, zufällig einmal gemeinsam schlafen. (Um diejenigen hellen Individuen, die von Natur aus nicht des Wachseins und

Schlafens fähig sind, wie z. B. um weiße Steine, braucht man sich selbstverständlich nicht zu kümmern.) Relativ zu einer derartigen Weltverfassung hat man wahre Prämissen (man beachte: Schwäne beispielsweise, so würde Aristoteles sagen, sind sowohl essentiell Lebewesen als auch essentiell weiß), und das Korrelat von A o_NB: „ein Lebewesen ist notwendig nicht wach" ist falsch. Worauf es mir ankommt, ist dies. Wir haben eingesehen, daß Aristoteles sein Modell, um es zeitgemäß auszudrücken, so wählen muß, daß zwar $\forall x(C(x) \supset \neg A(x))$ darin mit „wahr" bewertet wird, nicht aber $\forall x N(C(x) \supset N\neg A(x))$ oder auch nur $\forall x(C(x) \supset N\neg A(x))$. Mit anderen Worten,

$$\forall x(C(x) \supset \neg A(x)) \wedge \neg\forall x(C(x) \supset N\neg A(x))$$

muß mit „wahr" bewertet werden, das heißt mit „wahr" muß bewertet werden

$$\forall x(C(x) \supset \neg A(x)) \wedge \exists x(C(x) \wedge MA(x)),$$

mithin auch das äquivalente

$$\forall x(C(x) \supset \neg A(x)) \wedge \exists x(C(x) \wedge K\neg A(x)).$$

Diese Bedingung ist erfüllt. Denn beispielsweise für Menschen und damit auch für hellhäutige Menschen ist es nicht essentiell zu schlafen (wenn wir uns einmal mehr soweit auf einen aristotelischen Essentialismus einlassen). Dagegen braucht die Bedingung, daß

$$\forall x(C(x) \supset (\neg A(x) \wedge K\neg A(x))),$$

oder äquivalent

$$\forall x(C(x) \supset \neg A(x)) \wedge \forall x(C(x) \supset K\neg A(x)),$$

mit „wahr" bewertet werde, durchaus nicht erfüllt zu sein. Diese Bedingung ist viel stärker als die erste Bedingung, nachdem an die Stelle von $\exists x(C(x) \wedge K\neg A(x))$ die Allformel $\forall x(C(x) \supset K\neg A(x))$ getreten ist. Also: was Aristoteles aus beweistechnischen Gründen braucht, ist *weniger* als die Wahrheit der dem A e C entsprechenden explizit akzidentiellen Prädikation, und deren Wahrheit ist im vorliegenden Fall tatsächlich nicht gegeben – eine Tatsache, die als Indiz dafür gelten darf, daß es nur die beweistechnischen Erfordernisse sind, die den Ausschlag für jene Eigentümlichkeit der BE-Argumente geben. Denn es gibt weiße Steine, Häuser, ..., und alle diese Dinge sind essentiell nicht wach (nachdem die Wachheit höchstens Lebewesen zukommen kann). Es hilft auch nichts, mit der Annahme zu arbeiten, die Weltverfassung, relativ zu welcher die Wahrheitsbewertung vorzunehmen sei, müsse eben so gedacht werden, daß bei ihr alle Häuser zufällig einmal dunkel gestrichen seien etc. Denn Schnee, so zeigen Aristoteles' Beispiele (vgl. etwa 35a24), gilt als essentiell weiß. Man sieht: in diesem Fall kann A e C nicht einmal in eine cum grano salis wahre akzidentielle Prädikation überführt werden.

Auch muß man folgendes beachten. Aristoteles ist zweifellos der Ansicht, daß modalisierte Aussagen, wo sie konvertibel sind, durch die Konversion in Aussagen derselben respektiven Modalität transformiert werden. Dies gilt insbesondere für die Aussagen, von denen Wieland annimmt, sie besäßen eine spezielle Modalität der Faktizität, nämlich für die assertorischen Aussagen der Notwendigkeitssyllogistik. Man liest es an Argumenten ab wie demjenigen, welches wir in 1.3. als erstes unter drei Argumenten gegen Camestres NXN kennengelernt haben. Das Prämissenpaar $\begin{matrix} A a_N B \\ A e C \end{matrix}$ von Camestres NX – so der Gang dieses Arguments – wird umgeformt in ein Paar $\begin{matrix} C e A \\ A a_N B \end{matrix}$ für die erste Figur. Aristoteles verweist dann darauf, daß im Theoriestück über die gemischten Modi der ersten Figur gezeigt wurde: man erhält (in der ersten Figur) keine apodiktische Conclusio, wenn der Obersatz nicht apodiktisch ist. Mithin gilt C e A als ebenso assertorisch wie A e C. Nun sind aber viele der aristotelischen Einsetzungsinstanzen von e-Formeln in der N-Syllogistik so beschaffen, daß ihre Umkehrungen nicht mehr ohne weiteres als verträglich mit akzidentiellen Prädikationen gelten können. In A9, 30a28–33, beispielsweise finden wir BE-Argumente gegen Barbara und Celarent der Modalitäten XNN. Der Obersatz A e B von Celarent geht unter den dabei angegebenen Einsetzungen über in „›Bewegt‹ kommt keinem Lebewesen zu". Konversion würde die Prädikation „›Lebewesen‹ kommt keinem Bewegten zu" liefern. Das ist nach wie vor ein assertorischer Satz, in dem aber mit ›Nicht-Lebewesen‹ kein Akzidens prädiziert wird.

Aristoteles sagt in 32a3 im Kontext der BE-Argumentation gegen Ferison XNN: ἐγρήγορσις δ' ἐνδέχεται μηδενί (scil. λευκῷ ὑπάρχειν) (≈ ›Wachsein‹ kommt möglicherweise / kontingenterweise keinem Weißen zu). Wenn dem Leser ein solcher Satz scheinbar als Korrelat von A e C angeboten wird, liegt es gewiß nahe zunächst zu folgern, hier gehe es um eine assertorische e-Aussage, die irgendwie zugleich auch eine ἐνδέχεσθαι-Aussage sei; dies könnte dann kaum etwas anderes als eine explizit akzidentielle Prädikation sein. Daß dieser erste Eindruck falsch ist, habe ich zeigen wollen. Ich kehre jetzt zu unserem Gang durch die logischen Behauptungen in A11 zurück.

Zuletzt habe ich auf die sachlich unbegründete Asymmetrie hingewiesen, welche in Aristoteles' Einschätzungen der Modi Darapti XNN und Felapton XNN enthalten ist. Es liegen hier Umstände von ähnlicher Art vor, wie wir sie bereits bei unserem Vergleich von Cesare XNN und Camestres XNN beobachtet haben. Felapton XNN ist zwar – in Übereinstimmung mit des Aristoteles Auffassung – tatsächlich nicht gültig; daß Aristoteles in diesem

Fall das richtige Urteil trifft, liegt aber nur daran, daß ihm Aussagen mit negativen Subjektstermini zu verwenden nicht in den Sinn kommt. Hätte Aristoteles diese Möglichkeit in Betracht gezogen, so hätte er für die Gültigkeit von Felapton XNN wiederum im wesentlichen auf dieselbe – am Ende inkorrekte – Weise argumentieren können, auf die er für Darapti XNN argumentiert: die Prämissenformeln von Felapton XN sind $\frac{A\ e\ C}{B a_N C}$ bzw. $\frac{A^C a\ C}{B\ a_N C}$; mit unreiner Konversion des Obersatzes und Prämissenvertauschung erhält man $\frac{B a_N C}{C i\ A^C}$, woraus nach Darii NXN (korrekt) B $i_N A^C$ sich ergibt – diese partikuläre N-Aussage freilich in einer Form, welche nicht wirklich eine Konversion zu $A^C i_N$ B bzw. zu A o_NB gestattet. Man sieht: das aristotelische Instrumentarium für die Reduktion von Syllogismen ist defizitär; immerhin hat dieser Umstand jedoch manchmal die glückliche Folge, daß Aristoteles von der Aufstellung falscher Gültigkeitsbehauptungen abgehalten wird.

3.) Die Schlußschemata

(1) $\forall x N(C(x) \supset NA(x))$		(1) $\forall x N(C(x) \supset N\neg A(x))$
(2) $\exists x(C(x) \wedge B(x))$	und	(2) $\exists x(C(x) \wedge B(x))$
(3) $\exists x(N)(B(x) \wedge NA(x))$		(3) $\exists x(N)(B(x) \wedge N\neg A(x))$

korrespondieren – in dieser Reihenfolge – den Modi Datisi NXN und Ferison NXN. Ich fasse beide Modi zusammen wegen der Möglichkeit ihrer Überführung ineinander durch $A(x)/\neg A(x)$-Substitution. Aristoteles' einschlägige Behauptungen sind mit diesem Zusammenhang konform: Datisi NXN wird für gültig dargestellt in 31b12–15 und 31b19f., Ferison NXN ebenfalls für gültig in 31b33–37. Damit liegt Aristoteles richtig: nach Streichung des jeweils bei (3) in Parenthese gesetzten N-Operators sind beide Schemata klarerweise T- gültig.

4.) Für Datisi XNX/N und Ferison XNX/N setze ich die respektiven Schemata

(1) $\forall x(C(x) \supset A(x))$		(1) $\forall x(C(x) \supset \neg A(x))$
(2) $\exists x N(C(x) \wedge NB(x))$	und	(2) $\exists x N(C(x) \wedge NB(x))$
(3) $\exists x(B(x) \wedge A(x))$		(3) $\exists x(B(x) \wedge \neg A(x))$
(3′) $\exists x(N)(B(x) \wedge NA(x))$		(3′) $\exists x(N)(B(x) \wedge N\neg A(x))$.

Über den Grund für die Zusammengruppierung beider Modi brauche ich nichts mehr zu sagen. Aristoteles' Behauptungen lauten in Konformität mit dem Zusammenhang der Modi: Datisi XNX ist gültig, Datisi XNN ist nicht gültig (dazu 31b20–31); Ferison XNX ist gültig, Ferison XNN ist nicht gültig (dazu 31b37–39, 32a1–4). Aristoteles hat recht damit: in beiden Fällen T-implizieren (1) und (2) ersichtlich (3); und in beiden Fällen implizieren (1) und (2) nicht (3′) relativ zu irgendeiner in Betracht kommenden Modallogik.

5.)

$$\begin{array}{ll} (1) & \exists x(C(x) \land A(x)) \\ (2) & \forall x N(C(x) \supset NB(x)) \\ \hline (3) & \exists x(N)(B(x) \land NA(x)) \end{array} \quad \text{und} \quad \begin{array}{ll} (1) & \exists x(C(x) \land \neg A(x)) \\ (2) & \forall x N(C(x) \supset NB(x)) \\ \hline (3) & \exists x(N)(B(x) \land N\neg A(x)) \\ (3') & \exists x(B(x) \land \neg A(x)) \end{array}$$

sind die Korrelate von Disamis XNN bzw. von Bocardo XNN und von Bocardo XNX. Disamis XNN ist, auch nach Streichung des bei (3) in Parenthese gesetzten N-Operators, nicht z. B. (PL + S5)-gültig. Wir sehen daher Aristoteles im Irrtum mit seiner Behauptung der Gültigkeit des Modus (in 31b12–19). Wie es möglich war, daß Aristoteles dieser Irrtum unterlief, haben wir bereits im Zusammenhang mit unserer Erörterung des Modus Darapti XNN deutlich gemacht. Was Bocardo mit Prämissen der Modalitäten XN angeht, so ist das damit korrelierte Schlußschema mit assertorischer Konklusionsformel (3′) versehen klarerweise gültig aus Gründen, die dafür schon in der assertorischen Syllogistik einschlägig waren; und Bocardo XNN erweist sich als ebenso nicht-gültig wie Disamis XNN, was in diesem Fall auch von Aristoteles behauptet wird (dazu 31b37–32a1). Wir haben hier wiederum Verhältnisse, wie sie uns mittlerweile vertraut sind aus der Analyse sachlich unbegründeter Asymmetrien in der Behandlung von im wesentlichen identischen Modi durch Aristoteles: wäre Aristoteles bereit gewesen, die Oberformel A o C von Bocardo XN mit A^Ci C zu identifizieren und sie zu C i A^C umzukehren, so wäre er durch dieselbe Argumentation, wie er sie für Disamis XNN vorgetragen hat, zu einer entsprechenden Einschätzung des logischen Status von Bocardo XNN gelangt. Gut also unter diesem Aspekt, daß Aristoteles eine solche Transformationsmöglichkeit offenbar fremd war! Freilich darf man darüber spekulieren, ob Aristoteles in Anbetracht des vollkommen korrekten BE-Arguments von 31b40–32a1 gegen Bocardo XNN nicht auch zu einer Revision seiner falschen Gültigkeitsbehauptung für Disamis XNN hätte gelangen können, falls er um jene Möglichkeit gewußt hätte. Was allerdings hätte ihn, im Besitz solchen Wissens, veranlassen sollen, die Entwicklung eines derartigen BE-Arguments zu versuchen?

6.) Die Modi Disamis NXX und Bocardo NXX schließlich symbolisieren wir durch die Schemata

$$\begin{array}{ll} (1) & \exists x N(C(x) \land NA(x)) \\ (2) & \forall x(C(x) \supset B(x)) \\ \hline (3) & \exists x(B(x) \land A(x)) \end{array} \quad \text{und} \quad \begin{array}{ll} (1) & \exists x N(C(x) \land N\neg A(x)) \\ (2) & \forall x(C(x) \supset B(x)) \\ \hline (3) & \exists x(B(x) \land \neg A(x)), \end{array}$$

und diese Schemata sind (PL + T)-gültig. Das wird Aristoteles genauso gesehen haben, auch wenn er sich in diesen Fällen wie so oft darauf beschränkt zu bemerken, daß die Konklusion nicht notwendig sei. Ersetzt man oben (3) durch

$$(3') \ \exists x(B(x) \wedge NA(x)) \quad \text{bzw. durch} \quad (3'') \ \exists x(B(x) \wedge N\neg A(x)),$$

so erhält man Schemata, die ebenso offensichtlich gültig sind wie die ursprünglichen – im Widerspruch zu Aristoteles' Sicht der Dinge.

Aristoteles gibt BE-Argumente sowohl gegen Bocardo NXN als auch gegen Disamis NXN (in 32a4f. bzw. in 31b28f. und 31–33). Man kann leicht die Defekte dieser Argumente festmachen. Im Fall von Bocardo bietet uns Aristoteles die Wahlen „... ist zweifüßig" (für A), „... ist bewegt" (für B), „... ist Lebewesen" (für C) an. In der Tat: es ist wahr – und zwar sogar relativ zu jeder Welt, die innerhalb der früher skizzierten Grenzen als möglich gelten kann – , daß es etwas gibt, das sowohl essentiell ein Lebewesen ist als auch essentiell nicht zweifüßig ist; jeder Vierfüßer kann hier angeführt werden (und in jeder aristotelisch-möglichen Welt gibt es Vierfüßer); es ist ferner wahr relativ zu einer gewissen immerhin theoretisch herstellbaren Welt, daß jedes Lebewesen in Bewegung ist. Doch wie steht es um die von Aristoteles benötigte Falschheit der Aussage, in die (3″) mit der Durchführung der einschlägigen Substitutionen übergeht? Wie steht es also um die Falschheit der Aussage „ein Bewegtes ist essentiell nicht zweifüßig", und zwar relativ zu jener als herstellbar in Anspruch genommenen Bezugswelt? Offensichtlich ist die Aussage in dieser Welt nicht falsch, sondern wahr: alle Lebewesen sind dort in Bewegung, und unter den Lebewesen sind Vierfüßer, die mithin bewegt und essentiell nicht zweifüßig sind. Aristoteles' Argument zeigt höchstens, daß man keine *starke* oN-Conclusio bekommen kann, sofern man nämlich die plausible Ansicht vertritt, daß in keiner möglichen Welt irgendetwas essentiell bewegt ist. Starke Apodiktizität aber ist, wie wir gesehen haben, nicht das, was im allgemeinen von apodiktischen Konklusionen gefordert wird.

Die Substitutionen für den Fall von Disamis sollen (vermutlich) lauten: für A „... ist zweifüßig"; für B „... ist wach"; für C „... ist Lebewesen". Aristoteles sagt an sich nur, daß in diesem Fall mit den gleichen Prädikaten operiert werden könne wie mit den unmittelbar vorher zur Widerlegung von Datisi XNN eingesetzten. Was fehlt, ist im vorliegenden Fall eine Angabe darüber, wie die Zuordnung dieser Prädikate zu den Variablen A, B, C aussehen soll. Plausibilität hat nur die oben vermutete Zuordnung. Die Situation ist jetzt mutatis mutandis dieselbe wie im BE-Argument gegen Bocardo NXN: daß ein Waches essentiell zweifüßig sei, ist wahr in einer Welt, in der alle Lebewesen – und darunter einige Zweifüßer – wach sind, nämlich wiederum als schwach apodiktische Conclusio. Es ist ziemlich klar, daß Aristoteles für die Zurückführung auf einen Modus der ersten Figur von Disamis NX mit Conclusio von welcher Modalität auch immer das folgende Argument im Sinn gehabt haben wird. Der Obersatz $A\ i_N C$ wird konvertiert zu $C\ i_N A$, und das Resultat der Konversion wird zum Untersatz eines Antezedens $\begin{matrix} B\ a\ C \\ C i_N A \end{matrix}$ für Darii XN gemacht. Dies Antezedens impliziert in der Tat lediglich assertorisches B i A; aber anders als etwa im Falle von Datisi XN ist man hier über eine Prämissenvertauschung gegangen und hat deshalb noch keineswegs die Behauptung verifiziert, daß $\begin{matrix} A i_N C \\ B\ a\ C \end{matrix}$ nicht – mit „richtiger" Reihenfolge der Termini – $A\ i_N B$ impliziere. Schwach apodiktische i-Sätze sind eben nicht bis auf Äquivalenz invariant gegen Abänderungen in der Anordnung der Termini.

Damit ist unsere Durchmusterung der Notwendigkeitssyllogistik beendet. Wir sind auf insgesamt drei nicht verifikationsfähige Gültigkeitsbehauptungen gestoßen. Sie betreffen die Modi Camestres, Darapti und Disamis der Modalitäten XNN. Mit dieser Feststellung korrigiere ich einen Irrtum, der mir in Nortmann (1990) unterlaufen ist. Dort habe ich unter Vernachlässigung der Notwendigkeitssyllogistik eine Behauptung für die gesamte modale Syllogistik formuliert (nämlich a. a. O., S. 78: Richtigkeit der Gültigkeitsbehauptungen des Aristoteles bis auf zwei Ausnahmen), die nur für die Möglichkeitssyllogistik (*An. pr.* A13–22) und die Konversionstheorie (*An. pr.* A3) stimmt. Sobald wir in der vorliegenden Arbeit auch diese letzteren Theoriestücke untersucht haben werden, wird die Bilanz mit dann zusammen fünf nicht verifikationsfähigen Behauptungen immer noch sehr günstig aussehen. Der Anteil der fehlerhaften unter den Gültigkeitsbehauptungen wird sich damit in einem Rahmen bewegen, der eng genug ist, um – zusammen mit den Befunden über die Qualität der Fehler – die Einschätzung zu rechtfertigen, daß es sich bei diesen Fehlern um Versehen handelt, wie sie bei der Entwicklung einer im großen doch vernünftigen Theorie nun einmal passieren können; daß es sich nicht um Fehler handelt, deren Grund im durchgängig defizitären Charakter einer schon in den Fundamenten verkehrten Theorie läge; und daß es sich schließlich nicht um Fehler handelt, die so absurd wären, daß sie zu konstatieren eher zuzugeben hieße: die aus den Texten zu extrahierende Theorie ist noch längst nicht richtig erfaßt.

Tatsächlich haben wir, was die drei fraglichen Behauptungen in der Notwendigkeitssyllogistik angeht, gefunden, daß sie nicht absurd falsch sind, sondern daß sie nachvollziehbar falsch sind. Diese Behauptungen würden sogar in wahre Behauptungen übergehen, wenn wir gewisse nicht unplausible Modifikationen der für die Notwendigkeitssyllogistik angesetzten Strukturhypothesen vornähmen. Camestres XNN ist, wie wir sahen, (PL + T)-gültig, sobald allgemeine assertorische Aussagen auch schon in diesem Teil der modalen Syllogistik als frei von zeitlichen Beschränkungen gemäß 34b7–18 gedacht und entsprechend symbolisiert werden. Unter derselben Voraussetzung ist auch Darapti XNN (PL + T)-gültig, sofern in diesem Fall dem Untersatz gemäß II.9., *(46)*, noch die Existenzformel $\exists$xNC(x) hinzugefügt wird. Disamis XNN schließlich erwiese sich als gültig, wenn unterstellt werden könnte: Aristoteles verwendet auch *partikuläre* assertorische Aussagen als in einem bestimmten starken Sinn zeitlich unbeschränkte Aussagen; er verwendet sie nämlich als derart unbeschränkte Aussagen, daß etwa A i C zu symbolisieren ist durch N$\exists$x(C(x) $\wedge$ A(x)), oder auch so, daß $\exists$xN(C(x) $\wedge$ A(x)) die angemessene Strukturformel wäre. Sätze vom A i C-Typ würden im ersteren Fall, in der Terminologie der Zeitstellen, besagen, daß es *immer* etwas gibt, das zum Durchschnitt der Umfänge der involvierten Prädikate gehört, und das wäre sicher eine plausible Konzeption von zeitlicher Unbeschränktheit von Existenzaussagen. Freilich habe ich schon in II.6. mit Blick auf den Möglichkeitsfall darauf hingewiesen, daß der Sache nach die den Existenzaussagen angemessene Art der zeitlichen Unbeschränktheit diejenige schwächere Art der Unbeschränktheit sein muß, welche wir symbolisch durch einen äußeren *Möglichkeits*-Operator darzustellen haben – wenn wir nämlich bei unbeschränkter Deutung der allgemeinen Aussagen im Sinne von 34b7–18 die üblichen Oppositionsverhältnisse wahren wollen. Aristoteles spricht in den Zeilen 34b7–18 nur einen Teil dessen aus, was eigentlich auszusprechen gewesen wäre. Wenn wir uns einmal auf die assertorischen Aussagen beschränken, so können wir sagen: es kann nicht sein, daß für die allgemeinen unter diesen Aussagen eine Sonderregelung nötig ist. Wenn vielmehr die allgemeinen assertorischen Aussagen, in gewissen Kontexten zumindest, ohne zeitliche Beschränkung jedenfalls in dem Sinne zu verstehen sind, daß ihr Wahrheitswert nicht immer schon durch das determiniert ist, was gerade jetzt, zum jeweiligen Zeitpunkt der Äußerung solcher Aussagen, der Fall ist, und wenn genauer diese Indeterminiertheit bei Allaussagen darauf beruhen soll, daß es für deren Wahrheit auf die Erfüllung einer Bedingung durch alle Individuen zu allen Zeitpunkten (bzw. in allen möglichen Welten) ankommt, dann sind auch partikuläre Aussagen als die Negationen jener Aussagen in dem zuerst genannten, schwächeren Sinn zeitlich unbeschränkt. Für deren Wahrheit ist maßgeblich, ob *zu einem Zeitpunkt* (der nicht der jetzige zu sein braucht) ein Individuum eine gewisse Bedingung erfüllt. Nur wenn auf *beiden* Seiten derartige duale Modifikationen der gewöhnlich im assertorischen

Fall angesetzten Wahrheitsbedingungen vorgenommen werden, bestehen die gewünschten Oppositionsbeziehungen, wie z. B. die, daß A i C das Gegenteil von A e C ist:

$$\neg\forall xN(C(x) \supset \neg A(x)) \text{ äquiv. } \exists x\neg N(C(x) \supset \neg A(x)) \text{ äquiv. } \exists xM\neg(C(x) \supset \neg A(x)) \text{ äquiv. } \exists x\mathit{M}(C(x) \wedge A(x)) \text{ (äquiv. } \mathit{M}\exists x(C(x) \wedge A(x))).$$

Mag es auch für jeden von Aristoteles als gültig behaupteten Modus eine plausible Art und Weise geben, die in den Modus verwickelten Aussagen zu gebrauchen, derart, daß entsprechende semantische Festlegungen die tatsächliche Gültigkeit des Modus nach sich ziehen: es wäre ganz unbefriedigend, wenn wir die Rekonstruktion der aristotelischen Theorie nicht anders betreiben könnten als so, daß wir immer wieder ad hoc für einzelne Modi spezielle dieser Gebrauchsweisen unterstellten. Patterson bemerkt einerseits ganz richtig: „... it is, from a *logical* point of view, or from the point of view of *consistency*, a matter of complete indifference how many readings of modal propositions one includes ..." (Patterson (1989), S. 4). Aber sicher muß man auf der anderen Seite – und ich verstehe die der zitierten Stelle folgende Äußerung Pattersons als den Ausdruck derselben Ansicht – nach Möglichkeit versuchen, besondere „readings" nur für solche Kontexte anzunehmen, für die es auch Äußerungen des Aristoteles gibt, welche den Übergang zu abweichenden „readings" anzeigen; oder welche wenigstens anzeigen, daß Aristoteles unterschiedliche Gebrauchsweisen bewußt auseinanderhält. Wir finden solche Äußerungen an diversen Stellen in der Möglichkeitssyllogistik. Wir finden sie nämlich überall da, wo es heißt, gewisse Prämissenpaare implizierten zwar Möglichkeitskonklusionen, jedoch nicht im Sinne der an früherer Stelle eingeführten (zweiseitigen) Möglichkeit. Ferner ist eine solche Äußerung, natürlich, in 34b7–18 gegeben, wo dem Wortlaut nach eine abweichende Lesart allgemeiner assertorischer Aussagen angezeigt wird. Um die direkten Evidenzen für unterschiedliche Lesarten allgemeiner apodiktischer Aussagen (starke und schwache Apodiktizität; allgemeine Prädikationen von Essentialia ohne zeitliche oder mit zeitlicher Beschränkung) ist es schon schlechter bestellt. Und schlecht steht es um direkte oder indirekte Evidenzen für verschiedene Versionen partikulärer assertorischer Aussagen, zumal in Prämissenfunktion (hier entfällt die Möglichkeit, sich auf eine vermutete Praxis des Aristoteles zu berufen wie die, Kandidaten für Conclusiones von Fall zu Fall geeignet abzuschwächen, je nach den logischen Notwendigkeiten). Unter solchen Umständen scheint es eher angemessen, eine Behauptung wie die von der Gültigkeit des Modus Disamis XNN als Fehler zu verbuchen. Es ist möglich, daß der Fehler im wesentlichen darin besteht, daß Aristoteles zu einer für ihn nicht fern liegenden speziellen Lesart eines der involvierten Aussagetypen überging; wenn Aristoteles aber kein klares Bewußtsein davon hatte, daß diese Lesart möglich ist, wird man den Übergang nicht zu einem Systembestandteil machen wollen.

Was die Unterscheidung zwischen zwei Versionen von allgemeinen apodiktischen Aussagen angeht, so sehe ich mich damit im wesentlichen in Übereinstimmung mit Patterson, dessen zentrale Aussage in (1989) lautet: es gibt zwei verschiedene Typen von Situationen, in denen A a_NB wahr sein kann, und Aristoteles entwickelt die Theorie der Notwendigkeitsschlüsse unter Berücksichtigung beider Typen. Näherhin werden diese Typen von Situationen wie folgt charakterisiert:

> „... the key difference between the two sorts of situation in which ‚A N all B' [lies: ‚A necessarily applies to all B'; das ist A a_NB in unserer Notation] is true is that in the one the Bs, while all themselves essentially A, have been picked out, in the proposition ‚A necessarily applies to all B', by a property (B) that has only an accidental connection to the Bs and to A itself. In the other case one still picks out that same group of things (Bs) that are essentially A, but this time by reference to a property (B) that does belong essentially to all of the Bs – and which will thus be included with A in the essence of the Bs and so bear a non-accidental relation to A" (Patterson (1989), S. 4). Ferner a. a. O., S. 15:
>
> „... there are two sorts of situation in which an Aristotelian necessity statement will be true. In both, the logical predicate necessarily applies (or necessarily fails to apply) to all or some of the items denoted by the subject term, but in one sort of case the subject and predicate terms are only accidentally related ..., while in the other one term is necessarily related to the other as genus to species or species to genus, or the like ...".

Pattersons Aufsatz vermittelt den Eindruck einer gewissen Insistenz des Autors darauf, daß man es am besten bei dieser Beschreibung zweier Situationstypen belasse und darauf verzichte, entsprechende Aussagen und Symbolisierungen anzugeben. Es gibt aber keinen Grund für eine solche Beschränkung. Wo man wirklich zwei Typen von Situationen unterscheiden kann, müssen sich auch zwei Typen von Aussagen angeben lassen, welche genau in den respektiven Situationen wahr sind. Den ersten der beiden Situationstypen können wir erfassen durch Aussagen der logischen Form $\forall x(B(x) \supset N(\neg)A(x))$: alles, was – jetzt, in der Äußerungssituation – faktisch ein B ist, ist essentiell ein (oder: kein) A; jedoch: was in der Bezugssituation unter B fällt, mag darunter zufälligerweise fallen, und vor allem, ausgesprochen für den Fall der bejahenden Aussage: es mag ein bloßer, für die Wahrheit der Aussage glücklicher, Zufall sein, daß in der Bezugssituation gerade einmal nichts von dem unter B fällt, welches nicht unter A fällt und damit erst recht nicht essentiell unter A fällt. Wie man sieht, gehe ich davon aus, daß Patterson besser gesagt hätte: im ersten Fall *dürfen* Subjekts- und Prädikatsterminus auch bloß akzidentiell miteinander verbunden sein. Ich gehe also davon aus, daß der zweite Situationstyp ein Untertyp des ersten ist. Uns liegt ja daran, stark apodiktische und schwach apodiktische allgemeine Aussagen tatsächlich in ein Verhältnis der logischen Unterordnung zu stellen. Wir können sagen, daß es sich bei den Aussagen, die dem ersten der von Patterson unterschiedenen Situationstypen korrespondieren, um bloß essentielle Prädikationen handelt; oder daß es sich, um die von Aristoteles in *An. post.* A4 eingeführten Distinktionen zu gebrauchen, um καθ' αὑτά-Prädikationen handelt, welche nicht zugleich κατὰ παντός-Prädikationen zu sein brauchen. Stark apodiktisches A a_NB dagegen haben wir symbolisiert durch $N\forall x(B(x) \supset NA(x))$ bzw. durch $\forall xN(B(x) \supset NA(x))$. Aussagen dieser logischen Form sind nur wahr, wenn die Unterordnung der Extension von B(x) unter die von A(x) und unter die von NA(x) keine Sache des Zufalls mehr ist (insofern, als sie in allen möglichen Welten anzutreffen ist). Diese Bedingung kann in dem Spezialfall erfüllt sein, in dem B ein Prädikat ist, welches allen seinen potentiellen Trägern immer nur essentiell zuzukommen vermag; wenn etwa B ein Speziesprädikat ist, zu dem A sich als das übergeordnete Genusprädikat verhält; oder wenn sowohl die von A als auch die von B bedeutete Eigenschaft Bestandteile des Wesens aller Individuen einer Spezies sind, für welche die letztere Eigenschaft zugleich ein proprium ist. Indem Patterson, wie die Zitate zeigen, sich auf solche Spezialfälle konzentriert, schießt er über das Ziel hinaus. Denn über den κατὰ παντός (≈ von jedem)-Charakter, der zufällige Subsumtionsrelationen ausschließt, kann eine apodiktische a-Aussage auch verfügen, wenn die durch den Subjektsterminus bezeichnete Eigenschaft einigen oder sogar allen Individuen[34], denen sie (z. B. in einer bestimmten Bezugssituation) zukommt, bloß nicht-essentiell zukommt. Alles, was, sagen wir: rechnet, ist essentiell ein Mensch – und zwar alles in allen möglichen Welten (weil, aristotelisch gesehen, Rechnen die Aktualisierung einer Fähigkeit ist, die ein proprium der Spezies ›Mensch‹ darstellt). Aber alles, was in irgendeiner Situation rechnet, hätte es ebensogut unterlassen können, und deshalb befindet sich nichts in irgendeiner Situation essentiell im Zustand des Rechnens.

Nachdem wir den starken Typ von apodiktischen a-Aussagen durch $\forall xN(B(x) \supset NA(x))$ und den entsprechenden Typ von e-Aussagen durch

---

[34] Diese zweite Möglichkeit scheidet allerdings aus, wenn wir annehmen, es sei eine Existenzaussage (EV-N) gemäß Kap.II., Ziffer (*46*), als Teilaussage in jeder stark apodiktischen a-Aussage eingeschlossen.

$\forall x N(B(x) \supset N\neg A(x))$ symbolisiert hatten, konnten wir mit logischen Mitteln die Konvertierbarkeit der e_N-Aussagen verifizieren. Damit sind wir besser dran als Patterson. Nachdem Patterson sich darauf beschränkt, den einschlägigen Situationstyp im Rahmen der aristotelischen Prädikationstheorie zu charakterisieren (wie sie etwa in den ersten Kapiteln der „Topik" sich darstellt), wird er, so kann man erwarten, für die e_N-Konversion kein anderes Argument liefern können als ein sozusagen metaphysisches Argument von demselben Typus, wie er es in Patterson (1989) für die unreine Konversion der starken a_N-Aussagen skizziert, also für die Relation „A a_NB sequ. B i_NA":

> „... one may at least observe that if ‚A N^s all B' holds, then A is related to B as genus to species or as genus to differentia or as differentia to species or as species to differentia. And if this is true, then B will be related to A as species to genus, etc. But on each disjunct it will hold that B N^s some A ..." (a. a. O., S. 16).

Hier dient „A N^s all B" (mit s wie „strong") zur Kennzeichnung der starken Aussagen vom Typ „A N all B". Entlang dieser Linie hätte man für die e_N-Konversion so zu argumentieren: wenn A e_NB (stark apodiktisch) wahr ist, verhält sich A zu B wie eine Spezies eines Genus zu einer anderen Spezies desselben Genus; oder wie ...; dann aber verhält sich B zu A ebenfalls wie die eine Spezies zur anderen; oder wie ... usw. Zweifellos sind Argumente dieser Art wegen ihrer stark eingeschränkten Allgemeinheit in logischer Sicht nicht akzeptabel. Deshalb werden wir im Kapitel über die Theorie der Konversion von Modalaussagen, das unsere Analyse der Logik des Notwendigen komplettieren wird, bestrebt sein, auch für die übrigen Konvertierbarkeitsbehauptungen des Aristoteles Argumente von hinreichender Allgemeinheit anzugeben.

2. *Die Möglichkeitssyllogistik*

2.1. A13; der aristotelische Möglichkeitsbegriff und die Frage einer wissenschaftstheoretischen Relevanz der Theorie der Möglichkeitsschlüsse

Mit der Entwicklung der Möglichkeitssyllogistik im engeren Sinn, das heißt mit der Betrachtung von Syllogismen, in die jeweils mindestens eine Möglichkeitsaussage eingeht, beginnt Aristoteles im 14. Kapitel der *An. pr.* Kapitel 13 bringt neben anderem einige Vorklärungen und Hilfsüberlegungen. Es ist in erster Linie mein Vorhaben, die modaltheoretischen Kapitel der *An. pr.* unter einem bestimmten Aspekt auszuwerten. Das Übergangskapitel A13 ist für dies Vorhaben weniger einschlägig. Trotzdem will ich keinen der Teile, in die A13 sich gliedert, mit Stillschweigen übergehen, zumal hier vieles klärungsbedürftig ist. Leser, die nicht Spezialisten sind, sollen sich einen einigermaßen lückenlosen Überblick über den Inhalt der modaltheoretischen Kapitel verschaffen können. Daher folgt jetzt ein fortlaufender Kommentar zu A13 mit der Benennung verschiedener Interpretationsprobleme und der Skizzierung von Lösungsmöglichkeiten.

Die ersten Zeilen des Kapitels stecken das Thema der folgenden Kapitel ab: die Möglichkeiten syllogistischen Schließens auf und aus ἐνδέχεσθαι-Aussagen sollen ausgelotet werden.

In 32a18–29 gibt Aristoteles an, was er unter ἐνδέχεσθαι und ἐνδεχόμενον, d. i. unter möglich-Sein und möglich (-seiend), verstehen will. Im einzelnen sieht dies so aus, daß Aristoteles in 18–20 etwas wie eine Definition formuliert. Dieser Definition zufolge – wir haben sie bereits zu Beginn von II.4. kennengelernt – ist das Mögliche das Kontingente; oder mit einem Ausdruck, von dem ich ebenfalls schon Gebrauch gemacht habe: das „zweiseitig Mögliche", dasjenige also, für das gilt, daß sowohl es selbst wie sein kontradiktorisches Gegenteil (einseitig) möglich ist. Die dann folgenden Zeilen 20–29 bringen erläuternde Bemerkungen zur Definition – um es zunächst einmal auf eine Weise zu sagen, die ebenso unpräzise ist, wie vielen Interpreten die Stoßrichtung jener Bemerkungen unklar ist. Becker beispielsweise sieht keine Möglichkeit, den Bemerkungen einen guten Sinn zu geben, und will gegen die Überlieferung 21–29 streichen (dazu Becker (1933), S. 11 ff.). Versuchen wir, uns ein Bild zu machen! Der Passus lautet in Rolfes' Übersetzung:

> (1) Denn von dem Notwendigen sagen wir nur homonymisch, daß es kontingent (möglich) ist [für ἐνδέχεσθαι]. (2) Daß dies [d. i. das zweiseitig Mögliche] das Kontingente [für ἐνδεχόμενον] ist, sieht man aus den sich entgegengesetzten Verneinungen und Bejahungen. (3) Denn das: es ist nicht kontingent (vermögend) zu sein, und: unvermögend zu sein (ἀδύνατον ὑπάρχειν), und: Notwendigkeit, daß es nicht sei – diese drei Aussagen oder Ausdrücke sagen wir, sind entweder gleichbedeutend oder müssen sich logisch folgen. (4) Somit gilt auch von dem Gegenteil davon, dem: es ist kontingent (vermögend) zu sein, und: nicht unvermögend zu sein, und: keine Notwendigkeit, daß es nicht sei, daß es entweder dasselbe bedeutet oder etwas, was sich logisch folgt. (5) Denn hier gilt von jedem entweder die Bejahung oder die Verneinung. (6) Mithin wird das Kontingente nicht notwendig und das nicht Notwendige kontingent sein (Rolfes (1921), S. 25 f.).

Beckers Athetese bezieht sich auf (2) bis (6).

In (1) sollte ἐνδέχεσθαι in der Tat nicht durch „kontingent-Sein" übersetzt werden, sondern – Rolfes deutet es in Parenthese an – durch „möglich-Sein". Ebenso sollte in (2) „das Kontingente" ersetzt werden durch „das Mögliche". Denn wir nennen im Deutschen – was die erste Korrektur betrifft – das Notwendige ja gerade nicht auch kontingent, wohl aber möglich; weil „möglich" soviel bedeuten kann wie und sogar in der Regel soviel bedeutet wie „einseitig möglich", „nicht unmöglich". Der von Aristoteles konstatierten Homonymie korrespondiert also, von der sprachlichen Seite her betrachtet, eine Mehrdeutigkeit nicht etwa des Begriffs des Notwendigen, sondern eine des Begriffs des Möglichen. Sie hat im Bereich der deutschen Sprache eine ungefähre Entsprechung in der Tatsache, daß „möglich" nicht nur dasselbe bedeutet wie „nicht unmöglich", sondern anscheinend auch soviel bedeuten kann wie „bloß möglich", in Kontexten wie: „p ist immerhin möglich, aber mehr auch nicht (nicht einmal wahrscheinlich, erst recht jedenfalls nicht notwendig)". Fürs Deutsche formuliert liefe also, was Aristoteles in 32a18–21 sagt, hinaus auf: „möglich" will ich in derjenigen der beiden in Frage kommenden Weisen gebrauchen, in der es genau von dem bloß Möglichen wahrheitsgemäß ausgesagt wird; „möglich" wird zwar auch von Notwendigem wahrheitsgemäß ausgesagt, aber dann hat das Wort die andere der beiden Bedeutungen.

Soweit gibt es kein Problem. Die Probleme beginnen ab (2) der Übersetzung. (2) und am Ende (6) vermitteln nämlich den Anschein, daß Aristoteles die Festlegung, die ich vorsichtig als Definition bezeichnet habe, als eine Explikation eines vielleicht vortheoretischen Sprachgebrauchs versteht und daß er diese Explikation in Zeile 22 und den folgenden Zeilen (in (3) bis (5) der Übers.) als adäquat erweisen will. Das Argument von 22ff. aber läßt sich nicht ohne weiteres in diesem Sinn interpretieren, und es scheint noch weniger möglich, das Argument als ein korrektes Argument zu interpretieren. Denn erstens führt Aristoteles in 22ff. (in (3) der Übers.) eine Prämisse in das Argument ein, die man zunächst einmal so verstehen wird, daß sie die logische Äquivalenz aussagt von: „nicht: p ist möglich", „p ist unmöglich", „¬p ist notwendig". Diese drei Ausdrücke sind nur dann allesamt miteinander gleichwertig, wenn im ersten „möglich" die einseitige Möglichkeit, nicht die Kontingenz, bedeutet. Auch wenn also Rolfes in (3) ἐνδέχεσθαι mit „kontingent-Sein" wiedergibt: wie sollte man unter diesem Umstand das Argument auf den Begriff der zweiseitigen Möglichkeit beziehen können? Zweitens zieht Aristoteles in 28f. (in (6) der Übers.) eine Folgerung, deren eine Hälfte („das Mögliche ist nicht notwendig") zwar für den stärkeren Möglichkeitsbegriff wahr ist, aber aus dem Vorangehenden gerade nicht zu folgen scheint (denn nach (4) folgt aus „möglich p" nur „nicht notwendig *nicht*-p"); und deren andere Hälfte („das nicht Notwendige ist möglich") für beide Möglichkeitsbegriffe falsch zu sein scheint.

Es sind einige Wege denkbar, diese Schwierigkeiten zu umgehen. Hintikka etwa entwickelt in (1973), S. 31–34, eine Interpretation, die ihn zu dem Schluß kommen läßt, Beckers Athetese sei ganz unnötig. Ich will hier nicht das Für und Wider der verschiedenen Wege diskutieren. Der Interpretationsvorschlag, den ich selbst zu machen habe, sieht folgendermaßen aus.

Aristoteles will tatsächlich für die Adäquatheit der Festlegung argumentieren: als möglich gelte dasjenige, welches weder selbst noch dessen Gegenteil notwendig ist. Wenn das so ist, muß man in 21–29, abweichend von Rolfes, die Formen von ἐνδέχεσθαι durchgehend mit „möglich" übersetzen. Aristoteles verhält sich so, als könne er sich auf einen Sprachgebrauch berufen, nach dem schon einmal ziemlich klar ist, daß das Mögliche nicht notwendig ist.

Im Deutschen ist es selbstverständlich, daß das *bloß* Mögliche nicht notwendig ist. „Möglich" wird freilich nicht so verwendet, daß die Hauptbedeutung des Wortes die Bedeutung von „bloß möglich" wäre. Deshalb wäre es falsch, für das Deutsche zu sagen, es sei ziemlich klar, nämlich dem im Vordergrund stehenden Wortgebrauch gemäß, daß das Mögliche nicht notwendig sei. Möglicherweise verhält sich das im Griechischen mit ἐνδέχεσθαι anders.

Demnach wäre noch dafür zu argumentieren, daß nicht die Gegenteile der üblicherweise als möglich bezeichneten Sachverhalte notwendig sind. Es ist selbstverständlich, daß wir das Unmögliche nicht möglich nennen. Entsprechendes gilt offenbar im Griechischen für das Verhältnis der Wörter ἀδύνατον und ἐνδεχόμενον (unabhängig davon, welche der beiden möglichen Bedeutungen ἐνδεχόμενον hat). Daß das ἀδύνατον (≈ das Unmögliche) nicht ἐνδεχόμενον ist, scheint also besser im Sprachgebrauch verankert zu sein als der freilich logisch gleichwertige Sachverhalt, daß das ἐνδεχόμενον nicht ἀδύνατον bzw. nicht ἀνάγκη μή (≈ notwendig nicht) ist. Dies will Aristoteles ausnutzen, wenn ich ihn richtig verstehe, und er kann es einfach dadurch tun, daß er die logische Operation des Kontraponierens vornimmt: „nicht möglich p" wird impliziert durch „unmöglich p", dies wiederum wird impliziert durch und ist sogar äquivalent mit „notwendig nicht-p"; Kontraponieren liefert: „möglich p" impliziert „nicht: unmöglich p", dies impliziert „nicht: notwendig nicht-p". Ich verstehe die Äußerungen des Aristoteles in 21 f. („... sieht man aus den sich entgegengesetzten Verneinungen und Bejahungen") sowie in 27 f. (d. i. (5) der Übers.) als Hinweise auf diese Argumentationsstruktur des Kontraponierens. Ausgegangen wird nämlich von „Bejahungen" von Sachverhalten, welche dem Sachverhalt des Möglichseins von p kontradiktorisch entgegengesetzt sind (wie es der durch „nicht möglich p" ausgedrückte Sachverhalt ist) oder ihm zumindest konträr entgegengesetzt sind (wie es die durch „unmöglich p" und durch „notwendig nicht-p" ausgedrückten Sachverhalte sind, die in der Tat dann, wenn das Mögliche das Kontingente ist, sich zum Nichtmöglichen nur konträr verhalten); ausgegangen wird also von den Bejahungen gewisser Entgegensetzungen des eigentlich interessierenden Sachverhaltstyps. Übergegangen wird zu den „Verneinungen" dieser Entgegensetzungen, nämlich zu „nicht nicht möglich p" bzw. zu „möglich p", zu „nicht unmöglich p" usw. (Ich lese also τῶν ἀντικειμένων in Zeile 22, d. i. „entgegengesetzt" in (2) der Übersetzung, nicht Rolfes' Übersetzung entsprechend attributiv mit Bezug auf die Verneinungen und Bejahungen, sondern als selbständiges Genitivobjekt.)

Was schließlich 27f. ((5) d. Übers.) angeht, so scheint es sich dabei um eine Bemerkung zur Rechtfertigung des Kontraponierens zu handeln. Denken wir uns nämlich $p \supset q$ (oder sogar: $p \Rightarrow q$) gegeben! Es soll auf $\neg q \supset \neg p$ geschlossen werden. Angenommen also $\neg q$. Es „gilt von jedem entweder die Bejahung oder die Verneinung", also insbesondere: es gilt p, oder es gilt $\neg p$. Falls das erste, so hat man mit $p \supset q$ die Konsequenz q, im Widerspruch zur Annahme (oder auch: im Widerspruch zu dem zitierten Grundsatz, falls die von Aristoteles formulierte Alternative tatsächlich als eine strikte Alternative wiederzugeben ist). Also ist das zweite der Fall.

Die erste der beiden oben genannten Schwierigkeiten versuche ich, wie man sieht, dadurch aufzulösen, daß ich die Formulierungen des Aristoteles in 32a24 und in 32a26f.:

> ἤτοι ταὐτά ἐστιν ἢ ἀκολουθεῖ ἀλλήλοις und ἤτοι ταὐτὰ ἔσται ἢ ἀκολουθοῦντα ἀλλήλοις,
> das ist
> „sind entweder gleichbedeutend oder müssen sich logisch folgen" in (3) der Übersetzung und die entsprechende Formulierung in (4) der Übersetzung

so auffasse, daß sie den Fall einschließen: die drei fraglichen Ausdrücke in (3) (bzw. in (4)) sind nicht paarweise miteinander äquivalent, aber der erste folgt aus dem zweiten und dieser aus dem letzten (mithin: die in (4) aufgezählten Gegenteile der drei Ausdrücke implizieren eines das andere in der umgekehrten Reihe). Und wirklich: für das Mögliche im Sinne des Kontingenten, auf das man das aristotelische Argument gerade auch beziehen können möchte, gilt für das erste Paar von Ausdrücken nicht mehr als die Implikation in der angegebenen Richtung, für das zweite Paar hat man freilich auch die umgekehrte Implikation. Es scheint fast, als wolle Aristoteles durch die Formulierung der Alternative: „entweder dasselbe [i. e. (?) logisch äquivalent], oder einander folgend" der Tatsache Rechnung tragen, daß „möglich" jene beiden Bedeutungen haben kann, und klarstellen, daß das vorgetragene

Argument nicht von einer im voraus getroffenen Entscheidung für die eine oder andere dieser Bedeutungen abhängt (in diesem Fall würde das Argument seinen Zweck verfehlen, die Adäquatheit einer Explikation zu bestätigen). Für das Mögliche im Sinne des einseitig Möglichen sind ja die drei Ausdrücke paarweise miteinander äquivalent. Denkbar ist sicherlich auch, daß die Alternative die Ungleichheit der Verhältnisse zwischen erstem und zweitem Ausdruck (nicht Äquivalenz bei allen in Frage kommenden Verwendungen von „möglich", sondern lediglich einseitige Implikation bei einer Verwendungsweise) sowie zwischen zweitem und drittem Ausdruck (Äquivalenz in jedem Fall) aufnimmt.

Meine Auffassung der zitierten Formulierungen ist freilich nur möglich, wenn ἀκολουθεῖν ἀλλήλοις (≈ einander folgen, „sich logisch folgen" d. Übers.) auch dasjenige Folgen, und zwar hier das logische Folgen, in einer Reihe ausdrücken kann, welches kein Verhältnis des wechselseitigen Folgens ist.

Hintikka kann mit ἀκολουθεῖν ἀλλήλοις offenbar nichts Rechtes anfangen. Er will es als Ausdruck von so etwas wie logischer Verträglichkeit interpretieren, sieht aber, daß bei dieser Deutung der Übergang zur Behauptung des ἀκολουθεῖν ἀλλήλοις der Verneinungen der von Aristoteles zuerst aufgelisteten Ausdrücke der Sache nach unzulässig ist: „if two assertions are logically compatible, it does not follow that their contradictories are" (Hintikka (1973), S. 33). R. Smith verwirft dann auch Hintikkas Lösungsversuch und bekräftigt Beckers Verdacht, 32a21–29 seien nicht echt (Smith (1989), S. 125f.).

Im Deutschen hat das Analogon „aufeinander" von ἀλλήλων offensichtlich diese Mehrdeutigkeit. Wenn man von zwei Sprechern sagt, daß sie aufeinander einreden, bringt man ein Reziprozitätsverhältnis zum Ausdruck. Wenn man sagt, daß die natürlichen Zahlen, der Größe nach angeordnet, aufeinander folgen, schließt man ein solches Verhältnis aus. „Aufeinander" wird dann eher im distributiven Sinn verwendet: jede natürliche Zahl folgt auf ihre(-n) jeweiligen Vorgänger. Im letzteren Fall kann allenfalls in dem Sinne von einer Symmetrie die Rede sein, daß m und n für n > m durch eine Sequenz von Zwischengliedern miteinander in Verbindung stehen, nämlich m mit n ebenso wie n mit m. Die Frage, ob es eine entsprechende Ambivalenz bei den Formen von ἀλλήλων gibt und ob sie auch bei Aristoteles nachweisbar ist, muß ich letztlich dem Philologen überlassen. Immerhin sehe ich einige Hinweise auf diese Ambivalenz. So geben die Wörterbücher von Liddell und Scott sowie von Passow und Rost für die Komposita ἀλληλουχία und ἀλληλουχεῖν die Bedeutungen „continuity" bzw. „aneinanderhangen, in Einem fortlaufen" (für die passiven Formen) an.

Wie steht es um die zweite der oben genannten Schwierigkeiten? Hierfür hat Hintikka einen Lösungsvorschlag gemacht, dem ich mich anschließe, auch wenn er mit einem – vergleichsweise geringfügigen – Mangel behaftet ist. In Hintikka (1973), S. 34, favorisiert der Autor ein Verständnis von „,not necessary' as an elliptic form of ,not necessary either way', i. e. ,neither necessary nor impossible'". Wenn Hintikka damit auf dem richtigen Weg ist, haben wir die folgende Situation. Daß das Mögliche – in einem der in Frage kommenden Sinne – nicht notwendig ist, hat Aristoteles als hinreichend gesichert betrachtet. Dafür, daß das Mögliche – in jedem der in Frage kommenden Sinne – von der Art ist, daß sein Gegenteil nicht notwendig ist, hat er argumentiert. Demnach kann er (in (6) der Übers.) zusammenfassend sagen, daß das Mögliche – in einem Sinne, welcher für Aristoteles der primäre zu sein scheint – weder selbst notwendig noch daß sein Gegenteil notwendig ist; daß es also, in Hintikkas Sinn, nach keiner der beiden Richtungen hin notwendig ist. Wenn es damit als geklärt angesehen werden kann, daß das Mögliche genau das Kontingente ist, ist Aristoteles auch berechtigt zu sagen, daß das nicht Notwendige (wiederum als das nach keiner der beiden Richtungen hin Notwendige aufgefaßt) möglich ist. Für Textstellen, die als Belege für die Möglichkeit eines derartigen Gebrauchs von μὴ ἀναγκαῖον (≈ nicht notwendig, das nicht Notwendige) in Frage kommen, verweise ich auf Hintikkas Studie. Unter den von Hintikka angeführten Stellen sind die beiden Vorkommnisse von μὴ ἀναγκαῖον und von μὴ ἐξ ἀνάγκης im Konversionskapitel *An. pr.* A3, 25a38 bzw. 25b5 (vgl. Hintikka a. a. O., S. 36f.). Ich bin allerdings eher abgeneigt, auch in diesen Fällen bei Aristoteles eine Rede vom nicht-Notwendigen im von Hintikka hervorgehobenen Sinn zu vermuten. In Kapitel IV. komme ich auf diese Differenz zwischen Hintikkas Interpretationsvorschlag und meinem eigenen zurück.

Der Mangel, von dem ich spreche, besteht darin, daß Hintikkas Vorschlag die Hypothese nach sich zieht, Aristoteles arbeite in unserem Textabschnitt mit zwei von ihm nicht explizit unterschiedenen Notwendigkeitsbegriffen. Der eine von beiden wäre der in (6) auftretende Hintikkasche Begriff des nach keiner Seite hin Notwendigen. Der andere wäre der in (3) und (4) auftretende gewöhnliche Notwendigkeitsbegriff.

In 32a29-b3 spricht Aristoteles über die komplementäre Konvertierbarkeit von Kontingenzaussagen. Diese Art der Konvertierbarkeit habe ich in II.4. erläutert. Sie ist eine Konsequenz aus der Tatsache, daß für beliebige Formeln α $K\alpha$ ($=_{Def.}$ $\neg N\alpha \wedge \neg N\neg\alpha$) äquivalent ist mit $K\neg\alpha$ ($=_{Def.}$ $\neg N\neg\alpha \wedge \neg N\neg\neg\alpha$, äquiv. $\neg N\alpha \wedge \neg N\neg\alpha$). Das hat Folgen auch für die partikulären Kontingenzaussagen, von denen an der früheren Stelle noch nicht die Rede war. So ist $A\ i_K B$, sofern es angemessen symbolisiert ist durch unser $\exists x K(B(x) \wedge KA(x))$

(äquiv. $\exists x K(B(x) \land K\neg A(x))$), äquivalent mit A o_KB. Aristoteles sagt, wie so oft in formelhaft verkürzter Art: τὸ τινὶ τῷ μὴ τινί (scil. ἀντιστρέφει), 32a35. Damit bin ich bei einer der kleineren Schwierigkeiten, die unser Passus zu lösen aufgibt. Es ist nämlich klar, daß man hier lieber lesen würde: τὸ τινὶ τῷ τινὶ μή (≈ das einem-Zukommen ist konvertibel mit dem einem-nicht-Zukommen, anstelle von: ... mit dem nicht-einem-Zukommen). G. Striker hat mich darauf hingewiesen, daß A14, 33a40/33b1, zeigt: μὴ τινί (≈ nicht einem) kann bei Aristoteles durchaus für den Ausdruck von o-Aussagen bzw. von o_K-Aussagen verwendet werden. In dieser Verwendung hätte man die Formel etwa folgendermaßen zu ergänzen: ⟨τὸ A ἐνδέχεται⟩ μὴ ⟨ὑπάρχειν⟩ τινὶ ⟨τῶν B⟩ (≈ das A kann nicht-zukommen einem der Bs). Die in Parenthese gesetzte Formulierung ist nicht zu verwechseln mit: „das A kann-nicht einem der Bs zukommen" im Sinne von „das A kommt einem der Bs notwendig nicht zu". Es handelt sich hier um dieselbe Möglichkeit der Verwechslung, welche wir in II.4. bei der Gegenüberstellung von A e_KB und A e_NB kennengelernt haben. Zwei weitere Schwierigkeiten:

In Zeile 34 sagt Aristoteles: das kontingenterweise-jedem-Zukommen (≈ A a_KB) ist konvertibel mit dem kontingenterweise-keinem-Zukommen (≈ A e_KB) *und* mit dem kontingenterweise-nicht-jedem-Zukommen ((?)≈A o_KB). Die Äquivalenz von A a_KB mit A e_KB ist unproblematisch. Eine gewisse Irritation entsteht dadurch, daß Aristoteles, sofern man ἀντιστρέφουσιν ἀλλήλαις (≈ kehren sich *ineinander* um; die eine Aussage impliziert ihr Gegenstück von umgekehrter Qualität, und diese andere Aussage impliziert jene) genau nimmt, hier auch die Äquivalenz von A a_KB mit A o_KB behaupten würde. Wahrscheinlich wollte Aristoteles ein Implikat des A a_KB von entgegengesetzter (negativer) Qualität mit angeben – so wie auch B i A lediglich ein Implikat von A a B mit, in diesem Fall, entgegengesetzter Anordnung der Termini ist – und hat nicht darauf geachtet, daß er sich damit in dem betreffenden Kontext irreführend ausdrückte. Vielleicht hat Aristoteles aber auch den Fall einschließen wollen, daß τὸ παντὶ ἐνδέχεσθαι (≈ das jedem-zukommen-Können) kein syllogistischer a_K-Satz ist, sondern, wenn man so will, ein theophrastischer; d. h. ein de-dicto-modalisierter Satz der Form K(A a B). Der wäre allerdings äquivalent mit K(¬(A a B)), d. h. mit K(A o B). Auch K(A o B) könnte ausgedrückt werden durch ἐνδέχεται μὴ παντί (≈ kann nicht jedem zukommen, im Sinne von: es ist kontingent, daß nicht jedem zukommt).

Die Zeilen 32b1 – 3 bringen eine Feststellung, welche dem Schluß von A3 korrespondiert, wie wir sehen werden. Danach ist ἐνδέχεσθαι (≈ möglich Sein) dem εἶναι (≈ Sein) ähnlich, und deshalb seien alle ἐνδέχεσθαι-Aussagen, oder genauer: alle „derartigen" Aussagen (so die Formulierung in 32b1 mit Bezug auf den Gegenstand der vorangegangenen Ausführungen), bejahend. Nachdem beispielsweise A e_KB äquivalent ist mit A a_KB, klingt das plausibel als eine Behauptung über die von der grammatischen Oberflächenform verschiedene Tiefenform der Kontingenzaussagen. Mein Problem im Zusammenhang mit dieser Behauptung und mit dem zweifellos auf A3 gehenden Rückverweis in Zeile 33 („wie früher gesagt wurde") besteht darin, daß ich die Schlußzeilen von A3 (nämlich 25b19–25) nicht auf Kontingenzaussagen, sondern auf *einseitige* Möglichkeitsaussagen beziehen möchte. Meine Gründe dafür werden in Kapitel IV. deutlich werden. Das Problem stellt sich in dem Moment nicht mehr, in dem man Aristoteles die folgenden Auffassungen zuzuschreiben sich entschließt. Erstens, die Auffassung, daß *alle* ἐνδέχεσθαι-Aussagen, seien es nun zwei- oder einseitige Möglichkeitsaussagen, im Grunde von positiver Qualität seien. Zweitens, die Auffassung, daß die zweiseitigen Möglichkeitsaussagen es nicht deshalb seien, weil sie komplementär konvertibel sind (in der Tat gibt Aristoteles nicht das Konversionsverhalten als Grund für seine Positivitätsbehauptung an, wenn auch das Umfeld der Behauptung den Schluß sehr nahe legt, im Konversionsverhalten liege der Grund). Drittens, die Auffassung, daß der Grund für die Positivität der zweiseitigen Möglichkeitsaussagen vielmehr darin liege, daß sie in der entscheidenden Hinsicht genauso sind wie einseitige Möglichkeitsaussagen. Richtig könnte man sagen, daß z. B. A e_KB so etwas wie eine doppelte einseitige Möglichkeitsaussage ist: A e_KB äquiv. A a_MB $\wedge$ A e_MB. Jedenfalls ist A e_KB im Hinblick auf das Prädikat A ebensowenig absprechend, wie A e_MB im Hinblick auf A absprechend ist. In Kapitel IV. werde ich für die Hypothese argumentieren, daß diese letztere Eigenschaft es ist, welche die Positivität der negativ formulierten M-Aussagen ausmacht.

Im Abschnitt 32b4–13 weist Aristoteles auf zwei Typen von Umständen hin, aufgrund deren, wie er meint, Kontingenzaussagen wahr sein können. Nimmt man die von Aristoteles ins Gespräch gebrachten Beispiele auf, könnte man etwa so sagen:

Der Satz „jederzeit hat jeder Mensch kontingenterweise die Eigenschaft, gegen Ende seines Lebens zu ergrauen" ist für Aristoteles deshalb wahr, weil die überwiegende Zahl der Menschen tatsächlich gegen Ende ihres Lebens ergrauen, freilich nicht alle (denn, so scheint Aristoteles zu meinen, manche Menschen sterben so früh, daß sie gleichsam nicht mehr die Zeit haben zu ergrauen[35]). Dagegen ist der Satz „jederzeit hat jeder Mensch kontingenter-

[35] Das ist wohl die Überlegung, welche hinter der mißverständlichen Formulierung in 32b9f. steht: τοῦτο γὰρ οὐ συνεχὲς μὲν ἔχει τὸ ἀναγκαῖον διὰ τὸ μὴ ἀεὶ εἶναι ἄνθρωπον (≈ „hier gibt es keine lückenlose Notwendigkeit, weil nicht immer ein Mensch – oder: ein Mensch nicht immer – existiert"). Daß es irgendwann keine Menschen mehr geben könnte, kann

weise die Eigenschaft zu gehen" deshalb wahr, weil es ins Belieben eines jeden Menschen gestellt ist, zu gehen oder stattdessen zu sitzen oder zu liegen. Hier gibt es, im Unterschied zum ersten Fall, keine natürliche Tendenz zur Realisierung des einen oder anderen Zustands; welcher Zustand eintritt, ist unbestimmt (ἀόριστον).

Die Beispiele werfen übrigens ein Licht auf Aristoteles' Kontingenz- und Wesensbegriff. Betrachten wir einen bestimmten Menschen a. Nun mag es eine Tatsache sein, daß ein anderer Mensch b gegen Ende seines Lebens ergraut ist und wieder ein anderer Mensch c, als Ausnahme von der Regel, bis zu seinem Tode schwarzhaarig blieb. Folgt daraus tatsächlich etwas über die Möglichkeiten von *a*, zu ergrauen oder nicht zu ergrauen? Aristoteles sieht das offenbar so. Aber ist nicht das, was mit b und c vorgegangen ist, beispielsweise vollkommen damit verträglich, daß es für a aufgrund der *individuellen* biologischen Beschaffenheit von a naturgesetzlich zwingend und in diesem Sinne nicht kontingent ist, zu Lebzeiten zu ergrauen? Wenn F für die Eigenschaft steht, gegen Ende des Lebens zu ergrauen, soll sowohl NF(a) als auch N¬F(a) falsch sein. Nehmen wir, in Übereinstimmung mit unserem bisherigen Verfahren, an, daß Notwendigkeit hier Essentialität des Zukommens bedeutet. Daß NF(a) falsch ist, würde demnach bedeuten, daß ¬F(a) mit der Essenz von a (logisch) verträglich ist, und analog für die Falschheit von N¬F(a). Folglich müssen wir fragen, unter welcher Bedingung aus F(b) und ¬F(c) auf den Sachverhalt geschlossen werden kann, daß die Essenz von a (genauer: der Sachverhalt, welcher im Zutreffen der Summe der Wesenseigenschaften von a auf a besteht) weder F(a) noch ¬F(a) impliziert. Ich sehe diese Möglichkeit: a, b, c und überhaupt alle Menschen müssen über dieselbe Essenz verfügen. Denn sei E_M das Prädikat, welches die gemeinsame Summe der Wesenseigenschaften aller Menschen ausdrückt. Wenn dann $E_M(a) \supset F(a)$ oder $E_M(a) \supset \neg F(a)$ logisch wahr ist, folgt – zeitgemäß ausgedrückt: folgt durch Anwendung der prädikatenlogischen Generalisierungsregel und anschließende Spezialisierung mit b bzw. mit c – die logische Wahrheit von $E_M(b) \supset \neg F(b)$ oder die von $E_M(c) \supset F(c)$, im Widerspruch zur (faktischen) Wahrheit von $E_M(b)$, $E_M(c)$, F(b) und ¬F(c). Demnach spricht unser Beispiel für die Vermutung, daß aristotelische Essenzen keine individuellen Essenzen sind – während, wie wir gesehen haben, Frede und Patzig im Hinblick auf die Substanzlehre der „Metaphysik" zu einem entgegengesetzten Resultat gelangt sind.

---

nicht gemeint sein. (Vgl. unsere Bemerkungen in II.7. zur Persistenz der Arten.) Also muß gemeint sein, daß jeder einzelne Mensch irgendwann zu existieren aufhört, und zwar eben mitunter recht früh. Zu dieser Auffassung der Stelle vergleiche man Striker (1985), S. 158.

Ich habe gesagt, es gehe in unserem Abschnitt um zwei Arten von Situationen, in denen (allgemeine) Kontingenzaussagen wahr sein können. Sicherlich sind die von Aristoteles gebrauchten Formulierungen auch geeignet, den Eindruck zu erwecken, es gehe um zwei verschiedene *Bedeutungen* des im Sinne der Kontingenz verstandenen ἐνδέχεσθαι bzw. um zwei speziell für den Ausdruck dieser Bedeutungen in Frage kommende Operatoren. Es müßte sich dann um Operatoren handeln wie, im Deutschen, etwa: „... kommt den ... *meistens, aber nicht immer*, zu“; und wie: „... kommt den ... zu *mit ebenso großer Wahrscheinlichkeit wie nicht* zu“. Dieser Eindruck mag verstärkt werden durch den Abschnitt 32b13–18, in dem, so könnte man meinen, Aristoteles für mit derartigen Operatoren gebildete Sätze spezielle Konversionsregeln aufstellt. Tatsächlich hat Becker die Möglichkeit in Erwägung gezogen, Aristoteles beginne in A13 mit der Entwicklung einer Logik der ὡς ἐπὶ τὸ πολύ-, d. h. der „meistens“-Ausdrücke. Dazu beachte man Becker (1933), S. 77, und vergleiche Barnes (1982) sowie Striker (1985), S. 149. Rolfes übersetzt die Dative τῷ μὴ ἐξ ἀνάγκης ὑπάρχειν in 32b16 sowie τῷ μηδὲν μᾶλλον οὕτως ἢ ἐκείνως in 32b17f. so, als bedeuteten sie die Aussagen, in welche die mit jenen beiden Operatoren gebildeten Aussagen jeweils konvertibel seien (Rolfes (1921), S. 27 und n.65). Auf derselben Linie paraphrasiert Pacius: „contingens ut plurimum convertitur in id quod ...“ usw. Natürlich ist Becker nicht entgangen, daß man auf der Basis dieser Erwägung gezwungen wäre, Aristoteles ziemlich hanebüchene Fehler zu unterstellen. Wenn wirklich die gesamte Logik der Kontingenzaussagen zugleich als eine Logik der „meistens“-Aussagen intendiert sein sollte, müßten auch die Gesetze der komplementären Konversion für „meistens“-Aussagen gelten. Das ist aber offensichtlich nicht der Fall. Wenn A den B meistens nicht zukommt (in dem Sinne, daß die meisten der Bs keine As sind), haben wir das Vorkommen von A gerade nur bei einer Minderheit der Exemplare von B (vgl. Becker (1933), S. 81, sowie Striker (1985), S. 149f.). Aufgrund dieser Schwierigkeiten nimmt Becker an, der in Rede stehende Abschnitt sei durch spätere Zusätze von fremder Hand verdorben worden.

Ich folge lieber einmal mehr den Grundsätzen von II.2., nach denen Aristoteles nicht ohne Not in solchen Fällen die Konstruktion spezifischer Logiken für mit spezifischen Operatoren gebildete Sätze unterstellt werden sollte, in denen man auch mit der Annahme durchkommen kann, daß lediglich spezielle Anwendungsfälle für bereits eingeführte Modalbegriffe in den Blick genommen werden. In diesem Sinne äußert sich auch Hintikka in (1973), S. 35, zu 32b4ff.: „... he [i. e. Aristotle] is not dealing with different meanings of ἐνδεχόμενον, but only with different applications of the term. ‚Contingent‘ is not homonymous although it covers different kinds of cases“. Im vorliegenden Fall kann dieser Kurs umso leichter eingehalten werden, als man die scheinbar spezielle Konversionsgesetze ausdrückenden Formulierungen in 32b13–18 auch anders als Pacius, Rolfes und Becker verstehen kann. Man kann sie nämlich so verstehen, daß Aristoteles hier sagen will (vgl. Striker a. a. O., S. 150f.): die in jenen beiden Typen von Anwendungssituationen wahren Kontingenzaussagen sind in Übereinstimmung mit den zuvor ausgesprochenen Regeln der komplementären Konversion – als Kontingenzaussagen – konvertibel; aber sie sind dies nicht und sie sind nicht wahre Kontingenzaussagen in beiden Typen von Situationen aus denselben Gründen; sondern sie sind es einmal, weil trotz des Vorherrschens einer natürlichen Tendenz die Notwendigkeit fehlt, das andere Mal, weil es nicht einmal eine solche Tendenz gibt. In diesem Verständnis haben die oben zitierten Dative τῷ μὴ ἐξ ἀνάγκης ... usw. instrumentale Bedeutung, und in der Tat lautet der Text der Oxford-Übersetzung: „... what is natural is convertible *because* it does not necessarily belong ... and what is indefinite is convertible *because* it inclines this way no more than that" (Hvhbgn. U. N.).

Ich komme zu den Zeilen 32b18–23. Die Äußerungen des Aristoteles in diesem Abschnitt sind zu knapp, als daß man einigermaßen sichere Aussagen über ihren genauen Inhalt und Zweck treffen könnte. Aristoteles sagt im wesentlichen: Wissen und Beweise gibt es im Bereich des ἀόριστον (≈ des Unbestimmten) nicht, weil dort der Mittelbegriff ungeordnet (ἄτακτον) ist, wohl aber gibt es dergleichen im Bereich der Phänomene, die durch natürliche Tendenzen regiert werden (τὰ πεφυκότα, das von Natur aus Entstandene); wissenschaftliche Argumente und Untersuchungen handeln überwiegend von dem in der letzteren Weise Kontingenten.

Wir müssen an dieser Stelle ein bißchen spekulieren. Im Lichte dessen, was Aristoteles etwa in A27 und den folgenden Kapiteln der *An. pr.* zur syllogistischen Heuristik sowie in *An. post.* über Ursachen und Erklärungen sagt, wird man zunächst annehmen dürfen, daß folgendes seine Position ist.

Es sei uns aufgegeben, eine wissenschaftliche Erklärung dafür zu suchen, daß ein Individuum a (in einer Situation) die Eigenschaft A besitzt, sich in dem Zustand A befindet oder dergleichen. Die Erklärung hat die Form eines Syllogismus anzunehmen, dessen Mittelbegriff, wenn man alles richtig gemacht hat, die Ursache für den zu erklärenden Sachverhalt angibt. Um einen solchen Syllogismus zu finden, hat man so vorzugehen (wenn man etwa auf einen Syllogismus der ersten Figur abzielt): suche nach einer Eigenschaft, sagen wir C, welche dem a zukommt; und suche genauer eine derartige Eigenschaft C auf, für welche die folgenden Bedingungen erfüllt sind. Es gibt ein Netz von Eigenschaften, welche sämtlich nach stabilen Umfangsverhältnissen zu diesem Netz umeinander angeordnet sind. In das Netz ist C ebenso wie A eingebunden, und es kommt darin eine Eigenschaft B vor, die eine syllogistisch verwertbare Verbindung mit C und A herstellt. Das ist beispielsweise der Fall, wenn das Netz so beschaffen ist, daß darin C dem B und dies dem A der Extension nach vollständig untergeordnet ist. Dann kann ein Syllogismus vom Typ Barbara angesetzt werden.

Die Stabilität der Vernetzungsverhältnisse muß wohl deshalb gefordert werden, weil eine wirklich adäquate Erklärung zeitlos verwendbar sein soll. Es soll nicht vorkommen, daß A(a) jetzt (im wesentlichen) durch B(a) als material korrekt erklärt gilt, weil jetzt tatsächlich alle Bs auch As und alle Cs auch Bs sind und a ein C ist; daß aber in einer anderen Situation A(a) nicht mehr durch B(a) als erklärt gilt, weil in ihr etwa die Einordnung der Bs in die As nicht mehr besteht. Man vergleiche *An. post.* A6, 74b32–39: der Mittelbegriff einer Erklärung, die wirkliches Wissen gibt, darf nicht „verschwinden" können, also doch wohl: er darf sich nicht infolge regelloser Veränderungen der Extension in der Zeit aus gewissen Relationen mit anderen Begriffen herauslösen können.

Aristoteles will in unserem Passus anscheinend zum Ausdruck bringen, daß für Explananda aus dem Bereich der Zufallsphänomene keine derartigen stabilen Begriffsnetze auffindbar sind: es lassen sich für diese Explananda keine Begriffe als Kandidaten für Mittelbegriffe erklärender Syllogismen finden, die in stabile Netze eingeordnet wären, die potentiellen Mittelbegriffe sind in diesem Sinne *ungeordnet*. Das klingt plausibel. Verhielten sich die Dinge nämlich so, daß beispielsweise C (etwa für: „... ist ein Mensch") dem B (etwa für: „... träumt") und B dem A (etwa für: „... schläft") jeweils dem ganzen Umfang nach stabil über die Zeit untergeordnet wäre, so wären eben alle Cs jederzeit As. In den Fällen zumindest, in denen C ein essentielles Prädikat ist – wie „... ist Lebewesen" in Aristoteles' Beispiel „ein Lebewesen geht" –, hieße dies, daß das Individuum a, welches, wie wir annehmen, die Eigenschaft C hat, *jederzeit* die Eigenschaft A hat. Das wird aber im allgemeinen nicht so sein, wenn die Verfügung über die Eigenschaft A – wie in Aristoteles' Beispiel – weitgehend ins Belieben der potentiellen Träger von A gestellt ist und wenn infolgedessen das Individuum a, von dem wir annehmen, daß es in einer bestimmten Situation über A verfügt, darüber in dieser Situation in gewisser Weise bloß zufällig verfügt.

Es könnte sein, daß Aristoteles in 21f. weiter den folgenden Gedanken zum Ausdruck bringen will. Im Bereich der ἀόριστα (≈ der unbestimmten Verhältnisse, Abläufe, ...) kann eine zwar nicht wirklich adäquate, aber immerhin material korrekte Erklärung schon einmal – durch Zufall sozusagen – zustande kommen; wenn es sich nämlich, auf unseren Fall bezogen, in der Erklärungssituation zufällig einmal so fügt, daß alle Cs Bs und alle Bs auch

As sind. Es hat aber nicht viel Zweck, in diesem Phänomenbereich systematisch nach einer Anzahl solcher Subsumtionsverhältnisse zu suchen in dem Bestreben, ein für Erklärungsaufgaben fruchtbares Begriffsnetz zu gewinnen – weil diese Verhältnisse hier häufigen Schwankungen über die Zeit unterliegen.

Andererseits sieht Aristoteles anscheinend eine gute Chance, im Bereich der πεφυκότα Erklärungen zu produzieren, die das skizzierte Muster approximieren. Nämlich wohl deshalb, weil man zur Beschreibung der Phänomene dieses Bereichs über Begriffe verfügen kann, welche in immerhin *relativ* stabile Netze eingebunden sind. Ist es beispielsweise wahr – und zwar ohne zeitliche Beschränkung, wie man auch hier sagen könnte –, daß die meisten Bs auch As sind, so mag damit zwar verträglich sein, daß zu dem einen oder anderen Zeitpunkt auch einmal Umstände eintreten, in denen mehr als lediglich eine kleine Minderheit derjenigen Individuen, welche zu dem betreffenden Zeitpunkt Bs sind, *keine* As sind. Aber dergleichen wird nicht an vielen Zeitstellen passieren können. Denn andernfalls würde die Gesamtheit aller derjenigen Individuen, welche an einer dieser Zeitstellen Bs sind, ohne (an derselben Stelle) As zu sein, schon eine recht beträchtliche Menge von Bs (d. h.: von irgendwann einmal unter B fallenden Individuen) darstellen, die nicht As sind (zu den respektiven Zeitpunkten). Folglich: sind die meisten Bs auch As, so ist die annähernde Einordnung des Umfangs von B in den Umfang von A auch *annähernd zu jeder Zeit* realisiert. Wenn ich mich an dieser Stelle weiter frage, worauf Aristoteles' Optimismus sich gründet, fällt mir ein: möglicherweise denkt Aristoteles daran, bei der Entwicklung von Erklärungen im Bereich der πεφυκότα nach der Einführung lediglich geringfügiger Idealisierungen genauso weiter arbeiten zu können wie in den für ihn paradigmatischen Fällen wissenschaftlichen Vorgehens. Ich will damit sagen: Aristoteles' Konzeption für den Bereich der natürlichen Abläufe könnte sein, immer auch dann etwa zu Aussagen A a B und B a C überzugehen, wenn er genaugenommen nur approximative Inklusionsverhältnisse der beteiligten Begriffsumfänge hat[36], und anschließend aus solchen, die tatsächlichen Verhältnisse idealisierenden, Aussagen Schlüsse gemäß den Modi *der assertorischen Syllogistik* zu ziehen. Selbstverständlich wären Konklusionen, zu denen man auf diesem Weg gelangt ist, mit Vorsicht zu behandeln und mindestens zu „meistens"-Aussagen abzuschwächen.

[36] Dabei kommt es darauf an, daß diese Verhältnisse annähernd stabil über die Zeit sind, so daß A a B, B a C annähernd zeitlos annähernd wahr sind – ähnlich wie man in den paradigmatischen Fällen beweisender Syllogismen notwendig wahre, d. i. zeitlos wahre, Prämissen soll einsetzen müssen.

Schlimmstenfalls können Verhältnisse vorliegen wie: die meisten Cs sind Bs; die meisten Bs sind As; aber diejenigen unter den Bs, die zugleich Cs sind, bilden eine Minderheit der Bs, welche gerade nicht As sind. Dann kann mitnichten darauf geschlossen werden, daß die meisten Cs auch As seien.

Falls Aristoteles' Konzeption so aussehen sollte – und damit komme ich zur Frage nach dem Zweck der Bemerkungen in unserem Abschnitt –, ist es nicht richtig, daß Aristoteles hier ein wissenschaftstheoretisches Argument bilden will aus der Tatsache (die sich als solche im weiteren Gang der logischen Untersuchung erweisen wird), daß es gültige Syllogismen *aus Kontingenzaussagen* gibt. Die Idee eines solchen Arguments liegt zunächst durchaus nahe. Man könnte nämlich aus aristotelischer Perspektive folgendermaßen für die Relevanz der Möglichkeitssyllogistik zu argumentieren versuchen.

Wissenschaft gibt es nur da, wo es wissenschaftliche Erklärungen gibt. Diese müssen immer die Form (material korrekter) syllogistischer Argumente annehmen. Für einige Phänomenbereiche (wie z. B. für den, welcher den Gegenstandsbereich der Biologie bildet) kann man im allgemeinen keine strikt universellen und zeitlos wahren Aussagen als Prämissen für syllogistische Argumente gewinnen. Es ist z. B. nicht ausnahmslos richtig, daß Menschen gegen Ende ihres Lebens ergrauen. Immerhin kann man hier gewisse natürliche Tendenzen ermitteln, und damit hat man wahre Kontingenzaussagen in Händen. Maier geht sogar so weit zu behaupten: „Aristoteles kennt keine Naturgesetze im modernen Sinn des Worts; die Naturgesetzmässigkeit findet ihren logischen Ausdruck in Urteilen der Möglichkeit ..." (Maier (1896–1900), Bd.I S. 185). Aus Kontingenzaussagen aber lassen sich der Möglichkeitssyllogistik zufolge gültige Syllogismen bilden. Mithin sind material korrekte syllogistische Argumente in Disziplinen wie der Biologie möglich, und damit ist ein potentieller Einwand gegen den Wissenschaftscharakter solcher Disziplinen abgewehrt.

Oder sogar: die Möglichkeitssyllogistik wird zeigen, daß Kombinationen aus Kontingenzaussagen und apodiktischen Aussagen assertorische Aussagen zu implizieren vermögen (vgl. z. B. A16, 36a7–10, betreffend die Gültigkeit von Celarent NKX); diese wiederum vermögen, der Notwendigkeitssyllogistik zufolge, zusammen mit apodiktischen Aussagen apodiktische Conclusiones zu liefern; demnach kann man durch Kettenschlüsse, in welche Kontingenzaussagen eingehen, am Ende sogar apodiktische Aussagen erhalten, mithin Objekte wissenschaftlicher Erkenntnis im striktesten Sinn.

Tatsächlich zieht Striker die Möglichkeit in Erwägung, daß Aristoteles die Entwicklung einer Syllogistik des Kontingenten u. a. mit der Intention betrieben habe, dadurch die Möglichkeit von syllogistischen Argumentationen auch im Bereich der Naturwissenschaften zu sichern. (Dazu Striker (1985),

S. 151 f.) Allerdings sieht Striker, daß gegen diese Erwägung eine Überlegung spricht, die mir ziemlich schlagend erscheint: falls die naturwissenschaftlichen Argumente dadurch zustande kämen, daß man von verfügbaren „meistens"-Aussagen zu Kontingenzaussagen übergeht und aus diesen nach den Regeln der Möglichkeitssyllogistik Kontingenzaussagen (oder auch nur einseitige Möglichkeitsaussagen) erschließt, dann bestünde ein großer Teil der Resultate der Naturwissenschaften bestenfalls in Kontingenzaussagen (der Schluß von Kontingenzaussagen auf korrespondierende „meistens"-Aussagen ist aufgrund der Bemerkungen in 32b4–13 ja unzulässig); das wäre aber wohl zu wenig. Überdies scheint selbst der Übergang von wahren „meistens"-Aussagen zu entsprechenden wahren Kontingenzaussagen durchaus nicht immer möglich zu sein. Der Satz „die meisten im Wasser lebenden Wirbeltiere sind Fische (nur eine Minderheit sind Säuger)" beispielsweise dürfte als wahr gelten, nicht aber der Satz „alle im Wasser lebenden Wirbeltiere sind kontingenterweise Fische". Sicher könnte man einwenden, daß für jedes im Wasser lebende Wirbeltier *qua* Träger dieser Eigenschaft das Fischsein eine kontingente Angelegenheit ist; aber wir haben es bei Aristoteles mit de-re-Modalitäten zu tun! Was den zweiten der skizzierten Gedankengänge betrifft, demzufolge sich im Bereich des Kontingenten apodiktische Conclusiones erzielen ließen, so wird man einwenden: sollte sich für einen Phänomenbereich, der überwiegend durch ein zwar ziemlich regelmäßiges, aber doch kontingentes Geschehen bestimmt ist, dann doch die eine oder andere wahre apodiktische Aussage formulieren lassen (wie man sie jenem Gedankengang entsprechend unter den Obersätzen einschlägiger Syllogismen benötigt), so bedarf es eben nicht mehr des Hinweises auf eine Möglichkeitssyllogistik, um die Möglichkeit wissenschaftlicher Erklärungen in diesem Bereich zu sichern. Beruhte schließlich aus aristotelischer Sicht der Wissenschaftscharakter der naturkundlichen Disziplinen nicht erst darauf, daß man in diesen Disziplinen angewandte *assertorische Syllogistik* in gleichsam approximativer Version treiben kann, sondern schon darauf, daß man dort angewandte *Syllogistik des Kontingenten* treiben könnte, so müßte Aristoteles auch die Konsequenz ziehen: im Bereich des ἀόριστον sind doch Beweise möglich. Denn in diesem Bereich könnte man ebensogut Syllogismen aus Kontingenzprämissen formulieren, wenn auch deren Wahrheit nicht auf der Wahrheit von „meistens"-Aussagen beruhen würde.

Die Frage, ob die Äußerungen in 18–23 (auch) einem wissenschaftstheoretischen Argumentationsziel dienen sollen, wird man letztlich offen lassen müssen, zumal Aristoteles seine Ankündigung in Zeile 23, diese Dinge später genauer auseinanderzulegen, anscheinend nicht eingelöst hat. Ich bin allerdings aus den genannten Gründen eher skeptisch. Die Frage, ob aus aristotelischer Perspektive andere Argumente entwickelt werden können zugunsten einer wissenschaftstheoretischen oder einer sonstigen außerlogischen Relevanz der Möglichkeitssyllogistik oder der modalen Syllogistik im ganzen, vermag ich zur Zeit nicht zu beantworten.

Im Schlußabschnitt 32b24–37 des Kapitels A13 sagt Aristoteles zunächst, was jetzt zur Untersuchung anstehe: nämlich Schlüsse aus Kontingenzprämissen. Es folgen die Äußerungen über den eventuellen zweifachen Sinn allgemeiner Kontingenzaussagen, die ich bereits in II.4. im Zusammenhang mit den Ziffern (*26*) bis (*27.2*) diskutiert habe. Zweifellos muß ich einräumen, daß die von mir zu diesem Thema vertretene Interpretation eine Härte enthält. Nämlich im Hinblick auf die Ausdrücklichkeit, mit der Aristoteles zu Beginn von A13 erklärt, daß das ἐνδεχόμενον (≈ das Mögliche) das Kontingente sei. Die Härte besteht darin, daß meiner Interpretation zufolge die in (*27*) genannte Version von A a_KB im Sinne von (*27.2*) aufzufassen ist und daß diese Auffassungsweise zu implizieren scheint: „kann" (für ἐνδέχεται in 32b27) im Kontext „dem B zukommen kann" von (*27*) bedeutet ein Können oder Möglichsein der einseitigen Art. Man würde erwarten, daß Aristoteles eine Abweichung von jener Verwendungsweise von ἐνδέχεσθαι noch in demselben Kontext, in dem er sich auf sie ziemlich eindeutig festlegt, auch anzeigt.

Einen bedenkenswerten Ausweg aus dieser Schwierigkeit hat Hintikka gewiesen. Wir haben bei der Besprechung von 32b4–13 gesehen, daß Hintikka die Rede des Aristoteles vom ausgesagt-Werden des ἐνδέχεσθαι auf zwei verschiedene Weisen (32b4f.: τὸ ἐνδέχεσθαι κατὰ δύο λέγεται τρόπους) als den Hinweis auf zwei Anwendungsbereiche für den Begriff des Kontingenten wertet – wie auch wir das an der betreffenden Stelle tun möchten. Dieselbe Interpretationsstrategie vertritt nun Hintikka auch mit Bezug auf Aristoteles' Rede in 32b27ff. davon, daß das **καθ' οὗ τὸ B, τὸ A ἐνδέχεται ὑπάρχειν** (≈ „dem, wovon das B gilt, kann das A zukommen") zweierlei bedeute, nämlich

(*4*) daß A dem zukommen könne, wovon B gelte oder ausgesagt werde,

und

(*5*) daß A dem zukommen könne, wovon B ausgesagt werden könne.

Genauer nimmt Hintikka diese Rede letztlich als eine Rede über zwei „Bedeutungen" des **καθ' οὗ τὸ B** (≈ wovon das B), und seine Hypothese läuft hinaus auf den Gedanken: Aristoteles weist in Wirklichkeit, entgegen dem ersten Anschein, auf zwei Anwendungsbereiche des **καθ' οὗ τὸ B** hin (also letzten Endes auch auf zwei Anwendungsbereiche des Prädikats B selbst); der eine umfaßt die Individuen, welche faktisch Bs sind, der andere die, welche kontingenterweise Bs sind. (Vgl. Hintikka (1973), S. 38f.; selbstverständlich ist hier nicht gemeint, daß die beiden Bereiche disjunkt seien.) Wenn das richtig ist, trifft Aristoteles hier eine Festlegung im Hinblick auf die von ihm für adäquat gehaltene Präzisierung des Subjektsbegriffs allgemeiner Kontingenzaussagen. Zusammenhänge mit der mittelalterlichen Lehre von der restrictio et ampliatio terminorum sind übrigens unverkennbar (vgl. Nortmann (1990), S. 71). Worauf es für unseren Zusammenhang ankommt, ist, daß nach Hintikka bei dieser Präzisierung ἐνδέχεσθαι diejenige Bedeutung *hat*, auf die Aristoteles sich zuvor festlegte, also das kontingente Zukommen bedeutet.

Diese Interpretationsidee hilft uns weiter. Denn sie kommt einerseits ohne die Unterstellung einer stillschweigenden Abweichung von jener Bedeutung aus. Andererseits erlaubt sie uns, zugleich an unserer Hypothese aus II.4. festzuhalten (und damit auch an unserer Strukturhypothese für allgemeine Kontingenzaussagen): falls Aristoteles (auch) gemeint haben sollte, daß A a_KB zwei Sinne haben kann (nämlich die durch *(26)* und *(27.1)* oder *(27.2)* aus Kap.II. gegebenen Sinne), so kommt seine Meinung letztlich der Auffassung gleich, daß der zweite dieser Sinne durch *(27.2)* gegeben ist. Wir haben nämlich die folgenden Beziehungen (vgl. Hintikka a. a. O., S. 39):

> B(x) sequ. MB(x); KB(x) sequ. MB(x); also B(x) ∨ KB(x) sequ. MB(x); und umgekehrt: MB(x) äquiv. MB(x) ∧ (M¬B(x) ∨ ¬M¬B(x)) äquiv. (MB(x) ∧ M¬B(x)) ∨ (MB(x) ∧ NB(x)) äquiv. KB(x) ∨ NB(x) sequ. B(x) ∨ KB(x); mithin B(x) ∨ KB(x) äquiv. MB(x).

Wenn demnach die Bemerkungen des Aristoteles so zu verstehen sind, daß als Subjektstermini allgemeiner Kontingenzaussagen, deren Subjektstermini prima facie Prädikate B(x) sind, genauer Prädikate B(x) ∨ KB(x) gewählt werden müssen, dann werden wir – sofern wir ansonsten an unseren Überlegungen zur Struktur von A a_KB festhalten – auf die Strukturformel ∀xN(MB(x) ⊃ KA(x)) geführt. Darüber hinaus ist dieser Ausdruck, wie wir seinerzeit sahen, (PL + S4)-äquivalent zu ∀xN(B(x) ⊃ KA(x)), und das ist unsere ursprüngliche Formel für A a_KB.

Im übrigen ist wegen MB(x) sequ. B(x) ∨ KB(x) klar, daß B(x) ∨ MB(x) äquivalent ist mit B(x) ∨ KB(x). Falls also Aristoteles in unserem Abschnitt wirklich eine Aussage von der Art machen wollte, wie Hintikka annimmt, daß er sie machen wollte, brauchte er sich wiederum der Sache nach gar nicht zu entscheiden, ob er beim Ausdruck des zweiten Glieds der Alternative ἐνδέχεσθαι im K-Sinn oder im M-Sinn gebrauchen sollte.

Aristoteles beendet A13 mit einer genaueren Spezifikation des nächsten Untersuchungsschritts: Syllogismen aus zwei Kontingenzprämissen in der ersten Figur sind zu betrachten. Gewisse Schwierigkeiten bereitet hier eine

Formulierung in 35f.: ὅταν δὲ καθ' οὗ τὸ B ὑπάρχει τὸ A ἐνδέχηται ... (anstelle von ὑπάρχει ist auch ὑπάρχῃ überliefert). Rolfes übersetzt diesen Neben- und den anschließenden Hauptsatz durch:

> Wenn aber von dem, wovon B tatsächlich ausgesagt wird, A ausgesagt werden kann [deutlicher: wenn jenem das A kontingenterweise zukommt], so spricht der eine Vordersatz ein wirkliches, der andere ein mögliches (kontingentes) Sein aus (Rolfes (1921), S. 28; ebenso sinngemäß die Oxford-Übersetzung Ross/Jenkinson (1928)).

Was Aristoteles sagen will, kann dem Umfeld der Stelle nach jedoch nur folgendes sein: wenn – in der ersten Figur – B dem C einfach zukommt (d. h. wenn der Untersatz B a, i C assertorisch ist) und A dem B kontingenterweise zukommt, dann haben wir nicht Prämissen gleicher Modalität, wie wir sie doch zunächst betrachten wollen. Außerdem wäre καθ' οὗ τὸ B ὑπάρχει merkwürdig als Ausdruck für „wovon B ausgesagt wird". Entweder hat man tatsächlich καθ' οὗ τὸ B λέγεται zu erwarten oder aber ᾧ τὸ B ὑπάρχει. Die Bemerkung und die mit ihr verbundene Schwierigkeit sind sicher belanglos im Hinblick auf die Fragen, welche unsere Untersuchung leiten. Sehen wir trotzdem kurz zu, wie man das Problem eventuell lösen könnte. Striker zieht unter Verweis auf die neben dem Indikativ ὑπάρχει ebenfalls überlieferte Konjunktivform ὑπάρχῃ (≈kommt zu), welche dem Konjunktiv ἐνδέχηται (≈ kann) gleichzuordnen wäre, die Möglichkeit in Betracht, daß καθ' οὗ zu streichen sei und die fragliche Bemerkung dementsprechend, mit Bezug auf die erste Figur, wie gewünscht besage: wenn aber der Prädikatsterminus des Untersatzes (= B) einfach zukommt, dagegen der Prädikatsterminus des Obersatzes (= A) kontingenterweise zukommt, dann ... Dasjenige, welchem B und A zukommen, wären dabei die respektiven Subjektstermini. Ich sehe darüber hinaus die Möglichkeit, ohne Streichung auszukommen, indem man nämlich καθ' οὗ als knappen Verweis auf eben diese respektiven Subjektstermini nimmt. Wenn das geht, sagt Aristoteles in formelhafter Verkürzung soviel wie: wenn aber demjenigen, von welchem [nämlich: von welchem die folgenden Termini jeweils ausgesagt werden], das B einfach und das A kontingenterweise zukommt, dann ...

2.2. A14; der Zusammenhang von allgemein verneinenden und allgemein bejahenden Aussagen

Den Ankündigungen in A13 entsprechend behandelt Aristoteles in diesem Kapitel die Möglichkeiten syllogistischen Schließens aus Prämissenpaaren der

Modalität KK. Die erste Feststellung lautet, daß Barbara KKK gültig sei (32b38-33a1). Unter den Strukturhypothesen nimmt dieser Modus die Form

$$\begin{array}{l} (1)\ \forall x N(B(x) \supset KA(x)) \\ (2)\ \forall x N(C(x) \supset KB(x)) \\ \hline (3)\ \forall x N(C(x) \supset KA(x)) \end{array}$$

an. Mit den einschlägigen Betrachtungen in II.4. haben wir bereits eingesehen, daß in der Tat (1) und (2) die Formel (3) (PL + S4)-implizieren. Aristoteles bemerkt zur Gültigkeit des Modus (oder auch: zur Vollkommenheit des Modus), sie sei „offensichtlich aus der Definition. Denn so erklärten wir das ‚jedem-zukommen-Können'" (32b40, 33a1). Es ist nicht völlig klar, auf was als eine Definition Aristoteles hiermit Bezug nehmen will. Patzig vertritt die Auffassung, den Bezugspunkt stellten die Äußerungen im Schlußabschnitt von A13 zum zweifachen Sinn allgemeiner K-Aussagen dar (dazu Patzig (1969), S. 72). Dabei versteht Patzig – wie Becker – diese Äußerungen des Aristoteles so, als sei ihnen zufolge der zweite der beiden Sinne der unter *(27.1)* in Kap. II. zur Sprache gebrachte. Hätte Aristoteles sich für diesen Sinn als den primären Sinn von A a_KB ausgesprochen, so hätte es allerdings für ihn sehr nahe gelegen, auf eine derartige Festlegung in einem Kontext hinzuweisen, in dem es um die Vollkommenheit eines Modus wie Barbara KKK geht. Denn wie wir bei der Diskussion um *(26)* bis *(27.2)* in II. bemerkten, würde mit dieser Festlegung die Identität von Prädikatausdruck des Untersatzes und Subjektausdruck des Obersatzes unseres Modus hergestellt. Gegen Patzigs Auffassung ist einzuwenden, daß der fragliche Abschnitt in Kapitel 13 keineswegs derart ausdrückliche Festlegungen bringt, daß Aristoteles ohne weiteres von einer Definition zu sprechen sich berechtigt sehen dürfte. Es sei denn, Hintikka hat recht und Aristoteles nennt nicht zwei verschiedene Sinne von A a_KB, zwischen denen eine unzweideutige Wahl zu treffen er versäumt, sondern er spricht lediglich von *einem* Sinn, für den er aber eine Präzisierung vornimmt (indem er die für den Subjektsterminus von A a_KB zugrunde zu legende Extension genauer angibt). Wenn das so ist, kann Patzigs Position aufrechterhalten werden, versehen mit der Modifikation, daß Aristoteles nicht abhebt auf das Vorkommen von KB(x) als Subjektsterminus von A a_KB, sondern auf das Vorkommen von MB(x) (ich erinnere an die oben vermerkte Relation „B(x) ∨ KB(x) äquiv. MB(x)").[37] Der Übergang von KB(x) zu MB(x) beim Übergang vom Consequens im Untersatz von Barbara

[37] Man muß bei der Lektüre der einschlägigen Stellen bei Patzig beachten, daß der Autor das Symbol M in derjenigen Bedeutung verwendet, die in unserem Notationssystem das Symbol K hat; vgl. dazu Patzig (1969), S. 71 f. und S. 71 n.1.

KKK zum Antezedens im Obersatz (in der zu $\forall xN(B(x) \supset KA(x))$ äquivalenten Version $\forall xN(MB(x) \supset KA(x)))$ wäre immer noch ein genügend glatter Übergang, um es sinnvoll erscheinen zu lassen, auf eine Festlegung als den Grund der Evidenz des Modus zu verweisen, die im wesentlichen nicht mehr als den Vollzug dieses Übergangs zur Validierung des Modus erforderlich sein läßt. Ich sehe freilich noch die Möglichkeit, daß es eben der Übergang selbst ist, den Aristoteles im Sinn hat, wenn er in 32b40 an eine Definition erinnert. (Sei es, daß Aristoteles für den Obersatz A a_KB von Barbara KKK von vornherein eine Version zugrunde legt, die unserem $\forall xN(MB(x) \supset KA(x))$ entspricht, oder sei es, daß er von $\forall xN(B(x) \supset KA(x))$ ausgehend dorthin erst durch ein Argument zu gelangen meint.) Der Bezugspunkt von 32b40 wäre dann die zu Beginn von A13 getroffene Festlegung, nach der das ἐνδεχόμενον das Kontingente ist. Hier haben wir es mit einer Festlegung zu tun, die es tatsächlich verdient, als (explikative) Definition eingestuft zu werden. Und gerade derjenige Teil der Festlegung, auf den es in unserem Zusammenhang ankommt, nämlich: Kontingenz impliziert einseitige Möglichkeit (KB(x) impliziert MB(x)), war Aristoteles in A13 eine längere Bemerkung wert – sofern meine Interpretation von 32a21–29 zutrifft. Allerdings sagt Aristoteles in 32b40/33a1 nicht, daß so das „zukommen-Können" oder daß so das „Können" erklärt worden sei (wie man es erwartet, wenn der Verweis auf die Bestimmung des ἐνδεχόμενον geht); sondern er sagt, daß so das „jedem-zukommen-Können" erklärt worden sei. Das spricht für die (modifizierte) Patzig-Position, während wieder eine andere Beobachtung besser zu der von mir in Betracht gezogenen Möglichkeit paßt. In 33a24f. finden wir nämlich im Anschluß an die Behandlung von Darii KKK eine Feststellung, die der zur Diskussion stehenden Bemerkung gleicht und in der nur noch von der Definition des ἐνδέχεσθαι die Rede ist, nicht mehr von einer Definition des ἐνδέχεσθαι παντὶ ὑπάρχειν (des „jedem zukommen können"): „dies ist offensichtlich aus der Definition des ἐνδέχεσθαι". Andererseits haben die zweiten Hände einiger Handschriften auch hier ein zusätzliches παντί oder κατὰ παντός (≈ jedem, oder: von jedem). Das ist jedenfalls ein Anzeichen für fehlende Klarheit darüber, wo die Bezugsstelle der aristotelischen Bemerkungen zu suchen ist.

Zwischen den beiden hier diskutierten Möglichkeiten will ich keine Entscheidung treffen. Beide Interpretationsmöglichkeiten geben dem Text einen guten Sinn, ich neige eher zur zweiten.

In 33a1–5 behauptet Aristoteles die Gültigkeit von Celarent KKK. Auch diese Behauptung ist richtig. Wir brauchen dazu lediglich auf unsere Begründung für die Gültigkeit von Barbara KKK hinzuweisen sowie auf den Zusammenhang beider Modi, wie er durch die übliche Substitution von A(x) durch ¬A(x) herzustellen ist. Was Aristoteles zur Begründung seiner Gültigkeitsbehauptung anführt (in 33a3–5), ist abermals klärungsbedürftig:

> (1) Denn daß von dem, wovon B ausgesagt werden kann, A es nicht kann, bedeutet, daß da nichts von dem fehlt, was unter B begriffen sein kann (Rolfes (1921), S. 28).

Ich will schon hier darauf hinweisen, daß der dem Subjektsatz der Übersetzung entsprechende griechische Ausdruck – es handelt sich um einen substantivierten Infinitiv – auch wiedergegeben werden kann durch die Formulierung: „daß dem, wovon B ausgesagt werden kann, A nicht-zukommen kann". Den Punkt werde ich im Laufe der Erörterung wieder aufgreifen.

In A13, 32b29f., heißt es, daß die beiden Formulierungen

> (von) dem, wovon das B (nämlich: ausgesagt wird bzw. ausgesagt werden kann)

und

> (von) jedem B

synonym seien. Ersetzt man dementsprechend in (1) den Teilsatz

> von dem, wovon B ausgesagt werden kann, A es nicht kann

durch

> von jedem B A nicht ausgesagt werden kann,

so erhält man aus (1) eine Aussage, welche der Erklärung des „von jedem ausgesagt werden" (des κατὰ παντὸς κατηγορεῖσθαι) am Schluß von *An. pr.* A1, 24b28–30, ähnlich klingt. Sollte es diese Stelle im ersten Kapitel sein, an die Aristoteles erinnern will, so müßte man allerdings ἀπολείπειν in 33a4 durch so etwas wie „übrigbleiben" wiedergeben und nicht durch „fehlen", wie es in (1) geschieht (das griechische Wort deckt beide Bedeutungen ab). Denn der Inhalt der Erklärung in A1 ist der, daß, falls z.B. A von jedem B ausgesagt wird, damit gemeint sei: man kann nichts hernehmen (nämlich von dem unter B Fallenden), von dem A nicht ausgesagt werden würde. Das heißt offensichtlich soviel wie, daß nichts quasi als Gegenbeispiel (gegen die Wahrheit von $\forall x(B(x) \supset A(x))$) übrig bleibt. Es heißt gerade nicht, daß nichts fehlt. Was könnte der Zweck einer solchen erneuten Aufnahme der Erklärung von A1 sein? Wohl nur der, diese Erklärung mit der Modifikation zu versehen, deren sie im Fall von Kontingenzaussagen bedarf, sofern deren Subjektsterminus eine Erweiterung seines Anwendungsbereichs gemäß 32b25–32 erfährt. Der Zweck bestünde mit anderen Worten darin, diese Erklärung so umzuformulieren, daß da, wo in der ursprünglichen Erklärung vom unter B Fallenden die Rede ist oder doch das unter B Fallende stillschweigend gemeint ist[38], nun ausdrücklich vom *möglicherweise* unter B Fallen-

[38] Es ist nicht sicher, ob Aristoteles τοῦ ὑποκειμένου (≈ von dem Darunterliegenden, vom Umfang des Subjektsterminus) in 24b29 geschrieben hat.

den die Rede ist. In der Tat spricht Aristoteles von dem, „was unter B begriffen sein kann". Die Hypothese, daß unser Passus mit A1 korrespondiere, steht allerdings insofern auf wackligen Füßen, als Aristoteles hier nicht sagt, *wofür* nichts von dem möglicherweise unter B Begriffenen übrig bleibe. Man würde erwarten, daß Aristoteles etwas sagt von der Art von: es bleibt davon nichts übrig für eine Apophasis des μὴ ἐνδέχεσθαι, für eine Absprechung des kontingenterweise-nicht-A-Seins.

Eine andere Möglichkeit, (1) aufzufassen, sieht folgendermaßen aus. Die unausdrückliche Festlegung – falls man S. 79 folgt – oder die ausdrückliche Festlegung – falls man der Interpretationslinie Hintikkas folgt – auf eine „ampliatio" des Subjektsterminus allgemein bejahender Kontingenzaussagen A a_KB am Schluß von A13 bezieht sich zunächst auf derartige Aussagen in der Formulierung „wovon B, davon kontingenterweise A" (32b27f., καθ' οὗ τὸ B, τὸ A ἐνδέχεσθαι). Diese „ampliatio", die für e_K-Aussagen entsprechend mitgedacht sein wird, d. h. die Ersetzbarkeit von B(x) durch MB(x), ist nun einerseits zentral für die Validierung sowohl von Barbara KKK als auch von Celarent KKK; andererseits formuliert Aristoteles in A14 die in diese Modi eingehenden Aussagen *nicht* in der καθ' οὗ-Version (d. h. in der „wovon"-Version), sondern in der παντί-Version bzw. im negativen Fall in der μηδενί-Version (d. h. in der „jedem"- bzw. „keinem"-Version). Unter diesen Umständen würde es einleuchten, wenn Aristoteles es für nötig gefunden haben sollte klarzustellen, daß diese παντί- und μηδενί-Aussagen nichts anderes beinhalten als die entsprechenden καθ' οὗ-Versionen. Dafür könnte Aristoteles sich auf den oben erwähnten Passus A13, 32b29f., berufen. Und diese Erinnerung an die Gleichsetzung von A13 könnte, für den allgemein verneinenden Fall ausgesprochen, duchaus den Wortlaut von (1) der Übersetzung annehmen – wenn die Rede davon, daß nichts unter MB(x) Fallendes übrig bleibt, als Bezugnahme auf Sätze vom Typ μηδενὶ τῷ B (≈ keinem B) gewertet werden darf. Letzteres wäre sicher nicht unplausibel: daß eine Eigenschaft keinem B zukommt, heißt, daß von dem unter B Begriffenen nichts in Frage kommt, nichts übrig bleibt als Träger dieser Eigenschaft.

Die beiden skizzierten Interpretationshypothesen haben einen Mangel. Die erste nimmt letztlich an, daß unser Passus in Ergänzung der Erklärung von A1 eine Aussage über allgemein bejahende K-Aussagen macht (zu denen im übrigen, wie wir mit Aristoteles wissen, die allgemein verneinenden äquivalent sind). Wenn diese Hypothese richtig ist, ist das Fehlen von μή (≈ nicht) in 33a4 in einer der Handschriften der Sachlage gemäß. Was man im Anschluß an die Behauptung der Gültigkeit von Celarent KKK aber erwartet, ist eine Erklärung, die nicht der Sache nach zu Barbara KKK mindestens ebensogut gehört wie zu Celarent KKK. Unter demselben Aspekt ist auch die zweite Hypothese nicht voll befriedigend. Eine dritte Interpretationsmöglichkeit, die unserem Abschnitt einen Celarent-spezifischen Inhalt gibt, sieht wie folgt aus.

Wir haben uns in II.4. klargemacht, daß das ἐνδέχεται μηδενί (≈ kann keinem) zweideutig ist, entsprechend dem deutschen „kann keinem zukommen". Aristoteles will den Ausdruck in Kontexten vom Typ A e_KB nicht verwenden im Sinne von

(*6*) für jedes (mögliche) B gilt, daß A ihm nicht zukommen-kann (hier ist der zweite Halbsatz von der Form ¬MA(x) bzw. ¬KA(x)),

obwohl der Sinn von (*6*) vermutlich auch im Griechischen der näher liegende Sinn wäre. Sondern er will den Ausdruck gebrauchen im Sinne von

(*7*) für jedes (mögliche) B gilt, daß A ihm nicht-zukommen kann (hier ist der zweite Halbsatz von der Form M¬A(x) bzw. K¬A(x)).

Das erklärt, warum Aristoteles dem sprachlichen Ausdruck nach negative allgemeine Kontingenzaussagen für eigentlich positiv ansieht: im Verständnis (*7*) von A e_KB fungiert das Negationszeichen nicht, wie wir uns heute ausdrücken, als Hauptverknüpfungszeichen im Consequens der Subjunktion, welche die wesentliche Teilformel in einer Symbolisierung von (*7*) darstellt. Der Vergleich, den Aristoteles am Ende von A3 zieht und an den er in A13, 32b1–3, erinnert, legt die Verhältnisse klar: „nicht-zukommen Können" verhält sich zu „nicht zukommen-Können" wie das unnegierte „nicht-weiß Sein" zum negierten „nicht weiß-Sein". Im Vorgriff auf die Erörterung von A3 vermerke ich am Rande, daß das tertium comparationis hier ganz unabhängig davon vorliegt, ob „können" die einseitige oder die zweiseitige Möglichkeit bedeutet. Ich halte es für denkbar, daß der Zweck der Äußerung in 33a3–5 darin besteht, deutlich zu machen: der an sich weniger nahe liegende Sinn (*7*) (dessen griechischer Ausdruck in 33a3/4 lautet: καθ' οὗ τὸ **B** ἐνδέχεται, τὸ **A** μὴ – nämlich: ὑπάρχειν – ἐνδέχεται) ist es, der uns hier, im Falle der Kontingenzaussagen, als Sinn des allgemein verneinenden Aussagetyps gelten soll. Rolfes hätte dementsprechend besser übersetzt: „Denn daß von dem, wovon B ausgesagt werden kann, A möglicherweise nicht ausgesagt wird, bedeutet ...". Dabei nehme ich, ähnlich wie im Fall der zweiten Interpretationsmöglichkeit, an, daß μηδὲν ἀπολείπει τῶν ὑπὸ τὸ **B** ἐνδεχομένων (d. i. „nichts von dem fehlt [bzw: übrig bleibt], was unter B begriffen sein kann" der Übers.) als Paraphrase des μηδενὶ τῷ **B** (≈ keinem B) dient. Auf welche frühere Aussage oder Praxis, entsprechend dem Imperfectum τοῦτ' ἦν (≈ das war uns, im Sinne von: das galt uns als, „bedeutet" d. Übers.) in 33a4, könnte Aristoteles sich bei einer solchen Klärung berufen? Offensichtlich auf den Abschnitt im 13. Kapitel, der von der komplementären Konvertierbarkeit der Kontingenzaussagen handelt, vor allem auf 32a24 zusammen mit 32a38ff. Denn dort geht es um die Behauptung, daß das παντὶ ἐνδέχεσθαι (≈ jedem zukommen können) das ἐνδέχεσθαι μηδενί (≈ keinem zukommen können) impliziere; und zur Begründung dieser Behauptung wird angeführt, daß ersteres das παντὶ ἐνδέχεσθαι μὴ ὑπάρχειν (≈ jedem möglicherweise nicht zukommen) impliziere. Darin steckt die Gleichsetzung von παντὶ ἐνδέχεσθαι μὴ ὑπάρχειν und ἐνδέχεσθαι μηδενί. Es bleibt die Frage, was die zur Debatte stehende Bemerkung, wenn sie der dritten Interpretationshypothese gemäß zu verstehen ist, zur Begründung der Gültigkeit von Celarent KKK beitragen soll. Eine plausible Antwort lautet: wenn einmal geklärt ist, daß die e-Prämisse von Celarent KKK eigentlich so etwas ist wie eine a-Prämisse mit unter dem Kontingenzoperator verneintem Prädikatsterminus (und analog für die Conclusio), dann ist auch klar, daß sich Celarent KKK und Barbara KKK nicht wesentlich voneinander unterscheiden und daß sie deshalb denselben semantischen Status haben müssen. Ganz auf dieser Linie haben auch wir für die Gültigkeit von Celarent KKK nur die Gültigkeit von Barbara und die A(x) / ¬A(x)-Substitution herangezogen.

Die Einsicht, daß e-Aussagen im wesentlichen nichts anderes sind als a-Aussagen mit negiertem Prädikatsterminus, können wir als Einsicht nicht faßbar machen von einem Standpunkt aus, auf dem beispielsweise A e B bereits symbolisiert wird durch ∀x(N)(B(x) ⊃ ¬A(x)), auf dem A e B also genauso symbolisiert wird wie A a B bis auf das zu A(x) tretende Negationszeichen. Dennoch muß es sich von einem vor-prädikatenlogischen Standpunkt aus um eine nicht-triviale Einsicht gehandelt haben. So schreibt W. Lenzen in seinem Abriß der Logikgeschichte aus Leibnizscher Perspektive:

> „It was quite a non-trivial insight to discover that the universal negative proposition ‚No A is B' (or ‚A excludes B') is equivalent to the universal affirmative proposition containing the negated concept Non-B: ‚Every A is Non-B' (or ‚A contains Non-B')" (Lenzen (o. J.), S. 330).

Möglicherweise war der Bereich der allgemeinen Kontingenzaussagen am besten geeignet, Aristoteles einen Schritt in Richtung auf diese Einsicht hin tun zu lassen. Denn in diesem Kontext war die sonst wirksame Zurückhaltung im Hinblick auf den Gebrauch negierter Prädikate weniger geeignet, Aristoteles vom Fassen des Gedankens abzuhalten: allgemein verneinende Sätze sind eigentlich zugleich auch allgemein bejahende Sätze; weil eben A e_KB, d. i. ∀xN(B(x) ⊃ K¬A(x)), sogar äquivalent ist mit ∀xN(B(x) ⊃ KA(x)), also mit einer allgemein bejahenden K-Aussage der „sauberen" Art (in der kein Prädikatsymbol negiert auftritt).

In 33a21–27 haben wir die Behauptungen der Gültigkeit von Darii und Ferio der Modalitäten KKK. Beide Modi unterscheiden sich im wesentlichen genauso wenig wie Barbara und Celarent, daher genügt es, einen von ihnen zu betrachten. Darii nimmt die folgende Form an:

$$\frac{\begin{array}{l}(1)\ \forall x N(B(x) \supset KA(x))\\ (2)\ \exists x K(C(x) \land KB(x))\end{array}}{(3)\ \exists x K(C(x) \land KA(x)).}$$

Im Kapitel über die aristotelische Theorie der Konversion von Modalaussagen werden wir uns davon überzeugen, daß (2) (PL + S5)-äquivalent ist mit

(3*) $\exists x(KC(x) \land KB(x))$,

woraus folgt

(4) $\exists x(KC(x) \land MB(x))$;

aus (1) folgt, wie wir wissen,

(5) $\forall x N(MB(x) \supset KA(x))$,

und aus (4) und (5) können wir schließen auf

(6) $\exists x(KC(x) \land KA(x))$;

mit der eingangs benutzten Äquivalenz folgt

(7) $\exists x K(C(x) \land KA(x))$,

das ist (3).

Ich will jetzt die bisher noch nicht besprochenen Abschnitte unseres Kapitels kommentieren. In den Abschnitten 33a5–17 sowie a27–34 weist Aristoteles auf gewisse Syllogismen hin, deren Gültigkeit man unter Ausnutzung der komplementären Konvertierbarkeit der Kontingenzaussagen einsehen kann, die aber von der traditionellen Nomenklatur der „Barbara, Celarent, Darii ...“ nicht erfaßt werden. Auch Aristoteles scheint diese Modi nicht recht als Bestandteile ins System der Syllogistik aufnehmen zu wollen. So sagt er z. B. 33a6f. mit Bezug auf das Prämissenpaar $\frac{Aa_K B}{Be_K C}$, durch die angenommenen Prämissen finde kein Schluß statt. Andererseits kann kein Zweifel daran bestehen, daß Aristoteles, der Sachlage entsprechend, A a_KC für ein Implikat von A a_KB $\land$ B e_KC hält (und entsprechend für die anderen unter den hier gemeinten Syllogismen). Was Aristoteles hat ausdrücken wollen, kann nur sein: den Übergang zum jeweiligen Implikat vollziehen wir in den fraglichen Fällen nicht unmittelbar von den gegebenen Prämissen aus, sondern über den Zwischenschritt, welcher in der Durchführung der jeweils geeigneten komplementären Konversion besteht. Im genannten Fall ist das der Übergang von B e_KC zu B a_KC. Es geht um eine bestimmte Methode der Validierung, nicht um die Frage der Gültigkeit selbst.

Im Abschnitt 33a34–33b17 argumentiert Aristoteles für eine Summe von Nichtschlüssigkeitsbehauptungen. Nämlich dafür, daß man keine unter allen in Frage kommenden Aussagen als Implikat solcher Paare von Kontingenzprämissen in der ersten Figur erhalten kann, deren erstes Glied eine partikuläre Aussage ist. Die Diskussion von Nichtschlüssigkeitsargumenten verschiebe ich auf Kapitel V. Als Aussagen, die in Frage kommen, gelten hier selbstverständlich syllogistische Aussagen aller in Frage kommenden Modalitäten. Aristoteles nennt in 33b9f. ausdrücklich die Modalitäten des Faktischen, des Notwendigen und des Möglichen. Man darf annehmen, daß er beim Möglichen hier ausschließlich an das Kontingente denkt. Dazu vergleiche man auch die abschließende Bemerkung in 33b21ff.: man darf das ἐνδέχεσθαι nicht so nehmen, daß es auch den Bereich des Notwendigen umfaßt, sondern man muß es im Sinn der Definition nehmen; die „Definition" kann nur die zu Beginn von A13 vorgenommene Bestimmung des ἐνδεχόμενον sein. Später werden wir sehen, daß darüber hinaus einseitige Möglichkeitsaussagen als syllogistische Conclusiones in Betracht gezogen werden müssen. Aristoteles' Argumentationsweise, die auf den Nachweis der gemeinsamen Erfüllbarkeit der fraglichen Paare sowohl mit A a_NC als auch mit A e_NC hinausläuft, ist offensichtlich geeignet, auch von jenen Möglichkeitsaussagen zu zeigen, daß sie keine Implikate dieser Paare sind. A a_MC, A i_MC sind $\forall x N(C(x) \supset MA(x))$, $\exists x M(C(x) \wedge MA(x))$; diese Formeln sind – im universellen Fall unter der Voraussetzung, daß C exemplifiziert ist, und sei es nur möglicherweise – unverträglich mit $\forall x N(C(x) \supset N\neg A(x))$, d.i. mit A e_NC. Analoges gilt für A e,o_MC im Verhältnis zu A a_NC.

Das Kapitel endet mit einer kurzen Zusammenfassung der erzielten Ergebnisse.

2.3. A15; Diskussion von Interpretationsvorschlägen Beckers, Ross', Mignuccis und Angelellis zur Frage der Gültigkeit von Barbara XKM

Aristoteles' Gültigkeitsbehauptungen im 15. Kapitel beziehen sich auf Syllogismen in der ersten Figur mit je einer Kontingenzprämisse und einer assertorischen Prämisse. Im einzelnen lauten die Behauptungen wie folgt.

Barbara KXK ist gültig (33b33–36); Celarent KXK ist gültig (33b36–40); Darii KXK und Ferio KXK sind gültig (35a30–35). Von allen diesen Modi heißt es, sie seien vollkommen; und es wird von ihnen hervorgehoben, daß ihre Conclusiones tatsächlich Kontingenzaussagen seien und nicht etwa schwache ἐνδέχεσθαι-Aussagen (dazu 33b26–28).

Barbara XKM ist gültig (34a34–b6); Celarent XKM ist gültig (34b19–31); Darii XKM und Ferio XKM sind gültig (35a35–40).

Der Text bringt freilich keine ganz klare Auskunft über die Modalität der Konklusionen von Barbara und Darii mit Prämissen der Modalitäten XK. In der Zusammenfassung von 33b28–31 heißt es nämlich lediglich, daß alle Syllogismen des betrachteten Typs (erste Figur, eine assertorische, eine Kontingenz-Prämisse), bei denen der Untersatz vom K-Typ ist, unvollkommen seien und daß unter diesen Syllogismen die *negativen*, also Celarent XK und Ferio XK, eine ἐνδέχεσθαι-Conclusio nicht im Sinne der Explikation des ἐνδέχεσθαι von A13 lieferten, sondern bloß eine – wie wir sagen – einseitige Möglichkeitsaussage. Da sich die positiven Modi von ihren negativen Gegenstücken in logischer Hinsicht nicht wesentlich unterscheiden, wird man einerseits um der Sache willen auch für die ersteren Modi M-Conclusiones ansetzen wollen – so habe ich es eben in meiner Zusammenstellung von Gültigkeitsbehauptungen getan. Andererseits versteht man den überlieferten Text zunächst sicher nicht anders als so, daß Aristoteles hier die negativen XK-Modi gegenüber den positiven abgrenzen wolle als hinsichtlich der Modalität der Conclusio gewissermaßen pathologische Modi. Es läge dann nahe zu schließen, daß nach des Aristoteles Auffassung Barbara und Darii mit XK-Prämissen den Normalfall insofern repräsentieren, als ihre respektiven Conclusiones ἐνδέχεσθαι-Aussagen sind, in denen ἐνδέχεσθαι die in A13 als Hauptbedeutung ausgezeichnete Bedeutung hat. Da eine solche Differenzierung, wie gesagt, sachlich nicht aufrecht zu halten wäre, haben sich die Interpreten Gedanken über eine Verbesserung des Textes gemacht mit dem Ziel, eine philologisch plausible Variante von 33b28–31 zu finden, welche sich als Aussage nicht nur über die negativen, sondern über *alle* XK-Modi verstehen läßt.

Bevor ich Näheres zu der Frage sage, wie mit 33b28–31 verfahren werden könnte, will ich auf einen guten indirekten Anhaltspunkt dafür hinweisen, daß Aristoteles tatsächlich auch für Barbara XKἐνδ. (und genauso dann für Darii XKἐνδ.) nur eine M-Conclusio beansprucht.

Man braucht lediglich das Argument auszuwerten, das Aristoteles in A15, 34a34–34b2, für die Gültigkeit von Barbara XKἐνδ. vorträgt. Ich werde dies Argument später im Detail analysieren, hier sei nur soviel gesagt. Das Argument hat offensichtlich die Struktur eines Widerspruchsbeweises. Aristoteles muß also mit dem Gegenteil oder mit einem Implikat des Gegenteils von „A kommt möglicherweise (oder: kontingenterweise) jedem C zu" als dem Ausgangspunkt seiner Argumentation arbeiten, und dies Gegenteil oder sein

Implikat muß als eine der Prämissen eines Reduktionssyllogismus dienen können. Aristoteles formuliert seine Ausgangshypothese mit: τὸ A μὴ ἐνδέχεται παντὶ τῷ Γ (≈ A kann nicht dem ganzen C zukommen). Wenn man bereits davon ausgehen könnte, daß diese Formulierung nichts anderes ist als im wesentlichen der Ausdruck einer o_N-Aussage, wäre man fertig: so etwas wie eine o_N-Aussage kann man nur durch Negation einer a_M-Aussage, nicht durch Negation einer a_K-Aussage erhalten.[39] Freilich besteht die Möglichkeit, daß unsere Formulierung nicht mehr ist als ein Ausdruck der Verneinung einer allgemein bejahenden K-Aussage. Jedoch: die Verneinung einer für Barbara XKἐνδ. eventuell in Anspruch genommenen a_K-Conclusio würde auf eine existenzquantifizierte und irgendwie modalisierte Konjunktion führen, deren zweites Glied eine *Disjunktion* ist; eine solche Aussage ist nicht und impliziert auch nicht eine Aussage – sei sie nun vom o_N- oder von sonst einem Typ –, die als Bestandteil eines modalen Syllogismus in Betracht kommt; und das dürfte Aristoteles kaum entgangen sein. Dagegen ist die Verneinung einer a_M-Aussage, bis auf mögliche Abweichungen beim äußeren Modalfaktor, eine o_N-Aussage, und mit der oder mit ihrem assertorischen Implikat gibt es eine Chance, einen Hilfssyllogismus zu bilden.

Ich halte mit Blick auf A16 noch fest, daß dieselbe Überlegung für die Vermutung spricht: auch im Fall des Modus Barbara NKἐνδ. (den Aristoteles in A16 zusammen mit anderen gemischt kontingent-apodiktischen Modi der ersten Figur untersucht) ist Aristoteles sich darüber im klaren, daß lediglich eine schwache Möglichkeitskonklusion in Frage kommt. Für die Gültigkeit von Barbara NKἐνδ. soll nämlich offenbar in derselben Weise argumentiert werden wie für die Gültigkeit von Barbara XKἐνδ. (vgl. A16, 36a1 f.).

Für den Modus Darii sowohl mit Prämissen vom Modaltyp XK wie mit Prämissen vom Modaltyp NK wird Aristoteles die Verhältnisse kaum wesentlich anders beurteilt haben als für Barbara.

Diese Feststellungen sind deshalb von Interesse, weil die summarischen Äußerungen des Aristoteles über die NK-Modi der ersten Figur, welche im Abschnitt 35b23–34 von A16 enthalten sind, zunächst ein ähnliches Problem aufwerfen wie der Passus 33b28–31 in A15. Aristoteles scheint nämlich wiederum nur von Celarent und Ferio, diesmal mit Prämissen der Modalitä-

---

[39] Mit meiner Strukturhypothese für A a_MC ist die Negation von A a_MC äquivalent zu $\exists x \neg N(C(x) \supset MA(x))$, mithin zu $\exists x \mathcal{M}(C(x) \wedge N\neg A(x))$. A o_NC dagegen symbolisiere ich durch $\exists x \mathcal{N}(C(x) \wedge N\neg A(x))$. Deshalb spreche ich nur von so etwas wie einer o_N-Aussage, die man durch Negation einer a_M-Aussage erhalte. Man wird sehen müssen, ob das aristotelische Argument so rekonstruiert werden kann, daß zur Durchführung eine schwache o_N-Aussage der Form $\exists x M(C(x) \wedge N\neg A(x))$ genügt.

ten NK, zu behaupten, daß diese Modi (u. a.) ἐνδέχεσθαι-Conclusiones aufwiesen, in denen ἐνδέχεσθαι die einseitige Möglichkeit ausdrückt.

Ich kehre jetzt zu der Frage zurück, wie 33b28–31 mit der Vermutung in Übereinstimmung gebracht werden kann, Aristoteles sehe bei allen XK-Modi der ersten Figur und nicht lediglich bei den negativen unter ihnen nicht mehr als eine M-Conclusio impliziert. Man hat, wie gesagt, verschiedene Möglichkeiten erwogen, den überlieferten Text so abzuändern, daß die gewünschte Übereinstimmung erreicht wird. Einen verhältnismäßig konservativen Vorschlag hat Striker gemacht: man gruppiere

> ἀτελεῖς τε πάντες, καὶ οἱ στερητικοὶ τῶν συλλογισμῶν οὐ τοῦ κατὰ τὸν διορισμὸν ἐνδεχομένου, ἀλλὰ τοῦ μηδενὶ ἢ μὴ παντὶ ἐξ ἀνάγκης ὑπάρχειν (das ist: sie sind alle unvollkommen, und die negativen Syllogismen gehen nicht auf das definitionsgemäße ἐνδεχόμενον, sondern auf das keinem-notwendig-Zukommen oder auf das nicht-jedem-notwendig-Zukommen)

um zu

> ἀτελεῖς τε πάντες καὶ οὐ τοῦ κατὰ τὸν διορισμὸν ἐνδεχομένου, ἀλλ' οἱ στερητικοὶ τῶν συλλογισμῶν τοῦ μηδενὶ ἢ μὴ παντὶ ἐξ ἀνάγκης ὑπάρχειν (das ist: sie sind alle unvollkommen und gehen nicht auf das definitionsgemäße ἐνδεχόμενον, sondern die negativen unter ihnen gehen auf das keinem-notwendig-Zukommen oder auf das nicht-jedem-notwendig-Zukommen).

Vielleicht kann man den überlieferten Text aber auch halten, indem man καί (≈ und) in Zeile 29 (d. i. im Kontext „... und die negativen Syllogismen gehen nicht ..." des Deutschen) im Sinne von „und sogar" versteht: selbst die negativen Syllogismen liefern nur eine M-Conclusio, und – wie dann stillschweigend zu ergänzen wäre – die positiven erst recht. Das wäre ein nicht ganz unplausibler Gedanke.

Man betrachte nämlich unter den bisher behandelten Modi einmal diejenigen Paare von Modi innerhalb einer Figur, für die gilt: die Antezedentia der Glieder des Paars sind einerseits Gegenstücke voneinander insofern, als sie durch eine A(x)/¬A(x)-Substitution (A jeweils der Prädikatsterminus des Obersatzes) ineinander überführt werden können; und doch besitzen sie nach des Aristoteles Auffassung andererseits Conclusiones von unterschiedlicher Modalität. Solche Paare sind

(1) Cesare NXN – Camestres NXX;
(2) Festino NXN – Baroco NXX;
(3) Cesare XNX – Camestres XNN;
(4) Darapti XNN – Felapton XNX;
(5) Disamis XNN – Bocardo XNX.

Aus diesen Paaren wiederum wähle ich die aus, welche ein Glied besitzen, das eine Prämisse vom e_N-Typ aufweist. Es handelt sich um die Paare (1) bis (3). In allen drei Fällen ist das Glied, von dem Aristoteles meint, es habe die hinsichtlich der Modalität stärkere Conclusio, dasjenige Glied, in dem die hinsichtlich der Modalität starke Prämisse (d. i. hier die jeweilige N-Prämisse) allgemein verneinend ist. Dies Zusammentreffen ist kein Zufall. Denn beim Schließen aus den Prämissen der genannten Glieder kann Aristoteles *mehr Mittel* einsetzen als beim Schließen aus den Prämissen der jeweiligen Gegenstücke: er kann e_N-Konversion einsetzen, also eine Deduktionstechnik, zu der er ein a_N-Analogon nicht kennt. Es scheint mir durchaus denkbar, daß Aristoteles durch die Beobachtung dieser Verhältnisse zu einer Vermutung etwa des folgenden Inhalts gelangt ist:

(*8*) Von je zwei Modi mit modal gemischten Prämissen, deren Antezedentia sich wie Gegenstücke zueinander verhalten, besitzt derjenige eine Conclusio, die der Modalität nach allenfalls stärker, niemals aber schwächer ist als die Conclusio des Gegenstücks, für den gilt: unter seinen Prämissen kommt ein allgemein verneinender Satz vor, und zwar ist diejenige der Prämissen allgemein verneinend, welche die starke der beiden im Antezedens vertretenen Modalitäten aufweist (in den Fällen (1), (2), (3) ist das die Modalität N gegenüber der (Quasi-)Modalität X).

In einer solchen Vermutung hätte Aristoteles sich noch bestärkt fühlen können durch die von ihm später in A16 vorgetragenen Ergebnisse, welche die NK-Modi der ersten Figur betreffen. Denn ich habe dafür argumentiert, daß die ἐνδέχεσθαι-Conclusiones, welche Aristoteles im Falle von Barbara NK und Darii NK beansprucht, M-Aussagen sind. Nachdem aber Aristoteles bei Celarent und Ferio mit Prämissen der Modalitäten NK – zu Recht, wie wir später sehen werden – sogar X-Conclusiones für möglich hält, stellen die Paare

Barbara NKM – Celarent NKX

und

Darii NKM – Ferio NKX

weitere Bestätigungsfälle für (*8*) dar: Celarent und Ferio liefern der Modalität nach (echt) stärkere Konklusionen als ihre Gegenstücke, nämlich X-Konklusionen im Unterschied zu M-Konklusionen. Man beachte auch das Verhältnis der Modi Darapti und Felapton sowie Datisi und Ferison mit Prämissen vom Modaltyp NK, wie es sich nach den das Kapitel A22 betreffenden Einträgen in Beckers Tafel III darstellt.

Allerdings sind die e-Prämissen von Celarent und Ferio NK nicht in dem Sinne von starker Modalität, daß tatsächlich N-Aussagen logisch stärker wären als entsprechende K-Aussagen. Immerhin mag man sie als irgendwie höher stehend denn K-Aussagen ansehen, weil sie sozusagen faktische Information enthalten. Analoges gilt für das Verhältnis von X-Aussagen und K-Aussagen.

Unter diesen Umständen könnte Aristoteles geglaubt haben, daß, wenn er sage, im XK-Fall der ersten Figur lieferten nicht einmal die verneinenden Modi mehr als Konklusionen von der schwächsten aller in Betracht kommenden Modalitäten, damit schon klar sei: Entsprechendes gilt erst recht für die positiven Modi.

Wenn man – und damit bringe ich die Zusammenstellung der Gültigkeitsbehauptungen von A15 zu Ende – die komplementäre Konvertierbarkeit der Kontingenzaussagen ausnutzt, erhält man in der üblichen Weise weitere gültige Modi (sobald die bereits notierten Modi als gültig eingesehen sind). Gültigkeitsbehauptungen für solche Modi, nennen wir sie kurz komplementäre Modi, formuliert Aristoteles in 35a3–20 und zusammenfassend in 35a25–30 für den allgemeinen Fall sowie in 35a35-b8 für den partikulären Fall.

Unsere nächste Aufgabe besteht wie immer darin, die aufgelisteten Gültigkeitsbehauptungen unter Rückgriff auf die einschlägigen Strukturhypothesen zu verifizieren oder zu falsifizieren.

1.) Den Modi Barbara KXK und Celarent KXK entsprechen die Schemata

$$\begin{array}{ll} (1) & \forall x N(B(x) \supset KA(x)) \\ (2) & \forall x(N)(C(x) \supset B(x)) \\ \hline (3) & \forall x(N)(C(x) \supset KA(x)) \end{array} \quad \text{und} \quad \begin{array}{ll} (1) & \forall x N(B(x) \supset K\neg A(x)) \\ (2) & \forall x(N)(C(x) \supset B(x)) \\ \hline (3) & \forall x(N)(C(x) \supset K\neg A(x)). \end{array}$$

Für die im Theoriestück der Möglichkeitssyllogistik vorkommenden allgemeinen assertorischen Aussagen habe ich die Hypothese aufgestellt, daß die angemessene Symbolisierung durch Formeln erfolge, in denen ein unmittelbar hinter dem Quantor zu lokalisierender Notwendigkeitsfaktor auftritt. Dabei habe ich mich wesentlich auf die Verabredung gestützt, die Aristoteles in 34b7 ff. über den zeitlosen Charakter auch allgemeiner assertorischer Aussagen scheint treffen zu wollen. Die Verabredung schließt sich an die Behandlung von Barbara XKM an. Aristoteles hat offenbar gemerkt: wenn keine solche Verabredung getroffen wird und wenn dementsprechend im Falle von Barbara XK lediglich Prämissen der Form $\forall x(B(x) \supset A(x))$ und $\forall x(C(x) \supset KB(x))$ (oder auch: $\forall x N(C(x) \supset KB(x))$) zur Verfügung stehen, ist kein Schluß auf eine Relation zwischen A und C möglich. Wie denn auch? $\forall x(N)(C(x) \supset KB(x))$ bzw. $\forall x(N)(C(x) \supset (MB(x) \wedge M\neg B(x)))$ enthält nur eine Information über das B-Sein der Exemplare von C in irgendwelchen zur realen Welt alternativen und von ihr möglicherweise verschiedenen Welten. Ein Obersatz der Form $\forall x(B(x) \supset A(x))$, welcher in dieser Form lediglich etwas über die in der realen Welt unter B fallenden Dinge aussagt, kann dann nicht in Funktion gesetzt werden, sobald tatsächlich mit der Verschiedenheit der Alternativen von der realen Welt gerechnet werden muß. Anscheinend um die Theorie so weit wie möglich vorantreiben zu können, reagiert Aristoteles auf diesen Umstand so, daß er die einschlägigen Aussagen nunmehr in einer Weise aufzufassen beschließt, die weitere Schlußmöglichkeiten sichert. Das ist legitim und hat nichts mit Inkonsistenz zu tun. Man wird, solange die Verabredung nicht durch etwaige spätere Äußerungen wieder außer Kraft gesetzt wird, unterstellen dürfen, daß sie in allen folgenden Fällen in Geltung ist. Allenfalls wäre es denkbar, daß Aristoteles die Gültigkeit von Barbara und Celarent KXK, von Modi also, die in A15 *vor* Barbara XKM behandelt werden, noch behauptet hat, ohne der Verabredung eingedenk zu sein. Ich habe diese Möglichkeit bei der Symbolisierung der beiden Modi berücksichtigt, indem ich jeweils bei (2) den Notwendigkeitsfaktor in Parenthese gesetzt habe. Betreffs der allgemeinen Notwendigkeitsaussagen dürfte für Aristoteles eher unabhängig von der in 34b7 ff. formulierten Vereinbarung außer Frage gestanden haben, daß sie zeitlos aufzufassen seien. Denn in diesem Fall – ich erinnere an die Zweiten Analytiken – scheint die Zeitlosigkeit für ihn ein Element des Begriffs der Notwendigkeit selbst gewesen zu sein.

Offenbar gilt nun folgendes. Wenn man in dem Barbara KXK korrespondierenden Schema bei (2) und (3) jeweils den Notwendigkeitsfaktor setzt, ist das Schema (PL + T)-gültig. Wenn man bei (2) und (3) den Notwendigkeitsfaktor streicht, ist die resultierende Variante des Schemas ebenfalls gültig schon relativ zu PL + T. In demselben Sinn ist Aristoteles' Behauptung der Gültigkeit von Celarent KXK richtig, und zwar, wie man durchaus sagen kann, trivialerweise richtig.

Bei Modi, die demgegenüber einen Untersatz vom K-Typ aufweisen, liegen die Dinge etwas weniger einfach, auch nach des Aristoteles Einschätzung (vgl. 34a1 – 5). Aristoteles wendet sich zunächst Barbara XKM zu. Wir wollen, um die Behandlung der ersten Gruppe von Gültigkeitsbehauptungen in unserer Auflistung abzuschließen, erst noch die partikulären Modi vom Modaltyp KXK validieren.

2.) Die diesen Modi, also Darii und Ferio KXK, korrespondierenden Schemata sind

$$\begin{array}{ll} (1) & \forall x N(B(x) \supset KA(x)) \\ (2) & \exists x(C(x) \wedge B(x)) \\ \hline (3) & \exists x(K)(C(x) \wedge KA(x)) \end{array} \quad \text{sowie} \quad \begin{array}{ll} (1) & \forall x N(B(x) \supset K\neg A(x)) \\ (2) & \exists x(C(x) \wedge B(x)) \\ \hline (3) & \exists x(K)(C(x) \wedge K\neg A(x)). \end{array}$$

In beiden Fällen muß man in der Tat, wie ich es durch Setzen der Parenthese andeute, in der Konklusionsformel den weiter außen stehenden Modalfaktor streichen, um gültige Schemata zu erhalten. Die resultierenden Versionen sind dann trivialerweise (PL + T)-gültig.

3.) Ich komme jetzt zu Barbara XKM und dem Gegenstück Celarent XKM. Die zugehörigen Schemata sind

$$\begin{array}{l} (1)\ \forall xN(B(x) \supset A(x)) \\ (2)\ \forall xN(C(x) \supset KB(x)) \\ \hline (3)\ \forall x(N)(C(x) \supset MA(x)) \end{array} \quad \text{und} \quad \begin{array}{l} (1)\ \forall xN(B(x) \supset \neg A(x)) \\ (2)\ \forall xN(C(x) \supset KB(x)) \\ \hline (3)\ \forall x(N)(C(x) \supset M\neg A(x)). \end{array}$$

Es handelt sich hier um Modi, die von Wieland als „pathologisch" bezeichnet werden (dazu Wieland (1975), S. 91). Immerhin lassen sie sich problemlos rechtfertigen. Wir können uns dabei auf Barbara beschränken.

(1) $\forall xN(B(x) \supset A(x))$

von Barbara S4-impliziert

(2*) $\forall xN(MB(x) \supset MA(x))$;

aus (2) folgt

(3*) $\forall xN(C(x) \supset MB(x))$;

hier wie bei vielen anderen Modi der Möglichkeitssyllogistik wird aus der vorkommenden Kontingenzprämisse nur „eine Hälfte" des inneren Modalfaktors benötigt; Aristoteles ist offenbar nicht daran interessiert, entsprechende Modi mit einseitigen Möglichkeitsprämissen als Systembestandteile auszuzeichnen.[40] (2*) und (3*) T-implizieren

(4) $\forall xN(C(x) \supset MA(x))$,

das ist (3) – wobei der äußere Modalfaktor gesetzt werden darf.

Auch ein sehr einfaches indirektes Argument ist möglich. Hätte Aristoteles sich nicht in dem Maße, wie er es offensichtlich tut, gescheut, Sätze mit negierten Subjektstermini zu verwenden (bzw. quantifizierte Subjunktionen uneingeschränkt zu kontraponieren, wodurch dann solche Subjektstermini ins Spiel kommen können), so wäre ihm diese Möglichkeit zu argumentieren vermutlich nicht entgangen.

Das Gegenteil von (3) ist gleichwertig mit

(1*) $\exists x(M)(C(x) \wedge N\neg A(x))$;

(1) impliziert durch Kontraponieren

(2*) $\forall xN(\neg A(x) \supset \neg B(x))$,

---

[40] Vgl. Angelelli (1979), S. 183: „One-sided or simply possible sentences are not considered [scil. by Aristotle] as premises – they will be accepted only as conclusions, in case nothing better can be achieved".

(2*) wiederum T- bzw. S4-impliziert (je nachdem, ob man den äußeren Modalfaktor N erhalten will oder nicht)

(3*) $\forall x(N)(N\neg A(x) \supset N\neg B(x))$,

und aus (1*) und (3*) erhält man in PL + T

(4) $\exists x(M)(C(x) \wedge N\neg B(x))$.

(4), sei es mit äußerem Modalfaktor M oder ohne ihn, steht im Widerspruch zu (2).

Maier hat eine Beweismöglichkeit dieser Art in Betracht gezogen (dazu Maier (1896–1900), Bd.II Halbbd.1, S. 154f.). Doch tritt bei ihm an die Stelle unseres modalisierten (1) bzw. (2*) ein sozusagen *rein* assertorischer Satz. Die Folge ist: die Apodiktizität des zweiten Konjunktionsglieds von (1*) kann nicht ausgenutzt und es kann nicht mehr erschlossen werden als etwas wie $\exists x(C(x) \wedge \neg B(x))$ – eine Aussage (-form), die selbstverständlich nicht unverträglich ist mit (2). Das sieht Maier richtig, und deshalb verwirft er diese Beweismöglichkeit.

Den Modus Barbara XKM behandelt Aristoteles selbst verhältnismäßig ausführlich im Abschnitt 34a34–34b6. Der Passus enthält offenbar zwei Argumente für die Gültigkeit des Modus. Die Argumentation des Aristoteles ist bis in die Gegenwart hinein so kontrovers diskutiert worden wie kaum eine andere der in der modalen Syllogistik vertretenen Argumentationen. Wir wollen uns daher den Gedankengang selbst sowie einige neuere Rekonstruktionsversuche genau ansehen.

Es war schon davon die Rede, daß Aristoteles die Gültigkeit derjenigen unter den in A15 thematisierten Modi, welche einen Kontingenz-Untersatz besitzen, für eine weniger leicht einzusehende Angelegenheit hält. So führt er dann auch, bevor er seine Argumente für Barbara XKM vorträgt, zunächst in 34a5–33 ein Hilfsmittel zur Durchführung dieser Argumente ein. Es handelt sich um den aussagenlogisch-modallogischen Hilfssatz, den wir so formulieren können: die Subjunktion $N(A \supset B) \supset (MA \supset MB)$ ist logisch gültig. Für denkbare Varianten dieser Formulierung, die ebenfalls den aristotelischen Gedanken treffen könnten, verweise ich auf unsere Diskussion von 34a5–12 in II.2. Ich nehme nicht an, daß Aristoteles ein klares Bewußtsein des Unterschieds zwischen den verschiedenen Varianten haben konnte.

Nur dann, das will ich in diesem Zusammenhang festhalten, wenn der Hilfssatz, für den Aristoteles argumentiert, wiederzugeben ist durch

$$\Vdash N(A \supset B) \supset \mathcal{N}(MA \supset MB)$$

oder auch durch

$$\text{wenn} \Vdash A \supset B, \text{ dann} \Vdash \mathcal{N}(MA \supset MB),$$

kann Patzigs Behauptung in vollem Umfang aufrechterhalten werden, nach der ἐξ ἀνάγκης (≈ mit Notwendigkeit) von Aristoteles in der Modallogik niemals zum Ausdruck der relativen Notwendigkeit verwendet wird. (Dazu Patzig (1969), S. 28). Denn Aristoteles fügt bei der Formulierung seines Hilfssatzes eben diese Bestimmung ἐξ ἀνάγκης dem Teilsatz „wenn A möglich ist, ist auch B möglich" hinzu. Gegen Patzigs Behauptung liegt es eher nahe anzunehmen, daß ἐξ ἀνάγκης in diesem Kontext die relative Notwendigkeit von MA ⊃ MB auf die Voraussetzung N(A ⊃ B) ausdrückt; oder die relative (metatheoretische) Notwendigkeit von ||— MA ⊃ MB auf ||— A ⊃ B; oder auch die relative (objekttheoretische) Notwendigkeit von MB auf MA, gegeben ||— A ⊃ B. Die Stellen 34a17f. und 34a20f. sind vollends klare Belege für Verwendungen von ἐξ ἀνάγκης zum Ausdruck relativer Notwendigkeit.

Wir werden darauf zu achten haben, in welcher Form genau der aristotelische Hilfssatz bei den verschiedenen Rekonstruktionen der Argumentation für Barbara XKM zur Verfügung stehen muß. Einen Hinweis für die Entscheidung zwischen den verschiedenen in Frage kommenden Varianten des Hilfssatzes geben die Äußerungen in 34a16–24. In diesem Abschnitt macht nämlich Aristoteles deutlich, daß er als Substitute für A und B, also für die im Hilfssatz vorkommenden Aussagebuchstaben, jedenfalls auch die Konjunktion der Prämissen respektive die zugehörige Konklusion von Syllogismen im Auge hat. (Vgl. 34a22f.: τὸ μὲν A τὰς προτάσεις, τὸ δὲ B τὸ συμπέρασμα.) In diesem Fall könnte man im Hilfssatz von einer Voraussetzung der Form ||— A ⊃ B ausgehen. Daß Aristoteles meint, der Hilfssatz müsse so aufgefaßt werden, daß darin in keinem Fall für A eine einzige, nichtkomplexe Aussage eintrete (34a16–18), hat seinen Grund in der bekanntlich von Aristoteles zu Unrecht vertretenen Auffassung, *alle* Beweise und *alle* logischen Implikationsbeziehungen seien von syllogistischer Art: jeder Syllogismus hat *zwei* Prämissen.

In 34a22–24 formuliert Aristoteles beiläufig noch das mit dem Hilfssatz eng zusammenhängende aussagenlogisch-modallogische Gesetz der Distribution des N-Operators über die Glieder von Subjunktionen. Wir haben an früherer Stelle (II.3., Ziffer (5)) im Zusammenhang unserer Argumentation zur logischen Form universeller assertorischer Aussagen in der Notwendigkeitssyllogistik davon Gebrauch gemacht, daß Aristoteles über ein Gesetz von dieser Art verfügt. Er hätte es für die oben unter Ziffer 3.) vorgeführte indirekte Argumentation für Barbara XKM verwerten können.

Der Abschnitt 34a25–33 bringt im wesentlichen nicht mehr als eine stilistische Variante des zuvor bewiesenen Hilfssatzes: wenn man etwas – z. B. A – setzt, was nicht unmöglich ist, und wenn daraus etwas – z. B. B – folgt, dann ist auch dies (B) nicht unmöglich. Die Vorkommnisse von ψεῦδος

(≈ falsch) in den Zeilen 25 und 27[41] muß man dabei zweifellos ungefähr im Sinne von „schlimmstenfalls falsch“ verstehen.

Das Argument 1 für Barbara XKM in 34a36–34b2 sieht folgendermaßen aus.

(1.1.1) μὴ γὰρ ἐνδεχέσθω
(es möge nämlich ⟨A⟩ nicht ⟨dem ganzen C zukommen⟩ können),

(1.1.2) τὸ δὲ B παντὶ τῷ Γ κείσθω ὡς ὑπάρχον
(B aber sei angenommen als dem ganzen C zukommend);

(1.1.3) τοῦτο δὲ ψεῦδος μέν, οὐ μέντοι ἀδύνατον
(dies ist zwar falsch, aber nicht unmöglich).

(1.1.4) εἰ οὖν τὸ μὲν A μὴ ἐνδέχεται παντὶ τῷ Γ
(wenn nun das A nicht dem ganzen C ⟨zukommen⟩ kann),

(1.1.5) τὸ δὲ B παντὶ ὑπάρχει τῷ Γ
(B aber dem ganzen C zukommt),

(1.1.6) τὸ A οὐ παντὶ τῷ B ἐνδέχεται
(kann das A nicht dem ganzen B ⟨zukommen⟩);

(1.1.7) γίνεται γὰρ συλλογισμὸς διὰ τοῦ τρίτου σχήματος
(es findet nämlich ein Schluß in der dritten Figur statt).

(1.1.8) ἀλλ' ὑπέκειτο παντὶ ἐνδέχεσθαι ὑπάρχειν
(aber es wurde angenommen, daß ⟨das A⟩ dem ganzen ⟨B⟩ zukommen könne);

(1.1.9) ἀνάγκη ἄρα τὸ A παντὶ τῷ Γ ἐνδέχεσθαι
(notwendig also kann das A dem ganzen C ⟨zukommen⟩);

(1.1.10) ψεύδους γὰρ τεθέντος καὶ οὐκ ἀδυνάτου τὸ συμβαῖνόν ἐστιν ἀδύνατον
(während nämlich etwas Falsches, aber nicht Unmögliches gesetzt ist, ist, was sich ⟨daraus⟩ ergibt, unmöglich).

Für dieses Argument gibt es eine Standardinterpretation, die man mit Variationen in der Antike ebenso wie in der Gegenwart vertreten findet. Ich möchte diese Interpretation als die MErf (= Möglichkeit als Erfüllbarkeit) -Rekonstruktion des aristotelischen Arguments bezeichnen. Für die Antike beachte man bei Alexander vor allem 186, 35–187, 7. Moderne Versionen der MErf-Rekonstruktion finden sich in Becker (1933), S. 52ff., Ross (1949),

[41] Rolfes übersetzt 25–27 mit: „... wenn Falsches und nicht Unmögliches angenommen worden ist, [wird] auch das wegen der Annahme Folgende falsch und nicht unmöglich sein“ (Rolfes (1921), S. 32). Smith macht sich in (1989), S. 131f., darüber Gedanken, wie man die Formulierung des Aristoteles in einer Weise auffassen kann, daß sie nicht die Behauptung einschließt, das aus Falschem Folgende sei falsch.

S. 338f., und Mignucci (1972), S. 27ff. Auch Smith (1989) ist in diese Reihe zu stellen, wenngleich der Autor nur sehr wenig zu dem Teil des Arguments sagt, auf den wir unser Augenmerk richten werden. Die Versionen laufen im wesentlichen auf dasselbe hinaus.

Es stehe s für die von Aristoteles für Barbara XKM in Anspruch genommene Conclusio. Seien p_1, p_2 die erste und die zweite Prämisse des Modus. Sei $\tilde{p}_2$ das assertorische Gegenstück von p_2 (also $\tilde{p}_2$ = B a C). Sei $p := p_2 \wedge \tilde{p}_2$. Mit diesen Bezeichnungen sieht Beckers Version der MErf-Rekonstruktion folgendermaßen aus. (Zu beachten ist allerdings, daß Beckers Rekonstruktion sich zunächst auf Celarent XKM bezieht; sie funktioniert aber mutatis mutandis ebenso für Barbara.)

(1) Aristoteles geht zunächst davon aus, daß $\{p_1, p\}$ erfüllbar ist. Diese Feststellung entspricht dem bei Becker a. a. O., S. 52, mit „c" bezeichneten Rekonstruktionsschritt und soll offenbar auf (1.1.3) bzw. (1.1.2) und (1.1.3) des aristotelischen Textes gründen. (1.1.3) wird demnach in folgendem Sinn verstanden: dies, nämlich B a C, ist (höchstens) falsch, aber nicht unmöglich, und zwar nicht unmöglich relativ zu $p_1 \wedge p_2$. Das dürfte wohl heißen: p_1, p_2, $\tilde{p}_2$ können gemeinsam wahr sein.

(2) Ferner besteht die folgende Implikationsbeziehung: $\{\tilde{p}_2, \neg s\} \Vdash \neg p_1$. Diese Feststellung entspricht Beckers Rekonstruktionsschritt d) bzw. e) (a. a. O., S. 52). Die Textbasis dafür ist (1.1.4) – (1.1.7). (1.1.4) bzw. (1.1.1) ist $\neg$s. (1.1.5) ist $\tilde{p}_2$. (1.1.6) soll $\neg p_1$ (= A o B) sein, obgleich der Wortlaut eher für eine stärkere Aussage als $\neg p_1$ zu sprechen scheint, nämlich für A o_NB. Becker will οὐ … ἐνδέχεται in (1.1.6) (d. i. kann … nicht) offenbar als Ausdruck *relativer* Unmöglichkeit (von A a B) bzw. *relativer* Notwendigkeit (von $\neg$(A a B), also von A o B) auffassen (a. a. O., S. 56, 2.). (1.1.7) ist ein Hinweis auf den Syllogismus, welcher der Implikationsbeziehung zugrunde liegt. Bei der Becker-Version von MErf würde es sich um Bocardo NXX handeln.

(3) $\{\neg p_1, p_1\}$ und damit erst recht $\{\neg p_1, p_1, p_2\}$ ist nun trivialerweise unerfüllbar. Dies entspricht Beckers Rekonstruktionsschritt f) (a. a. O., S. 53). Textbasis ist (1.1.8), welches in folgendem Sinn verstanden wird: die Annahme p_1 (= A a B) wurde gemacht, relativ zu ihr und damit erst recht relativ zu $p_1 \wedge p_2$ ist das in (1.1.6) gewonnene Zwischenresultat (= $\neg p_1$) unmöglich. Hierbei wird ἐνδέχεσθαι in (1.1.8) ignoriert (dazu unten S. 203, (1)).

(4) Damit ist erst recht die Vereinigung von $\{p_1, p_2\}$ mit dem Implicans $\{\tilde{p}_2, \neg s\}$ von $\{\neg p_1\}$ unerfüllbar. Dies entspricht Beckers Rekonstruktionsschritten g) und h) (a. a. O., S. 53). Danach wäre hier der Satz angewendet worden: „wenn $\alpha \Vdash \beta$, dann $M\alpha \Vdash M\beta$ bzw. $\neg M\beta \Vdash \neg M\alpha$", nämlich in

der Form: wegen $\tilde{p}_2 \wedge \neg s \Vdash \neg p_1$ folgt aus der Unmöglichkeit (relativ zu $p_1 \wedge p_2$) von $\neg p_1$ die Unmöglichkeit (relativ zu $p_1 \wedge p_2$) von $\tilde{p}_2 \wedge \neg s$.

(5) Aus den bis hierhin getroffenen Feststellungen sollte nun – nach Beckers Rekonstruktion, Schritt i) – das eigentliche Beweisziel folgen: $p_1 \wedge p_2$ impliziert s (= A a_MC). Textbasis: (1.1.9). Die Begründung für diesen letzten Schritt der Argumentation vermutet Becker in (1.1.10).

Falls (1.1.10) tatsächlich die von Becker vermutete Funktion hätte haben sollen, so hätte Becker vollkommen recht darin, daß das Argument 1 inkorrekt ist. Denn was auch immer genauer hinter (1.1.10) stehen mag, es *kann* diese Funktion gar nicht erfüllen. Es ist nämlich klar, daß aus der Konjunktion aller verfügbaren Feststellungen die Relation $p_1 \wedge p_2 \Vdash s$ nicht folgt. Denn andernfalls müßte folgendes wahr sein:

(*9*) wenn $p \Leftrightarrow p_2 \wedge \tilde{p}_2$ gilt und $\{p_1, p\}$ erfüllbar ist und $\{\tilde{p}_2, \neg s\} \Vdash \neg p_1$ gilt und $\{\neg p_1, p_1, p_2\}$ unerfüllbar ist und $\{\tilde{p}_2, \neg s, p_1, p_2\}$ unerfüllbar ist, dann gilt $p_1 \wedge p_2 \Vdash s$.

Aus dem Vorderglied von (*9*) kann man jede Teilbedingung weglassen (wie z. B.: $\{\neg p_1, p_1, p_2\}$ ist unerfüllbar), die ein Metatheorem ist oder einem Metatheorem zufolge aus einer anderen Teilbedingung folgt. Man erhält auf diese Weise mit einer trivialen Äquivalenzumformung ($\{\tilde{p}_2, \neg s\} \Vdash \neg p_1$ ist äquivalent zu $\{\tilde{p}_2, p_1\} \Vdash s$), daß folgendes wahr sein müßte:

(*10*) wenn $p \Leftrightarrow p_2 \wedge \tilde{p}_2$ gilt und $\{p_1, p\}$ erfüllbar ist und $\{p_1, \tilde{p}_2\} \Vdash s$ gilt, dann gilt $\{p_1, p_2\} \Vdash s$.

(*10*) ist offensichtlich kein wahres Metatheorem. Denn wäre (*10*) ein solches, so hätte (*10*) für beliebige p, p_1, p_2, $\tilde{p}_2$ und s zu gelten. Insbesondere müßte dann z. B. mit p_1 = *verum*, $p_2 = \alpha$ beliebig, $\tilde{p}_2 = \beta$ beliebig, $s = \beta$, $p = \alpha \wedge \beta$ gelten:

(*11*) wenn $\alpha \wedge \beta \Leftrightarrow \alpha \wedge \beta$ gilt und $\{$*verum*$, \alpha \wedge \beta\}$ erfüllbar ist und $\{$*verum*$, \beta\} \Vdash \beta$ gilt, dann gilt $\{$*verum*$, \alpha\} \Vdash \beta$.

(*11*) ist äquivalent zu

(*12*) wenn $\{\alpha, \beta\}$ erfüllbar ist, dann gilt $\alpha \Vdash \beta$.

Selbstverständlich gilt (*12*) nicht für beliebige Aussagen α und β.

Becker selbst macht die Sache des Aristoteles – falls seine Rekonstruktion diese Sache tatsächlich trifft – übrigens noch etwas schlechter, als sie es mit der dann falschen Voraussetzung der Geltung von (*10*) wäre. Becker faßt nämlich nicht *alle* bis zu dem letzten kritischen Schritt (5) der Argumentation verfügbaren Voraussetzungen und Zwischenresultate zusammen. Vielmehr nennt er statt der in (2) festgestellten Implikationsbeziehung und der in (3) festgestellten Unerfüllbarkeit nur die *daraus folgende* in (4) festgestellte Unerfüllbarkeit. Dies läuft gegenüber (*9*) auf eine Abschwächung des Vorderglieds hinaus, also insgesamt auf eine *Verstärkung* von (*9*) bzw. (*10*), nämlich zu

(*13*) wenn ($p \Leftrightarrow p_2 \wedge \tilde{p}_2$ gilt und) $\{p_1, p\}$ erfüllbar ist und $\{p_1, p_2, \tilde{p}_2\} \Vdash s$ gilt, dann gilt $\{p_1, p_2\} \Vdash s$.

Das zweite Konjunktionsglied des Vorderglieds der Subjunktion (*13*), „$\{p_1, p\}$ ist erfüllbar", entspricht Beckers Feststellung: Q_2BC (= unser $\tilde{p}_2$) ist möglich in Bezug auf PABC (= unser $p_1 \wedge p_2$) (a. a. O., S. 53). Das dritte Konjunktionsglied entspricht Beckers Feststellung: $Q_1AC \wedge Q_2BC$ (= unser $\neg s \wedge \tilde{p}_2$) ist unmöglich in Bezug auf PABC (= unser $p_1 \wedge p_2$) (a. a. O., S. 53). (*13*) läuft hinaus auf

(*14*) wenn $\{p_1, p\}$ erfüllbar ist und $\{p_1, p\} \Vdash s$ gilt, dann gilt $\{p_1, p_2\} \Vdash s$, wobei p höchstens *stärker* als p_2 ist.

Die Erfüllbarkeit von $\{p_1, p\}$ stellt hierbei lediglich sicher, daß $\{p_1, p\} \Vdash s$ bzw. $\Vdash (p_1 \wedge p) \supset s$ keine triviale Implikationsbeziehung (durch logische Falschheit des Vorderglieds) ist, und somit würde (*14*) besagen, daß in jeder nicht-trivialen Beziehung $\{p_1, p\} \Vdash s$ das Implicans ersetzt werden darf durch eine Abschwächung $\{p_1, p_2\}$. Dies ist natürlich mindestens ebenso offensichtlich falsch wie (*9*) oder (*10*).

Bei dieser Sachlage muß man sich fragen, ob und wie Aristoteles überhaupt dazu hätte kommen können, den fraglichen Argumentationsschritt, auch wenn er tatsächlich nicht korrekt durchführbar ist, für durchführbar zu halten. Becker bietet dazu eine Erklärung an, die auf folgendes hinausläuft. Man formuliere das Antezedens der Subjunktion (*10*) um zu

(*15*) $\tilde{p}_2$ ist möglich relativ zu p_1 und p_2

und

(*16*) $\tilde{p}_2 \wedge \neg s$ impliziert $\neg p_1$.

Weiter sei angenommen, daß gilt

(*17*) $\neg s$ ist möglich relativ zu p_1 und p_2 (Verneinung des Hinterglieds von (*10*)).

Wenn man dann bereit ist, von (*15*) und (*17*) überzugehen zu

(*18*) $\tilde{p}_2 \wedge \neg s$ ist möglich relativ zu $p_1 \wedge p_2$,

so folgt (korrekt) nach dem von Aristoteles in 34a5–33 erörterten Hilfssatz in der Form

$$\alpha \Vdash \beta \text{ impliziert: möglich/erfüllbar } \alpha \Vdash \text{möglich/erfüllbar } \beta,$$

daß $\neg p_1$ möglich ist relativ zu $p_1 \wedge p_2$. Dies aber ist falsch.

Die Textbasis ist (1.1.10): nicht Unmögliches, sondern höchstens Falsches – nämlich $\tilde{p}_2$ – wurde gesetzt, Unmögliches – nämlich $\neg p_1$ – ergibt sich. Also ist das Gegenteil der Annahme (*17*) wahr.

Hätte Aristoteles einen Übergang wie den von (*15*) und (*17*) zu (*18*) wirklich vollzogen, so hätte er allerdings einen geradezu skandalösen Fehler begangen.

Ross fällt wieder hinter diese bei Becker schon erreichte Position zurück. Er hält nämlich die Argumentation nach der MErf-Rekonstruktion für korrekt und versucht dies mit der folgenden Reformulierung einsichtig zu machen (Ross (1949), S. 339):

> „A.'s argument is really this: ‚Suppose that All B is A [= unser p_1] and All C can be B [= p_2] are true. (2) [= $\tilde{p}_2$] is plainly compatible with both of them together and we may suppose a case in which it is true. Now (1) [= $\neg$s] and (2) plainly entail Some B cannot be A [bzw. $\neg p_1$], which is false, since it contradicts one of the data [nämlich p_1]. But (2) is in the supposed case true, therefore (1) must be false ...'".
> (Um Mißverständnisse auszuschließen, bemerke ich: Ross' (1) und (2) haben nichts mit den Ziffern (1) und (2) in unserer Gliederung der Beckerschen Rekonstruktion zu tun.)

Es ist klar, daß dieses Argument nicht zeigt, daß $p_1 \wedge p_2$ die Konsequenz s impliziert. Denn wenn Ross „einen Fall" annimmt, in dem $\tilde{p}_2$ wahr ist und in dem p_1 wahr ist – $\neg p_1$ sollte ja einem Ausgangsdatum widersprechen –, und *für diesen Fall* bzw. für jeden *solchen* Fall erhält, daß $\neg$s nicht wahr oder s wahr ist, dann hat er, modelltheoretisch gesprochen, nur folgendes gezeigt:

(*19*) jede Interpretationsstruktur, die ein Modell von p_1 (und p_2) und außerdem ein Modell von $\tilde{p}_2$ ist, ist ein Modell von s.

Es gilt aber zu zeigen, daß jede Interpretationsstruktur, die Modell von p_1 (und p_2) *ohne* jede weitere Bedingung ist, auch Modell von s ist. Dies wäre mit dem Nachweis von (*19*) nur dann geleistet, wenn jedes Modell von $p_1 \wedge p_2$ auch Modell von $\tilde{p}_2$ wäre, wenn also die Beziehung $\{p_1, p_2\} \Vdash \tilde{p}_2$ bestünde – und die besteht offenbar nicht. Eine logische Folgebeziehung kann man nicht begründen, indem man „einen Fall", d. h. modelltheoretisch *eine* Interpretation oder eine *echte Teil*-Klasse aller in Frage kommenden Interpretationen, betrachtet.

Auch M. Mignucci glaubt, die von ihm vorgetragene Variante der MErf-Interpretation liefere ein korrektes Argument. Tatsächlich ist aber der Fehler in Mignuccis Argument schnell gefunden.

Mignucci geht von den Feststellungen aus, daß, erstens, B a_KC verträglich ist mit B a C (dazu Mignucci (1972), S. 27, Ziffer (62)); und daß, zweitens, A o_NC $\wedge$ A a B unverträglich ist mit B a C (a. a. O. S. 28, Ziffer (72)). Mit der Notation, die ich zur Beschreibung der Becker-Variante benutzt habe, sind das im wesentlichen die Feststellungen: p_2 ist verträglich mit $\tilde{p}_2$, bzw. p ist erfüllbar; $\neg s \wedge \tilde{p}_2$ impliziert $\neg p_1$. Aus den beiden Feststellungen folgert Mignucci korrekt (und dazu könnte er sich auf Aristoteles' Hilfssatz in derselben Form berufen, in welcher dieser Satz in die Becker-Variante einging): es ist nicht der Fall, daß B a_KC die Konjunktion A o_NC ∧ A a B impliziert (dazu a. a. O., S. 29, Ziffern (73)–(75)). Diese Aussage symbolisiert Mignucci durch

(20) $\neg(B\ a_KC \rightarrow (A\ o_NC \wedge A\ a\ B))$.

Ich habe hierbei Mignuccis Symbolismus in den Hinsichten, auf die es nicht ankommt, dem unseren angepaßt. Von *(20)* geht Mignucci über – unter Berufung auf das aussagenlogische Gesetz $(p \wedge q) \Rightarrow (p \supset q)$ bzw. auf das Gesetz $\neg(p \supset q) \Rightarrow \neg(p \wedge q)$, bei Mignucci mit → anstelle von ⊃ geschrieben – zu

(21) $\neg(B\ a_KC \wedge A\ o_NC \wedge A\ a\ B)$.

Da *(21)* äquivalent ist zu

$$(A\ a\ B \wedge B\ a_KC) \supset \neg(A\ o_NC),$$

glaubt Mignucci das Beweisziel erreicht zu haben. Der offensichtliche Fehler des Arguments liegt im Übergang von *(20)* zu *(21)*. Wenn man die Verneinung der Implikation von A o_NC ∧ A a B durch B a_KC überhaupt objektsprachlich als eine negierte Subjunktion formulieren will, dann muß der Subjunktor ein Zeichen für eine strikte Implikationsbeziehung sein. Die Beziehung $p \wedge q \Vdash p \supset q$ besteht aber nur für das materiale Konditional ⊃.

Es gibt Interpreten der Modalsyllogistik, welche jenen Typ von Fehler (nämlich den Übergang von „möglich α" und „möglich β" zu „möglich (α ∧ β)") auch an anderen, im Text früheren, Stellen glauben lokalisieren zu müssen. Wenn man sich diesem Glauben anschließt, wird man relativ schnell bereit sein, das abermalige Auftreten eines Fehlers dieser Art auch im vorliegenden Zusammenhang für nicht ungewöhnlich zu halten und hinzunehmen. Tatsächlich ist es aber so, daß man im Rahmen des hier entwickelten Ansatzes alle jene Stellen auch interpretieren kann, ohne Aristoteles einen derartig groben Fehler zu unterstellen. Ich will hier nur erinnern an Aristoteles' Behauptung der Gültigkeit des Modus Barbara KKK (32b38–40) und an die von mir in II.4. zurückgewiesene Kritik an dieser Behauptung, welche Kneale und Kneale vorbringen. Auch die Textstelle 34a21 f. in A15 ist kaum so aufzufassen, als vollzöge Aristoteles dort den Übergang von „möglich CD" und „möglich DZ" zu „möglich (CD ∧ DZ)" und folgere daraus „möglich CZ". Die Stelle lautet:

> Denn wenn C von D und D von Z gilt, so gilt auch notwendig C von Z. Wenn aber beides möglich ist, so ist auch der Schluß [gemeint ist der Schlußsatz] möglich. Wenn man also A setzt, als stelle es die beiden Vorder-

sätze dar, und ebenso B für den Schlußsatz einsetzt, so folgt, daß nicht nur, wenn A notwendig ist, auch B notwendig ist, sondern auch, daß wenn A möglich ist, B möglich ist (Rolfes (1921), S. 32).

„Wenn aber beides möglich ist" steht für καὶ εἰ δυνατὸν ἑκάτερον in Zeile 21, und das könnte man zunächst allerdings so verstehen, als drücke es den Sachverhalt aus, daß die beiden Prämissen des angedeuteten Syllogismus je für sich möglich seien. Doch dies mögliche Mißverständnis wird durch den Vergleich in 34a22 („Wenn man also A setzt, als stelle es ...") ausgeräumt, wo es ausdrücklich heißt, daß das als möglich angenommene A hier die Prämisse-*n* (Plural!), also doch wohl: die *Konjunktion* von CD und DZ sei.

Überdies zeigt das futura-contingentia-Kapitel 9 von *De int.*, daß Aristoteles sich ganz klar darüber ist, daß der Notwendigkeitsoperator nicht über die Glieder von Disjunktionen distribuiert werden kann. (Dazu vor allem 19a27–32; man vergleiche auch Waterlow (1982), S. 86.) Es wäre erstaunlich, wenn Aristoteles sich demgegenüber bei der Behandlung des M-Operators in der Anwendung auf einfache und auf komplexe Aussagen so blauäugig verhalten hätte, wie einige Interpreten es unterstellen. Aristoteles war sich jedenfalls zu dem Zeitpunkt, da er die uns unter dem Titel „De sophisticis elenchis" („Sophistische Widerlegungen") überlieferten Gedankengänge entwickelte, vollkommen darüber im klaren, daß nicht einmal von $\alpha \wedge M\beta$ auf $M(\alpha \wedge \beta)$ geschlossen werden darf. Denn er betont (*Soph. el.* 166a22–32), daß es einen Unterschied mache, ob man „trennend" von jemandem sage, er schreibe zwar gerade nicht ($\neg p$), wohl aber bestehe die Möglichkeit, daß er schreibe (Mp), oder ob man stattdessen „verbindend" von ihm sage, es sei möglich, daß er nichtschreibend schreibe ($M(\neg p \wedge p)$).[42]

Unter diesen Umständen möchte man wissen, ob Argument 1 nicht noch auf eine andere Weise als die übliche interpretiert werden kann, und zwar so, daß der in Rede stehende Fehler auch hier Aristoteles nicht zugeschrieben zu werden braucht. Abgesehen von dem wichtigsten Mangel der MErf-Rekonstruktion in der Version Beckers, der darin besteht, daß Aristoteles dieser Fehler unterstellt wird, ist nämlich die MErf-Rekonstruktion noch mit anderen Mängeln behaftet.

(1) ἐνδέχεται in (1.1.6) (d. i. „kann" der Übers.) sowie ἐνδέχεσθαι in (1.1.8) (d. i. „könne" der Übers.) können nicht ohne weiteres erklärt werden. So will Becker ἐνδέχεσθαι in (1.1.8) (= 34a40f.) streichen. Zur Begründung führt er an (Becker (1933), S. 56, 3.): das Wort sei vermutlich durch einen Leser in den Text geraten, der ἐνδέχεται in (1.1.6) – das, wie wir sahen (oben Ziffer

[42] Den Hinweis auf *Soph. el.* verdanke ich R. Patterson.

(2)), nach Beckers Auffassung zum Ausdruck der logischen Verbindung zwischen Prämissen und Konklusion des einschlägigen Syllogismus beiträgt – als Bestandteil der Konklusion dieses Syllogismus mißverstanden habe und der das Gegenteil dieser Konklusion dementsprechend habe formulieren wollen. Dagegen steht die philologische Einschätzung von Ross (1949), S. 338: „all the external evidence in a41 is in favour of ἐνδέχεσθαι".

Dieselbe Schwierigkeit wirft, wie wir sehen werden, das Vorkommnis des ἐνδέχεται in 34b5 im Rahmen von Argument 2 auf.

Gegen Beckers Auffassung von ἐνδέχεται in (1.1.6) sagt wieder Ross a.a.O.: „I do not think τὸ A οὐ παντὶ τῷ B ἐνδέχεται can mean this", nämlich „‚it follows that not all B is A'" (mit „follows" als Ausdruck *relativer* Notwendigkeit). Soll man also doch annehmen, daß Aristoteles mit (1.1.6) eine Notwendigkeitsaussage glaubt erschlossen zu haben, nämlich durch einen Syllogismus des Typs Bocardo NXN? Zu dieser Annahme neigt offenbar McCall (dazu McCall (1963), S. 89 n.1), auch wenn er den damit verbundenen Defekt sieht: man würde so Aristoteles die Berufung auf einen Modus unterstellen, den Aristoteles für nicht-gültig hält, während er zugleich mit einem von ihm für gültig gehaltenen Modus hätte auskommen können (vgl. 1.4., Ziffer 6.)).

(2) Ich sehe Becker vollkommen im Recht, wenn er bei der Interpretation von A13–22 davon ausgeht, daß die vorkommenden Modalitäten (jedenfalls *auch*) de-re-Modalitäten sind. Gegen diese Richtlinie wird bei der MErf-Rekonstruktion von Argument 1 der Untersatz B a_KC in einem reinen de-dicto-Sinn genommen: er soll offenbar beinhalten, daß B a C möglich ist – was die Formulierungen (1.1.2) und (1.1.3) ja durchaus nahelegen.

(3) Die Möglichkeit, die B a C zukommen soll, soll schließlich die simultane Erfüllbarkeit von B a C (= $\tilde{p}_2$) zusammen mit den Prämissen von Barbara XKM sein (bei Mignucci: die Erfüllbarkeit von $\tilde{p}_2$ mit der zweiten Prämisse des Modus), oder wie Becker sich ausdrückt: B a C ist möglich „in bezug auf" diese Prämissen. Von einer solchen Relativierung der Möglichkeit steht nichts im Text. Eine Möglichkeit *relativ zu p_1 und p_2* kann auch nicht Bestandteil des Inhalts des Möglichkeitssatzes B a_KC sein, denn dieser Satz hat *für sich* Inhalt und kann in ganz verschiedenen Kontexten stehen – auch in solchen, in denen p_1 nicht vorkommt. Im übrigen handelt es sich bei B a_KC um einen objektsprachlichen Satz, der auf *einer* Sprachebene mit p_1 und $\tilde{p}_2$ steht. Also kann er nicht den Inhalt des metasprachlichen Satzes: „$\tilde{p}_2$ ist gemeinsam mit p_1 (und p_2) möglich" einschließen.

Betreffs (3) ist es interessant zu bemerken, daß Becker über den von ihm Aristoteles unterstellten Fehler, nämlich: Übergang von der Konjunktion der Möglichkeiten zur Möglichkeit der Konjunktion, sagt: „Daß Aristoteles tatsächlich eine solche Überlegung vorschwebte, ist schon deshalb wahrscheinlich, weil sonst die Anfangsschritte b–c seiner Argumentation für deren weiteren Verlauf völlig belanglos wären“ (Becker (1933), S. 54). Der von Becker unter dem Buchstaben b geführte angebliche Argumentationsschritt besteht, in der hier verwendeten Notation ausgedrückt, in der Feststellung, daß $\tilde{p}_2$ möglich ist relativ zu p_2. Der unter c geführte Schritt besteht in der Feststellung, daß $\tilde{p}_2$ möglich ist relativ zu p_1 und p_2 (vgl. Beckers Rekonstruktion, Ziffer (1)). Ich gehe davon aus, daß es diese Anfangsschritte tatsächlich gar nicht gibt.

Ich will unten eine Deutung von Argument 1 vorschlagen, nach der das Argument korrekt ist und bei der auch die Mängel (1) bis (3) nicht auftreten. Ich nenne diese Deutung die MGA (= Möglichkeit als Geltung in einer Alternative)-Rekonstruktion des Arguments.

Während Becker und Ross sich in der Einschätzung von Argument 1 unterscheiden, sind sie sich einig im Hinblick auf Argument 2. Dies Argument lautet (34b2–b6):

(2.1) ἐγχωρεῖ δὲ καὶ διὰ τοῦ πρώτου σχήματος ποιῆσαι τὸ ἀδύνατον
(es ist aber auch möglich, durch die erste Figur einen Widerspruch zu erhalten),

(2.2) θέντας τῷ Γ τὸ Β ὑπάρχειν
(indem man annimmt, daß dem C das B zukomme).

(2.3) εἰ γὰρ τὸ Β παντὶ τῷ Γ ὑπάρχει
(wenn nämlich das B dem ganzen C zukommt)

(2.4) τὸ δὲ Α παντὶ τῷ Β ἐνδέχεται
(und das A dem ganzen B ⟨zukommen⟩ kann),

(2.5) κἂν τῷ Γ παντὶ ἐνδέχοιτο τὸ Α
(dürfte wohl auch dem ganzen C das A zukommen können).

(2.6) ἀλλ’ ὑπέκειτο μὴ παντὶ ἐγχωρεῖν
(es war aber angenommen, daß ⟨das A⟩ nicht jedem ⟨C zukommen⟩ könne).

Becker, Ross und Mignucci halten Argument 2 für indiskutabel, Ross sieht darin einen Fehler, von dem er mit Bezugnahme auf Becker meint: „Becker seems to me justified in saying ... that it must be the work of a rather stupid glossator“ (Ross (1949), S. 339) – also Athetese! Ich halte dagegen auch das Argument 2 – recht verstanden, nämlich MGA-rekonstruiert – für ein korrektes Argument.

Eine Grundannahme der MGA-Rekonstruktion lautet: aristotelische Möglichkeitssätze – mögen sie als objektsprachliche oder als metasprachliche Sätze auftreten – sind Sätze, die als echte oder unechte Teilausdrücke solche Ausdrücke enthalten, welche jeweils als Kombinationen aus einem propositionalen Ausdruck mit einem vorangestellten Möglichkeitsoperator analysiert werden können; diese Teilausdrücke werden so verstanden, daß sie in einer Bezugssituation gelten, wenn sie ohne den Möglichkeitsoperator in einer möglichen Alternative zur Bezugssituation gelten. Damit knüpfe ich an Leitlinien der Interpretation an, die ich in II.1. und II.2. gezogen habe. *Daß* Barbara XKM gültig ist, geht bereits aus dem sehr einfachen Argument oben unter Ziffer 3.) hervor. Nun ist Argument 1 ohne Zweifel ein indirektes Argument. Ich will jetzt ein ebenfalls indirektes Argument für Barbara XKM geben, welches so angelegt ist (und infolgedessen komplizierter als nötig ist), daß es sich für den Vergleich mit Aristoteles' Argument besonders gut eignet.

Zu zeigen ist, daß

$$(\forall xN(B(x) \supset A(x)) \wedge \forall xN(C(x) \supset KB(x))) \supset \forall xN(C(x) \supset MA(x))$$

modalprädikatenlogisch gültig ist. Die dabei eingehende Modallogik soll auf einer „relational-frame"-Semantik vom Barcan-Typ basieren und mindestens so stark wie S4 sein, die Alternativitätsrelation soll also wenigstens transitiv sein. Sei dementsprechend x_0 eine beliebige Welt aus dem Weltenvorrat einer beliebigen Interpretationsstruktur, in der

$$\forall xN(B(x) \supset A(x)) \wedge \forall xN(C(x) \supset KB(x))$$

wahr ist. Insbesondere gilt dann

(1.2.1) (in x_0:) $\forall xN(B(x) \supset A(x)) \wedge \forall xN(C(x) \supset MB(x))$.

Annahme: in x_0 gilt $\forall xN(C(x) \supset MA(x))$ nicht, das heißt

(1.2.2) (in x_0:) $\exists xM(C(x) \wedge N\neg A(x))$.

Aus (1.2.2) folgt (im Einklang mit der eben formulierten Grundannahme), daß es eine Alternative x_1 zu x_0 gibt, in der ein Individuum die Aussagefunktion $C(x) \wedge N\neg A(x)$ erfüllt, mithin

(1.2.3) (in x_1:) $\exists x(C(x) \wedge N\neg A(x))$.

Aus (1.2.1), nämlich aus der Geltung in x_0 des zweiten Konjunktionsglieds der bei (1.2.1) notierten Formel, folgt speziell für x_1:

(1.2.4) (in x_1:) $\forall x(C(x) \supset MB(x))$.

(1.2.4) besagt der Grundannahme entsprechend: für jedes Individuum a, das in x_1 die Aussagefunktion C(x) erfüllt, gibt es eine jeweilige Alternative $x_2(a)$ zu x_1, in der a die Aussagefunktion B(x) erfüllt. Insbesondere gibt es eine solche Alternative $x_2(a_0)$ zu einem Individuum a_0, wie es nach (1.2.3) existiert. Eine Aussagefunktion $C_{a_0}(x)$ wird folgendermaßen erklärt:

> $C_{a_0}(x)$ wird in x_1 genau von denjenigen Individuen a erfüllt, welche – ebenso wie a_0 – in der speziellen Alternative $x_2(a_0) =: x_2$ die Aussagefunktion B(x) erfüllen (zusätzlich kann man fordern: welche in x_1 C(x) erfüllen); die Extension von C_{a_0} relativ zu von x_1 verschiedenen Welten kann beliebig gewählt werden.

Eine weitere Aussagefunktion $C^*_{a_0}(x)$ wird folgendermaßen erklärt:

> $C^*_{a_0}(x)$ wird in x_2 genau von denjenigen Individuen erfüllt, welche in x_1 die Aussagefunktion $C_{a_0}(x)$ erfüllen; die Extension relativ zu von x_2 verschiedenen Welten kann beliebig gewählt werden.

Mit diesen Vereinbarungen gilt

(1.2.5) (in x_2:) $\forall x(C^*_{a_0}(x) \supset B(x))$.

Ferner gilt nach (1.2.3) und der Annahme, daß a_0 in x_1 die Aussagefunktion $C(x) \wedge N\neg A(x)$ erfüllt,

(1.2.6) (in x_2:) $\exists x(C^*_{a_0}(x) \wedge \neg A(x))$

bzw. sogar (nämlich mit S4)

(1.2.6.1) (in x_2:) $\exists x(C^*_{a_0}(x) \wedge N\neg A(x))$.

Aus (1.2.5) und (1.2.6) folgt (übrigens nach dem *assertorischen* Modus Bocardo), daß gilt

(1.2.7) (in x_2:) $\exists x(B(x) \wedge \neg A(x))$.

Da x_2 eine Alternative von x_0 ist (Transitivität der Alternativitätsrelation!), erhält man

(1.2.8) (in x_0:) $\exists xM(B(x) \wedge \neg A(x))$.

Dies ist ein Widerspruch zur Geltung (gemäß (1.2.1)) von $\forall xN(B(x) \supset A(x))$ in x_0.

Auf mehr informelle Weise können die wesentlichen Schritte dieses Arguments etwa wie folgt ausgedrückt werden.

(1.3.1) Ein C ist notwendig non-A, d. h. ein C ist in allen Alternativen non-A.

(1.3.1) entspricht (1.2.2) oder (1.2.3) oder sogar (1.2.6.1). Zum Verhältnis von (1.3.1) und (1.2.6.1): so, wie $C^*_{a_0}$ erklärt ist, wenn der oben bei der Erklärung von C_{a_0} angesprochene Zusatz in diese Erklärung aufgenommen wird, beinhaltet (1.2.6.1), daß ein C – freilich etwas, das *in x_1* ein C ist – notwendig ein non-A ist (in x_2).

(1.3.2) Alle C, insbesondere das in (1.3.1) angesprochene, sind in einer – jeweiligen – Alternative B, ohne Beschränkung der Allgemeinheit sind alle C in einer und derselben festen Alternative B (denn für das Argument kommt es nur auf Eigenschaften *eines* in (1.3.1) angenommenen C an; wenn man will, bezieht man sich auf alle diejenigen C, die in derselben Alternative wie ein solches fest ausgewähltes C – man vergleiche oben die Rolle von a_0 – B sind).

(1.3.2) entspricht (1.2.5) als Konsequenz aus (1.2.4). Aus (1.3.1) und (1.3.2):

(1.3.3) Ein C ist in einer Alternative B (bzw. o.B.d.A.: alle C sind in dieser Alternative B), und dasselbe C ist in allen Alternativen, insbesondere in der vorgenannten Alternative, non-A (bzw. sogar notwendig non-A).

(1.3.3) entspricht (1.2.5) und (1.2.6) bzw. (1.2.6.1). Aus (1.3.3) folgt

(1.3.4) Ein C ist in einer Alternative B und non-A, mithin ist in einer Alternative ein B non-A.

(1.3.4) entspricht (1.2.7) oder (1.2.8).

Ich halte es für ziemlich wahrscheinlich, daß Argument 1 auf ein Argument von ungefähr dieser Art hinausläuft. Die Schritte (1.1.1) bis (1.1.10) wären dann folgendermaßen den Schritten (1.3.1) bis (1.3.4) zuzuordnen.

(1.1.1) entspricht (1.3.1) – und damit (1.2.2) oder (1.2.3).

In Anbetracht der bei Aristoteles von mir schon in anderen Zusammenhängen vermuteten Tendenz, diejenigen Sinnanteile modalisierter Aussagen eher zu vernachlässigen, welche in den Strukturformeln durch äußere Modalfaktoren repräsentiert sind, kann man nicht ohne weiteres erwarten, daß Aristoteles den Übergang von (1.2.2) zu (1.2.3) (und diesem entsprechend den Übergang von (1.2.1) zu (1.2.4)) ausdrücklich vollzieht.

(1.1.2) entspricht (1.3.2) – und damit (1.2.5).

(1.1.3) ist entweder eine Erläuterung zu (1.1.2) und damit dem (1.3.2) zuzuordnen; oder aber τοῦτο (≈ dies) in (1.1.3) (in Zeile 34a37 des griech. Texts) kann auf *beide* vorangehenden Sätze (1.1.2) *und* (1.1.1) zurückbezogen werden. Im letzteren Fall entspräche (1.1.3) der Zusammenfassung von (1.3.1) und (1.3.2) in einer Alternative gemäß (1.3.3), und man hätte (1.1.1) entsprechend der oben bei der Kommentierung von (1.3.1) angemerkten Möglichkeit im Sinne von (1.2.6.1) zu nehmen.

Man könnte bei der zweiten der anvisierten Möglichkeiten im Rahmen des Arguments (1.2.1) – (1.2.8) sagen: beide, (1.2.5) und (1.2.6.1), gelten gemeinsam in einer Alternative zur Ausgangssituation, in x_2, ihre Konjunktion ist in der Ausgangssituation höchstens falsch, aber nicht unmöglich. Diese Auffassungsweise besitzt einen Vorteil gegenüber der Standardinterpretation, die τοῦτο nur auf (1.1.2) bezogen sein läßt, also nur auf *eine* der Prämissen des Syllogismus, der innerhalb des reductio-Arguments die entscheidende Rolle spielt (es handelt sich, mit den oben zur Beschreibung der Becker-Version eingeführten Bezeichnungen, bei dieser Prämisse um $\tilde{p}_2$). Wie wir nämlich sahen, muß man aufgrund der Erklärungen des Aristoteles in 34a16–24 davon ausgehen, daß für eine Anwendung des Gesetzes

wenn $\alpha \Vdash \beta$, dann möglich $\alpha \Vdash$ möglich β

an die Stelle von α die Konjunktion der beiden Prämissen eines Syllogismus zu treten hat.

(1.1.4) nimmt noch einmal (1.1.1) auf und entspricht damit ebenfalls (1.3.1).
(1.1.5) nimmt noch einmal (1.1.2) auf und entspricht damit ebenfalls (1.3.2).
(1.1.6) entspricht (1.3.3) oder (1.3.4) – und damit (1.2.7) bzw. (1.2.8).
(1.1.7) bis (1.1.10) sind im wesentlichen Erläuterungen zum Argument.

Wenn der eben zwischen (1.1.6) und (1.2.7) behauptete Zusammenhang wirklich besteht, gibt es eine Erklärung für ἐνδέχεται (≈ kann) in (1.1.6) (in Zeile 34a39): daß das A nicht dem ganzen B zukommen *kann*, heißt danach nicht, daß ein B notwendig non-A ist (gegen McCalls Auffassung); sondern es heißt – an der Stelle nicht in objektsprachlicher, sondern in metasprachlicher Rede –, daß es der Fall sein kann, nämlich in einer möglichen Alternative (in x_2) der Fall ist, daß A nicht dem ganzen B zukommt. Dies ist dann ein Widerspruch zu einem ohne zeitliche Einschränkung geltenden, d. h. zu einem in allen möglichen Welten (insbesondere in x_2) geltenden A a B. Vielleicht muß man auch ἐνδέχεσθαι (≈ ⟨daß⟩ könne) in (1.1.8) (d. i. in Zeile 34a41) als Ausdruck der Geltung in einer Alternative auffassen, und zwar in diesem Kontext speziell als Ausdruck der Geltung in eben derjenigen Alternative, in der sich die Existenz eines B, das non-A ist, ergab: aus der Annahme der Geltung der ersten Prämisse von Barbara XKM folgt insbesondere, daß in dieser Alternative A dem ganzen B zukommt. (1.1.7) weist auf einen syllogistischen Übergang von (1.1.1) und (1.1.2) bzw. von (1.1.4) und (1.1.5) zu (1.1.6) hin, der meiner Meinung nach dem Übergang von (1.2.5) und (1.2.6.1) bzw. (1.2.6) zu (1.2.7) und damit zu (1.2.8) entspricht. Man kann gleichsam *in der Alternative* (in x_2), in der man A o C und B a C (genauer: A o $C_{a_0}^*$ und B a $C_{a_0}^*$) hat, die (assertorische) Syllogistik anwenden. Wenn p und q die Prämissen von Bocardo XXX sind und r die Konklusion ist, ist der Übergang von

$$\Vdash_{PL} (p \wedge q) \supset r \quad \text{zu} \quad \Vdash_{PL+ML} M(p \wedge q) \supset Mr$$

vollzogen worden, das heißt wir finden die Überlegung: sei $(p \wedge q) \supset r$ (PL-)allgemeingültig; dann ist diese Formel wahr in jeder Welt aus dem Weltenvorrat einer jeden (PL + ML-)Interpretationsstruktur; wenn demnach $p \wedge q$ in einer solchen Welt gilt (z. B. in x_2), dann gilt auch r in einer solchen Welt (nämlich ebenfalls in x_2). Aus der Annahme des Gegenteils der Conclusio von Barbara XKM ergab sich zusammen mit der Voraussetzung der Wahrheit der zweiten Prämisse die Möglichkeit von B a C ∧ A o C, also die Möglichkeit von A o B; da diese nicht besteht, wenn A a B zeitlos gilt, ist, wenn die Prämissen von Barbara XKM wahr sind, das Gegenteil der zu erweisenden Conclusio falsch, q.e.d. Auf eine Argumentation von dieser Art weist (1.1.10).

Oben in II.2. sowie in diesem Abschnitt habe ich auf die Möglichkeit hingewiesen, daß Aristoteles in 34a5–33 nicht oder nicht nur auf ein Gesetz hinaus will, das wir in moderner Notation so formulieren würden (und das für Aristoteles' hier zur Debatte stehende Zwecke völlig ausreicht):

$$\Vdash \alpha \supset \beta \Rightarrow \Vdash M\alpha \supset M\beta,$$

sondern auf ein *stärkeres* Gesetz, das wir so formulieren können:

$$\Vdash N(\alpha \supset \beta) \supset (N)(M\alpha \supset M\beta)$$

(äquiv. $\Vdash N(\alpha \supset \beta) \supset (N)(N\alpha \supset N\beta)$[43])

und das ebenfalls für alle üblichen Modallogiken bzw. für alle Modallogiken, die S4 enthalten, richtig ist. Es besteht jedoch keinerlei Anlaß zu der Vermutung, Aristoteles habe darüber hinausgehend ein „Gesetz" für richtig gehalten und benutzt, das noch stärker ist als die Variante

$$\Vdash N(\alpha \supset \beta) \supset (M\alpha \supset M\beta),$$

nämlich

(*22*) $\Vdash (\alpha \supset \beta) \supset (N\alpha \supset N\beta).$

Ich habe früher bemerkt, daß es Łukasiewicz ist, der mit dieser Vermutung arbeitet. (*22*), das in keiner der üblichen Modallogiken richtig ist (man vergegenwärtige sich das mit Satz 2 gegebene Trivialisierungsargument), tritt bei ihm als „stronger L-law of extensionality" in polnischer Notation auf, nämlich in der Gestalt CCpqCLpLq. Es ist kein Wunder, daß sich mit (*22*) Behauptungen ableiten lassen, die Behauptungen des Aristoteles widersprechen. (Siehe Łukasiewicz (1957), S. 188f., und dazu McCall (1963), S. 31.)

Offenbar ist (*22*) in der Form

$$\Vdash (\alpha \supset \beta) \supset (M\alpha \supset M\beta)$$

das, was Mignucci bei seiner Rekonstruktion des aristotelischen Arguments für Barbara XKM letztlich bräuchte. Denn wenn wir Mignuccis Argument einmal an derjenigen Stelle korrigieren, an der es mit dem inakzeptablen Übergang von einem verneinten strikten Konditional zur Verneinung der Konjunktion der Glieder dieses Konditionals arbeitet, indem wir das strikte Konditional durch ein materiales ersetzen, so verlagert sich die Lücke des Arguments: nämlich auf den Übergang von $M(B\ a_K C) \wedge \neg M(A\ o_N C \wedge A\ a\ B)$, d. h. von $\neg(M(B\ a_K C) \supset M(A\ o_N C \wedge A\ a\ B))$, zu $\neg(B\ a_K C \supset (A\ o_N C \wedge A\ a\ B))$.

[43] Ist etwa die Subjunktion $N(\alpha \supset \beta) \supset (M\alpha \supset M\beta)$ ein Theorem eines modallogischen Systems der üblichen Sorte, so ist auch jede Subjunktion ein Theorem, welche aus jener durch Substituierung beliebiger propositionaler Ausdrücke für α und β hervorgeht, z. B. durch Substituierung von $\neg\alpha$ und $\neg\beta$. Also ist $N(\neg\alpha \supset \neg\beta) \supset (M\neg\alpha \supset M\neg\beta)$ ein Theorem und damit – im wesentlichen durch Kontraponierungsoperationen – auch $N(\beta \supset \alpha) \supset (N\beta \supset N\alpha)$ bzw. $N(\alpha \supset \beta) \supset (N\alpha \supset N\beta)$. Analog begründet man die umgekehrte Implikation. Ich werde derartige Äquivalenzen von nun an nicht mehr erläutern.

Daß Aristoteles über ein Argument wie das aus den Schritten (1.3.1) bis (1.3.4) bestehende verfügt haben könnte, scheint mir keine sonderlich gewagte Annahme zu sein. Die ziemlich komplizierte, aus den Schritten (1.2.1) bis (1.2.8) bestehende Version soll nur deutlich machen, daß ein solches Argument korrekt ist und tatsächlich ganz sauber durchgeführt werden kann, indem man den Mittelbegriff des Hilfssyllogismus, der im reductio-Argument in Funktion tritt, etwas modifiziert. Ich meine hierbei den Übergang von C zu $C_{a_0}^*$. Dann kann das Argument nämlich in dem Sinne sauber durchgeführt werden, daß keine Prädikationen *quer* über die möglichen Welten auftreten. In (1.3.2) hat man es ja mit Individuen zu tun, die zwar C und B – letzteres in einer Alternative – sind; die aber strenggenommen möglicherweise nur in einer solchen Welt C sind, welche von jeder Welt verschieden ist, in der diese Individuen B sind. Ferner kann das Argument dann insofern sauber durchgeführt werden, als man mit einer Allaussage operieren kann (siehe (1.2.5)), ohne die zunächst klar unzulässige Annahme zu machen, alles, was möglicherweise zur Extension von B gehört, gehöre faktisch dazu in *derselben* Alternative zur Ausgangssituation. Wenn man in Übereinstimmung mit Ziffer (2) der oben gegebenen Mängelliste auch und vor allem die de-re-Komponente von B a_KC bzw. von dessen Implikat B a_MC im Blick hat, dann liegt sicherlich die Auffassung sehr nahe, nach der diese Aussagen beinhalten: alles, was in irgendeiner Situation unter C fällt, fällt unter B – nämlich in einer möglicherweise je eigenen Situation. Der Auffassung, daß dies durch die Feststellung „B a C ist möglich" ausgesprochen werden kann, dürfte in erster Linie genau dies entgegenstehen: daß eben die Realisierung der de-re-Möglichkeit des Fallens unter B nicht für alle unter C fallenden Individuen in einer und derselben Situation stattzufinden braucht. Ich habe aber deutlich zu machen versucht, daß es darauf hier gar nicht ankommt, weil im Grunde ein ekthetisches Argument geliefert wird. Man wählt ein C, das notwendig non-A ist, und benutzt von *diesem*, daß es in einer Alternative B ist. Vielleicht weist auf den ekthetischen Charakter des Arguments 1 die Tatsache hin, daß in einer Reihe der ältesten Handschriften παντί (≈ dem ganzen; allen) in (1.1.4) (d. i. in Zeile 34a38 des Ross'schen Texts) nicht überliefert ist.

Ich weise noch mit Blick auf II.9. darauf hin, daß in der präzisen Version von Argument 1 (Schritte (1.2.1) bis (1.2.8)) als Ausgangspunkt für die reductio ad absurdum lediglich

$$\exists x M(C(x) \land N\neg A(x)) \text{ (Schritt (1.2.2))}$$

benötigt wird, nicht jedoch

$$\exists x N(C(x) \land N\neg A(x)).$$

Die Grundidee des Arguments 1 besteht nach der von mir vorgeschlagenen Deutung letztlich darin, aus dem Untersatz von Barbara XKM und der Negation der für den Modus in Anspruch genommenen Konklusion auf die Existenz einer möglichen Welt zu schließen, in der etwas sowohl unter B als auch nicht unter A fällt – im Widerspruch zum Obersatz, der für *jede* mögliche Welt die Geltung von $\forall x(B(x) \supset A(x))$ in dieser Welt einschließt. Diese Grundidee wird durch die zugegebenermaßen ziemlich unglückliche Rede des Aristoteles von der Möglichkeit des assertorischen Gegenstücks des Untersatzes (B a_KC ist wahr, B a C möglich) zweifellos etwas verschleiert, und sie wird dann auch von maßgeblichen modernen Interpreten nicht gesehen. Ich habe das exemplarisch belegt. Umso erstaunlicher ist es, daß wir bei einem Scholastiker, nämlich bei dem bereits erwähnten J. Buridan, der in ständiger Orientierung an Aristoteles Modallogik treibt, diese Idee zu einem vorbildlichen Beweis für die Gültigkeit von Barbara XKM bzw. von Barbara XMM verarbeitet finden. Es ist ein Nebenzweck meiner Untersuchung, etwas zu dem Nachweis beizutragen, daß im späten Mittelalter auf vergleichsweise sehr hohem Niveau Modallogik getrieben wurde und daß die spätmittelalterliche Modallogik, soweit sie auf einer Aristoteles-Rezeption basiert, zunächst einmal eine Verständnisleistung darstellt, die in manchen Hinsichten vielleicht über das hinausgeht, was 500 und mehr Jahre später Interpreten der Modalsyllogistik geleistet haben. Ich will deshalb Buridans Argument kurz beschreiben. Die Übersetzung, nach der ich zitiere, ist King (1985).

Bei der Formulierung der zu beweisenden Aussage (es handelt sich um Theorem 11 im Buch IV von Buridans *De consequentiis*; s. Hubien (1976), S. 120) berücksichtigt Buridan bereits, daß man nur den Möglichkeitsteil des Kontingenz-Untersatzes braucht: er geht von einer minor de possibili aus (und nicht von einer minor de contingenti). Weiter setzt Buridan voraus, daß der Obersatz assertorisch (de inesse) und zugleich notwendig (necessaria; nicht(!): de necessario) sei, und das hat man folgendermaßen zu verstehen:

> „... the same thing is signified by calling an assertoric sentence necessary and calling it what Aristotle wanted to call it, namely ‚simply assertoric' [für: de inesse simpliciter]" (King (1985), S. 305).[44]

Die Rede vom inesse simpliciter bezieht sich ganz offensichtlich, wie auch King anmerkt, auf *An. pr.* 34b7 f.: das (παντὶ) ὑπάρχον (≈ inesse bzw. inens) ist nicht mit zeitlicher Beschränkung zu verstehen, sondern ἁπλῶς (≈ simpliciter). Buridan bezieht diese Klausel eindeutig nur auf assertorische Aussagen. Für Möglichkeits- und Notwendigkeitsaussagen nimmt er stattdessen an, daß vor das Subjektsprädikat der Modalfaktor der (einseitigen) Möglichkeit zu

---

[44] Sicut dixi prius, idem significatur per hoc quod dico ‚illam de inesse esse necessariam' et per hoc quod dico, sicut consuevit dicere ARISTOTILES ‚ipsam esse de inesse simpliciter' (Hubien (1976), S. 120). Man vergleiche auch die in Anmerkg. 19 zitierte Aussage.

setzen ist. Man sieht: das esse de inesse simpliciter von A a B faßt Buridan im wesentlichen wie wir so auf, daß hier „alle B sind A“ notwendig zu gelten habe.

Nun soll das Gegenteil der zu erweisenden Conclusio wahr sein:

(23) some C is necessarily not A,
quoddam C necesse est non esse A.

Für Sätze dieses Typs gilt etwas als verabredet, von dem in 2.1. unter dem Titel „ampliatio terminorum“ die Rede war: daß der Subjektsausdruck nicht nur für die Dinge steht, auf die er *tatsächlich* zutrifft, sondern auch für die, auf die er zutreffen *kann* (der Subjektsausdruck soll also eigentlich nicht die Aussagefunktion C(x), sondern MC(x) sein). Buridan drückt den Gedanken so aus:

> „And in all divided ⟨modals⟩ *de necessario* or *de possibili* the subject is ampliated to supposit for those things which can be ...“ (a. a. O., S. 295).[45]

Es handelt sich um den Unterschied in der Auffassungsweise, der mit der Gegenüberstellung von *(26)* und *(27)* bzw. *(27.2)* in Kapitel II. deutlich gemacht wurde. Demnach ist *(23)* von der logischen Form

(23′) $\exists x(MC(x) \land N\neg A(x))$.

(23′) impliziert in S4 (und ist S5-äquivalent zu)

$\exists x M(C(x) \land N\neg A(x))$,

und dies ist genau die in unsrer Rekonstruktion von Argument 1 verwendete Annahme.

Ferner soll der Untersatz wahr sein:

(24) any C can be B,
omne C potest esse B,

und zwar wiederum mit einer ampliatio des Subjektsausdrucks C(x) zu MC(x). *(24)* ist also

(24′) $\forall x(MC(x) \supset MB(x))$,

und *(24′)* ist in der Tat ein S4-Implikat von $\forall x N(C(x) \supset MB(x))$.

Aus *(23′)* und *(24′)* folgt offensichtlich

(25′) $\exists x(MB(x) \land N\neg A(x))$,

und das heißt bei Buridan:

(25) some B is necessarily not A,
quoddam B necesse est non esse A

[45] Et in omnibus divisis [scil. propositionibus modalibus] de necessario vel de possibili subiectum ampliatur ad supponendum pro his quae possunt esse ... (Hubien (1976), S. 111).

(mit ampliatio von B!). In dieser Aussage sieht Buridan einen Widerspruch zum ohne zeitliche Beschränkung aufgefaßten Obersatz:

> „... the conclusion is incompatible with the ⟨necessity of⟩ the [sic!] major ..." (a. a. O., S. 305),
> conclusio non stat cum necessitate primae maioris.

(Hier ist die *erste* maior – mit einer in der Übersetzung nicht wiedergegebenen Qualifikation – der Obersatz von Barbara XKM, der unterschieden wird vom Obersatz des im reductio-Argument verwendeten Hilfssyllogismus.) Zur Begründung heißt es, daß (*25*) in genau drei Fällen wahr sei. Den ersten Fall können wir beiseite lassen, denn es ist der pathologische Fall, in dem die Umfänge von A oder von B leer sind. Den zweiten Fall kann man mit dem dritten zusammenfassen zu dem Fall:

> es gibt etwas, das B sein kann und gleichzeitig notwendig non-A ist;
> aliquid potest esse B ... et ipsum necesse est non esse A.

Soweit ist das lediglich eine Reformulierung von (*25*), in welcher die ampliatio des Subjektsausdrucks explizit gemacht ist. Es folgt der Kern der Begründung, welcher so aussieht, daß man eindeutig von einem MGA-Argument sprechen kann:

> „assume that it [gemeint ist: dasjenige, das B sein kann und notwendig non-A ist] becomes B, which is why it is possible, but is still not yet A; then the major of (439) [d. i. in Kings Zählung der Satz: every B is A] is false, and hence it is not necessary" (a. a. O., S. 306).

Kings Übersetzung ist hier nicht ganz befriedigend, das Original lautet:

> „Tunc ponatur quod illud fiat B, ex quo est possibile, adhuc ipsum non erit A. Ideo tunc ista erit falsa ‚omne B est A'; ergo ipsa non erat necessaria ..." (Hubien (1976), S. 120).

Tunc (≈ dann) weist auf das Zeitpunkte-semantische Gegenstück einer möglichen Welt, in der A a B falsch ist. Daß dasjenige, welches B geworden ist, auch dann noch non-A ist, *ergibt* sich aus der Voraussetzung, daß es notwendig non-A sei, und ist nicht Teil einer Annahme, wie Kings Übersetzung es nahelegt.

Nun zu Aristoteles' Argument 2 für die Gültigkeit von Barbara XKM! Ross hat recht damit, daß dies eigentlich, entgegen dem äußeren Anschein, kein reductio-Argument ist. Das ist aber kein ernster Defekt. Wer mit dem Geschäft des deduktiven Beweisens zu tun hat, macht nämlich die Erfahrung, daß er nicht selten ein Argument zunächst indirekt anlegt, weil sich ein solches Vorgehen oft bewährt hat; und daß erst nach der Durchführung des Arguments deutlich wird, daß diese Anlage eigentlich nicht nötig war. Wenn man aus einer Menge M von Voraussetzungen s erweisen will, die Elemente von M und dazu ¬s als wahr annimmt und schließlich s und damit einen Widerspruch zu den Annahmen erhält, indem man nur Voraussetzungen *aus M* gebraucht, beeinträchtigt das die Stringenz der Argumentation in keiner Weise. Vielmehr handelt es sich um eine Stilfrage: man hat sozusagen eine unpassende Einkleidung des Arguments gewählt. Wenn man in diesem Sinne das Argument 2 der Bestandteile (2.1) und (2.6) entkleidet, bleiben als eigentlich relevanter Rest die Schritte (2.2) bis (2.5) übrig. Dabei kann man auch noch (2.2) wegstreichen, weil (2.2) von (2.3) aufgenommen wird. Wenn man nun wieder genauso wie bei der MGA-Rekonstruktion von Argument 1 den de-re-Anteil der Prämisse B a_KC im Sinne der seinerzeit formulierten Grundannahme deutet, kann man sagen: jedes C ist in einer Alternative (zu einer beliebig gewählten Bezugswelt aus dem Weltenvorrat einer beliebig vorgegebenen Interpretationsstruktur) ein B – wobei es durchaus nötig sein kann, für verschiedene Exemplare von C verschiedene Alternativen in Anspruch zu nehmen. Ähnlich wie bei der Besprechung von Argument 1 schlage ich vor, hier (2.3) so aufzufassen, daß genau dies mit (2.3) ausgesagt werden soll. Im nächsten Schritt kommt die erste Prämisse von Barbara XKM ins Spiel. A a B soll gemäß 34b7–18 (in einer Ausgangssituation) ohne zeitliche Beschränkung gelten, das heißt in der „mögliche-Welten"-Terminologie: $\forall x(B(x) \supset A(x))$ soll in jeder möglichen Welt (aus dem Vorrat von Alternativen zur Ausgangswelt) wahr sein. Wenn dann jedes (in der Bezugssituation) unter C fallende Individuum a in einer Alternative x(a) (zur Bezugssituation) unter B fällt, fällt es jedenfalls in dieser möglichen Welt x(a) unter A. Ist nämlich die eingangs gewählte Bezugswelt eine Alternative zur Ausgangswelt, so ist mit der Transitivität der Alternativitätsrelation die Alternative x(a) zur Bezugswelt auch eine Alternative zur Ausgangswelt. Mithin fällt jedes C in mindestens einer Alternative (zur Bezugswelt) unter A, und das ist die Wahrheit von $\forall x(C(x) \supset MA(x))$ in einer beliebig gewählten Bezugssituation (welche eine Alternative zur Ausgangswelt darstellt), also die Wahrheit von $\forall x N(C(x) \supset MA(x))$ in der Ausgangswelt. Ich halte es für wahrscheinlich, daß ἐνδέχεται in (2.4) (in Zeile 34b5 des griech. Texts) genau die Funktion hat anzuzeigen, daß die erste Prämisse des Modus *in den einschlägigen Alternativen* ausgewertet werden soll. Ähnlich wie ἐνδέχεται in (1.1.6) (in 34a39) anzuzeigen scheint, daß ein (Hilfs-)Syllogismus mit dem angegebenen Resultat (nach meiner Interpretation: A o B; nicht: A o_NB) *in einer Alternative* (in x_2) durchgeführt ist; und ähnlich wie ἐνδέχεσθαι in (1.1.8) (34a41) anzuzeigen scheint, daß die erste Prämisse von Barbara XKM *in einer Alternative* mit jenem Resultat kollidiert. Es ergibt sich dann vollkommen korrekt (2.5).

Es ist nicht anzunehmen, daß Aristoteles die Alternativitätsverhältnisse so klar hätte auseinanderlegen können, wie ich das in der eben angegebenen Rekonstruktion seiner Argumentation getan habe. Daß aber diese Rekonstruktion die Grundstruktur von Argument 2 erfaßt, scheint mir ziemlich sicher. Das Argument 2 ist offenbar dem ersten der beiden oben unter Ziffer 3.) notierten Argumente ziemlich ähnlich.

Nach allem, was ich bisher gesagt habe, wird auch klar sein, wie dieses Argument nach dem Vorbild des Arguments, das aus den Schritten (1.2.1) bis (1.2.8) besteht, sauber durchgeführt werden kann. Und zwar wird insbesondere klar sein, wie es in einer solchen Weise durchgeführt werden kann, daß dabei in den einschlägigen Alternativen Syllogismen vom Typ Barbara XXX verwendet werden, entsprechend dem von Aristoteles in (2.1) gegebenen Hinweis.

Wir erhalten nicht nur das Ergebnis, daß die Prämissen von Barbara XK, unseren Strukturhypothesen gemäß aufgefaßt, A a_MC implizieren. Sondern wir haben darüber hinaus offensichtlich das Resultat, daß kein syllogistischer A-C-Satz, der stärker ist als A a_MC, als Implikat in Frage kommt. Dies ist ein Vorzug unserer Interpretation im Vergleich mit einem neueren externen Interpretationsansatz, den I. Angelelli vorgelegt hat.

Angelelli zieht in (1979) zwei Möglichkeiten der Symbolisierung von Sätzen des Typs A a B in Betracht, nämlich: die Symbolisierung durch die Formel $\forall x(B(x) \supset A(x))$ und die Symbolisierung durch $\forall x(MB(x) \supset A(x))$. (Man vergleiche hierzu auch die Bemerkungen über Angelellis Ansatz in Kap. IV.) Ich habe hier Angelellis Formeln in unser Notationssystem übertragen. Die originalen Formeln Angelellis, wie er sie mit anderen Formeln a. a. O. S. 205 zusammengestellt hat, sehen so aus: $\Lambda x.Bx \rightarrow Ax.$ resp. $\Lambda x.\nabla Bx \rightarrow Ax.$ ∇ fungiert als einseitiger Möglichkeitsoperator, das Zeichen ist uns bereits in II.6. als Möglichkeitsoperator der konstruktivistischen Modallogik begegnet. Der Gebrauch der konstruktivistischen Notation ist dadurch motiviert, daß es eine der Hauptintentionen, die Angelelli in seiner Studie verfolgt, ist, für den konstruktivistischen Charakter der aristotelischen Modallogik zu argumentieren. Wir können den Gesichtspunkt ausklammern und ∇ durch den üblichen klassischen Operator M ersetzen. Angelellis Einsatz der Formel $\forall x(MB(x) \supset A(x))$ ist motiviert durch Aristoteles' Bemerkungen zur zeitlosen Auffassung allgemeiner Aussagen in dem uns mittlerweile geläufigen Abschnitt 34b7–18. Für B a_KC sieht Angelelli diese beiden Symbolisierungsmöglichkeiten: Symbolisierung durch $\forall x(C(x) \supset KB(x))$ oder Symbolisierung durch $\forall x(MC(x) \supset KB(x))$. Nachdem nun ersichtlich weder

$$\forall x(B(x) \supset A(x)) \wedge \forall x(C(x) \supset KB(x))$$

noch

$$\forall x(B(x) \supset A(x)) \wedge \forall x(MC(x) \supset KB(x))$$

eine noch so schwache syllogistische A-C-Conclusio, sei es konstruktivistisch, sei es klassisch, abzuleiten erlaubt, setzt Angelelli für den Obersatz von Barbara XK die Formel $\forall x(MB(x) \supset A(x))$ an. Doch damit schießt er übers Ziel hinaus, denn jetzt erhält man als Implikat sogar einen assertorischen A-C-Satz: $\forall x((M)C(x) \supset A(x))$. Aristoteles sagt nichts davon, daß eine solche Conclusio möglich sei. Damit steht Angelelli vor dem Problem – das im Rahmen unseres Ansatzes sich nicht stellt –, eine Antwort auf die Frage zu finden: „What may have prevented Aristotle from letting the conclusion ‚all C's are A' flow naturally from the premises IaCa?". Hierbei hat man das Kürzel „IaCa" folgendermaßen zu interpretieren. Es handelt sich um eine Bezeichnung für einen syllogistischen Modus bzw. für das Prämissenpaar eines solchen Modus. I gibt die Figur, welcher der Modus angehört, das ist in diesem Fall also die erste Figur. Das erste Vorkommnis von a im Kürzel gibt die Quantität und Qualität der ersten Prämisse des gemeinten Modus, analog für das zweite Vorkommnis und die zweite Prämisse. C steht für „contingent" und gibt, plaziert unmittelbar vor dem traditionellen Kennbuchstaben für die zweite Prämisse, die Modalität dieser Prämisse. Weitere von Angelelli verwendete Modalitätszeichen, die in den folgenden Bemerkungen vorkommen werden, sind: N für „necessary"; P für „possible". Der Umstand, daß im vorliegenden Fall vor dem Kennbuchstaben für die erste Prämisse ein Modalitätszeichen nicht auftritt, bedeutet in Angelellis Notationssystem: man hat es mit einem Modus zu tun, dessen erste Prämisse assertorisch ist. IaCa ist also unser Modus Barbara XK.

Oben in II.3. und auch schon in Nortmann (1990), S. 72, habe ich darauf hingewiesen, daß sich für Angelelli ein ähnliches Problem im Hinblick auf den Modus Barbara NKM ergibt, bei dem Aristoteles keine assertorische Conclusio für möglich hält (dazu A16, 35b26–28). Zwar werden auch wir in diesem Fall gegen Aristoteles zu dem Ergebnis gelangen, daß, wenigstens in PL + B (resp. in PL + S5), Barbara mit Prämissen der Modalitäten NK der Sache nach ebenso gut eine a_X-Conclusio (resp. sogar eine a_N-Conclusio) liefert, wie Celarent NK – auch nach des Aristoteles Meinung – eine e_X-Conclusio liefert. Immerhin liegen die Dinge aber relativ zu unseren Strukturhypothesen so, daß es eher verwunderlich erschiene, wäre Aristoteles auf den Gedanken gekommen, Barbara NK könnte über eine assertorische oder gar über eine N-Conclusio verfügen. Anders ist das, wenn man mit Angelelli annimmt, der Obersatz von Barbara NK werde von Aristoteles so behandelt, als habe er – mit einer ebensolchen ampliatio des Subjektsterminus wie im Falle des Obersatzes von Barbara XK – die logische Form $\forall x(MB(x) \supset NA(x))$. Träfe diese Annahme zu, so hätte Aristoteles blind sein müssen, um nicht zu sehen, daß Barbara NK*N* gültig ist.

In Nortmann (1990) habe ich Angelellis Versuche, mit diesen Problemen fertig zu werden, unbefriedigend genannt. Eine Begründung für meine Einschätzung habe ich seinerzeit nicht gegeben. Das will ich jetzt nachholen, und zwar unter besonderer Berücksichtigung von Angelellis Behandlung des Modus Barbara XKM und der aristotelischen Argumentation für diesen Modus. In der Gegenüberstellung wird man die Vorteile unserer Rekonstruktion von Argument 1 abschätzen können.

Angelellis Ausweg aus den geschilderten Schwierigkeiten gründet auf der Hypothese, daß Aristoteles mit einem speziellen Implikationsbegriff arbeite. (Dazu Angelelli a. a. O., S. 191: „... Aristotle's understanding of logical implication was in one precise way stronger than ours".) Für diesen Implikationsbegriff sei die Erfüllung einer „middle existential import"-, kurz MEI-, Bedingung wesentlich. Kurz gesagt scheint es sich, allgemein für die erste Figur ausgesprochen, um folgendes zu handeln:

Für Aristoteles ist eine Aussage A * C immer dann *kein* zulässiges Implikat von Prämissen A * B und B * C, wenn aus A * C unter der Voraussetzung der (möglichen) Erfülltheit des Subjektsterminus C für mindestens ein Individuum a folgt, daß a tatsächlich unter A oder tatsächlich nicht unter A fällt, und wenn für ein solches a zugleich nicht mit A * B und B * C folgt, daß a tatsächlich unter B fällt. Liegen derartige Verhältnisse vor, so soll die middle existential import-Bedingung als durch den Modus $\dfrac{\begin{matrix}A * B\\ B * C\end{matrix}}{A * C}$ verletzt gelten.

Hier ist zum Vergleich Angelellis Formulierung:

> „Let S be a first figure form (A major, B middle, C minor term). We say that A * C ... satisfies the ›middle existential import‹ condition (MEI) relative to S, iff for any x for which A * C (in conjunction with ‚x is C' or ‚x can be C', if A * C is universal) implies that x *is* A or *is not* A, S guarantees that x is B" (a. a. O., S. 191).

In diesen Formulierungen ist A * B ein Platzhalter für syllogistische A-B-Sätze beliebiger Modalität, Quantität und Qualität (analog für B * C etc.), das heißt: * ist eine Variable, die – in unserer Notation – die Werte a, a_N, a_K, e, e_N etc. annehmen kann. Der Inhalt der Voraussetzung, daß es mindestens ein Individuum gibt, welches (möglicherweise) unter C fällt, kann als der „existential import" bezeichnet werden, den eine Aussage vom Typ A * C – bei Aristoteles – mit sich führt. Es soll also, wenn ich Angelelli richtig verstehe, der Fall ausgeschlossen werden, daß der existential import von A * C eine Information über die faktische Extension von A liefert, ohne daß er zugleich, zusammen mit A * B und B * C, eine positive Information über die faktische Extension des Mittelbegriffs B liefert, das heißt: eine Information des Inhalts, daß etwas faktisch unter B fällt. Man könnte es so ausdrükken: wenn A * C Information über die faktische Extension von A enthält und als Implikat von A * B ∧ B * C zulässig sein soll, dann muß A * C, gegebenenfalls unter Hinzunahme der in A * B ∧ B * C enthaltenen Information, „existentiellen Import" auch für den Mittelbegriff B haben, oder kurz: middle existential import. Barbara XKX beispielsweise ist offenbar kein in diesem Sinne zulässiger Modus. Mit der üblichen Generalvoraussetzung von der Exemplifiziertheit der Termini fällt ein Individuum a unter C, für dieses folgt aus A a C, daß es tatsächlich unter A fällt. Aber aus dem Untersatz B a_KC folgt lediglich – insofern, als a unter C fällt –, daß a *kontingenterweise* unter B fällt; und aus dem Obersatz A a B folgt lediglich (via partikuläre Konversion), daß irgendein Individuum, welches unter A fällt, auch unter B fällt; dieses kann von a verschieden sein, und daher kann die Information, daß a unter A fällt, nicht ausgenutzt werden, um etwas über die Extension von B auszumachen.

Im griechischen Text gibt es meines Wissens keine ausdrücklichen Hinweise darauf, daß Aristoteles an so etwas wie MEI gedacht haben könnte. Auch Angelelli kann dazu nichts Substantielles anführen. Ich will daraus aber kein Argument gegen den MEI-Apparat machen. Denn ich selbst arbeite mit einem Apparat von Strukturhypothesen, für dessen Bestätigung ich in geringerem Maße abhebe auf ausdrückliche Äußerungen des Aristoteles zur logischen Form syllogistischer Sätze und in höherem Maße abhebe auf das, was man die extensionale Adäquatheit des Apparats nennen kann. Es geht nämlich vor allem darum, ob der Apparat der logischen Sache nach zu den aristotelischen Behauptungen paßt oder wenigstens der psychologischen Sache nach. Der letztere Aspekt ist dann einschlägig, wenn die Nachvollziehbarkeit falscher Behauptungen zur Debatte steht. Doch der MEI-Apparat leistet nicht das, was er leisten sollte. Man muß zunächst noch wissen, daß zum vollen MEI-Apparat Angelellis etwas mehr gehört als die Arbeit mit einem Implikationsbegriff, welcher die Erfüllung von MEI einschließt. Auch ein Modus wie Celarent NKX verletzt MEI, und doch hält Aristoteles ihn für gültig. Also wäre um der extensionalen Adäquatheit willen die ursprüngliche Bedingung MEI wieder etwas abzuschwächen? Angelelli reagiert mit dem Verweis auf zwei sozusagen sekundäre Beweismethoden, die den MEI-Apparat komplettieren. Diese Methoden und ihre Funktion beschreibt er folgendermaßen:

> „In case a conclusion does not comply with MEI, Aristotle uses the following methods in order to preserve some conclusiveness:
> *Method I*: construct an indirect argument such that it is a first figure syllogism with actual minor premise.
> *Method II*: See what conclusions follow from the consideration that after all, the fulfilment of MEI is not ›impossible‹ (*if* it is not impossible)" (a. a. O., S. 192).

Wie mit den beiden Methoden im einzelnen operiert werden soll, braucht uns zunächst nicht zu interessieren. Wichtig ist im Hinblick auf das eben formulierte Problem, daß es bei Angelelli weiter heißt:

> „If the initial conclusion which did not fulfil MEI appears to be justified by either method, Aristotle *keeps* that conclusion, in spite of not complying with MEI" (a. a. O., S. 192).

Diese Relativierung der MEI-Bedingung ist eine Eigenschaft des MEI-Apparats, mit der man schon nicht sehr glücklich sein kann. *Sollte* Aristoteles an MEI gedacht haben, so wäre das nur dann sachlich gerechtfertigt, wenn in den Fällen, in denen MEI verletzt ist, gilt: die hypothetisch angenommene Conclusio folgt tatsächlich nicht logisch aus den Prämissen (sagen wir: weil sie Information liefert, die in den Prämissen nicht steckt) – und sei es relativ zu irgendeinem speziellen aristotelischen Begriff der logischen Folgerung bzw. der Information. Andernfalls wären es sachfremde Gesichtspunkte, die zur Ablehnung gewisser Konklusionen führten. Wenn aber die Verletzung von MEI durch einen Syllogismus wirklich zeigt, daß er nicht gültig ist, kann es auch keine diskutablen Methoden geben, die Conclusio des Syllogismus doch noch zu rechtfertigen. Falls die Methoden *dazu* verwendet werden können, sind es keine korrekten Methoden. Immerhin: man könnte die beiden Methoden als Bestandteile eines speziellen Implikationsbegriffs selbst zu postulieren versuchen. Das ist, was Angelelli zu tun scheint. Man handelt sich damit das Problem ein, daß entweder Barbara XK eben doch – relativ zu diesem Implikationsbegriff – eine X-Conclusio liefert oder daß das unter Benutzung des MEI-Apparats rekonstruierte Argument des Aristoteles für Barbara XKM eine unüberbrückbare Lücke enthält. Um diese meine Kritik zu verifizieren, sehen wir uns ein Beispiel dafür an, wie Angelelli Methode II bei Aristoteles meint zum Einsatz kommen zu sehen.

Für das Verständnis des Beispiels muß man noch folgendes wissen. Man kann, glaube ich, Angelellis leider nicht völlig durchsichtiges Vorgehen so beschreiben, daß ihm zunächst irgendeine gewöhnliche modal-prädikatenlogische Implikationsrelation, sagen wir: $\mathfrak{I}$, als Bezugsrahmen dient. In der Relation $\mathfrak{I}$ stehen u. a. die Prämissen p, q und Conclusiones r gewisser modaler Syllogismen: $\langle\{p,q\},r\rangle \in \mathfrak{I}$. Unter diesen Syllogismen sind solche mit assertorischer oder apodiktischer Conclusio r.[46] M_1 sei die Menge dieser letzteren Syllogismen. Angelelli modifiziert nun – immer in der Intention, das aristotelische Vorgehen zu rekonstruieren – die Relation $\mathfrak{I}$ eingeschränkt

[46] Offensichtlich können nur solche Syllogismen MEI verletzen. Vgl. Angelelli (1979), S. 191: „P and C-propositions vacuously satisfy MEI".

auf M_1 zu einer engeren Relation, sagen wir: $\mathfrak{I}^*$, auf M_1, indem er für Paare $\langle\{p,q\},r\rangle \in \mathfrak{I}|_{M_1}$ festlegt:

(*26*) falls der Syllogismus $\langle\{p,q\},r\rangle$ die Bedingung MEI erfüllt, dann auch $\langle\{p,q\},r\rangle \in \mathfrak{I}^*$;

(*27*) falls $\langle\{p,q\},r\rangle$ MEI nicht erfüllt, dann $\langle\{p,q\},r\rangle \in \mathfrak{I}^*$ genau dann, wenn r mit Hilfe einer der Methoden I, II aus $\{p,q\}$ gewonnen werden kann.

Damit ist aber $\mathfrak{I}^*$ erst auf M_1 erklärt. Man möchte darüber hinaus wissen, unter welchen Bedingungen, wenn p, q, r syllogistische Sätze sind und r ein Kontingenz- oder einseitiger Möglichkeitssatz ist, das Paar $\langle\{p,q\},r\rangle$ ein Element von $\mathfrak{I}^*$ ist. Da Syllogismen $\langle\{p,q\},r\rangle$, in denen r ein ἐνδέχεσθαι-Satz ist, trivialerweise MEI erfüllen, läge es nahe, für solche Paare in Anlehnung an (*26*) einfach festzusetzen: $\langle\{p,q\},r\rangle \in \mathfrak{I}^*$ genau dann, wenn $\langle\{p,q\},r\rangle \in \mathfrak{I}$. So macht es Angelelli nicht. Was er tut, ist vielmehr, die Methoden I und II auch für Syllogismen mit nicht-faktischer Conclusio ins Spiel zu bringen. Sei M_2 die Menge derjenigen unter den Syllogismen $\langle\{p,q\},r\rangle \in \mathfrak{I}$ mit weder assertorischem noch apodiktischem r, für welche gilt: $\langle\{p,q\},\bar{r}\rangle \notin \mathfrak{I}^*$, falls $\bar{r}$ das assertorische Gegenstück von r ist. Für $\langle\{p,q\},r\rangle \in M_2$ wird festgelegt:

$\langle\{p,q\},r\rangle \in \mathfrak{I}^*$ genau dann, wenn r aus $\{p,q\}$ mit Hilfe einer der Methoden I, II gewonnen werden kann.

Das liest sich bei Angelelli so:

> „If the initial conclusion [scil. which did not fulfil MEI; entspricht unserem $\bar{r}$] is not justified by one of the two methods, Aristotle contents himself with whatever conclusions can be validated by either method" (a. a. O., S. 192).

Vor dem Hintergrund solcher Festlegungen ist es dann ein sinnvolles Unterfangen, die $\mathfrak{I}^*$-Gültigkeit eines Modus wie Barbara XK*M* durch Einsatz einer der Methoden I, II zeigen zu wollen. Das unternimmt Angelelli auf S. 195f. seiner Studie, und dies ist das Beispiel, welches wir betrachten wollen. Der Gedankengang, der als Rekonstruktion von Argument 1 des Aristoteles für Barbara XKM gemeint ist und eine weitere Variante der MErf-Interpretation dieses Arguments darstellt, scheint mir auf folgendes hinauszulaufen.

(1) Sei A a B $\wedge$ B a_KC wahr.
(Bei Angelelli a. a. O. heißt es: „Given A a B and B Ca C ...". Ca entspricht unserem Symbol a_K. Analog sind Zeichen wie unten No aufzufassen.)

(2) Die Erfüllung von MEI durch Barbara XKX ist immerhin *möglich* (was heißt das?). Den Grund dafür, daß Barbara XKX MEI verletzt, kann man darin sehen, daß der Untersatz des Modus, soweit es den Mittelbegriff betrifft, keine faktische Information enthält. Die Einführung der als möglich geltenden Annahme, daß Barbara XKX MEI erfüllt, ist daher die Einführung der Annahme, daß im Prämissenpaar des Modus das Glied B a_KC durch sein assertorisches Gegenstück B a C, welches die reklamierte faktische Information enthält, ersetzt ist. Methode II besteht darin zu sehen, was man unter dieser zusätzlichen Annahme erschließen kann. Sei also A a B ∧ B a C wahr.

(Angelelli: „... the premise B Ca C is replaced by B a C. ... All that matters is the possibility of B a C, that is, the possibility of fulfilling the MEI condition".)

(3) A o_NB ist unmöglich relativ zu dem Implikat A a_MB von A a B (und damit unmöglich erst recht relativ zu A a B).

(Angelelli: „In the course of the proof of IaCa we are told that A No B is ›impossible‹ because of its conflict with the A Pa B implied by the premise A a B ...".)

Man sieht, daß Angelelli τὸ A οὐ παντὶ τῷ B ἐνδέχεται (≈ A kann nicht dem ganzen B zukommen) in 34a39 wie McCall als Ausdruck einer o_N-Aussage auffaßt. Demgegenüber habe ich die Ansicht vertreten, daß es sich um den Ausdruck der Geltung einer o-Aussage in einer Alternative zu einer Bezugswelt handelt (vgl. oben die Zusammenfassung meiner Analyse von Argument 1). Man sieht weiter, daß er ὑπέκειτο παντὶ ἐνδέχεσθαι ὑπάρχειν (≈ es wurde angenommen, daß A dem ganzen B zukommen könne) in 34a40/41 als Ausdruck einer a_M-Aussage auffaßt. Im Unterschied dazu habe ich die Ansicht vertreten, daß es sich um den Ausdruck der Geltung eines (modalfreien) a-Satzes in einer Alternative handeln könnte.

(4) Da A o_NC zusammen mit B a C das A o_NB ($\mathfrak{I}$(?)-)impliziert, ist dem Hilfssatz von 34a5–33 zufolge A o_NC ∧ B a C unmöglich relativ zu A a B.

(Angelelli: „At this point we have to apply the principle that ‚if X implies Y, then if X is possible, Y is possible' (chapter 15). It follows that A No C ∧ B a C is impossible".)

Angelelli nimmt hierbei ähnlich wie McCall an, der von Aristoteles benutzte Hilfssyllogismus sei ein Syllogismus des offiziell von Aristoteles gar nicht als gültig anerkannten Typs Bocardo NX*N*.

(5) Also gilt $N\neg(A\ o_N C \wedge B\ a\ C)$, das ist $N(B\ a\ C \supset \neg(A\ o_N C))$. Andererseits ist nach (2) B a C wahr zusammen mit A a B, also erst recht möglich relativ zu A a B (man sieht: wir haben es mit einem MErf-Argument zu tun). Mithin gilt M(B a C). $M(B\ a\ C) \wedge N(B\ a\ C \supset \neg(A\ o_N C))$ impliziert, z. B. relativ zu T, $M\neg(A\ o_N C)$. Demnach *kann* A o_NC falsch sein.
(Angelelli: „A No C and B a C cannot be true together, and B a C can be true, hence A No C can be false …".)

(6) Damit ist A o_NC *tatsächlich* falsch, mithin A a_MC wahr, was zu zeigen war.

Den Übergang von (5) zu (6) stellt Angelelli sich so vor, daß Aristoteles für N-Aussagen α angenommen habe: wenn ein solches α falsch sein kann, dann ist es schon tatsächlich falsch. (Angelelli: „He [i. e. Aristotle] may have assumed that if an N-sentence can be false, it *is* false".) Das wäre akzeptabel unter der Bedingung, daß eine aristotelische N-Aussage α in jedem Fall eine de-dicto-Modalaussage der Form $N\beta$ ist. Dann wäre der fragliche Übergang legitim relativ zu jeder Logik, die $M\neg N\beta \supset \neg N\beta$ zu einem Theorem macht; also relativ zu jeder Logik, die $N\beta \supset NN\beta$ zu einem Theorem macht, d. h. die mindestens so stark ist wie S4.

Die unüberbrückbare Lücke des Gedankengangs in der Rekonstruktion (1) bis (6) besteht darin, daß die Aussage $\neg(A\ a_M C)$ eben *keine* Aussage der Form $N\beta$ ist. Jedenfalls ist sie das nicht nach unserer Art der Symbolisierung von A a_MC. Und sie ist es auch nicht nach der „internen" unter den beiden von Angelelli für A a_MC in Betracht gezogenen Symbolisierungsweisen, d. i. nach der Symbolisierung durch $\forall x(C(x) \supset MB(x))$. Wohl ist sie es nach der „externen" Symbolisierung durch $M\forall x(C(x) \supset A(x))$. Daß aber derartige „theophrastische" Formeln für die Interpretation der aristotelischen Modallogik nicht in Frage kommen, habe ich hinreichend deutlich gemacht.

Falls man bei der Rekonstruktion von Argument 1 am MEI-Apparat (inklusive Methode II) festhalten und die konstatierte Lücke unterdrücken will, sehe ich nur die Möglichkeit, den aus den Schritten (1) bis (6) bestehenden Gedankengang in ein Argument von ungefähr der folgenden Art zu transformieren.

(1′) Es seien die Prämissen A a B, B a_KC von Barbara XKM wahr.

(2′) Annahme: A o_NC ist wahr.

(3′) Die Erfüllung von MEI durch Barbara XKX ist möglich, dementsprechend sei $A\ a\ B \wedge B\ a\ C$ als wahr angenommen.

(4′) $A\ o_N C \wedge B\ a\ C$ impliziert A $o_{(N)}$B, also ist A $o_{(N)}$B wahr.

(5′) Aus (1′) bzw. (3′) und (4′): A a B und A $o_{(N)}$B sind beide wahr. Das ist unmöglich.

(6′) Unter Voraussetzung der Wahrheit von A o_N C wurde mit der zusätzlichen Einführung einer als möglich geltenden Annahme etwas Unmögliches erschlossen. Also ist die ursprüngliche Voraussetzung falsch, mithin ist ¬(A o_NC) wahr (falls A a B ∧ B a_KC wahr ist). Das war zu zeigen.

Worauf es mir ankommt, ist die Feststellung: ein diesem Gedankengang vollkommen analoger kann durchgeführt werden, indem in (2′) A o_NC durch A o C ersetzt wird und in (4′) statt mit dem ohnehin un-aristotelischen Modus Bocardo NXN mit Bocardo XXX gearbeitet wird. Auch A a B ∧ A o B ist unmöglich, es bedarf hier keines zusätzlichen Notwendigkeitsfaktors im o-Glied der Konjunktion (ich habe es oben bereits angedeutet, indem ich N in Parenthese gesetzt habe). Durch genau dieselbe Art des Einsatzes von Methode II also, wie Aristoteles ihn nach der aus den Schritten (1′) bis (6′) bestehenden Version der MEI-Rekonstruktion von Argument 1 zur Rechtfertigung von Barbara XKM vorgenommen haben würde, hätte er auch die bei Angelellis Ansatz ursprünglich mögliche X-Conclusio retten können.

Allerdings könnte es wichtig sein, daß man, den genauen Wortlaut von Angelellis Beschreibung der Methode II beachtend, in Argumente, welche nach dieser Methode geführt werden, bloße *Möglichkeitssätze* als zusätzliche Annahmen einführt. Es könnte also wichtig sein, daß man nicht wie bei (2) und (3′) Annahmen setzt wie: „(A a B ∧) B a C ist wahr“, sondern stattdessen schwächere Annahmen wie: „M(B a C) ist wahr“, oder „M(A a B ∧ B a C) ist wahr“. Falls Methode II darin besteht, sieht es so aus, als müßte die Argumentation (1′) bis (6′) modifiziert werden zu:

(1″) A a B ∧ B a_KC ist wahr (wie gehabt).

(2″) Annahme (wie gehabt): A o_NC ist wahr.

(3″) M(A a B ∧ B a C) ist wahr.

(4″) Aus (2″) und (3″): M(A o C ∧ B a C ∧ A a B).
Dieser Übergang wäre in dem Fall legitim, in dem A o_NC oder besser ¬(A a_MC) dieselbe Aussage ist wie oder wenigstens äquivalent ist mit N(A o C) – entsprechend dem T-Prinzip ⊩ (Mα ∧ Nβ) ⊃ M(α ∧ β).
Damit ist M(A o B ∧ A a B) wahr.

(5″) Zugleich ist ¬M(A o B ∧ A a B) wahr, man hat einen Widerspruch.

(6″) Also ist die Annahme aus (2″) falsch.

Für dies Argument ist es wesentlich, daß man in (2″) eine N-Aussage hat (und zwar eine N-Aussage im de-dicto-Sinn). Man kann auf dieser Linie nicht mehr zum Widerspruch kommen, wenn man A o_NC durch das assertorische A o C ersetzt hat. Jedoch: in der Form (1″) bis (6″) weist das MEI-Argument für Barbara XKM wieder eine Lücke desselben Typs auf, wie wir sie bei (1) bis (6) diagnostiziert haben; der Übergang nämlich zu (4″) kann nicht wirklich vollzogen werden, weil ¬(A a_MC) nicht dasselbe ist wie N(A o C).

Wir konnten, so habe ich oben hervorgehoben, das Resultat erzielen, daß kein A-C-Satz, der stärker ist als A a_MC, als Konklusion für Syllogismen vom Typ Barbara mit Prämissen der Modalitäten XK in Frage kommt. Diese Feststellung schließt ein, daß insbesondere A a_KC nicht impliziert wird. Zu Beginn des Abschnitts haben wir uns mit verschiedenen Möglichkeiten befaßt, den aristotelischen Text so zu interpretieren oder abzuändern, daß er mit dieser Sachlage kompatible Äußerungen zur Modalität der Konklusionen der fraglichen Syllogismen enthält. Anders die Intention Angelellis. Angelelli geht davon aus, daß Aristoteles für Barbara XK, ebenso wie beispielsweise für Barbara NK, eine K-Conclusio beanspruche. (Dazu Angelelli a. a. O., S. 195 und S. 197f.) Freilich ist auch Angelellis Rekonstruktion von Aristoteles' Argument 1 für Barbara XKἐνδ. so beschaffen, daß sie nur den Schluß zuläßt: mag auch Aristoteles für den Modus eine K-Conclusio beansprucht haben – er *tut* jedenfalls lediglich etwas für den Nachweis der Implikation einer M-Aussage. Denn das aus den Schritten (1) bis (6) bestehende Argument endet in der Feststellung, A o_NC sei falsch; da eine o_N-Aussage ersichtlich nicht die Negation einer a_K-Aussage sein kann, ist mit der Feststellung allenfalls die Wahrheit von A a_MC begründet. Darüber ist sich Angelelli klar. Er sieht dann auch seine Vermutung weniger durch den Text der *An. pr.* bestätigt als vielmehr durch einen Passus in *An. post.* Ich will jetzt zeigen, daß man die betreffende Stelle anders interpretieren kann, als Angelelli es tut, und zwar in einer solchen Weise, daß sie nicht länger als Datum zugunsten der These zu werten ist, Barbara XKἐνδ. und verwandte Modi besäßen nach des Aristoteles Auffassung eine Kontingenzaussage als Konklusion.

Die Stelle steht in einer Reihe von Argumenten, welche Aristoteles in A6 der *An. post.* zur Begründung seiner Behauptung vorträgt, wissenschaftliche Beweise (ἀποδείξεις) müßten auf notwendigen Prämissen beruhen. Sie umfaßt die Zeilen 74b32–39 und lautet in der Übersetzung von Rolfes:

> (1) Ferner, wenn einer gegenwärtig nicht weiß, obschon er den Grund [im Griechischen: τὸν λόγον; das ist eher: das Argument] (noch) inne hat, und fortlebt, und die Sache fortbesteht, und er (das, was er gewußt hat) nicht vergessen hat, so hat er auch zuvor nicht gewußt. (2) Nun könnte aber der Mittelbegriff (das, was die Vermittlung hergab) zugrunde gegangen sein, wofern er nicht notwendig war. (3) Und so wird er, fortlebend, beim Fort-

> bestand der Sache, zwar den Grund [τὸν λόγον] inne haben, weiß aber nicht und hat mithin auch zuvor nicht gewußt. (4) Ist aber der Mittelbegriff nicht zugrunde gegangen, kann aber zugrunde gegangen sein, so muß das, was sich als Folge einstellt, möglich und kontingent sein. (5) Aber es ist unmöglich, daß jemand, mit dem es so steht, ein Wissen hat (Rolfes (1922), S. 15).

Bei den durch runde Klammern gekennzeichneten Einschaltungen handelt es sich um Zusätze Rolfes', die als Erläuterungen gedacht sind und keine Entsprechungen im Wortlaut des griechischen Texts haben. Die zweite dieser Einschaltungen in (1) sollten wir uns gestrichen denken: da Aristoteles gerade sagen will, daß ein Individuum in den angegebenen Umständen zuvor *nicht* gewußt habe, ist es nicht sinnvoll, ihn von dem sprechen zu lassen, was das Individuum gewußt habe.

Angelelli beruft sich für seine These auf die Zeilen 36–38:

> εἰ δὲ μὴ ἔφθαρται, ἐνδέχεται δὲ φθαρῆναι, τὸ συμβαῖνον ἂν εἴη δυνατὸν καὶ ἐνδεχόμενον
> (das ist (4) der Übersetzung; falsche Zeilenangabe bei Angelelli).

Er ist der Ansicht, daß Aristoteles mit dem Satz eine allgemeine Feststellung über Syllogismen (der ersten Figur?) dieses Inhalts trifft:

> „... if the minor premise says that the middle term can fail to belong to the minor term, the conclusion can go as far as to assert that it is *not necessary* that the major term belong to the minor" (Angelelli a. a. O., S. 198).

Sollte diese Ansicht zutreffen, so müßte ungefähr folgendes der Gedankengang des Aristoteles in 74b34–39 gewesen sein.

Voraussetzung: Man kann um das Wirklichsein von Sachverhalten oder um die Wahrheit von Sätzen, die nicht notwendig, sondern stattdessen z. B. kontingent sind, nicht wirklich wissen.

Das ist ein bei Aristoteles vertrauter Gedanke, von dem eingangs (II.3., Ziffer (1)) in einem anderen Zusammenhang die Rede war.

Weiter: in einem Argument (mit wahren Prämissen) etwa des Typs

A a B
B a C
———
A a C

möge nun der Mittelbegriff nicht notwendig dem C zukommen, sondern er möge „verschwinden" können. Das heißt, es soll möglich sein, daß B zumindest einigen der C zuzukommen aufhört, M¬(B a C) soll wahr sein. Da zugleich B a C und damit M(B a C) wahr ist, ist dann K(B a C) wahr. Unter solchen Umständen ist stets die Conclusio des syllogistischen Arguments kontingent („... so muß das, was sich als Folge einstellt, möglich und kontingent sein").

Bei dieser Interpretation wird also, erstens, τὸ συμβαῖνον in Zeile 37 (d. i. „das, was sich als Folge einstellt" in (4) der Übers.) als Kennzeichnung für den Schlußsatz des syllogistischen Arguments aufgefaßt, auf welches man sich den Gedankengang offenbar bezogen denken muß. Es wird, zweitens, δυνατὸν καὶ ἐνδεχόμενον in Zeile 38 (d. i. „möglich und kontingent“ in (4) der Übers.) als Ausdruck des Kontingenten aufgefaßt. Ich habe allerdings in II.4. darauf hingewiesen, daß man nicht einmal davon ausgehen kann, daß τὸ δυνατόν überall bei Aristoteles diese Bedeutung hat.

Angelelli könnte sich im Hinblick auf diese Stelle darauf berufen, daß die fraglichen Umstände, soweit sie in der Wahrheit von K(B a C) bestehen, immer dann vorliegen, wenn die Prämissen eines Syllogismus vom Typ Barbara XKἐνδ. wahr sind; wenn also Prämissen wahr sind, deren zweite u. a. besagt, daß der Mittelbegriff seinen unter den C befindlichen Exemplaren (jeweils) zuzukommen aufhören kann. Es kommt mir hierbei nicht darauf an, daß nach unseren Strukturhypothesen die Wahrheit von B a_KC keineswegs gleichbedeutend ist mit der Wahrheit von K(B a C). Im Stil von Aristoteles könnte man diese Nicht-Äquivalenz z. B. mit den folgenden Feststellungen begründen. Alles, was denkt, ist kontingenterweise wach. Denn alles, was denkt, ist ein Mensch, und jeder Mensch kann wachen oder schlafen. Es ist aber nicht möglich, daß einiges Denkende nicht wach ist. Denn denken – so wollen wir um des Argumentes willen annehmen – kann man nur, wenn man nicht schläft. Jedes einzelne Denkende ist eben nur in dem Sinne möglicherweise nicht wach, daß es zu wachen aufhören kann, indem es zugleich aufhört, ein Denkendes zu sein. Ich sage, es kommt mir darauf nicht an; weil es nämlich auch denkbar ist – ich halte das allerdings für unwahrscheinlich –, daß, wenn B möglicherweise von C schwindet, dies bedeuten soll: für jedes einzelne Exemplar von C ist es möglich, daß B ihm zuzukommen aufhört.

Schließlich ergäbe sich aufgrund der Voraussetzung: unter solchen Umständen wird um die Wirklichkeit des Sachverhalts, den die Conclusio ausdrückt, nicht gewußt. Weiter könnte man ergänzen: mithin stellte das Argument $\begin{array}{c}\text{A a B}\\ \underline{\text{B a C}}\\ \text{A a C}\end{array}$ keine ἀπόδειξις dar, denn um die Wahrheit der Konklusionen von ἀποδείξεις *wird* gewußt.

Die skizzierte Interpretation des Passus wird den Ausdruck der benötigten Voraussetzung in Zeile 38f. sehen: ἀλλ' ἔστιν ἀδύνατον οὕτως ἔχοντα εἰδέναι. Dieser Satz, der Rolfes' (5) entspricht, wäre dann abweichend von Rolfes zu übersetzen mit: aber es ist unmöglich, derartig sich Verhaltendes (nämlich Kontingentes) zu wissen. Die letztere Übersetzung faßt οὕτως ἔχοντα auf als Objektsakkusativ im Plural des Neutrum und gibt diesen Akkusativ wieder durch „derartig sich Verhaltendes“. Dagegen wird die Form bei Rolfes als Subjektsakkusativ im Singular des Maskulinum verstanden. Barnes übersetzt im wesentlichen wie Rolfes: „but it is impossible to know when in such a state" (Barnes (1975), S. 11).

Eine Schwäche der Interpretation besteht offenbar darin, daß sie Aristoteles mit einem grob fehlerhaften Argument zu belasten droht: aus $(A \text{ a } B \wedge B \text{ a } C) \Rightarrow A \text{ a } C$ und $M\neg(B \text{ a } C)$ folgt nicht $M\neg(A \text{ a } C)$. Hinzu kommt, daß Aristoteles diese Sachlage zweifellos klar gesehen hat. Sagt er doch unmittelbar im Anschluß an die besprochene Stelle:

> Wenn nun der Schlußsatz mit Notwendigkeit gilt, hindert nichts, daß der Mittelbegriff, durch den er erhärtet wurde, nicht notwendig ist. Denn das Notwendige kann auch aus nicht Notwendigem geschlossen werden, wie das Wahre aus nicht Wahrem (Rolfes (1922), S. 15).

Ferner wissen wir aus der Notwendigkeitssyllogistik, daß beispielsweise Syllogismen vom Typ Barbara NXN Aristoteles als valide gelten (vgl. Abschn. 1.2.). Wenn auch der Untersatz solcher Syllogismen nicht geradezu *sagt*, daß der Mittelbegriff dem Unterbegriff abgehen kann, so ist seine Wahrheit doch immerhin mit dem Abgehen des Mittelbegriffs verträglich und das Verschwinden des Mittelbegriffs in diesem Sinne möglich. (Nota: wir gehen davon aus, daß die assertorischen Aussagen der N-Syllogistik mit zeitlicher Beschränkung wahr sein können.) Also kann die Möglichkeit des Verschwindens nicht die Kontingenz des Schlußsatzes nach sich ziehen. Oder besser gesagt: sie kann jedenfalls nicht die Wahrheit der dem Schlußsatz korrespondierenden Kontingenzaussage nach sich ziehen. Wir müssen nämlich beachten, daß – gegeben z. B. eine Situation, in der jedes von allen Menschen verschiedene Individuum sich im Ruhezustand befindet – ein wahrer *schwach*-apodiktischer Satz „alles Bewegte ist notwendig Mensch" (wie er als Conclusio eines Syllogismus vom Typ Barbara NXN in Frage kommt) sehr wohl bloß kontingenterweise wahr sein kann; eines der von Menschen verschiedenen Individuen könnte sich zu bewegen beginnen. Doch es muß für Angelelli darauf ankommen, in unserem Passus eine Evidenz für die These zu finden, daß Barbara XKένδ. über eine Kontingenz-Aussage (was nicht gleichbedeutend zu sein braucht mit: über eine kontingente Aussage) als Conclusio verfügt. Das heißt: die Behauptung, daß unter gewissen Voraussetzungen „das, was sich als Folge einstellt, möglich und kontingent" sei, muß von Angelelli, wenn man es genau nimmt, als Behauptung über die Wahrheit von Kontingenzaussagen unter gewissen Voraussetzungen interpretiert werden. (Ich habe es oben nicht in dieser Weise genau genommen.) Eine solche Behauptung nun stünde in der Tat in Konflikt mit der Validität von Barbara NXN, denn $\forall x(C(x) \supset NA(x))$ ist selbstverständlich unverträglich mit $\forall x(N)(C(x) \supset KA(x))$ (unter der Voraussetzung, daß C exemplifiziert ist). Angelelli sieht diese Schwierigkeiten durchaus (dazu Angelelli (1979), S. 199), hält aber trotzdem an seiner These fest.

Ich schlage gegen Angelelli die folgende Interpretation von 74b32–39 vor. Diese Interpretation ist derjenigen ähnlich, welche J. Barnes in (1975), S. 125f., entwickelt, weicht von ihr aber in einigen Hinsichten ab. Die Differenzen will ich hier nicht erläutern. Ich habe schon gesagt, daß der Satz, auf den Angelelli sich beruft, in einem Argumentationszusammenhang steht, in dem Aristoteles hinaus will auf das Ergebnis: wissenschaftliche Beweise stützen sich auf notwendige Prämissen. Da die aristotelische Doktrin einschließt, daß genau um die Conclusiones von ἀποδείξεις in einem bestimmten prägnanten Sinn gewußt wird, können wir auch sagen, daß es um die Behauptung geht: um die Wahrheit eines Satzes, der als Conclusio eines gültigen Syllogismus mit wahren Prämissen auftritt, weiß man nur dann, wenn die Prämissen des betreffenden Syllogismus notwendig sind (und was dies letztere genau heißen soll, können wir hier beiseite lassen). Zur Erreichung des Argumentationsziels bringt Aristoteles einen Grundsatz vor, den er anscheinend nicht mehr für begründungsbedürftig hält und der mir im wesentlichen auf folgendes hinauszulaufen scheint:

(*28*) t_1 und t_2 seien beliebige Zeitpunkte mit $t_1 < t_2$. A, B, C seien Prädikate, A a C sei ein wahrer Satz. Von einem Individuum a möge, unbeschadet des Glaubens von a zu t_2 an die Wahrheit von A a C, zu t_2 wahrheitsgemäß ausgesagt werden können: a weiß nicht um die Wahrheit des Satzes A a C – weil nämlich a zu t_2 nichts anderes zugunsten von A a C anzuführen weiß als eine syllogistische Begründung, die man zu t_2 in einem außer Zweifel stehenden Sinn nicht gelten lassen kann. Hier wäre etwa an eine Begründung zu denken, die man deshalb nicht gelten lassen kann, weil sie die Form „A a B $\wedge$ B a C, also A a C" hat mit Prämissen A a B und B a C, von deren Konjunktion wir annehmen, daß sie zu t_2 *falsch* ist. (Noch nicht außer Zweifel steht und erst zu erweisen ist zunächst, daß man eine syllogistische Begründung nicht als prägnantes Wissen etablierend gelten lassen kann, deren Prämissen nicht *notwendig* wahr sind.) Unter solchen Voraussetzungen ist auch dies wahr: a hat zu t_1 nicht um die Wahrheit von A a C wirklich gewußt, und zwar selbst dann nicht, wenn a zu t_1 dieselbe Begründung für A a C wie zu t_2 anzuführen wußte *und* diese Begründung zu t_1 *nicht* mit dem Mangel behaftet war, den sie nach Voraussetzung zu t_2 aufweist. Es möge etwa A a B $\wedge$ B a C zu t_1 wahr sein.

Diesen Grundsatz sehe ich in 74b32–34 (in (1) der Übers.) ausgesprochen: von einem (a) wird angenommen, er wisse gegenwärtig (zu t_2) nicht (um A a C), obschon er immer noch denselben λόγος zugunsten von A a C anführt wie früher (zu t_1) und obschon er immer noch an A a C glaubt („er nicht vergessen hat") und A a C auch immer noch wahr ist („die Sache fortbesteht") – gemäß der üblichen Auffassung, daß notwendige Bedingungen für die Wahrheit von „a weiß, daß p" die Wahrheit von p selbst sowie die Wahrheit von „a glaubt, daß p" sind; dann hat er auch vorher (zu t_1) nicht gewußt.

Für die Ausführungen des Aristoteles in 74b32ff. hat man sich jetzt eine Situation vorzustellen, in der jemand zu einem Zeitpunkt t_1 auf der Basis von Wissen um die Wahrheit etwa von A a B $\wedge$ B a C zu t_1 (und auf der Basis der Implikationsbeziehung (A a B $\wedge$ B a C) $\Rightarrow$ A a C) den Anspruch erhebt, um A a C im prägnanten Sinn zu wissen. Nun führt Aristoteles, wie wir sahen, die zusätzliche Annahme ein, daß der Mittelbegriff „nicht notwendig" sei. Dies wird die Annahme sein, daß der Untersatz des einschlägigen λόγος (zu t_1) nicht notwendigerweise wahr ist. Aristoteles hat zu zeigen, daß unter den angenommenen Voraussetzungen um die Wahrheit von A a C zu t_1 jedenfalls im prägnanten Sinn nicht gewußt wird. Damit wäre immerhin für die Untersätze von durch die erste Figur gehenden ἀποδείξεις (≈ wissenschaftlichen Beweisen) etabliert, daß sie notwendig sein müssen. Zu diesem Zweck scheint Aristoteles zunächst einen Spezialfall zu behandeln (in den Zeilen 34–36, d.i. in (2) und (3) der Übers.): es möge nicht nur (zu t_1) der Mittelbegriff verschwinden *können*, sondern er möge *tatsächlich* zu einem Zeitpunkt $t_2 > t_1$ verschwinden. (Sollte Aristoteles das sog. „principle of plenitude" anerkannt haben, so hätten wir es nicht mit einem Spezialfall zu tun, sondern mit dem einzigen in Frage kommenden Fall.) In diesem Fall ist zu t_2 die Konjunktion A a B $\wedge$ B a C falsch, und es steht außer Zweifel, daß auf der Grundlage dieser Konjunktion A a C nicht gewußt wird zu t_2. (*28*) impliziert dann: auch zu t_1 hat unser Subjekt um A a C nicht gewußt (es „hat mithin auch zuvor nicht gewußt"). Der komplementäre Fall, den es noch zu behandeln gilt, ist gekennzeichnet durch die Annahme: zwar besteht zu t_1 die Möglichkeit, daß der Mittelbegriff verschwindet, aber er verschwindet tatsächlich nie – oder jedenfalls zu keinem nach aristotelischer Doktrin für die Realisierung der angenommenen Möglichkeit in Betracht kommenden Zeitpunkt, nämlich zu keinem relativ zu t_1 zukünftigen Zeitpunkt. Zur Erörterung dieses Falls geht Aristoteles in Zeile 36 über („Ist aber der Mittelbegriff nicht zugrunde gegangen, kann aber zugrunde gegangen sein ..."). Die Schlüsselfrage für das Verständnis des Folgenden lautet: was ist τὸ συμβαῖνον (≈ „das, was sich als Folge einstellt")? Wir haben gesehen, daß eine Möglichkeit darin besteht, unter dem συμβαῖνον die Conclusio des in den Gedankengang involvierten λόγος zu verstehen. Eine andere Möglichkeit: τὸ συμβαῖνον ist das Ergebnis des Arguments, welches von Aristoteles für den vorgezogenen Spezialfall durchgeführt wurde, in dem der Untersatz des involvierten λόγος zu t_2 tatsächlich falsch ist; demnach wäre τὸ συμβαῖνον die Aussage, daß zu t_1 um A a C nicht gewußt wurde (οὐδ' ἄρα πρότερον ᾔδει). Mir scheint die zweite Möglichkeit die richtige zu sein, und dieser Wahl entsprechend sehe ich in den Zeilen 37–39 die Formulierung einer Überlegung des folgenden Inhalts.

Aus der Möglichkeit des Sachverhalts, daß der Untersatz unseres λόγος einmal tatsächlich falsch ist, z. B. zu t_2, folgt die Möglichkeit alles desjenigen, dessen Wirklichkeit aus jenem Sachverhalt selbst folgt. Hierbei handelt es sich um nichts anderes als um einen Anwendungsfall des von Aristoteles in A15 der *An. pr.* begründeten Gesetzes: wenn $\Vdash A \supset B$, dann $\Vdash MA \supset MB$. Mithin ergibt sich aus der Betrachtung des Spezialfalls: wenn es möglich ist, daß der Untersatz, etwa zu t_2, falsch ist, dann ist auch möglich, was sich aus der Annahme dieser Falschheit ergab, möglich also ist das συμβαῖνον: A a C wird nicht gewußt zu t_1. Gegen die zuerst skizzierte Interpretation des Gedankengangs nehme ich δυνατὸν καὶ ἐνδεχόμενον hier für nicht mehr als einen pleonastischen Ausdruck der einseitigen Möglichkeit. Das Zwischenergebnis im zweiten der betrachteten Fälle lautet also: *möglicherweise* wird A a C zu t_1 nicht gewußt. Was Aristoteles braucht, ist, daß auch in diesem Fall A a C *tatsächlich* zu t_1 nicht gewußt wird. Ich nehme an, daß der letzte Satz unseres Abschnitts (d. i. (5) in der den Gedanken treffenden Übersetzung Rolfes') die Rechtfertigung für den Übergang vom Zwischen- zum Endresultat liefert: es ist unmöglich, daß jemand, der sich so verhält (nämlich derartig, daß er möglicherweise nicht weiß), weiß. Das heißt mit anderen Worten: wer, im prägnanten Sinn, um etwas weiß, der weiß darum notwendig.

Man kann darüber spekulieren, warum der Sache nach oder aus aristotelischer Perspektive dergleichen gelten soll. Eine naheliegende Überlegung sieht so aus. Angenommen, die beiden folgenden Sätze sind wahr.

(29) Für alle p: wer im prägnanten Sinn weiß, daß p, der weiß ebenfalls im prägnanten Sinn, daß er weiß, daß p.
Man vergleiche hiermit die epistemische Deutung des S4-Axioms $Np \supset NNp$.

(30) Für alle p: wenn p im prägnanten Sinn gewußt wird, dann ist p notwendig.

Aus *(29)* und *(30)* folgt offensichtlich: wenn jemand im prägnanten Sinn weiß, daß p, dann ist es notwendig, daß er weiß, daß p. *(30)* entspricht der Auffassung des Aristoteles; wie Aristoteles sich zu *(29)* verhält, weiß ich nicht.

Wenn die vorgetragene Interpretation zutrifft, kann nicht die Rede davon sein, daß Aristoteles in unserem Abschnitt auf die Kontingenz des Schlußsatzes eines Syllogismus hinsteuere (bzw. auf die Wahrheit der einem solchen Satz korrespondierenden Kontingenzaussage) als Konsequenz aus der Annahme, daß der Untersatz des betreffenden Syllogismus kontingent sei (bzw. aus der Annahme, daß die dem Untersatz korrespondierende Kontingenzaussage wahr sei). Denn das συμβαῖνον (≈ das sich Ergebende), von dessen Möglichkeit oder Kontingenz gesprochen wird, ist nicht der Schlußsatz eines solchen Syllogismus. Und daß jemand um A a C nicht weiß, indem ihm nicht die rechte Begründung für A a C einfällt, schließt nicht aus, daß A a C notwendig ist.

Ich will jetzt mit der kontinuierlichen Durchmusterung von *An. pr.* A15 fortfahren. Wir stehen bei 34b6. Die Zeilen 34b7–18 haben uns schon mehrfach beschäftigt. Aristoteles legt sich hier darauf fest, das παντὶ ὑπάρχον (≈ das „jedem zukommend") in der Weise zu gebrauchen, daß es jedesmal ein über alle Zeit stabiles Subsumtionsverhältnis von Begriffsumfängen aussagt. Aristoteles bedient sich dann der BE-Technik, um zu zeigen, daß ohne diese Festlegung die Prämissen von Barbara XK unschlüssig wären. Das Argument liefert uns zwei Beispiele für Sätze, die höchstens dann wahr sind (zu irgendeinem Bezugszeitpunkt), falls der in ihnen jeweils vorkommende Ausdruck der Allgemeinheit abweichend von der ausgezeichneten Weise gebraucht wird:

(*31*) ›Mensch‹ kommt jedem Bewegten zu;

und dazu

›Lebewesen‹ kommt jedem Bewegten zu.

Wenn es beispielsweise im faktischen Weltverlauf w eine solche Zeitstelle t geben sollte, an der tatsächlich alle von Menschen verschiedenen Individuen im Ruhezustand sind, dann könnte der erste Satz als wahr in w zu t gelten: alles, was (in w) zu t bewegt ist, ist (in w) zu t auch ein Mensch. Das für die Wahrheit des Satzes zu t einschlägige Subsumtionsverhältnis der Umfänge von „... ist bewegt" und „... ist Mensch" wird aber im wesentlichen auf den Zeitpunkt t beschränkt sein. Es gibt Zeitstellen t′ derart, daß es zu t′ bewegte Individuen gibt, welche (zu t′) keine Menschen sind – womöglich sind sogar alle Zeitstellen in w von dieser Art. Mithin wird unser Satz (*31*) in w selbst zu t als falsch gelten müssen, sobald er so verwendet wird, daß er die Aussage einschließt:

(*32*) für jeden Zeitpunkt t′ gilt, daß alles, was (in w) zu t′ bewegt ist, auch (in w) zu t′ ein Mensch ist.

Zu Beginn des Abschnitts 3. von Kapitel II. trat die Frage nach dem Zusammenhang von (*1′*) mit (*1*) von Abschnitt 1. auf. Ich habe diese Frage seinerzeit in einer Hinsicht offengehalten. Jetzt will ich die Betrachtung der aristotelischen Beispielsätze, mit denen wiederum das Thema des Sinns von „zeitlicher Unbeschränktheit" allgemeiner Aussagen gestellt ist, zum Anlaß nehmen, die Frage ein Stück weiter zu klären.

Wenn wir uns im gewöhnlichen Diskurs darum bemühen, wahre Sätze auszusprechen, dann handelt es sich zunächst einmal darum, Sätze auszusprechen, die wahr sind relativ zur faktischen Weltgeschichte. Wenn wir uns bei der Formulierung unserer Sätze die Freiheit nehmen, auf die Verwendung kontextunabhängiger Zeitbestimmungen zu verzichten, kommt eine zusätzliche Relativierung ins Spiel: es handelt sich dann darum, Sätze auszusprechen, die wahr sind relativ zu einer bestimmten Zeitstelle (in der Regel ist das der Zeitpunkt der Äußerung der betreffenden Sätze) innerhalb der faktischen Weltgeschichte. Unter dem gewöhnlichen Diskurs verstehe ich hier das, was ich auch den extensionalen Diskurs nennen kann. Diesen Diskurs verlassen wir beispielsweise dann, wenn wir über Kontrafaktisches zu räsonieren beginnen. Ich sage heute (am 23.8.1990):

(*33*) Die Felsenbirne vor meinem Fenster trüge noch grünes Laub, hätte es in der ersten Augusthälfte einmal einen kräftigen Gewitterregen gegeben.

Mit dieser Behauptung geht es mir um die Wahrheit des Satzes „die Felsenbirne vor Nortmanns Fenster trägt grünes Laub" an der Zeitstelle des 23. August 1990 in derjenigen (oder vermutlich eher: in jeder) irrealen, aber gleichwohl von mir als möglich angesehenen Welt w′, in der es in der ersten Augusthälfte 1990 regnet.

Bewegt Aristoteles sich im Rahmen des „gewöhnlichen" Diskurses, wenn er vom Verzicht auf eine Beschränkung des παντὶ ὑπάρχον auf eine bestimmte Zeitstelle spricht? Mit anderen Worten: ist die Gesamtheit der Zeitstellen, auf die jedes παντὶ ὑπάρχον sich beziehen soll, die Summe der Zeitstellen innerhalb der faktischen Weltgeschichte, oder umfaßt sie sogar die Summen der Zeitstellen innerhalb aller Weltverläufe, die als mögliche Alternativen zum faktischen Verlauf anerkannt werden? Ich sehe im Text keine ausdrückliche Antwort auf diese Frage. Mit der Reformulierung (*32*) von (*31*) habe ich zunächst nur die schwächere Alternative berücksichtigt. Ich neige zu der Annahme, daß die Frage falsch gestellt ist. Nämlich deshalb, weil ich die Annahme mache (vgl. oben II.1., II.3.), daß wir mögliche Welten verstehen sollten, wo bei Aristoteles von Zeitpunkten die Rede ist. Demnach wäre (*31*) ohne zeitliche Beschränkung nicht im Sinne von (*32*) aufzufassen, sondern stattdessen im Sinne von

(*34*) für jede mögliche Welt w′ gilt, daß alles, was in w′ bewegt ist, in w′ ein Mensch ist

zu verstehen? Doch hier scheint es ein Problem zu geben: mögliche Welten w und w′ wurden eben so konzipiert, daß es sich dabei jeweils um ganze Weltgeschichten handelt; aber die Extension eines zeitlich nicht determinierten Prädikats wie „... ist bewegt" ist relativ zu einer derartig konzipierten Welt allein nicht eindeutig bestimmt (so daß (*34*) auszuwerten unmöglich erscheint). Dagegen ist jede übliche formale prädikatenlogische Semantik vom mögliche-Welten-Typ so beschaffen, daß jede zugehörige Interpretationsstruktur die Extension eines jeden Prädikatsymbols relativ zu jedem Element des Trägers (d. h. relativ zu jeder „möglichen Welt") eindeutig bestimmt. Es liegt auf der Hand, wie man zu reagieren hat: immer, wenn man den Apparat der mögliche-Welten-Semantiken bei der Analyse solcher umgangssprachlichen Sätze wie (*31*) ins Spiel bringen möchte, welche zeitlich nicht determinierte Prädikatausdrücke enthalten, und wenn man diesen Apparat dabei genau so ins Spiel bringen möchte, wie er bei der Auswertung von Sätzen formaler „Sprachen" ins Spiel gebracht wird (nämlich ohne die Einführung von Zeitstellen als zusätzlichen Parametern wie oben bei der Analyse von (*33*)), dann muß man mögliche Welten anders konzipieren. Nämlich als Entitäten, die als Weltsituationen treffend bezeichnet sind. In II.1. spreche ich auch von Querschnitten durch mögliche Welten im ursprünglichen Sinn, d. h. durch Weltgeschichten. Man vergleiche auch die Bemerkungen zum BE-Verfahren in II.3. Wenn dann (*34*) die Wahrheitsbedingung für (*31*) im zeitlosen Sinn ausspricht, hat man (*31*) im zeitlosen Sinn in der Tat zu symbolisieren durch $N\forall x(B(x) \supset A(x))$ bzw. durch $\forall xN(B(x) \supset A(x))$ – entsprechend unserer auch auf 34b7 ff. gründenden Strukturhypothese für allgemeine assertorische Aussagen.

Die Beispiele zeigen, daß der Anwendungsbereich der Festlegung des Aristoteles jedenfalls diesen Typ von Aussagen umfaßt. Ob er mehr umfassen soll, ist unklar. Aristoteles' Rede vom παντὶ ὑπάρχον spricht eher dagegen. Hätte Aristoteles allgemeine (bejahende) K- und N-Aussagen unzweideutig mit einbeziehen wollen, so hätte er auch vom παντὶ ὑπάρχειν ἐνδεχόμενον und vom παντὶ ἐξ ἀνάγκης ὑπάρχον (d. i. vom jedem zuzukommen Vermögenden und vom jedem mit Notwendigkeit Zukommenden) sprechen müssen. Andererseits ist in Zeile 17 immerhin vom Allgemeinen (καθόλου) überhaupt – ohne Beschränkung auf eine bestimmte Modalität – die Rede, das „einfach" (ἁπλῶς) aufgefaßt werden müsse.

Aristoteles erweist die Unschlüssigkeit der Prämissen von Barbara XK mit zeitlich beschränktem Obersatz dadurch, daß er u. a. die Verträglichkeit dieser Prämissen mit A a_NC durch ein BE-Argument zeigt. Mit Bezug auf die von ihm gewählte Einsetzung sagt er sinngemäß: der A-C-Satz ist hier notwendig, nicht ἐνδεχόμενον (34b16). Muß man, weil A a_NC mit A a_KC, nicht aber mit A a_MC unverträglich ist, aus dieser Bemerkung schließen, daß Aristoteles für Barbara XKἐνδ. mit *recht* verstandenem Obersatz doch an eine Kontingenz-Conclusio denkt? Ich glaube das nicht. Sicher ist der sprachliche Befund damit verträglich, daß Aristoteles den Gedanken ausdrücken will: bei der gewählten Einsetzung ist der A-C-Satz notwendig (bzw. ist ein entsprechender Notwendigkeitssatz wahr), *und damit* ist er nicht ἐνδεχόμενον. Es kann aber auch sein, daß Aristoteles nicht mehr sagen will als: bei der gewählten

Einsetzung ist sogar A a_NC wahr, nicht bloß – wie stets bei recht verstandenen wahren Prämissen – A a_MC.

In 34b19–31 zeigt Aristoteles die Gültigkeit von Celarent XKM. Die Argumentation, die ich hier nicht im einzelnen wiedergebe, reproduziert – dem Zusammenhang von Barbara und Celarent entsprechend – offenbar im wesentlichen das oben ausführlich analysierte Argument 1 für Barbara XKM. An die Stelle der Durchführung in einer alethischen Alternative eines assertorischen Hilfssyllogismus vom Typ Bocardo tritt bei Celarent die Durchführung eines Syllogismus vom Typ Disamis.

Ich habe darauf hingewiesen, daß Aristoteles hinsichtlich der negativen XK-Modi keinen Zweifel daran läßt, daß deren ἐνδέχεσθαι-Conclusiones einseitige Möglichkeitssätze sind. Für Celarent XK weist Aristoteles sogar durch ein BE-Argument nach, daß die Konjunktion A e B ∧ B a_KC der Prämissen des Modus verträglich ist mit A e_NC und daß daher diese Konjunktion nicht das mit A e_NC unverträgliche A e_KC implizieren kann (34b31–37). Es wäre ein Fehler, aus der Verträglichkeit von A e B ∧ B a_KC mit A e_NC zu schließen, daß die Konjunktion A e_NC sogar impliziere. Aristoteles fühlt sich offenbar veranlaßt, einem derartigen Fehlschluß vorzubeugen. Deshalb liefert er ein BE-Argument, welches die Verträglichkeit von A e B ∧ B a_KC mit ¬(A e_NC) zeigen soll (34b37–35a1). Dies Argument ist unzulänglich, Aristoteles hat das am Ende offensichtlich selbst gemerkt (35a2: „man muß aber die Begriffe besser wählen"). Ich gehe auf das Argument später in Kapitel V. ein.

4.) Für Darii XKM und Ferio XKM notiere ich die Schemata

(1) $\forall x N(B(x) \supset A(x))$		(1) $\forall x N(B(x) \supset \neg A(x))$
(2) $\exists x K(C(x) \wedge KB(x))$	und	(2) $\exists x K(C(x) \wedge KB(x))$
(3) $\exists x M(C(x) \wedge MA(x))$		(3) $\exists x M(C(x) \wedge M\neg A(x))$.

Ich betrachte Darii.

(1) $\forall x N(B(x) \supset A(x))$

S4-impliziert wie gehabt

(2*) $\forall x N(MB(x) \supset MA(x))$;

aus (2) erhält man durch Abschwächung von K zu M

(3*) $\exists x M(C(x) \wedge MB(x))$;

(2*) und (3*) T-implizieren

(4) $\exists x M(C(x) \wedge MB(x) \wedge (MB(x) \supset MA(x)))$,

woraus folgt

(5) $\exists x M(C(x) \wedge MA(x))$,

das ist (3). Aristoteles selbst hat offenbar indirekte Gültigkeitsbeweise im Sinn, auch wenn er nichts davon ausführt. Man könnte etwa folgendermaßen argumentieren. Das Gegenteil von (3) ist

(1*) $\forall xN(C(x) \supset N\neg A(x))$;

aus

(2) $\exists xK(C(x) \wedge KB(x))$

haben wir wie oben durch Abschwächung

(3*) $\exists xM(C(x) \wedge MB(x))$,

und (1*) impliziert zusammen mit (3*)

(4) $\exists xM(MB(x) \wedge C(x) \wedge (C(x) \supset N\neg A(x)))$,

also

(5) $\exists xM(MB(x) \wedge N\neg A(x))$,

mithin

(6) $\exists xMM(B(x) \wedge \neg A(x))$;

relativ zu S4 ist (6) unverträglich mit einem ohne zeitliche Beschränkung aufgefaßten, das heißt mit einem in allen möglichen Welten geltenden A a B.

Damit haben wir alle in A15 von Aristoteles aufgestellten Gültigkeitsbehauptungen verifiziert, einschließlich derjenigen Behauptungen, welche komplementäre Modi betreffen. Was die partikulären unter diesen letzteren Modi angeht, so weist Aristoteles, nachdem er in 35a35–40 die Gültigkeit von Darii XKM und Ferio XKM sowie die Gültigkeit der ihnen entsprechenden komplementären Modi in einem Atemzug behauptet hat, darauf hin, daß es dann doch einen Unterschied zwischen beiden Gruppen von Modi gibt: die einen (nämlich Darii und Ferio XKM) werden nur durch Widerspruchsbeweis validiert – ich habe eben darauf hingewiesen, daß Aristoteles an indirekte Gültigkeitsbeweise denkt; die Validierung der anderen erfordert zusätzlich eine komplementäre Konversion, nämlich eine Konversion des K-Untersatzes (35b1). Die zweite Teilbehauptung wird in 35b2–8 konkretisiert. Aristoteles beginnt diesen Abschnitt mit der Formulierung:

> ἔσται δὲ συλλογισμὸς διὰ τῆς ἀντιστροφῆς καὶ ὅταν ... (35b2f.).

Rolfes übersetzt:

> „Man bekommt auch dann einen Schluß durch Umkehrung, wenn ..." (Rolfes (1921), S. 35f.).

Es folgt eine Aufzählung der Prämissen der komplementären Gegenstücke von Darii und Ferio XKM. Wenn Rolfes' Übersetzung den richtigen Gedanken träfe, müßte man aber eigentlich mit einer Behandlung zusätzlicher, bis dahin noch nicht erwähnter Modi rechnen. Ross hat diesen Mangel der nächstliegenden Übersetzung offenbar ebenfalls empfunden, und er hat daher καί (≈ auch) in 35b2 gestrichen. Ich nehme an, daß man καί stehen lassen kann, wenn man es im Sinne von „noch dazu" auf διὰ τῆς ἀντιστροφῆς (≈ durch Umkehrung) bezieht. Ob das sprachlich möglich ist, muß letztlich der Philologe entscheiden. Wenn es möglich ist, würde der fragliche Satz den plausiblen Gedanken ausdrücken, daß es die im Anschluß näher charakterisierten Modi sind, für deren Validierung gilt: es bedarf einer komplementären Konversion noch dazu, nämlich noch zusätzlich zu der nach Aristoteles' Auffassung in jedem Fall durchzuführenden reductio ad impossibile. Möglicherweise hat Aristoteles sich für die recht ungewöhnliche Nachstellung von καί deshalb entschieden, weil die natürlichere Formulierung

> ἔσται δὲ συλλογισμὸς καὶ διὰ τῆς ἀντιστροφῆς ὅταν ... (≈ auch durch Umkehrung kann ein Schluß vollzogen werden, wenn ...)

mißverständlich ist. Man könnte sie dahingehend verstehen, daß in den in 35b3–7 genannten Fällen der Nachweis der Gültigkeit nicht nur durch Widerspruchsbeweis möglich sei, sondern, alternativ, auch durch komplementäre Konversion allein.

Ich analysiere den Text der *An. pr.* in erster Linie unter dem Aspekt, in welchem Umfang er die speziellen Interpretationshypothesen bestätigt, die ich aufgestellt habe. Für diesen Aspekt ist es belanglos, wie man sich in der Frage entscheidet, ob der Text von 35b2 abgeändert werden soll oder nicht. Wenn ich trotzdem auch auf solche Stellen von marginalem Interesse eingehe, dann ist der Grund klar. Je mehr scheinbar fragwürdige Textstellen sich als haltbar erweisen, desto größer wird unsere Bereitschaft sein, uns auf den Text insgesamt in der überlieferten Fassung zu verlassen. Insbesondere werden wir dann den Wortlaut solcher kritischer Stellen ernst zu nehmen versuchen, die mehr als bloß marginales Interesse beanspruchen können. Ich erinnere etwa an meine Analyse von 34a40f.: während Becker, wie wir sahen, ἐνδέχεσθαι in Zeile 41 streichen will, werte ich den überlieferten Wortlaut als Evidenz zugunsten der Hypothese, daß Aristoteles im Rahmen einer mögliche-Welten-semantischen Betrachtung eine reductio ad impossibile in einer Alternative zu einer Bezugswelt vollzogen hat.

Die bis jetzt noch nicht thematisierten Passagen von A15, nämlich 35a20-24 sowie 35b8–19, bringen BE-Argumente für den Nachweis der Nichtschlüssigkeit gewisser in Betracht kommender Prämissenpaare.

2.4. A16; mit einem Exkurs über A34

Dies Kapitel handelt von Modi der ersten Figur mit je einer N- und einer K-Prämisse. Wir haben die folgenden Gültigkeitsbehauptungen zu verifizieren.

Barbara NKM ist gültig (35b26–28 und 35b37–36a2); Celarent NKX und damit auch Celarent NKM ist gültig (35b28–32 und 36a7–17); Darii NKM ist gültig (35b26–28); Ferio NKX und damit auch Ferio NKM ist gültig (35b28–32 und 36a33–39).

Barbara KNK ist gültig (35b26–28 und 36a2–7); Celarent KNK ist gültig (35b28–30 und 36a17–21); Darii KNK ist gültig (35b26–28); Ferio KNK ist gültig (35b28–30 und 36a39–36b2).

Für alle Modi ergänzt Aristoteles diese Gültigkeitsbehauptungen durch ausdrückliche Hinweise des Inhalts, daß die jeweiligen Prämissen keine Aussagen von stärkerer als der angezeigten Modalität implizieren. Im einzelnen: Barbara und Darii liefern weder mit NK- noch mit KN-Prämissen eine assertorische Aussage als Konklusion (35b26–28 und – für Darii NK – 36a39-b2); Celarent und Ferio mit Prämissen der Modalitäten KN liefern ebenfalls keine X-Aussage (35b28–30 und 36a22–25 für Celarent, 36a39-b2 für Ferio); Celarent und Ferio mit NK-Prämissen verfügen über keine N-Conclusio (35b34f.). Ich rede hier der Einfachheit halber so, als sei im System der Modalitäten die Faktizität auch oberhalb der Kontingenz angesiedelt – obwohl natürlich eine X-Aussage nicht ihr K-Pendant impliziert.

Bei der Zusammenstellung der Gültigkeitsbehauptungen bin ich davon ausgegangen, daß die ἐνδέχεσθαι-Conclusiones der Modi der ersten Gruppe stets einseitige Möglichkeitsaussagen sein sollen, dagegen die Conclusiones der Modi der zweiten Gruppe Kontingenzaussagen. Dabei habe ich mich an der logischen Sachlage orientiert, wie sie sich aus der Perspektive meines Interpretationsansatzes darstellt. Die Angaben, die Aristoteles macht, sind in dieser Hinsicht nicht ganz eindeutig. Daß es sich bei den Schlußsätzen von Celarent und Ferio NKἐνδ. um M-Aussagen handeln soll, geht aus der Tatsache hervor, daß Aristoteles zu diesen Schlußsätzen durch Abschwächung der assertorischen Konklusionen gelangen will, über welche seiner Theorie zufolge die beiden Modi verfügen. Ich erinnere an die schon einmal zitierten Zeilen 36a15–17: „Es ergibt sich aber offenbar auch ein Schluß auf die Möglichkeit des Nichtzukommens, da sich auch ein solcher auf das tatsächliche Nichtzukommen ergibt“ (Rolfes (1921), S. 37f.). Ansonsten gibt es im Anschluß an die Zusammenfassung der Resultate des Kapitels in 35b23–32 eine Bemerkung über das in den Schlußsätzen auftretende ἐνδέχεσθαι, die zu vage ist, um allein weiter zu helfen: „Das Möglich [≈ ἐνδέχεσθαι] ist im Schlußsatz ebenso wie in den früheren Fällen zu verstehen“ (Rolfes (1921),

S. 37). Welches sind die „früheren“ Vergleichsfälle? Und wenn das geklärt ist: ist ἐνδέχεσθαι in den Schlußsätzen *aller* in A16 thematisierten Modi jenen Fällen entsprechend aufzufassen oder nur ἐνδέχεσθαι in den Schlußsätzen *gewisser* unter diesen Modi? Sicher muß man hier die zweite Alternative wählen, wie auch immer man die erste Frage beantwortet. Denn falls gemeint ist, daß ἐνδέχεσθαι im einseitigen Möglichkeitssinn zu verstehen sei, so kann sich dieser Hinweis nicht auf die KN-Modi beziehen: jede apodiktische Aussage impliziert ihr assertorisches Gegenstück, und in A15 wird für die KX-Modi ausdrücklich eine K-Conclusio in Anspruch genommen (vgl. 33b25–28). Und falls gemeint ist, daß ἐνδέχεσθαι im Kontingenzsinn zu verstehen sei, so wären von dieser Feststellung mindestens die negativen NK-Modi auszunehmen, wie wir eben gesehen haben. Es wird wohl die von mir zu Beginn von Abschnitt 2.3. geäußerte Vermutung zutreffen, die auf folgendes hinausläuft. Erstens, die Bemerkung des Aristoteles bezieht sich auf diejenigen Modi, welche im Rahmen der von ihm zu Beginn unseres Kapitels gegebenen Zusammenfassung zuletzt genannt werden, deren Erwähnung also der Bemerkung unmittelbar vorangeht: das sind die Modi Celarent und Ferio NKἐνδ. Zweitens, die Vergleichsfälle sind die entsprechenden XK-Modi – so daß unsere Bemerkung mit 33b28–31 von A15 korrespondiert und sie dementsprechend von ἐνδέχεσθαι im schwachen Sinne spricht. Für die Hypothese, daß dann aus aristotelischer Sicht auch die positiven NK-Modi lediglich einseitige Möglichkeitskonklusionen aufweisen sollen, habe ich in 2.3. argumentiert. Hätte Aristoteles die Zusammenfassung der Resultate von A16 so angelegt, daß darin zuerst von allen KNἐνδ.-Modi und anschließend von allen NKἐνδ.-Modi die Rede gewesen wäre, so wäre es ihm ein leichtes gewesen, unmißverständlich zu sagen: in allen Modi der letzten Gruppe hat ἐνδέχεσθαι die schwächere der beiden in Frage kommenden Bedeutungen. Tatsächlich gruppiert Aristoteles die Modi anders; so nämlich, daß zuerst von Barbara und Darii gleich welcher Modalität die Rede ist, dann von Celarent und Ferio gleich welcher Modalität. Das tut er nicht ohne Grund. Er möchte hervorheben, daß innerhalb dieser letzteren Gruppe – und nach seiner Auffassung *nur* innerhalb dieser Gruppe – je nach der Art der Verteilung der Modalitäten K und N auf die Prämissen der Modi Conclusiones unterschiedlicher Modalität möglich sind: im einen Fall lediglich ἐνδέχεσθαι-Sätze, im andern Fall sogar assertorische Sätze. (Für diesen Gedanken muß man die beiden Modalitäten der Möglichkeit und der Kontingenz zusammenfassen zu der einen Modalität des ἐνδέχεσθαι.) Diese Art, die Modi zu gruppieren, war offensichtlich wenig geeignet, Aristoteles auf einfache Weise die sachgemäße Aussage zum Charakter des ἐνδέχεσθαι in den Schlußsätzen der A16-Modi treffen zu lassen.

Wie ich oben schon angedeutet habe, kann man das Gros der Gültigkeitsbehauptungen von A16 durch einfachen Verweis auf die in A15 erzielten Resultate rechtfertigen. Dabei geht die Gültigkeit der Subjunktion $Np \supset p$ ein. Wir haben gesehen, daß nach Wieland die Berufung auf diesen Sachverhalt bei der Rekonstruktion der aristotelischen Theorie unzulässig sein soll. Davon kann nicht die Rede sein. Im übrigen heißt es in Wieland (1975), S. 83, daß bei Aristoteles allgemein gelte: $p \rightarrow \mathfrak{M}p$, wobei $\mathfrak{M}$ unserem M und $\rightarrow$ unserem $\supset$ entspricht. $p \supset Mp$ ist genau dann gültig, wenn $Np \supset p$ gültig ist, sofern man Mp definiert durch $\neg N \neg p$. Aristoteles macht von dieser Möglichkeit der Rechtfertigung keinen Gebrauch. Ich will es tun, und dementsprechend beschränke ich mich unten darauf, die Schemata für Celarent NKX und für Ferio NKX zu betrachten. Ansonsten gilt wieder für alle Fälle mit K-Untersatz, daß die behaupteten Implikationsbeziehungen bereits mit dem M-Anteil der jeweiligen Kontingenzprämisse gesichert sind.

Nachdem ich auf die Gültigkeit der von Aristoteles als gültig behaupteten KN-Modi nicht im einzelnen eingehe, muß ich, bevor ich zu den NK-Modi komme, noch etwas zu der aristotelischen Behauptung bemerken, die Antezedentia der ersten Gruppe von Modi implizierten keine assertorischen Sätze. Es handelt sich hierbei um eine Behauptung, die für die partikulären Antezedentia nicht richtig ist, wenn wir auch in diesen Fällen unsere Hypothese vom Vorrang innerer Modalfaktoren für die modale Klassifikation von Schlußsätzen (inklusive der Restriktion, die nach der unten im Anschluß an Ziffer 2.) vorgetragenen Überlegung hinzuzunehmen ist) in Anschlag bringen sowie unsere Strukturhypothese für i_N-Aussagen voll ausnutzen. Etwa für das Prämissensystem $\genfrac{}{}{0pt}{}{Aa_K B}{Bi_N C}$ von Darii KNK haben wir nämlich die Verhältnisse:

$\genfrac{}{}{0pt}{}{Aa_K B}{Bi_N C}$ ist $\genfrac{}{}{0pt}{}{(1) \forall x N(B(x) \supset KA(x))}{(2) \exists x N(C(x) \wedge NB(x))}$, (2) impliziert $\exists x(NC(x) \wedge B(x))$, und daraus erhalten wir mit (1) die Formel $\exists x(NC(x) \wedge MA(x))$, mithin $\exists x M(C(x) \wedge A(x))$ – eine Formel, die jener Hypothese zufolge als assertorisch gelten kann.

Man mag sich nun die eine oder andere Erklärung dafür zurechtlegen, warum Aristoteles diese Schlußmöglichkeit eventuell übersehen hat. Trotzdem: wir haben es hier mit einem Datum zu tun, das ich als eher negative Testinstanz für meine Hypothese über die logische Struktur partikulärer Notwendigkeitsaussagen verbuche. Was Prämissenpaare der fraglichen Charakteristik betrifft, die aus zwei allgemeinen Gliedern bestehen, so ist die aristotelische Behauptung immerhin richtig, sofern sie *allgemeine* Sätze im Modus der Faktizität als Implikate ausschließt (dazu auch die eben angeführte Stelle).

Partikuläre assertorische Implikate wie bei den partikulären Antezedentia sind klarerweise auch hier möglich, sobald man die für allgemeine Notwendigkeitsaussagen gemäß Kapitel II., LSF, in Frage kommenden Existenzvoraussetzungen ausnutzt.

1.) Celarent NKX wird unter den Strukturhypothesen transformiert in das Schema

$$\begin{array}{l} (1)\ \forall x N(B(x) \supset N\neg A(x)) \\ (2)\ \forall x N(C(x) \supset KB(x)) \\ \hline (3)\ \forall x(N)(C(x) \supset \neg A(x)) \end{array}$$

Der Obersatz

(1) $\forall x N(B(x) \supset N\neg A(x))$

T-impliziert

(2*) $\forall x(MB(x) \supset MN\neg A(x))$;

(2) impliziert

(3*) $\forall x N(C(x) \supset MB(x))$,

und aus (2*) und (3*) haben wir

(4) $\forall x(C(x) \supset MN\neg A(x))$;

(4) liefert mit Brouwerscher Logik B

(5) $\forall x(C(x) \supset \neg A(x))$,

das ist (3) ohne äußeren Notwendigkeitsfaktor. Setzt man zusätzlich S4 ein, so kann (2*) zu $\forall x N(MB(x) \supset MN\neg A(x))$ verstärkt und (3) sogar mit äußerem N abgeleitet werden. Wegen S4+B = S5 hat man dann allerdings soviel wie PL+S5 benutzt. Falls es richtig ist, daß Aristoteles' semantische Intuitionen auf einer solchen Zeitstellenversion der modernen Kripke-Semantiken basieren, für die gilt: Alternativität ist Folgen in der Zeit, wäre allerdings schon der Rekurs auf B unaristotelisch. Denn die Brouwersche Alternativitätsrelation ist symmetrisch. Tatsächlich geht Aristoteles so weit, bei der Validierung von Celarent NKX S5-Mittel einzusetzen. Das von ihm in 36a10–15 gegebene Argument läuft nämlich auf den folgenden Beweis hinaus.

Das Gegenteil von (3) sei wahr (modelltheoretisch gesprochen: es sei wahr in einer beliebigen Welt einer beliebigen Interpretationsstruktur). Es ist gleichwertig mit

(1*) $\exists x(M)(C(x) \wedge A(x))$;

(1) ist S5-äquivalent mit

(2*) $\forall x N(A(x) \supset N\neg B(x))$;

aus der Wahrheit von (1*) und (2*) erhalten wir die Wahrheit (in der betreffenden Welt) von

(3*) $\exists x(M)(C(x) \wedge N\neg B(x))$,

und die Wahrheit von (3*) – sei es inklusive oder exklusive äußerem Modalfaktor – ist unvereinbar mit der Wahrheit von

(2) $\forall xN(C(x) \supset KB(x))$.

Der Übergang von (1*) und (2*) zu (3*) ist – jedenfalls dann, wenn wir den Möglichkeitsfaktor streichen – im Rahmen der aristotelischen Theorie durch Ferio NXN gerechtfertigt. Den Übergang von (1) zu (2*) zeigt Aristoteles durch die Bemerkung an, daß die allgemein verneinende N-Aussage konvertibel sei. Daß die Durchführung einer e_N-Konversion gleichbedeutend mit dem Einsatz von S5 ist, haben wir uns in 1.1. mit Satz 3 und den Anschlußüberlegungen klar gemacht.

Ich nehme an, daß Aristoteles weit davon entfernt war zu sehen, wie stark die Logik und wie beschaffen die Semantik war, auf die er sich de facto in dem Moment eingelassen hatte, in dem er die e_N-Konversion als Beweismittel akzeptierte. Ich habe auf Aristoteles' Behauptung hingewiesen, der zufolge Celarent NK über keine apodiktische Conclusio verfügt. Das ist falsch, wenn man S5 voll ausschöpft (vgl. Nortmann (1990), S. 79f.). Wegen $\Vdash_{S5} MNp \supset Np$ kann in der ersten der beiden oben notierten Deduktionen relativ zu S5 von (4) übergegangen werden zu $\forall x(C(x) \supset N\neg A(x))$ bzw. sogar zu $\forall xN(C(x) \supset N\neg A(x))$, also zu einer e_N-Formel im striktesten Sinn. Ähnlich könnte in der zweiten Deduktion aus dem S4-Implikat $\forall xN(MA(x) \supset MN\neg B(x))$ von (2*) die Formel $\forall xN(MA(x) \supset N\neg B(x))$ gewonnen werden, welche bereits zusammen mit der schwächeren Variante $\exists x(M)(C(x) \wedge MA(x))$ von (1*) (also mit dem Gegenteil von $\forall x(N)(C(x) \supset N\neg A(x))$) einen Widerspruch zu (2) liefert.

Ich habe früher Einschätzungen geäußert, welche auf die Vermutung hinauslaufen, daß die implizite Modallogik des Aristoteles wahrscheinlich der Logik S4 ziemlich nahe kommt. In der Tat ist die Celarent NKN zugeordnete Formel

$$(\forall xN(B(x) \supset N\neg A(x)) \wedge \forall xN(C(x) \supset KB(x))) \supset \forall x(N)(C(x) \supset N\neg A(x))$$

ebensowenig (PL + S4)-gültig, wie es die Barbara NKX zugeordnete Formel

$$(\forall xN(B(x) \supset NA(x)) \wedge \forall xN(C(x) \supset KB(x))) \supset \forall x(N)(C(x) \supset A(x))$$

ist. Ohne daß man sich erst um die Angabe falsifizierender (PL + S4)-Strukturen bemüht, ist das schon ziemlich klar aufgrund der Tatsache, daß MNp nicht p und schon gar nicht Np S4-impliziert; bei MNp ⊃ p und bei MNp ⊃ Np handelt es sich um das charakteristische B- und um das charakteristische S5-Axiom respektive. Es zeigt sich, daß Aristoteles den S4-Rahmen an einigen Stellen durchbricht, an denen er Konversionsregeln gebraucht, welche die Verwendung einer echt stärkeren Logik bedeuten. Die Kontexte, in denen Aristoteles die e_N-Konversionsregel einsetzt, sind nicht die einzigen Kontexte, für die das gilt; man vergleiche die Bemerkungen in 2.8. zu Ziffer 1.) über das Wirksamwerden von S5 in A20. Aristoteles ist offensichtlich und verständlicherweise nicht in der Lage, die Konsequenzen daraus zu entwikkeln und so andere als die ihm vertrauten Beweistechniken zu entdecken, wie z. B. die Technik des Übergangs von MNp zu p. Es ist auch keineswegs unwahrscheinlich, daß er solche Techniken für inkorrekt gehalten haben würde, etwa weil sie nicht im Rahmen einer Zeitpunkte-Semantik, und das heißt im wesentlichen: einer S4-Semantik, zu rechtfertigen sind. Die einschlägigen Konversionsregeln selbst hat Aristoteles vielleicht keiner so kritischen Prüfung unterzogen, wie sie ihn eventuell zur Ablehnung beispielsweise eines Brouwerschen Axioms hätte führen können, weil er hinter ihnen nicht gar so viel vermutete aufgrund ihrer oberflächlichen Ähnlichkeit mit den wohletablierten nicht-modalen Gegenstücken. Zusammen mit einer gewissen Tendenz des Aristoteles zur Fixierung auf ganz bestimmte Beweismethoden – etwa nach dem Grundsatz, daß, was mit diesen Methoden nicht gezeigt werden kann (wie eine Implikation von A a C durch die Prämissen von Barbara NK mittels einer einfachen Konversion des Obersatzes nach dem Vorbild der Argumentation für Celarent NKX), nicht gelte und überhaupt nicht gezeigt werden könne – mögen solche Umstände dazu geführt haben, daß Aristoteles Nichtgültigkeitsbehauptungen vertritt, die nicht haltbar sind – wenn man nämlich die vollen Konsequenzen aus dem zieht, was Aristoteles an Logik in die Begründung bestimmter Gültigkeitsbehauptungen hineinsteckt.

Für ganz ausgeschlossen halte ich es allerdings keineswegs, daß Aristoteles – aufgrund welcher Überlegungen auch immer – irgendwann doch den Gedanken gefaßt hat, Celarent mit NK- oder NM-Prämissen könne einen apodiktischen Schlußsatz besitzen. Ein Indiz dafür bietet *An. pr.* A34, 48a2–15. Ich gehe in einem Exkurs diesem Indiz nach.

Aristoteles' Thema in A34 sind Fehler, welche bei Anwendungen der Syllogistik dadurch zustande kommen können, daß Begriffsausdrücke nicht hinreichend sorgfältig gewählt werden; so nämlich, daß die Prämissenformeln von syllogistischen Schlußschemata, die in Funktion gesetzt werden sollen, in bloß scheinbar wahre, nicht aber in wirklich wahre Aussagen übergehen. Wenn in solchen Fällen die vermeintlich aus wahren Voraussetzungen syllogistisch erschlossenen Sätze falsch sind, scheinen jedesmal BE-Argumente gegen die Gültigkeit der betroffenen Syllogismen vorzuliegen. Die für unseren Zusammenhang interessante Frage ist: handelt es sich bei dem Modus, den Aristoteles in 48a2–15 gegen eine scheinbar falsifizierende BE-Interpretation verteidigt, um Celarent NK*N*? Der einschlägige Passus lautet:

> Oft wird es aber geschehen, daß man deshalb fehlt, weil die Begriffe in den Vordersätzen nicht gut aus- oder angesetzt sind (ἐκτίθεσθαι), wie wenn z.B. A Gesundheit ist, B Krankheit, C Mensch. Denn es ist richtig zu sagen, daß A keinem B zukommen kann – denn keine Krankheit kann Gesundheit sein –, und wiederum, daß B jedem C zukommt – denn jeder Mensch ist für Krankheit empfänglich –. Es mag sich also zu ergeben scheinen, daß keinem Menschen Gesundheit zukommen kann. Daran ist aber die falsche sprachliche Fassung der Begriffe schuld ... (Rolfes (1921), S. 75).

Der betroffene Modus gehört offenbar der ersten Figur an, und anscheinend verfügt er über einen Obersatz vom e_N-Typ. Zwar muß man einräumen, daß Aristoteles eine Tendenz zeigt, Allgemeinheit mit Notwendigkeit in Verbindung zu bringen und insbesondere Allgemeinheit des nicht-Zukommens mit Unmöglichkeit; so daß man außerhalb von ausgesprochen modallogischen Kontexten damit rechnen muß, daß „A kann keinem B zukommen" nicht mehr besagt als „A kommt (de facto) keinem B zu". (Entsprechendes gilt im Beispiel für „keinem Menschen kann Gesundheit zukommen".) Aber Aristoteles weist mit Recht darauf hin, daß die Begriffsausdrücke korrekt wählen hier heißt, den quaternio terminorum zu beseitigen, welcher darin besteht, daß im Obersatz von so etwas wie der Eigenschaft, eine Krankheit zu sein, die Rede ist, im Untersatz dagegen von der Eigenschaft, krank zu sein. Die erste Prämisse ist daher nur scheinbar wahr, weil es sich dabei nur scheinbar um den allerdings wahren Satz handeln kann „keine Krankheit kann Gesundheit sein" (oder um: „keine Krankheit ist Gesundheit"), in Wirklichkeit aber sich um den Satz handeln muß „kein *Kranker* kann gesund sein" (oder: „... ist gesund"). Soll dieser Einwand gegen die vermeintliche Falsifikation des Modus, welcher es auch genau sei, schlagen, so kann der Obersatz des fraglichen Modus nur eine e_N-Aussage sein. Denn der Einwand muß darauf hinauslaufen, daß bei korrekter Wahl der Begriffe der Obersatz falsch ist. Daß kein Kranker gesund *ist* (nämlich dann, wenn er krank ist), ist aber wahr. Falsch dagegen ist, daß kein Kranker gesund *sein kann* (48a11 f.). Ziemlich klar läge unser Fall nun, wenn Aristoteles nicht sagen würde, es sei wahr, daß B (Kranksein) jedem C (Mensch(-en)) *zukommt*. Falls Aristoteles das ganze Argument nicht gerade auf eine sehr spezielle und sehr unwahrscheinliche, aber theoretisch doch mögliche Situation bezieht, in der tatsächlich alle Menschen krank sind (in der Weise, wie wir das etwa in A10 kennengelernt haben: „es kann sein, daß kein Weißes Lebewesen ist"), kann er nicht mehr zugestehen als die Wahrheit von „B kommt *möglicherweise / kontingenterweise* jedem C zu". Zur Begründung der Wahrheit des wohlverstandenen Untersatzes führt Aristoteles dann auch nicht mehr an als die Tatsache, daß jeder Mensch für Krankheit „*empfänglich*" sei. Denkbar also, daß Aristoteles sich hier nur lax ausdrückt und genaugenommen auf einen Möglichkeitssatz hinauswill. Ich glaube, daß das tatsächlich so ist. (Dieselbe Einschätzung zeigt Tredennick/ Cook (1962), S. 370 n.6: „This should strictly be a problematic premiss".) Denn Aristoteles sagt 48a13f., daß man, wenn man den quaternio beseitige durch Ersetzung von „Krankheit" durch „krank" (und dazu passend von „Gesundheit" durch „gesund") und, wie man sicher ergänzen muß, den dann falschen Obersatz „alles Kranke *kann* nicht gesund sein" ersetzt durch den wahren assertorischen Satz „alles Kranke *ist* nicht gesund", lediglich einen Schluß auf das Mögliche erhalte, nämlich auf: „jeder Mensch ist möglicherweise nicht gesund" (nach Celarent). Stünde aber ein assertorischer Untersatz zur Verfügung, so könnte auf mehr als nur „das Mögliche" geschlossen werden – während Celarent XK in der Tat nur über eine M-Conclusio verfügt.

Wenn alle diese Überlegungen zutreffen, dann ist der hier von Aristoteles verteidigte Modus, nach welchem sich die Wahrheit des falschen Satzes „kein Mensch *kann* gesund sein" zu ergeben scheint, tatsächlich Celarent NK*N*.

Es ist interessant, daß Alexander ausdrücklich gegen Aristoteles bemerkt, die Prämissen von Celarent NK erlaubten die Deduktion sowohl einer allgemein verneinenden Möglichkeitsaussage als auch einer derartigen assertorischen Aussage als auch endlich einer derartigen Notwendigkeitsaussage (Alexander 207, 28–34). Übrigens behauptet Alexander in diesem Zusammenhang das Entsprechende für Barbara NK, während Aristoteles einmal mehr einen sachlich nicht gerechtfertigten Unterschied zwischen beiden Modi macht (indem er für Barbara NK die Möglichkeit einer assertorischen Conclusio verneint). Freilich beruht Alexanders Einschätzung auf nichts anderem als einer falschen Auffassung der Argumentationstechnik, die Aristoteles in A15 zur Validierung von Barbara und Celarent XKM eingesetzt hatte.

Richtig ist auch aus meinem Verständnis dieser Technik, mit einer gewissen Einschränkung, soviel, daß Aristoteles sie auch bei der Behandlung etwa von Celarent mit NK-Prämissen hätte einsetzen können. Ein dem Argument 1 für Barbara XKM im wesentlichen analog gebildetes Argument für Celarent NKX würde nämlich folgende Gestalt annehmen können (ich formuliere ebenso informell wie in 2.3. mit (1.3.1) bis (1.3.4)). Angenommen, wahr ist das Gegenteil der Conclusio, wahr also ist: ein Exemplar von C ist ein A. Das heißt: ein Ding, etwa a, das in der realen Ausgangswelt unter C fällt, fällt dort auch unter A. Aufgrund der weiter als wahr angesetzten zweiten Prämisse sind alle C, das heißt: alle Dinge, die in irgendeiner Welt unter C fallen, in einer jeweiligen Alternative zu der betreffenden Welt Exemplare von B. Insbesondere ist a in einer Alternative zur realen Welt ein Exemplar von B. Folglich hat man in Gestalt von a ein Individuum, das, erstens, in einer Alternative (zur Ausgangswelt) unter B fällt – so, wie o.B.d.A. *alle* in der Ausgangswelt unter C fallenden Individuen in dieser selben Alternative unter B fallen; und das, zweitens, in der Ausgangswelt selbst nicht nur unter C, sondern auch unter A fällt. Unter der Voraussetzung, daß die Ausgangswelt ihrerseits als Alternative zu jener Alternative gilt – wohlgemerkt bedeutet diese Voraussetzung zu machen nichts anderes, als die Brouwersche Semantik ins Spiel zu bringen –, hat man das Resultat: ein Individuum a fällt in einer Alternative zur Ausgangswelt unter B, ohne zugleich in jeder Alternative zu dieser Alternative nicht unter A zu fallen, ohne also in der Alternative zur Ausgangswelt die Aussagefunktion $N\neg A(x)$ zu erfüllen. Man hat mit anderen Worten ein Individuum, das in einer Alternative die Aussagefunktion $B(x) \wedge \neg N\neg A(x)$ erfüllt, mithin ein Individuum, das in dieser Alternative $B(x) \supset N\neg A(x)$ nicht erfüllt – im Widerspruch zur schließlich vorausgesetzten Wahrheit in der Ausgangswelt des Obersatzes $\forall xN(B(x) \supset N\neg A(x))$. In syllogistischer Manier wäre dieser Widerspruch folgendermaßen zu gewinnen. In der Alternative zur Ausgangswelt ist (o.B.d.A.) wahr B a C*, wenn unter C* genau die nicht notwendig in der Alternative, wohl aber in der Ausgangswelt unter C fallenden Individuen begriffen sind. Ferner ist dort unter Brouwerschen Voraussetzungen wahr MA i C*. Mit einem Syllogismus vom Typ Disamis MXM, wie er zwar nicht zum aristotelischen System gehört, aber zweifellos gültig ist, würde folgen: in der betreffenden Alternative ist MA i B, d. h. $\exists x(B(x) \wedge MA(x))$, wahr, im Widerspruch zur Geltung von $\forall x(B(x) \supset N\neg A(x))$ in allen Alternativen. Die Einschränkung, von der ich gesprochen habe, liegt eben in dem Faktum begründet, daß Aristoteles sich für Syllogismen mit einseitigen Möglichkeitsprämissen offenbar nicht interessiert und sie nicht zu Bestandteilen seines Systems gemacht hat.

Womöglich hat dies Faktum Aristoteles davon abgehalten, die A15-Technik auch in A16 zur Validierung der Modi mit assertorischer Conclusio zu gebrauchen. Viel wahrscheinlicher allerdings ist, daß er sie deshalb zu diesem Zweck nicht eingesetzt hat, weil er sie dazu nicht einzusetzen brauchte, sondern mit der normalen Reduktionstechnik auskommen konnte. Mit derjenigen Technik des indirekten Gültigkeitsbeweises nämlich, welche, modelltheoretisch gesprochen, nicht mehr erfordert als den Vollzug eines Hilfssyllogismus in *derselben* Welt einer beliebigen Interpretationsstruktur, relativ zu welcher Welt die Subjunktion als wahr erkannt werden soll, die aus der Konjunktion der Prämissen und der Konklusion des zu validierenden Syllogismus gebildet ist. (Man vergleiche das zweite der unter Ziffer 1.) notierten Argumente.) Dagegen ist die in A15 gebrauchte Reduktionstechnik insofern neuartig, als sie, wie ich hervorgehoben habe, auf die Durchführung eines Hilfssyllogismus in einer Alternative zu jener Welt hinausläuft. In A15 hat Aristoteles das neuartige Instrument sicher nur deshalb verwendet, weil die Standardtechnik dort nicht leisten konnte, was zu leisten war. Wäre Aristoteles nämlich die Validierung etwa von Celarent XKM mit dem normalen Instrumentarium angegangen, so hätte er – der Struktur des Arguments unter Ziffer 1.) entsprechend – aus A i_NC und dem Äquivalent B e A des Obersatzes A e B nach Ferio XNX auf B o C schließen müssen; mehr als eine assertorische o-Aussage wäre in Ermangelung eines apodiktischen Obersatzes nach den Resultaten der N-Syllogistik nicht drin gewesen. B o C aber steht nicht im Widerspruch mit B a_KC.

An dieser Stelle macht sich übrigens die Unabgeschlossenheit der modalen Syllogistik bemerkbar, die darin besteht, daß die Teiltheorie der Notwendigkeitssyllogistik von Aristoteles nicht auch für Syllogismen entwickelt wird, die über solche assertorischen Prämissen verfügen, welche wie die assertorischen Sätze der Möglichkeitssyllogistik zeitlich unbeschränkt im Sinne von A15 sind. Denn der Obersatz A e B von Celarent XKM *wird* – qua Zugehörigkeit des Modus zum System der Möglichkeitssyllogistik – als zeitlich unbeschränkt angenommen, und damit ist auch das Äquivalent B e A unbeschränkt. Unbeschränktes B e A impliziert aber – via Distribution des N-Operators über die Glieder der quantifizierten Subjunktion – zusammen mit A i_NC das mit einem Notwendigkeitsfaktor *versehene* B o_NC (vgl. die Bemerkungen unter Ziffer (5) in II.3.).

Unproblematisch ist die Benutzung der A15-Technik klarerweise im Fall derjenigen A16-Modi, für die Aristoteles bloß eine M-Conclusio in Anspruch nimmt, wie für Barbara mit NK-Prämissen. Hier hat Aristoteles nicht wie im Fall von Celarent NK zu argumentieren vermocht, weil er kein a_N-Analogon zur e_N-Konversion kannte. Dieser Mangel ist abermals dafür verantwortlich, daß Aristoteles, wie gesagt im Unterschied zu Alexander, für zwei nicht wesentlich voneinander verschiedene Modi Conclusiones unterschiedlicher Modalität beansprucht. (Entsprechendes gilt für Aristoteles' Behandlung von Darii und Ferio mit NK-Prämissen.) Nachdem die A15-Technik im Fall von Barbara XKM den Übergang von A o_NC und B a_KC zu einer mit A a B unverträglichen Aussage legitimiert, legitimiert sie erst recht den Übergang zu einer mit A a_NB unverträglichen Aussage. So soll dann auch Barbara NKM mit dieser Technik validiert werden. (Dazu 36a1 f.: „Denn derselbe [d. i.: der Gültigkeitsbeweis für Barbara NKM] muß auf die nämliche Weise geführt werden wie in dem früheren Falle" (Rolfes (1921), S. 37).)

Richtig ist ferner, daß Aristoteles die A15-Technik tatsächlich hätte benutzen können, um für Celarent mit NK-Prämissen sogar eine N-Conclusio zu erweisen – aber dies nur unter einer Zusatzvoraussetzung, die nicht Bestandteil jener Technik, sondern von ihr ganz unabhängig ist. Dazu muß das oben in Anlehnung an Argument 1 für Barbara skizzierte Argument folgendermaßen modifiziert werden. Die Anfangshypothese lautet nunmehr, daß ein Individuum a in der Ausgangswelt (x_0) unter C fällt sowie dort die Funktion MA(x) erfüllt, also in einer Alternative (x_1) unter A fällt. Aufgrund der minor ist a in einer weiteren Alternative zur Ausgangswelt (etwa in x_2, wobei möglicherweise $x_2 \neq x_1$) ein Exemplar von B. Nun gelte, daß x_1 eine Alternative von x_2 ist. Diese Annahme einführen heißt die Voraussetzung machen, daß je zwei Alternativen einer und derselben Welt (hier: der Welt x_0) Alternativen voneinander sind. Eine zweistellige Relation R heißt euklidisch, falls für alle α, β, γ aus dem Bereich der Relation gilt: wenn $\langle\alpha,\beta\rangle \in R$ und $\langle\alpha,\gamma\rangle \in R$, dann auch $\langle\beta,\gamma\rangle \in R$ (und $\langle\gamma,\beta\rangle \in R$). Es handelt sich hier also um die Voraussetzung der Euklidizität der Alternativitätsrelation. Ferner sind alethisch-modallogische Alternativitätsrelationen, der Intuition entsprechend, reflexiv (abgesehen einmal von der in Kap. I. erwähnten Ausnahme, welche die Semantik der beweistheoretischen Modallogik darstellt). Reflexive und euklidische Relationen sind offenbar Äquivalenzrelationen. Demnach handelt es sich um die Voraussetzung des Äquivalenzcharakters der Alternativitätsrelation und damit um den Übergang zur S5-Semantik. Nach dem Vollzug dieses Übergangs ist a ein Individuuum, das in x_2 unter B und in einer Alternative zu x_2 unter A fällt, das also in x_2 die Aussagefunktion $B(x) \wedge \neg N \neg A(x))$ bzw. $\neg(B(x) \supset N\neg A(x))$ erfüllt. Damit ist man wie in dem früheren Argument zum Widerspruch mit der Wahrheit der maior gelangt.

Die Technik von A15 ist, um es auf eine Formel zu bringen, die Technik der Durchführung von Hilfssyllogismen in alethischen Alternativen. Das ist eine subtile Verfahrensweise im Vergleich zu der – man muß schon sagen – kruden Auffassung, die Alexander von der Technik hat. Nach dieser irrigen Auffassung, auf die im wesentlichen alle MErf-Rekonstruktionen von Argument 1 für Barbara XKM hinauskommen, handelt es sich, auf Alexanders Formel gebracht, um eine Technik der „Umformung des Möglichkeitssatzes in einen assertorischen Satz" oder um eine Technik der „Ersetzung des Möglichkeitssatzes durch einen assertorischen" (τῆς μεταλήψεως τῆς ἐνδεχομένης εἰζ τὴν ὑπάρχουσαν; Alexander 207, 26f.). Daß man mit einer solchen μετάληψις (≈ Umformung) aus den Prämissen von Celarent NK eine N-Aussage ziehen könnte, liegt auf der Hand: A i_MC, das Gegenteil von A e_NC, impliziert zusammen mit dem an die Stelle von B a_KC gesetzten B a C das mit A e_NB unverträgliche A i_MB. Wenn *dies* das Vorgehen gewesen wäre, das Aristoteles im Sinn hatte, dann hätte in A15 kaum ein Weg z. B. an der

Behauptung vorbei geführt, die Prämissen von Barbara XK (und ebenso die von Celarent XK) implizierten sogar eine assertorische Aussage: A o C, das Gegenteil von A a C, impliziert zusammen mit dem an die Stelle von B a_KC gesetzten B a C das mit A a B unverträgliche A o B. Man kann nicht erwarten, daß ein Deduktionsverfahren vernünftige Resultate liefert, welches darin besteht, Aussagen durch in gewisser Weise stärkere Aussagen ohne weiteres zu ersetzen. In der rechten Weise aufgefaßt, führt das Verfahren keineswegs zu jener Behauptung.

Auch Mignucci – ein weiterer MErf-Interpret – meint, Celarent XK verfüge über eine assertorische Conclusio. (Dazu Mignucci (1969), S. 358.) Wenn wir uns an der in 2.3. gegebenen Darstellung der Mignucci-Rekonstruktion von Argument 1 für Barbara XKM orientieren, können wir in der Tat sagen: nicht nur A o_NC ∧ A a B ist unverträglich mit B a C, sondern auch A o C ∧ A a B; wenn demnach B a_KC verträglich ist mit B a C, kann (*20*) ersetzt werden durch

(*20'*) ¬(B a_KC → (A o C ∧ A a B))

sowie (*21*) ersetzt werden durch

(*21'*) ¬(B a_KC ∧ A o C ∧ A a B),
äquiv. (A a B ∧ B a_KC) ⊃ ¬(A o C).

Mutatis mutandis gilt dasselbe für Celarent XK.

Ich erwähne das aus folgendem Grund. Am Ende von A16, 36b19–25, vergleicht Aristoteles die Resultate von A15 und die von A16 miteinander und bemerkt mit Blick auf die negativen Modi, insbesondere mit Blick auf Celarent: hier bestehe ein Unterschied darin, daß, wenn die negative Prämisse assertorisch sei, (bloß) auf eine Möglichkeitsaussage geschlossen werden könne, dagegen dann, wenn sie apodiktisch sei, sowohl auf eine Möglichkeitsaussage als auch auf eine assertorische Aussage. Nachdem Mignucci die erste Teilbehauptung für aus aristotelischer Perspektive „assolutamente" falsch hält, schlägt er vor, den Passus als späteren Zusatz von fremder Hand anzusehen (Mignucci a. a. O., S. 358). Ich sehe den Autor der fraglichen Bemerkung im Recht, und daher sehe ich einmal mehr keinen Anlaß, in ihm nicht Aristoteles zu erkennen und in den überlieferten Text einzugreifen.

Während Alexander, was die zweite Teilbehauptung sowie die Behauptung von 35b34f. betrifft, zu weit geht mit der Ansicht, Celarent NK liefere sogar einen apodiktischen Schlußsatz, geht Ross nicht weit genug. Ross schreibt in (1949), S. 47, zu Modi von der Art von Celarent NK und zu des Aristoteles Meinung, hier gebe es einen assertorischen Schlußsatz: „Aristotle is at fault, and Theophrastus' doctrine that the conclusion follows in its nature the weaker premiss is vindicated". Unser Interpretationsansatz hat zu dem Ergebnis geführt, daß – wenigstens soviel wie PL + B akzeptiert –

Ross damit irrt und daß Theophrasts peiorem-Regel eigentlich sogar schon durch Modi wie Barbara NK widerlegt wird.

2.) Ferio NKX entspricht das Schema

$$\begin{array}{l}(1)\ \forall x N(B(x) \supset N\neg A(x))\\ (2)\ \exists x K(C(x) \wedge KB(x))\\ \hline (3)\ \exists x(C(x) \wedge \neg A(x))\ ;\end{array}$$

oder auch das Schema, in dem die Stelle von (3) eingenommen wird durch

(3′) $\exists x M(C(x) \wedge \neg A(x))$

– sofern wir auch in diesem Zusammenhang einräumen, daß für die Einordnung einer syllogistischen Aussage in Konklusionsfunktion in eine bestimmte modale Kategorie der beim Prädikatsterminus zu lokalisierende Modalfaktor den Ausschlag gibt, während es auf eventuelle äußere Modalfaktoren nicht ankommt.

(1) $\forall x N(B(x) \supset N\neg A(x))$

S4-impliziert wie im Falle von Celarent

(2*) $\forall x N(MB(x) \supset MN\neg A(x))$,

und durch K-M-Abschwächung von (2) haben wir

(3*) $\exists x M(C(x) \wedge MB(x))$;

aus (2*) und (3*) folgt

(4) $\exists x M(C(x) \wedge MB(x) \wedge (MB(x) \supset MN\neg A(x)))$,

mithin

(5) $\exists x M(C(x) \wedge MN\neg A(x))$;

in PL + B erhält man schließlich

(6) $\exists x M(C(x) \wedge \neg A(x))$,

das ist (3′). Mit S5 könnte man sogar

$$\exists x M(C(x) \wedge N\neg A(x))$$

erschließen.

Aristoteles führt wie im Falle von Celarent NKX einen indirekten Gültigkeitsbeweis via Konversion der maior (vgl. 36a36 f.). Da er diese Möglichkeit zu argumentieren im Falle von Darii mit NK-Prämissen nicht hat, kommt es zur Asymmetrie in der Einschätzung der logischen Stärke der Prämissenpaare von Darii NK und Ferio NK.

Für die im Sinne der Hypothese vom Vorrang innerer Modalfaktoren zulässigen Modifikationen syllogistischer Sätze in der Rolle von Schlußsätzen wird man übrigens vernünftigerweise eine bestimmte Grenze setzen. Ein Satz vom Typ $\exists x M(C(x) \wedge A(x))$ beispielsweise drückt zwar nicht mehr das Bestehen eines der für Aristoteles interessanten A-C-Zusammenhänge – hier: das Vorhandensein eines gemeinsamen Vertreters von A und C – in der realen Welt aus; er drückt aber immer noch das Bestehen eines solchen Zusammenhangs in irgendeiner möglichen Welt aus, das heißt: die Erfüllung durch ein Individuum sowohl der Formel A(x) als auch der Formel C(x) in einer, und zwar *in einer und derselben*, möglichen Welt. Dieser Zusammenhang der Umfänge von A und C kann nicht reduziert werden auf die getrennte Erfüllung von mittels A und C gebildeten Aussagefunktionen in je verschiedenen Welten, und genau in diesem Sinn handelt es sich noch um einen echten Zusammenhang der Umfänge von A und C. Anders verhält es sich etwa bei einem Satz vom Typ $\forall x M(C(x) \supset A(x))$. $M(C(x) \supset A(x))$ ist, dem T-Theorem $M(p \vee q) \equiv Mp \vee Mq$ entsprechend, gleichwertig mit $M\neg C(x) \vee MA(x)$. Hier wird also nur noch für jedes Individuum ausgedrückt: es erfüllt $\neg C(x)$ in einer möglichen Welt, oder es erfüllt A(x) in irgendeiner, vielleicht einer *anderen* möglichen Welt. Wir haben es demnach mit dem Ausdruck eines Umfangsverhältnisses zu tun, das nicht mehr innerhalb einer Welt – und handle es sich dabei auch bloß um eine mögliche Welt – zu bestehen braucht, das vielmehr nur noch quer über eventuell voneinander verschiedene Welten besteht. Bei diesem Grad der Aufweichung von für Aristoteles ursprünglich interessanten Extensionszusammenhängen möchte ich einen Schnitt machen und sagen: ein Satz vom Typ $\forall x \mathit{M}(C(x) \supset A(x))$ soll, trotz des Auftretens des Prädikatsymbols A unter dem inneren „Modalfaktor" der Faktizität, nicht mehr als assertorisch gelten können. Ohne diese Restriktion wäre ich gezwungen, Aristoteles in allen den Fällen, in denen er zutreffend behauptet, ein gegebenes Antezedens impliziere eine allgemeine ἐνδέχεσθαι-Aussage, sofort einen Irrtum zu unterstellen, sofern er weiter behauptet: das betreffende Antezedens impliziert keine allgemeine assertorische Aussage (wie er das z. B. in unserem Kapitel für die allgemeinen KN-Modi tut). Denn $\forall x(N)(C(x) \supset K/M\ A(x))$ kann abgeschwächt werden zu $\forall x(M\neg C(x) \vee MA(x))$, impliziert also $\forall x M(C(x) \supset A(x))$.

Von dem Schlußabschnitt 36b19–25 von A16 war bereits die Rede. Die Athetese Mignuccis habe ich zurückgewiesen. Ross streicht die Zeilen 24 und 25. Dort heißt es:

> Ebenso ergibt sich [korrekt eigentlich: klar ist auch], daß alle (diese) Schlüsse unvollkommen sind und daß sie durch die vorhin angegebenen Figuren vollendet werden (Rolfes (1921), S. 39).

Den beiden Zeilen geht, wie gesagt, ein Vergleich der Resultate von A15 und A16 voran, wobei zuletzt auf die Modi Celarent und Ferio mit XK-Prämissen einerseits und auf dieselben Modi mit NK-Prämissen andererseits verwiesen wird. Nachdem Aristoteles die gültigen KN-Syllogismen der ersten Figur zu

Beginn von A16 (35b23–26) als *vollkommen* klassifiziert hat, könnte die fragliche Bemerkung in der Tat kaum von Aristoteles stammen, sofern sie sich auf sämtliche in A16 (und in A15) behandelte Modi bezöge. Ross weist darauf hin, daß die Kapitel A19 und A22, in denen Aristoteles die KN- und die NK-Modi der zweiten und dritten Figur respektive behandelt, mit nahezu gleichlautenden Formulierungen abschließen (mit Formulierungen, die in diesen Kontexten sinnvoll sind). Das sind frappierende Übereinstimmungen, und sie könnten jeden Interpreten tatsächlich vermuten machen, es verhalte sich so, wie Ross annimmt: daß nämlich ein Kopist, der überhaupt nichts verstanden hat, einen den späteren Stellen entsprechenden Satz ans Ende von A16 gesetzt habe, um eine vordergründig befriedigende Uniformität im Abschluß der Traktate über alle drei Figuren herzustellen. Ich gebe aber zu bedenken, daß πάντες οἱ συλλογισμοί (≈ „alle (diese) Schlüsse") in 24/25 sich durchaus lediglich auf die unmittelbar zuvor von Aristoteles in den Blick genommenen Modi beziehen könnte, also auf die negativen XK- und NK-Modi von A15 und A16. Die beiden Zeilen enthalten dann eine vernünftige Aussage. Alle jene Modi sind nämlich insofern unvollkommen, als ihre jeweilige Validierung bei Aristoteles durch einen indirekten Beweis tatsächlich erfolgt oder jedenfalls erfolgen soll. Des weiteren erfolgt der Beweis etwa für Celarent XKM „durch die dritte Figur", wie Aristoteles ausdrücklich vermerkt (34b24f.); genauer handelt es sich um Disamis XXX (vgl.oben S. 235). Für Celarent NKX erfolgt er durch die erste Figur, nämlich durch Ferio NXN (vgl. oben zu Ziffer 1.)). Letzteres wird allerdings von Aristoteles nicht namhaft gemacht, vielmehr wird der einschlägige Reduktionssyllogismus bloß *vollzogen*. Da hätten wir also zwei Figuren, durch die jene Schlüsse „vollendet" werden, und der einzige, kleine, Schönheitsfehler an dieser Rettung der Zeilen 24 und 25 besteht darin, daß nicht alle diese Figuren vorher wirklich „angegeben" wurden. Ein solches Maß an Flüchtigkeit wird man Aristoteles ohne Unbehagen unterstellen können.

Der Abschnitt 36a25–31 unseres Kapitels handelt von den zusätzlichen gültigen Modi, welche komplementäre Gegenstücke der bereits als gültig erkannten Schemata sind; und er handelt, ebenso wie 36b3–18, von unschlüssigen Prämissenpaaren des einschlägigen Modaltyps. Die Unschlüssigkeitsbehauptungen erweist Aristoteles mit Hilfe von BE-Argumenten.

2.5. A17; die Frage der relativen Vollständigkeit der modalen Syllogistik im Verhältnis zur assertorischen Syllogistik

Den Untersuchungsgegenstand von Kapitel 17 bilden im wesentlichen Prämissenpaare in der zweiten Figur von der Modalität KK. Ansonsten gibt

Aristoteles einen Ausblick auf Resultate, welche Modi in derselben Figur mit Prämissen vom Modaltyp XK, KX sowie vom Modaltyp NK, KN betreffen (36b29–33). Diese Modi werden im einzelnen in den Kapiteln 18 und 19 behandelt werden. Abgesehen von den Gültigkeitsbehauptungen, die Aristoteles hier im Vorgriff formuliert, gibt es in A17 keine Gültigkeitsbehauptungen. Dementsprechend zeigt Beckers Tafel der Möglichkeitssyllogismen (s. Anhang) an der für A17 reservierten Stelle einen weißen Fleck. Wir wollen uns trotzdem auch dies Kapitel näher ansehen. Unsere Betrachtungen sind nicht nur auf die Auswertung der aristotelischen Gültigkeitsbehauptungen hin orientiert, sondern sie zielen auch darauf ab zu zeigen: der Text der modalsyllogistischen Kapitel insgesamt ist weit weniger suspekt, als man ihn bisher eingeschätzt hat; was Aristoteles sagt, hat in der Regel Hand und Fuß.

Es kommen also, sage ich, keine Gültigkeitsbehauptungen vor. Stattdessen heißt es in 36b26–29: es gibt keinen Syllogismus in der zweiten Figur, wenn beide Prämissen Kontingenzaussagen sind, gleich von welcher Quantität und Qualität sie sein mögen. Aristoteles hat recht mit dieser Behauptung.

Die zweite Figur ist durch eine Stellung der Begriffe charakterisiert, bei welcher der Mittelbegriff in beiden Prämissen grammatisches Prädikat ist (wenn ich die Verhältnisse im Hinblick auf Formulierungen wie z. B. „alle B sind A" für A a B beschreibe). Spricht man statt von Prädikaten von deren Extensionen, so bedeutet das (im nicht-modalen Fall): die Glieder eines Prämissenpaars in der zweiten Figur sagen von zwei Mengen M_1 und M_2 jeweils deren vollständige oder partielle Inklusion in oder Exklusion aus einer und derselben dritten Menge M_3 aus. Aristoteles interessiert sich für die Bedingungen, unter denen auf das Bestehen eines dieser vier Umfangsverhältnisse zwischen M_1 und M_2 geschlossen werden kann. Offensichtlich ist der Sachverhalt der vollständigen oder partiellen Inklusion sowohl von M_1 als auch von M_2 in M_3 mit allen vier Verhältnissen zwischen M_1 und M_2 verträglich, so daß aus der Voraussetzung dieses Sachverhalts nichts von dem Gewünschten erschlossen werden kann. Da die vollständige oder partielle Exklusion aus einer Menge die vollständige oder partielle Inklusion in der Komplementmenge ist, besteht dieselbe Verträglichkeit mit dem Sachverhalt der vollständigen oder partiellen Exklusion sowohl von M_1 als auch von M_2 aus M_3. Mithin ist ein Schluß höchstens dann möglich, wenn für eine der beiden Mengen M_1, M_2 eine Inklusionsvoraussetzung, für die andere eine Exklusionsvoraussetzung gemacht wird. Sagen unter derartigen Umständen beide Voraussetzungen ein partielles Verhältnis aus, so sind damit wiederum offensichtlich alle vier Verhältnisse, sagen wir: R_1 bis R_4, zwischen M_1 und M_2 verträglich. Folglich bleiben als schlüssige Prämissenpaare im assertorischen Fall die Paare der folgenden Charakteristik übrig: ein Glied positiv, eines negativ, nicht beide partikulär. Das sind die Paare, welche eine der folgenden Kombinationen von Quantität und Qualität realisieren: ae, ao, ea, ei, ie, oa. Nun verhält es sich bekanntlich so, daß man die Aussage, Aristoteles interessiere sich für die Möglichkeiten, auf das Bestehen eines der Verhältnisse R_1 bis R_4 zwischen M_1 und M_2 zu schließen, noch folgendermaßen einschränken muß (unter der Konvention, daß für i = 1, 2 die i-te Prämisse eines schlüssigen Paars eine Information über ein Verhältnis zwischen M_i und M_3 enthält): Aristoteles interessiert sich lediglich für die Möglichkeiten, auf Sachverhalte vom Typ $M_2\ R_i\ M_1$, $i = 1, \ldots, 4$, zu schließen; Sachverhalte vom Typ $M_1\ R_i\ M_2$ dagegen kommen nicht in Betracht. Hierbei lese ich etwa $M_2\ R_1\ M_1$ als Kürzel für: M_2 ist in M_1 enthalten. Unter dieser Einschränkung müssen aus der eben notierten Liste noch die Typen ie und oa gestrichen werden. Es verbleiben die Kennbuchstaben der Paare, welche Aristoteles in der Tat im assertorischen Fall als schlüssig erkannt hat: ea, ae, ei, ao – für die Prämissen von Cesare, Camestres, Festino und Baroco. Soweit sind das wohlbekannte Überlegungen.

Wie lassen sich nun in dem Moment die Schlußmöglichkeiten abschätzen, in dem in Prämissen und Konklusionen (echte) Modalitäten eingeführt werden können? Und weshalb ergibt die Abschätzung für den KK-Fall der zweiten Figur, daß keinerlei Paare übrig bleiben? Diese Fragen beantworte ich folgendermaßen.

Modalisierte syllogistische Sätze in Betracht zu ziehen bedeutet, Sätze in Betracht zu ziehen, welche Umfangsverhältnisse von der Art von R_1 bis R_4 sozusagen in mögliche Welten verlegen und quer über verschiedene mögliche Welten aussagen. Zum Beispiel: $A\ i_M B$, das ist unter der entsprechenden Strukturhypothese $\exists x M(B(x) \wedge MA(x))$ oder $M\exists x(B(x) \wedge MA(x))$, besagt nicht mehr wie A i B einfach: der (faktische) Umfang von B ist partiell enthalten im (ebenfalls faktischen) Umfang von A; sondern: der Umfang, den B in einer gewissen Welt hat, ist partiell enthalten im Umfang von A in einer gewissen, eventuell von der zuerst genannten verschiedenen Welt. Oder auch: $A\ a_N B$, das ist $\forall x N(B(x) \supset NA(x))$ oder $N\forall x(B(x) \supset NA(x))$, besagt soviel wie: der Umfang, den B in irgendeiner beliebigen Welt hat, ist jeweils komplett in den Umfängen enthalten, die A in den verschiedenen Alternativen zu dieser Welt hat. Oder um schließlich zu den Aussageformen zu kommen, welche in A17 einschlägig sind: $A\ a_K B$, das ist $\forall x N(B(x) \supset KA(x))$ oder $N\forall x(B(x) \supset KA(x))$, besagt soviel wie: der Umfang, den B in irgendeiner beliebigen Welt hat, ist, im allgemeinen nicht jeweils komplett, sondern vielmehr stückweise, in den Umfängen enthalten, die A in den verschiedenen Alternativen zu dieser Welt hat; und er ist auch, möglicherweise genauso stückweise, in den Komplementen dieser Umfänge enthalten. $A\ i_K B$, das ist

$\exists xK(B(x) \wedge KA(x))$, besagt, wenn wir uns an dem S5-Äquivalent $\exists x(KB(x) \wedge KA(x))$ orientieren (zu dieser Äquivalenz: Kap.IV., „Zu 8.)"): ein Teil des Umfangs, den B in einer gewissen Welt hat, ist im Umfang von A in einer von dieser Welt eventuell verschiedenen Welt enthalten; und dieser selbe Teil ist im Komplement des Umfangs enthalten, den B in einer von der zuerst genannten Welt jedenfalls verschiedenen und von der an zweiter Stelle genannten Welt eventuell verschiedenen Welt hat, usw.

Sätze, die das Bestehen gewisser Verhältnisse zwischen den Umfängen von Begriffsausdrücken quer über mögliche Welten aussagen, können durch eine Modifikation der betreffenden Ausdrücke transformiert werden zu im wesentlichen gleichwertigen Sätzen oder Mengen von Sätzen, die dann das Bestehen derselben Verhältnisse *innerhalb* möglicher Welten aussagen. Das geschieht so, wie wir es bei der Analyse der Argumente des Aristoteles für Barbara XKM kennengelernt haben. Sei z. B. A i_MB wahr (in einer Ausgangswelt x_0); und zwar sei A i_MB etwa deshalb wahr in x_0, weil x_1 und x_2 Alternativen von x_0 sind mit: der Umfang von B in x_1 ist partiell enthalten im Umfang von A in x_2. B* soll jetzt die Eigenschaft ausdrücken, in x_1 unter B zu fallen. Dann ist A i B* – *unmodalisiert* – wahr in x_2 bzw. M(A i B*) wahr in x_0. Ist umgekehrt M(A i B*) wahr in x_0, so ist A i_M B wahr in x_0. Ähnlich können wir die Verhältnisse für A a_KB darstellen. Wegen A a_KB $\Leftrightarrow$ A a_MB $\wedge$ A e_MB beschränken wir uns darauf, etwa A a_MB zu betrachten, das ist $N\forall x(B(x) \supset MA(x))$. Sei $\forall x(B(x) \supset MA(x))$ wahr in x_0, und zwar etwa deshalb, weil ein Teilstück m_1 des Umfangs von B in x_0 komplett in dem Umfang enthalten ist, den A in einer Alternative x_1 zu x_0 hat; und weil ein Teilstück m_2 des Umfangs von B in x_0 komplett enthalten ist im Umfang von A in einer Alternative x_2 zu x_0, und so fort für eine geeignete Menge von Indizes i. Wenn hier mit i die Variable x_i alle Alternativen von x_0 durchläuft, dann schöpfen wegen der Wahrheit von $\forall x(B(x) \supset MA(x))$ in x_0 die Mengen m_i den ganzen Umfang von B in x_0 aus. Jetzt soll für jedes i B^*_i die Eigenschaft ausdrücken, zur Menge m_i zu gehören. Dann ist für jedes i in der Alternative x_i von x_0 wahr der Satz: $\forall x(B^*_i(x) \supset A(x))$. Sind umgekehrt alle diese Sätze jeweils in irgendeiner Alternative von x_0 wahr, so ist wegen

$$\bigcup_i m_i = \text{Umfang von B in } x_0$$

$\forall x(B(x) \supset MA(x))$ wahr in x_0. Die Wahrheit schließlich von $N\forall x(B(x) \supset MA(x))$ in x_0 bedeutet, daß man die Wahrheit derartiger unmodalisierter Allaussagen auch in gewissen Alternativen von Alternativen von x_0 hat. Also: von der Wahrheit (etwa in x_0) von Sätzen vom Typ A i_KB/C, A a_KB/C[47]

[47] A e_KB/C ist äquivalent mit A a_KB/C und braucht deshalb nicht gesondert berücksichtigt zu werden. Entsprechendes gilt für den partikulären Fall. A i_KB/C (S5-) impliziert A i_MB/C

ausgehen zu können bedeutet, über Voraussetzungen des Inhalts zu verfügen, daß in irgendwelchen Welten (die Alternativen von x_0 sind) modalfreie Sätze vom Typ A i,o B*/C*, A a,e B^*_i/C^*_j wahr sind. Dabei ist stets der Umfang von B*, in welcher Welt auch immer, der Umfang von B in x_0 oder in einer Alternative von x_0; der Umfang von B^*_i ist eine Teilmenge des Umfangs von B in x_0 oder in einer Alternative von x_0, von der man in keinem Fall ausschließen kann, daß es sich bloß um eine echte Teilmenge handelt (und analog für C*, C^*_j).

Zum Zweck der Abschätzung der Schlußmöglichkeiten muß man sich nun die Frage stellen, aus welchen Kombinationen mehrerer derartiger modalfreier Sätze eventuell in irgendeiner Welt nach Prinzipien der *assertorischen* Syllogistik auf ein in Betracht kommendes Verhältnis der Außenbegriffe geschlossen werden kann, das dann als ein modales Verhältnis in einer Ausgangswelt zu deuten wäre; so wie wir das bei der Analyse der A15-Technik haben funktionieren sehen. (Man vergleiche den Argumentationsschritt (1.2.7) in 2.3.: in der Alternative x_2 von x_0 wird das assertorische A o B erschlossen, damit hat man in x_0 das modale M(A o B). Man vergleiche auch unten die Bemerkungen zu Argument 2 für Barbara XKM.) Diese Frage ist für die zweite Figur durch die oben im assertorischen Fall durchgeführte Abschätzung geklärt. Die assertorische Abschätzung impliziert beispielsweise, daß das Prämissenpaar $\begin{matrix} A\ i_K B \\ A\ i_K C \end{matrix}$ nicht schlüssig ist – weil seine Wahrheit nur die Wahrheit in irgendwelchen Welten solcher assertorischen Paare einschließt, die vom Typ $\begin{matrix} A\ i\ B^* \\ A\ i\ C^* \end{matrix}$, $\begin{matrix} A\ i\ B^* \\ A\ o\ C^* \end{matrix}$ usw. sind. Immerhin könnten durchaus solche KK-Prämissenpaare schlüssig sein, die Kombinationen von Quantitäten und Qualitäten realisieren, welche im assertorischen Fall als unschlüssig ausgeschieden werden mußten. Das liegt daran, daß z. B. die Kombination $\begin{matrix} A\ a_K B \\ A\ i_K C \end{matrix}$ assertorische Paare vom Typ $\begin{matrix} A\ e\ B^*_i \\ A\ i\ C^* \end{matrix}$ einschließt; oder, wie man genausogut sagen kann: es liegt an der komplementären Konvertierbarkeit der Kontingenzaussagen. Diese Möglichkeit kann dann aber doch ausgeschlossen werden. Selbst wenn man z. B. im Fall der Wahrheit in einer Ausgangswelt x_0 von $\begin{matrix} A\ a_K B \\ A\ i_K C \end{matrix}$ über eine assertorische Information verfügen könnte wie einerseits die der Geltung von A i C* in einer Alternative zu x_0 und andererseits – für einen Index i – die der Geltung von A e B^*_i *in derselben* Alternative,

$\wedge$ A o_MB/C. Diese Konjunktion impliziert zwar nicht umgekehrt A i_KB/C, aber mehr als die in der Konjunktion enthaltene Information kann fürs Schließen in der zweiten Figur ohnehin nicht ausgenutzt werden.

so wäre doch nur der Schluß auf die Wahrheit in dieser Alternative von B^*_i o C* möglich. Damit hätte man dann zwar – da die Exemplare von C* in einer Welt unter C fallen –, daß in einer Welt gilt: einige C fallen in einer Welt nicht unter B^*_i (das ist in der betreffenden Welt die Wahrheit von B^*_i o_MC), mithin nicht in eine gewisse Teilmenge des Umfangs von B in einer Welt. Doch daraus kann nicht weiter geschlossen werden, daß in einer Welt gilt: einige C fallen in einer Welt nicht unter B. Denn die besagte Teilmenge könnte eine *echte* Teilmenge des Umfangs von B sein. Es ist also hier nicht möglich, auf eine Aussage wie *B* o_MC zu schließen. Entsprechendes gilt, wenn man eine assertorische Information vom Typ $\begin{matrix} A\ a\ B^*_i \\ A\ o\ C^* \end{matrix}$ auszuwerten versucht.

Nun liegt der Gedanke nahe, eine derartige Lücke zu überbrücken, indem man etwa A i C* nicht bloß mit *einer* Aussage A e B^*_i kombiniert, sondern indem man stattdessen A i C* in Kombination mit *allen* Aussagen A e B^*_i, wo i eine in Frage kommende Indexmenge $\mathfrak{I}$ durchläuft, nach Prinzipien der assertorischen Syllogistik auswertet. Unter einer in Frage kommenden Indexmenge $\mathfrak{I}$ soll – die vorhin eingeführten Konstruktionen und Bezeichnungen vorausgesetzt – eine Menge $\mathfrak{I}$ verstanden werden, für welche die Relation besteht:

$$\bigcup_{i \in \mathfrak{I}} m_i = \text{Umfang von B (in einer Ausgangswelt).}$$

Damit wäre etwas gewonnen, falls man die Voraussetzung machen dürfte:

> für alle i ∈ $\mathfrak{I}$ sind beide Glieder der von den Prämissen $\begin{matrix} A\ a_K B \\ A\ i_K C \end{matrix}$ eingeschlossenen assertorischen Paare $\begin{matrix} A\ e\ B^*_i \\ A\ i\ C^* \end{matrix}$ jeweils in einer und derselben Welt x_i wahr (und zwar für jedes i ∈ $\mathfrak{I}$ mit denselben Exemplaren von C*).

Unter dieser Voraussetzung erhielte man, daß für gewisse der Exemplare von C in einer Welt gilt: sie gehören für *jedes* i ∈ $\mathfrak{I}$ nicht zu m_i, folglich wegen $\bigcup_{i \in \mathfrak{I}} m_i$ = Umfang von B in einer Welt: sie gehören nicht zum Umfang *von B selbst* in einer Welt. Man hätte so die Wahrheit von B o_MC aus den ursprünglich gegebenen Prämissen erschlossen. Es liegt aber auf der Hand, daß man die fragliche Voraussetzung nicht machen kann. Man weiß aufgrund der Wahrheit von A a_KB in einer Ausgangswelt x_0, daß alle Exemplare von B in x_0 – die Regularitätskomponente von A a_KB lasse ich jetzt einmal beiseite – in einer jeweiligen Alternative zu x_0 Exemplare von non-A sind; jedes Exemplar von B mag seine Möglichkeit, nicht unter A zu fallen, in einer der Welten x_i, i ∈ $\mathfrak{I}$, realisieren. Aufgrund der Wahrheit von A i_KC in x_0 weiß man weiter, daß ein Exemplar von C in einer Welt in einer Alternative ein Exemplar von A ist. Es spricht schon nichts dafür, daß ein solches Exemplar von C seine Möglichkeit des A-Seins gerade in einer der Welten x_i realisiert, in der gewisse der Exemplare von B ihre Möglichkeit des non-A-Seins realisieren; noch weniger als nichts spricht dafür, daß ein Exemplar von C diese seine Möglichkeit sogar in allen Welten aus einer Gesamtheit von Welten realisiert, die zur Realisation der Möglichkeiten aller Exemplare von B groß genug ist. Assertorische Information der Typen $\begin{array}{l} A\ a\ B^*_i \\ A\ i\ C^* \end{array}$ und $\begin{array}{l} A\ e\ B^*_i \\ A\ o\ C^* \end{array}$ hilft nach den im assertorischen Fall erzielten Ergebnissen erst recht nicht weiter.

Mit diesen Überlegungen ist nicht nur die Unschlüssigkeit von $\begin{array}{l} A\ a_K B \\ A\ i_K C \end{array}$ eingesehen, sondern auch die Unschlüssigkeit derjenigen KK-Paare, welche der Quantität und Qualität nach Gegenstücke der Prämissenpaare der assertorischen Modi Festino und Baroco sind. Durch Überlegungen derselben Art erweisen sich Paare aus zwei universellen K-Sätzen in der zweiten Figur als unschlüssig. Für die letzte noch verbliebene Kombination, nämlich für Paare aus einem i,o_K-Obersatz und einem a,e_K-Untersatz, ergibt sich die Unschlüssigkeit genauso wie im Fall zweier partikulärer K-Prämissen durch Rückgang auf die assertorische Abschätzung: bei partikulärem Obersatz erhält man in der zweiten Figur keinen Schluß auf das Bestehen eines der einschlägigen Umfangsverhältnisse mit der für Aristoteles interessanten Anordnung der Relata.

Die Adäquatheit dieser Art von Abschätzungen modaler Schlußmöglichkeiten kann man übrigens kontrollieren, indem man sich vergewissert, daß sie auch nicht *zuviel* ausschließen. Es wird sich z. B. zeigen, daß Aristoteles im Recht ist mit der Auffassung, die Modi Cesare XKM, Camestres KNM und Cesare NKM seien gültig. Tatsächlich ist dies, was man aufgrund einer Abschätzung erwarten kann. Im Fall von Cesare XK verfügt man über die Wahrheit von Prämissen $\begin{array}{l} A\ e\ B \\ A\ a_K C \end{array}$ in einer Ausgangswelt x_0. Diese Vorgabe schließt die Wahrheit assertorischer Paare $\begin{array}{l} A\ e\ B \\ A\ a\ C^*_j \end{array}$ in irgendwelchen Alternativen von x_0 ein. Hier ist es zum einen unnötig, den Obersatz in ein System von Sätzen A e B^*_i zu zerlegen – denn alle Exemplare von B in einer Welt realisieren ihre Möglichkeit des non-A-Seins stets gemeinsam in je einer Welt, nämlich in jeder Welt *selbst*, in der sie Exemplare von B sind. Zum anderen ist es zulässig, davon auszugehen, daß die Exemplare von C, welche ihre Möglichkeit des A-Seins in irgendeiner Alternative von x_0 realisieren, dies insbesondere in einer solchen Alternative tun, in der zugleich die Exemplare von B ihre Möglichkeit des non-A-Seins realisieren – denn aufgrund der

Wahrheit von A e B im zeitlosen Verständnis gilt A e B in *allen* Alternativen. Folglich ist anders als etwa im Fall der Vorgabe von $\begin{smallmatrix} A\ a_K B \\ A\ i_K C \end{smallmatrix}$ zu erwarten, daß mindestens ein Schluß auf $B\ o_M C$ möglich ist. Erst recht gilt das für Cesare NK. Im Fall von Camestres KN ist von der Wahrheit von $\begin{smallmatrix} A\ a_K B \\ A\ e_N C \end{smallmatrix}$ in einer Bezugswelt auszugehen. Hier muß der Obersatz in ein System von Sätzen $A\ a\ B^*_i$ zerlegt werden: die Exemplare von B realisieren ihre Möglichkeit des A-Seins in irgendeiner *jeweiligen* Alternative zur Bezugswelt. Trotzdem tritt keine Lücke auf wie im Fall der Vorgabe von $\begin{smallmatrix} A\ a_K B \\ A\ i_K C \end{smallmatrix}$. Denn hier *darf* die Voraussetzung gemacht werden, daß die Exemplare von C ihre Möglichkeit des non-A-Seins in allen den Welten realisieren, in denen irgendwelche der Exemplare von B ihre Möglichkeit des A-Seins realisieren: die Exemplare von C realisieren ihre Möglichkeit in allen Alternativen ohne Einschränkung, da sie sogar notwendig non-A sind.

Wenn man annimmt, Aristoteles befinde sich im Recht mit der Einschätzung, daß keine anderen modalen Modi gültig sind als solche, welche der Quantität und Qualität ihrer Bestandteile nach Gegenstücke von gültigen Modi der assertorischen Syllogistik sind (abgesehen einmal von den Modi, die komplementäre Gegenstücke anderer Modi im Sinne der in 2.3. eingeführten Redeweise sind); und wenn man dann für diese Tatsache – denn es ist wirklich eine Tatsache – etwas wie eine *Erklärung* vor dem Hintergrund der assertorischen Syllogistik sucht, so muß man m.E. in der hier für den Spezialfall der KK-Modi der zweiten Figur vorgeführten Weise argumentieren. Das heißt, man muß sich an der Idee orientieren: modalisierte syllogistische Sätze sagen Umfangsverhältnisse von derselben Art aus, wie sie in der assertorischen Syllogistik von Interesse sind, nur mit dem Unterschied, daß sie diese Verhältnisse quer über mögliche Welten statt innerhalb einer festen Bezugswelt aussagen; sie können daher, in Zweierkombinationen, höchstens die Schlußmöglichkeiten bieten, welche ihre assertorischen Gegenstücke bieten. Ich will die Idee anhand eines weiteren Beispiels illustrieren.

Man betrachte etwa in der ersten Figur das assertorische Paar $\begin{smallmatrix} A\ i\ B \\ B\ a\ C \end{smallmatrix}$. Es ist unschlüssig. Denn alle C mögen B sein (in der realen Welt als Bezugswelt). Nun weiß man lediglich, daß (in derselben Welt) einige B unter A fallen; man weiß aber nicht, ob gerade unter diesen Exemplaren von B sich auch eines derjenigen Exemplare befindet, die zugleich Exemplare von C sind. Das modale Paar $\begin{smallmatrix} A\ i_N B \\ B\ a_K C \end{smallmatrix}$ ist im wesentlichen aus keinem anderen als diesem Grund unschlüssig. Alle Exemplare von C (in der realen Welt oder auch in einer beliebigen anderen Welt als Bezugswelt) mögen jeweils in irgendwelchen Welten (die Alternativen zu jener Bezugswelt sind) Exemplare von B sein. Was man, die Wahrheit der Glieder des Paars vorausgesetzt, weiter weiß, ist lediglich, daß einige Dinge in allen Welten, insbesondere in allen jenen Alternativen, sowohl Exemplare von B als auch Exemplare von A sind. Man weiß aber nicht, ob in irgendeiner der Alternativen gerade unter diesen Vertretern von B sich ein solches Ding befindet, das – als Exemplar von C in der Ausgangswelt – dort seine Möglichkeit des B-Seins realisiert.

Nicht tragfähig ist dagegen ein Erklärungsversuch, den Angelelli unternommen hat. Ich gehe darauf später, in Kapitel VI., ein.

In einigen Fällen – wie in dem oben erörterten KK-Fall der zweiten Figur – liegen die Verhältnisse so, daß man die obere Grenze bei der Abschätzung der Schlußmöglichkeiten noch enger als im assertorischen Fall ziehen kann. In anderen Fällen liegen die Verhältnisse günstiger, wie etwa bei der mit Barbara XKM gegebenen Prämissenkombination. Wenn man diese Kombination so analysiert, wie wir uns das vorstellen, kommt man auf die Begründung einer Schlußmöglichkeit hinaus, welche dem Argument 2 für die Gültigkeit von Barbara XKM weitgehend entspricht. Die Wahrheit von $B\ a_K C$ in einer Bezugswelt bedeutet, daß man über eine Summe von assertorischen Informationen $B\ a\ C^*_i$ in irgendwelchen Alternativen zur Bezugswelt verfügt (wobei die Umfänge der C^*_i insgesamt den Umfang von C in der Bezugswelt ausschöpfen). Die Wahrheit des zeitlosen A a B ist damit gleichbedeutend, daß man in jeder Alternative zur Bezugswelt über die Information A a B verfügt. Aus $A\ a\ B \wedge B\ a\ C^*_i$ schließt man für jeden Index i auf $A\ a\ C^*_i$ (in einer Alternative), und damit hat man für gewisse Teilmengen des Umfangs von C in der Bezugswelt: sie sind in einer jeweiligen Alternative im Umfang von A enthalten. Das ist schon einmal die Wahrheit von $\exists x(C(x) \wedge MA(x))$ in der Ausgangswelt. Wenn man darüber hinaus noch auszunutzen versteht, daß diese Teilmengen zusammengenommen den ganzen Umfang von C ausmachen, hat man sogar die Wahrheit von $\forall x(C(x) \supset MA(x))$ in der Ausgangswelt erschlossen.

Die Strukturformeln haben damit ein weiteres Mal ihre Fruchtbarkeit erwiesen. Es ist auf der Grundlage von LSF möglich, eine Erklärung für einen Sachverhalt zu geben, den man als den Sachverhalt der Vollständigkeit der modalen Syllogistik relativ zur assertorischen Syllogistik bezeichnen könnte.

Wir wollen jetzt den Gang durch A17 fortsetzen. Die summarische Behauptung des Aristoteles für die dann in A18 und A19 im einzelnen erörterten Modi lautet: Prämissenpaare für die zweite Figur, die jeweils aus einem X-Glied und einem K-Glied oder aus einem N-Glied und einem K-Glied bestehen, sind nicht schlüssig, wenn sie ein bejahendes Glied enthalten, das assertorisch oder apodiktisch ist; und sie sind schlüssig, wenn sie ein allgemein verneinendes X- oder N-Glied enthalten. Soweit das eine Gültigkeitsbehauptung ist, werden wir sie an der gegebenen Stelle verifizieren – mit einer Ausnahme allerdings: Camestres KXM wird sich als nicht-gültig erweisen.

Die Zeilen 36b33f. bringen eine Bemerkung über das ἐνδέχεσθαι (≈ möglich sein) in den Konklusionen der zuvor von Aristoteles als schlüssig ausgezeichneten Prämissenpaare, die mit der Bemerkung in A16, 35b32–34, korrespondiert: auch bei diesen Paaren muß man das ἐνδέχεσθαι in den von ihnen (auch) implizierten Möglichkeitssätzen wie in den früheren Fällen nehmen. Wenn unsere Vermutungen über die Parallelstelle in A16 zutreffen, wird es auch hier so sein, daß die Bemerkung auf die Feststellung hinausläuft: soweit die fraglichen Paare über ἐνδέχεσθαι-Conclusiones verfügen, handelt es sich um einseitige Möglichkeitssätze.

In 36b35–37a31 behauptet Aristoteles und versucht zu beweisen, daß e_K-Aussagen nicht konvertierbar sind. Dabei geht es nicht um komplementäre Konvertierbarkeit, sondern um die Verneinung der Äquivalenz von A e_K B und B e_KA. Warum ist Aristoteles daran interessiert, das zu zeigen? Offenbar deshalb, weil man damit eine Evidenz für die Behauptungen in 36b26–33 hat. Denn nehmen wir einmal an, wir hätten in der zweiten Figur ein Prämissenpaar, bei dem entweder beide Glieder K-Aussagen sind; oder bei dem ein Glied eine K-Aussage, das andere Glied assertorisch ist; oder bei dem ein Glied eine K-Aussage, das andere eine N-Aussage ist. Dann soll kein Schluß möglich sein, wenn höchstens ein bejahendes Glied assertorisch oder apodiktisch ist. Wenn aber nun etwa A e_KB konvertierbar wäre zu B e_KA und man als zweite Prämisse A a_NC oder A a C oder A a_KC hätte, so dürfte man erwarten, daß doch ein Schluß möglich ist – nämlich hier via Celarent der ersten Figur (vom Modaltyp KNK bzw. KXK bzw. KKK). Die von Aristoteles vorgetragenen Unschlüssigkeitsbehauptungen sind demnach nur plausibel, sofern man von der Nichtkonvertierbarkeit der e_K-Sätze ausgehen kann.

Aristoteles gibt drei Argumente gegen die Konvertierbarkeit von e_K. Das erste Argument (36b37–37a3) ist schwach. Da aufgrund der komplementären Konvertierbarkeit der Kontingenzaussagen A e_KB und B e_KA äquivalent sind mit A a_KB bzw. mit B a_KA, wäre die Äquivalenz von A e_KB und B e_KA gleichbedeutend mit der Äquivalenz von A a_KB und B a_KA. Die allgemein bejahende K-Aussage wäre einfach konvertibel, „dies aber ist falsch“ (37a2). Dies Argument ist deshalb schwach, weil es die Inkonvertibilität von e_K nur unter der Voraussetzung der Inkonvertibilität von a_K zeigt, und das eine ist ebenso sehr oder ebenso wenig begründungsbedürftig wie das andere, wenn man die Äquivalenz von A e_KB und A a_KB in Rechnung stellt. Hier scheint offenbar die assertorische Syllogistik durch. Dort ist es klar, daß allgemein bejahende Aussagen nicht einfach konvertibel sind. Natürlich kann man nicht einfach davon ausgehen, daß bei den modalisierten Aussagen analoge Verhältnisse herrschen müßten. Aristoteles sieht die Dinge so unreflektiert nicht an, denn er nimmt offensichtlich die Notwendigkeit wahr, weitere Argumente für seine Behauptung zu liefern.

Das zweite Argument (37a4–9) ist ein BE-Argument, und es leistet im wesentlichen, was es leisten soll. Zwar wird das Argument von Kneale und Kneale kritisiert, aber dabei handelt es sich um keine sehr kongeniale Kritik. Es liegt auf der Hand, wie man auf die Kritik zu reagieren hat, wenn man in der Weise argumentieren will, in der Aristoteles in solchen Zusammenhängen zu argumentieren pflegt. Aristoteles wählt die Begriffseinsetzungen „... ist weiß" (für A) und „... ist Mensch" (für B) und geht davon aus, daß wahr ist: „›Weiß‹ kommt keinem [oder aufgrund der komplementären Konvertierbarkeit des e_K: „jedem"] Menschen kontingenterweise zu"; und daß falsch ist: „›Mensch‹ kommt kontingenterweise keinem [oder: „jedem"] Weißen zu". Das zweite ist sicher unstrittig, denn beispielsweise Schwäne sind weiß und *essentiell* keine Menschen – sofern man überhaupt irgendeinen Essentialismus mitmachen will. Was das erste betrifft, so war schon davon die Rede, daß Hellhäutigkeit sicher nicht gerade das glücklichste Beispiel einer Eigenschaft ist, über deren Besitz Menschen frei verfügen können und deren Besitz für sie aus diesem Grund eine Sache der Kontingenz ist. Das gilt erst recht dann, wenn man wie Kneale und Kneale an die Existenz Farbiger denkt (dazu Kneale und Kneale (1975), S. 87). Aristoteles hätte zweifellos keine Probleme damit gehabt, auf Einwände wie den Knealeschen zu reagieren. Hier hätte er etwa die besseren Einsetzungen „... ist wach" und „... ist Mensch" anbieten können.

Ich habe bei der Lektüre der Interpretationsliteratur zur modalen Syllogistik oft den Eindruck gehabt, daß man dieses Theoriestück so sehr mit Ungereimtheiten durchsetzt und dadurch insgesamt so befremdend gefunden hat, daß man kaum noch zwischen substantiellen und marginalen Schwierigkeiten zu unterscheiden vermochte. Die Modalsyllogistik enthält sicherlich viele Elemente, die hochgradig kommentierungsbedürftig sind. Im Hinblick auf ein Argument wie das eben referierte davon zu sprechen, Aristoteles' Auffassung sei „very strange" (so Kneale und Kneale a. a. O., S. 87), ist aber ganz unangemessen.

Das dritte Argument (37a9–31) besteht in der Kritik eines vermeintlich korrekten Beweises *für* die Konvertibilität der e_K-Sätze. Dies Argument habe ich in II.7. besprochen.

Der Abschnitt 37a32-b10 enthält drei Argumente für die Unschlüssigkeit der Prämissen von Cesare KK. Das erste Argument (37a32–35) beruht auf der Inkonvertibilität des Obersatzes. Es bringt das Resultat der Betrachtungen von 36b35–37a31 so ins Spiel, wie wir oben vermuteten, daß dieses Resultat eingesetzt werden solle. Selbstverständlich ist damit der Sache nach bloß ein Indiz für die behauptete Unschlüssigkeit gewonnen bzw. für die Behauptung, daß die fraglichen Prämissen keine e_K-Relation zwischen den Außenbegriffen implizieren: es zeigt sich, daß eine in anderen Fällen zur Ableitung einer entsprechenden Relation geeignete Deduktionstechnik nicht verwendet werden kann - was nicht ausschließt, daß andere Techniken zum Erfolg führen könnten. Aristoteles schätzt die Sachlage anscheinend nicht anders ein und bringt weitere Argumente bei.

Das zweite Argument (37a35–37) soll offenbar zeigen, daß eine weitere sonst Erfolg versprechende Deduktionstechnik, die Technik der reductio ad impossibile, im vorliegenden Fall gleichfalls nicht dazu gebraucht werden kann, das Bestehen einer der in Frage kommenden Relationen zwischen den Außenbegriffen B, C zu etablieren. Die Standardauffassung des Arguments arbeitet mit einer Änderung des überlieferten Texts. Für die Zeilen 35 und 36 ist überliefert der Wortlaut:

> τεθέντος γὰρ τοῦ B παντὶ τῷ Γ ἐνδέχεσθαι ὑπάρχειν οὐδὲν συμβαίνει ψεῦδος (≈ „wenn nämlich angenommen wird, daß B dem ganzen C zukommen kann, ergibt sich nichts Falsches").

Ross ergänzt mit Maier und Alexander nach dem Buchstaben B sowie nach ἐνδέχεσθαι jeweils ein μή (≈ nicht), so daß man zu übersetzen hätte:

> „wenn nämlich angenommen wird, daß B nicht dem ganzen C nicht zukommen kann [oder deutlicher: nicht dem ganzen C kontingenterweise nicht zukommt], ergibt sich nichts Falsches".

Auf der Basis dieses Wortlauts sähe das Argument folgendermaßen aus (vgl. Ross (1949), S. 354). Angenommen wird das Gegenteil des vermeintlichen Implikats B e_KC von A e_KB ∧ A a_KC. Dann ist – wie man stillschweigend ergänzen müßte – ein C notwendig B oder auch notwendig non-B. Ferner wäre in Gedanken zu ergänzen: das zweite Glied der Alternative bietet ohnehin keine Chance, zusammen mit der maior einen Widerspruch zur minor zu erzielen; das erste Glied würde mit der maior liefern, daß ein C kontingenterweise non-A ist (A o_KC), dieser Sachverhalt aber ist verträglich mit der minor A a_KC. Denn mit A a_KC ist sogar A e_KC nicht nur verträglich, sondern sogar äquivalent. Für den letzten Gedanken wäre wieder eine Basis im Text vorhanden, indem es in Zeile 36/37 heißt: „es dürfte A sowohl jedem als auch keinem C zukommen können". Ross vermutet mit Maier (vgl. Ross a. a. O., S. 354; Maier (1896–1900), Bd.II Halbbd.1, S. 179 n.1), der überlieferte Text könne wie folgt aus einem der Emendation ursprünglich gemäßen

Text hervorgegangen sein. Ein Kopist habe 36/37 so interpretiert, als implizierten diese Zeilen, das Resultat des von Aristoteles im Sinn gehabten reductio-Arguments sei $A\ e_K C$; so daß man zusammen mit der als wahr vorausgesetzten minor insgesamt das Resultat: „Wahrheit von $A\ a_K C \land A\ e_K C$“ erzielt hätte – wie es der Text zu besagen scheint. Der Kopist habe dann den Text von 35/36 durch Streichen der beiden ursprünglich vorhanden gewesenen μή dahin abgeändert, daß als Ausgangspunkt der reductio ein Satz, nämlich $B\ a_K C$, aufgetreten sei, der – anders als $\neg(B\ e_K C)$ – zusammen mit $A\ e_K B$ dieses Resultat $A\ e_K C$ habe implizieren können (nach Celarent KKK). Diese Vermutung ist zweifellos recht plausibel. Andererseits ist die Übereinstimmung der Manuskripte auffällig. Auch hätte ein Kopist, wie ihn Maier und Ross vor Augen haben, nicht ganz falsch damit gelegen, 36/37 als den Ausdruck des Resultats einer Argumentation zu verstehen. Denn ähnlich wie das allerdings noch sehr viel häufiger gebrauchte tempus futuri hat der Optativ (hier: ἐνδέχοιτο ὑπάρχειν, ≈ „dürfte zukommen können“) bei Aristoteles oft die Funktion, den Übergang zu einem Implikat anzuzeigen. Man vergleiche die Optativformen in 25a31 f., 25a40-b2, 39a17.

Mir scheint, der überlieferte Text kann durchaus so verstanden werden, daß er einen vernünftigen Gedanken enthält. Das geht zwar nicht ohne eine gewisse sanfte Gewalt, aber es geht. Übrigens sollte man im Lichte dessen, was ich zur Abschätzung von Schlußmöglichkeiten im modalen Fall gesagt habe, m.E. zwar davon ausgehen, daß Aristoteles als Implikat des Paars $\begin{matrix} A\ e_K B \\ A\ a_K C \end{matrix}$ nichts anderes in Betracht zieht als den Ausdruck einer allgemein verneinenden Beziehung zwischen den Außentermini B, C. Vielleicht sollte man aber zunächst nicht davon ausgehen, daß er von vornherein nur eine allgemein verneinende *Kontingenz*-Aussage in Betracht zieht. Wenn man alle in diesem Sinne in Betracht kommenden Konklusionen negiert und sogleich das Glied $B\ o_N C$ des Implikats[48] $B\ i_N C \lor B\ o_N C$ von $\neg(B\ e_K C)$ ausscheidet, bleibt der Sachverhalt übrig, daß B einem C zukommt – und zwar unter irgendeiner der Modalitäten N, X oder M. Warum sollte Aristoteles nun nicht haben sagen wollen: man erhält selbst dann keinen Widerspruch, wenn man annimmt oder wenn man von der Möglichkeit Gebrauch macht, daß B i C – gleich unter welcher der Modalitäten – deshalb wahr sein *könnte*, weil sogar B *a* C – unter der respektiven Modalität – wahr ist; selbst unter dieser Prämisse kann man nämlich mit der maior bloß schließen auf $A\ e_K C$ (in der

[48] Wenn wir von unserer Strukturhypothese für $B\ e_K C$ ausgehen, wird selbstverständlich nur eine Disjunktion von schwach-apodiktischen partikulären Aussagen impliziert; eine Disjunktion von partikulären Aussagen nämlich, die als weiter außen stehenden Modalfaktor ein M (kein N) bei sich führen.

Tat: Celarent hat gemäß den von Aristoteles früher erzielten Resultaten sowohl mit Prämissen vom Modaltyp KK bzw. KM als auch mit solchen vom Modaltyp KX als auch schließlich mit solchen vom Modaltyp KN eine K-Conclusio); man erhielte also – die Wahrheit der minor angenommen –, daß A jedem und keinem C kontingenterweise zukommt. Das letztere ist – so müßte man bei diesem Verständnis des Arguments ergänzen – kein Widerspruch, weil beide Sachverhalte sogar miteinander gleichwertig sind. Dieser Gedankengang wäre insofern vernünftig, als man, um die Möglichkeit der Gewinnung irgendeines Resultats per reductionem abzuweisen, zweckmäßigerweise als Ausgangspunkt einer potentiellen reductio eine möglichst *starke* Aussage ansetzt. Will man nicht soweit gehen, ἐνδέχεσθαι in Zeile 36 (d. i. „kann" in „... daß B dem ganzen C zukommen kann") *nicht* als Bestandteil der Aussage selbst zu betrachten, welche den Ausgangspunkt der potentiellen reductio darstellt, so kann man immer noch annehmen, daß Aristoteles diesem Gedanken entsprechend statt von B i_KC gleich von B a_KC ausgegangen ist (wobei er ohne Einschränkung die Modalität K ansetzen durfte, weil – wie oben gesagt – auch B a C und B a_NC nichts Stärkeres hätten implizieren können).

Von der Entscheidung für das eine oder das andere Verständnis des Arguments hängt auch hier nichts ab im Hinblick auf die Beantwortung der Fragen, die uns vorrangig interessieren. Es handelt sich um ein weiteres kleines Indiz dafür, daß eine konservative Einstellung zum überlieferten Text durchaus angebracht ist.

Das zweite Argument hat keinen anderen Status als das erste. Deshalb ist es gut, daß Aristoteles schließlich noch mit BE-Argumenten zu zeigen unternimmt, daß die Prämissen von Cesare KK ebenso wie andere in Betracht kommende Prämissenpaare unschlüssig sind. Dabei unterläuft Aristoteles allerdings ein Fehler (den man leicht beheben könnte). Die gewählten Begriffseinsetzungen sind nämlich nicht geeignet, die Möglichkeit des Schlusses auf eine verneinende *einseitige* Möglichkeitsaussage auszuschließen.

Das Ergebnis einer Abschätzung von Schlußmöglichkeiten, wie ich sie oben formuliert habe, läßt sich klarerweise viel einfacher als durch eine derartige a priori-Abschätzung dadurch sichern, daß man potentielle Implicantia soweit wie möglich durch semantische Betrachtungen ausschließt; also durch die Angabe geeigneter Modelle oder, aristotelisch, durch die Angabe geeigneter Begriffseinsetzungen. Aber sofern man nicht mit simplem Ausprobieren operiert, muß man über eine Heuristik verfügen, die einen erkennen läßt, für welche Schlußschemata die Suche nach falsifizierenden Modellen überhaupt Erfolg verspricht. Aristoteles kann über eine reflektierte Heuristik verfügt haben. Es kann aber auch sein, daß er sich bloß von der unreflektierten Überzeugung hat leiten lassen, daß die Verhältnisse im modalen Fall nicht viel anders als im assertorischen Fall sein würden.

2.6. A18; die e_M-Konversionsregel als Fehlerquelle

Es geht weiter um Prämissenpaare in der zweiten Figur, und zwar um solche, die jeweils eine assertorische Aussage mit einer Kontingenzaussage kombinieren. Aristoteles formuliert einige summarische Schlüssigkeits- und Unschlüssigkeitsbehauptungen, und darüber hinaus entwickelt er eine Gültigkeitsbehauptung im Detail. Dabei handelt es sich um die Behauptung der Gültigkeit von Cesare XKM (37b24–28).

Der Erörterung dieses Modus folgt in Zeile 29 eine Bemerkung, von der zunächst nicht ganz klar ist, auf eine Gültigkeitsbehauptung welchen Inhalts und auf ein Gültigkeitsargument welcher Struktur sie hinausläuft: „Ebenso wenn die Verneinung zu C gesetzt wird“ (Rolfes (1921), S. 43). C fungiert in der schematischen Darstellung der Prämissenpaare für die zweite Figur als Platzhalter für den jeweiligen Subjektsterminus der Untersätze, und als Platzhalter für den Subjektsterminus der Obersätze dient der Buchstabe B. Aristoteles hatte den Typ von Prämissenpaaren $\begin{matrix} A\ e\ B \\ A\ a_K C \end{matrix}$ auf seine Schlußfähigkeit hin untersucht. Hier ist der Obersatz negativ, mit anderen Worten also: die Verneinung ist zu B gesetzt. Wenn nun in Zeile 29 der Übergang zu einem Fall angezeigt wird, in welchem die Verneinung zu C tritt, sind verschiedene Vermutungen darüber möglich, wie dieser Fall aussieht. Es könnte gemeint sein, daß es sich um den Fall eines Prämissenpaars handelt, welches aus dem Paar für Cesare XK dadurch hervorgeht, daß die Qualität des Untersatzes umgekehrt wird; dadurch also, daß zusätzlich zum Obersatz *auch* der Untersatz als (allgemein) verneinend angesetzt wird, während die übrigen Charakteristika – Quantitäten und Modalitäten – unverändert bleiben. Es könnte auch das Paar gemeint sein, welches aus $\begin{matrix} A\ e\ B \\ A\ a_K C \end{matrix}$ nicht dadurch hervorgeht, daß eine neue Qualität in den Untersatz allein eingeführt wird, sondern dadurch, daß die Qualitäten zwischen Obersatz und Untersatz *getauscht* werden, während die Verteilung der Modalitäten erhalten bleibt. Schließlich könnte das Paar gemeint sein, welches aus $\begin{matrix} A\ e\ B \\ A\ a_K C \end{matrix}$ entsteht durch die Transformation: Umsetzung derjenigen Sorte von Verneinung, wie sie im Obersatz des Cesare-Paars auftritt, nämlich der Verneinung von allgemeinem und faktischem

Charakter, in den Untersatz, und parallel dazu Umsetzung der Kombination von Qualität, Quantität und Modalität, welche der Untersatz des ursprünglichen Cesare-Paars realisiert, in den Obersatz. Falls die erste Alternative zutrifft, spricht Aristoteles über das Paar $\begin{matrix}A\ e\ B\\ A\ e_K C\end{matrix}$; falls die zweite, spricht er über das Paar $\begin{matrix}A\ a\ B\\ A\ e_K C\end{matrix}$; falls die dritte, über das Paar $\begin{matrix}A\ a_K B\\ A\ e^K C\end{matrix}$. Die erste Alternative kann nur zutreffen, wenn Aristoteles seine Ausführungen in 37b30–35 über in Betracht kommende Paare aus zwei allgemein verneinenden Prämissen nicht als Ausführungen intendiert haben sollte, die sich auf eine ganz neue Klasse von Fällen beziehen, zu denen der Fall nicht gehört, welcher in Zeile 29 mit Cesare verglichen wird. Das Vorkommnis der Partikel δέ unter den Worten, mit denen Aristoteles diese Ausführungen einleitet:

> ἐὰν δ' ἀμφότεραι μὲν ὦσι στερητικαί … („Wenn aber beide Sätze verneinend sind …" (Rolfes (1921), S. 43),

spricht eher gegen diese Möglichkeit. Denn δέ drückt in der Regel eine Entgegenstellung aus (in der Übers. wiedergegeben durch „aber"). Allerdings zeigt Ross an, daß in einem der von ihm berücksichtigten Kodizes δέ an dieser Stelle fehlt. Die zweite Alternative ist aus systematischen Gründen attraktiv, weil Aristoteles Camestres XKM für gültig halten sollte, nachdem er Cesare XKM für gültig hält. Beide Modi unterscheiden sich nicht wesentlich voneinander. Sie können – unsere Weise der Symbolisierung vorausgesetzt – durch die übliche A(x)/¬A(x)-Substitution ineinander transformiert werden, und das ist genau die Transformation, welche der Vertauschung der Qualitätsmerkmale zwischen Ober- und Untersatz bei Erhalt der sonstigen Merkmale entspricht. Für die dritte und gegen die zweite Alternative sprechen die folgenden Beobachtungen. Aristoteles schickt seiner Erörterung von Cesare XKM die summarische Behauptung voran, es finde – unter den vorgegebenen Nebenbedingungen betreffend die Stellung der Termini und die Kombinationen von Modalitäten – ein Schluß aus solchen Paaren statt, die eine bejahende Kontingenzaussage mit einer verneinenden assertorischen Aussage kombinieren (37b23f.). Dabei dürfte jeweils an universelle Aussagen gedacht sein, denn partikuläre Paare werden erst in 37a39ff. vorgenommen. Eine Einschränkung hinsichtlich der Reihenfolge der beiden Aussagetypen macht Aristoteles nicht. Man kann nach dieser Einleitung erwarten, daß Paare zur Sprache kommen, welche die Reihenfolge der Aussagetypen variieren. Nach Cesare XK wäre demnach Camestres KX dran. Und selbst wenn in Zeile 29 nicht von den Prämissen von Camestres KX die Rede sein sollte, stünde aufgrund der summarischen Behauptung fest, daß Aristoteles diese Prämissenkombination für schlüssig hält. Von einer Schlüssigkeit der Prämissen von Camestres XK schließlich kann in Zeile 29 deshalb nicht die Rede sein, weil das Kapitel beginnt mit der allgemeinen Unschlüssigkeitsbehauptung: kein Schluß findet – unter den Nebenbedingungen – statt aus Paaren, die ein bejahendes assertorisches Glied (und ein verneinendes Kontingenz-Glied) enthalten (37a20–33).

Ich nehme unter diesen Umständen an, daß Ross und andere im Recht sind, wenn sie Zeile 29 als die Behauptung der Gültigkeit von Camestres KXM lesen. (Der Verweis auf 37b39 in Beckers Übersichtstafel muß auf einem Versehen beruhen.) Man vergleiche auch 30b14ff., wo das Versetzen der Negation eindeutig das Versetzen der Negation in Kombination mit einem Modalfaktor ist. Im übrigen scheint Aristoteles zu meinen, daß die Validierung dieses Modus auf ähnliche Weise erfolgen könne wie die in 25–28 von ihm durchgeführte Validierung von Cesare XKM.

In A18 selbst sagt Aristoteles nichts zum Charakter des ἐνδέχεσθαι (≈ möglich sein) in der Conclusio von Cesare mit Prämissen der Modalitäten XK. Wenn ich trotzdem davon ausgehe, daß es sich bei der Conclusio von Cesare XKἐνδ. und genauso dann bei der Conclusio von Camestres KXἐνδ. nach Aristoteles' Auffassung um eine einseitige Möglichkeitsaussage handelt, habe ich die Feststellungen im Blick, die Aristoteles zu Beginn von A17 im Vorgriff auch auf A18 trifft (vgl. oben S. 261). Außerdem rechtfertigt Aristoteles Cesare XKἐνδ. durch Rückgriff auf Celarent XKἐνδ., und für den letzteren Modus hat Aristoteles in A15 unzweideutig ausgesprochen, daß das in seinem Schlußsatz auftretende ἐνδέχεσθαι vom M-Typ ist.

Daß Modi mit Kontingenzprämisse genau dann gültig sind, wenn ihre komplementären Gegenstücke gültig sind, ist klar. Deshalb brauchen wir die Behauptungen des Aristoteles in 37b30–35, welche auf der Möglichkeit der Validierung von Schlußschemata durch Einsatz der komplementären Konversion beruhen, nicht gesondert zu betrachten.

Aus dem Abschnitt 37b39–38a12, in dem Prämissenpaare mit mindestens einem partikulären Glied untersucht werden, können wir noch eine von den bisher festgehaltenen Behauptungen unabhängige Gültigkeitsbehauptung ziehen, nämlich: der Modus Festino XKM ist (ebenso wie sein komplementäres Gegenstück) gültig. Eigentlich spricht Aristoteles bloß davon, daß wie im universellen Fall solche partikulären Paare, die ein verneinendes assertorisches Glied enthalten, das konvertibel ist (also doch wohl: Paare, die ein allgemein verneinendes assertorisches Glied enthalten), schlüssig seien (38a3). Man kann sicher davon ausgehen, daß Aristoteles nicht gedacht hat, die Conclusio von Festino mit XK-Prämissen könne sich in einem anderen Aspekt als dem der Quantität von der Conclusio von Cesare mit XK-Prämissen unterscheiden.

Ich komme zur Bewertung der aufgefundenen Gültigkeitsbehauptungen.

1.) An die Stelle von Cesare XKM setze ich das Schema

$$\begin{array}{l} (1)\ \forall x N(B(x) \supset \neg A(x)) \\ (2)\ \forall x N(C(x) \supset KA(x)) \\ \hline (3)\ \forall x N(C(x) \supset M\neg B(x)). \end{array}$$

(1) $\forall x N(B(x) \supset \neg A(x))$

S4-impliziert

(2*) $\forall x N(MA(x) \supset M\neg B(x))$;

aus (2*) zusammen mit dem Implikat

(3*) $\forall x N(C(x) \supset MA(x))$

von (2) folgt

(4) $\forall x N(C(x) \supset M\neg B(x))$,

das ist (3). Diese Deduktion entspricht im wesentlichen dem Argument, das Aristoteles in 37b24–28 vorträgt. Aristoteles konvertiert (1) zu $\forall x N(A(x) \supset \neg B(x))$ und kombiniert das Resultat der Konversion mit (2) zu einem Prämissenpaar für Celarent XKM. Daß Aristoteles nicht auch Camestres XKM für gültig hält, dürfte einmal mehr daran liegen, daß er dieses Vorgehen wegen der Inkonvertibilität der a-Aussagen nicht auf den Fall des dualen Modus glaubt übertragen zu können.

In 37b35–38 gibt Aristoteles Begriffseinsetzungen an, welche Paare in der zweiten Figur als unschlüssig erweisen sollen, die aus zwei allgemein bejahenden Gliedern bestehen. Da der Untersatz A e_KC von Camestres XK äquivalent ist zu A a_KC, das Prämissenpaar von Camestres XK also bis auf Äquivalenz ein derartiges Paar darstellt, haben wir die Situation: Camestres XKM ist nicht gültig, oder die fraglichen BE-Argumente weisen einen Defekt auf. Nachdem Camestres XKM gültig *ist*, müßte das zweite Glied der Alternative zutreffen. Das ist tatsächlich so. Um die gemeinsame Erfüllbarkeit von Paaren der angegebenen Charakteristik beispielsweise mit B a_NC zu zeigen, schlägt Aristoteles als Einsetzungen vor: „... ist gesund“ (für A); „... ist Lebewesen“ (für B); „... ist Mensch“ (für C). Unter diesen Einsetzungen geht A a B über in den Satz „jedes Lebewesen ist gesund“. Was Aristoteles im Sinn hat, ist zweifellos, sich darauf zu berufen, daß dieser Satz einmal wahr sein könnte, weil die dafür einschlägige Konstellation einmal eintreten *könnte* - entsprechend der Idee des BE-Verfahrens, wie ich sie in II.3. beschrieben habe. Aristoteles könnte sich darauf in der Tat berufen, wenn der Satz die logische Form $\forall x(B(x) \supset A(x))$ hätte. Wir müssen jedoch davon ausgehen, daß die Form des Satzes gegeben ist durch $\forall x N(B(x) \supset A(x))$ bzw.

durch $N\forall x(B(x) \supset A(x))$. Denn falls nicht nach wie vor die Verabredung in Geltung wäre, daß allgemeine Aussagen auch von assertorischem Charakter ohne zeitliche Beschränkung aufgefaßt werden sollen, könnte Cesare XKM nicht in der beschriebenen Weise durch Zurückführung auf Celarent XKM gerechtfertigt werden – durch Zurückführung auf einen Modus also, von dem Aristoteles eindeutig erkannt hat, daß seine Validität jene Auffassung der assertorischen Prämisse erfordert. Die Annahme aber zu machen, daß $N\forall x(B(x) \supset A(x))$ *einmal*, oder: in einer gewissen Bezugssituation, wahr sein könnte, heißt soviel wie die Annahme machen, daß $\forall x(B(x) \supset A(x))$ *immer* wahr sein könnte, oder: in allen Alternativen zur Bezugssituation. Derartige Annahmen zuzulassen, würde die Aufgabe der für das BE-Verfahren anscheinend wesentlichen Restriktionen bedeuten. Wenn wir es nämlich mit Begriffseinsetzungen zu tun haben, die im übrigen leisten, was sie leisten sollen, die also $B\ a_N C$ in einen relativ zur Bezugssituation wahren Satz übergehen lassen, dann gilt: alle Menschen sind in allen Welten (oder: in allen Alternativen zur Bezugssituation) Lebewesen; ferner gilt aufgrund der Annahme, daß in jeder Welt jedes Individuum, das dort ein Lebewesen ist, auch gesund ist; mithin wären alle Menschen in allen Welten gesund. Dies aber bedeutet, daß eine Annahme eingeführt wurde, die darauf hinausläuft, daß eine Veränderung in den real gegebenen modalen Verhältnissen postuliert wird. Krank oder gesund zu sein ist für Menschen nicht länger eine Sache der Kontingenz. Da die Wahrheit des Untersatzes von Camestres XK davon abhängt, daß gerade in dieser Hinsicht die modalen Verhältnisse keine anderen als die real gegebenen sind, sind die von Aristoteles vorgeschlagenen Einsetzungen nicht geeignet, das Gewünschte zu zeigen – wie wir es aufgrund der Sachlage erwarten mußten. Nachdem Aristoteles vermutlich aufgrund beweistechnischer Überlegungen einmal zu der falschen Ansicht gelangt war, Paare mit allgemein bejahendem X-Glied seien generell unschlüssig, hat er sich offenbar zur Unachtsamkeit verleiten lassen bei dem Versuch, diese Ansicht schließlich mit BE-Methoden zu verifizieren.

2.) Für Camestres KXM tritt das folgende Schema ein.

(1) $\forall x N(B(x) \supset KA(x))$

(2) $\forall x N(C(x) \supset \neg A(x))$

---

(3) $\forall x(N)(C(x) \supset M\neg B(x))$.

Dieser Modus ist der einzige unter allen von Aristoteles im Rahmen der Möglichkeitssyllogistik als gültig behaupteten Modi, von dem ich sagen muß: er kann relativ zu den Strukturhypothesen nicht gerechtfertigt werden, auch nicht mit Konzessionen an den äußeren Modalfaktor. Nehmen wir an, die Wahrheit auch nur von $\forall x(C(x) \supset M\neg B(x))$ in einer Bezugswelt sei zu etablieren unter der Voraussetzung, daß (1) und (2) in dieser Welt wahr sind. Sei also a ein Individuum, das in der betreffenden Welt unter C fällt. Dann wissen wir aufgrund von (2), daß a in derselben Welt nicht unter A fällt. Aufgrund von (1) wissen wir: jedes Ding, das in irgendeiner Welt unter B fällt, realisiert in irgendeiner (anderen) Welt seine Möglichkeit des A-Seins. Darüber, wo das geschieht, kann nichts gesagt werden; insbesondere braucht es nicht in der Bezugswelt zu geschehen. Daher kann die Information, daß a in der Bezugswelt nicht unter A fällt, nicht dazu ausgenutzt werden, zusammen mit der in (1) enthaltenen Information darauf zu schließen, daß a in irgendeiner Welt nicht unter B falle.

Auf den Gedanken, daß Camestres KXM nicht gültig ist (oder auch auf den Gedanken, daß mit den BE-Argumenten von 37b36–38 etwas nicht stimmt), hätte Aristoteles kommen können, wenn er die Einsetzungen von 36–38 zu diesem Modus in Beziehung gesetzt hätte. Denn wir können sicherlich davon ausgehen, daß Aristoteles akzeptiert hätte: die Berufung darauf, daß alle Lebewesen und damit alle Menschen einmal nicht gesund sein könnten, ist genauso zulässig oder unzulässig wie die Berufung darauf, daß alle Lebewesen einmal gesund sein könnten. Das heißt: *wenn* die oben im Zusammenhang mit Camestres XK diskutierten Einsetzungen geeignet sind, $A \ a \ B \wedge A \ e_K C$ in einen relativ zu einer gewissen Weltsituation, die als zulässig gilt, wahren Satz zu überführen, dann sind sie – da im übrigen Gesundheit für jedes Lebewesen als eine ebenso kontingente Angelegenheit wie für jeden Menschen gelten kann – auch geeignet, $A \ a_K B \wedge A \ e \ C$ in einen relativ zu einer gewissen anderen und ebenfalls zulässigen Weltsituation wahren Satz zu überführen. Freilich wäre aus den erläuterten Gründen ein auf den aristotelischen Einsetzungen basierendes Argument gegen die Gültigkeit von Camestres KXM nicht wirklich akzeptabel. Nachdem aber der Modus nicht gültig ist, müßte sich, sofern das BE-Verfahren ein gutes Verfahren ist, auf der Grundlage besserer Einsetzungen ein Nichtgültigkeitsbeweis von aristotelischer Manier für Camestres KXM geben lassen. Dem ist so. Man nehme etwa die Einsetzungen: „... schläft" (für A); „... ist Mensch" (für B); „... denkt" (für C). Mit der akzeptablen Voraussetzung, daß unter „Denken" ein höherer intellektueller Vorgang verstanden wird, den immer nur Menschen und die immer nur im Wachzustand zu realisieren vermögen, ist wahr, und zwar *ohne* zeitliche Beschränkung: „alles Denkende schläft nicht"; ferner ist, ebenso zeitlos, wahr: „jeder Mensch schläft kontingenterweise", und: „alles Denkende ist Mensch und damit notwendig Mensch".

Wenn wir im Zuge unserer externen Betrachtung die zu Beginn der Einleitung angesprochene Gefahr solcher Betrachtungen gering halten wollen, ist es ratsam, daß wir uns in Fortführung der bisher geübten Praxis an dem

Grundsatz orientieren: treten größere Diskrepanzen zwischen dem im aristotelischen Text Behaupteten und dem auf der Basis eines Systems von Strukturhypothesen als sachlich richtig Erkannten auf, so braucht das System der Hypothesen nur dann nicht revidiert zu werden, wenn aufgezeigt werden kann, durch welche für ihn nahe liegenden Argumentationsfehler Aristoteles veranlaßt worden sein könnte, bestimmte falsche Behauptungen aufzustellen; oder wenn es von jenen Diskrepanzen unabhängige deutliche Anzeichen für Textverderbnis gibt. Im vorliegenden Fall ist es so, daß einsichtig gemacht werden kann, wie Aristoteles zur Behauptung der Gültigkeit von Camestres KXM gekommen sein dürfte. Aus dem freilich vagen Hinweis, welchen Aristoteles in 37b29 gibt, wird man wohl mit den Kommentatoren schließen können, daß Aristoteles die folgende Argumentation vor Augen hat.

Ähnlich wie im Fall von Cesare XKM geht die negative unter den Prämissen, das ist hier $\forall x N(C(x) \supset \neg A(x))$, durch einfache Konversion über in ihr Äquivalent mit vertauschten Termini, hier in C e A (sachlich korrekt). Dann hat man in C e A und A a_KB Prämissen für Celarent XKM, mithin folgt (sachlich korrekt) C e_MB. Dies soll nun – nachdem anders als bei Cesare der ursprüngliche Obersatz zum Untersatz des Hilfssyllogismus nach Celarent geworden ist – vermutlich konvertiert werden zu B e_MC.

Die Zulässigkeit der einfachen e_M-Konversion behauptet Aristoteles, wie wir sehen werden, in A3. Diese Behauptung ist relativ zur einschlägigen Strukturhypothese falsch. Das Problem verlagert sich also dahin, plausibel zu machen, wie Aristoteles dazu hat kommen können, an die einfache Konvertierbarkeit der e_M-Aussagen zu glauben. Dies soll bei der Erörterung von A3 in Kapitel IV. geschehen.

Maier ist im Recht, wenn er Aristoteles mit der Behauptung der Gültigkeit von Camestres KXM im Irrtum sieht und den Irrtum an der Konversion der Conclusio des von Aristoteles wahrscheinlich intendierten Hilfssyllogismus festmacht. (Dazu Maier (1896–1900), Bd.II Halbbd.1, S. 180f.) Allerdings beruht Maiers Kritik auf der falschen Annahme, Aristoteles habe sich, wenn er in der vermuteten Weise zu argumentieren beabsichtigte, zu einem Stück seiner eigenen Theorie in Widerspruch gesetzt, nämlich zu der in A17 etablierten Inkonvertibilität der e_K-Aussagen. Wie Ross korrekt gegen Maiers Kritik einwendet, geht es hier um eine e_M-Aussage (dazu Ross (1949), S. 356). Was Ross wiederum nicht sieht ist, daß die angebliche Konvertierbarkeit der e_M-Aussagen problematisch ist (vgl. Ross a. a. O., S. 297). Natürlich *wäre* C e_MB konvertibel, wenn die Struktur von C e_MB gegeben wäre durch $\forall x M(B(x) \supset M\neg C(x))$, und entsprechend für C a_MB. (Man vergleiche die in II.9. zur logischen Form des e_M angestellte Überlegung.) Denn diese Formel ist äquivalent zu $\forall x M(\neg B(x) \vee M\neg C(x))$, und die letztere Formel ist T-äquivalent zu $\forall x(M\neg B(x) \lor MM\neg C(x))$ bzw. ist mit S4 äquivalent zu $\forall x(M\neg B(x) \lor M\neg C(x))$; das ist nun eine in B und C symmetrische Formel. Gegen das Verfahren, diese Strukturhypothese anzunehmen, spricht das von mir an der eben erwähnten früheren Stelle Gesagte. Ferner könnte in diesem Fall die partikuläre Konvertierbarkeit von C a_MB nur mit der starken Existenzvoraussetzung $\exists x \Lambda B(x)$ sichergestellt werden, womit auch ein Teil der Symmetrie von LSF dahin wäre.

3.) Für Festino XKM führen die Strukturhypothesen auf das Schema

$$\begin{array}{l} (1)\ \forall xN(B(x) \supset \neg A(x)) \\ (2)\ \exists xK(C(x) \land KA(x)) \\ \hline (3)\ \exists xM(C(x) \land M\neg B(x)). \end{array}$$

Die Formel

(1) $\forall xN(B(x) \supset \neg A(x))$

S4-impliziert

(2*) $\forall xN(MA(x) \supset M\neg B(x))$;

(2) impliziert

(3*) $\exists xM(C(x) \land MA(x))$,

und aus (2*) und (3*) haben wir nach Prinzipien von PL + T

(4) $\exists xM(C(x) \land M\neg B(x))$,

das ist (3). Auch Aristoteles hat offenbar im Sinn, den Modus durch eine Konversion des Obersatzes zu rechtfertigen (38a3f.).

Die Meinung des Aristoteles, nach der Baroco XKM nicht ebenfalls gültig ist (dazu 37b40–38a1), ist genauso falsch wie seine Verwerfung von Camestres XKM, und sie wird ihren Grund in derselben Überlegung wie diese haben.

2.7. A19; die unterschiedliche Behandlung assertorischer Aussagen in Notwendigkeits- und Möglichkeitssyllogistik als Fehlerquelle

1.) Die Schemata

$$\begin{array}{l} (1)\ \forall xN(B(x) \supset N\neg A(x)) \\ (2)\ \forall xN(C(x) \supset KA(x)) \\ \hline (3)\ \forall x(N)(C(x) \supset M\neg B(x)) \end{array} \quad \text{und} \quad \begin{array}{l} (1)\ \forall xN(B(x) \supset N\neg A(x)) \\ (2)\ \forall xN(C(x) \supset KA(x)) \\ \hline (3')\ \forall x(N)(C(x) \supset \neg B(x)) \end{array}$$

repräsentieren die Modi Cesare NKM und Cesare NKX.

(1) $\forall xN(B(x) \supset N\neg A(x))$

liefert durch Kontraponieren hinter dem N-Operator

(2*) $\forall x N(MA(x) \supset \neg B(x))$;

(2) impliziert

(3*) $\forall x N(C(x) \supset MA(x))$,

und aus (2*) und (3*) haben wir

(4) $\forall x N(C(x) \supset \neg B(x))$,

das ist (3′) – wobei der parenthetische Notwendigkeitsfaktor gesetzt werden kann. (3′) impliziert (3), so daß die ((PL + T)-)Gültigkeit beider Schemata gezeigt ist.

Gegenstand der Betrachtung sind in A19 Paare von Prämissen für die zweite Figur, die jeweils aus einem Notwendigkeits- und aus einem Kontingenzsatz bestehen (38a13f.). Die Feststellung, daß Cesare sowohl vom Typ NKX als auch vom Typ NKἐνδ. gültig sei, ist einmal eingeschlossen in der zusammenfassenden Behauptung des Aristoteles, die lautet: enthält ein Paar der fraglichen Sorte ein verneinendes apodiktisches Glied, so impliziert das Paar sowohl eine verneinende ἐνδέχεσθαι-Aussage als auch eine verneinende assertorische Aussage; enthält es lediglich ein bejahendes apodiktisches Glied, so impliziert es keine der in Betracht kommenden Aussagen (38a14–16). Diese Zusammenfassung bezieht sich offenbar auf Paare aus zwei allgemeinen Gliedern, und verneinende apodiktische Aussagen sind dementsprechend hier allgemein verneinende apodiktische Aussagen. Zum anderen werden Cesare NKἐνδ. und Cesare NKX im einzelnen in dem Abschnitt 38a16–25 gerechtfertigt. Dabei zeigt das Argument, welches Aristoteles für die Gültigkeit von Cesare NKἐνδ. gibt, daß er hier in der Tat an eine einseitige Möglichkeitsaussage als Conclusio gedacht haben muß. Aristoteles will nämlich offenbar den Obersatz A e_NB abschwächen zu A e B (in der zeitlich unbeschränkten Version), und er kontraponiert anschließend die letztere Formel zu B e A; zusammen mit dem Untersatz A a_KC hat man dann Prämissen für Celarent XKM; einer Anwendung dieses Modus steht nichts im Wege, da der Obersatz in zeitlich unbeschränkter Form gegeben ist, man kann also in der ersten Figur auf B e_MC schließen – wobei der M-Charakter der ἐνδέχεσθαι-Conclusio von Celarent mit Prämissen vom Typ XK in A15 ausdrücklich vermerkt wurde.

Natürlich muß man damit rechnen, daß durch die erwähnte Abschwächung der maior etwas verloren geht. So ergibt dann auch die aus den Schritten (1) bis (4) bestehende Deduktion, bei der innerhalb der Prämisse A e_NB selbst kontraponiert wird, das stärkere Resultat B e C. Aristoteles versucht die Gültigkeit von Cesare NKX durch ein reductio-Argument zu etablieren

(38a21–25): angenommen, die Prämissen sowie das Gegenteil B i C des als Conclusio in Anspruch genommenen B e C sind wahr; aus der Wahrheit von A e_NB und von B i C ergibt sich – nach Ferio NXN – die Wahrheit von A o_NC, welche unvereinbar ist mit der Wahrheit der zweiten Prämisse A a_KC. Dies Argument geht nicht ganz so glatt durch, wie es den Anschein hat, sobald man sich vergegenwärtigt: vielleicht soll es sich bei der e-Aussage, die als Conclusio zu rechtfertigen ist, um eine zeitlich unbeschränkte e-Aussage handeln. Wir haben gesehen, daß ein solcher Anspruch jedenfalls der Sache nach begründet wäre. Das Gegenteil einer derartigen Version von B e C, das Gegenteil also von $\forall x N(C(x) \supset \neg B(x))$, wäre nicht äquivalent zu einem Ausdruck, durch den wir normalerweise B i C symbolisieren; es wäre vielmehr äquivalent zu $\exists x M(C(x) \wedge B(x))$. Es ist klar, daß, sobald man auf der Seite der Allaussagen eine Modifikation vornimmt, indem man diese Aussagen als zeitlich unbeschränkte Aussagen in der früher erläuterten Weise aufzufassen beginnt, die üblichen Oppositionsverhältnisse zwischen aristotelischen All- und Existenzaussagen nur erhalten bleiben können, wenn eine dazu passende Modifikation auf der Seite der Existenzaussagen mitgemacht wird. Wie wir schon bei der Betrachtung des Verhältnisses von e,a_N- und i,o_M-Sätzen in II.6. feststellen konnten, kommt für die Modifikation von Existenzaussagen die Einführung eines äußeren M-Operators als Gegenstück zur Regularitätskomponente der Allaussagen in Frage. Wir haben damit eine Situation, die einer in II.9. anvisierten analog ist: Aristoteles ist möglicherweise daran gelegen, per reductionem ad impossibile die Gültigkeit eines Modus mit zeitloser e_X-Conclusio zu erweisen; dies wirft die Frage auf, ob er als Hypothese zur Durchführung des Reduktionsarguments die mit den fraglichen Termini gebildete volle i-Aussage (das ist hier: $\exists x(C(x) \wedge B(x))$) benötigt oder ob schon das Gegenteil der Conclusio (hier: $\exists x M(C(x) \wedge B(x))$) ihm ausreichen würde. Wir können sagen, daß die letztere Alternative zutrifft. Denn ähnlich wie im Fall des von Aristoteles geführten Widerspruchsbeweises für die Gültigkeit von Barbara XKM könnte das Argument aus 38a21–25 im Hinblick auf den zeitlosen Fall wie folgt präzisiert werden.

Die Prämissen von Cesare NKX sowie das Gegenteil $\exists x M(C(x) \wedge B(x))$ der zeitlich unbeschränkten Conclusio B e C seien wahr – in einer Bezugswelt x_0. Dann ist das volle B i C (das ist $\exists x(C(x) \wedge B(x))$) wahr in einer Alternative x_1 zu x_0. Aufgrund der Wahrheit in x_0 von A e_NB, das ist von $\forall x N(B(x) \supset N\neg A(x))$, ist ferner wahr in x_1 $\forall x(B(x) \supset N\neg A(x))$ – oder mit S4 sogar $\forall x N(B(x) \supset N\neg A(x))$ selbst. Damit kann man in x_1 Ferio NXN in Funktion setzen mit dem Ergebnis: A o_N C – im schwachen Sinne, nämlich in der Form $\exists x(C(x) \wedge N\neg A(x))$ – ist wahr in x_1. Das ist ein Widerspruch zur Wahrheit von $\forall x(C(x) \supset KA(x))$ in allen Alternativen von x_0.

Es ist offensichtlich, daß die Konjunktion aus (1) und (2) sogar $\forall$xN(C(x) $\supset$ N$\neg$B(x)) impliziert, sobald S5-Prinzipien zugelassen werden. Die Möglichkeit, daß Aristoteles in einem späteren Stadium seiner Beschäftigung mit modalen Syllogismen eine entsprechende Einsicht gewonnen haben könnte, ist ähnlich wie im Fall von Celarent mit Prämissen vom Typ NK aufgrund von A34 der *An. pr.* nicht ganz von der Hand zu weisen. (Man vergleiche unsere diesbezüglichen Überlegungen in 2.4.) In den Zeilen 48a15–18 dieses Kapitels weist Aristoteles eine vermeintlich erfolgreiche BE-Widerlegung der Gültigkeit eines modalen Syllogismus in der zweiten Figur zurück, bei dem es sich dem Wortlaut des überlieferten Textes nach um Cesare NK/*V* handeln müßte:

> Wiederum wird der Fehler sich auf dieselbe Weise in der mittleren Figur einschleichen. Man wird den Schluß ziehen: die Gesundheit kann keiner Krankheit zukommen, aber jedem Menschen: also kann keinem Menschen die Krankheit zukommen [≈ ὥστ' οὐδενὶ ἀνθρώπῳ νόσον ⟨scil. ἐνδέχεσθαι ὑπάρχειν⟩] (Rolfes (1921), S. 76).

Die beiden hier zuerst ausgedrückten Sachverhalte sind scheinbar der Fall, während der dritte nicht der Fall ist: sehr wohl kann jeder Mensch erkranken und krank sein. Der Fehler, an dem das BE-Argument dann doch scheitert, ist im wesentlichen derselbe wie der, den Aristoteles an dem zuvor von ihm referierten BE-Argument gegen Celarent ausgemacht hatte. Es handelt sich um die Verwischung des Unterschieds zwischen Krankheit-Sein und krank-Sein, zwischen gesund-Sein und der Eigenschaft, die Verfassung der Gesundheit zu sein.

Daß Aristoteles sich an dieser Stelle in einen gewissen Widerspruch zur offiziellen Doktrin von A19 setzt (wo freilich nicht ausdrücklich gesagt wird, daß die Prämissen von Cesare NK *nicht* einen e_N-Satz implizierten), ist den Kommentatoren nicht entgangen. Entgangen zu sein scheint ihnen nur, daß Aristoteles damit durchaus keinen glatten Irrtum begeht. Tredennick schlägt vor, es entweder mit der Feststellung bewenden zu lassen, daß Aristoteles in A34 ein Fehler unterlaufen sei, oder in 48a18 νόσον (≈ Krankheit; Akkusativ) in νόσος (≈ Krankheit; Nominativ) abzuändern. Würde man diesem Änderungsvorschlag folgen, so hätte man nicht länger zu übersetzen:

> „... so daß es für keinen Menschen möglich ist, daß Krankheit [hier im Griech.: Subjektsakkusativ] (ihm) zukommt",

sondern stattdessen:

> „... so daß keinem Menschen Krankheit [hier auch im Griech.: Nominativ] zukommt".

Nach Ross spricht aber die philologische Evidenz eindeutig für den Akkusativ νόσον (dazu Ross (1949), S. 403) und damit für die These, daß Aristoteles an der Stelle einen Syllogismus mit negativer Notwendigkeitskonklusion im Sinn hat.

2.) Für Camestres KNM und Camestres KNX setze ich die Schemata

$$\begin{array}{l} (1)\ \forall x N(B(x) \supset KA(x)) \\ (2)\ \forall x N(C(x) \supset N\neg A(x)) \\ \hline (3)\ \forall x N(C(x) \supset M\neg B(x)) \end{array} \quad \text{bzw.} \quad \begin{array}{l} (1)\ \forall x N(B(x) \supset KA(x)) \\ (2)\ \forall x N(C(x) \supset N\neg A(x)) \\ \hline (3')\ \forall x N(C(x) \supset \neg B(x)). \end{array}$$

Das linke Schema ist durch Abschwächung von (3′) zu (3) gültig, sofern das rechte Schema gültig ist. Das rechte Schema *ist* gültig, weil Cesare NKX gültig ist, weil die Vertauschung der Prämissen (1) und (2) auf ein Prämissenpaar für eben diesen Modus führt und weil das nach diesem Modus dann gewonnene C e B äquivalent ist mit B e C.

Daß Aristoteles diese beiden Versionen von Camestres tatsächlich für gültig gehalten haben dürfte, wird man, Becker folgend, aus dem Wortlaut der Zeilen 38a25f. schließen können: „Ebenso wird der Beweis geführt werden, wenn die Verneinung bei C steht" (Rolfes (1921), S. 44). Diese Bemerkung stellt eine Parallele zu 37b29 in A18 dar. Bei der Besprechung dieser früheren Stelle in 2.6. habe ich auf verschiedene Deutungsmöglichkeiten hingewiesen, von denen schließlich alle bis auf eine verworfen werden konnten. Wenn wir 38a25f. in Analogie zu 37b29 interpretieren, ist mit der Rede vom Stellen der Verneinung zu C diejenige Prämissenkombination gemeint, die aus dem Paar der Prämissen von Cesare NKM/X dadurch hervorgeht, daß die im ersten Glied des Cesare-Paars auftretende Verneinung, das heißt: die Verneinung von allgemeinem und apodiktischem Charakter, in den Untersatz wandert und im Gegenzug die Kombination von Qualität, Quantität und Modalität des Cesare-Untersatzes in den Obersatz wandert. Wenn für dies Paar der Beweis „ebenso" geführt werden wird (nämlich so wie für Cesare mit Prämissen vom Typ NK), schließt das ein: Camestres KNM und Camestres KNX können als gültig erwiesen werden. Das Analogon der zweiten der auf S. 266 unterschiedenen Alternativen, also die Möglichkeit, daß in 38a25f. von dem Paar $\begin{smallmatrix} Aa_N B \\ Ae_K C \end{smallmatrix}$ die Rede ist, scheidet wegen der Behauptung in 38a14–16 aus, nach der Paare mit bejahendem apodiktischem Glied unschlüssig sind.

Wieland schreibt in (1975), S. 79: „In der zweiten Figur gibt es keine gültigen Syllogismen vom Typus MN". Andererseits führt er a. a. O., S. 81, unter diversen von Aristoteles für gültig gehaltenen Syllogismen den Modus Camestres MN𝔐 auf. Ich erinnere daran, daß 𝔐 bei Wieland die einseitige Möglichkeit symbolisiert, also unserem M entspricht (dazu Wieland (1972),

S. 144). Weiter entspricht Wielands M unserem K (vgl. S. 126 a. a. O.). Wieland kann demnach nur gemeint haben, daß es in der zweiten Figur keine gültigen Syllogismen vom Typ MN*M* (oder in unserer Notation: vom Typ KN*K*) gebe. Das ist richtig. Die Auseinandersetzung mit Thesen Wielands wird gelegentlich dadurch erschwert, daß Wieland sich – für mich unverständlich – auf modale Syllogismen nicht selten durch bloße Nennung des Modaltyps der Prämissen bezieht, und zwar an Stellen, an denen der Kontext den Modaltyp des Schlußsatzes nicht klärt und an denen auch nicht bloß vom Antezedens eines Modus gesprochen werden soll. Wir werden es damit noch einmal bei der Diskussion um Bocardo NKX zu tun bekommen.

3.) Durch die Schemata

$$\begin{array}{l} (1)\ \forall x N(B(x) \supset N\neg A(x)) \\ (2)\ \exists x K(C(x) \wedge KA(x)) \\ \hline (3)\ \exists x M(C(x) \wedge M\neg B(x)) \end{array} \quad \text{und} \quad \begin{array}{l} (1)\ \forall x N(B(x) \supset N\neg A(x)) \\ (2)\ \exists x K(C(x) \wedge KA(x)) \\ \hline (3')\ \exists x(M)(C(x) \wedge \neg B(x)) \end{array}$$

werden die Modi Festino NKM und Festino NKX symbolisiert.

(1) $\forall x N(B(x) \supset N\neg A(x))$

ist wie gehabt äquivalent zu

(2*) $\forall x N(MA(x) \supset \neg B(x))$;

(2) impliziert

(3*) $\exists x M(C(x) \wedge MA(x))$,

und wir erhalten aus (2*) und (3*)

(4) $\exists x M(C(x) \wedge \neg B(x))$,

das ist (3′) – wobei der äußere parenthetische Möglichkeitsfaktor gesetzt werden muß, man die Klassifikation der Conclusio als assertorisch also nur auf das Fehlen eines (echten) Modalfaktors beim zweiten Glied der quantifizierten Konjunktion gründen kann. (3′) impliziert (3), womit auch Festino NKM als gültig erkannt ist.

Die Behauptung der Gültigkeit dieser Modi (und wohl auch die der Gültigkeit ihrer komplementären Gegenstücke) schließen die Zeilen 38b25–27 ein. Die komplementären Gegenstücke von Festino NKM/X sind jedenfalls in 38b31–35 angesprochen. Von den komplementären Gegenstücken von Cesare NKM/X und von Camestres KNM/X handeln summarisch die Zeilen 38b6–8 sowie im einzelnen die Zeilen 38b8–13.

Damit haben wir alle in A19 mehr oder weniger explizit ausgesprochenen Gültigkeitsbehauptungen verifiziert. Sehen wir uns noch abschließend einige Unschlüssigkeitsbehauptungen und die für sie vorgebrachten Argumente an!

Wir haben bereits festgestellt, daß Aristoteles Paare mit bejahendem apodiktischem Glied für unschlüssig hält. Dementsprechend heißt es in 38a26–29, das Paar $\genfrac{}{}{0pt}{}{A\ e_K B}{A\ a_N C}$ erlaube keinen Schluß. Das ist falsch. Denn natürlich kann man, wenn die Glieder des Paars wahr sind, sagen: die Exemplare von C sind notwendig A, die Exemplare von B aber sind es kontingenterweise, und da nichts zugleich notwendig A und kontingenterweise A sein kann, sind die Exemplare von C nicht B. Es ist in einer Hinsicht richtig zu sagen, daß negative K-Aussagen nicht wirklich negativ sind. Denn A e_K B schließt das A-Sein der Exemplare von B nicht aus. Wenn es aber nicht mehr nur um den Aspekt des A-Seins selbst geht, ist A e_KB sehr wohl negativ: die Erfüllung von KA(x) oder auch von K¬A(x) schließt das notwendigerweise-A-Sein aus. Aristoteles hätte die Gültigkeit von Cesare KNX auch im Anschluß an 38a16–25 sehen können: das Paar $\genfrac{}{}{0pt}{}{A\ e_K B}{A\ a_N C}$ geht durch Vertauschung der Glieder in ein Paar über, das sich von einem Paar von Prämissen für Cesare NKX nicht wesentlich, nämlich lediglich durch A/¬A-Substitution, unterscheidet; also impliziert es C e B und damit B e C.

Welche Überlegungen haben Aristoteles die Sachlage verkennen lassen? In 38a29–b4 versucht Aristoteles, nacheinander für verschiedene Typen von Sätzen zu zeigen, daß sie nicht Implikate von A e_KB ∧ A a_NC sind. Zunächst schließt er in 38a29–36 Kontingenzsätze als Implikate aus, indem er die Verträglichkeit der Konjunktion mit B e_NC durch ein BE-Argument etabliert. Damit ist Aristoteles im Recht. Denn tatsächlich können wir sogar sagen, daß die Konjunktion, jedenfalls relativ zu PL + S4, B e_NC *impliziert.* Aufgrund der Verträglichkeit der Konjunktion mit B e_NC sind auch bejahende einseitige Möglichkeitssätze als Implikate ausgeschlossen und damit erst recht alle anderen in Betracht kommenden stärkeren Typen von bejahenden Sätzen. Darauf weist Aristoteles korrekt in 38b3f. hin. Sodann argumentiert Aristoteles dafür, daß auch kein e_N-Satz impliziert werde (38a36–38). Nachdem wir festgestellt haben, daß dies gerade falsch ist, zumindest unter der Voraussetzung einer hinreichend starken Modallogik, muß Aristoteles' Argument unter dieser Voraussetzung fehlerhaft sein. Aristoteles sagt:

> Aber es gibt auch keinen Schluß auf die Notwendigkeit. Denn das Notwendige erhielten wir entweder, wenn beide Vordersätze notwendig sind oder, wenn der verneinende es ist (Rolfes (1921), S. 45).

Ross versteht Aristoteles hier so, als beziehe er sich im wesentlichen auf A10. Die Erörterung der zweiten Figur im Rahmen der Notwendigkeitssyllogistik hat einmal (in A8) zu dem Resultat geführt, daß man „das Notwendige" aus zwei N-Prämissen erhält; und sie hat weiter, nämlich in A10, Aristoteles zu der Auffassung geführt, daß man „das Notwendige" im gemischt assertorisch-apodiktischen Fall nur erhalte, wenn eine e_N-Prämisse gegeben ist; daß man es also nicht erhalte, wenn eine a_N-Prämisse und eine negative assertorische Prämisse gegeben sind. Man liest das aus der im Anhang beigegebenen Tafel II Beckers ab. Nun meint Ross:

> „*A fortiori* such a conclusion [i. e.: an apodeictic conclusion] will not follow if the affirmative premiss is apodeictic and the negative problematic" (Ross (1949), S. 360).

In dieser Form wäre der Schluß gegen eine Implikation des Notwendigen durch A e_KB ∧ A a_NC offensichtlich nur dann korrekt, wenn A e B stärker wäre als A e_KB – was nicht der Fall ist. Immerhin kann man aber doch sagen: wenn A e_KB zusammen mit A a_NC überhaupt den Schluß auf irgendein B-C-Verhältnis ermöglicht, so kann dafür nur die Teilaussage A e_MB von A e_KB relevant sein (da MA(x) und NA(x) einander nicht ausschließen), und die *ist* schwächer als A e B (mit einer Einschränkung, auf die ich gleich zu sprechen komme). Wenn es also falsch sein soll, daß A e_KB ∧ A a_NC das B e_NC nicht impliziert, müßte auch etwas an der Regel falsch sein, auf die Aristoteles sich hier anscheinend beruft: daß man nämlich im gemischt assertorisch-apodiktischen Fall der zweiten Figur keine N-Conclusio bekomme, wenn die apodiktische Prämisse positiv ist. Die Regel *ist* falsch, wenn, erstens, PL + S4 zugelassen wird und wenn, zweitens, assertorische e-Aussagen so interpretiert werden, wie es für den Vollzug des Arguments gegen die Gültigkeit von Cesare KNN nötig ist; wenn sie nämlich so interpretiert werden, daß sie wirklich stärker sind als die ihnen korrespondierenden e_M-Aussagen. Die letztere Bedingung bedeutet, daß assertorische e-Aussagen als Aussagen ohne zeitliche Beschränkung interpretiert werden müssen. Denn ∀x(B(x) ⊃ ¬A(x)), das ist A e B *mit* zeitlicher Beschränkung, ist weder schwächer noch stärker als ∀x*N*(B(x) ⊃ M¬A(x)). Unter solchen Voraussetzungen haben wir, daß A e B (≈ ∀x*N*(B(x) ⊃ ¬A(x))) die Formel ∀xN(NA(x) ⊃ N¬B(x)) S4-impliziert; zusammen mit A a_NC (≈ ∀xN(C(x) ⊃ NA(x))) erhält man ∀xN(C(x) ⊃ N¬B(x)), das ist B e_NC – im Widerspruch zur genannten Regel.

Mithin lautet unsere Diagnose folgendermaßen. Aristoteles' Argument gegen die Gültigkeit von Cesare KNN ist zwar letztlich schlüssig, geht aber von einer falschen Prämisse aus. Daß Aristoteles die Falschheit dieser Prämisse nicht erkannt hat, ist nicht sehr verwunderlich. Er hätte sich dazu dessen erinnern müssen, daß er in der Notwendigkeitssyllogistik assertorische Aussagen noch anders konzipiert hatte als in der Möglichkeitssyllogistik. Er hätte sich weiter vergegenwärtigen müssen, daß er in jenem Theoriestück eventuell andere als die von ihm festgehaltenen Ergebnisse erzielt haben würde, hätte er schon dort die in die Möglichkeitssyllogistik eingeführten Voraussetzungen zugrunde gelegt; so, wie tatsächlich Maier derartige andere Ergebnisse erzielt, indem er implizit in die Notwendigkeitssyllogistik zeitlich unbeschränkte Versionen allgemeiner assertorischer Aussagen einführt (vgl. 1.3. über Cesare XNN).

Schließlich versucht Aristoteles, für die Verträglichkeit von A e_KB $\wedge$ A a_NC mit B a C und sogar mit B a_NC zu argumentieren (38a38–b3). Hätte Aristoteles hierbei Erfolg, so wäre nicht nur B e_NC durch ein neues, besseres Argument als Implikat ausgeschlossen, sondern auch B e C (unter der Voraussetzung, daß es Exemplare von C gibt). Nachdem wir gesehen haben, daß Cesare KNX ohne besondere Anforderungen an die zugrundeliegende Logik gültig ist, muß das hier von Aristoteles versuchte Argument ohne Einschränkung fehlerhaft sein. Das ist der Fall. Aristoteles gibt Begriffseinsetzungen an, unter denen die minor A a_NC übergeht in den Satz: „alles Wache ist notwendig bewegt". Selbst wenn man einmal zugesteht, daß jedes irgendwann im Wachzustand sich befindende Lebewesen dann zugleich in Bewegung ist, ist doch die entsprechende, recht verstandene Notwendigkeitsaussage falsch (und damit ist kein Modell für die Konjunktion der Prämissen mit B a C angegeben): alles, was in irgendeiner Situation wach ist, kann zu wachen aufhören und damit in einer anderen Situation im Schlaf und unbewegt sein, ist also nicht notwendig bewegt. Aristoteles hat an dieser Stelle nicht aufgepaßt und ist zurückgefallen auf eine ja durchaus nicht fern liegende reine Regularitäts- oder de-dicto-Interpretation von Notwendigkeitsaussagen. Diese Einschätzung steht unter der Voraussetzung, daß nicht die dritte der unten in Kapitel V. unterschiedenen möglichen Reaktionen auf gewisse Merkwürdigkeiten von modallogischen BE-Argumenten die angemessene Reaktion ist.

Im Licht des oben Gesagten kann auch die in 38b13–23 von Aristoteles vertretene Behauptung nur falsch sein, nach der das Paar $\genfrac{}{}{0pt}{}{A\ a_N B}{A\ a_K C}$ unschlüssig sein soll. Auch hier ist der Schluß auf B e C möglich. Aristoteles zeigt mit einem BE-Argument die Verträglichkeit des Paars mit B e_NC. Damit sind B e_KC und alle bejahenden B-C-Sätze als Implikate ausgeschlossen. Das BE-Argument ist diesmal tatsächlich korrekt, und Aristoteles hat hier zum richtigen Verständnis der Notwendigkeitsaussagen zurückgefunden. Denn gegeben die in 38b20 gewählten Begriffseinsetzungen, ist es – wenn wir einmal von Einwendungen à la Kneale und Kneale absehen, denen man leicht Rechnung tragen könnte, wie dem Einwand, daß dunkle Schwäne vorkommen (nämlich als Exemplare außereuropäischer Rassen oder als juvenile Exemplare der europäischen Rassen) – wahr im *kombinierten* Regularitäts- und Essentialitätssinn, daß alle Schwäne notwendig weiß sind; und es ist auch wahr, daß alle Menschen notwendig nicht Schwäne sind. Aristoteles' Fehler liegt in dem 38b14–17 versuchten Argument für die Behauptung, B e C sei kein Implikat von A a_N B ∧ A a_KC. Aristoteles verweist auf den Sachverhalt, daß in dem fraglichen Paar „weder für sein noch für notwendig sein eine verneinende Prämisse angesetzt ist" (Rolfes (1921), S. 45). Ich vermute, daß Aristoteles hier mit der voreiligen Adaption einer Einsicht aus der assertorischen Syllogistik für die modale Syllogistik operieren will. In der assertorischen Syllogistik hatte sich gezeigt, daß ein syllogistischer Schluß auf einen verneinenden Satz genau dann möglich ist, wenn eine der gegebenen Prämissen verneinend ist. Die Adaption würde wohl lauten: ein Schluß auf einen echt negativen Satz – wobei Kontingenzsätze jedenfalls wegen ihrer komplementären Konvertierbarkeit und aus anderem Grund vielleicht auch Möglichkeitssätze nicht als wirklich negativ gelten – ist nur dann möglich, falls eine echt negative Prämisse vorhanden ist, also eine negative Prämisse vom Modaltyp X oder N. (Man vergleiche Alexander 239, 20–28.) In dem Glauben an die Richtigkeit dieser Adaption hätte Aristoteles sich immerhin durch die Entwicklung der Möglichkeitssyllogistik bis zu dieser Stelle bestätigt sehen können. Bisher hat Aristoteles nämlich verneinend-assertorische Conclusiones ausschließlich beim Vorhandensein von e_N-Prämissen konstatiert. Das ändert aber nichts daran, daß die Adaption falsch ist und nicht über die bloße Analogie hinaus auf den Befund für die assertorische Syllogistik gegründet werden kann.

Die im Fall der Kombinationen aus einem allgemeinen und einem partikulären Glied den besprochenen Unschlüssigkeitsbehauptungen analogen Behauptungen, die Aristoteles in 38b27–31 formuliert, sind ebenfalls falsch.

2.8. A20; „ein Weißes ist kontingenterweise ein Mensch"

Aristoteles beginnt das zwanzigste Kapitel in 39a4–13 mit einer Zusammenfassung, die sich nicht nur auf A20 selbst bezieht, sondern auch auf A21 und A22, also auf diejenigen Kapitel, in denen insgesamt die dritte Figur abgehandelt wird. Aristoteles' Behauptungen lauten folgendermaßen. Ein aus zwei ἐνδέχεσθαι-Sätzen bestehendes Antezedens ermöglicht (höchstens) eine Conclusio, die wiederum vom ἐνδέχεσθαι-Typ ist. Dasselbe gilt für ein aus einem problematischen und einem assertorischen Satz bestehendes Antezedens. Diese Prämissenkombinationen sind Thema von A21. Dagegen gilt im gemischt problematisch-apodiktischen Fall (der ist Thema von A22): enthält das jeweilige Antezedens ein bejahendes N-Glied, so gibt es keinen Schluß auf einen N- oder auf einen X-Satz; enthält es aber ein verneinendes N-Glied, so ist ein Schluß auf einen verneinenden X-Satz möglich.

Die erste Behauptung ist richtig. Auf die anderen Behauptungen gehe ich bei der Behandlung der entsprechenden Kapitel ein. Allerdings kann man sich, was die letzte Behauptung betrifft, schon denken, daß einmal mehr die Auszeichnung der Antezedentia mit e_N-Glied zwar verständlich sein wird wegen der bei e_N- und nicht bei a_N-Sätzen gegebenen Möglichkeit der einfachen Konversion, daß sie aber letztlich unberechtigt sein wird.

Die Zusammenfassung endet mit einer Bemerkung zum Charakter des ἐνδέχεσθαι in den Schlußsätzen aller Modi oder einiger der Modi, auf welche die Zusammenfassung sich bezieht: „Auch hier muß man das in den Schlußsätzen vorkommende ἐνδεχόμενον [≈ möglich Seiende] ähnlich (wie früher) verstehen". Ross meint, diese Bemerkung beziehe sich auf die Schlußsätze der unmittelbar zuvor von Aristoteles angesprochenen Modi; das sind die Modi mit gemischt problematisch-apodiktischen Prämissenpaaren, die ein e_N-Glied enthalten. Aristoteles wolle sagen, daß diese Paare, neben assertorischen Sätzen, auch (einseitige) Möglichkeitssätze implizierten. (Ebenso Mignucci im Anschluß an Alexander, und ebenso Maier.) Ich kann mir allerdings auch vorstellen, daß Aristoteles hier sagen will: wenn man die Modi der dritten Figur nach dem Modaltyp ihres jeweiligen Antezedens klassifizert hat (wenn man sie also eingeteilt hat in Modi mit KK-Antezedens, mit KX-Antezedens, mit XK-Antezedens usw., entsprechend der Anordnung in Bekkers Tafel der Möglichkeitssyllogismen), dann ist das ἐνδέχεσθαι in den Schlußsätzen der Modi der einzelnen Klassen vom selben Charakter wie das ἐνδέχεσθαι in den Schlußsätzen der Modi der ersten Figur in den entsprechenden Klassen. Eine solche Aussage wäre jedenfalls wesentlich informativer als die von Ross und anderen vermutete Aussage, welche die Bedeutung des ἐνδέχεσθαι in einer Reihe von Modi der dritten Figur einfach offen ließe.

Sieht man sich freilich Beckers Zusammenstellung der Möglichkeitsschlüsse in der dritten Figur an, so fällt ins Auge: nach Beckers Auffassung der aristotelischen Gültigkeitsbehauptungen bieten die meisten Antezedensklassen kein ganz homogenes Bild, soweit es den Möglichkeitsfaktor der Schlußsätze der in ihnen enthaltenen Modi betrifft; vielmehr gibt es meistens einige abweichende Modi. Beispielsweise stellt Becker vier der fünf Modi, die zur Klasse der Modi mit Antezedentia vom Modaltyp XK gehören, als Modi mit M-Conclusio dar, für Disamis mit XK-Prämissen dagegen setzt er eine K-Conclusio an. Ist Beckers Auffassung die richtige, so liegt demnach keine völlige Übereinstimmung mit den Verhältnissen in der ersten Figur vor (wo in der Tat in jeder Antezedensklasse durchweg derselbe Möglichkeitsfaktor bei den Konklusionen auftritt), und Aristoteles sollte nicht mehr haben sagen wollen als: wenn man jene Klassifikation vorgenommen hat, dann ist das ἐνδέχεσθαι in den Schlußsätzen der Modi der einzelnen Klassen *überwiegend* dasselbe wie ... Eine solche Aussage wäre nun allerdings auch nicht mehr sehr informativ.

Ich halte es andererseits nicht für unmöglich, Aristoteles an den einschlägigen Stellen so zu verstehen, daß eine Homogenisierung der Antezedensklassen in der zur Diskussion stehenden Hinsicht vertreten werden kann. Darauf werde ich zurückkommen.

Das Thema von A20 bilden die KK-Prämissenpaare für die dritte Figur (39a14).

1.) Darapti KKK hat unter den Strukturhypothesen die logische Form

$$
\begin{array}{ll}
(1)\ \forall x N(C(x) \supset KA(x)) & (\wedge\ \exists x KC(x)) \\
(2)\ \forall x N(C(x) \supset KB(x)) & (\wedge\ \exists x KC(x)) \\
\hline
(3)\ \exists x K(B(x) \wedge KA(x)). &
\end{array}
$$

Hier habe ich in Parenthese die Existenz-Teilaussagen (EV-K) allgemeiner Kontingenzaussagen gemäß LSF eingetragen, die wir zur Validierung des anstehenden Schlußschemas nun tatsächlich verwenden werden. Allerdings genügt uns auch schon die Konsequenz $\exists xMC(x)$ von $\exists xKC(x)$.

(1) $\forall xN(C(x) \supset KA(x)) \wedge \exists xKC(x)$

imliziert

(2*) $\forall xN(C(x) \supset KA(x)) \wedge \exists xMC(x)$,

mithin

(3*) $\exists xM(C(x) \wedge (C(x) \supset KA(x)))$;

aus (3*) haben wir

(4) $\exists xM(C(x) \wedge KA(x))$,

und (4) liefert zusammen mit (2)

(5) $\exists xM(KB(x) \wedge KA(x))$;

(5) ist, wie wir in Kapitel IV. sehen werden, (PL + S5)-äquivalent zu (3).

Aristoteles diskutiert Darapti mit KK-Antezedens in 39a14–19. Er konvertiert die minor B a_KC zu C i_KB und erhält dadurch ein Paar $\begin{matrix} A\ a_K C \\ C\ i_K B \end{matrix}$ von Prämissen für Darii KKἐνδ., kann also nach der ersten Figur auf A $i_{\text{ἐνδ.}}$ B schließen. Nachdem der Kontingenz-Charakter der ἐνδέχεσθαι-Conclusio von Darii mit KK-Prämissen aufgrund von 33b21–23 feststehen dürfte (vgl. 2.2, Schluß), können wir davon ausgehen, daß Aristoteles ebenso für Darapti (und wohl auch für die anderen Modi in A20) eine Kontingenz-Conclusio beansprucht.

Ich vermute, daß der Einsatz des Beweismittels der partikulären a_K-Konversion darauf hinausläuft, soviel an Logik zuzulassen, wie wir bei unserer

Art der Validierung des Darapti-Schemas benötigt haben, nämlich PL + S5. Allerdings konnte ich bis jetzt nicht beweisen, daß die Beziehung

$$PL + T + [(\forall xN(C(x) \supset KA(x)) \wedge \exists xKC(x)) \supset \exists xK(A(x) \wedge KC(x))] = PL + S5$$

gilt. Was wir aber in Kapitel IV. sehen werden ist, daß S5 in A20 jedenfalls insoweit einbezogen ist, als gilt: Aristoteles operiert in dem Kapitel auch mit der einfachen Konversion der i_K-Aussagen (nämlich bei der Rechtfertigung von Datisi KKK in 39a31–35), und dieses Beweismittel *ist* so stark wie S5. Es gilt nämlich: T vermehrt um das aussagenlogische Pendant $K(p \wedge Kq) \equiv K(q \wedge Kp)$ des Gesetzes der i_K-Konvertibilität ist S5.

Das dem Modus Felapton KKK entsprechende Schlußschema unterscheidet sich von dem für Darapti KKK notierten nicht wesentlich, so daß auch dieser negative Modus gerechtfertigt ist. Seine Gültigkeit behauptet und begründet Aristoteles im Abschnitt 39a19–23.

2.) Die logische Form von Datisi KKK ist gegeben durch

(1) $\forall xN(C(x) \supset KA(x))$
(2) $\exists xK(C(x) \wedge KB(x))$

---

(3) $\exists xK(B(x) \wedge KA(x))$.

Hier ist es wegen der Beschaffenheit des Untersatzes nicht nötig, dem Obersatz eine Existenzvoraussetzung beizugeben.

Das Implikat

(1*) $\exists xM(C(x) \wedge KB(x))$

von (2) (T-) impliziert zusammen mit (1)

(2*) $\exists xM(C(x) \wedge KB(x) \wedge (C(x) \supset KA(x)))$,

also

(3*) $\exists xM(KB(x) \wedge KA(x))$;

(3*) ist wiederum äquivalent zu (3), nämlich relativ zu S5. Wie ich oben angedeutet habe, bringt Aristoteles bei der Zurückführung des Modus auf Darii KKK nicht weniger als diese Logik ins Spiel.

Mit der eben angestellten Überlegung haben wir zugleich Ferison KKK validiert. Ich habe am Beginn unserer Sichtung der modalsyllogistischen Kapitel der *An. pr.* darauf hingewiesen, daß die Gültigkeitsbehauptungen des Aristoteles gelegentlich an Eindeutigkeit zu wünschen übrig lassen. Im Hinblick auf Ferison KKK haben wir einen solchen Fall. Aristoteles sagt in 39a36f.: „Ebenso liegt die Sache, wenn AC verneinend und BC bejahend ist" (Rolfes (1921), S. 48). Hier steht die Buchstabenkombination AC für den Obersatz von Prämissenpaaren für die dritte Figur, BC für den Untersatz.

Unmittelbar vor der zitierten Stelle hat Aristoteles über die Gültigkeit von Disamis KKK gesprochen, davor über Datisi KKK. Wenn nun von einem Antezedens gesprochen wird, in dem der Obersatz negativ und der Untersatz positiv ist, könnte damit ein Antezedens gemeint sein, welches sich von dem Antezedens des unmittelbar zuvor thematisierten Modus durch Setzung der Qualität „negativ" im Obersatz unterscheidet; dann wäre an der fraglichen Stelle von Bocardo KKK die Rede. Es könnte aber auch ein Antezedens gemeint sein, welches sich in derselben Weise zu dem Antezedens von Datisi verhält; dann wäre von Ferison KKK die Rede. Schließlich könnte unabhängig davon, welche Modi zuvor erörtert wurden, sowohl von Bocardo als auch von Ferison die Rede sein. Aus der Übersichtstafel Beckers liest man ab, daß Becker sich für die zweite Möglichkeit entschieden hat. Ross dagegen wählt die dritte Alternative. Wir können Ross ohne weiteres folgen, da hier von der Wahl zwischen den Alternativen nichts abhängt: jede der in Frage kommenden Gültigkeitsbehauptungen wäre richtig. Für Bocardo KKK ist das sichergestellt, sobald Disamis KKK gerechtfertigt ist.

3.) Das zu Disamis KKK gehörende Schlußschema ist

$$\begin{array}{l} (1)\ \exists x K(C(x) \wedge KA(x)) \\ (2)\ \forall x N(C(x) \supset KB(x)) \\ \hline (3)\ \exists x K(B(x) \wedge KA(x)). \end{array}$$

Die Vertauschung der Prämissen liefert ein Paar für Datisi KKK, mithin erhält man $\exists x K(A(x) \wedge KB(x))$; diese Formel ist S5-äquivalent zu (3), wie sich bei der Rechtfertigung der i_K-Konversion in Kapitel IV. zeigt.

Aristoteles beendet das Kapitel 20 mit der Feststellung, daß jedes aus zwei partikulären Gliedern bestehende KK-Paar in der dritten Figur unschlüssig sei (39b2f.). Diese Feststellung ist richtig. Die Begründung allerdings, die Aristoteles anführt, enthält eine Merkwürdigkeit. In Übereinstimmung mit der bis dahin von ihm geübten Praxis der Begründung von Unschlüssigkeitsbehauptungen versucht Aristoteles, durch BE-Argumente die Verträglichkeit von Paaren der fraglichen Sorte sowohl mit A e_NB als auch mit A a_NB zu zeigen. Dagegen ist nichts einzuwenden. Aristoteles wählt jedoch Begriffseinsetzungen, durch die nur dann gezeigt ist, was gezeigt werden soll, wenn u. a. der Satz „ein Weißes ist kontingenterweise ein Mensch" als wahr gelten kann – und wenn schon nicht als wahr relativ zur realen Welt, dann wenigstens als wahr relativ zu einer zugelassenen möglichen Welt. Soll es also möglich sein, daß irgendetwas (bloß) kontingenterweise ein Mensch ist? Das erscheint nicht akzeptabel, wenn wir davon ausgehen, daß hier eine de-re-Modalaussage eingeschlossen ist. Es ist erstaunlich, daß die Kommentatoren an dieser Stelle offenbar kein Problem gesehen haben, nachdem der bis hierhin erreichte Stand der aristotelischen Theorie wenig Zweifel daran läßt, daß die aristotelischen Modalaussagen zumindest partiell de-re-Modalaussagen darstellen. Sollen wir annehmen, daß Aristoteles etwas Ähnliches passiert ist wie in A19, wo er den Satz „jedes Wache ist notwendig bewegt" für wahr hielt (vgl. 2.7., Schluß)? Daß also Aristoteles, gegen die seiner Theorie eigentlich zugrunde liegenden Voraussetzungen, einer Neigung nachgegeben hat, den Satz „ein Weißes ist kontingenterweise ein Mensch" so zu deuten, als wäre seine logische Form gegeben durch $K\exists x(C(x) \wedge B(x))$? Oder sollte Aristoteles auch an dieser Stelle des de-re-Charakters seiner Modalaussagen zwar eingedenk gewesen sein, dann aber in einer begreiflichen Einengung der Perspektive auf den „reinen de-re-Anteil" (damit meine ich die Teilformel $\exists x(C(x) \wedge KB(x))$ von $\exists xK(C(x) \wedge KB(x)))$ zunächst den Satz „ein Mensch ist kontingenterweise weiß" ohne weiteres für wahr gehalten haben, um schließlich über die zuvor schon einmal eingesetzte i_K-Konversion – die aber für reine de-re-Aussagen nicht gerechtfertigt werden kann – zur Anerkennung der Wahrheit von „ein Weißes ist kontingenterweise ein Mensch" verleitet zu werden? Oder sollen wir am Ende die Möglichkeit einräumen, daß Aristoteles doch ohne Umwege geglaubt hat, etwas könne kontingenterweise ein Mensch sein, d. h. etwas sei in einer möglichen Welt kontingenterweise ein Mensch? Dann wäre der Weltenrahmen, welcher der Darstellung von II.3. zufolge für aristotelische BE-Argumente einschlägig ist, jedenfalls gesprengt; und damit scheint der Sinn des ganzen Verfahrens fragwürdig zu werden.

Wir müssen uns diese Fragen noch einmal vornehmen, wenn wir in Kapitel V. die aristotelischen BE-Argumente insgesamt diskutieren werden.

2.9. A21; die Re-Interpretation einiger Daten im Lichte der Hypothesen

Das Thema dieses Kapitels sind gemischt assertorisch-problematische Prämissenpaare für die dritte Figur (39b7f.). 39b8f. wiederholt die bereits zu Beginn von A20 aufgestellte Behauptung: Aussagenkombinationen des fraglichen Typs implizieren (höchstens) ἐνδέχεσθαι-Aussagen, nicht aber assertorische Aussagen. Sehen wir zunächst, wie weit der positive Teil dieser Behauptung verifiziert werden kann.

1.) Darapti XKἐνδ. wird von Aristoteles im Abschnitt 39b10–14 für gültig behauptet. Für eine Klärung der genauen Bedeutung des ἐνδέχεσθαι (≈ möglich sein) in den Schlußsätzen der Syllogismen dieses Typs ist entweder schon die Bemerkung in A20, 39a11ff., einschlägig. Das ist dann der Fall, wenn diese Bemerkung in der Weise aufzufassen ist, die ich zu Beginn von

2.8. als Alternative zur traditionellen Auffassung in Betracht gezogen habe. Oder man muß sich, falls die Bemerkung den engen Bezug hat, welchen ihr die Kommentatoren geben, auf Aristoteles' in b10–14 vorgetragene Argumentation für die Gültigkeit von Darapti XKἐνδ. berufen. Aristoteles konvertiert den Untersatz B a_KC partikulär zu C i_KB und hat dadurch in Gestalt von $\begin{matrix} A\ a\ C \\ C\ i_K B \end{matrix}$ ein Antezedens für Darii XKἐνδ. – mithin kann er in Übereinstimmung mit den für die erste Figur erzielten Resultaten auf A $i_{ἐνδ.}$ B schließen. Wenn angenommen werden darf – und dafür habe ich bei der Besprechung von A15 argumentiert –, daß der M-Charakter der Schlußsätze aller XK-Modi der ersten Figur nicht nur der Sache nach, sondern auch für Aristoteles feststeht, dann ist klar, daß Aristoteles auch für Darapti mit XK-Prämissen an eine M-Conclusio denkt, gleich auf welche der beiden genannten möglichen Evidenzen man sich beziehen will. Demnach nimmt das korrespondierende Schlußschema die Form

$$\begin{array}{ll} (1)\ \forall x N(C(x) \supset A(x)) & (\wedge\ \exists x C(x)) \\ \underline{(2)\ \forall x N(C(x) \supset KB(x))} & \\ (3)\ \exists x M(B(x) \wedge MA(x)) & \end{array}$$

an, wobei ich die zur Validierung benötigte Existenzvoraussetzung in Parenthese notiert habe.

(1*) $\exists x C(x)$

impliziert zusammen mit (2)

(2*) $\exists x(C(x) \wedge MB(x))$;

aus (2*) haben wir mit

(3*) $\forall x N(C(x) \supset A(x))$

die Formel

(4) $\exists x(C(x) \wedge MB(x) \wedge (C(x) \supset A(x)))$,

also

(5) $\exists x(MB(x) \wedge A(x))$;

(5) impliziert, wenigstens relativ zu PL + B,

(6) $\exists x(MB(x) \wedge NMA(x))$,

und wir erhalten

(7) $\exists x M(B(x) \wedge MA(x))$,

das ist (3). Eine K-Konklusion kann man hier ersichtlich nicht bekommen.

Mit der eben durchgeführten Überlegung ist auch Felapton XKM als gültig erkannt – ein Modus, der bei Aristoteles in die summarische Gültigkeitsbehauptung von 39b16–22 einbegriffen ist. Aristoteles äußert sich nicht weiter zu der Art und Weise, in der Felapton XKἐνδ. zu rechtfertigen wäre. Man wird annehmen, daß er das folgende Argument im Sinn hat: das Antezedens $\genfrac{}{}{0pt}{}{A\ e\ C}{B\ a_K C}$ von Felapton wird mit partikulärer Konversion des Untersatzes transformiert in $\genfrac{}{}{0pt}{}{A\ e\ C}{C\ i_K B}$; damit ist ein Antezedens für Ferio XK gewonnen, und den in A15 entwickelten Ergebnissen gemäß erhält man als Implikat A o_MB (nicht: A o_KB). Man wird also weiter annehmen, daß Aristoteles hier in der Tat Felapton XKM, nicht Felapton XKK, als gültig behaupten will.

2.) Darapti KXK wird symbolisiert durch das Schema

$$\begin{array}{ll} (1)\ \forall xN(C(x) \supset KA(x)) & \\ (2)\ \forall xN(C(x) \supset B(x)) & (\wedge\ \exists xC(x)) \\ \hline (3)\ \exists x(K)(B(x) \wedge KA(x)). & \end{array}$$

Die Konsequenz

(1*) $\exists x(C(x) \wedge B(x))$

von (2) liefert zusammen mit (1)

(2*) $\exists x(C(x) \wedge B(x) \wedge (C(x) \supset KA(x)))$,

also hat man

(3*) $\exists x(B(x) \wedge KA(x))$.

(3*) ist (3) ohne den von mir vorsorglich in Parenthese gesetzten äußeren Kontingenzoperator, der hier nicht gerechtfertigt werden kann.

Bei Aristoteles ist eine Aussage über die Gültigkeit von Darapti KXἐνδ. in der oben erwähnten Behauptung von 39b16–22 enthalten. Man wird wiederum annehmen, daß Aristoteles an eine Zurückführung des Modus auf die erste Figur durch partikuläre Konversion des Untersatzes denkt. Da Darii KX*K* sich als gültig erwiesen hatte, ist es sinnvoll, auch hier von der Inanspruchnahme einer K-Konsequenz durch Aristoteles auszugehen. Entsprechendes gilt für Felapton mit KX-Antezedens. Das ist ein Modus, der sich nicht wesentlich von dem soeben validierten Modus unterscheidet.

3.)

$$\begin{array}{l} (1)\ \exists xK(C(x) \wedge KA(x)) \\ (2)\ \forall xN(C(x) \supset B(x)) \\ \hline (3)\ \exists x(K)(B(x) \wedge KA(x)) \end{array}$$

ist das dem Modus Disamis KXK zugeordnete Schema.

(1) $\exists xK(C(x) \wedge KA(x))$

impliziert

(2*) $\exists xM(C(x) \wedge KA(x))$,

und daraus haben wir zusammen mit (2)

(3*) $\exists x M(C(x) \wedge KA(x) \wedge (C(x) \supset B(x)))$,

mithin

(4) $\exists x M(B(x) \wedge KA(x))$.

(4) ist (3) bis auf die Differenz beim äußeren Modalfaktor, wir müssen also – wenn denn Aristoteles für Disamis KX wirklich eine K-Conclusio beansprucht – einmal mehr von der Hypothese Gebrauch machen: für die modale Klassifikation der Sätze in der Rolle von Konklusionen gibt der innere Modalfaktor den Ausschlag, hier: auch Sätze der logischen Form $\exists x M(B(x) \wedge KA(x))$ zählen in dieser Rolle als partikuläre Kontingenzaussagen.

Es steht nun durchaus nicht fest, daß Aristoteles im vorliegenden Fall an eine K-Conclusio denkt, im Gegenteil spricht einiges zunächst eher für eine M-Conclusio.

Wir finden in 39b26–31 eine summarische Gültigkeitsbehauptung für Disamis KXἐνδ. und Disamis XKἐνδ., für Datisi KXἐνδ. und Datisi XKἐνδ., schließlich für Ferison KXἐνδ. und für Ferison XKἐνδ. Indem ich die betreffenden Zeilen in diesem Sinne auswerte, mache ich übrigens von der Voraussetzung Gebrauch, die ich in 2.5. diskutiert habe: daß nämlich in der modalen Syllogistik die durch die assertorische Theorie gesetzten Grenzen nicht überschritten werden. Die Stelle gibt keine direkten Hinweise auf die Bedeutung des ἐνδέχεσθαι in den Schlußsätzen der aufgezählten Modi. Man wird also – sofern man sich zunächst lieber nicht auf die Bemerkung von 39a11 ff. im starken Sinn verlassen will, sondern den Sinn dieser Bemerkung noch zur Disposition stehen lassen will – zu entsprechenden Vermutungen zu gelangen versuchen, indem man über die Art und Weise spekuliert, in der Aristoteles sich die Rechtfertigung der Modi durch Rückgang auf die erste Figur gedacht haben dürfte. Aristoteles spricht von nicht mehr als von einer Vollendung der Modi durch die erste Figur. Für Disamis KXἐνδ. liegt die folgende Reduktion nahe. Das Antezedens $\begin{matrix} A\ i_K C \\ B\ a\ C \end{matrix}$ wird durch Vertauschung der Glieder transformiert in $\begin{matrix} B\ a\ C \\ A\ i_K C \end{matrix}$, und durch Konversion des zweiten Glieds dieses Paars erhält man $\begin{matrix} B\ a\ C \\ C\ i_K A \end{matrix}$, also ein Antezedens für Darii XKM. (Man vergleiche in Beckers Übersichtstafel beim Eintrag Disamis KX den Verweis auf 15B3.) Man gewinnt B i_MA und daraus durch Konversion A i_M B, also eine *einseitige* Möglichkeitsaussage.

Wenn man aus der Möglichkeit dieser Reduktion schließen muß – wie es beispielsweise Becker offenbar tut –, daß Aristoteles für Disamis mit Antezedens vom Typ KX lediglich eine M-Conclusio in Erwägung zieht, kann die Bemerkung von 39a11 ff. im starken Sinne allerdings nicht mehr akzeptiert werden. Sie muß dann entweder so verstanden werden, wie sie die Kommentatoren verstehen, oder sie muß in der Weise eingeschränkt werden, wie ich das S. 283 f. andeutete. Immerhin ließe sich diese Konsequenz vorerst vermeiden und ließe sich, soweit es Disamis betrifft, die aristotelische Theorie mit der logischen Sachlage zur Deckung bringen, wenn man annehmen könnte, daß Aristoteles neben der wohl am nächsten liegenden Reduktion auch das folgende Ekthesis-Argument in Betracht gezogen hat (das ist unwahrscheinlich, aber sicher nicht ausgeschlossen).

Nachdem A i_KC als wahr vorausgesetzt ist, soll C* diejenigen Exemplare von C umfassen, welche kontingenterweise A sind. Dann ist also A a_KC* wahr, und aufgrund des Untersatzes von Disamis KX ist auch B a C* wahr. Durch partikuläre Konversion von B a C* erhält man die Wahrheit des Paars $\begin{matrix} A\ a_K C^* \\ C^*\ i\ B \end{matrix}$, und nach Darii KXK kann auf die Wahrheit von A i_KB geschlossen werden.

Mit der unter Ziffer 3.) notierten Deduktion ist nach der Ersetzung von A(x) durch ¬A(x) auch Bocardo KXK gerechtfertigt. Im Fall dieses Modus scheint es nun allerdings nicht mehr möglich zu sein, der logischen Sachlage gemäß den aristotelischen Text als verträglich mit der Auffassung zu verstehen, hier sei eine K-Conclusio erzielbar. Denn während Aristoteles in 39b26–31 keinerlei Angaben zur Beschaffenheit der fälligen Reduktionsargumente macht und damit für verschiedene Möglichkeiten Spielraum läßt, wird uns für Bocardo KXἐνδ. in 39b31–39 ein explizites Argument geliefert; und zwar ein Argument, das den M-Charakter der ἐνδέχεσθαι-Conclusio des Modus so gut wie eindeutig ausweist. Aristoteles kündigt in 39b32f. einen Widerspruchsbeweis an, und er wählt in 35f. als Ausgangshypothese für den Beweis die Aussage A a_NB; daraus erhält er mit dem Untersatz B a C von Bocardo KX nach Barbara NXN die Konsequenz A a_NC, die im Widerspruch steht zum Obersatz A o_KC. Man beachte hierbei übrigens das Folgende. Wenn meine Interpretationshypothesen zutreffen und danach insbesondere allgemeine assertorische Aussagen B a C in der Möglichkeitssyllogistik die Form $\forall x \mathcal{N}(C(x) \supset B(x))$ haben, dann verfügt Aristoteles in dem referierten Argument über ein Antezedens der Form

$$\begin{matrix} \forall x N(B(x) \supset NA(x)) \\ \forall x N(C(x) \supset B(x)) \end{matrix},$$

und daraus kann er – anders als ursprünglich in der Notwendigkeitssyllogistik mit ihren schwächeren Versionen assertorischer Aussagen – schließen auf $\forall x \mathcal{N}(C(x) \supset NA(x))$ (vgl. 1.2., Ziffer 1.)). Während $\forall x(C(x) \supset NA(x))$ ohne den äußeren Notwendigkeitsfaktor nicht im Widerspruch stehen würde zu $\exists x K(C(x) \wedge K\neg A(x))$, *hat* man den Widerspruch mit der stärkeren Version von A a_NC. Worauf es ankommt, ist dies: A a_NB ist gleichwertig mit der Verneinung von A o_MB, selbstverständlich aber nicht mit der Verneinung von A o_KB.

Ich sehe nur einen freilich sehr dünnen Strohhalm, nach dem greifen könnte, wer mit Grund[49] die Position halten will, daß auch aus aristotelischer Perspektive Bocardo mit KX-Antezedens über eine K-Conclusio verfüge.

Einige der Handschriften haben, wie Ross im kritischen Apparat der Oxford-Ausgabe anmerkt, in Zeile 36, im Kontext des Satzes „wenn nämlich dem ganzen B das A mit Notwendigkeit zukommt", den Optativ ὑπάρχοι (≈ sollte zukommen, möchte zukommen) anstelle des Indikativs ὑπάρχει (≈ kommt zu). Das könnte immerhin ein Indiz dafür sein, daß Aristoteles meinte, an der Stelle nur eine von mehreren Möglichkeiten ausdrücklich zu berücksichtigen, etwa in dem folgenden Sinne. Sei A o_KB falsch; dann ist jedes B entweder notwendig A oder notwendig non-A; falls etwa die erste Alternative zutreffen sollte (und im Fall des Zutreffens der zweiten hätte man analog zu argumentieren), ist A a_NB wahr, usw. wie gehabt. Natürlich ist in dieser Form ein solches Argument inkorrekt. Denn wenn auch für jedes einzelne Exemplar von B gelten mag, daß es entweder NA(x) oder N¬A(x) erfüllt, so braucht doch nicht zu gelten, daß entweder alle Exemplare von B gemeinsam NA(x) erfüllen oder alle gemeinsam N¬A(x) erfüllen. Allenfalls könnte man das Argument durch Umformung in ein Ekthesis-Argument korrigieren, das aber dann mit dem Text nichts mehr zu tun hat. Dies Argument würde folgendermaßen aussehen.

Sei A o_KB (und zwar in der Form $\exists x M(B(x) \wedge K\neg A(x))$) falsch, und sei demgemäß wie gehabt jedes Exemplar von B entweder notwendig A oder notwendig non-A. Dann mag etwa A a_NB* gelten, nämlich mit einem Prädikat B*, das auf alle diejenigen Exemplare von B zutrifft, für welche die erste Alternative in Frage kommt (und wenn man die Betrachtung nicht auf diesen Fall einschränken will: analog gilt A e_NB** mit einem B**, das auf die B zutrifft, für welche die zweite Alternative einschlägig ist). Aufgrund des Untersatzes von Bocardo KX ist jedes Exemplar von C ein B* oder ein B**, folglich hat man mit gewissen Prädikaten C* und C**, deren Umfänge zusammen den Umfang von C ausschöpfen, die Geltung von B*a C*, B**a C**. Aus A a_NB* und B*a C* folgt nach Barbara NXN die Relation A a_NC*. Analog folgt nach Celarent NXN aus A e_NB** und B**a C**: A e_NC**. Insgesamt hat man einen Widerspruch zu A o_KC erhalten wegen des Bestehens der Relation: Umfang(C*) ∪ Umfang(C**) = Umfang(C).

---

[49] Pacius zeigt zwar Bocardo KXK als von Aristoteles für gültig gehalten an, aber es hat nicht den Anschein, daß er die in Anbetracht der aristotelischen Argumentation damit verbundene Schwierigkeit sieht.

Ich will offenlassen, ob Aristoteles Bocardo KXK oder aber bloß Bocardo KXM für gültig hält, und einräumen, daß die erste Alternative die viel weniger wahrscheinliche ist; damit muß die starke Deutung der Bemerkung von 39a11 ff. im selben Maße als unwahrscheinlich angesehen werden.

4.) Wie ich im Anschluß an die Rechtfertigung von Disamis KXK sagte, schließen die Zeilen 39b26–31 auch die Behauptung ein, daß Disamis XKἐνδ. gültig sei. Ist hier ἐνδέχεσθαι = K zu setzen? Man sollte das meinen. Denn Aristoteles könnte den Gültigkeitsbeweis folgendermaßen haben erbringen wollen: Vertauschung der Glieder des Antezedens $\frac{\text{A i C}}{\text{B } a_K \text{ C}}$ von Disamis liefert mit gleichzeitiger Konversion des i-Glieds das Paar $\frac{\text{B } a_K \text{ C}}{\text{C i A}}$, woraus man nach Darii KXK zunächst B i_KA und schließlich durch Konversion dieses Zwischenresultats – scheinbar korrekt – A i_KB erhält. Die angezeigte Einschränkung hinsichtlich der Korrektheit muß man machen, weil Darii KXK bloß über eine schwache i_K-Konklusion verfügt, das heißt über eine solche ohne äußeren Kontingenzfaktor (vgl. 2.3., Ziffer 2.)); dagegen kann die i_K-Konversion nur für volle K-Aussagen – relativ zu PL + S5 – gerechtfertigt werden. Damit stimmt die Beobachtung zusammen, daß das Schema

(1) $\exists x(C(x) \wedge A(x))$
(2) $\forall x N(C(x) \supset KB(x))$

---

(3) $\exists x M(B(x) \wedge KA(x))$

ersichtlich nicht gültig ist, auch nicht mit dem schwächsten in Frage kommenden äußeren Modalfaktor wie bei Ziffer (3) eingetragen; eine zusätzliche Existenzprämisse $\exists x KC(x)$ ändert daran nichts.

Der aristotelische Text bringt kein Gültigkeitsargument. Auf der Basis einer bloßen Vermutung über die von Aristoteles intendierte Argumentation, mag sie auch sehr nahe liegen, sollte man Aristoteles nicht mit einer falschen Gültigkeitsbehauptung belasten. Jedenfalls sollte man das lassen, sofern eine alternative Argumentation in Sicht ist, die – wenn auch weniger wahrscheinlich und ebenfalls inkorrekt – wenigstens auf eine sachlich zutreffende Behauptung führen würde. Tatsächlich läge die folgende ekthetische Argumentation ebenfalls im Rahmen der Möglichkeiten des Aristoteles: von $\frac{\text{A i C}}{\text{B } a_K \text{ C}}$ wird für ein geeignetes C* übergegangen zu $\frac{\text{A a C*}}{\text{B } a_K \text{ C*}}$, daraus folgt mit partikulärer Konversion des Untersatzes $\frac{\text{A a C*}}{\text{C* } i_K \text{ B}}$, und dies Paar liefert nach Darii XKM das Resultat A i_MB. Hier muß man einen Fehler bei der Konversion von B $a_K C^*$ lokalisieren. Denn wie man sich denken kann und wie sich bei der Besprechung von A3 zeigen wird (Kap.IV., zu Ziffer 7.)), ist eine a_K-Aussage nur konvertibel unter der Bedingung, daß gemäß LSF die Voraussetzung (EV-K) hinzu genommen wird: es gibt etwas, das kontingenterweise unter den Subjektsterminus der Aussage fällt. Dadurch, daß eine solche Existenzvoraussetzung für das Prädikat C gelten mag, ist natürlich nicht schon sichergestellt, daß man sie auch für das umfangskleinere Prädikat C* hat.

Ich setze also hier, abweichend von Beckers Tafel, ἐνδέχεσθαι = M, und damit ist zu validieren das Schema

$$\begin{array}{l} (1)\ \exists x(C(x) \wedge A(x)) \\ (2)\ \forall x N(C(x) \supset KB(x)) \\ \hline (3)\ \exists x M(B(x) \wedge MA(x)). \end{array}$$

Aus (1) und (2) haben wir

(1*) $\exists x(A(x) \wedge KB(x))$,

aus (1*)

(2*) $\exists x(A(x) \wedge MB(x))$;

(2*) impliziert, wenigstens relativ zu PL + B,

(3*) $\exists x(NMA(x) \wedge MB(x))$,

und damit erhalten wir

(4) $\exists x M(B(x) \wedge MA(x))$,

das ist (3).

Damit ist zugleich die Gültigkeit von Bocardo XKM festgestellt. Aristoteles berücksichtigt diesen Modus allerdings in 39b31–39 nicht, und Beckers Übersichtstafel weist dementsprechend da, wo der Modus zu plazieren gewesen wäre, eine Leerstelle auf. Zwar befindet sich Ross im Irrtum, wenn er sagt: „A. [i. e. Aristotle] says nothing of OA^C [i. e. Bocardo with XK-antecedent], which in fact cannot be validated in any way" (Ross (1949), S. 366) und wenn er die zweite Aussage als eine Aussage zur Sache intendiert. Man kann sich aber leicht zurechtlegen, wieso aus aristotelischer Perspektive Bocardo XKM nicht validierbar erscheinen mochte. Aristoteles würde, um einen Modus Bocardo XKM zu etablieren, ähnlich wie im Fall von Bocardo mit KX-Antezedens versucht haben, διὰ τοῦ ἀδυνάτου (≈ durch Ableitung eines Widerspruchs) zu argumentieren. Das Gegenteil von A o_MB ist gleichwertig mit A a_NB. Kombiniert mit dem zweiten Glied B a_KC des Antezedens von Bocardo XK ergibt A a_NB ein Antezedens $\frac{A\ a_N B}{B\ a_K C}$ für Barbara NK. Bei Barbara NK hält Aristoteles – irrtümlich – lediglich eine M-Conclusio, nicht wie bei Celarent NK eine X-Conclusio für möglich. A a_MC aber widerspricht, im Gegensatz zu A a C, nicht dem ersten Glied A o C des Antezedens von Bocardo XK.

Man mußte damit rechnen, daß die Unabgeschlossenheit, welche die aristotelische Theorie schon für die erste Figur aufweist aufgrund der zu starken Fixierung des Aristoteles auf bestimmte Beweistechniken wie diejenige der e_N-Konversion, sich auf den Rest der Theorie irgendwo fortpflanzen würde, nachdem die Theorie der ersten Figur das axiomatische Fundament für diesen Rest bildet.

5.) Datisi KXK mit schwach-kontingentem Schlußsatz wird symbolisiert durch

$$\begin{array}{ll} (1) & \forall x N(C(x) \supset KA(x)) \\ (2) & \exists x(C(x) \wedge B(x)) \\ \hline (3) & \exists x(M)(B(x) \wedge KA(x)). \end{array}$$

Das Schema ist offensichtlich gültig, sei es, daß man den Faktor M setzt oder ihn wegläßt. Die Behauptung, daß Datisi KXἐνδ. gültig sei, ist wiederum enthalten in 39b26–31, und zur Klärung der Bedeutung von ἐνδέχεσθαι in diesem Kontext wird man wiederum überlegen, wie wohl Aristoteles eine Reduktion auf einen Modus der ersten Figur vorgenommen haben würde. Es bleibt nicht viel anderes übrig als die Annahme, daß Aristoteles durch Konversion des Untersatzes von Datisi zu einem Antezedens für Darii KXK übergegangen wäre; mit der Konsequenz, daß er für Datisi mit KX-Antezedens, in Übereinstimmung mit unserer Symbolisierung, eine K-Conclusio beansprucht haben würde.

Wir haben zugleich Ferison KXK (von Aristoteles als gültig behauptet in 39b27–29) gerechtfertigt.

6.) Datisi XKM ist unter den Strukturhypothesen

$$\begin{array}{ll} (1) & \forall x N(C(x) \supset A(x)) \\ (2) & \exists x K(C(x) \wedge KB(x)) \\ \hline (3) & \exists x M(B(x) \wedge MA(x)). \end{array}$$

Da Aussagen vom Typ (3) offensichtlich ((PL + S5)-) konvertibel sind (vgl. oben II.6.) und i_K-Aussagen sowohl vom starken wie vom schwachen Typ die mit denselben Termini gebildeten i_M-Aussagen implizieren, ist mit einer Prämissenvertauschung das Schema als gültig zu erkennen aufgrund der Gültigkeit des Schemas für Disamis KXK. Aristoteles denkt wohl an eine Zurückführung auf Darii XKM durch Konversion des i_K-Untersatzes.

Damit ist auch Ferison XKM als gültig erwiesen.

Ich komme zum negativen Teil der eingangs referierten Behauptung: die in A21 thematisierten Paare syllogistischer Aussagen erlauben keinen Schluß auf assertorische unter den der Form nach in Betracht kommenden Aussagen. Diese Behauptung ist richtig, und zwar auch dann, wenn wir den schwächstmöglichen äußeren Modalfaktor M ansetzen, das heißt: in keinem Fall ist ein Schluß auf $\exists x M(B(x) \land A(x))$ oder auf $\exists x M(B(x) \land \neg A(x))$ möglich. Bei allen fraglichen Paaren beruht die Möglichkeit, auf ein Verhältnis der Außenbegriffe zu schließen, genau darauf, daß man einen Vertreter des Mittelbegriffs auswählen und von ihm sein – eventuell durch einen Modalfaktor qualifiziertes – Fallen unter jeden der beiden Außenbegriffe (bzw. unter den Unterbegriff und den Komplementärbegriff des Oberbegriffs) ausnutzen kann. Ist ein Prämissenpaar vom Modaltyp KX gegeben, so ist das stärkste Resultat, das man in diesem Sinne erhalten kann: $\exists x(B(x) \land K(\neg)A(x))$. Offenbar wäre ein Schluß auf die Existenz einer möglichen Welt sowie auf die Existenz eines Individuums, das in dieser Welt sowohl unter B als auch – faktisch – unter A (bzw. unter non-A) fällt, nur möglich, wenn von einem Individuum vorausgesetzt wäre: es fällt nicht nur in einer gewissen (hier: in der realen) Welt unter B, sondern es fällt darunter in *allen* Welten und damit insbesondere in derjenigen möglichen Welt, in der es unter A (oder unter non-A) fällt. Das bedeutet, daß wir mit X-Konklusionen in der dritten Figur bei kontingentem Obersatz nur rechnen könnten, wenn wir es mit Prämissenpaaren vom Modaltyp K*N* zu tun hätten. Ist schließlich ein Paar vom Typ XK gegeben, so hat man zwar die Erfüllung von A(x) (bzw. von $\neg A(x)$) sogar unter der „Modalität" der *Faktizität* durch ein Exemplar von C und damit durch ein die Formel KB(x) erfüllendes Individuum. Aber das nutzt nichts: vom Standpunkt derjenigen möglichen Welt aus gesehen, in der ein solches Individuum unter B fällt, ist die reale Welt bloß eine mögliche Welt, und deshalb hat man in der zuerst genannten Welt auch nicht mehr als die Geltung von $\exists x(B(x) \land M(\neg)A(x))$, in der realen Welt also nicht mehr als die Geltung von $\exists x M(B(x) \land M(\neg)A(x))$.

Aristoteles beschließt das Kapitel mit der Feststellung, daß ein aus zwei partikulären Gliedern bestehendes Paar der einschlägigen Charakteristik unschlüssig ist (40a1–3). Nach dem Zeugnis der Handschriften lautet die Begründung: „Der Beweis ist derselbe wie bei den allgemeinen Sätzen und geht durch dieselben Begriffe" (Rolfes (1921), S. 49). Diese Aussage führt insofern zu Irritationen, als sie jedenfalls keinen Bezug auf A21 selbst haben kann. Denn in A21 hat Aristoteles keine Paare aus zwei allgemeinen Prämissen durch BE-Argumente als unschlüssig zu erweisen versucht, und ebensowenig hat er das in A20 getan. Unter diesen Umständen schlägt Ross vor, den unisono überlieferten Text in 40a2f. so abzuändern, daß

> ἡ αὐτὴ ἢ καὶ ἐν τοῖς καθόλου (≈ „derselbe wie bei den allgemeinen Sätzen")

ersetzt wird durch

> ἡ αὐτὴ ἢ καὶ ἐν τοῖς πρότερον (≈ derselbe wie bei den früher behandelten Sätzen).

Die Bezugsstelle für πρότερον (≈ früher) soll dann das Ende von A20 (39b2–6) sein, wo es um einen BE-Nachweis der Unschlüssigkeit von Paaren der Charakteristik KK aus zwei partikulären Gliedern ging (vgl. 2.8., Schluß).

Ich sehe die folgende Möglichkeit, den überlieferten Text eventuell zu halten. Es kann sein, daß Aristoteles sich mit der zur Diskussion stehenden Bemerkung auf den in A15 abgehandelten XK-Fall der ersten Figur hat beziehen wollen. In A15, 34b11–17, hat er durch ein BE-Argument gezeigt, daß das Paar $\begin{matrix} A\ a\ B \\ B\ a_K C \end{matrix}$ unschlüssig ist, sofern hier für die Wahrheit von A a B nicht die Geltung ohne zeitliche Einschränkung gefordert wird; und an der Stelle haben wir wirklich ein Paar von allgemeinen Sätzen. Wären also die in A15 gewählten Prädikate verwertbar für das am Ende von A21 angesteuerte Beweisziel? Klar ist zunächst folgendes. Angenommmen, entgegen der aristotelischen Behauptung sei beispielsweise das Paar $\begin{matrix} A\ i\ C \\ B\ i_K C \end{matrix}$ schlüssig. A a C ist, auch im schwachen Sinne aufgefaßt, mit zeitlicher Beschränkung also, stärker als A i C (unter Inanspruchnahme der üblichen Existenzvoraussetzung). Ferner gilt C a_KB Aristoteles als partikulär konvertibel, das heißt: C a_KB ist mindestens so stark wie B i_K C. Folglich gilt: alles, was an A-B-Verhältnissen aus $\begin{matrix} A\ i\ C \\ B\ i_K C \end{matrix}$ erschlossen werden kann, kann erst recht aus $\begin{matrix} A\ a\ C \\ C\ a_K B \end{matrix}$ mit zeitlich beschränktem Obersatz erschlossen werden – ein solchermaßen aufgefaßtes Antezedens für die erste Figur aber hatte sich als unschlüssig erwiesen. Demnach ist auch $\begin{matrix} A\ i\ C \\ B\ i_K C \end{matrix}$ unschlüssig. Das ist auf dieser Ebene der Allgemeinheit ein gutes Argument, in concreto jedoch macht die Übertragung der BE-Argumentation von A15 auf den vorliegenden Fall Schwierigkeiten. In A15 wählt Aristoteles die folgenden Prädikate: „... ist Mensch", „... ist bewegt", „... ist Pferd" für A, B, C respektive zum Nachweis der Verträglichkeit von $\begin{matrix} A\ a\ B \\ B\ a_K C \end{matrix}$ in zeitlich beschränkter Version mit A e_NC; ferner wählt er „... ist Lebewesen", „... ist bewegt", „... ist Mensch" zum Nachweis der Verträglichkeit mit A a_NC. Für eine Übertragung auf den Fall etwa des Antezedens $\begin{matrix} A\ i\ C \\ B\ i_K C \end{matrix}$ bräuchte man demnach die Wahrheit, oder die Wahrheit in einer als möglich zugelassenen Situation, von, erstens:

(*35*) ›Mensch‹ kommt einem Bewegten zu

und

(*36*) ›Pferd‹ kommt kontingenterweise einem Bewegten zu
(anstelle von „›Bewegt‹ kommt kontingenterweise jedem Pferd zu")

sowie von, zweitens:

(*37*) ›Lebewesen‹ kommt einem Bewegten zu

und

(*38*) ›Mensch‹ kommt kontingenterweise einem Bewegten zu
(anstelle von „›Bewegt‹ kommt kontingenterweise jedem Menschen zu").

Die Wahrheit von (*35*) und (*37*) in einer möglichen Situation wäre mindestens ebenso gut akzeptabel, wie die Wahrheit von „alles Bewegte ist Mensch (ist Lebewesen)" in einer Situation in A15 akzeptabel war. Problematisch ist die Wahrheit von (*36*) und (*38*), und sei es auch bloß die Wahrheit in einer möglichen Situation. Die Schwierigkeit ist von genau derselben Art, wie sie das BE-Argument am Ende des Kapitels 20 mit sich brachte. Der Grund ist im Licht der oben angestellten allgemeinen Betrachtung klar: C a_KB ist mindestens so stark wie B i_KC (und der akzeptabel erscheinende Satz „›Bewegt‹ kommt kontingenterweise jedem Pferd zu" impliziert (*36*)) nur unter der Voraussetzung, daß zu C a_KB die Existenzpräsupposition (EV-K) gemäß LSF geschlagen wird; bei den hier getroffenen Begriffswahlen scheint es aber nichts zu geben, das kontingenterweise ein Exemplar von B ist. Immerhin können wir sagen: die Zeilen 40a1–3 in der überlieferten Form zu belassen und sie auf A15 zu beziehen, heißt zwar die aristotelische Argumentation mit einer Schwierigkeit belasten; aber mit derselben Schwierigkeit muß Ross Aristoteles belasten, und deshalb ist hier unter dem Sachaspekt die konservative Strategie nicht schlechter als ihre Alternative.

2.10. A22; das Problem der kombinierten reduktiven Gültigkeits- und Nichtgültigkeitsbeweise

Die Entwicklung der modalen Syllogistik endet bei Aristoteles mit der Untersuchung von Prämissenpaaren für die dritte Figur, die aus einem apodiktischen und einem problematischen Glied bestehen. Aristoteles bietet in

40a5–11 eine Zusammenfassung, nach der für Paare dieser Art gelten soll: im Fall zweier positiver Glieder erhält man eine ἐνδέχεσθαι-Conclusio; in Fällen von gemischter Qualität ist bei Apodiktizität des bejahenden Glieds ebenfalls ein Schluß auf einen ἐνδέχεσθαι-Satz möglich, bei Apodiktizität des verneinenden Glieds darüber hinaus ein Schluß auf einen assertorischen Satz, nicht aber auf einen apodiktischen Satz. Im einzelnen werden zunächst Paare aus zwei allgemeinen Gliedern betrachtet, ab Zeile 40a39 dann quantitativ gemischte Paare.

1.) Das Schema

(1) $\forall x N(C(x) \supset NA(x))$
(2) $\forall x N(C(x) \supset KB(x))$ $(\wedge\ \exists x MC(x))$

---

(3) $\exists x M(B(x) \wedge MA(x))$

ist (PL + S4)-gültig: (2) impliziert

$\exists x M(C(x) \wedge MB(x))$,

daraus folgt mit (1)

$\exists x M(MB(x) \wedge NA(x))$
(oder mit S4 sogar $\exists x M(MB(x) \wedge NNA(x))$),

also hat man

$\exists x MM(B(x) \wedge A(x))$
(bzw. $\exists x MM(B(x) \wedge NA(x))$),

und mit S4 ergibt sich

$\exists x M(B(x) \wedge A(x))$
(bzw. $\exists x M(B(x) \wedge NA(x))$),

folglich erst recht

$\exists x M(B(x) \wedge MA(x))$.

Als Existenzvoraussetzung habe ich die schwächste Formel notiert, mit der man auskommen kann. Man hätte auch zu (1) die Voraussetzung $\exists x NC(x)$ oder deren Implikat $\exists x C(x)$ hinzunehmen können. Dann hätte man auf der anderen Seite etwas an Logik einsparen können, sich nämlich auf PL + T beschränken können – und zwar auch für die Ableitung des (schwach) assertorischen $\exists x M(B(x) \wedge A(x))$.

Unser Schema korrespondiert dem aristotelischen Modus Darapti NKἐνδ. Die Gültigkeit dieses Modus behauptet und begründet Aristoteles in 40a12–16. Die von Aristoteles gegebene Begründung besteht im Verweis auf die Möglichkeit, durch partikuläre Konversion des a_K-Untersatzes zu einem

Antezedens für Darii NKM überzugehen. Nachdem Aristoteles für Darii mit NK-Antezedens in der Tat bloß eine M-Conclusio beansprucht, bin ich auch bei der Symbolisierung von Darapti NKἐνδ. davon ausgegangen, daß ἐνδ. = M und nicht ἐνδ. = K zu setzen ist.

Davon abweichend behauptet Wieland in (1975), S. 81 n.7: „Es liegt auf der Hand, daß die Prämissen von Darapti NM auch die Conclusio MA i B erschließen". Ich erinnere daran, daß Wieland das Symbol M in der Bedeutung unseres K verwendet. Der Ausdruck MA i B entspricht unserem A i_MB bzw. unserem A i_KB. Diese Einschätzung ist aus der Perspektive des hier begangenen Interpretationswegs sachlich falsch; und sie kann nur falsch sein bei jedem Ansatz, welcher den de-re-Anteil respektiert, den die syllogistischen Sätze zweifellos haben. Will man aus A a_NC ∧ B a_KC einen syllogistischen A-B-Satz erschließen, so kann man nur über die Existenz eines Exemplars von C gehen. Von einem solchen Exemplar kann man, was den Terminus A betrifft, bloß ausnutzen, daß es sogar notwendig unter A fällt. Wie also sollte man zu dem Resultat gelangen können, daß etwas kontingenterweise unter A fällt?

Vermutlich denkt Wieland an das folgende Reduktionsargument, das jedoch bloß scheinbar korrekt ist: von $\begin{matrix}A\ a_N C\\ B\ a_K C\end{matrix}$ gehe durch partikuläre Konversion der maior und Prämissenvertauschung über zu $\begin{matrix}B\ a_K C\\ C\ i_N A\end{matrix}$, daraus erschließe via Darii KNK B i_KA, und dies konvertiere zu A i_KB. Der Fehler dieses Arguments liegt bei der im letzten Schritt vorgenommenen Konversion: wir wissen nach 2.3., Ziffer 2.), daß der Schlußsatz von Darii KNK schwach kontingent ist, und damit ist er – im Gegensatz zur i_K-Aussage im vollen Sinn – nicht konvertibel. Was wir nicht wissen ist, ob der Umstand, daß Aristoteles in der skizzierten Weise *nicht* argumentiert, auf einer entsprechenden (wenn auch von ihm nirgends ausgesprochenen) Einsicht beruht oder ob es sich dabei um nicht mehr handelt als um einen glücklichen Zufall.

Zu Beginn unserer Erörterung von Darapti haben wir eingesehen, daß nicht nur Darapti NKM gerechtfertigt werden kann, sondern darüber hinaus auch Darapti NKX (und sogar in gewisser Weise Darapti NKN). Damit ist zugleich die Gültigkeit von Felapton NKX (und auch die von Felapton NKN) festgestellt. Während nun aber Aristoteles in Übereinstimmung mit dieser Sachlage den Modus Felapton NKX für gültig behauptet (nämlich im Rahmen der oben referierten Zusammenfassung wie auch bei der Einzelbehandlung des Modus in 40a25–32), weist er ein assertorisches Implikat für Darapti mit NK-Antezedens zurück (dazu 40a15f.). Wir müssen sagen, daß Aristoteles damit im Irrtum ist und daß auch die hier zur Anwendung kommende Teilbehauptung der Zusammenfassung von 40a5–11 korrigiert werden müßte, sofern die Zusammenfassung von Aristoteles so gemeint ist, daß jeweils die der Modalität nach stärksten erzielbaren Conclusiones angeführt sein sollen. Soweit die Zusammenfassung apodiktische Schlußsätze ausschließt, ist sie ebenfalls sachlich nicht zutreffend; jedenfalls ist sie das nicht bei einer hinreichend großzügigen Deutung solcher Schlußsätze. Über die Gründe für den zuerst genannten Irrtum und für die Asymmetrie in der Einschätzung der Schlußkraft von Darapti NK und Felapton NK braucht man nicht lang zu rätseln. Hier zeigt einmal mehr ein in der Theorie für die erste Figur angelegter Irrtum seine Wirkung. Im Fall beider Modi gründet nämlich Aristoteles' Einschätzung auf einer partikulären Konversion des jeweiligen Untersatzes, die für Darapti, wie gesehen, auf ein Antezedens für Darii NK führt und für Felapton auf ein Antezedens für Ferio NK. Die Schlußkraft der Prämissenpaare dieser beiden Modi der ersten Figur hat Aristoteles, wie die Erörterung über A16 ergab, irrtümlich insoweit unterschiedlich beurteilt, als er nur im zweiten Fall eine assertorische Conclusio für möglich hielt. Zur Erinnerung: das tat er deshalb, weil er die Gültigkeit derjenigen NK-Modi der ersten Figur, die eine X-Conclusio haben sollten, dadurch erwies, daß er die bei ihnen auftretende e_N-Prämisse einfach konvertierte – was mit einer a_N-Prämisse nicht ging. Die Schlußkraft der beiden Modi hat Aristoteles, nebenbei, insofern gleichermaßen unterschätzt, als er in keinem Fall einen apodiktischen Schlußsatz für möglich hielt.

Es ist interessant, sich an diesem Punkt einmal die folgende Frage zu stellen unter der kontrafaktischen Annahme, es träfe der Sachverhalt zu, daß Darii NK nicht über eine assertorische i-Conclusio verfügt: hätte Aristoteles unter Berufung auf diesen hypothetischen Sachverhalt tatsächlich zureichend begründet – wie er offenbar begründet zu haben glaubt –, daß Darapti NK ebenfalls über keine assertorische i-Conclusio verfügt?

Es scheint zunächst auf der Hand zu liegen, daß man diese Frage verneinen muß und daß wir es daher hier mit einem Fehler zu tun haben, der nicht allein auf eine Unzulänglichkeit der Theorie für die erste Figur zurückzuführen ist. Denn beim Übergang vom Antezedens $\begin{matrix} A\,a_N\,C \\ B\,a_K\,C \end{matrix}$ (inklusive Existenzvoraussetzung (EV-K)) für Darapti NK zum Antezedens $\begin{matrix} A\,a_N\,C \\ C\,i_K\,B \end{matrix}$ für Darii NK hat keine Äquivalenzumformung, sondern eine echte Abschwächung stattgefunden (zur Beziehung der Abschwächung vgl. IV., Ziffer 7.)); wenn daher, so sollte man meinen, das letztere Antezedens eine bestimmte Aussage nicht impliziert, braucht eine entsprechende Relation noch längst nicht für das erste Antezedens ausgeschlossen zu werden. Becker hat das Problem gesehen. Mit Blick auf diejenigen Textstellen, an denen Aristoteles in der erläuterten Weise argumentiert – an denen Aristoteles also unvollkommene Modi durch solche Transformationen der Prämissen, welche logische Abschwächungen darstellen, auf andere Modi reduziert, an denen er auf diese Weise (i) gewisse Allgemeingültigkeitsbehauptungen begründet, ineins damit aber auch (ii) Nichtallgemeingültigkeitsbehauptungen aufstellt und zu begründen meint –, hat er geurteilt: „Es finden sich also an einigen Stellen unseres Textes – mehr oder weniger deutlich formuliert – Argumentationen, die *formale Trugschlüsse* darstellen“ (Becker (1933), S. 74). Hierbei bezieht Becker übrigens auch einige schon in A21 auftretende Argumente ein, die als Argumente des fraglichen Typs gedeutet werden könnten. Der logische Befund ist für Becker Anlaß, besonders im Hinblick auf die betreffenden Passagen in A21 Athetesen zumindest in Erwägung zu ziehen (dazu a. a. O., S. 74 n.11).

Im Gegensatz zu Becker meine ich: bei näherer Untersuchung kann jedenfalls in einigen Fällen die prima facie selbstverständlich berechtigte Kritik an den aristotelischen Argumenten zurückgewiesen werden, und deshalb braucht kein grundsätzlicher Trugschluß-Befund erhoben zu werden. Dabei will ich von der im übrigen durchaus auch gegebenen Möglichkeit absehen, die Bestandteile (ii) dieser Argumente dadurch zu rechtfertigen, daß man sie einfach etwas niedriger hängt – indem man sie nämlich nicht als strikte Beweise nimmt, sondern in folgendem Sinne als Plausibilitätsbetrachtungen.

Der zu untersuchende Modus wird auf einen Modus reduziert, bei dem die Conclusio eine bestimmte Stärke nicht überschreitet. Das ist schon ein gutes *Indiz* dafür, daß man auch aus den ursprünglichen Prämissen keine stärkere Conclusio gewinnen kann. Endgültig abzusichern ist eine solche Vermutung durch BE-Argumente, mit denen dann im günstigen Fall die via Reduktion erreichten Resultate zusammenstimmen. Und wirklich gibt Aristoteles zuweilen im Anschluß an Betrachtungen der zur Diskussion stehenden Art noch BE-Argumente an, z. B. in A11, 31b1–10.

Es gibt außer dieser Rechtfertigungsmöglichkeit und derjenigen, auf die ich später in Kapitel VI. ausführlich eingehen werde, noch eine dritte. Man könnte nämlich die aristotelischen Argumente unter der Prämisse zu rekonstruieren versuchen, daß sie von einigen nicht ausgesprochenen, sozusagen beweistheoretischen Voraussetzungen Gebrauch machen: die Gültigkeit eines *jeden* Modus kann dadurch erwiesen werden, daß man ihn auf einen Modus aus einer ausgezeichneten Menge von Modi durch gewisse Operationen reduziert; es ist immer höchstens die Reduktion auf *einen* Modus möglich – oder:

die Reduktionen, die an den fraglichen Textstellen vorgenommen werden, sind immer Reduktionen auf diejenigen unter eventuell mehreren in Frage kommenden unter den ausgezeichneten Modi, welche die stärkste Conclusio aufweisen. Wollte man annehmen, daß Aristoteles sich für eventuell im Hintergrund stehende Behauptungen dieser allgemeinen Art wirklich Begründungen überlegt hat, so müßte man ihm, soweit ich sehe, allerdings wesentlich kompliziertere Überlegungen unterstellen als im Zusammenhang mit der noch verbleibenden Rechtfertigungsmöglichkeit. Für diese letztere Möglichkeit muß man folgendes beachten.

Wenn p, q und q′ Sätze sind und q′ (strikt) schwächer ist als q, so braucht nicht $p \wedge q'$ (strikt) schwächer zu sein als $p \wedge q$; und selbst *wenn* $p \wedge q'$ (strikt) schwächer ist als $p \wedge q$, braucht nicht zu gelten (mit Bezug auf eine vorgegebene Menge $\mathfrak{M}$ von Sätzen): $p \wedge q$ hat stärkere Implikate *in* $\mathfrak{M}$ als $p \wedge q'$.

Die zweite Feststellung ist in unserem Zusammenhang einschlägig. Denn Aristoteles läßt als potentielle Conclusiones für gegebene Prämissensysteme immer nur Sätze ganz bestimmter Formen zu. Was sich daraus für eine Neubewertung der in Frage stehenden Argumentationsweise ergibt, will ich im einzelnen in Kapitel VI. entwickeln, und zwar anhand des Falles von Felapton mit KN-Antezedens (über den Becker a. a. O. S. 73 schreibt). Setzen wir also zunächst unseren Gang durch A22 mit der Betrachtung dieses Modus fort!

2.) Ich symbolisiere Felapton KNἐνδ. durch das Schema

$$\begin{array}{ll} (1)\ \forall x N(C(x) \supset K\neg A(x)) & \\ (2)\ \forall x N(C(x) \supset NB(x)) & (\wedge\ \exists x C(x)) \\ \hline (3)\ \exists x(B(x) \wedge K\neg A(x)). & \end{array}$$

Bei der Wahl der Formel unter Ziffer (3) habe ich die logische Sachlage in Rechnung gestellt – was nämlich, erstens, die Postulierung einer Kontingenz-Conclusio betrifft und, zweitens, die dabei nötige Streichung des durch die strikte Übersetzungsregel für o_K-Aussagen geforderten äußeren Modalfaktors K.

Aristoteles argumentiert – andeutungsweise – für die Gültigkeit von Felapton KNἐνδ. sowie für die Nichtgültigkeit von Felapton KNX im Abschnitt 40a19–25. In Zeile 21 ist zunächst nur die Rede von einer Zurückführung auf die erste Figur. Man sollte meinen, daß es sich dabei näherhin um eine Zurückführung auf Ferio KNK durch partikuläre Konversion des Untersatzes handelt, und deshalb ist die Setzung „ἐνδέχεσθαι = Kontingenz", die ich hier in Übereinstimmung mit Becker vorgenommen habe, mit dem aristotelischen System konform. Die Zeilen 21–25 erwecken allerdings den Eindruck, Aristoteles könnte zusätzlich eine Reduktion nach dem folgenden Muster im Sinn gehabt haben: vom Antezedens $\begin{array}{l} A\ e_K C \\ B\ a_N C \end{array}$ von Felapton KN gehe durch komplementäre Konversion des Obersatzes und Vertauschung der Glieder über zum Prämissenpaar $\begin{array}{l} B\ a_N C \\ A\ a_K C \end{array}$, hier konvertiere den Untersatz partikulär mit dem Resultat $\begin{array}{l} B\ a_N C \\ C\ i_K A \end{array}$ und erschließe $B\ i_M A$ und damit $A\ i_M B$ nach Darii NKM. Aristoteles will nämlich an der Stelle, wohl auch mit Bezug auf die in der erwähnten Zusammenfassung mitverstandenen Nichtgültigkeitsbehauptungen, dartun, so scheint es, daß das Antezedens von Felapton KN keine assertorische Aussage impliziere; und er bemerkt dazu, daß die verneinende Prämisse das ἐνδέχεσθαι bedeute (40a21 f.). Gemeint sein muß: die verneinende Prämisse in dem an der Stelle betrachteten Fall eines qualitativ gemischten Prämissenpaars ist vom Möglichkeits-, *nicht aber vom Notwendigkeitstyp.* In Zeile 25 fährt Aristoteles nämlich fort mit der Formulierung: „Wenn aber die verneinende Prämisse notwendig ist, ...". Da die verbleibende Prämisse bejahend ist, enthält das Paar also kein Glied vom e_N-Typ, und diese Eigenschaft überträgt sich auf das durch die eben beschriebenen Transformationen erzeugte Paar für die erste Figur. Die Untersuchung der NK-Antezedentia der ersten Figur aber hatte Aristoteles zu der (irrigen) Auffassung gelangen lassen, dort seien genau beim Vorkommen einer e_N-Prämisse assertorische Conclusiones möglich; insbesondere soll Darii NK lediglich eine ἐνδέχεσθαι-Conclusio erschließen. Hätte Aristoteles Überlegungen in dieser Richtung angestellt, so hätte es ihn freilich irritieren müssen, auf eine i-Conclusio zu stoßen, wo er zweifellos eine o-Conclusio erwartete. Vielleicht ist es kein Zufall, daß Aristoteles zwar die Prämissen von Felapton KNἐνδ. ausdrücklich formuliert, es aber unterläßt, das Entsprechende für einen Schlußsatz zu tun.

Ross' Auffassung der Zeilen 21–25 scheint zunächst nicht sehr plausibel. (Dazu Ross (1949), S. 368). Ross ist nämlich der Ansicht, daß diese Zeilen sich auf die vermutete Zurückführung von Felapton KNἐνδ. auf Ferio KNK beziehen. Sollte Aristoteles sich auf den ἐνδέχεσθαι-Charakter der Conclusio von Ferio KNK haben berufen wollen, so war es einigermaßen irreführend, auf das Nichtvorhandensein von Apodiktizität bei der verneinenden unter den gegebenen Prämissen zu verweisen. Denn das natürliche Verständnis eines solchen Hinweises in diesem Kontext wäre wohl: unser reduzierender Modus ist ein Modus aus der Gruppe der KN-Modi in der ersten Figur; er verfügt über keine X-Conclusio; das liegt daran, daß der verneinende Teil seines Antezedens genauso wie im Fall von Felapton KNἐνδ. selbst nicht apodiktisch ist; wäre dieser Teil nämlich apodiktisch, so wäre, innerhalb dieser

Gruppe, eine X-Conclusio möglich. Innerhalb der Gruppe der KN-Modi der ersten Figur gibt es jedoch aus aristotelischer Sicht überhaupt keine Modi mit assertorischem Schlußsatz[50]; und es kann innerhalb dieser Gruppe auch keine Modi mit verneinendem N-Vordersatz geben. Denn die gültigen Modi der ersten Figur haben höchstens einen negativen *Obersatz*, und die Gruppe ist dadurch definiert, daß ihre Elemente einen Obersatz vom K- sowie einen Untersatz vom N-Typ aufweisen. Sinnvoll wäre es aus aristotelischer Perspektive, mit der Gruppe *aller* in A16 als gültig beurteilten Modi als Bezugsgruppe, zu der etwa Celarent NKX gehört, zu sagen: der Grund dafür, daß das Antezedens von Ferio KNK keine assertorische Conclusio erschließt, besteht in der Zugehörigkeit des Modus zu jener Untergruppe der Modi mit KN-Antezedens, darin also, daß der Obersatz des Modus problematisch (und sein Untersatz apodiktisch) ist; andernfalls könnte, mit Erfüllung einer gewissen Zusatzbedingung, ein assertorischer Satz erschlossen werden. Im Fall von Felapton und von Ferio KNK *ist* nun der verneinende Vordersatz der Obersatz. Deshalb wäre es immerhin möglich, daß Aristoteles mit der Feststellung von 40a21 f., der verneinende Vordersatz sei vom Möglichkeitstyp, eben den genannten Grund hat angeben wollen. So gesehen ist Ross' Auffassung akzeptabel. Ross' Auffassung stimmt mit derjenigen Beckers überein. Aus der erwähnten Stelle S. 73 der Beckerschen Studie geht nämlich hervor, daß der Autor in 40a18–25 einen Versuch des Aristoteles sieht, u. a. die Nichtgültigkeit von Felapton KNX durch Inanspruchnahme einer Nichtgültigkeit von Ferio KNX zu zeigen.

Ich will die Frage offenlassen, ob Aristoteles mehrere Reduktionsargumente im Zusammenhang seiner Erörterung von Felapton KN in Betracht gezogen haben mag. Bei der späteren Diskussion der oben im Anschluß an Becker problematisierten Argumentationsweise des Aristoteles am Fall von Felapton KN werde ich die Ross/Becker-Auffassung der Zeilen 18–25 zugrunde legen. Wir werden zu dem Ergebnis kommen, daß die von Becker verworfene Schlußweise gerechtfertigt werden kann. Diese Rechtfertigung wird allerdings von Gegebenheiten abhängen, von denen wohl niemand behaupten wird, daß Aristoteles sie ins Kalkül zu ziehen vermocht hätte. Die Konsequenz der Diskussion ist, daß die Schlußweise trotz ihrer Korrektheit zu einem falschen Resultat führt (nämlich zu dem Resultat: Felapton KNX ist nicht gültig), weil sie auf eine falsche Voraussetzung angewendet wird (nämlich auf die Voraussetzung: Ferio KNX ist nicht gültig).

[50] Die aristotelische Sicht der Dinge hatte sich vor dem Hintergrund unseres Systems von Strukturhypothesen allerdings als teilweise falsch erwiesen. (Vgl. III.2.4. über KN-Modi.)

Auf die Gültigkeit von Ferio KNX mit schwach assertorischem Schlußsatz habe ich zu Beginn von 2.4. hingewiesen. Die Gültigkeit von Felapton KNX mit ebensolchem Schlußsatz, mit der wir nach 2.9., Schluß, rechnen können, ist durch die folgende Überlegung klar (bei der wir uns mit der schwachen zu Formel (2) des Schemas eingetragenen Existenzvoraussetzung begnügen können anstelle des nach LSF möglichen $\exists x NC(x)$):

(1*) $\forall x N(C(x) \supset NB(x)) \land \exists x C(x)$

impliziert

(2*) $\exists x(C(x) \land NB(x))$;

daraus folgt mit (1)

(3*) $\exists x(NB(x) \land K\neg A(x))$;

(3*) ist mit $\Vdash Np \supset p$ (3), und (3*) impliziert darüber hinaus via $\Vdash (Np \land Mq) \supset M(p \land q)$ die Formel

(4) $\exists x M(B(x) \land \neg A(x))$.

Damit ist zugleich Darapti KNK gerechtfertigt (vgl. 40a16–18).

Wir wissen nicht, wie gründlich Aristoteles seine augenscheinliche Auffassung durchdacht hat, Felapton KNX sei nicht gültig. Wir können aber sagen: der erreichte Stand der modallogischen Theorie war von der Art, daß Aristoteles selbst bei einem recht gründlichen Vorgehen, nämlich bei der Verfolgung verschiedener der ihm bekannten Beweisstrategien, zu dem Ergebnis kommen mußte, Felapton KNX lasse sich nicht rechtfertigen (und analog für andere der in A22 diskutierten Modi). Eine dieser Strategien besteht in der Transformation von Antezedentia durch Konversionen und eventuelle Vertauschungen der Glieder in Antezedentia für die erste Figur. Bei der Anwendung dieser Strategie auf das Antezedens von Felapton KN konnte Aristoteles, wie es durch die Überlegungen unter Ziffer 2.) illustriert wird, nur entweder die Reduktion auf einen KN-Modus der ersten Figur gelingen oder die Reduktion auf einen NK-Modus der ersten Figur mit bejahendem apodiktischem Glied (denn mit Ausnahme der für Kontingenzaussagen in Frage kommenden Operation der komplementären Konversion lassen alle Konversionsoperationen neben der Modalität auch die Qualität der Operanden unverändert). Die Theorie für die erste Figur aber hatte für beide Typen von Modi assertorische Conclusiones ausgeschlossen. Was hätte nun dabei herauskommen können, wenn Aristoteles versucht hätte, den Befund der Nichtgültigkeit von Felapton KNX, welchen ein solches Indiz nahelegen konnte, durch Rückgriff auf eine andere Beweisstrategie zu kontrollieren, nämlich durch Rückgriff auf die Strategie des Beweises durch reductio ad impossibile?

Die Antwort ist, daß Aristoteles sich durch die Kontrolle aller Wahrscheinlichkeit nach bestätigt gesehen haben würde. Er hätte sich nämlich aller Wahrscheinlichkeit nach nicht vergegenwärtigt, daß er einerseits die Theorie der gemischt apodiktisch-assertorischen Modi mit Blick auf zeitlich beschränkte assertorische Aussagen entwickelt hatte; während er andererseits als Ausgangshypothese für einen Widerspruchsbeweis zugunsten der Gültigkeit von Felapton KNX mit schwach assertorischem Schlußsatz über eine zeitlich unbeschränkte assertorische Aussage verfügen konnte. Eine Aussage, die wir eine schwach assertorische o-Aussage nennen, hat die Form $\exists xM(B(x) \wedge \neg A(x))$. Ihr Gegenteil ist gleichwertig mit $\forall xN(B(x) \supset A(x))$, also mit A a B in zeitloser Version. *Solches* A a B impliziert zusammen mit der minor B a_N C von Felapton KN, also zusammen mit $\forall xN(C(x) \supset NB(x))$, die Formel $\forall x(N)(C(x) \supset NA(x))$ durch Distribution des N-Operators über die Subjunktion $B(x) \supset A(x)$; so verstandenes A a B impliziert also A a_NC, im Widerspruch zur maior A e_KC von Felapton KN. Auf diese Weise wäre Felapton KNX vor dem Hintergrund einer erweiterten Notwendigkeitssyllogistik zu rechtfertigen gewesen – nach einem nur für zeitlose X-Aussagen gültigen Modus Barbara XNN, wie er in Aristoteles' System nicht vorkommt.

Wenn wir die Tragfähigkeit unseres Interpretationsansatzes beurteilen wollen, ist es tunlich, daß wir uns so, wie es eben geschehen ist, an solchen Stellen, an denen der Ansatz gegenüber der aristotelischen Doktrin ein Zuviel an Gültigkeit nach sich zieht, fragen: welche Umstände waren geeignet, Aristoteles von der Anerkennung des Mehr an Gültigkeit abzuhalten?

Ich fahre fort mit der Sichtung der in A22 enthaltenen Behauptungen und Argumente. Bevor Aristoteles in Zeile 40a39 übergeht zur Untersuchung derjenigen Prämissenkombinationen vom gemischt problematisch-apodiktischen Typ, die ein partikuläres Glied enthalten, macht er noch zwei Bemerkungen zum allgemeinen Fall. Nämlich erstens: die komplementären Gegenstücke von Darapti und Felapton mit NK-Antezedens sind gültig (40a33–35). Und zweitens: die Paare vom Typ $\begin{matrix} A\ a,e_K C \\ B\ e_N C \end{matrix}$ sind unschlüssig (40a35–38). Die Richtigkeit der ersten Bemerkung versteht sich ohne weiteres, nachdem die Gültigkeitsbehauptungen für Darapti NK und Felapton NK selbst verifiziert sind. Auch die zweite Bemerkung ist sachlich zutreffend: ich habe die Sachlage an früherer Stelle so beschrieben, daß man bei den Paaren für die dritte Figur genau dadurch die Möglichkeit hat, auf ein Verhältnis der Außenbegriffe zu schließen, daß man einen Vertreter des Mittelbegriffs hernehmen und sein Verhältnis zu den beiden Außenbegriffen zur Grundlage einer Existenzaussage machen kann, welche die Außenbegriffe zueinander in Beziehung setzt; im Fall von $\begin{matrix} A\ a,e_K C \\ B\ e_N C \end{matrix}$, also im Fall von Prämissenkombinationen mit einer nicht durch komplementäre Konversion zu eliminierenden Negativität des Untersatzes, kann man auf diese Weise nur die Existenz eines gemeinsamen Vertreters von non-B und A etablieren (wenn wir die Dinge einmal unter Absehung von allen Modalitäten formulieren) – und hierbei handelt es sich nicht um eins unter den Verhältnissen von B und A, welche Aristoteles auf der Suche nach Implikaten interessieren.

Die BE-Argumente freilich, die Aristoteles zur Sicherung seiner Unschlüssigkeitsbehauptung vorbringt, können (zunächst) nicht akzeptiert werden. Sie stellen einen Rückfall in eine reine de-dicto-Auffassung von Notwendigkeitsaussagen dar, wie wir ihn auch schon oben bei der Besprechung von A19, 38a38–b2, moniert haben. Beispielsweise sind die Prädikate, die Aristoteles zum Nachweis der Verträglichkeit von $\begin{matrix} A\ a,e_K C \\ B\ e_N C \end{matrix}$ mit $A\ a_N B$ wählt, die folgenden: „... schläft" für A; „... ist ein schlafendes Pferd" für B; „... ist ein Mensch" für C. Der Satz „jedes schlafende Pferd schläft notwendig" kann klarerweise nur dann als wahr gelten, wenn er so interpretiert wird, als sei seine logische Form gegeben durch $N\forall x(B(x) \supset A(x))$.

Ist die Auffindung von Begriffseinsetzungen, die leisten können, was der vorliegende Fall verlangt, eine so schwierige Aufgabe, daß Aristoteles schließlich zu derartigen Fehlern verleitet wurde? Man kann sicherlich sagen, daß die Aufgabe nicht ganz ohne Finesse ist. Denn man benötigt für A, um $A\ a_K C$ in eine wahre Aussage zu überführen, den Ausdruck einer Eigenschaft, die einigen Individuen (nämlich allen Exemplaren von C) kontingenterweise zukommt, die aber zugleich anderen Individuen, damit $A\ a_N B$ verifiziert werden kann, essentiell zukommt. Solche Eigenschaften zu benennen macht gewisse Schwierigkeiten. Denn sehr viele Eigenschaften, die als für irgendwelche Dinge essentiell betrachtet werden können (z. B. Spezieszugehörigkeiten wie das Menschsein), vermögen überhaupt nur notwendig zuzukommen oder notwendig nicht zuzukommen; sie vermögen mithin nicht kontingenterweise zuzukommen (wenn wir den Essentialismus soweit mitmachen). Trotzdem kann man Eigenschaften der gesuchten Art angeben und die aristotelischen BE-Argumente durch akzeptable Argumente desselben Typs ersetzen. Ich komme darauf in Kapitel V. zurück.

Jetzt zu den partikulären Modi! Die im Abschnitt 40a39–b3 von Aristoteles gegebene Zusammenfassung läuft auf die Behauptung hinaus, es seien gültig die Modi: Disamis NKἐνδ. und Disamis KNἐνδ.; Datisi NKἐνδ. und Datisi KNἐνδ.; Ferison KNἐνδ.; Bocardo KNἐνδ.; und es seien zugleich die Varianten dieser Modi mit X-Conclusio nicht gültig. Man muß sich nun wieder darüber klar zu werden versuchen, welche Bedeutung das in den Schlußsätzen der genannten Modi auftretende ἐνδέχεσθαι (≈ möglich) aus aristotelischer Sicht haben soll. Wieder wird man eine Klärung dadurch herbeizuführen versuchen, daß man über die Gültigkeitsbeweise spekuliert, die für Aristoteles nahe gelegen haben könnten. Aristoteles selbst macht keine näheren Angaben. Man kann erwarten, daß dabei auch Erklärungen dafür abfallen, warum Aristoteles hier assertorische Schlußsätze verworfen hat – was der logischen Sachlage nicht gemäß ist.

3.) Disamis NKM symbolisiere ich durch die Formelfolge

$$\begin{array}{l} (1)\ \exists x N(C(x) \land NA(x)) \\ (2)\ \forall x N(C(x) \supset KB(x)) \\ \hline (3)\ \exists x M(B(x) \land MA(x)). \end{array}$$

Die Prämissen (1) und (2) implizieren offenbar $\exists x(MB(x) \land NA(x))$, folglich $\exists x M(B(x) \land A(x))$ und damit erst recht $\exists x M(B(x) \land MA(x))$. Neben einer i_M-Conclusio wäre also auch eine schwach assertorische Conclusio zu rechtfertigen.

Aus Beckers Übersichtstafel geht hervor, daß Becker an eine Transformation des Antezedens unseres Modus in ein Antezedens für Darii KNK denkt. Die Glieder des Paars $\begin{array}{c} A\, i_N C \\ B\, a_K C \end{array}$ wären danach zunächst zu vertauschen mit dem Ergebnis $\begin{array}{c} B\, a_K C \\ A\, i_N C \end{array}$, dann wäre der i_N-Satz zu konvertieren mit dem Ergebnis $\begin{array}{c} B\, a_K C \\ C\, i_N A \end{array}$; nach Darii KNK soll dann offenbar auf B i_KA geschlossen werden, und dies Zwischenresultat wäre noch zu konvertieren zu A i_KB. Dieser Überlegung entsprechend setzt Becker für Disamis mit NK-Antezedens eine K-Conclusio an. Sachlich ist das unter den Prämissen unseres Interpretationsansatzes nicht gerechtfertigt. Damit in Einklang steht die Beobachtung, daß unter denselben Prämissen das von Becker vermutete Reduktionsargument einen inkorrekten Übergang enthält, nämlich einen, dem wir bereits oben im Zusammenhang mit Darapti NKM begegnet sind: Darii KNK verfügt lediglich über eine schwach kontingente Conclusio, und die darf nicht konvertiert werden.

Sind andere Reduktionsargumente denkbar, die – ob korrekt oder inkorrekt – Aristoteles auf eine zutreffende Behauptung geführt haben würden? Die Frage können wir bejahen. Aristoteles hätte zum einen per reductionem ad impossibile argumentieren können: $\neg\exists x M(B(x) \land MA(x))$ ist gleichwertig mit $\forall x N(B(x) \supset N\neg A(x))$, also mit A e_NB; A e_NB bildet zusammen mit dem Untersatz von Disamis NK ein Antezedens $\begin{array}{c} A\, e_N B \\ B\, a_K C \end{array}$ für Celarent NK; man erhält daraus mindestens A e_MC, im Widerspruch zum Obersatz A i_NC von Disamis NK. Aristoteles hätte zum anderen auch ekthetisch argumentieren können: mit $\genfrac{}{}{0pt}{}{A\ i_N C}{B\ a_K C}$ ist nach Zusammenfassung derjenigen Vertreter von C, welchen A notwendig zukommt, unter ein Prädikat C* auch das Paar $\genfrac{}{}{0pt}{}{A\ a_N C^*}{B\ a_K C^*}$ wahr; das letztere Paar wird durch partikuläre Konversion des a_K-Glieds transformiert in das Paar $\genfrac{}{}{0pt}{}{A\ a_N C^*}{C^*\ i_K B}$, und wenn dies Paar wahr ist, ist nach Darii NKM auch A i_MB wahr. Beide Weisen zu argumentieren hätten Aristoteles wohl zu der richtigen Einschätzung gelangen lassen, daß das zur Diskussion stehende Antezedens, wenn eine Möglichkeitsaussage, dann eine einseitige Möglichkeitsaussage impliziere. Denn ein hypothetisches Implikat vom Kontingenztyp hätte durch Negation keinen syllogistischen Satz zur Durchführung eines syllogistischen Widerspruchsarguments liefern können; und Darii NKἐνδ. besitzt nach der Theorie für die erste Figur, so wie ich sie interpretiert habe, in der Tat nur einen Schlußsatz vom M-Typ.

Freilich hätte Aristoteles, wenn er ein Widerspruchsargument in Erwägung gezogen hätte, sehen sollen, daß auf diese Weise auch ein assertorischer Schlußsatz zu rechtfertigen war: auch $\neg$(A i B), d. i. A e B, liefert mit B a_KC einen Widerspruch zu A i_NC, nämlich nach Celarent XKM. Diese Beobachtung läßt die Hypothese, Aristoteles habe in der fraglichen Art zu argumentieren im Sinn gehabt, weniger wahrscheinlich aussehen. Das Ekthesisargument wiederum leidet etwas an dem Schönheitsfehler, daß der Übergang von B a_KC* zu C*i_KB nicht ohne weiteres akzeptiert werden kann, nämlich aus dem in 2.9. unter Ziffer 4.) erläuterten Grund. Immerhin ist es dasjenige unter den in Betracht kommenden Argumenten, welches dem von Aristoteles für die Gültigkeit von Darapti NKM vorgetragenen Argument am nächsten kommt. Nachdem Aristoteles sagt, im partikulären Fall seien die Verhältnisse denen im allgemeinen Fall ähnlich (40a39f.; vgl. auch 40b4–6), wird man mindestens bei der Rekonstruktion der Gültigkeitsbehauptungen, vielleicht aber auch bei der Rekonstruktion der Beweisverhältnisse, unnötige Differenzen zwischen partikulärem und allgemeinem Fall zu vermeiden suchen. In diesem Sinne sowie mit Rücksicht auf die logische Sachlage habe ich abweichend von Becker für Disamis eine M-Conclusio angesetzt.

Aufgrund dessen, was wir oben über Disamis gesagt haben, ist auch Bocardo NKM/X als gültig erkannt. Die Behauptung der Gültigkeit dieses Modus in der Version mit assertorischem Schlußsatz sehe ich enthalten in der von Aristoteles in den Zeilen 40b3f. getroffenen allgemeinen Feststellung, nach der für partikuläre Antezedentia gilt: „Ist dagegen das Verneinende notwendig gefaßt, so wird der Schlußsatz auch das Nichtsein aussagen" (Rolfes (1921), S. 51). In Beckers Tafel allerdings ist Bocardo mit NK-Antezedens nicht berücksichtigt; und auch Wieland behauptet, es gebe keinen gültigen Modus Bocardo NM, in unserer Notation also: keinen gültigen Modus Bocardo NK (Wieland (1975), S. 81 n.9). Was Wieland damit meint, ist freilich nicht hinreichend klar. Hält er das Antezedens $\begin{matrix} A\ o_N C \\ B\ a_K C \end{matrix}$ für gänzlich unschlüssig? Oder soll Bocardo NKK nicht gültig sein (was richtig wäre)? Oder Bocardo NKX? A.a.O., S. 83 n.12, heißt es dann deutlicher: „Einen Syllogismus Bocardo NMO [d. i. in unserem Notationssystem: Bocardo NKX] kann es aus dem in Anm. 9 genannten Grund nicht geben". In seiner Anmerkung 9 verweist Wieland, erstens, darauf, daß Aristoteles in 40b8–12 die Unschlüssigkeit der Antezedentia vom Typ $\begin{matrix} A\ i,o_K C \\ B\ e_N C \end{matrix}$ – übrigens zu Recht – behauptet; obgleich auch hier, mit Rolfes' Worten, „das Verneinende notwendig gefaßt" ist. Zweitens führt Wieland an, ein von Ross vermuteter Beweis für Bocardo NKX lasse sich „nicht auf eine mit dem aristotelischen Modalsystem verträgliche Weise führen". Der erste Hinweis macht in der Tat deutlich, daß bei Aristoteles allgemeine Feststellungen von der oben zitierten Art in der Regel nicht so aufgefaßt werden dürfen, daß sie sich auf alle möglichen Prämissenkombinationen beziehen, welche der angegebenen Charakterisierung genügen. Vielmehr wird man derartige Feststellungen einschränken auf solche Prämissenkombinationen, welche der Verteilung von Qualitäten und Quantitäten nach sich zugleich in dem durch die assertorische Syllogistik vorgegebenen Rahmen bewegen. Diese Bedingung ist für das Paar $\begin{matrix} A\ o_N C \\ B\ a_K C \end{matrix}$ erfüllt, nicht aber für $\begin{matrix} A\ i,o_K C \\ B\ e_N C \end{matrix}$. Insoweit besteht zunächst kein Anlaß, Aristoteles eine Behauptung nicht zuzuschreiben, die als sachlich zutreffende Behauptung ihm positiv anzurechnen wäre und die mit dem Wortlaut einer allgemeinen Behauptung gut verträglich ist. Nötig ist es allerdings noch zu prüfen, ob ein Argument denkbar ist, das Aristoteles zur Begründung jener Behauptung hätte führen können. Ross denkt an einen Widerspruchsbeweis durch Rückgang auf Barbara XKM: die Sätze A o_NC und B a_KC seien als wahr und A o B (in schwach-assertorischer Version) sei als falsch angenommen; dann ist A a B wahr (nota bene: in zeitlich unbeschränkter Version), wahr also ist ein Antezedens $\begin{matrix} A\ a\ B \\ B\ a_K C \end{matrix}$ für Barbara XKM; damit ist A a_MC wahr, im Widerspruch zur Wahrheit von A o_NC. Ich weiß nicht, was Wieland gegen einen solchen Beweis einwenden will. Zudem hätte Aristoteles den Gültigkeitsnachweis auch durch Ekthesis zu erbringen versuchen können: von $\begin{matrix} A\ o_N C \\ B\ a_K C \end{matrix}$ wird über $\begin{matrix} A\ e_N C^* \\ B\ a_K C^* \end{matrix}$ zu $\begin{matrix} A\ e_N C^* \\ C^*\ i_K B \end{matrix}$ gegangen und daraus nach Ferio NKX die Beziehung A o B erschlossen. Wegen der von Aristoteles in 40b4 ff.

herausgestellten Ähnlichkeit mit den im allgemeinen Fall zu führenden Beweisen bietet es sich an, ein solches Argument in Betracht zu ziehen. Denn es ist im wesentlichen identisch mit dem von Aristoteles für Felapton NKX vorgetragenen Argument. Unter diesen Umständen will ich dabei bleiben, gegen Becker und Wieland sowie mit Ross den Modus Bocardo NKX zum System der von Aristoteles als gültig anerkannten Modi zu rechnen.

4.) Das Schema

$$\frac{\begin{array}{ll}(1) & \exists x K(C(x) \wedge KA(x)) \\ (2) & \forall x N(C(x) \supset NB(x))\end{array}}{(3) \quad \exists x M(B(x) \wedge KA(x))}$$

ordne ich dem Modus Disamis KNK zu.

(1) $\exists x K(C(x) \wedge KA(x))$

impliziert

(2*) $\exists x M(C(x) \wedge KA(x))$,

und aus (2*) hat man zusammen mit (2)

(3*) $\exists x M(C(x) \wedge KA(x) \wedge (C(x) \supset NB(x)))$,

mithin

(4) $\exists x M(NB(x) \wedge KA(x))$;

aus (4) erhält man durch Abschwächung von NB(x) zu B(x) die Formel (3). Mit dem Einsatz einer stärkeren Modallogik[51] wäre auch

(3′) $\exists x(B(x) \wedge KA(x))$

als Schlußsatz zu rechtfertigen:

(2*) $\exists x M(C(x) \wedge KA(x))$

S4-impliziert

$\exists x(MC(x) \wedge KA(x))$,

daraus hat man mit (2)

$\exists x(MNB(x) \wedge KA(x))$,

und die letzte Formel impliziert

$\exists x(B(x) \wedge KA(x))$

relativ zur Brouwerschen Logik B; folglich ist (3′) nach Addition der benötigten Logiken eine S5-Konsequenz von (1) und (2). Ferner könnte ein schwach-

[51] Wenn ich keine Angaben zu der in einer Deduktion verwendeten Modallogik mache, ist in der Regel davon auszugehen, daß man nicht mehr als PL + T benötigt.

assertorischer Schlußsatz gerechtfertigt werden: MNB(x) S5-impliziert NB(x), aus

$$\exists x(MNB(x) \wedge KA(x))$$

hat man daher

$$\exists x(NB(x) \wedge MA(x)),$$

folglich erhält man

$$\exists xM(B(x) \wedge A(x)).$$

Becker setzt für Disamis mit KN-Antezedens eine Konklusion vom einseitigen Möglichkeitstyp an, weil er offenbar an eine Reduktion nach dem folgenden Rezept denkt: Transformation von $\begin{matrix} A\ i_K C \\ B\ a_N C \end{matrix}$ via $\begin{matrix} B\ a_N C \\ A\ i_K C \end{matrix}$ durch i_K-Konversion in ein Antezedens $\begin{matrix} B\ a_N C \\ C\ i_K A \end{matrix}$ für Darii NKM, Schluß auf B i_MA, Konversion dieses Zwischenresultats zu A i_MB.

Wir haben die folgende Situation: der Text gibt keinen Aufschluß über die von Aristoteles intendierte Art des Gültigkeitserweises für Disamis KNἐνδ.; weiter ist ein Ekthesis-Argument denkbar, welches sich anlehnt an den von Aristoteles nach Beckers Vermutung (der ich mich anschließe) für Darapti KNK intendierten Gültigkeitsbeweis; dies Argument führt auf eine i_K-Conclusio. Aus den genannten drei Gründen halte ich es für vernünftig, die aristotelische Position als konform mit der logischen Sachlage zu rekonstruieren, Aristoteles also auch hier die Inanspruchnahme eines Schlußsatzes vom K-Typ zu unterstellen.

Wir haben nun auch Bocardo KNK validiert. In Beckers Tafel fehlt allerdings wieder ein entsprechender Eintrag, während Ross immerhin Bocardo KNM als von Aristoteles für gültig behauptet ansieht (mit Berufung auf die in 40a39–b3, insbesondere aber in 40b2f. enthaltene summarische Gültigkeitsbehauptung). Ross stellt sich eine Reduktion auf Barbara NNN διὰ τοῦ ἀδυνάτου (≈ durch Widerspruchsbeweis) vor. Da einmal mehr ein Ekthesis-Argument im Rahmen der Argumentationsmöglichkeiten des Aristoteles liegt, das auf eine K-Konklusion führt, gehe ich auch bei Bocardo lieber – der Sachlage entsprechend und um der Homogenität der Modi in der KN-Antezedensgruppe willen – von der modalen Charakteristik KNK aus.

5.) Datisi NKM wird symbolisiert durch

$$\begin{array}{ll} (1) & \forall xN(C(x) \supset NA(x)) \\ (2) & \exists xK(C(x) \wedge KB(x)) \\ \hline (3) & \exists xM(B(x) \wedge MA(x)) \,. \end{array}$$

Betreffs der Gültigkeit des Schemas können wir uns mit dem Verweis auf die Verhältnisse bei Disamis KNK begnügen. Denn durch Vertauschung von (1) und (2) erhalten wir ein Antezedens für den letzteren Modus, das nach den unter Ziffer 4.) angestellten Überlegungen $\exists xM(A(x) \wedge KB(x))$ impliziert, also erst recht $\exists xM(A(x) \wedge MB(x))$, d.i. B i_MA; B i_MA aber ist (S5-) äquivalent zu A i_MB, d.i. (3) (vgl. oben II.6.).

Aristoteles dürfte einen Gültigkeitsbeweis im Sinn haben, der in Analogie zur Reduktion von Darapti NKM vonstatten geht, also einen Beweis durch Zurückführung auf Darii NKM via Konversion des Untersatzes. Daher vermute ich mich bei der Ansetzung einer M-Conclusio in Übereinstimmung mit der aristotelischen Position.

Die Gültigkeit von Ferison NKM versteht sich nun von selbst. Darüber hinaus versteht sich auch die Gültigkeit von Ferison NKX. Denn wir sahen oben unter Ziffer 4.), daß das Antezedens von Disamis KN auch über ein schwach-assertorisches Implikat verfügt (welches selbstverständlich konvertibel ist); daher gilt Entsprechendes für Datisi NK, und damit ebenfalls für Ferison NK. Für die Annahme, daß Aristoteles Ferison NKX als gültig angesehen hat, kann man sich auf den bereits erwähnten Passus 40b3f. berufen. Für die Tatsache, daß Aristoteles die Schlußkraft der Antezedentia von Ferison NK und von Datisi NK unterschiedlich beurteilt, dürfte der übliche Umstand die zutreffende Erklärung abgeben: Ferison NK kann durch Konversion des Untersatzes auf Ferio NK reduziert werden, bei Datisi NK dagegen führt dieselbe Operation auf Darii NK, und die beiden genannten Antezedentia der ersten Figur hat Aristoteles unterschiedlich eingeschätzt.

6.) Das Schema

$$\begin{array}{ll} (1) & \forall xN(C(x) \supset KA(x)) \\ (2) & \exists xN(C(x) \wedge NB(x)) \\ \hline (3) & \exists x(M)(B(x) \wedge KA(x)) \end{array}$$

ordne ich dem Modus Datisi KNK zu. Die Gültigkeit des Schemas ergibt sich mutatis mutandis aus dem Argument, das wir oben unter Ziffer 2.) zum Nachweis der Gültigkeit von Felapton KNK notiert haben. Denn von dem dort vorgegebenen Untersatz inklusive Existenzvoraussetzung haben wir in unserem Argument nicht mehr benutzt als das Implikat (2*) $\exists x(C(x) \wedge NB(x))$, das im jetzt zur Debatte stehenden Fall unmittelbar aus dem gegebenen Untersatz folgt.

Aristoteles dürfte an eine Reduktion auf Darii KNK durch Konversion des Untersatzes gedacht haben.

Wir haben damit auch den Modus Ferison KNK abgehandelt.

Den im engeren Sinne syllogistischen Teil der aristotelischen Modaltheorie haben wir jetzt vollständig kennengelernt. In insgesamt vier Fällen haben wir aristotelische Gültigkeitsbehauptungen als falsch einstufen müssen, nämlich in den Fällen der Modi: Camestres XNN; Darapti XNN; Disamis XNN; Camestres KXM.

IV. Konversion

Aristoteles hat im Kapitel A2 der *Analytica priora* die Konversion assertorischer Aussagen behandelt. In A3 geht es nun um die Konversion modalisierter Aussagen. Die erste Aufgabe bei der Interpretation von A3 besteht darin herauszufinden, welches überhaupt die Konversionsregeln sind, die Aristoteles für gültig hält, und welche Konversionsregeln er nicht für gültig hält. Das ist hier keine so einfach zu lösende Aufgabe wie im assertorischen Fall. Ich habe zu *diesem* Thema nichts zu sagen, das man nicht schon bei anderen Interpreten finden könnte. Die Gültigkeits- und Nichtgültigkeitsbehauptungen, von denen ich annehme, daß Aristoteles sie in A3 macht, findet man z. B. in Ross (1949), S. 294 und S. 296 f., aufgelistet. Mir geht es in erster Linie darum zu prüfen, ob sich diese Behauptungen sachlich rechtfertigen lassen; und das relativ zu Strukturhypothesen, unter denen man die Notwendigkeits- und die Möglichkeitssyllogistik verstehen kann. Auch in neueren Arbeiten zur Modalsyllogistik findet sich dazu nichts wirklich Befriedigendes. Von internen Ansätzen hat man in dieser Hinsicht ohnehin kaum etwas zu erwarten. Bei Angelelli, der extern ansetzt, gibt es Überlegungen, die in die Nähe der von mir ausprobierten Strukturhypothesen führen. So heißt es etwa in Angelelli (1979), S. 206: „(7) is valid only if AC i B = ⋁x. ⧖Bx ∧ ⧖Ax.“. Dabei ist (7) bei Angelelli die Behauptung der Äquivalenz von A i_KB und B i_KA; AC i B ist Angelellis Bezeichnung für A i_KB; ⋁x. ⧖Bx ∧ ⧖Ax. ist Angelellis Bezeichnung für ∃x(KB(x) ∧ KA(x)). In der Tat ist, wie wir unten sehen werden, ∃xK(B(x) ∧ KA(x)) S5-äquivalent zu ∃x(KB(x) ∧ KA(x)). Andererseits werden beispielsweise für A e_NB von Angelelli nur die drei folgenden Strukturformeln in Betracht gezogen (ich übersetze in die von mir verwendete Notation):

(*1*) $N\forall x(B(x) \supset \neg A(x))$;

(*2*) $\forall x(MB(x) \supset N\neg A(x))$;

(*3*) $\forall x(B(x) \supset N\neg A(x))$

(dazu S. 205 a. a. O.). Dabei ist klar, daß (*1*) im Hinblick auf A8-A22 indiskutabel ist. Relativ zu (*2*) kann man zwar ohne Zusatzannahmen die conversio simplex der e_N-Aussagen rechtfertigen; es ist aber nicht mehr nachvollziehbar, warum Aristoteles nicht z. B. in A16 für Barbara und Celarent mit Prämissen der Modalitäten NK sogar eine N-Conclusio für möglich gehalten hat. Denn wenn der jeweilige Obersatz durch (*2*) bzw. durch die nicht-negative Variante von (*2*) gegeben ist, folgt – und zwar offensichtlich – A e_NC bzw. A a_NC in jeder noch so schwachen Logik aus der Konjunktion des Obersatzes mit dem Untersatz B a_KC.

Dagegen haben wir zwar bei der Besprechung von Celarent NKX festgestellt, daß die von Aristoteles zur Validierung des Modus eingesetzten Mittel sich unter den Prämissen unseres Interpretationsansatzes als ebenso stark erweisen wie die in dem System PL + S5 eingeschlossenen Mittel und daß sich weiter bei der Ausschöpfung dieser Mittel für Celarent mit NK-Antezedens ein apodiktischer Schlußsatz allerdings hätte rechtfertigen lassen (genauso wie für Barbara mit NK-Antezedens). Es wird aber niemand ohne weiteres die Behauptung aufstellen, Aristoteles hätte sehen können oder gar sehen müssen, daß das für die Ableitung eines solchen Schlußsatzes entscheidende Prinzip der Implikation von Np durch MNp sich aus dem Prinzip der Äquivalenz von A e_NB und B e_NA ableiten ließ. Es ist im Gegenteil doch wohl wahrscheinlich, daß eine entsprechende Einsicht, schon wegen des Fehlens einer geeigneten Notation, außerhalb der Möglichkeiten von Aristoteles lag. An dieser Einschätzung ändert auch die im Exkurs über A34 (oben III.2.4.) angeführte Beobachtung nichts.

Relativ zu (*3*) kann Angelelli die Implikation von B e_NA durch A e_NB nur unter der starken Zusatzannahme rechtfertigen, daß B ein „o-predicate" ist (o für οὐσία). Dabei heißt F genau dann ein o-Prädikat, wenn gilt: $\forall x(NF(x) \vee N\neg F(x))$. (Dazu S. 205f. a. a. O.) Außerdem läßt sich z. B. wiederum für Barbara und Celarent mit Prämissen der Modalitäten NK nicht einmal eine M-Conclusio begründen, wenn man von (*3*) und der nicht-negativen Variante von (*3*) ausgeht.

Diese Beobachtungen mögen als Belege für die Einschätzung genügen, daß der bisher erreichte Grad des Verständnisses – im Sinne einer Nachvollziehbarkeit der aristotelischen Behauptungen unter gegebenen Nebenbedingungen – unbefriedigend ist. Ich will jetzt die fraglichen Behauptungen in der Abfolge, in der sie in A3 auftreten, zusammenstellen und zeigen, wie es unter den Prämissen meiner Rekonstruktion um ihre Nachvollziehbarkeit steht.

Im Abschnitt 25a27–36 von A3 finden wir die folgenden Behauptungen.

1.) A e_NB impliziert (bzw. ist äquivalent zu) B e_NA (a28 und a29–31).

Diese Relation hat Aristoteles beispielsweise bei der Rechtfertigung von Cesare NXN in A10, 30b9–13, verwendet.

2.) A a_NB impliziert B i_NA (a28f. und a32f.).

Das ist eine Relation, von der Aristoteles u. a. Gebrauch gemacht hat in A11, 31a38–b1, bei der Validierung von Felapton XNX.

3.) A i_NB impliziert (bzw. ist äquivalent zu) B i_NA (a28f. und a32f.); verwendet beispielsweise in A11, 31b22–27, beim Gültigkeitsbeweis für Datisi XNX.

4.) A o_NB impliziert nicht B o_NA (a34f.).

Zu 1.) bemerke ich: A e_NB geht unter der einschlägigen Strukturhypothese über in die Formel

(4) $\forall xN(B(x) \supset N\neg A(x))$;

daß aus *(4)* in S5 die Formel

(5) $\forall xN(A(x) \supset N\neg B(x))$

folgt, haben wir uns in III.1.1. klar gemacht.

Zu 2.) stelle ich fest: mit Rücksicht auf 3.) genügt es einzusehen, daß A i_NB durch A a_NB impliziert wird. Für die Schlüsse dieses Typs muß ich die in LSF zusammengestellten Existenzvoraussetzungen ins Spiel bringen, hier: A a_NB ist

(1) $\forall xN(B(x) \supset NA(x)) \wedge \exists xNB(x)$;

aus (1) folgt offensichtlich in T

(2) $\exists x(NB(x) \wedge NNA(x))$,

und (2) ist T-äquivalent zu

(3) $\exists xN(B(x) \wedge NA(x))$.

Zu 3.): A i_NB ist

(1) $\exists xN(B(x) \wedge NA(x))$;

aus (1) haben wir in S4

(2) $\exists x(NA(x) \wedge NNB(x))$,

woraus wie eben unter Ziffer 2.) in T folgt

(3) $\exists xN(A(x) \wedge NB(x))$.

Zu 4.): A o_NB ist

(1) $\exists xN(B(x) \wedge N\neg A(x))$;

wenn aus (1) irgend etwas in irgendeiner der hier in Betracht gezogenen Modallogiken folgt, dann folgt es aus (1) in der stärksten dieser Logiken, in PL + S5; in PL + S5 ist (1) äquivalent zu

$\exists x(NB(x) \wedge N\neg A(x))$,

und es ist klar, daß man auch in S5 nicht von $Nq \wedge N\neg p$ auf $Np \wedge N\neg q$ schließen kann, daß vielmehr das eine das andere ausschließt.

Ich will die Frage zunächst ausklammern, wie die von Aristoteles andeutungsweise gebotenen *Argumente* für diese und andere der Behauptungen in

A3 zu rekonstruieren und zu bewerten sind. Auch im Hinblick auf diese Argumente erscheint A3 mir in einem günstigeren Licht, als einige andere Interpreten es für möglich halten. Mit den Begründungen, welche ich hier für die bei meinem Ansatz richtigen unter den aristotelischen Konversionsbehauptungen anführe, ist nicht der Anspruch verbunden, daß sie Rekonstruktionen tatsächlich von Aristoteles vorgebrachter Begründungen darstellen oder hypothetische Rekonstruktionen solcher Begründungen, über die Aristoteles verfügt haben *könnte*.

Für die Klärung der Frage, welche Konversionsbehauptungen Aristoteles im zweiten Teil von A3 (25a37–b25) vertritt, ist es wichtig, die Frage zu beantworten, welche Fälle von ἐνδέχεσθαι (≈ möglich) in 25a38f. unterschieden werden. Aristoteles spricht vom Notwendigen (ἀναγκαῖον), vom nicht-Notwendigen (μὴ ἀναγκαῖον) und vom Möglichen (δυνατόν). Ich glaube mit Ross, daß τὸ δυνατόν hier das Kontingente (das weder Unmögliche noch Notwendige) ist. (Dazu Ross (1949), S. 296.) Auf Vergleichsstellen in *De interpretatione* sowie in *An. pr.* A29 habe ich oben in II.4. hingewiesen. Wäre τὸ μὴ ἀναγκαῖον, dem Vorschlag von Ross a. a. O., S. 295, entsprechend, unter dem nicht Unmöglichen dasjenige, welches auch nicht notwendig ist, so wäre damit bereits genau das Kontingente erfaßt. Ich möchte daher annehmen, daß man schon in 25a38, entsprechend der Konjektur Bekkers zu 25b4f. (der zufolge der Text lauten soll auf: τῷ μὴ ἐξ ἀνάγκης ⟨μὴ⟩ ὑπάρχειν, das ist: durch das nicht-notwendig-*nicht*-Sein; s. Becker (1933), S. 87), nach μὴ ἀναγκαῖον ein μή (≈ nicht) einzusetzen hat. Als Begründung dafür, daß ein ursprüngliches zweites μή verloren gegangen ist, können dieselben Überlegungen dienen, welche Becker im Zusammenhang mit seiner Konjektur anführt. Demnach hätten wir drei (nicht elementfremde) Fälle von ἐνδέχεσθαι, wobei der erste ein Spezialfall des zweiten ist und erster und zweiter Fall auf der einen, dritter Fall auf der anderen Seite durch je eigene Sinne von ἐνδέχεσθαι abgedeckt werden können:

(*6*) p ist möglich (ἐνδεχόμενον), wenn p notwendig (der Fall) ist;

(*7*) p ist möglich (ἐνδεχόμενον), wenn p nicht unmöglich (μὴ ἀναγκαῖον μή) ist (was insbesondere dann gilt, wenn p notwendig ist);

(*8*) p ist möglich (ἐνδεχόμενον), wenn p kontingent (δυνατόν) ist.

ἐνδεχόμενον ist das allgemeinere Prädikat, welches auf den Gesamtbereich des einseitig Möglichen zutrifft.

Auch Hintikka versteht δυνατόν in Zeile 39 im Sinne von „kontingent". Dazu sowie zum Folgenden verweise ich auf Hintikka (1973), S. 35–38. Eine Differenz zwischen Hintikkas Auffassung der Zeilen 38, 39 und der hier von mir vertretenen Auffassung besteht darin, daß nach Hintikka μὴ ἀναγκαῖον in Zeile 38 ebenfalls das Kontingente ist – in Übereinstimmung mit dem genannten Vorschlag von Ross. Wir haben bei der Besprechung von A13 gesehen, daß Hintikka auch in anderen Zusammenhängen mit der Annahme arbeitet, es diene τὸ μὴ ἀναγκαῖον (≈ das nicht Notwendige) bei Aristoteles als verkürzte Kennzeichnung dessen, was nicht notwendig in irgendeiner der beiden in Frage kommenden Richtungen ist, das heißt: was so beschaffen ist, daß weder es selbst noch sein Gegenteil notwendig ist. Diese Annahme hier ins Spiel zu bringen, hat selbstverständlich den Vorteil, daß ein Eingriff in den überlieferten Text unterbleiben kann. In der Hinsicht, auf die es hauptsächlich ankommt, ist Hintikkas Verständnis der von Aristoteles formulierten Konjunktion von Fällen des Möglichen, also des ἀναγκαῖον und des μὴ ἀναγκαῖον (μή?) und des δυνατόν, nicht verschieden von unserem Verständnis. Hintikka faßt nämlich die beiden ersten Glieder der Konjunktion zusammen als eine Angabe der Extension des Prädikats „... ist einseitig möglich": der Bereich der Sachverhalte, auf welche dieses Prädikat zutrifft, zerfällt in der Tat in die Teilbereiche des Notwendigen und des Kontingenten. Weiter faßt Hintikka die Konjunktion insgesamt so auf, daß mit ihr der durch die beiden ersten Glieder erfaßte Bereich dem durch das dritte Glied erfaßten Bereich, dem Bereich des Kontingenten also, gegenübergestellt wird. Dementsprechend heißt es a. a. O., S. 37f.: „... we must understand τὸ ἀναγκαῖον καὶ τὸ μὴ ἀναγκαῖον as referring to the notion of possibility proper, and understand τὸ δυνατόν as referring to the other notion of possibility, viz. contingency". Ein Unterschied besteht hier also nur im Hinblick darauf, wie die Aufgliederung des Bereichs des einseitig Möglichen, welche durch die beiden ersten Konjunktionsglieder ausgedrückt wird, zu verstehen ist: handelt es sich um die disjunkte Einteilung in Notwendiges und Kontingentes; oder handelt es sich um die Aufgliederung in den fraglichen Bereich selbst (präsentiert unter einer unmißverständlichen Kennzeichnung: τὸ μὴ ἀναγκαῖον μή) und in einen daraus hervorgehobenen Teilbereich? Die Zeilen 25b4f. werden unten zu einer analogen Interpretationsdifferenz Anlaß geben. Hier wie dort sind dadurch aber keine substantiellen Fragen berührt.

Die Behauptung des Aristoteles in 25a39f. verstehe ich nun so:

> Wenn (i) A a_MB wahr ist und (ii) A a_MB speziell deshalb wahr ist, weil sogar A a_NB wahr ist, und (iii) A a_KB wahr ist, dann ist respektive auch (i*) B i_MA wahr und (ii*) B i_MA speziell deshalb wahr, weil sogar B i_NA wahr ist, und (iii*) B i_KA wahr; Entsprechendes gilt mit i anstelle von a.

Das heißt, im Hinblick auf das Konversionsverhalten gilt für die bejahenden ἐνδέχεσθαι-Sätze *unabhängig* davon, welcher der Fälle (*6*) bis (*8*) vorliegt (ἐν ἅπασιν, d. i.: in allen Fällen), daß man dasselbe hat oder die Dinge sich ähnlich (ὁμοίως) verhalten wie im apodiktischen Fall; ὁμοίως in a40 beziehe ich dabei auf a27–36. Es ist also von (einseitigen) Möglichkeitsaussagen und von Kontingenzaussagen *in einem* die Rede, und das sieht Hintikka genauso.

Mit jenem ersten Teil a27–36 des Kapitels ist hier der Fall (ii)/(ii*) bereits erledigt. Wenn z. B. A deshalb möglicherweise einem B zukommt, weil A sogar notwendig einem B zukommt, dann gilt nach der entsprechenden Konversionsregel für den N-Fall, daß B notwendig einem A zukommt und damit erst recht B möglicherweise einem A zukommt. Demnach haben wir die folgenden neuen Behauptungen.

5.) A a_MB impliziert B i_MA.

Soweit ich sehe, macht Aristoteles von dieser Relation keinen Gebrauch.

6.) A i_MB impliziert (bzw. ist äquivalent zu) B i_MA.

Diese Relation wird in den im engeren Sinne syllogistischen Kapiteln nicht benutzt, wohl aber in A3 selbst im Kontext der Rechtfertigung der e_N-Konversion (25a31 f.).

7.) A a_KB impliziert B i_KA.

Das ist eine Relation, auf die sich Aristoteles z. B. in A22, 40a14, bei der Rechtfertigung von Datisi NKM beruft.

8.) A i_KB impliziert (bzw. ist äquivalent zu) B i_KA;

verwendet z. B. in A20, 39a33 f., bei der Rechtfertigung von Datisi KKK.

Zu 5.): Mit Berücksichtigung von 6.) ist zu zeigen, daß A a_MB die Formel A i_MB impliziert. A a_MB mit Existenzvoraussetzung (EV-M) ist

(1) $\forall x N(B(x) \supset MA(x)) \wedge \exists x MB(x)$;

aus (1) folgt in T

(2) $\exists x M(B(x) \wedge (B(x) \supset MA(x)))$,

mithin

(3) $\exists x M(B(x) \wedge MA(x))$.

Zu 6.): A i_MB ist

(1) $\exists x M(B(x) \wedge MA(x))$.

Wie aus (1)

(2) $\exists x M(A(x) \wedge MB(x))$

folgt, habe ich bereits zu Beginn von II.6. angegeben.

Zu 7.): Mit Rücksicht auf 8.) ist zu zeigen, daß A a_KB die Formel A i_KB impliziert. A a_KB mit (EV-K) ist

(1) $\forall x N(B(x) \supset KA(x)) \wedge \exists x KB(x)$.

Aus (1) haben wir in T

(2) $\exists x(M\neg B(x) \wedge M(B(x) \wedge (B(x) \supset KA(x))))$;

aus (2) folgt

(3) $\exists x(M\neg B(x) \wedge M(B(x) \wedge KA(x)))$.

(3) ist nun S5-äquivalent zu $\exists xK(B(x) \wedge KA(x))$.

Zum Beweis der unter Ziffer 7.) behaupteten Äquivalenz bemerken wir:

$$\exists xK(B(x) \wedge KA(x))$$

$$\overset{\text{Def., AL}}{\Leftrightarrow} \quad \exists x(M(B(x) \wedge KA(x)) \wedge M(\neg B(x) \vee \neg KA(x)))$$

$$\overset{\text{S4}}{\Leftrightarrow} \quad \exists x(M(B(x) \wedge KA(x)) \wedge MA(x) \wedge M\neg A(x) \wedge M(\neg B(x) \vee NA(x) \vee N\neg A(x)))$$

$$\overset{\text{T}}{\Leftrightarrow} \quad \exists x(M(B(x) \wedge KA(x)) \wedge MA(x) \wedge M\neg A(x) \wedge (M\neg B(x) \vee MNA(x) \vee MN\neg A(x)))$$

$$\overset{\text{S5}}{\Leftrightarrow} \quad \exists x(M(B(x) \wedge KA(x)) \wedge \underbrace{MA(x) \wedge M\neg A(x)}_{\text{(i)}} \wedge (M\neg B(x) \vee \underbrace{NA(x) \vee N\neg A(x)}_{\text{(ii)}}))$$

$$\overset{\text{AL}}{\Leftrightarrow} \quad \exists x((M(B(x) \wedge KA(x)) \wedge \text{(i)} \wedge M\neg B(x)) \vee (M(B(x) \wedge KA(x)) \wedge \text{(i)} \wedge \text{(ii)}));$$

da (i) $\wedge$ (ii) (T-) logisch falsch ist, ist der letzte Ausdruck äquivalent zu

$$\exists x(M(B(x) \wedge KA(x)) \wedge \text{(i)} \wedge M\neg B(x)),$$

und da (i) eine S4-Konsequenz von $M(B(x) \wedge KA(x))$ ist:

$$\overset{\text{S4}}{\Leftrightarrow} \quad \exists x(M(B(x) \wedge KA(x)) \wedge M\neg B(x)).$$

Zu 8.): A i_KB ist

(1) $\exists xK(B(x) \wedge KA(x))$.

Eben wurde gezeigt, daß (1) S5-äquivalent ist zu

(2) $\exists x(M(B(x) \wedge KA(x)) \wedge M\neg B(x))$.

$M(B(x) \wedge KA(x))$ S4-impliziert $MB(x) \wedge MA(x) \wedge M\neg A(x)$; umgekehrt gilt: $MB(x) \wedge MA(x) \wedge M\neg A(x)$ S5-impliziert $MB(x) \wedge NMA(x) \wedge NM\neg A(x)$, mithin $MB(x) \wedge N(MA(x) \wedge M\neg A(x))$, also $M(B(x) \wedge KA(x))$. Demnach ist (2) S5-äquivalent zu

(3) $\exists x(MB(x) \wedge MA(x) \wedge M\neg A(x) \wedge M\neg B(x))$,

und (3) ist symmetrisch in A und B.

Ich trage noch die Begründung zu der in III.2.8. unter Ziffer 1.) benutzten Behauptung nach, der zufolge

(1) $\exists xM(KB(x) \wedge KA(x))$

S5-äquivalent ist zu

(2) $\exists xK(B(x) \wedge KA(x))$.

Oben haben wir gesehen, daß (2) S5-äquivalent ist zu

(3) $\exists x(KB(x) \wedge KA(x))$

(vgl. die Bemerkung über Angelellis Ansatz vom Beginn des Kapitels). Aus (3) folgt trivial (1). Für jede Formel α S4-impliziert $MK\alpha$ (= $M(M\alpha \wedge M\neg\alpha)$, woraus MMα ∧ MM¬α folgt) Kα, so daß umgekehrt (1) die Formel (3) und damit (2) S5-impliziert.

Für jede Formel α ist offensichtlich sogar MKα S4-*äquivalent* zu Kα, so daß

(4) $\exists x(MB(x) \wedge MKA(x) \wedge M\neg B(x))$

S4-äquivalent ist zu (3), mithin zu (2). Die Äquivalenz von (4) und (2) habe ich in II.8. zunächst ohne Begründung behauptet.

In 25b3 geht Aristoteles über zur Konversion der *negativen* ἐνδέχεσθαι-Sätze. Seine Behauptung in 25b3–5 lautet:

> But in negative statements the case is different. Whatever is said to be possible [ἐνδέχεσθαι], either because B necessarily is A, or because B is not necessarily A, admits of conversion like other negative statements ... (Ross/Jenkinson (1928)).

Diese Behauptung verstehe ich folgendermaßen. Während das Konversionsverhalten der bejahenden ἐνδέχεσθαι-Sätze in jedem der drei in 25a38f. unterschiedenen Fälle übereinstimmte mit dem Konversionsverhalten der entsprechenden ἐξ ἀνάγκης-Sätze, d. h. der entsprechenden Notwendigkeitssätze (a ist partikulär konvertibel, i ist konvertibel), ist das bei den negativen ἐνδέχεσθαι-Sätzen nicht mehr so. (οὐχ ὡσαύτως in 25b3, d. i. „the case is different" der Übers., drückt danach den Unterschied zu ἐν ἅπασιν in a40 aus.) Vielmehr hat man bei den negativen Sätzen (nur) in den ersten beiden der in a38f. unterschiedenen Fälle, also in den Fällen (*6*) und (*7*), Analogie zum apodiktischen Fall. (ὁμοίως in b5, d. i. „like" der Übers., heißt danach wieder: ähnlich dem N-Fall, und damit natürlich auch ähnlich dem X-Fall.) Da nun dem ersten Teil des Kapitels zufolge e_N einfach konvertibel und o_N nicht konvertibel ist, läuft die Aussage, in jenen beiden Fällen bestehe Analogie zum apodiktischen Fall, auf die Behauptungen hinaus:

> Wenn (i) A e_MB wahr ist und (ii) A e_MB speziell deshalb wahr ist, weil sogar A e_NB wahr ist, dann ist respektive auch (i*) B e_MA wahr und (ii*) B e_MA speziell deshalb wahr, weil sogar B e_NA wahr ist; und aus der Wahrheit von A o_MB folgt nicht die Wahrheit von B o_MA, auch dann nicht, wenn A o_MB deshalb wahr ist, weil sogar A o_NB wahr ist.

Ferner haben wir zu erwarten, daß Aristoteles im weiteren Verlauf der Erörterung für den dritten der in a38f. unterschiedenen Fälle, also für den Kontingenzfall, entweder behaupten wird, daß A e_KB nicht einfach konvertibel ist, oder behaupten wird, daß A o_KB konvertibel ist, oder sogar beide Behauptungen aufstellen wird.

Die angegebene Interpretation von 25b3–5 setzt allerdings einen Text voraus, der nicht völlig identisch ist mit demjenigen Text, welcher offensichtlich für die zitierte Übersetzung zugrunde gelegt wurde. Denn in der Übersetzung ist zunächst die Rede vom notwendigen Sein (im Griech., 25b4: ἐξ ἀνάγκης ὑπάρχειν), und damit ist der Fall (*6*) genannt. Doch dann ist vom nicht notwendigen Sein die Rede (im Griech., 25b5: μὴ ἐξ ἀνάγκης ὑπάρχειν) – während Fall (*7*) der Fall desjenigen ist, was nicht notwendig *nicht* (etwas) ist. In der Tat gehe ich mit Becker und Ross, einer der späteren Hände des venezianischen Kodex B entsprechend (vgl. Ross (1949), S. 296), von einer Textgestalt aus, bei der in Zeile 25b5 nach μὴ ἐξ ἀνάγκης (≈ nicht mit Notwendigkeit) ein weiteres μὴ (≈ nicht) eingefügt ist. Ross gibt zu der fraglichen Stelle den folgenden philologischen Befund an:

> „In b4–5 the evidence is pretty equally divided between τῷ ἐξ ἀνάγκης ὑπάρχειν ἢ τῷ μὴ ἐξ ἀνάγκης ὑπάρχειν [≈ weil es notwendig zukommt oder weil es nicht notwendig zukommt] and τῷ ἐξ ἀνάγκης μὴ ὑπάρχειν ἢ τῷ μὴ ἐξ ἀνάγκης ὑπάρχειν [≈ weil es notwendig nicht zukommt oder weil es nicht notwendig zukommt]" (a. a. O., S. 296).

Die zweite Variante paßt ebenfalls vorzüglich zu der von mir favorisierten Interpretation. Sie benennt nämlich die Fälle (*6*) und (*7*) (also, kurz, soviel wie die Fälle der Wahrheit von Nα und von ¬N¬α) mit Bezug auf ein an die Stelle von α tretendes negiertes Argument: der Fall der Wahrheit von N¬α ist der Fall dessen, was notwendig nicht der Fall ist bzw. was einem anderen notwendig nicht zukommt; und der Fall der Wahrheit von ¬N¬¬α, d. i. von ¬Nα, ist der Fall dessen, was nicht notwendig der Fall ist bzw. was einem anderen nicht notwendig zukommt. Sollte diese zweite Variante den von Aristoteles intendierten Text geben, so kann man sich leicht zurechtlegen, warum Aristoteles die beiden Fälle hier auf ein negatives Argument des Modaloperators bezogen hat. Die Möglichkeitssätze, um die es geht, sind verneinende Sätze, und das bedeutet für die Symbolisierungen dieser Sätze etwa mit den uns zu Gebote stehenden Mitteln: der innere Modalfaktor der Möglichkeit trifft auf eine mit dem jeweiligen Prädikatsterminus, etwa mit A, gebildete negierte offene Formel, etwa auf ¬A(x), mit dem Resultat: M¬A(x); die letztere Formel kann ersetzt werden durch ¬N¬¬A(x) und damit durch ¬NA(x) oder aber spezifiziert werden zu N¬A(x) – je nachdem, ob für die durch M bedeutete Möglichkeit der Fall (*6*) gelten oder nur die jedenfalls zutreffende Charakterisierung (*7*) benutzt werden soll.

Der von mir vertretenen Interpretation zufolge besteht die zentrale Aussage von 25b4f. darin, daß e_M-Aussagen einfach konvertibel sind und o_M-Aussagen nicht konvertibel sind. Die von mir vermutete Hervorhebung der Verhältnisse im Spezialfall des notwendigen (Nicht-) Zukommens stellt dieser Aussage gegenüber einen untergeordneten Punkt dar. Wenigstens mit der zentralen Aussage kann nun auch die erste der beiden von Ross unterschiedenen Textvarianten in Einklang gebracht werden, nämlich in der Weise, welche Hintikkas Auffassung der betreffenden Stelle entspricht. Daher können wir mit jeder der in Betracht kommenden Textgestalten leben, und Ross' Einschätzung, keine der durch die beiden Hauptstränge der Überlieferung gedeckten Varianten ergebe einen guten Sinn, erweist sich als zu pessimistisch.

Hintikka will μὴ ἐξ ἀνάγκης ὑπάρχειν in Zeile b5, entsprechend seiner Interpretation des μὴ ἀναγκαῖον in Zeile a38, als das nach keiner Richtung hin notwendig Sein bzw. Zukommen, also als das Kontingente (bzw. als das kontingenterweise Zukommen) verstehen. Die Disjunktion des ἐξ ἀνάγκης ὑπάρχειν und des μὴ ἐξ ἀνάγκης ὑπάρχειν gemäß der Textvariante eins soll dann insgesamt wiederum den Bereich des einseitig Möglichen abdecken; so daß in b4ff. auch nach dieser Auffassungsweise über negative M-Aussagen gehandelt würde.

Gegen die von mir bevorzugte Weise, die Stelle aufzufassen, und gegen die dafür vorausgesetzte Einfügung eines zweiten μὴ nach μὴ ἐξ ἀνάγκης in Zeile b5 wendet Hintikka ein: „... this insertion has the disadvantage of making the clause ‚because it is necessary' [d. i. „because B necessarily is A" der Übers.] superfluous" (Hintikka (1973), S. 36). In gewisser Weise hat Hintikka damit natürlich recht: eine Disjunktion aus zwei Gliedern, deren erstes Glied das zweite Glied impliziert (so wie $N\alpha$ die Formeln $\neg N \neg \alpha$ bzw. $M\alpha$ impliziert), ist äquivalent zum zweiten Glied allein. Man sieht übrigens an dieser Stelle, daß Hintikka genauso, wie wir es tun, von der Anerkennung der üblichen Intermodalbeziehungen durch Aristoteles ausgeht, hier: von der Anerkennung des Folgens von $M\alpha$ aus $N\alpha$ – gegen die sicherlich falsche Auffassung Wielands zu diesem Thema (vgl. Wieland (1975), S. 78). Aber so verhält sich nun einmal der Spezialfall zum allgemeinen Fall. Wenn ich es vorziehe, dementsprechend Aristoteles so zu verstehen, als spreche er in b4f. von dem, was möglich ist, weil es notwendig ist oder allgemeiner nicht unmöglich ist, dann liegt der Grund dafür in der Tatsache, daß mir der Passus b5–13 den Eindruck macht: Aristoteles will sich hier der von ihm angenommenen Richtigkeit seiner Überlegungen, die ihn auf die Behauptung der Konvertibilität der e_M-Aussagen führen, zusätzlich dadurch versichern, daß er einen Teil dieser Gesamtbehauptung – den Teil nämlich, welchen ich in der Formulierung auf S. 322 durch die Ziffern (ii) und (ii*) kennzeichne – unmittelbar auf ein für Notwendigkeitsaussagen erzieltes Resultat zurückspielt – nämlich auf das Resultat der e_N-Konvertibilität. Wirklich ist es so, daß Aristoteles in b9–13 ein Argument für die e_M-Konvertibilität nur im Hinblick auf denjenigen unter zwei in b5–7 eingeführten Beispielsätzen formuliert, bei dem es sich um einen wahren A e_MB-Satz handelt, mit dem *nicht* zugleich A e_NB wahr ist. Aristoteles verhält sich also so, als betrachte er den e_N-Spezialfall, der durch den anderen Beispielsatz (das ist der Satz „jeder

Mensch ist möglicherweise kein Pferd", b5f.) exemplifiziert ist, als bereits erledigt durch die Überlegungen zur Konversion der N-Aussagen. Natürlich könnte diese Art der Darstellung der Dinge auch auf einem bloßen Zufall beruhen. Man wird zwischen den Alternativen, die hier zur Sprache gekommen sind, keine endgültige Entscheidung treffen können. Für die Sache macht das aber nichts aus, wie ich gezeigt habe.

Seels Auffassung von 25b3–14 kann ich nicht teilen. Seel ist nämlich überzeugt davon, daß es in diesem Abschnitt um zwei verschiedene Möglichkeitsbegriffe oder Möglichkeitsoperatoren gehe. (Dazu Seel (1982), S. 181; S. 186 n. 61a.) Der erste Operator soll dabei derjenige sein, welcher die „die Nichtnotwendigkeit ausschließende Möglichkeit" (a. a. O., S. 181) ausdrückt; also derjenige, welcher die die Notwendigkeit implizierende Möglichkeit ausdrückt. Das könnte dann wohl nur der Notwendigkeitsoperator selbst sein? Doch warum sollte Aristoteles, nachdem er über apodiktische Sätze bereits alles Nötige gesagt hat, sich noch einmal eigens diesem Typ von Sätzen zuwenden? Auch wir gehen davon aus, daß in 25b3–14 Notwendigkeitssätze im Spiel sind. Sie sind es aber nur insoweit, wie von solchen *Fällen* der Wahrheit von Möglichkeitssätzen die Rede ist, in denen sogar entsprechende Notwendigkeitssätze wahr sind. Die Notwendigkeitssätze oder irgendwelche mit diesen auf eine ungeklärte Weise sehr eng zusammenhängende spezielle Möglichkeitssätze sind jedoch nicht das Thema des Abschnitts. Während Seel hier wie auch sonst eher zu schnell bei der Hand scheint mit Unterscheidungen verschiedener Modaloperatoren, läßt er es in der Zusammenschau von 25b3–14 und von 25b14–19 (im letzteren Abschnitt behauptet Aristoteles, wie wir sehen werden, die Inkonvertibilität der e_K-Aussagen) an der fälligen Differenzierung fehlen. Er wendet nämlich gegen Hintikkas Auffassung der Disjunktion von 25b4f. ein: das zweite Disjunktionsglied (das ist μὴ ἐξ ἀνάγκης ὑπάρχειν) könne nicht den Bereich des Kontingenten abdecken, und dementsprechend könne nicht diesen Bereich derjenige unter den beiden in b5–7 eingeführten Beispielsätzen exemplifizieren, mit dem nicht zugleich sein apodiktisches Pendant wahr ist (das ist der Satz „›Weiß‹ kommt möglicherweise keinem Oberkleid zu"). Weiter begründet er diese Behauptung mit dem Argument: hätte Aristoteles andernfalls gemeint,

> „daß es sich bei dem Sachverhalt, daß kein Mantel weiß ist, um einen kontingenten Sachverhalt handelt ..., so hätte er keineswegs – was er doch in 25b10–13 tut – die Umkehrbarkeit des entsprechenden Möglichkeitsurteils behaupten dürfen. Denn wir wissen ja aus 25b16–17, daß Aristoteles der Überzeugung ist, daß das allgemeine Möglichkeitsurteil mit negativem Argument [Seel meint Sätze vom $e_{\text{ἐνδ.}}$-Typ] dann nicht konvertibel ist, wenn es den engeren Möglichkeitsbegriff [i. e. den Kontingenzbegriff] benutzt. Zwar ist es formallogisch völlig korrekt, einem kontingenten Sachverhalt

> den weiteren Begriff der Möglichkeit [i. e. den der einseitigen Möglichkeit] zuzusprechen. Und formallogisch besteht auch die Konvertibilität eines solchen Urteils. Aber ein Autor, der – wie Aristoteles – die Konvertibilität des betreffenden Urteils von dem benutzten Möglichkeitsbegriff abhängig macht, kann es keineswegs der Willkür des urteilenden Subjekts überlassen, ob es einem offensichtlich kontingenten Sachverhalt den engeren oder den weiteren Möglichkeitsbegriff zuspricht. Denn würde er diese Willkür zugestehen, so wäre die Konvertibilität des Urteils jederzeit durch Wahl des weiteren Möglichkeitsbegriffs künstlich herbeiführbar. Dies aber würde dazu führen, daß die Umkehrung des allgemeinen Möglichkeitsurteils mit negativem Argument sowohl wahr als auch falsch wäre" (a. a. O., S. 182).

Das kann man entschieden nicht gelten lassen. Wenn wir eine Kontingenzaussage vom e-Typ haben, die in der Tat nicht konvertibel ist, und wenn wir von dieser zur entsprechenden und durch sie implizierten weiteren Möglichkeitsaussage übergehen, die nach Aristoteles konvertibel sein soll, dann sind wir eben zu einer *anderen* Aussage übergegangen. Denn diese beiden Möglichkeiten, Kontingenz und weitere Möglichkeit, *werden* wirklich durch Modalbegriffe abgedeckt, die Aristoteles in der Art von Modaloperatoren unterscheidet. Es handelt sich hier nicht um Typen von *Fällen*, in denen womöglich unmodalisierte Sätze auf diese oder jene Weise möglich sind. Es ist daher nicht so, daß wir mit dem Übergang zur weiteren Möglichkeitsaussage die Konvertibilität der ursprünglichen Aussage *als derselben* irgendwie durch einen unfairen Trick herbeiführten. Übrigens hätte Seel tatsächlich besser statt von der Kontingenz des Sachverhalts, daß jeder Mantel nicht weiß ist, von dem der-Fall-Sein des Sachverhalts sprechen sollen, daß es für jeden Mantel eine kontingente Angelegenheit sei, ob er weiß ist oder nicht. Oder hält Seel eine reine de-dicto-Auffassung aristotelischer Modalaussagen für angemessen? Falls er das nicht tut, wüßten wir jedenfalls gern, aufgrund welcher Überlegung er meint sagen zu können, daß die Konvertibilität eines allgemein verneinenden weiteren Möglichkeitsurteils formallogisch bestehe; denn wir werden zu dem Ergebnis kommen, daß sie keineswegs besteht.

Die Behauptung für den Fall (ii)/(ii*) ist, wie gesagt, schon mit dem ersten Teil des Kapitels erledigt. Also bleibt zunächst die Behauptung

9.) A e_MB impliziert (bzw. ist äquivalent zu) B e_MA.

A e_MB ist

(1) $\forall x N(B(x) \supset M\neg A(x))$.

(1) impliziert nun selbst in S5 *nicht*

(2) $\forall x N(A(x) \supset M\neg B(x))$,

wie man leicht durch Angabe eines falsifizierenden Barcan-semantischen S5-Modells zeigt. Wenn man will, kann man auch im Stile des Aristoteles mit einem BE-Argument operieren. Erfolg verspricht hier etwa die Anweisung: finde eine Disposition, deren Aktualisierung für die Angehörigen einer gewissen Spezies eine kontingente Angelegenheit ist; wähle für A einen Ausdruck der Aktualisierung dieser Disposition, für B eine Bezeichnung der Spezies. Dann trifft auf jedes Exemplar von B das Prädikat A kontingenterweise und damit non-A möglicherweise zu. Zugleich ist aber auch jedes und damit ein Exemplar von B in einer möglichen Alternative zur Bezugswelt ein Exemplar von A, mithin ist in einer als möglich zugelassenen Welt ein Exemplar von A ein Exemplar von B (die Spezieszugehörigkeit kann nicht verloren gehen) und damit essentiell ein Exemplar von B. Also ist es falsch, daß in allen möglichen Welten alle Exemplare von A möglicherweise non-B sind. Die Wahl von „... ist Mensch" für B und von „... schläft" für A würde es beispielsweise tun.

Die Behauptung der Äquivalenz von A e_MB und B e_MA ist relativ zu dem von mir verfolgten Ansatz der einzige Fehler, der Aristoteles in A3 unterstellt werden muß. Er führt, wie wir gesehen haben, zur falschen Behauptung, der Modus Camestres KXM sei gültig, und bleibt ansonsten ohne schädliche Folgen (vgl. III.2.6., Bemerkungen im Anschluß an Ziffer 2.)).

Den bisher von uns verfolgten Grundsätzen entsprechend ist zu fragen, durch welchen nachvollziehbaren Argumentationsfehler Aristoteles zu jener Behauptung hat kommen können. Auf die Frage gehe ich unten bei der Sichtung der von Aristoteles in A3 vorgebrachten Argumente ein. Einschlägig für die e_M-Konversion ist das in 25b10–13 Gesagte.

Ferner haben wir die Behauptung

10.) A o_MB impliziert nicht B o_MA.

Dazu verweise ich auch auf 25b13/14; ὁμοίως (≈ ähnlich) in b13 dürfte bedeuten, daß es sich mit o_M genauso wie mit e_M verhält, nämlich insofern, als es sich auch mit o_M genauso verhält wie mit der entsprechenden N-Aussage. Die Behauptung ist offenbar sachlich zutreffend.

Der Abschnitt 25b14–18 bringt die erwarteten Behauptungen für den Kontingenzfall. Hätte Aristoteles nicht irrtümlich alle e_M-Aussagen als solche für konvertibel gehalten, so hätte er immerhin noch die zutreffende, allerdings nicht sehr informative, Behauptung aufstellen können, daß gilt: wenn A e_MB nicht bloß schlicht wahr ist, sondern wahr ist aufgrund solcher spezieller Bedingungen, welche zugleich A e_NB wahr werden lassen, dann ist auch B e_MA wahr. Ich schließe mich der von Ross vertretenen Auffassung an, daß Aristoteles hier in 14–18 nicht nur in einem solchen Sinne über einen Spezialfall des Kontingenten sprechen will, sondern über alle Kontingenzaussagen etwas behauptet, auf Umstände welcher Art auch immer sie sich beziehen mögen (vgl. Ross (1949), S. 297f.). Die Behauptung ist also, daß Aristoteles nicht nur über das in Zeile 14 – exemplarisch, wie mir scheint – angeführte in der Regel und natürlicherweise (wenn auch nicht ausnahmslos) Geschehende oder der Fall Seiende (das ὡς ἐπὶ τὸ πολύ und das πεφυκός) spricht, im Unterschied zu dem ganz zufällig Geschehenden (τὸ ἀπὸ τύχης γινόμενον; vgl. A13, 32b4–13). Das heißt, daß behauptet wird: Aristoteles spricht nicht nur über Kontingenzaussagen, die wahr sind, weil sie sich auf derartige Prozesse oder Sachverhalte beziehen. Erst recht wird man nicht ohne zwingende Gründe annehmen, daß Aristoteles gar über Aussagen spreche, die nicht mehr wirklich Kontingenzaussagen sind, sondern vielmehr Aussagen des Inhalts, daß gewisse Sachverhalte meistens der Fall sind oder gewisse Individuen meistens eine gewisse Eigenschaft haben und dergleichen. Das wird man nicht tun, weil offensichtlich ist, daß man sich damit sehr schnell in Schwierigkeiten verwickelt. (Dazu Becker (1933), S. 80ff., sowie unsere Erläuterungen zu 32b4–13 in III.2.1. und die Bemerkungen am Ende des Kapitels.) Viel besser ist es, an dem zu Beginn unserer Untersuchung formulierten Grundsatz festzuhalten, daß die logischen Behauptungen des Aristoteles im Zweifel als solche aufgefaßt werden sollten, die gegenüber verschiedenen Anwendungsfällen für Modalbegriffe wie den Begriff der Kontingenz invariant sind.

Die gemeinten Behauptungen sind:

11.) Die e_K-Aussagen sind nicht (einfach) konvertibel, d. h. A e_KB impliziert nicht B e_KA;

12.) A o_KB impliziert (bzw. ist äquivalent zu) B o_KA.

Zu 11.) stelle ich fest: Diese Behauptung ist sachlich richtig. Es ist leicht, beispielsweise eine (PL + S5)-Struktur anzugeben, welche

$$\forall xN(B(x) \supset K(\neg)A(x)) \supset \forall xN(A(x) \supset K(\neg)B(x))$$

falsifiziert.

McCall schreibt: „The inconvertibility of QEab [d.i. b e_Ka in unserem Notationssystem] has not as yet, I think, found any modern defenders" (McCall (1963), S. 82). Diese Aussage ist etwas überraschend, weil Ross Aristoteles mit 11.) im Recht sieht, wie auch ich es tue. Allerdings kann man diese Auffassung nicht so begründen, wie Ross das im Anschluß an ein (Teil-) Argument des Aristoteles tut, welches wir in III.2.5. kritisiert haben (dazu Ross (1949), S. 298). Natürlich ist es richtig, daß aufgrund der Äquivalenz von A e_K B mit A a_KB und aufgrund der Äquivalenz von B e_KA mit B a_KA die Konvertibilität der e_K-Aussagen bedeuten würde, daß A a_KB äquivalent ist zu B a_KA; doch diese Feststellung reicht nicht zur Begründung von 11.) aus. Wenn im Kontingenzfall wirklich andere Verhältnisse als im apodiktischen und im assertorischen Fall vorliegen sollen, kann man es nicht aufgrund der dort gegebenen Verhältnisse als selbstverständlich annehmen, daß auch hier, im Kontingenzfall, a-Aussagen nicht (einfach) konvertibel sind.

Wie man die Inkonvertibilität der e_K-Aussagen im BE-Stil verteidigen kann, haben wir bei der Besprechung von A17 gesehen. Dabei hat sich gezeigt, daß das von Aristoteles in 37a4–9 geführte Argument nur in Maßen inkorrekt ist. McCall scheint dagegen die von Kneale und Kneale an dem Argument geübte Kritik (die er a. a. O., S. 82, referiert) so substantiell zu finden, daß ihm die Möglichkeit entgeht, das aristotelische Argument durch eine geringfügige Modifikation beweiskräftig zu machen.

Zu 12.): $A\ o_K B$ ist

(1) $\exists x K(B(x) \wedge K \neg A(x))$,

und (1) ist äquivalent zu

(2) $\exists x K(B(x) \wedge KA(x))$;

(2) ist nach der zu Ziffer 8.) angestellten Überlegung S5-äquivalent zu

(3) $\exists x K(A(x) \wedge KB(x))$,

und (3) ist äquivalent zu

(4) $\exists x K(A(x) \wedge K \neg B(x))$.

Zum interessanten Schlußabschnitt 25b19–25 von A3, der zwar keine weiteren Konversionsregeln bringt, wohl aber ein Licht auf die vermeintliche Konvertierbarkeit der e_M-Aussagen wirft, trägt Ross zwei mögliche Interpretationen vor, von denen er der zweiten den Vorzug gibt. (Dazu Ross (1949), S. 299f.) Der Abschnitt lautet in Rolfes' Übersetzung wie folgt.

> Jetzt aber soll für uns außer dem Gesagten noch so viel feststehen, (1) daß die Aussage: es ist möglich, daß etwas keinem zukommt oder einem nicht zukommt, bejahende Form hat. (2) Denn der Terminus: es ist möglich, steht auf einer Linie mit dem Terminus: es ist; das: „es ist" bewirkt aber für dasjenige, bei dem es steht, immer und durchaus Bejahung, wie z. B. die Aussage: es ist nichtgut, oder: es ist nichtweiß, oder überhaupt: es ist nichtdieses, Bejahung ist. Auch dieses soll im Folgenden ... gezeigt werden. (3) Bezüglich der Umkehrung aber wird es mit diesen Sätzen ebenso sein wie mit den anderen bejahenden Sätzen (Rolfes (1921), S. 5).

Hier steht „es ist möglich" für entsprechende Formen von ἐνδέχεσθαι. Wegen der Ambivalenz von ἐνδέχεσθαι ist zunächst nicht klar, ob weiterhin von Kontingenzaussagen wie in 25b14–18 oder wieder von einseitigen Möglichkeitsaussagen wie in 25b3–14 die Rede ist.

Nach der von Ross bevorzugten Interpretation würde Aristoteles an der Stelle sagen wollen: die e_K- und die o_K-Aussagen sind eigentlich positiv (wofür die Äquivalenz von A e_KB bzw. A o_KB zu A a_KB bzw. zu A i_KB spricht), und ihr Konversionsverhalten ist in Übereinstimmung damit das der entsprechenden bejahenden Aussagen, nämlich: A e_KB ist nicht konvertibel, A o_KB konvertibel. Bei dieser Interpretation ist ταῖς ἄλλαις (≈ den anderen) in Zeile b25 auf die bejahenden K-Aussagen zu beziehen. Rolfes übersetzt den Dativ ταῖς ἄλλαις dann auch durch „den anderen bejahenden Sätzen", obwohl im Text von Bejahung nicht die Rede ist. Störend ist, daß das Konversionsverhalten von e_K und o_K nach der erläuterten Auffassungsweise letztlich verglichen wird mit dem Konversionsverhalten eben dieser Aussagen selbst. (A e_KB *ist* im wesentlichen A a_KB.) Mehr noch stört, daß zwischen dem in b20f., d.i. in (1) der Übers., und dem in b25, d.i. in (3) der Übers., Gesagten ein *Begründungsverhältnis* hergestellt wird – A e_KB verhält sich wie A a_KB, *weil* A e_KB eigentlich positiv, d. h. im wesentlichen A a_KB ist –, während die sprachlichen Gegebenheiten klar auf ein Verhältnis der *Entgegensetzung* hinzudeuten scheinen. Bezüglich der Umkehrung „aber" (≈ δέ) soll es sich nämlich in der und der Weise verhalten. Aus diesen Gründen halte ich die erste der von Ross unterschiedenen Interpretationen für die bessere. Danach spricht Aristoteles über einseitige Möglichkeitsaussagen. Er wundert sich, so könnte man sagen, in b19–25 darüber, daß die e_M- und die o_M-Aussagen ein ihren apodiktischen und assertorischen Gegenstücken entsprechendes Konversionsverhalten zeigen (nach 25b3–14), *obwohl* sie im Gegensatz zu diesen nicht eigentlich negativ sind. ταῖς ἄλλαις in b25 verwiese hiernach auf e- und e_N-, auf o- und o_N-Aussagen. Maier bringt die Verhältnisse sehr klar auf den Begriff, indem er sagt:

> „Trotzdem also die Möglichkeitsaussage, so lange nicht die Verneinung das Möglichsein selbst trifft, die logische Eigenart des bejahenden Satzes hat, verhalten sich die Möglichkeitsprämissen, die es als möglich bezeichnen, dass etwas einem Begriff ganz oder teilweise nicht zukomme, hinsichtlich der Umkehrung wie die übrigen negativen Sätze" (Maier (1896–1900), Bd.II Halbbd.1, S. 27).

Die Plausibilität dieser Interpretation, der zufolge Aristoteles in b19–25 nicht K-, sondern M-Aussagen im Auge hat, hängt entscheidend davon ab, ob es einen Sinn gibt, in dem man sagen kann, daß die e_M- und die o_M-Aussagen nicht wirklich negativ sind. Komplementär konvertierbar wie die K-Aussagen sind die M-Aussagen ja nicht. Und die Interpreten denken in der Regel nur an diese komplementäre Konversion, wenn von der Positivität der sprachlichen Form nach negativer Möglichkeitsaussagen die Rede ist. Das liegt, wie ich bei der Besprechung von A13 schon eingeräumt habe, durchaus nahe im Licht der Parallelstelle 32b1–3. Denn dort wird die These von der Positivität von Möglichkeitsaussagen unmittelbar im Anschluß an die Entwicklung der Lehre von der komplementären Konvertierbarkeit der Kontingenzaussagen vorgetragen. Ich sehe trotzdem einen solchen Sinn. A e B sagt ebenso wie A e_NB die Disjunktheit der Umfänge von A und B aus (und zwar in jeder möglichen Situation, wenn auch die X-Aussage ohne zeitliche Beschränkung aufzufassen ist); für A e_NB gilt das deshalb, weil N¬A(x) das ¬A(x) impliziert; und die Disjunktheit zweier Klassen ist eine symmetrische Beziehung, so daß man erwarten kann, daß A und B salva veritate die Rollen tauschen können. A e_MB dagegen beinhaltet keine solche Absprechung der Eigenschaft A für die unter B fallenden Individuen. Vielmehr ist die Wahrheit von A e_MB, weil in einer Aussage dieses Typs „nicht die Verneinung das Möglichsein selbst trifft" (Maier), mithin nicht die Variante (*6*) in Kap.III. den richtigen Inhalt gibt, sogar vereinbar mit der Wahrheit von A a B (ohne zeitliche Beschränkung). Denn es könnte sein, daß es zu allen in einer Situation unter B fallenden Individuen nur solche Situationen gibt, in denen diese Individuen unter non-A fallen, die zugleich Situationen sind, in denen diese Individuen aufgehört haben, unter B zu fallen. Entsprechendes gilt für das Verhältnis von A o B und A o_NB zu A o_MB. A o_MB ist vereinbar mit A a B. In diesem Sinne sind auch die negativen einseitigen Möglichkeitsaussagen A e_MB und A o_MB nicht wirklich absprechend, nämlich soweit es A und B selbst betrifft; dagegen spricht natürlich z. B. A e_MB, genauso wie A e_KB, den unter B fallenden Individuen ab, daß sie dann, wenn sie unter B fallen, die Aussagefunktion NA(x) erfüllen. Man vergleiche unsere Bemerkungen im Anschluß an Ziffer 3.) in III.2.7.

Es ist beachtenswert, daß offenbar die Frage, ob auch einseitige Möglichkeitssätze von verneinender Form wirklich verneinend sind, unter mittelalterlichen Logikern diskutiert worden ist. Das geht aus einem Hinweis Buridans in *De consequentiis* hervor. Dort heißt es im dritten Kapitel des zweiten Buchs, in der Übersetzung Kings, mit Bezug auf zwei unmittelbar davor angeführte Beispielsätze: „Now some people wonder whether (224) – (225) should be called affirmatives or negatives, simply speaking" (King (1985), S. 230). Dabei sind (224) und (225) jene Beispielsätze in der Numerierung des Übersetzers. Der eine dieser Sätze lautet:

(*9*) A man can possibly not-be an ass (a. a. O., S. 230),
in der lateinischen Version
hominem possibile est non esse album/asinum (Hubien (1976), S. 57; sowohl album als auch asinum ist überliefert).

Hier bezeichnet wie stets bei Buridan esse possibile die einseitige Möglichkeit (zur Bezeichnung der zweiseitigen dient durchgängig contingere), und (*9*) ist vom Typ A o_MB.

Übrigens geht Buridans Auffassung dahin, daß A o_MB doch wirklich negativ sei. Zur Begründung verweist er auf die mit A o_MB verbundene Verneinung der Erfüllung von NA(x):

> „Whatever others may say, I believe that they [gemeint sind die Beispielsätze] ought to be called negatives, because … the sentence ‚B can not-be A' is equipollent to ‚B must not necessarily-be A', which is obviously negative"[52] (a. a. O., S. 230).

Wenn Aristoteles tatsächlich in 25b19–25 u. a. seiner Verwunderung darüber Ausdruck gibt, daß A e_MB einfach konvertibel sein soll, dann erscheint diese Verwunderung sachlich nur zu berechtigt. Denn es zeigte sich, daß in Wirklichkeit A e_MB nicht so konvertibel ist. Ich sehe insbesondere keinen inhaltlichen Grund, diesen Schlußteil von A3 auf „spätere Hände" zurückzuführen, wie das Becker tut. (Dazu Becker (1933), S. 91.)

Ich will jetzt zu einer Abschätzung der logischen Stärke der einfachen unter den von Aristoteles akzeptierten modalen Konversionsregeln kommen. Ich meine damit diejenigen modalen Konversionsregeln, welche die Quantität der Operanden nicht verändern. Die e_M-Regel als nicht einmal S5-korrekte Regel lassen wir beiseite. Die Regel der o_K-Konvertibilität ist im wesentlichen identisch mit der Regel der i_K-Konvertibilität. Es bleiben die e_N-, i_K-, i_M- und i_N-Regel. Daß die Regel der e_N-Konvertibilität unter plausiblen Nebenbedingungen auf die Verwendung von PL + S5 hinausläuft, haben wir mit den Sätzen 3 und 4 in III.1.1. eingesehen. Bei der Besprechung von A20 habe ich gesagt, daß in diesem Kapitel S5-Mittel insofern im Spiel sind, als Aristoteles mit der einfachen Konversion der i_K-Aussagen arbeitet. Tatsächlich gilt ein dem Resultat für die e_N-Regel ähnliches Resultat auch für die i_K-Regel. Zunächst kann man sich für die letztere Regel eine dem Satz 3 vollkommen analoge Aussage in der üblichen Weise verschaffen. Schließlich hat man den

Satz 5: $T + [K(p \wedge Kq) \supset K(q \wedge Kp)] = S5.$

Beweis: Die Relation $T + [K(p \wedge Kq) \supset K(q \wedge Kp)] \subseteq S5$ ergibt sich aus den Überlegungen im Anschluß an Ziffer 7.): man braucht lediglich die bei diesen Überlegungen hinter dem Quantor durchgeführten aussagenlogisch-modallogischen Umformungen auf den vorliegenden Fall zu übertragen. Die umgekehrte Inklusion ergibt sich aus den beiden folgenden Ableitungen in T vermehrt um $K(p \wedge Kq) \supset K(q \wedge Kp)$ als Axiom.

---

[52] Ad quod, quidquid dicant aliqui, credo esse dicendum quod ipsae sunt negativae, … quia haec propositio ‚B potest non esse A' aequipollet isti ‚B non necesse est esse A', quae manifeste est negativa (Hubien (1976), S. 58).

1.) Nach Einsetzung von $\neg N\alpha \wedge \neg N\neg\alpha$ für $K\alpha$ ist $K(p \wedge Kq) \supset K(q \wedge Kp)$ aussagenlogisch äquivalent zu der Formel unter Ziffer (1):

(1)	$(N(q \wedge \neg(Np \vee N\neg p)) \vee N(q \supset (Np \vee N\neg p))) \supset (N(p \wedge \neg(Nq \vee N\neg q)) \vee N(p \supset (Nq \vee N\neg q)))$	
(2)	$(N(p \wedge \neg Nq \wedge \neg N\neg q) \wedge N(q \supset N\neg p)) \supset (Np \wedge N(q \supset N\neg p))$	(T-Theorem)
(3)	$p \supset \neg N\neg p$	(T-Theorem)
(4)	$Np \supset N\neg N\neg p$	(aus (3) in T)
(5)	$(Np \wedge N(q \supset N\neg p)) \supset (Np \wedge N(\neg N\neg p \supset \neg q))$	(T-Theorem)
(6)	$(Np \wedge N(q \supset N\neg p)) \supset (Np \wedge (N\neg N\neg p \supset N\neg q))$	(aus (5) in T)
(7)	$(Np \wedge N(q \supset N\neg p)) \supset (N\neg N\neg p \wedge (N\neg N\neg p \supset N\neg q))$	(aus (4) und (6) mit AL)
(8)	$(Np \wedge N(q \supset N\neg p)) \supset N\neg q$	(aus (7) mit AL)
(9)	$N\neg q \supset (p \supset N\neg q)$	(AL-Theorem)
(10)	$(N(p \wedge \neg Nq \wedge \neg N\neg q) \wedge N(q \supset N\neg p)) \supset (p \supset N\neg q)$	(mit AL aus (2), (8), (9))
(11)	$\neg p \supset (p \supset N\neg q)$	(AL-Theorem)
(12)	$N(q \supset N\neg p) \supset (Nq \supset NN\neg p)$	(T-Theorem)
(13)	$N(q \supset N\neg p) \supset (Nq \supset \neg p)$	(in T aus (12))
(14)	$N(q \supset N\neg p) \supset (p \supset \neg Nq)$	(aus (13) mit AL)
(15)	$N(p \supset (Nq \vee N\neg q)) \supset (p \supset (Nq \vee N\neg q))$	(T-Theorem)
(16)	$(N(p \supset (Nq \vee N\neg q)) \wedge N(q \supset N\neg p)) \supset ((p \supset \neg Nq) \wedge (p \supset (Nq \vee N\neg q)))$	(aus (14), (15) mit AL)
(17)	$(N(p \supset (Nq \vee N\neg q)) \wedge N(q \supset N\neg p)) \supset (p \supset N\neg q)$	(aus (16) mit AL)
(18)	$N(q \supset N\neg p) \supset (N(q \supset (Np \vee N\neg p)) \vee N(q \wedge \neg Np \wedge \neg N\neg p))$	(T-Theorem)
(19)	$N(q \supset N\neg p) \supset ((N(p \wedge \neg Nq \wedge \neg N\neg q) \wedge N(q \supset N\neg p)) \vee (N(p \supset (Nq \vee N\neg q)) \wedge N(q \supset N\neg p)))$	(aus (1), (18) mit AL)
(20)	$N(q \supset N\neg p) \supset (p \supset N\neg q)$	(aus (10), (17), (19) mit AL)
(21)	$N(N\neg q \supset N\neg q) \supset (q \supset N\neg N\neg q)$	(aus (20) durch Einsetzung von $N\neg q$ für q und von q für p)
(22)	$N(N\neg q \supset N\neg q)$	(T-Theorem)
(23)	$q \supset N\neg N\neg q$	(aus (21), (22))

Damit ist das Brouwersche Axiom abgeleitet. Jetzt brauchen wir nur noch das charakteristische S4-Axiom $Np \supset NNp$, nötigenfalls mit Hilfe des Brouwerschen Axioms, abzuleiten.

2.)

(1)	$p \supset NMp$	(Brouwersches Axiom)
(2)	$(N(q \wedge Kp) \vee N(q \supset \neg Kp)) \supset (N(p \wedge Kq) \vee N(p \supset \neg Kq))$	(mit AL aus $K(p \wedge Kq) \supset K(q \wedge Kp)$)
(3)	$p \supset (NMp \vee N\neg Mp)$	(aus (1) mit AL)
(4)	$N(p \supset (NMp \vee N\neg Mp))$	(aus (3) in T)
(5)	$N(p \wedge KMp) \vee N(p \supset \neg KMp)$	(aus (4) mit AL und Ersetzung von $NMp \vee N\neg Mp$ durch $\neg KMp$)

(6)	$(N(p \wedge KMp) \vee N(p \supset \neg KMp)) \supset (N(Mp \wedge Kp) \vee N(Mp \supset \neg Kp))$	(aus (2) durch Einsetzung von p für q und von Mp für p)
(7)	$N(Mp \wedge Kp) \vee N(Mp \supset \neg Kp)$	(aus (5), (6) mit AL)
(8)	$N(Mp \wedge \neg Np \wedge \neg N\neg p) \supset N\neg Np$	(T-Theorem)
(9)	$Np \supset \neg N\neg Np$	(T-Theorem)
(10)	$Np \supset \neg N(Mp \wedge Kp)$	(aus (8), (9) mit AL)
(11)	$Np \supset N(Mp \supset \neg Kp)$	(aus (7), (10) mit AL)
(12)	$Np \supset (NMp \supset N(Np \vee N\neg p))$	(aus (11) in T)
(13)	$Np \supset p$	(T-Theorem)
(14)	$Np \supset NMp$	(aus (1), (13) mit AL)
(15)	$Np \supset (N(Np \vee N\neg p) \wedge NMp)$	(aus (12), (14) mit AL)
(16)	$Np \supset N((Np \vee N\neg p) \wedge Mp)$	(aus (15) in T)
(17)	$Np \supset N((Np \wedge Mp) \vee (N\neg p \wedge Mp))$	(aus (16) in T)
(18)	$N\neg(N\neg p \wedge Mp)$	(T-Theorem)
(19)	$Np \supset N(Np \wedge Mp)$	(aus (17), (18) in T)
(20)	$Np \supset NNp$	(aus (19) in T).

Der nächste Satz spricht ein analoges Resultat für die i_M-Konversionsregel aus.

Satz 6: $T + [M(p \wedge Mq) \supset M(q \wedge Mp)] = S5$.

Beweis: Nach Einsetzung von $\neg N\neg\alpha$ für $M\alpha$ ist

$$M(p \wedge Mq) \supset M(q \wedge Mp)$$

die Formel

$$\neg N\neg(p \wedge \neg N\neg q) \supset \neg N\neg(q \wedge \neg N\neg p),$$

und diese letztere Formel ist aussagenlogisch äquivalent zu

$$N\neg(q \wedge \neg N\neg p) \supset N\neg(p \wedge \neg N\neg q),$$

mithin T-äquivalent zu

$$N(q \supset N\neg p) \supset N(p \supset N\neg q).$$

Folglich ist $T + [M(p \wedge Mq) \supset M(q \wedge Mp)] = T + [N(q \supset N\neg p) \supset N(p \supset N\neg q)] = S5$ im wesentlichen aufgrund von Satz 4.

Allein die i_N-Konversionsregel sprengt nicht den S4-Rahmen, ist aber auch in keinem engeren Rahmen zu bekommen. Denn es gilt

Satz 7: $T + [N(p \wedge Nq) \supset N(q \wedge Np)] = S4$.

Beweis: Die Inklusion „$\subseteq$" ergibt sich aus den Bemerkungen unter Ziffer 3.). Zur umgekehrten Inklusion:

(1)	$N(p \wedge Nq) \supset N(q \wedge Np)$	
(2)	$NN(p \supset p)$	(T-Theorem)
(3)	$NN(p \supset p) \supset (Np \supset (Np \wedge NN(p \supset p))$	(AL-Theorem)
(4)	$Np \supset (Np \wedge NN(p \supset p))$	(aus (2), (3) mit AL)
(5)	$Np \supset N(p \wedge N(p \supset p))$	(aus (4) in T)
(6)	$N(p \wedge N(p \supset p)) \supset N((p \supset p) \wedge Np)$	(aus (1) durch Einsetzung von $p \supset p$ für q)
(7)	$Np \supset N((p \supset p) \wedge Np)$	(aus (5), (6) mit AL)
(8)	$Np \supset NNp$	(aus (7) in T).

Ich habe in der Einleitung erwähnt, daß Becker erhebliche Zweifel an der Authentizität von A3 hat. Diese Zweifel beruhen insbesondere auf einer Einschätzung der von Aristoteles in A3 vorgebrachten Argumente. Die müssen wir uns jetzt näher ansehen.

Zur Begründung der Behauptung, die in unserer Zählung die Nummer 1.) hat (e_N-Konversion), heißt es bei Aristoteles in Zeile 25a31 f.:

> Denn kann es [i. e. B] einem [scil. A] zukommen, dann kann es auch A einem B (Rolfes (1921), S. 4).

Aristoteles will hier anscheinend davon Gebrauch machen, daß B i_MA und A i_MB gleichwertig sind mit der Verneinung von B e_NA und von A e_NB respektive. Relativ zu den einschlägigen unter unseren Strukturhypothesen besteht das benötigte Oppositionsverhältnis: B e_NA wird symbolisiert durch $\forall xN(A(x) \supset N\neg B(x))$, $\neg\forall xN(A(x) \supset N\neg B(x))$ ist äquivalent zu $\exists xM(A(x) \wedge MB(x))$, und diese Formel gibt die Form von B i_MA. Damit hat Aristoteles die e_N-Konvertierbarkeit korrekt zurückgespielt auf die i_M-Konvertierbarkeit. Nun bleibt darauf zu achten, wie an der gegebenen Stelle die i_M-Konvertibilität ihrerseits von Aristoteles begründet werden wird.

Zur Begründung der Behauptungen 2.) und 3.) (a_N-und i_N-Konvertibilität) erfahren wir in 25a33 f.:

> Denn wenn es [i. e. B] ihm [i. e. einem A] nicht notwendig zukommt, kommt auch A nicht notwendig einem B zu (Rolfes a. a. O.).

Aristoteles hat vermutlich keinen Zweifel daran, daß jede Aussage vom Typ A a_NB ihr partikuläres Gegenstück A i_NB impliziert. A3 gibt keinen Aufschluß darüber, ob er hier einen Begründungsbedarf gesehen bzw. gemerkt hat, daß die Implikationsbeziehung eine relativ starke Existenzvoraussetzung auf der Seite der a_N-Aussagen erfordert – so jedenfalls relativ zu unserer Art der Symbolisierung von i_N-Aussagen. Die fragliche Implikationsbeziehung vorausgesetzt, konnte Aristoteles sich darauf beschränken, für die Implikation von B i_NA durch A i_NB zu argumentieren. Die zitierte Bemerkung scheint nun allerdings nicht mehr zu sein als eine Reformulierung der zu beweisenden Behauptung „wenn A i_NB, dann auch B i_NA" in kontraponierter Form. Immerhin ist denkbar, daß Aristoteles an der Stelle stillschweigend eine Konversionsregel für allgemein verneinende Möglichkeitsaussagen (ich sage *nicht*: für e_M-Aussagen) zur Anwendung bringt. Denn daß es nicht der Fall ist, daß B einem A notwendig zukommt, kann, so sollte man meinen, als gleichbedeutend damit gelten, daß jedes A möglicherweise non-B ist; und allgemein verneinende einseitige Möglichkeitsaussagen hält Aristoteles, wie wir wissen, für konvertibel. Nun haben wir freilich gesehen, daß Aussagen vom e_M-Typ der Sache nach nicht konvertibel sind. Doch an unserer Stelle hat Aristoteles Glück, sollte er wirklich in der angezeigten Weise zu argumentieren beabsichtigt haben: B i_NA ist nämlich, die einschlägige Strukturhypothese vorausgesetzt, $\exists x N(A(x) \wedge NB(x))$, und die Negation dieser Formel ist gleichwertig mit $\forall x M(A(x) \supset M\neg B(x))$. Die Negation ist also gleichwertig mit einer Aussage, die sich einerseits von einer e_M-Aussage im eigentlichen Sinn nur hinsichtlich des äußeren Modalfaktors unterscheidet und damit in einer Hinsicht, in welcher die limitierten von Aristoteles benutzten Ausdrucksmittel Unterschiede herauszuheben nicht geeignet waren; die aber andererseits aufgrund dieses Unterschieds, im Gegensatz zu den genuinen e_M-Aussagen, konvertibel *ist*. Wir haben nämlich die folgenden schon früher einmal angezeigten Äquivalenzen:

$$
\begin{aligned}
& M(A(x) \supset M\neg B(x)) \\
\overset{T}{\Leftrightarrow}\quad & M(\neg A(x) \vee M\neg B(x)) \\
\overset{T}{\Leftrightarrow}\quad & M\neg A(x) \vee MM\neg B(x) \\
\overset{S4}{\Leftrightarrow}\quad & MM\neg A(x) \vee M\neg B(x) \\
\overset{T}{\Leftrightarrow}\quad & M(\neg B(x) \vee M\neg A(x)) \\
\overset{T}{\Leftrightarrow}\quad & M(B(x) \supset M\neg A(x)) \,.
\end{aligned}
$$

Zur Begründung der Behauptung 4.) (o_N-Inkonvertibilität) verweist Aristoteles in Zeile 25a35f. auf etwas „früher" Gesagtes. Mit Ross wird man davon ausgehen können, daß die Bezugsstelle die Zeilen 25a10–14 im Kapitel A2 bilden, in dem die Konversionstheorie der nicht-modalen Aussagen entwikkelt wird. In a10–14 gibt Aristoteles ein BE-Argument zum Nachweis der Inkonvertibilität von A o B, das gleichzeitig zum Nachweis der Inkonvertibilität von A o_NB dienen kann. Die gewählten Einsetzungen sind nämlich so beschaffen, daß sie – einen Essentialismus vom aristotelischen Typus vorausgesetzt – einerseits nicht nur A o B selbst, sondern darüber hinaus

A o_NB in eine (in der realen Welt als Bezugswelt) wahre Aussage übergehen lassen; und sie sind so beschaffen, daß sie andererseits B o A und damit erst recht das stärkere B o_NA in falsche Aussagen übergehen lassen. Aristoteles wählt für A: „... ist ein Mensch", für B: „... ist ein Lebewesen", und in der Tat kann man sagen: ein Lebewesen ist notwendig kein Mensch (z. B. ein beliebiger Hund ist sowohl notwendig ein Lebewesen als auch notwendig nicht ein Mensch); ferner ist es nicht der Fall, daß irgendein Mensch kein Lebewesen ist. Auch gegen dies Argument ist also nichts einzuwenden. Wir kommen jetzt zu den Argumenten, welche sich auf die Konversionseigenschaften der verschiedenen ἐνδέχεσθαι-Aussagen beziehen.

Zur Begründung der Behauptungen 5.) bis 8.) – wenn es denn richtig ist, daß alle diese Behauptungen in der Aussage von 25a39-b2 eingeschlossen sind – schreibt Aristoteles in Zeile 25b2f.:

> Denn wenn es [i. e. B] keinem A zukommen kann, kann auch A keinem B zukommen; wir haben uns ja schon zuvor dieses Beweises bedient (Rolfes (1921), S. 4f.).
> (An der Stelle des zweiten Satzes sollte besser so etwas stehen wie: „dies nämlich wurde schon früher gezeigt".)

Ich gehe davon aus, daß auch hier die Beziehungen: A a_MB impliziert A i_MB sowie: A a_KB impliziert A i_KB für Aristoteles außer Frage stehen. Es bleibt dann dafür zu argumentieren, daß (i) A i_MB das B i_MA impliziert und daß (ii) A i_KB das B i_KA impliziert. Das aristotelische Argument macht den Eindruck, als sei es ganz auf den Fall (i) zugeschnitten. Es scheint nämlich, als erweise Aristoteles (i) in kontraponierter Form, indem er die Verneinung von B i_MA ansetzt in der Form: B kommt nicht möglicherweise einem A zu, oder: B kann keinem A zukommen, d. h. B e_NA; und indem er weiter unter Berufung auf die zuvor gezeigte Äquivalenz von B e_NA mit A e_NB übergeht zu eben diesem A e_NB, das auf die Verneinung von A i_MB hinauskommt. Daß die betreffenden Oppositionsverhältnisse sachlich in Ordnung sind, haben wir festgestellt.

Diese Sicht des Arguments gibt Anlaß zur Kritik in zweifacher Hinsicht. Erstens hätte Aristoteles einen groben Fehler begangen, wenn er geglaubt haben sollte, daß mit dem skizzierten Argument auch der Fall (ii) erledigt sei. Zweitens hätte Aristoteles einen groben Fehler begangen, wenn er die von ihm in A3 vorgebrachten Konvertibilitätsbehauptungen unabhängig voneinander zu rechtfertigen beabsichtigt hätte. Denn sein Argument für die e_N-Konvertierbarkeit setzt, wie wir sahen, die i_M-Konvertierbarkeit voraus; und hier scheint jetzt umgekehrt die i_M-Konvertierbarkeit unter Rückgriff auf die e_N-Konvertierbarkeit begründet zu werden.

Beide Probleme hat Becker gesehen, und sie haben ihn in seinen Zweifeln an der Echtheit von A3 bestärkt. Ich zitiere zunächst die diesbezüglichen Äußerungen Beckers und trage anschließend die nötigen Erläuterungen nach. Becker schreibt:

> „Ein schweres sachliches *Bedenken* müssen wir gegen die Stelle 25b2f. vorbringen. Hier wird ein indirekter Beweis dafür angedeutet, daß von (BaE*A) und von (BiE*A) (AiE*B) impliziert wird ..., und zwar soll dieser Beweis offensichtlich auch für E* = E_2 gelten; er stützt sich aber deutlich auf eine Implikation der Form −(AiE*B) → (AeNB); eine solche Argumentation kann doch wohl nicht von Aristoteles stammen, der gerade bei der Begründung der Nichtumkehrbarkeit von BeE_2A so klar darlegt, wie die Negation eines E_2-Ausdrucks lautet ...
> Zur Rechtfertigung der Regel (BeNA) → (AeNB) (T46 ...) beruft sich der Text (25a31f.) auf die Beziehung (AiE_1B) → (BiE_1A) ..., die ihrerseits an einer späteren Stelle (25a40-b3) formuliert und unter ausdrücklicher Voraussetzung von T46 ‚bewiesen' wird ..." (Becker (1933), S. 89f.).
> [Es folgt bei Becker der Hinweis auf eine weitere Stelle im Gedankengang von A3, zu deren Besprechung wir noch kommen werden und die ebenfalls zu einem Zirkularitätsvorwurf Anlaß gibt.]
> „In diesen zwei Fällen liegt für den unbefangenen Leser ein *circulus vitiosus* vor ...
> In der uns überlieferten Gestalt kann es [gemeint ist das Kapitel A3] ... *nicht* auf Aristoteles selbst zurückgehen ..." (a. a. O., S. 90).
> [Becker zählt jetzt verschiedene Indizien zugunsten dieser Einschätzung auf und endet mit der Feststellung:]
> „... vor allem aber kommen uns die ‚*Beweise*' verdächtig vor ..." (a. a. O., S. 90).

Ich erinnere daran, daß Ausdrücke der Typen Ba...A, Bi...A usw. (in denen die angezeigten Leerstellen durch Modaloperatoren ausgefüllt sein können) bei Becker für Aussagen der Typen „alle B sind (gegebenenfalls: möglicherweise; kontingenterweise; notwendigerweise) A", „ein B ist (gegebenenfalls: möglicherweise, usw.) A" stehen. Das Kürzel E* vertritt den Modalausdruck ἐνδέχεσθαι (≈ möglich sein) und seine Formen in Kontexten, in denen dieser nicht entweder auf die einseitige oder auf die zweiseitige Möglichkeit allein eingeschränkt ist. Wie wir wissen, gebraucht Becker E_1 zum Ausdruck der einseitigen, E_2 zum Ausdruck der zweiseitigen Möglichkeit. N steht wie in unserem Notationssystem für die Notwendigkeit. − und → sind Beckers Bezeichnungen der Junktoren „nicht" und „wenn-dann". „T46" bezieht sich auf eine von Becker vorgenommene Aufzählung der aristotelischen Theoreme oder Gültigkeitsbehauptungen.

Wenn Becker davon spricht, daß die Implikation von AiE*B durch BiE*A, also die Implikation von B $i_{\text{ἐνδ.}}$ A durch A $i_{\text{ἐνδ.}}$ B, auch für E* = E_2 begründet werden solle, meint er damit, daß die Implikation sowohl für E* = E_1 (= M) als auch für E* = E_2 (= K) etabliert werden solle. Das heißt: nicht anders, als wir es tun, geht Becker davon aus, daß – wenn man sich einmal auf den rein partikulären Fall beschränkt – die Implikationen (i) *und* (ii) zur Debatte stehen. Beckers Kritik lautet sinngemäß: das Argument von 25b2f. ist offensichtlich nur für Fall (i) adäquat. Seine Schlußfolgerung lautet: das Argument kann nicht von Aristoteles stammen, der nicht übersehen haben würde, daß es für den Fall (ii) nicht adäquat ist. Zur Rechtfertigung der Schlußfolgerung verweist Becker auf die von Aristoteles in A17, 37a9–30, an einem inkorrekten Argument für die Umkehrbarkeit der e_K-Aussagen geübte Kritik (vgl. II.7., Ziffer (2)). Wir haben gesehen, daß diese Kritik in der Tat folgendes zeigt. Aristoteles weiß sehr gut, daß die Verneinung der Kontingenz auf eine Alternative von Notwendigkeit und Unmöglichkeit führt; deshalb kann er nicht geglaubt haben, daß auch die Verneinung von B i_KA, ebenso wie die von B i_MA, gleichwertig sei mit der Unmöglichkeitsaussage B e_NA.

Gegen diese erste Kritik Beckers kann Aristoteles, soweit ich sehe, nur auf eine Weise verteidigt werden, nämlich folgendermaßen. Man nehme die in 25b2,

> εἰ γὰρ μηδενί, οὐδ' ἂν τὸ A οὐδενὶ τῷ B
> (≈ wenn nämlich keinem, dann auch das A keinem B),

in verkürzter Form enthaltenen Teilsätze

> τὸ B μηδενὶ τῷ A ἐνδέχεται ὑπάρχειν
> (≈ B kann keinem A zukommen; es ist für kein A möglich, daß B ihm zukommt)

sowie

> τὸ A οὐδενὶ τῷ B ἐνδέχεται ὑπάρχειν
> (≈ A kann keinem B zukommen; es ist für kein B möglich, daß A ihm zukommt)

nicht als Ausdrücke der Typen B e_NA und A e_NB respektive. Man lese sie stattdessen als bloße Ausdrücke der Verneinungen von B $i_{ἐνδ.}$ A (≈ B kann einem A zukommen; es ist für ein A möglich, daß B ihm zukommt) und von A $i_{ἐνδ.}$ B, in denen ἐνδέχεται (≈ kann; ist möglich) nicht eingeschränkt ist auf den Sinn von M oder von K. Bei dieser Auffassung deckt z. B. die Formulierung

> τὸ B μηδενὶ τῷ A ἐνδέχεται ὑπάρχειν

sowohl den Sachverhalt ab, daß es nicht für ein Exemplar von A (einseitig) möglich ist, daß B ihm zukommt, als auch den Sachverhalt, daß es nicht für ein Exemplar von A kontingent ist, daß B ihm zukommt.

Diese Auffassungsweise zu wählen, heißt freilich, 25b2f. als Andeutung einer Argumentation zu nehmen, die ungefähr genauso wenig informativ ist wie die Bemerkung von 25a33f. Die Stelle 25b2f. ist nämlich danach nicht mehr als der Ausdruck einer relativ unspezifischen *Anleitung* zum Argumentieren: setze einen indirekten Beweis an, und benutze dabei früher Gezeigtes (also doch wohl: Resultate über die Konversionseigenschaften der apodiktischen Sätze). Immerhin ist es möglich, sowohl für den Fall (i) als auch für den Fall (ii) Argumente zu geben, welche einer solchen Anleitung gemäß sind. Wie das für den Fall (i) unter Rückgriff auf die e_N-Konversionsregel aussieht, haben wir erklärt. Problematischer ist der Fall (ii). Ein korrektes Argument für diesen Fall kann folgendermaßen aussehen.

Annahme: $\neg(B\ i_K A)$, d. i.

(1) $\neg\exists xK(A(x) \land KB(x))$;

(1) ist, entsprechend dem oben im Anschluß an die Begründung der Behauptung 8.) notierten Nachtrag, S5-äquivalent zu

(2) $\neg\exists xM(KA(x) \land KB(x))$,

mithin zu

(3) $\forall xN((KA(x) \land M\neg B(x)) \supset N\neg B(x))$;

(3) ist eine Formel vom e_N-Typ, demnach ist (3) äquivalent zu

(4) $\forall xN(B(x) \supset N\neg(KA(x) \land M\neg B(x)))$;

(4) S5-impliziert

(5) $\forall xN(MB(x) \supset (M\neg B(x) \supset \neg KA(x)))$,

und (5) ist äquivalent zu

(6) $\forall xN(KB(x) \supset \neg KA(x))$;

(6) ist offensichtlich unverträglich mit

$\exists x(M)(KB(x) \land KA(x))$,

einem Äquivalent des Pendants

$\exists xK(B(x) \land KA(x))$

von $A\ i_K B$.

Hier haben wir es mit einem Argument zu tun, das seiner Grundstruktur nach, wie mir scheint, von Aristoteles durchaus hätte geführt werden können. Denn in informeller Rede könnte es etwa auf den folgenden Gedankengang verkürzt werden. Vorausgesetzt sei, daß ein B kontingenterweise A ist. Angenommen werde, daß nicht ein A kontingenterweise B ist. Dann ist jedes A nicht kontingenterweise B, mithin nicht sowohl möglicherweise non-B als auch möglicherweise B. Demnach ist jedes A, das bereits möglicherweise non-B ist, nicht möglicherweise B, d. h. notwendig non-B (ungefähr der Formel (3) entsprechend). Also ist aufgrund der Konvertierbarkeit der e_N-Aussagen jedes B unmöglich ein A, das zugleich möglicherweise non-B ist. Daher gibt es kein mögliches B, das möglicherweise A und möglicherweise non-B ist, im Widerspruch zur Voraussetzung, nach der ein B A sein kann. Im Hinblick auf die Korrektheit gibt diese Version des formalen Arguments freilich ein schlechteres Bild ab als jenes. Diese Tatsache wirft ein Licht auf die schwierige Situation, in der Aristoteles sich bei seinem Unternehmen einer Begründung der modalen Prädikatenlogik befunden hat. Es scheint beinahe unmöglich, mit den natürlichsprachlichen Ausdrucksmitteln, auf die Aristoteles sich im wesentlichen beschränkt, gewisse Argumentationen sauber durchzuführen – Argumentationen, die gleichwohl kein Problem darstellen, wenn man den heute eingeführten Symbolismus zur Verfügung hat.

Übrigens wäre für die folgende Argumentation zugunsten der Behauptung, die *allgemeine* Kontingenzaussage A a_KB impliziere B i_KA, die Hypothese noch plausibler, daß Aristoteles sie im Sinn gehabt haben könnte, als er seine Anleitung formulierte. Angenommen, unter der Voraussetzung der Wahrheit von A a_KB ist wiederum jedes A nicht kontingenterweise B, also jedes A entweder notwendig B oder notwendig non-B. Dann ist, der prädikatenlogischen Implikationsbeziehung

$$\forall x(F(x) \supset (G(x) \vee H(x))) \wedge \neg\forall x(F(x) \supset G(x)) \Rightarrow \exists x(F(x) \wedge H(x))$$

entsprechend, entweder jedes A notwendig non-B oder ein A notwendig B, also ist entweder B e_NA wahr oder B i_NA wahr. Im ersten Fall ist wegen der Konvertibilität der e_N-Aussagen auch A e_NB wahr. Im zweiten Fall ist wegen der ebenfalls im Abschnitt über das Konversionsverhalten der apodiktischen Sätze etablierten i_N-Konvertibilität auch A i_NB wahr. Sowohl A e_NB als auch A i_NB ist unverträglich mit A a_KB. Dies Argument macht zwar noch eher den Anschein der Korrektheit als das zuvor notierte Argument (in der informellen Version), es ist aber relativ zu den einschlägigen Strukturhypothesen nicht als wirklich korrekt rekonstruierbar. Denn zwar ist

$$\neg\exists x M(A(x) \wedge KB(x))$$

gleichwertig mit

$$\forall x N(A(x) \supset (NB(x) \vee N\neg B(x))),$$

aber von

$$\neg\exists x K(A(x) \wedge KB(x))$$

führt kein Weg zu dieser Allaussage. Immerhin: würde Aristoteles in der skizzierten Weise argumentieren, so brauchten wir keinen Fehler zu diagnostizieren, der nicht im Rahmen dessen läge, womit bei Aristoteles immer gerechnet werden muß aufgrund unzureichender Differenzierungen auf der Seite der äußeren Modalfaktoren.

Die Frage, ob Aristoteles Argumente von der Art der eben formulierten wirklich jemals im Sinn gehabt hat, können wir aufgrund des vorliegenden

Textmaterials nicht entscheiden. Wir haben die Wahl zwischen den Alternativen, Aristoteles einen schweren oder auch einen weniger schweren sachlichen Fehler zu unterstellen – oder aber ihm große Eile zu unterstellen. Letzteres tun wir, wenn wir uns entschließen, Aristoteles eine Darstellungsart zu unterstellen, bei der gelegentlich sehr viel weniger gesagt wird, als zu sagen angebracht wäre.

Beckers Zirkularitätsbefund läßt sich nicht hinwegdiskutieren. Denn auch wenn wir die Formulierungen in b2 selbst nicht als Ausdrücke von e_N-Aussagen nehmen: die Argumente für die Konvertibilität des A $a_{ἐνδ.}$ B und des A $i_{ἐνδ.}$ B, welche wir anzubieten haben, machen alle wesentlich von der Konvertibilität der e_N-Aussagen Gebrauch. Doch man muß nicht wegen dieses Befunds gleich auf unzulängliche Argumentation plädieren. Man kann statt dessen das von Aristoteles verfolgte Ziel niedriger ansetzen, als man es zunächst anzusetzen geneigt sein mag. Möglicherweise hat Aristoteles in A3 gar nicht vor, ein System von Konversionsregeln aus einigen axiomatisch vorausgesetzten derartigen Regeln deduktiv aufzubauen. In diese Richtung geht die von Wieland in (1980), S. 110f., geäußerte Einschätzung. Aristoteles mag aufgrund von Gedankengängen, über die wir spekulieren können (dazu unten die Bemerkungen zu den Ziffern (*16*) bis (*18*)), zur Überzeugung von der Geltung einer Anzahl von Konversionsregeln gelangt sein und in A3 zusätzliche Gewißheit aus der Beobachtung der Art und Weise gezogen haben, in der diese Regeln untereinander zusammenhängen und sich gegenseitig stützen.

Im übrigen wird jeder Zirkularitätsvorwurf ein wenig relativiert durch die wohlbekannte Tatsache, daß alle üblichen Arten der Begründung von Logik an irgendeiner Stelle in gewisser Weise zirkulär werden. Das passiert deshalb, weil die Nachweise der Gültigkeit von objektsprachlichen Sätzen im Rahmen einer jeweils vorgegebenen formalen Semantik durch Argumente vonstatten gehen, die, in einer Metatheorie entwickelt, ihrerseits selbstverständlich Logik verwenden. Ich will den Punkt illustrieren.

Angenommen, wir betreiben nicht-modale Prädikatenlogik und wollen mit Bezug auf den üblichen prädikatenlogischen Interpretationsbegriff die Gültigkeit der Subjunktionen

(*10*) $\forall x(F(x) \supset \neg G(x)) \supset \forall x(G(x) \supset \neg F(x))$

sowie

(*11*) $\exists x(F(x) \wedge G(x)) \supset \exists x(G(x) \wedge F(x))$

zeigen. Der Nachweis könnte für (*10*) die folgende Gestalt annehmen.

Sei $I = \langle D,\varphi \rangle$ eine beliebige prädikatenlogische Struktur (D ein Individuenbereich, φ eine Interpretationsfunktion) mit $\varphi(\forall x(G(x) \supset \neg F(x))) = 0$.

Das heißt definitionsgemäß, es gibt eine x-Variante φ' von φ über D mit $\varphi'(G(x) \supset \neg F(x)) = 0$. Dies wiederum mag ebenfalls definitionsgemäß heißen, es gibt ein φ' mit $\varphi'(G(x)) = 1$ und $\varphi'(\neg F(x)) = 0$. Der letzte Satz ist ein Satz der Metasprache, in welcher das Gültigkeitsargument geführt wird, von der Form

$$\boldsymbol{\exists}\, \varphi'(\mathfrak{F}(\varphi') \boldsymbol{\wedge} \mathfrak{G}(\varphi')).$$

Ich verwende die Symbole $\boldsymbol{\exists}$ und $\boldsymbol{\wedge}$ als metasprachliche Gegenstücke der objektsprachlichen Zeichen $\exists$ und $\wedge$. Analoge typographische Vereinbarungen sollen auch für andere logische Zeichen gelten. Wenn wir an dieser Stelle das metatheoretische Analogon von *(11)* bemühen, können wir übergehen zu

$$\boldsymbol{\exists}\, \varphi'(\mathfrak{G}(\varphi') \boldsymbol{\wedge} \mathfrak{F}(\varphi')),$$

also zu der Aussage: es gibt ein φ' mit $\varphi'(\neg F(x)) = 0$ und $\varphi'(G(x)) = 1$, bzw. zu der Aussage: es gibt ein φ' mit $\varphi'(F(x)) = 1$ und $\varphi'(\neg G(x)) = 0$. Letzteres wird definitionsgemäß bedeuten: für ein φ' ist $\varphi'(F(x) \supset \neg G(x)) = 0$, mithin ist $\varphi(\forall x(F(x) \supset \neg G(x))) = 0$. Für die Gültigkeit von *(11)* könnte anschließend auf eine der beiden folgenden Weisen argumentiert werden.

Erstens, angenommen, $I = \langle D,\varphi \rangle$ ist beliebig mit $\varphi(\exists x(F(x) \wedge G(x))) = 1$. Das bedeutet, daß es eine Variante φ' von φ über D gibt mit $\varphi'(F(x)) = 1$ und $\varphi'(G(x)) = 1$. Hier haben wir wiederum einen Satz der Metasprache von der Form

$$\boldsymbol{\exists}\, \varphi'(\mathfrak{F}(\varphi') \boldsymbol{\wedge} \mathfrak{G}(\varphi')),$$

und durch Anwendung der betrachteten Relation selbst auf der Metaebene können wir übergehen zu

$$\boldsymbol{\exists}\, \varphi'(\mathfrak{G}(\varphi') \boldsymbol{\wedge} \mathfrak{F}(\varphi')),$$

d. i. zu: es gibt ein φ' mit $\varphi'(G(x)) = 1$ und $\varphi'(F(x)) = 1$, und damit zu: es gibt ein φ' mit $\varphi'(G(x) \wedge F(x)) = 1$, schließlich zu: $\varphi(\exists x(G(x) \wedge F(x))) = 1$.

Beim Beweis der Korrektheit von prädikatenlogischen Systemen kommt man auch in weniger trivialen und damit weniger künstlich herbeigezogen wirkenden Kontexten als dem gerade betrachteten immer einmal wieder in die Situation, in dieser Weise so etwas wie unmittelbare Zirkularität zu erzeugen. Ich denke besonders an den Fall von Systemen der Prädikatenlogik mit Identität und Funktoren. Der Kreis kann sich aber auch weniger unmittelbar schließen, was in unserem Fall etwa dann geschieht, wenn für *(11)* wie folgt argumentiert wird.

Zweitens, angenommen, $\langle D,\varphi \rangle$ ist beliebig mit $\varphi(\exists x(G(x) \wedge F(x))) = 0$. Dann ist für alle Varianten φ' mit $\varphi'(G(x)) = 1$ nicht dazu $\varphi'(F(x)) = 1$, das heißt:

$$\boldsymbol{\forall}\, \varphi'((\varphi'(G(x)) = 1) \boldsymbol{\supset} \boldsymbol{\neg}\, (\varphi'(F(x)) = 1)).$$

Durch Anwendung von *(10)* in metatheoretischer Version folgt: für alle Varianten φ' mit $\varphi'(F(x)) = 1$ ist nicht $\varphi'(G(x)) = 1$, es gibt also kein φ' mit $\varphi'(F(x) \wedge G(x)) = 1$. Hier wurde das metatheoretische Gegenstück von *(10)* zur Validierung der objektsprachlichen Relation *(11)* benutzt, während zuvor das Gegenstück von *(11)* zur Validierung von *(10)* diente.

Das ist eine Art von Zirkularität, gegen die im normalen Logikbetrieb nichts einzuwenden ist. Anders sieht die Sache aus, wenn man mit Letztbegründungsabsichten den Aufbau der Logik zu betreiben versucht. W. V. O. Quine hat solche Zirkularität quer über verschiedene Sprachebenen einmal in „Two Dogmas of Empiricism" durch die Rede von Kreisen charakterisiert, die sich nicht in der Ebene schließen, sondern im Raum (Quine (1963), S. 30). Wie man es aufgrund des Gesagten kaum anders erwarten kann, tritt eine Art von Zirkularität, die der weniger unmittelbaren Form entspricht, auch in Aristoteles' Bemerkungen über die Konversionsverhältnisse bei assertorischen Aussagen in A2 der *An. pr.* auf. Insoweit steht die akzeptierte assertorische Konversionstheorie nicht entscheidend besser da als die monierte modale Konversionstheorie.

Es kommt durchaus in Betracht, daß eine solche Rekonstruktion beispielsweise des aristotelischen Arguments für die e_N-Konvertibilität angemessen ist, welche hinausläuft auf die Annahmen: die von Aristoteles angesetzte Hypothese „B kann einem A zukommen" (τινὶ ἐνδέχεται, 25a31) ist die – für den Rahmen einer vorgegeben zu denkenden modal-prädikatenlogischen Interpretationsstruktur – getroffene *metatheoretische* Setzung, daß – in diesem Rahmen – eine mögliche Welt vorkomme, in welcher B einem A zukommt (das heißt eine Welt, in welcher das assertorische B i A wahr ist); von dieser Hypothese geht Aristoteles über zu der Konsequenz, daß in der betreffenden Welt A einem B zukommt (daß in ihr A i B wahr ist). Eine analoge Sicht der Dinge hatte sich bewährt bei der Analyse der in A15 vorgefundenen Argumentation für die Gültigkeit von Barbara XKM. Will man das Argument für die e_N-Konversion nach jenem Vorbild sauber modellieren, so muß man übrigens auch hier mit einer gesternten Variante eines der beteiligten Prädikatbuchstaben arbeiten.

Ich komme zu Aristoteles' Argumentation für die Behauptung 9.), also für die Behauptung der e_M-Konvertibilität. Wir wissen bereits, daß Aristoteles sein Argument für den exemplarischen Satz „›Weiß‹ kommt möglicherweise keinem Oberkleid zu" formuliert. Im Anschluß an die Formulierung der Behauptung für den Spezialfall dieses Satzes heißt es in 25b11–13:

> Denn wenn Kleid einem Weißen notwendig zukäme, müßte auch weiß notwendig einem Kleide zukommen. Das haben wir ja vorhin gezeigt (Rolfes (1921), S. 5).

Für die Bewertung des Arguments spielt es keine Rolle, daß Aristoteles statt mit Prädikatsymbolen A und B mit konkreten Begriffsausdrücken (nämlich mit λευκόν und ἱμάτιον, „weiß“ und „Kleid“) arbeitet. Wie gehabt soll offenbar indirekt argumentiert werden. Die Voraussetzung lautet: A e_MB ist wahr; Annahme: ¬(B e_MA) sei wahr, wahr nämlich sei

(*12*) ⟨τὸ ἱμάτιον⟩ τινὶ ⟨τῷ λευκῷ⟩ ἀνάγκη ⟨ὑπάρχειν⟩
(≈ ›Kleid‹ (B) kommt einem Weißen (A) notwendig zu);

aus (*12*) soll folgen, wohl der im apodiktischen Teil eingeführten i_N-Konversionsregel entsprechend (auf die sich der Verweis „das haben wir ja vorhin gezeigt“ beziehen muß):

(*13*) τὸ λευκὸν ἱματίῳ τινὶ ἔσται ἐξ ἀνάγκης
(≈ ›Weiß‹ (A) wird einem Kleid (B) notwendig zukommen),

also anscheinend A i_NB; dies wäre allerdings ein Widerspruch zur Voraussetzung der Wahrheit von A e_MB.

Der Fehler des Arguments besteht darin, daß Aristoteles nicht merkt, daß (*12*), wenn (*12*) aus ¬(B e_MA) folgen bzw. zu ¬(B e_MA) äquivalent sein soll, keine i_N-Aussage im strikten Sinn ist. Denn wenn B e_MA $\forall x N(A(x) \supset M\neg B(x))$ ist, dann ist ¬(B e_MA) gleichwertig mit $\exists x M(A(x) \wedge NB(x))$ – mit einer Notwendigkeitsformel, die ein äußeres M anstelle des äußeren N der stark apodiktischen i_N-Aussagen aufweist. Und während $\exists x N(A(x) \wedge NB(x))$ konvertibel ist zu A i_NB (zu (*13*)), ist $\exists x M(A(x) \wedge NB(x))$ klarerweise nicht konvertibel. Wir haben eingesehen, daß für Aristoteles eine Verwechslung von Aussagen sehr leicht möglich war, die unsere Notation augenfällig z. B. als $\exists x M(A(x) \wedge NB(x))$ auf der einen Seite und als $\exists x N(A(x) \wedge NB(x))$ auf der anderen zu differenzieren erlaubt. Die Verwechslung liegt, um es noch einmal zu sagen, deshalb sehr nahe, weil Aristoteles sich im allgemeinen nur solcher Formulierungen zum Ausdruck von Modalpropositionen bedient, in denen lediglich *ein* Modalausdruck vorkommt – und zwar ein solcher, welcher den jeweils weiter innen stehenden Modaloperatoren in den nach unserer Analyse für diese Propositionen adäquaten symbolischen Ausdrücken entspricht. Das ist im Falle modalisierter a- und e-Aussagen deren Eindeutigkeit nicht abträglich, weil hier schon die Quantität auf den äußeren Modalfaktor N hinweist. Es ist auch im Falle derjenigen modalisierten i- und o-Aussagen, welche Aristoteles als mögliche Bausteine von syllogistischen Prämissenpaaren betrachtet, der Eindeutigkeit nicht abträglich, weil nach unserer Analyse bei diesen Aussagen jeweils der weiter außen stehende Modalfaktor mit dem weiter innen stehenden *identisch* ist. Daß dann doch Fälle vorkommen können, in denen die von Aristoteles verwendeten sprachlichen Mittel nicht mehr ausreichen, um Eindeutigkeit herzustellen und Verwechslungen auszuschließen, zeigt neben anderen Fällen der Fall des jetzt besprochenen Arguments.

Hätte nicht Aristoteles durch rechte Besinnung auf seinen eigenen Beispielsatz

›Weiß‹ kommt möglicherweise jedem Kleid nicht zu

Verdacht schöpfen können, daß die e_M-Konvertibilität doch nicht gegeben sei? Indem er nämlich den Gedanken faßte, mit der hier getroffenen Wahl von Begriffsausdrücken sei ein BE-Argument gegen diese Konvertibilität zu führen möglich? Tatsächlich möchte man folgendermaßen argumentieren. Sicher gibt es aristotelische mögliche Welten, in denen weiße Kleider vorkommen (wenn unser Satz ein Beispiel für einen solchen wahren Satz vom Typ A e_MB abgeben soll, mit dem zugleich A e_KB wahr ist, folgt das sogar aus der Wahrheit von A e_KB); in jeder solchen Welt haben wir etwas Weißes, nämlich irgendein weißes Kleid, das ein Kleid ist und damit doch wohl essentiell ein Kleid ist; also wäre nicht jedes in irgendeiner beliebigen möglichen Welt vorkommende Weiße möglicherweise kein Kleid, das heißt, B e_MA wäre falsch unter den gewählten Einsetzungen?

„... ist weiß" ist ein Begriffsausdruck, der in seiner Anwendung nicht beschränkt ist auf Individuen, die einen bestimmten Grad der Organisation aufweisen oder die, um es Aristoteles-gemäßer zu sagen, einen bestimmten Grad der Formung aufweisen. Was das heißt, läßt sich noch besser mit einem Materialprädikat wie „... ist tönern" illustrieren. Denn Farbprädikate betreffen vorzugsweise den Farbcharakter der Oberflächen von Körpern und werden nicht nur von in einer bestimmten Weise durch und durch Gefärbtem zutreffend ausgesagt. Tönern ist eine aus Ton geformte Maske; tönern oder von Ton war aber auch der Tonblock, aus dem sie geformt wurde und der in gewisser Weise einen geringeren Grad der Formung aufwies; tönern waren schließlich auch die Teile dieser quaderförmigen Tonportion, die irgendwann zu einem Materialblock zusammengepreßt wurden. Insofern besteht eine Ähnlichkeit mit Prädikaten, welche sich so, wie „... ist tönern" sich auf Ton bezieht, auf die Substanzen beziehen, die bei Anaxagoras als Elemente fungieren und die in den Berichten des Aristoteles über die anaxagoreischen Lehren als Homoiomerien (ὁμοιομερῆ; z. B. *De caelo* Γ3, 302a31 f.) bezeichnet werden – eben weil alles (rein) aus den betreffenden Materialien Geformte von der Art ist, daß seine räumlichen Teile (μέρη) ihm im Hinblick auf die materielle Beschaffenheit gleich (ὅμοια) sind; und es besteht eine Ähnlichkeit mit Prädikaten, die Quine „bulk terms" nennt in Absetzung von „individuative terms" (z. B. in „Speaking of Objects" in Quine (1969), S. 7 f.). In der Tat ist „... ist weiß" nicht individuierend. Ein Symptom dieser Tatsache ist, daß wir, spräche uns jemand von einem „Weißen“ oder von „etwas Weißem“, dazu neigen würden nachzufragen, „ein weißes *Was*?“ Weil „... ist weiß“ nicht individuierend und nicht an einen bestimmten Grad der Formung gebunden ist, kann die Stoffbahn, aus der ein weißes Kleid geformt ist, genauso zutreffend als weiß charakterisiert werden wie das Kleid selbst. Zweifellos können wir von einer weißen Textilbahn, aus der noch gar kein Kleid geformt ist und vielleicht nie eins geformt werden wird, von einem gewissen weißen Individuum aber immerhin, wahrheitsgemäß sagen, daß es in einer möglichen Welt kein Kleid ist; es *ist* in der Bezugswelt kein Kleid. Daher ist auch jede weiße Stoffbahn, aus der ein weißes Kleid geformt werden wird, ein Weißes, das möglicherweise kein Kleid ist. Steht also die Existenz aristotelischer möglicher Welten, in denen weiße, aus weißen Textilbahnen geformte Kleider vorkommen, doch nicht in Konflikt mit dem Satz, daß alles Weiße möglicherweise kein Kleid ist? Ich sage, sie *steht* damit in Konflikt – jedenfalls solange wir im Rahmen unserer tatsächlichen Ontologie bleiben. Denn ein weißes Kleid *ist* nicht die weiße Stoffbahn, aus der es geformt wurde und die allerdings möglicherweise kein Kleid ist; es ist sie jedenfalls nicht im Sinne des „ist“ der Identität, sondern es ist sie höchstens im Sinne eines „ist“, wie man sagt, „of constitution“ (oder deutlicher: im Sinne eines „ist“ „of being constituted by“). Ein Weißes, das ein Kleid ist, ist nicht möglicherweise *als dasselbe Individuum* kein Kleid; entformt zur weißen Textilbahn ist es in ein anderes Individuum übergegangen. Der Anschein, daß ein und dasselbe Weiße ein Kleid sein und auch nicht sein könne, entsteht höchstens dadurch, daß man sich wegen des nicht individuierenden Charakters von „... ist weiß“ einmal unter dem „Weißen“ ein weißes Kleid, ein andermal eine weiße Textilbahn vorstellen kann. Wenn damit geklärt ist, daß entgegen dem Anschein weiße Kleider essentiell Kleider sein dürften, folgt unmittelbar, daß der Satz

›Kleid‹ kommt möglicherweise jedem Weißen nicht zu

falsch ist, sofern es mögliche Welten gibt, in denen weiße Kleider existieren. Denn wahr sind dann Sätze der Form $\exists x M(A(x) \wedge B(x))$ sowie $\forall x N(B(x) \supset NB(x))$, und diese beiden Formeln implizieren $\exists x M(A(x) \wedge NB(x))$, das ist $\neg \forall x N(A(x) \supset M \neg B(x))$.

Die von uns bei der Besprechung von A20 problematisch gefundene Aussage (von deren Wahrheit in einer möglichen Welt Aristoteles an der seinerzeit diskutierten Stelle auszugehen scheint), ein Weißes sei kontingenterweise ein Mensch (dazu oben der Schluß von III.2.8.), vermag, auch als de-re-Aussage aufgefaßt, durch denselben Mechanismus, wie er eben beschrieben wurde, dann doch eine gewisse Plausibilität zu beziehen. Ein hellhäutiger

Mensch ist ein (an der Oberfläche) Weißes, oder besser gesagt mit Rücksicht auf die Offenheit von „... ist weiß" für die Kombination mit verschiedenen individuierenden Prädikaten: er ist *etwas* Weißes. Er stirbt, und sein Leichnam ist ebenfalls etwas Weißes. Das Weiße, welches der Leichnam ist, ist kein Mensch und damit möglicherweise kein Mensch. Das Weiße, welches den Leichnam hinterlassen hat, war ein Mensch; wir haben es also anscheinend mit einem Weißen zu tun, das – im Sinne des atemporalen „ist" – ein Mensch ist in einer vergangenen und daher jedenfalls möglichen Situation; es ist damit möglicherweise ein Mensch. Doch tatsächlich handelt es sich auch hier nicht in beiden Zusammenhängen um ein und dasselbe Weiße. Dasjenige Weiße, welches hier möglicherweise kein Mensch ist, ist in derjenigen Situation, in der seine Teile noch in der Weise der Teile lebender Körper organisiert sind, nicht identisch mit dem Weißen, das in dieser Situation ein Mensch ist; es ist vielmehr dies letztere Weiße nur im Sinne des „ist" der Konstitution.

Es bleibt nur eine Möglichkeit, die Dinge so zu wenden, daß es sowohl als wahr gelten kann, daß alles Weiße möglicherweise kein Kleid ist, als auch als wahr, daß ein Weißes kontingenterweise ein Mensch ist. Dazu muß man das BE-Instrumentarium dahin liberalisieren, daß Änderungen auf der Seite der in die verwendeten Begriffsausdrücke eingebauten oder auch nicht eingebauten Individuationsprinzipien zugelassen werden – ohne daß der Anwendungsbereich der Begriffsausdrücke entscheidend verändert wird. Diese Liberalisierung würde bedeuten, daß man nicht mehr vollständig im Rahmen der tatsächlichen Ontologie verbleibt. So könnte man die in unseren Beispielen benötigten Identitäten dadurch einfach erzwingen, daß man „... ist weiß" zu einem individuierenden Terminus macht und ihn mit einem derartigen Individuationsprinzip versieht, nach dem etwa gilt: jede weiße Stoffbahn und jedes irgendwann aus ihr geformte weiße Kleid sind verschiedene Stadien eines und desselben Individuums, von welchem als demselben man zu einem Zeitpunkt sagen kann: es ist kein Kleid, zu einem anderen: es ist ein Kleid – so daß es insbesondere sowohl möglicherweise kein Kleid ist als auch möglicherweise eines ist. So wie ein Kind im Vorschulalter kontingenterweise ein Student ist, weil es einerseits sogar faktisch kein Student ist, andererseits aber vielleicht 20 Jahre später ein Student ist als derselbe Mensch, der dann lediglich das frühere Stadium seiner Entwicklung hinter sich gelassen haben wird.

Begriffssysteme („conceptual schemes", würde Quine sagen) bestimmen Ontologien. Die Hypothese, daß Aristoteles durch für die modale Syllogistik spezifische argumentative Zwänge dahin gedrängt worden sein könnte, dann doch auch ontologische Variationen in BE-Argumente einzubeziehen, werde ich im nächsten Kapitel noch einmal zur Diskussion stellen.

Für die Behauptung 10.) (o_M-Inkonvertibilität) argumentiert Aristoteles nicht, und zur Rechtfertigung von 11.) und 12.) (Inkonvertierbarkeit des e_K, Konvertierbarkeit des o_K) verweist er auf die Ausführungen über Kontingenzaussagen in den späteren Kapiteln. Die sind dann auch hinreichend für die Begründung von 11.) und 12.): ganz in Übereinstimmung mit unserem Argument „Zu 12.)" ergibt sich die Konvertibilität des A o_KB aus der Äquivalenz mit A i_KB – durch komplementäre Konversion nach A13 – und aus der Konvertierbarkeit des A i_KB nach 25a40–b3; die Inkonvertibilität des A e_KB ist mit A17 im wesentlichen gesichert.

Wir haben nun gesehen, daß sich die meisten der Behauptungen des Aristoteles in A3 unter Strukturhypothesen rechtfertigen lassen, nach denen nicht einfach im Stile Theophrasts z. B. eine a_N-Aussage die entsprechende a-Aussage unter dem N-Operator ist (und mutatis mutandis für alle andern modalisierten Aussagen).

In der Vermutung, wir seien mit unseren Hypothesen auf dem richtigen Weg insbesondere auch im Hinblick auf die in die Strukturformeln eingebauten existentiellen Implikationen (von denen wir bei der Rechtfertigung der Konversionstheorie reichlich Gebrauch gemacht haben), können wir uns bestätigt sehen durch die Maßnahmen, welche etwa Angelelli und Johnson zur Sicherung der Konversionstheorie ergreifen. Im Falle Johnsons geht es dabei genauer um die Sicherung des apodiktischen Teils der Theorie.

Angelelli erwägt verschiedene Möglichkeiten der Symbolisierung aristotelischer syllogistischer Aussagen und überprüft, wie weit man jeweils mit ihnen bei der Rekonstruktion der aristotelischen Theorie kommen kann. Er unterscheidet – je nach Lokalisierung der Modaloperatoren – „externe" Symbolisierungen von „internen" („external readings" von „internal readings"); und er differenziert innerhalb der internen Symbolisierungsart noch einmal zwischen Symbolisierung mit „possible antecedent" und Symbolisierung mit „assertoric antecedent". (Dazu Angelelli (1979), S. 204f.; vgl. auch oben die Ziffern (*1*) bis (*3*).) Aussagen vom Typ A a_NB beispielsweise gelten als in externer Weise symbolisiert durch $N\forall x(B(x) \supset A(x))$; als in interner Weise mit möglichem Antezedens symbolisiert durch $\forall x(MB(x) \supset NA(x))$; schließlich als in interner Weise mit assertorischem Antezedens symbolisiert durch $\forall x(B(x) \supset NA(x))$. Ich habe hier wiederum Angelellis Symbolismus in unsere Notation überführt. Die ursprünglichen Formeln Angelellis auch für die anderen Aussagetypen entnimmt man der a. a. O., S. 205, gegebenen Aufstellung, auf die ich schon früher verwiesen habe. Nach allem, was bisher gesagt wurde, sollte klar sein, daß höchstens eine Symbolisierung von A a_NB durch $\forall x(B(x) \supset NA(x))$ oder durch $\forall x(MB(x) \supset NA(x))$ – und eine analoge Symbolisierung für die anderen Aussagetypen – eine Art der Symbolisierung ist, welche den Verhältnissen in der modalen Syllogistik nahe kommen kann. Uns interessiert nun, wie Angelelli im Hinblick auf die internen Symbolisierungsarten mit der aristotelischen Konversionstheorie umgeht.

Die Behauptung der Konvertierbarkeit von A a_NB in B i_NA hat in Angelellis Aufzählung der „Aristotelian claims" (a. a. O., S. 206) die Nummer (11). Angelelli schreibt zu dieser Behauptung (11) und zu einigen weiteren Behauptungen, um die wir uns im Moment nicht kümmern: „In (11), (12) and (13) in internal formulation, the predicate occurring in the subject subsentence of the *implicans* must be an o-predicate" (a. a. O., S. 206). Unter einem o-Prädikat oder οὐσία-Prädikat (≈ Substanz-Prädikat) versteht Angelelli, wie wir sahen, ein Prädikat, das auf jedes Ding entweder notwendig zutrifft oder notwendig nicht zutrifft, also:

$$\text{F ist ein o-Prädikat} \overset{\text{Def.}}{\Leftrightarrow} \forall x(NF(x) \vee N\neg F(x))$$

(vgl. S. 203 a. a. O.). Außerdem macht Angelelli für die gesamte Syllogistik die Generalvoraussetzung, daß für jedes Prädikat F gelte: $\exists x F(x)$ („existential import"). Offenbar stellt sich also Angelelli die Rechtfertigung der Relation

$$A\ a_N B \Rightarrow B\ i_N A$$

wie folgt vor. Man muß dabei noch wissen, daß B i_NA bei Angelelli in interner Symbolisierung gegeben ist durch die Formel $\exists x(A(x) \wedge NB(x))$; die Verzweigung in zwei Antezedensvarianten kennt Angelelli bei den partikulären Aussagen nicht. Gegeben sei

(*14*) $\forall x((M)B(x) \supset NA(x))$;

es wird angenommen, daß B ein o-Prädikat ist, woraus mit der generellen existential import-Voraussetzung $\exists x B(x)$ folgt:

(*15*) $\exists x NB(x)$;

(*15*) liefert zusammen mit (*14*):

$$\exists x(NB(x) \wedge NA(x))$$

und damit erst recht

$$\exists x(A(x) \wedge NB(x))$$

wie gewünscht. Wir sehen: indem Angelelli zumindest für den Kontext der Behauptung der Implikation von B i_NA durch A a_NB zum Zwecke der Validierung der Beziehung relativ zu den einzig diskutablen unter den von ihm erwogenen Symbolisierungsarten Voraussetzungen einführt, die (*15*) implizieren, macht er von mindestens ebenso starken Voraussetzungen Gebrauch, wie wir sie zur Reproduktion der Beziehung verwenden – indem wir nämlich die Formel $\exists x NB(x)$ als disponiblen Bestandteil zur logischen Form von A a_NB selbst schlagen.

Johnsons Modell läuft sogar in Gestalt der Bedingung (4) (s. oben II.7., Begriff der J-Struktur) auf die Forderung hinaus, daß für jedes Prädikat ohne Einschränkung gelte: mindestens ein Individuum fällt notwendig unter es.

Übrigens erkennt man leicht, daß im Gegensatz zu unserem Mittel für die Sicherung der unreinen a_N-Konversion Angelellis Mittel dann doch übers Ziel hinausgeht; sofern man es nämlich nicht als ein ad hoc für sehr begrenzte Kontexte eingeführtes Mittel nimmt, sondern es für alle Sätze des einschlägigen Typs zur Anwendung bringt – d. h. für alle Sätze vom Typ des Implicans in Angelellis (11). Denn letzteres hieße die Festlegung treffen, daß stets der Subjektsterminus von a_N-Aussagen ein o-Prädikat sei. Nun soll Barbara NKM gültig sein, und zwar, wie man doch wohl annehmen wird, nicht-trivial gültig. Man wird also annehmen, daß der Modus nicht schon deshalb gültig ist, weil die gemeinsame Wahrheit der Prämissen logisch ausgeschlossen ist. Ist aber in der Konjunktion $A\ a_N B \wedge B\ a_K C$ der Terminus B ein o-Prädikat, so gilt: $\forall x \neg KB(x)$; andererseits gilt wegen der generellen Existenzvoraussetzung: $\exists x C(x)$; zusammen mit $B\ a_K C$ ergibt sich (sei es, daß unsere Art der Symbolisierung, sei es, daß eine von Angelellis internen Symbolisierungsarten zugrunde gelegt wird): $\exists x(KB(x) \wedge \neg KB(x))$, ein Widerspruch. Im Rahmen des von mir gewählten Ansatzes zieht dagegen die Annahme, daß $A\ a_N B \wedge B\ a_K C$ unter Einschluß der in Frage kommenden Existenzformeln erfüllbar ist, bloß die Konsequenz nach sich, daß $\exists x KB(x) \wedge \exists x NB(x)$ erfüllbar ist. B muß für eine Eigenschaft stehen, welche einigen Dingen essentiell zukommt, anderen kontingenterweise. Das ist vom logischen Standpunkt aus ohnehin kein Problem; und selbst innerhalb des aus logischer Sicht zufällig abgegrenzten Begriffsvorrats unserer natürlichen Sprachen lassen sich Ausdrücke von Eigenschaften finden, die diesem essentiell, jenem kontingenterweise zukommen. (Dazu später Näheres.)

Es gibt weitere Parallelen. Man kann sich schon denken, daß, wo οὐσία-Prädikate im Spiel sind, auch συμβεβηκός-Prädikate (≈ Akzidens-Prädikate) ihre Rolle haben werden. Tatsächlich definiert Angelelli:

$$\text{F ist ein s-Prädikat} \overset{\text{Def.}}{\Leftrightarrow} \exists x KF(x)$$

(dazu S. 203 a. a. O.). Die Behauptung, daß $A\ a_K B$ das $B\ i_K A$ impliziere, trägt in Angelellis Aufzählung die Nummer (6). Angelelli beschreibt a. a. O., S. 206, die Bedingungen, unter denen er (6) verifizieren kann:

> „In (6) the subject subsentence of the *implicans* must be possible (one or two-sided) and B an s-predicate".

Als entscheidende Bedingung $\exists x KB(x)$ tritt hier also genau diejenige Bedingung auf, welche wir in dieser objektsprachlichen Form zur Teilformel von Formeln des Typs $A\ a_K B$ gemacht haben.

Zur Äquivalenz von A i_KB und B i_KA, d. i. Angelellis (7), heißt es bei Angelelli:

> „(7) is valid only if $ACiB = \bigvee x.\ ⧖Bx \wedge ⧖Ax.$, which is stronger than the requirement that B be an s-predicate …“. (Zur Erklärung der Notation verweise ich auf den Beginn des Kapitels.)

Was Angelelli sagt, ist richtig: aus Angelellis internem Translat von A i_KB, also aus $\exists x(B(x) \wedge KA(x))$, folgt im Verein mit der Voraussetzung, daß B ein s-Prädikat sei, lediglich $\exists xKB(x) \wedge \exists x(KA(x)\ (\wedge\ B(x)))$ und daher schon gar nicht $\exists x(A(x) \wedge KB(x))$. Unsere Strukturformel für i_K-Aussagen ist so gewählt, daß sich aus ihr mit S5-Mitteln gerade das ergibt, wonach Angelelli hier verlangt.

Um unter anderen die aristotelischen Behauptungen der reinen Konvertierbarkeit der i_M-Aussagen (d. i. Angelellis Nummer (9)) sowie der unreinen Konvertierbarkeit der a_M-Aussagen (d. i. Angelellis (8)) retten zu können relativ zu den internen Symbolisierungsweisen, greift Angelelli übrigens wieder zu dem so starken Mittel der Postulierung eines o-Prädikats:

> „In the internal formulations of (8), (9) and (10), each of the *five* implications requires that the predicate occurring in the predicate subsentence of the *implicans* be an o-predicate“ (a. a. O., S. 206; Angelelli spricht hier deshalb von fünf Implikationen, weil (9) und (10) Äquivalenzbehauptungen sind und damit je zwei Implikationsbehauptungen einschließen).

Das Mittel leistet, was es leisten soll, z. B. im Hinblick auf (9): wenn A i_MB, das ist bei Angelelli in interner Version

$$\exists x(B(x) \wedge MA(x)),$$

wahr ist und A ein o-Prädikat ist, dann ist wahr die Konjunktion

$$\exists x(B(x) \wedge MA(x)) \wedge \forall x(MA(x) \supset NA(x)),$$

wahr ist also erst recht

$$\exists x(B(x) \wedge A(x)),$$

damit

$$\exists x(A(x) \wedge B(x))$$

sowie

$$\exists x(A(x) \wedge MB(x)).$$

Jedoch stellt sich hier abermals die Frage nach dem Geltungsbereich des Postulats. Sollte generell für die Wahrheit von A i_MB der οὐσία-Charakter von A gefordert sein, so hätte das unakzeptable Konsequenzen: A i_MB würde – im System der Symbolisierungen Angelellis – A i_NB implizieren.

Einerseits, sage ich, bestätigen die aufgezeigten Parallelen unseren Kurs. Andererseits steht die Komplexität einiger der von mir auf der Grundlage unserer Strukturformeln angegebenen Rechtfertigungen für die Konversionsbehauptungen in einem auffälligen Mißverhältnis zu den äußerst sparsamen entsprechenden Bemerkungen des Aristoteles. In Anbetracht dessen drängt sich die Idee geradezu auf, daß die hohe Korrelation zwischen dem, was Aristoteles als richtig behauptet, und dem, was von unserm Standpunkt aus richtig ist, das Resultat bloßer glücklicher Zufälle sei. Indem nämlich Aristoteles gar nicht an Aussagen gedacht habe, deren Struktur von unseren Formeln erfaßt wird, indem er sich vielmehr in Wirklichkeit nur von dem Vorbild der assertorischen Konversionstheorie unreflektiert leiten lasse und im Grunde beispielsweise e_N-Aussagen eben doch so behandele, als wäre ihre Form gegeben durch $N\forall x(B(x) \supset \neg A(x))$. Manche der Formulierungen in A3 sind geeignet, diesen Eindruck zu verstärken, z. B. 25a29f.:

> εἰ μὲν γὰρ ἀνάγκη τὸ **A** τῷ **B** μηδενὶ ὑπάρχειν ... (≈ wenn es nämlich notwendig ist, daß das A keinem B zukommt ...).

Dagegen finden wir in 25a32f. die Formulierung:

> εἰ δὲ ἐξ ἀνάγκης τὸ **A** παντὶ ... τῷ **B** ὑπάρχει (≈ wenn aber das A mit Notwendigkeit dem ganzen B zukommt).

Ferner müssen wir fragen, falls Aristoteles partikuläre Notwendigkeits- und Kontingenzaussagen in einer Weise verstehen sollte, der die zugeordneten Formeln einigermaßen gemäß sind, wo wenn nicht in A3 der Ort wäre, an dem man ein klärendes Wort des Inhalts erwarten dürfte: „letztlich meine ich damit, daß A einem B notwendig zukommt, daß es etwas gibt, das sowohl notwendig ein A als auch notwendig ein B ist"; „und mit A i_KB meine ich, daß es etwas gibt, das sowohl kontingenterweise ein A als auch kontingenterweise ein B ist". Die Tatsache, daß wir nichts dergleichen vorfinden, stellt sicherlich einen der Schwachpunkte dar, die es eben auch bei unserem Interpretationsansatz gibt. Denn es wäre unbefriedigend, wollten wir uns ständig auf allzu große Eile unseres Autors berufen.

Dennoch halte ich den Verdacht, Aristoteles habe die Konversionstheorie am Ende doch unter eher theophrastischen Intuitionen entwickelt, jedenfalls dann für definitiv widerlegt, wenn es richtig ist, daß Aristoteles in 25b14–19 über Kontingenzaussagen spricht.

Natürlich ist die Vermutung nicht völlig unplausibel, Aristoteles spreche in diesem Abschnitt nicht von K-Aussagen, die z. B. in einem ὡς ἐπὶ τὸ πολύ-*Fall* wahr sind, sondern von ὡς ἐπὶ τὸ πολύ-*Aussagen*, wie: die B sind meistens nicht A, oder: die meisten B sind nicht A. In der Tat wäre „die meisten B sind nicht A" nicht konvertibel. Was aber soll eine negative *partikuläre* ὡς ἐπὶ τὸ πολύ-Aussage überhaupt beinhalten? Vielleicht, wie es Becker in Erwägung gezogen hat, daß ein B meistens, nämlich im Sinne von: die meiste Zeit seiner Existenz (als B), non-A ist. Solche Aussagen sind aber offensichtlich ebenfalls nicht konvertibel, während Aristoteles in unserem Abschnitt behauptet, die partikulär verneinende Aussage des fraglichen Typs sei konvertibel.

Es erscheint unmöglich, daß Aristoteles einerseits A e_KB so aufgefaßt haben soll, wie wir $K\forall x(B(x) \supset \neg A(x))$ aufzufassen hätten, und andererseits A e_KB für nicht konvertibel gehalten haben soll.

Auch kann man sich Argumente zurechtlegen, die Aristoteles, wie es scheint, zu führen in der Lage gewesen sein müßte und die ihn relativ zirkelfrei und ohne durch die assertorische Konversionstheorie gesteuerte unreflektierte Analogiebildungen zur Akzeptierung einiger seiner Konversionsregeln im subtileren Verständnis führen konnten. Nehmen wir die e_N-Konversion! Wenn man

(*16*) $\forall xN(B(x) \supset N\neg A(x))$

im Rahmen einer temporal formulierten mögliche-Welten-Semantik deutet, besagt (*16*) soviel wie

(*17*) alles, was zu irgendeinem Zeitpunkt, zu dem es existiert, unter B fällt, ist (zu diesem Zeitpunkt) essentiell non-A bzw. fällt während der gesamten Dauer seiner Existenz nicht unter A bzw. ist nicht möglicherweise A.

Wäre nun

(*18*) $\forall xN(A(x) \supset N\neg B(x))$

falsch, so gäbe es (unter allen Individuen in Vergangenheit, Gegenwart oder Zukunft) ein Individuum, das zu einem Zeitpunkt t_1, zu dem es existiert, unter A fällt sowie zu einem Zeitpunkt t_2 seiner Existenz unter B fällt bzw. zu t_1 möglicherweise unter B fällt. Also fiele ein Individuum, das zu einem Zeitpunkt seiner Existenz unter B fällt, zu einem, möglicherweise von jenem verschiedenen, Zeitpunkt seiner Existenz unter A, im Widerspruch zu (*17*). Wie es aufgrund der von mir gezeigten Tatsache, daß die e_N-Konvertibilität S5 voraussetzt, nicht anders zu erwarten ist, wird allerdings für dieses Argument eine Version einer Zeitpunkte-Semantik benötigt, bei der nicht nur das als möglich gilt, was *später* einmal eintreten *wird* (das liefe hinaus auf eine transitive und nicht symmetrische Alternativitätsrelation), sondern allgemeiner das, was *irgendwann* eintritt oder eintrat oder eintreten wird (das läuft auf eine Alternativitätsrelation hinaus, die eine Äquivalenzrelation, mithin vom S5-Typ, ist). Von einer solchen relativ einfachen Überlegung wird man nicht sagen können, daß sie ein technisches Instrumentarium voraussetze, welches außerhalb der Möglichkeiten eines Aristoteles liege. Richtig bleibt trotzdem, daß die e_N-Konversion keine triviale Angelegenheit ist, wie schon daraus hervorgeht, daß sie eine so starke Logik liefert. Wieland bezeichnet diese Konversion einmal als trivial (Wieland (1975), S. 83 n.13). Trivial ist aber nur die Feststellung (als Interpretationsbehauptung), daß Aristoteles diese Konversion für korrekt hält. Was man selbstverständlich wissen möchte, ist, warum er das tut und warum er damit recht hat.

Es mögen auch Überlegungen eine Rolle gespielt haben, wie Patterson sie sich in seinem Aufsatz (1990) vorstellt. Sicherlich kann man nämlich sagen, daß – um beim Beispiel der allgemein verneinenden N-Aussagen zu bleiben – vorzugsweise unter solchen Bedingungen um die Wahrheit von Sätzen vom Typ A e_NB *gewußt* wird, unter denen es für die die Stellen von A und B einnehmenden Prädikate kanonische Erklärungen gibt von der Art, daß die Definientia miteinander logisch nicht verträgliche Elemente enthalten. Man denke etwa an Charakterisierungen verschiedener Spezies desselben Genus mittels einander ausschließender spezifischer Differenzen. Ich gehe allerdings nicht so weit zu sagen, daß dies auch genau die Bedingungen sind, unter denen solche Aussagen wahr *sind*, und daß dementsprechend das Gegebensein derartiger Bedingungen ist, was solche Aussagen beinhalten – wie Patterson meint (jedenfalls im Hinblick auf das, was er „strong necessity propositions" nennt; dazu S. 164f. a.a.O.). Da die Beziehung zwischen A und B, die darin besteht, daß die Definientia von A und B einander widersprechende Merkmale enthalten, symmetrisch in A und B ist, hat man trivialerweise etwas der allgemeinen e_N-Konvertierbarkeit Ähnliches: immer dann, wenn A e_NB unter Bedingungen der fraglichen Art wahr ist, ist auch B e_NA wahr. Patterson drückt die Dinge, die ich hier etwas vereinfacht habe, folgendermaßen aus. Dabei sind unter „strong En" e_N-Aussagen im starken der von Patterson unterschiedenen Sinne zu verstehen und ist „A Ns no B" zu lesen als: „A *n*ecessarily in the *s*trong sense applies to no B".

„For strong En, A Ns no B, we have:

3. A is contrary to some element in the essence of every B
and
7. Some term in the definition of ‚A' signifies something contrary to something signified by some term in the definition of ‚B'.
… given both 3 and 7 (i. e., strong En) we may infer from 7:
10. Some term in the definition of ‚B' signifies something contrary to something signified by some term in the definition of ‚A'.
And this in turn implies the other proposition needed for the strong converse:
3*. B is necessarily inapplicable to all A" (a. a. O., S. 169f.).

Patterson will die Konsequenz ziehen, daß auf diese Weise die aristotelische Metaphysik in die Konversionstheorie Eingang finde. Er schreibt über seine Interpretation dieses Theoriestücks, sie erlaube zu sehen:

> „... how these principles [i. e.: the modal conversion principles], and the modal system as a whole, are to be understood in light of close and precise connections to Aristotle's essentialist metaphysics" (a. a. O., S. 151).

Ich widerspreche dieser Konsequenz. Wenn Metaphysik in die aristotelische Modallogik involviert ist, dann ist sie das höchstens in einer basaleren Weise, als Patterson meint. Ich will dabei einmal davon absehen, daß schon die Entscheidung, die wir relativ zu unserem Ausdruckssystem beschreiben würden als die auf der Syntax-Ebene angesiedelte Entscheidung, Modaloperatoren für die Anwendung auf offene Formeln zuzulassen, als Verheiratung mit dem Essentialismus interpretiert werden könnte; dies ist ja auch nicht, woran Patterson denkt. Entscheidungen, die darauf hinauslaufen, eine bestimmte unter eventuell mehreren zur Wahl stehenden Logiken bzw. eine bestimmte unter den diesen Logiken jeweils korrespondierenden formalen Semantiken als die der Welt angemessene auszuwählen, können Entscheidungen mit metaphysischen Implikationen sein. Nehmen wir nur den Fall der klassischen Prädikatenlogik als Beispiel. Die zugehörige formale Semantik arbeitet mit einem Begriff von Interpretationsstruktur, nach dem zu einer Struktur stets ein nicht-leerer Individuenbereich gehört. Die Entscheidung für diese Semantik (und gegen die Semantik der sogenannten freien Logik) schließt daher die Entscheidung für die Annahme ein, daß es immer (in jeder möglichen Welt) etwas gibt. Vielleicht muß man sagen, daß die Grenze zwischen Metaphysik und Logik insofern flexibel ist, als wir dazu zu neigen scheinen, gewisse metaphysische Prinzipien (wie, daß es etwas gebe) als derartig fundamental anzusehen, daß sie uns schließlich als logische Prinzipien gelten. Nun hat sich gezeigt, daß die aristotelische Modallogik in gewisser Weise eine Entscheidung für S5 darstellt – auch wenn Aristoteles das so nicht sehen, geschweige denn sagen konnte; hätte er sich über die ganze logische Stärke einiger der von ihm akzeptierten Konversionsregeln Rechenschaft ablegen können, hätte er vielleicht sogar aufgehört, sie für korrekt zu halten. Daher könnte man sagen, daß diese Logik beispielsweise eine bestimmte Entscheidung über den Charakter einer adäquaten alethischen Alternativitätsrelation und damit vielleicht eine metaphysische Setzung einschließt. Doch wenn ein solcher formalsemantischer Rahmen oder ein ihm korrespondierender axiomatischer Rahmen wie der (PL + S5)-Rahmen einmal gewählt ist, lassen sich alle Gültigkeits- oder Beweisbarkeitsbehauptungen und dergleichen rein logisch und metaphysikfrei begründen – wie das geht, habe ich u. a. für die

e_N-Konversion gezeigt. Metaphysikfreie Argumente, sage ich, können durchgeführt werden – bis auf möglicherweise dasjenige Quantum an Metaphysik, das in der zur Durchführung der logischen Argumente verwendeten Metalogik steckt.

Daß Aristoteles bei der Entwicklung der modalen Konversionstheorie und der modalen Syllogistik im ganzen auch etwas Glück gehabt hat, mag sein. So kann man sich gut vorstellen, daß Aristoteles die logischen Intuitionen, nach denen er die Modallogik zu entwerfen begonnen hat, ständig an Begriffsbeispielen überprüft und weiterentwickelt hat. Wenn er dann beispielsweise wahre Sätze vom A e_NB-Typ hat bilden wollen, von denen es auch möglich war zu *wissen*, daß sie wahr sind, wird es ihm sehr leicht passiert sein, daß er für B Prädikate wählte, welche mit dem Ausdruck Angelellis οὐσία-Prädikate sind; und immer dann, wenn $\forall xN(B(x) \supset N\neg A(x))$ wahr und B ein οὐσία-Prädikat ist, *ist* auch $\forall xN(A(x) \supset N\neg B(x))$ ersichtlich wahr ohne besondere Voraussetzungen. Aber mit Glück allein kann man die anscheinend außerordentliche Qualität der aristotelischen Modaltheorie wohl kaum erklären.

V. Begriffseinsetzungs-Argumente

Wenn ich von einer außerordentlichen Qualität der aristotelischen Modallogik spreche, habe ich u. a. diese Sachlage im Blick: die Zahl der Gültigkeitsbehauptungen, welche Aristoteles in A3 und in A8-A22 der Analytiken aufstellt, liegt ungefähr bei hundert; diese Behauptungen haben wir mit der Ausnahme von fünf Irrtümern verifiziert, wir haben also die aristotelische Theorie – auf die Gültigkeitsbehauptungen eingeschränkt – im wesentlichen als wahr erkannt. Genauer und vorsichtiger wäre die Sachlage folgendermaßen zu beschreiben. Wir haben zur aristotelischen Theorie, von jenen Ausnahmen einmal abgesehen, so etwas wie ein Modell angegeben und die Theorie in diesem Sinne als konsistent erwiesen. Als ein Modell gilt in diesem Zusammenhang eine Menge von Regeln für die Übersetzung modalsyllogistischer Aussagen in gewisse modallogische Formeln zusammen mit einer Modallogik. Die Logikkomponente eines derartigen Modells muß bestimmten Forderungen genügen wie etwa der selbstverständlichen Forderung, daß sie nicht $N\alpha$ mit α gleichwertig werden lasse. Deshalb kann beispielsweise eine Menge von Übersetzungsregeln, die u. a. A e_NB durch $\forall x(B(x) \supset N\neg A(x))$ zu übersetzen vorschreibt, nicht Teil eines Modells für die aristotelische Theorie sein (sofern man die Behauptung der Konvertibilität der e_N-Aussagen nicht unter die Rubrik der zu vernachlässigenden Irrtümer setzen will). Das zeigt die Argumentation um Satz 1 in Kapitel II.

Bezeichnen wir die Menge der in LSF aufgelisteten Übersetzungsregeln, vermehrt um die zusätzlichen Regeln für Sätze in der Rolle von Konklusionen syllogistischer Modi, mit Tr. Ich wäre nicht überrascht, erwiese sich unser Modell ⟨Tr,S5⟩ als im wesentlichen das einzige Modell der modalen Syllogistik. Es gibt für eine solche Einschätzung interne und externe Indizien. Interne Indizien habe ich in den vorangegangenen Kapiteln immer wieder angegeben. Das geschah beispielsweise da, wo ich gezeigt habe, daß das Prinzip der e_N-Konversion unter einigen plausiblen Vorgaben äquivalent ist mit S5 – sobald man sich einmal für eine bestimmte Art der Übersetzung von e_N-Aussagen entschieden hat. Für die Rechtfertigung der in Tr enthaltenen Übersetzungsregeln sind wieder andere interne Argumente einschlägig. Externe Indizien hat man in der Tatsache, daß bestimmte Züge anderer Ansätze zur Modellkonstruktion, wie sie etwa von Johnson und Angelelli vorgelegt worden sind, auf Übersetzungsregeln von der Art unserer Regeln hinauslaufen; oder auf solche Regeln, welche sogar stärkere Formeln an die Stelle der durch unsere Regeln geforderten Translate setzen. Ich erinnere an die gegen Ende des Konversionskapitels IV. genannten Beobachtungen sowie an die Betrachtungen über J-Strukturen in II.7.

Nur dann, wenn man die aristotelischen Nichtallgemeingültigkeitsbehauptungen mit zur Theorie rechnet, hat man einen Inkonsistenzbefund – falls es stimmt, daß ⟨Tr,S5⟩ das einzige Modell des Gültigkeitsteils der Theorie ist. Dann hat nämlich die volle Theorie kein Modell, weil eine ganze Reihe von Nichtgültigkeitsbehauptungen jedenfalls relativ zu S5 falsch sind. Ich erinnere an die Stellen in den vorangegangenen Kapiteln, an denen ich davon spreche und es viel erträglicher so formuliere, daß Aristoteles nicht die ganze Stärke einiger von ihm akzeptierter logischer Transformationsregeln auszunutzen gewußt hat.

In Anbetracht der notorischen Problemlage ist dies ein im ganzen sehr erfreuliches Bild der modalen Syllogistik. Nun gibt es aber noch einen letzten Prüfstein für meinen Interpretationsansatz, nämlich in Gestalt der von Aristoteles durchgeführten Begriffseinsetzungsargumente. Dieser Stein scheint eine weniger schöne Spur auf unserem Bild zu hinterlassen. Wir müssen uns die Dinge genauer anschauen. Eine Vorstellung davon, wie das Verfahren der Argumentation mit Einsetzungen von Begriffsausdrücken für Prädikatbuchstaben, die in syllogistischen Satzschemata vorkommen, funktioniert, werden die in den vorangegangenen Kapiteln gelegentlich besprochenen Beispiele vermittelt haben. Jetzt müssen die Dinge für den Zweck einer Gesamtbewertung auf den Begriff gebracht werden.

Das Verfahren stellt das Instrument dar, dessen sich Aristoteles bedient, um Nichtallgemeingültigkeitsbehauptungen und Unschlüssigkeitsbehauptungen zu begründen. Es wird in der assertorischen ebenso wie in der modalen Syllogistik eingesetzt. Ein Beispiel für eine Nichtgültigkeitsbehauptung der assertorischen Syllogistik, die durch ein Begriffseinsetzungsargument (kurz: BE-Argument) etabliert wird, ist die Behauptung: {A a B, B e C} impliziert nicht A i C bzw. ist verträglich mit ¬(A i C). (Dazu A4, 26a2–9.) In der Regel – und so auch an der genannten Stelle – treten derartige Nichtgültigkeitsbehauptungen in den Analytiken als (implizite) Teilbehauptungen von Unschlüssigkeitsbehauptungen auf. Unschlüssigkeitsbehauptungen sind Behauptungen des Inhalts, daß ein gegebenes Paar syllogistischer Sätze oder Satzschemata *keines* der als potentielle Konklusionen ausgezeichneten Satzschemata impliziere – *irgendwelche* Implikate, und seien es die Bestandteile eines Paars selbst, gibt es selbstverständlich immer. In der assertorischen Syllogistik sind die ausgezeichneten Schemata diejenigen a-, e-, i- und o-Formeln, welche zusammen mit dem jeweils gegebenen Antezedenspaar ein syllogistisches Tripel ergeben, das einer der von Aristoteles unterschiedenen drei Schlußfiguren angehört. In der modalen Syllogistik kommen diejenigen Formeln hinzu, welche man durch die Belegung des zusätzlich eingeführten Parameters der Modalität mit den Werten „möglicherweise“, „kontingenterweise“, „notwendigerweise“, „faktisch“ erhalten kann. Mit einfachen Nichtgültigkeitsbehauptungen hat man es dann zu tun, wenn in der modalen Syllogistik beispielsweise von einem Antezedens, das nicht unschlüssig ist, sondern vielmehr jedenfalls eine in Frage kommende Formel einer bestimmten Modalität impliziert, behauptet wird, daß es keine entsprechende Formel von stärkerer Modalität impliziere. Ein derartiger Fall liegt vor in A11, 31a38–b10: {A e C, B a_NC} impliziert zwar das faktische A o B, nicht aber das apodiktische A o_NB; oder in A9, 30a23–32, wo klar ist, daß {A a B, B a_NC} das A a C impliziert, und gezeigt werden soll, daß die Menge nicht auch A a_NC impliziert. (Näheres zur Argumentation für die Ungültigkeit von Barbara XNN unten S. 369.) Zur Abkürzung des Nachweises von Unschlüssigkeitsbehauptungen macht Aristoteles sich regelmäßig die logischen Beziehungen zunutze, welche zwischen den potentiellen Konklusionen bestehen. Im assertorischen Bereich nämlich ist das, was Aristoteles in den gelungenen Fällen letztlich zeigt, die Verträglichkeit des jeweils zur Debatte stehenden Antezedens sowohl mit A a C als auch mit A e C. Ohne daß ich damit eine Einschränkung machen will, verwende ich hier Buchstabenkombinationen, die bei Aristoteles zur Darstellung von potentiellen Konklusionen in der ersten Figur benutzt werden. Unter der Voraussetzung, daß die gewählten Begriffseinsetzungen die zu A a,e C gehörige Existenzaussage „es gibt Dinge, die unter C fallen“ respektieren, ist damit alles Gewünschte gezeigt: A a C ($\wedge$ $\exists x C(x)$) ist unverträglich mit A e C und mit A o C, so daß ein mit A a C ($\wedge$ $\exists x C(x)$) verträgliches Antezedens nicht A e C oder A o C implizieren kann; und analog ist A e C ($\wedge$ $\exists x C(x)$) unverträglich mit A a C und mit A i C, so daß ein mit A e C verträgliches Antezedens nicht A a C oder A i C implizieren kann. Im modalen Fall geht es um die Verträglichkeit sowohl mit A a_NC als auch mit A e_NC.

Es geht also am Ende um Verträglichkeitsbehauptungen. Wie begründen *wir* Behauptungen der Verträglichkeit oder der gemeinsamen Erfüllbarkeit von Sätzen oder Formeln? Wir tun das durch die Angabe von Modellen, das heißt im assertorischen Bereich: durch die Angabe von prädikatenlogischen Interpretationen, bei denen alle jeweils involvierten Formeln mit „wahr“ bewertet werden. Die BE-Methode ist Aristoteles' Ersatz für formalsemantische Interpretationen. Wenn wir zum Nachweis einer Erfüllbarkeit eine solche Interpretation für eine oder mehrere Formeln vornehmen wollen, besteht unser Vorgehen darin, daß wir (nach Wahl eines Individuenbereichs) die Extensionen der vorkommenden Prädikatbuchstaben vollkommen frei (über dem gewählten Individuenbereich) in einer Weise vereinbaren, die für die Erreichung unseres Beweisziels geeignet erscheint. Relationen zwischen den interpretierten Prädikaten bzw. zwischen deren Extensionen werden sich dann in der Regel allein unter Rückgriff auf elementarste Mengentheorie und auf die entsprechenden Vereinbarungen über Extensionen ermitteln lassen. Insbesondere wird kein empirisches Wissen benötigt – jedenfalls dann nicht, wenn man die Extensionen einigermaßen explizit angibt und sie nicht etwa kennzeichnet durch Ausdrücke wie „die Menge der in Bonn 1990 neu zugelassenen PKW". Wenn Aristoteles im Zuge der Durchführung eines BE-Arguments eine syllogistische Formel, das heißt ein Gebilde wie

τὸ Α παντὶ τῷ Β ὑπάρχει (≈ A kommt jedem B zu)

oder wie A a B, dadurch interpretiert, daß er Begriffsausdrücke der griechischen Sprache für die in der Formel vorkommenden Prädikatbuchstaben einsetzt, tut er damit dasselbe, was wir bei der Angabe einer formalsemantischen Interpretation tun: er ordnet Prädikatbuchstaben Extensionen zu. Allerdings erfolgt diese Zuordnung nicht in vollkommen freier Setzung. Denn die Extensionen hängen von den Zuständen ab, die auf der Welt herrschen. Wenn beispielsweise B durch κινούμενον (≈ bewegt) interpretiert wird (wie in A15, 34b11–15), hängt die Extension von B zu einem Zeitpunkt davon ab, welche Dinge zu diesem Zeitpunkt bewegt sind und welche nicht. Diese Besonderheit beeinträchtigt in keiner Weise die Validität des Verfahrens in den Fällen, in denen man damit zum Ziel kommt. Man hat das nicht immer so gesehen. Maier beispielsweise scheint dem BE-Verfahren selbst im assertorischen Fall – den tatsächlich etwas delikateren modalen Fall lasse ich zunächst beiseite – nicht recht über den Weg zu trauen. Zwar bewertet er auf der einen Seite das von Aristoteles in A4, 26a2–9, geführte BE-Argument als ein Argument, das wirklich das Gewünschte *beweise*: „Und damit ist in concreto bewiesen, dass eine derartige Prämissenkombination [i. e. $\begin{smallmatrix} \mathrm{A\,a\,B} \\ \mathrm{B\,e\,C} \end{smallmatrix}$] keinen Syllogismus zuläßt" (Maier (1896–1900), Bd. II Halbbd.1, S. 76). Doch andererseits charakterisiert er die referierte Weise zu argumentieren wieder und wieder als „empirisch", als „empirisch-experimentell", als einen Appell „an die Erfahrung" einschließend (a. a. O., Bd. II Halbbd.1, S. 75; Halbbd.2, S. 87); und er spricht ihr darüber hinaus den „rationellen" Charakter – was immer damit genau gemeint sein mag – ab (z. B. a. a. O., Bd.II Halbbd.2, S. 86). Das klingt dann doch so, als sehe Maier hier in eine Theorie, deren Entwicklung auf dem Wege des Beweises zu geschehen hat, letztlich sachfremde empirische Gesichtspunkte einbrechen. Daß dem nicht so ist, hat Patzig in seiner Behandlung der assertorischen Theorie klargestellt. (Dazu Patzig (1969),

S. 185ff.) Tatsächlich baut man noch heute gelegentlich aus didaktischer Rücksichtnahme sehr elementare Einführungen in die Logik so auf, daß man auf den prädikatenlogischen Modellbegriff zunächst verzichtet und beispielsweise prädikatenlogische Gültigkeit ungefähr folgendermaßen definiert:

(*1*) eine prädikatenlogische Formel heißt allgemeingültig, wenn alle ihre *Einsetzungsinstanzen* wahr (oder: anerkanntermaßen wahr; aufgrund von semantischen Regeln wahr, und dergleichen) sind.

Erfüllbarkeit ist dann die Existenz einer wahren Einsetzungsinstanz. Man greift also aus didaktischen Gründen auf die, wie es scheint, historisch früheste Form des Begriffs der Erfüllbarkeit zurück.

Die erwähnte Besonderheit kann allerdings die Durchführung des BE-Verfahrens, verglichen mit freien Modellkonstruktionen, erschweren und sogar seine Möglichkeiten empfindlich einschränken. In dem Maße, in welchem die via BE-Verfahren irgendwelchen Prädikatbuchstaben zugeordneten Extensionen vom Zustand der Welt abhängen, kann die Bestimmung dieser Extensionen zu einem empirischen Problem werden. Folglich kann es auch ein empirisches Problem sein, etwa Inklusionsbeziehungen zwischen solchen Extensionen zu ermitteln (falls Formeln des Typs $\forall x(B(x) \supset A(x))$ zu erfüllen sind) – wenn das nämlich nicht geht, ohne daß man die Extensionen selbst ermittelt. Nun ist Aristoteles – gegen Maier – nicht nur weit davon entfernt, Resultate der Logik empirisch begründen zu wollen; er will selbstverständlich auch seine BE-Argumente so konzipieren, daß sie für jeden Hörer oder Leser nachvollziehbar sind, ohne daß dieser erst womöglich langwierige empirische Untersuchungen anstellen muß.

Ich will das Problem näher erläutern. Nehmen wir einmal an, daß der Dozent N.N. im Rahmen seiner Logikvorlesung am 12.6.1991, Punkt 17.00 Uhr, seinen im Hörsaal VI der Universität Bonn versammelten Zuhörern demonstrieren will, daß $\forall x(B(x) \supset A(x))$ nicht $\forall x(A(x) \supset B(x))$ impliziert (daß, mit anderen Worten, A a B nicht einfach konvertibel ist). Nehmen wir weiter an, daß zufällig an diesem Tag alle weiblichen Studenten der Vorlesung ferngeblieben sind. Dann wird das Gewünschte geleistet durch die Einsetzung von „... ist eine am 12.6.91 um 17.00 Uhr im Hörsaal VI der Universität Bonn sich aufhaltende Person" für B und von „... ist ein Mann" für A. Denn alle Hörer an diesem Tag sowie N.N. selbst sind Männer – was jeder Hörer augenblicklich feststellen kann; und es gibt Männer, die nicht in Hörsaal VI sind – was jeder Hörer weiß. Nehmen wir aber schließlich an, daß N.N. diesen an sich vollkommen ausreichenden Beweis in ein Skriptum aufnehmen will, das er in den Semesterferien zu schreiben beginnt. Damit wendet N.N. sich an Leser, für die es kaum noch eine Möglichkeit gibt, die zur

Zeit ihrer Lektüre bereits historische Tatsache festzustellen, daß am 12.6.91 um 17.00 Uhr ein Weltzustand vorlag, bei dem alle in Hörsaal VI anwesenden Personen Männer waren. N.N. könnte sich, wollte er im wesentlichen bei seinen ursprünglichen Einsetzungen bleiben, nicht mehr einfach auf für jedermann (innerhalb der Adressatengruppe) offenliegende Fakten berufen. N.N. benötigt ein Argument, das nicht in diesem Sinne situationsgebunden ist. Vielleicht würde N.N. den Ausweg wählen, seine Leser aufzufordern, sich eine Situation von der seinerzeit tatsächlich realisierten Art als realisiert *vorzustellen* (so wie ich es hier getan habe). Damit hätte er dann allerdings doch ein Analogon freier modelltheoretischer Konstruktion an die Stelle des idealtypischen BE-Verfahrens gesetzt: die Welt wird zwar nicht wirklich umkonstruiert, aber als in bestimmter Weise verändert gedacht; dagegen braucht im idealen Fall nur auf die Welt, wie sie eben *ist*, verwiesen zu werden.

Es wird sich gleich zeigen, daß Aristoteles in der modalen Syllogistik zu Abweichungen in eben dieser Richtung vom Idealtyp des BE-Arguments gezwungen ist. Ein anderer Ausweg bestünde darin, ein Vorgehen zu wählen, welches Aristoteles anscheinend immer zu wählen bestrebt ist, wo es die argumentativen Notwendigkeiten zulassen. Aristoteles bemüht sich nämlich (jedenfalls im Hinblick auf allgemeine Aussagen), seine Begriffsausdrücke so zu wählen, daß man, um bestimmte Beziehungen zwischen deren Extensionen festzustellen, die Extensionen selbst gar nicht genau zu kennen braucht. Es muß sich also um Begriffsausdrücke von der Art handeln, daß sich beispielsweise bereits aus deren *Sinn* für jeden Sprachkundigen ergibt, daß ihre Extensionen in gewissen Beziehungen zueinander stehen. Diese Beziehungen haben ihren sprachlichen Ausdruck dann in Sätzen, die man analytisch wahr oder vielleicht auch metaphysisch wahr, jedenfalls „anerkanntermaßen“ wahr nennen kann. Man denke z. B. an den Satz: „kein Stein ist ein Lebewesen“, der in der erwähnten Passage von A4 aus der Formel A e C hervorgeht und dessen Wahrheit zeigt, daß {A a B, B e C} nicht A i C impliziert (nachdem des weiteren für B ein Begriffsausdruck eingesetzt wurde, mit dem auch A a B und B e C in wahre Sätze übergehen). Die oben in die Parenthese von (*1*) eingefügten Klauseln sind offenbar Reflexe eines solchen Vorgehens. Wie man sich leicht denken kann, ist die Handhabung des BE-Verfahrens deshalb in vielen Fällen unbequem, weil man zur Abgrenzung von Extensionen auf den kontingenten Vorrat von Begriffsausdrücken einer je verwendeten natürlichen Sprache angewiesen ist. Einerseits hat man klarerweise gute Möglichkeiten, die Folgen dieser Beschränkung zu mildern durch den Gebrauch situationsgebundener Begriffsausdrücke wie oben „... ist eine am 12.6.91 um 17.00 Uhr im HS. VI sich aufhaltende Person“. Andererseits muß man diese Möglichkeiten gleich wieder aufgeben, sobald man situationsungebunden verwendbare BE-Argumente haben will, das heißt solche, in die nur „anerkanntermaßen" wahre (oder auch falsche) Sätze eingehen. Es kommt erschwerend hinzu, daß die Prädikate der natürlichen Sprachen und genauso die eventuell in sie eingebauten Individuationsprinzipien in der Regel unscharf sind. Dadurch ist der Benutzer der BE-Technik ständig unkongenialen Einwänden ausgesetzt. Wenn Aristoteles etwa als wahr annimmt, daß jeder Schnee (jedes Quantum Schnee) notwendig weiß ist (man vergleiche dazu unten Ziffer (2)), könnte man ihm entgegenhalten: es ist nicht einmal so, daß jederzeit jeder Schnee faktisch weiß ist; denn das Prädikat „... ist (ein Quantum) Schnee" verwenden wir doch wohl nicht so, daß es nur auf Schnee im Naturzustand zutrifft, sondern so, daß es auch auf Schnee zutrifft, der durch Vermischung mit Schmutz oder einer Farbe einen anderen als den natürlichen Ton angenommen hat. Ich verhalte mich bei der Bewertung der aristotelischen BE-Argumente in solchen Angelegenheiten großzügig. Wenn man sich dessen bewußt ist, daß es der Sache nach in Fällen wie dem eben erwähnten letztlich um Modellkonstruktionen geht, weiß man, daß von der logischen Beweiskraft der BE-Argumente nichts abgeht, wenn man auch deren Benutzer einen gewissen Spielraum für Vereinbarungen zugesteht, wie es etwa die folgenden sind. „Ich *will* den Begriff des Schnees so verwenden, daß nur Schneequanta im natürlichen Farbzustand unter ihn fallen"; oder gleichwertig: „ich will meine Begriffsausdrücke auf einen Individuenbereich bezogen wissen, in dem nur Schnee im reinen Zustand vorkommt"; „ich will meine Begriffsausdrücke auf einen Individuenbereich bezogen wissen, in dem keine Farbigen vorkommen". Beim letzten Beispiel ist an ein Argument zu denken, das wir in III.2.5. besprochen haben. Unter den geschilderten Bedingungen bleibt am Ende oft nichts anderes übrig, als mit skurril anmutenden Zusammenstellungen von Begriffsausdrücken zu operieren. Das werden Beispiele, die wir später einführen, bestätigen. Während insoweit nur gleichsam kosmetische Fragen berührt sind, ist das BE-Verfahren beim Übergang zur Modallogik mit substantielleren Schwierigkeiten belastet.

Sobald man für BE-Argumente, um ihre zeitlose Verwendbarkeit auch angesichts ihrer zunächst grundsätzlich gegebenen Weltbezogenheit sicherzustellen, beispielsweise nur solche wahren A a B-Einsetzungsinstanzen zuläßt, welche sogar wahr in analytischer oder vergleichbarer Weise sind, läuft das ungefähr hinaus auf die Vorschrift: arbeite nur mit solchen wahren Sätzen der Form $\forall x(B(x) \supset A(x))$, für die zugleich auch entsprechende Sätze der Form $\mathcal{N}\forall x(B(x) \supset A(x))$ (oder gleichwertig unter Barcan-semantischen Bedingungen: Sätze der Form $\forall x\mathcal{N}(B(x) \supset A(x)))$ wahr sind. Eine solche Vorschrift zu akzeptieren, bedeutet, daß jeder in einem BE-Argument als wahre Einsetzungsinstanz von A a B oder von $\forall x(B(x) \supset A(x))$ verwendbare Satz zugleich eine wahre Einsetzungsinstanz von $N\forall x(B(x) \supset A(x))$ ist. Daß dies für die Entwicklung der assertorischen Syllogistik nichts schadet, kann man sich leicht klarmachen. Der mögliche Schaden bestünde ersichtlich vor allem darin, daß sich die Unschlüssigkeit bestimmter Paare von Prämissenformeln nicht mehr mit BE-Argumenten zeigen ließe, weil zwar aus diesen Prämissenformeln selbst keine in Frage kommende Formel folgt, wohl aber eine solche aus dem Paar folgt, das durch die Verstärkung der einen oder der anderen der ursprünglichen Prämissenformeln durch Voranstellen eines N-Operators entsteht. Wir haben gesehen: in der assertorischen Syllogistik – wenn wir uns einmal der Einfachheit halber auf die erste Figur beschränken – sieht ein BE-Unschlüssigkeitsbeweis für Prämissenformeln P1 = A * B, P2 = B * C so aus, daß sowohl ein BE-Argument für die Erfüllbarkeit von {P1, P2, A a C} angegeben wird als auch eines für die Erfüllbarkeit von {P1, P2, A e C}. Daher braucht man, um jeden Schaden auszuschließen, lediglich einzusehen, daß die folgenden Bedingungen (*2*) und (*3*) erfüllt sind.

(*2*) Wenn aus {NP1, NP2} A o C folgt, dann folgt A o C auch schon aus {P1, P2};

(*3*) wenn aus {NP1, NP2} A i C folgt, dann folgt A i C auch schon aus {P1, P2}.

Denn (*2*) ist äquivalent mit

> genau dann, wenn aus {P1, P2} nicht A o C folgt, folgt auch aus {NP1, NP2} A o C nicht,

und diese Aussage ist gleichwertig mit

> genau dann, wenn {P1, P2, A a C} erfüllbar ist, ist auch {NP1, NP2, A a C} erfüllbar.

Entsprechendes gilt für (*3*). (*2*) und (*3*) können in der Tat für die in der assertorischen Syllogistik in Frage kommenden Formeln bewiesen werden relativ zu logischen Systemen, die in der üblichen Weise durch Addition der Prädikatenlogik zu einem der üblichen modallogischen Systeme entstehen (z. B. relativ zu PL + S5). Denn die Axiomatik solcher Logiken sieht so aus, daß nach Streichung aller in den Axiomen oder Axiomenschemata eventuell vorkommenden Modaloperatoren prädikatenlogische Theoreme oder Theoremschemata stehenbleiben. Sie sieht ferner so aus, daß die einzige spezifisch modallogische Transformationsregel (nämlich die Regel der Notwendigkeitseinführung: wenn $\vdash \alpha$, dann $\vdash N\alpha$) nach der Elimination von Modaloperatoren im Transformanden und im Transformat auf eine triviale Wiederholungsregel reduziert wird. Die Folge ist, daß man, wenn ein modal-prädikatenlogischer Beweis in Gestalt einer Formelfolge etwa für $(NP1 \wedge NP2) \supset$

A o C vorliegt, aus ihm durch Streichung aller Vorkommnisse von N in allen Formeln der Folge einen prädikatenlogischen Beweis für (P1 ∧ P2) ⊃ A o C erhält (nota: P1, P2 und A o C sind frei von Modaloperatoren und werden daher durch die Streichung nicht verändert). Man könnte sogar analoge Resultate bekommen, wenn man einzukalkulieren hätte, daß für Aristoteles naheliegende Begriffsausdrücke A und B, für welche z. B. A a B „anerkanntermaßen" wahr bzw. ∀xN(B(x) ⊃ A(x)) wahr ist, in der Regel von solcher Beschaffenheit sind, daß auch schon A a_NB, das ist ∀xN(B(x) ⊃ NA(x)), wahr ist. So verhält es sich mit vielen in der assertorischen Syllogistik vorkommenden Einsetzungen. Beispielsweise tritt in A4 der Satz „alle Menschen sind Lebewesen" als Einsetzungsinstanz von A a B auf.

Wir haben jetzt gesehen, daß das Bestreben, bei der Durchführung von BE-Argumenten mit solchen Sätzen zu arbeiten, die in einem bestimmten Sinn „anerkanntermaßen" wahr sind, die Verwendbarkeit des Verfahrens zur Erreichung der in der assertorischen Syllogistik in Frage kommenden Beweisziele nicht einschränkt. Das BE-Verfahren in der idealtypischen Form stößt jedoch genau in dem Moment an seine Grenzen, in dem Aristoteles zur Notwendigkeitssyllogistik übergeht. Hier beginnt es nämlich ein logisch relevanter Unterschied zu sein, ob man beispielsweise eine Prämissenformel ∀x(B(x) ⊃ A(x)) hat oder aber eine wie N∀x(B(x) ⊃ A(x)) (und damit ∀xN(B(x) ⊃ A(x))) oder sogar eine wie ∀xN(B(x) ⊃ NA(x)). Kann es Aristoteles überhaupt gelingen, mit einem idealtypischen BE-Argument, das zugleich zeitlos verwendbar ist, die Tatsache zu begründen, daß das Antezedens von Barbara XNX nicht auch eine A a_NC-Conclusio erschließt? Die Antwort lautet „nein". Immer, wenn A, B und C so gewählt sind, daß um die Wahrheit von A a B (∀x(B(x) ⊃ A(x))) und von B a_NC (sei es in der Version ∀x(C(x) ⊃ NB(x)) oder in der Version N∀x(C(x) ⊃ NB(x))) situationsunabhängig und a priori, etwa aufgrund von semantischen Regeln, gewußt werden kann, sind auch wahr ∀xN(B(x) ⊃ A(x)) und ∀xN(C(x) ⊃ NB(x)); und damit ist dann nach T- oder S4-Prinzipien ebenfalls ∀x(N)(C(x) ⊃ NA(x)) (A a_NC) wahr. Man vergleiche hiermit die Überlegung, die ich in III.1.4. gegen Wielands Konzeption von assertorischen Aussagen als akzidentiellen Prädikationen wende.

Aristoteles reagiert auf die Problematik mit einer Modifikation des ursprünglichen Verfahrens. Es handelt sich um eine Modifikation, die ich in der früher in II.3. gegebenen Beschreibung des BE-Verfahrens bereits berücksichtigt und oben als den ersten unter zwei möglichen Auswegen aus einer Schwierigkeit gekennzeichnet habe: nämlich um die Zulassung der Einführung von begrenzten, situationsgebundenen Fiktionen. Bestimmte Aussagen sollen wahr, aber nicht damit gleich zeitlos wahr sein, damit nicht auch ihre N-Varianten wahr sind. Andererseits sollen die Argumente, in die solche Aussagen gelegentlich Eingang finden müssen, situationsungebunden verwendbar sein. Wenn man sich daher bei der Durchführung derartiger Argumente nicht auf die Besonderheiten einer bestimmten, zwar irgendwann faktisch gegebenen, aber flüchtigen Situation berufen darf, muß man für mögliche Situationen fiktive Besonderheiten der gewünschten Art (die freilich auch einmal zufällig der Realität in der Argumentationssituation selbst entsprechen könnten, was man im allgemeinen aber nicht weiß) durch *Vereinbarung* in Kraft setzen.

Zur Erinnerung wiederhole ich das seinerzeit über das BE-Verfahren Gesagte. Im BE-Stil eine Erfüllbarkeitsbehauptung für eine Menge von Formeln zu begründen, heißt anscheinend in der modalen Syllogistik und insbesondere in der Notwendigkeitssyllogistik, (i) für die vorkommenden Prädikatsymbole zunächst (zeitlich nicht indizierte) Begriffsausdrücke zu substituieren. Ferner heißt es, (ii) einen Rahmen von möglichen Welten anzusetzen, der primär die faktischen Zustände der Welt zu verschiedenen Zeitpunkten umfaßt; der darüber hinaus aber auch fiktive Weltverfassungen zu einem Zeitpunkt enthalten kann, die keine Veränderungen in den modalen Verhältnissen, welche als faktisch gegeben gelten, einschließen. Es heißt schließlich, (iii) die Substitutionsresultate relativ zu den Elementen des angesetzten Rahmens möglicher Welten auszuwerten, und zwar im günstigen Fall jedesmal mit dem Ergebnis „wahr". Die Auswertung relativ zu einem Element w des Weltenrahmens geschieht so, daß, wenn eine Formel die Prädikatbuchstaben A, B enthält und für diese die Prädikate F_A, F_B substituiert wurden, wenn ferner M_A die Menge der Dinge ist, die in w entweder faktisch oder aufgrund einer vereinbarten Fiktion unter F_A fallen (und analog für M_B), M_A und M_B als die relativ zu w den Variablen A, B zugeordneten Extensionen genommen werden; sie geschieht weiter so, daß die üblichen Auswertungsregeln für modalprädikatenlogische Formeln zur Anwendung kommen, wobei für die Auswertung von Formeln der Typen Nα und Mα relativ zu w entweder alle Elemente des Weltenrahmens zu berücksichtigen sind oder diejenigen Elemente, welche als Weltverfassungen an Zeitstellen gedacht werden, die in der Reihe der Zeitstellen nach der mit w gegebenen Stelle folgen (zwischen diesen Alternativen unterscheidet Aristoteles nicht systematisch).

Sehen wir uns Beispiele für diese Art zu argumentieren an! Unter Ziffer (4) in II.3. sowie bei der Betrachtung von Camestres mit NX-Antezedens in III.1.3. unter Ziffer (3) begegnete uns bereits das von Aristoteles in A10, 30b31–38, gelieferte Argument gegen die Gültigkeit von Camestres NXN, das heißt das Argument für die Erfüllbarkeit von $\{A\ a_N B,\ A\ e\ C,\ \neg(B\ e_N C)\}$. Im Lichte des seinerzeit zur logischen Form der abgewiesenen Conclusio erzielten Ergebnisses können wir sagen, daß es sich um ein Argument für die Erfüllbarkeit von $\{\forall xN(B(x) \supset NA(x)), \forall x(C(x) \supset \neg A(x)), \neg\forall xN(C(x) \supset N\neg B(x))\}$ handelt. Wäre hier anstelle von $\forall x(C(x) \supset \neg A(x))$ der Ausdruck $\forall xN(C(x) \supset \neg A(x))$ bzw. $N\forall x(C(x) \supset \neg A(x))$ als Prämissenformel gegeben, so *hätten* wir $\forall xN(C(x) \supset N\neg B(x))$ als Implikat, zumindest nach S5-Prinzipien:

$$\forall xN(B(x) \supset NA(x))$$

S4-impliziert

$$\forall xN(N\neg NA(x) \supset N\neg B(x)),$$

$$\forall xN(C(x) \supset \neg A(x))$$

B-impliziert

$$\forall xN(C(x) \supset NM\neg A(x))$$

bzw.

$$\forall xN(C(x) \supset N\neg NA(x)).$$

Daher braucht Aristoteles einen Weltenrahmen und darin eine Welt, relativ zu welcher $\forall x(C(x) \supset \neg A(x))$ schlicht wahr und nicht notwendig wahr wird. Wie wir an den früheren Stellen sahen, bestimmt Aristoteles einen derartigen Rahmen in 30b35 explizit soweit, daß er letztlich sagt: es soll darin eine Situation vorkommen, in der alle Lebewesen nicht weiß sind (nachdem er für A das Prädikat „... ist ein Lebewesen" und für C das Prädikat „... ist weiß" gewählt hat). Was Aristoteles wörtlich sagt, ist: „es kann sein [ἐνδέχεται], daß ›Lebewesen‹ keinem Weißen zukommt". Auf den metasprachlichen Sinn des in diesem Kontext gebrauchten ἐνδέχεσθαι (≈ können, möglich sein) habe ich schon hingewiesen. Daß etwas *sein kann*, heißt hier soviel wie in modelltheoretischer Sprechweise, daß es eine Struktur gibt, in der eine mögliche Welt vorkommt (nennen wir sie w_0), in der das Betreffende *ist*. Warum kann nun „alles Weiße ist kein Lebewesen" bzw. das äquivalente „jedes Lebewesen ist nicht weiß" als in der Bezugswelt w_0 bloß schlicht, nicht notwendig wahr gelten? Das liegt an dem weiteren Inventar des Weltenrahmens. Aristoteles muß über das bisher berücksichtigte Erfordernis hinaus den Rahmen so konzipieren, daß in ihm Welten vorkommen, welche die Wahrheit des Substitutionsresultats von $\neg\forall xN(C(x) \supset N\neg B(x))$ bzw. die Wahrheit des Substitutionsresultats von $\exists xM(C(x) \wedge MB(x))$ (≈ B i_MC) sichern. Für B läßt Aristoteles das Prädikat „... ist ein Mensch" eintreten, und er sagt, wie wir früher gesehen haben: „ein Mensch kann weiß sein [oder: weiß werden]" (30b37). Also kann etwas, was (in der Bezugswelt oder in einer Alternative zu ihr) ein Mensch ist, weiß werden (ich entscheide mich hier im wesentlichen für die dritte der in II.3. unter Ziffer (4) unterschiedenen Alternativen); und wenn es weiß geworden ist, haben wir in einer aus der Sicht der Bezugswelt zukünftigen Situation, daß dort ein Mensch weiß *ist*. Das bedeutet mit einer Alternativitätsrelation, welche mit der Relation des Folgens aufeinander in der Zeit zusammenfällt: Aristoteles bezieht sein Argument auf einen Weltenrahmen, für den er in Anspruch nimmt, daß er eine Alternative zu der als Bezugswelt ausgezeichneten Welt enthält, in der B i C wahr ist. Dieser Anspruch kann als durch die faktischen Verhältnisse eingelöst gelten. Damit ist wie gewünscht B i_MC wahr in der Bezugswelt selbst aufgrund der üblichen Auswertungsregel für Möglichkeitsformeln. Zugleich ist klar, daß in der Bezugswelt des so weit spezifizierten Weltenrahmens der Satz „jedes Lebewesen ist nicht weiß" nicht notwendig wahr ist. Denn es dürfte implizit vorausgesetzt sein, daß der Weltenrahmen die realen Modalverhältnisse respektiert und daß daher insbesondere in allen zugelassenen Welten gilt, daß alles, was dort ein Mensch ist, dort auch ein Lebewesen ist. Damit geht einerseits A a_NB in einen in w_0 wahren Satz über, wie gewünscht; und andererseits gibt es eine Alternative, in der „jedes Lebewesen ist nicht weiß" falsch ist: nämlich die Alternative, in der ein Mensch weiß und damit auch ein Lebewesen weiß ist.

Aristoteles ist keineswegs in allen Fällen, in denen er der Sache nach auf Verabredungen über besondere Ingredienzien eines Weltenrahmens zurückgreift, so explizit wie in dem Beispiel, das wir uns eben noch einmal vergegenwärtigt haben. Darauf habe ich schon früher hingewiesen. Nehmen wir etwa das in A9, 30a28–32, vorgebrachte Argument gegen die Gültigkeit von Barbara XNN. Wir haben es in II.3., in Verbindung mit den Sätzen (*5*) bis (*7*), zum erstenmal kennengelernt. Nachdem Aristoteles hier die Wahlen „... ist bewegt" für A, „... ist ein Lebewesen" für B und „... ist ein Mensch" für C getroffen hat, sagt er zur Begründung seiner Erfüllbarkeitsbehauptung nicht mehr als:

> Denn Sinnenwesen ist der Mensch notwendig, Bewegung aber hat das Sinnenwesen nicht notwendig, noch auch der Mensch (Rolfes (1921), S. 20).

Aristoteles sagt nicht, was man erwarten könnte, daß er sage, nämlich: daß die Einsetzungsinstanz der Oberformel von Barbara XN, also der Satz „alle Lebewesen sind bewegt", wahr sei. Es wäre nur zu verständlich, wenn dies so zu sagen ihm widerstrebt hätte. Fast hat es den Anschein, als habe Aristoteles an dieser ersten Stelle, an der er das BE-Verfahren in der modalen Syllogistik einsetzen will, gemerkt, daß mit dem Verfahren etwas nicht so glatt läuft, wie das in der assertorischen Syllogistik die Regel war; und als sei er hier durch diese Beobachtung noch zu irritiert, um zu sagen, was zu sagen angemessen wäre: wir können zwar nicht sicher sein, daß jetzt, im Augenblick der Argumentation, tatsächlich alle Lebewesen in Bewegung sind, aber daß es sich so verhalte, wäre immerhin möglich; deshalb können wir uns auf eine mögliche Situation beziehen, in der es so ist.

Weitere Beispiele für den Typus der BE-Argumentation mit Fiktionen, die wir bereits erörtert haben, sind mit den in A11 geführten Argumenten für die Nichtgültigkeit von Disamis und Bocardo der Modalitäten NXN sowie von Ferison XNN gegeben (vgl. III.1.4., Ziffer 6.), sowie ebenda, S. 150). Die Betrachtung der verbleibenden Beispiele kann uns, soweit ich sehe, nichts Neues lehren. Ich beschränke mich darauf, auf die unter Ziffer (5) in II.3. angegebene vollständige Liste der Stellen zu verweisen, an denen im Rahmen der Notwendigkeitssyllogistik die Strategie der Zulassung von Fiktionen ausdrücklich oder unausdrücklich zur Anwendung kommt. Daß auf die Strategie im Rahmen der assertorischen Syllogistik grundsätzlich verzichtet werden kann, haben wir uns klargemacht. Daß sie ebenfalls im Rahmen der Möglichkeitssyllogistik fehl am Platze ist, muß dann richtig sein, wenn unsre Hypothese zutrifft, daß in diesem Teil der modalen Syllogistik auch allgemeine assertorische Aussagen, falls wahr, dann zeitlos wahr zu sein haben. Der Umstand, daß dann in der Tat nur im Falle eines einzigen unter den in der Möglichkeitssyllogistik vorgetragenen BE-Argumenten mit einer situationsgebundenen Fiktion operiert wird – eine Ausnahme von der Regel, welche ich als Lapsus verbuche (dazu die Analyse in III.2.6.) –, bestätigt unsere Differenzierung zwischen Möglichkeits- und Notwendigkeitssyllogistik, was die Struktur allgemeiner assertorischer Aussagen anbelangt.

Nachdem Maier, wie wir sahen, schon den BE-Argumenten der assertorischen Syllogistik mit einer gewissen Skepsis begegnet, die wohl auf dem Verdacht gründet, diese Argumente könnten wegen ihres Verweisens auf Weltverhältnisse von empirischem Charakter und logisch uneinschlägig sein, sollte man meinen, daß ihm erst recht die BE-Argumente der Notwendigkeitssyllogistik suspekt seien. Wird doch in diesen nicht nur scheinbar auf empirische Voraussetzungen gebaut, sondern sogar auf bloße Fiktionen. Wirklich sieht man in Maier (1896–1900), Bd.II Halbbd.2, daß dem Autor das BE-Verfahren mit dem Eintritt in die modale Syllogistik noch viel verdächtiger wird, als es ihm vorher schon gewesen sein mag. Nachdem nämlich Maier a. a. O., S. 94, auf einen von Aristoteles in der modalen Syllogistik geführten „empirischen Beweis" hingewiesen hat, schreibt er:

> „Damit tritt die Untersuchung freilich auf bedenklichen Boden. Das *empirische Ausschliessungsverfahren* hat nicht mehr die gleiche Bedeutung, wie im Gebiet der Schlüsse des Stattfindens";

eine Seite weiter heißt es im Anschluß an eine Aufzählung verschiedener Beobachtungen:

> „Das alles zeigt, wie wenig in diesem Gebiet [gemeint ist: in der modalen Syllogistik] der empirischen Ausschliessungsmethode entscheidende Bedeutung beigemessen werden kann".

Wenn Maier hier von einem Ausschließungsverfahren spricht, tut er das, weil er primär denjenigen Gebrauch des BE-Verfahrens im Auge hat, der in der Aussonderung von Prämissenkombinationen aus der Menge der schlüssigen Kombinationen besteht. Mit „Schlüsse(-n) des Stattfindens" meint Maier assertorische Syllogismen.

Freilich ist es entgegen der Erwartung keineswegs der von mir hervorgehobene Aspekt, welcher Maiers Bedenken nährt, vielmehr wird dieser Aspekt von Maier ganz übergangen. Immerhin lenkt Maier, wenn ich ihn richtig verstehe, den Blick auf eine weitere Besonderheit der modallogischen BE-Argumente, die zu problematisieren durchaus angezeigt ist. Maier sagt – leider läßt er es dabei sehr an Klarheit fehlen – a. a. O., S. 95f., unter anderem dies:

> „Die thatsächlichen [= assertorischen] Prämissen stellen das syllogistische Verhältnis der Begriffe dar, ohne daß der metaphysische Charakter der Subjekte irgendwie berührt würde. Deshalb wird in diesen Schlüssen [gemeint ist: in den assertorischen Syllogismen] auch die syllogistische Eigenart der ὅροι [≈ Termini] durch die empirische Anwendung nicht im mindesten gefährdet, und die Erfahrung kann unbedenklich zur Kontrolle der logischen Funktionen herangezogen werden. Das ist bei den Notwendigkeits- und auch bei den Möglichkeitsschlüssen anders. Sobald der Notwendigkeits- und der Möglichkeitssatz auf den Boden der Wirklichkeit gestellt wird, tritt der zurückgedrängte metaphysische Charakter des Urteils wieder hervor ... Darum fehlt der Empirie in dieser Sphäre auch die unmittelbare sinnliche Evidenz, die ihr im Gebiet der Schlüsse des Stattfindens eigen ist."
>
> „Auch dieser Satz [gemeint ist der „Satz ‚aller Mensch ist Lebewesen' ..., der besonders häufig als Beispiel für das Notwendigkeitsurteil erscheint"] kann ein thatsächliches Urteil sein, und er ist ein solches, wenn hinter dem Subjekt nicht der metaphysische Begriff ‚Mensch', sondern die Summe der Naturwesen, die als Menschen bezeichnet werden, steht".

Das ist ohne Zweifel ziemlich verworren. Maier hätte, um nur dies eine zu nennen, wenigstens einen Unterschied machen sollen zwischen einem Notwendigkeitsurteil und einem notwendigen, d. h. einem notwendig wahren, Urteil. Hier soll es doch wohl eher um den Satz „jeder Mensch ist notwendig ein Lebewesen" als um den Satz „jeder Mensch ist ein Lebewesen" gehen. Es scheint mir, daß Maier ungefähr das Folgende zum Ausdruck bringen will.

Die Entscheidung über den Wahrheitswert eines konkreten a_N-Urteils etwa, wie sie nun einmal bei der Durchführung von BE-Argumenten anstehen kann, kann schwierig sein. Denn im Fall eines solchen Urteils genügt es nicht mehr, ein bloßes Inklusionsverhältnis von Begriffsumfängen zu ermitteln. Vielmehr sind derartige Sätze (mit dem heute gebräuchlichen Wort) intensional: man muß zur Feststellung ihres jeweiligen Wahrheitswerts ein, wie Maier es wohl formulieren würde, „metaphysisches" Wissen über das Verhältnis der vorkommenden Begriffe selbst zur Anwendung bringen. Ersetzte man beispielsweise das Vorkommnis des Begriffsausdrucks „... ist ein Mensch" in dem Satz „jeder Mensch ist notwendig ein Lebewesen" durch eine Aufzählung aller Individuen, die (zu einem Zeitpunkt?) Menschen sind, unter Verwendung von irgendwelchen Namen dieser Individuen, so wäre der resultierende Notwendigkeitssatz nicht mehr wahr – obwohl die beiden Subjektsbegriffe im Verhältnis der Umfangsgleichheit stehen. (Das letztere räume ich hier der Einfachheit halber ein. An sich gehen wir davon aus, daß „... ist ein Mensch" in unserem a_N-Satz alles umfaßt, was *irgendwann* ein Mensch ist; und es ist die Frage, ob es sich dabei um eine endliche Menge handelt, die dann auch durch eine hinschreibbare Aufzählung ausgeschöpft werden könnte.) Es kommt also auf die Umfänge allein nicht an, sondern der „metaphysische Charakter" unseres Satzes tritt hervor, und die „unmittelbare sinnliche Evidenz" (die uns Umfangsverhältnisse festzustellen erlaubt) reicht zur Bestimmung des Wahrheitswerts nicht aus.

Wenn Maier dies meint, ist etwas an dem, was er sagt. Selbstverständlich sind die modallogischen BE-Argumente mit einem spezifischen Verifikationsproblem für die in ihnen auftretenden modalisierten Sätze belastet. Man benötigt etwas wie ein essentialistisches Wissen. Wir haben uns, was dieses Problem angeht, bei unseren bisherigen Bewertungen einzelner BE-Argumente gleichsam immer so durchgemogelt, indem wir ohne besondere Präzisierung unserer Kriterien für Essentialität und Akzidentialität im wesentlichen eine aristotelische Perspektive einzunehmen versucht haben. Ich glaube allerdings, daß wir unabhängig von dem, was wir an Auffassungen von Aristoteles übernehmen könnten, wenn wir das wollten, über ein gewisses essentialistisches Wissen verfügen können. Diese Überzeugung, die ich schon an früherer Stelle ausgesprochen habe, beruht auf bekannten Einsichten darüber, wie die Aneignung von Sprache vor sich gehen kann. Zum einen werden wir sicherlich in den Gebrauch einer großen Anzahl von Begriffsausdrücken dadurch eingeführt, daß wir mit relativ expliziten Definitionen für sie bekannt gemacht werden. Es dürfte einige Begriffsausdrücke geben, deren Gebrauch so ziemlich alle Mitglieder einer Sprachgemeinschaft auf diesem Wege, und zwar für jedes Individuum im wesentlichen durch dieselbe Definition, gelehrt wird. Derartige Fälle können eine Basis für essentielle Prädikationen abgeben. Natürlich kann der Spracherwerb nicht mit expliziten Definitionen einsetzen, da diese immer schon voraussetzen, daß das Definiens verstanden wird. An den Beginn müssen vielmehr exemplarisch vorgeführte, von Zeigehandlungen begleitete Anwendungen von Begriffsausdrücken oder auch von Eigennamen treten, welche geeignet sind, eine Basis für Induktionen zu bilden –

so, wie Quine das in verschiedenen seiner Arbeiten erläutert hat. Wenn wir, zum anderen, in diesem Sinne etwa lernen, welche Momente im zeitlichen Strom der Zustände zu einem Ganzen zu integrieren sind, das dann den Referenten eines bestimmten von uns anzueignenden Eigennamens darstellt – wie den Referenten des Namens „Caÿster" in Quines „Identity, Ostension, and Hypostasis" (in Quine (1963)); und wenn wir schließlich einen solchen Eigennamen in Prädikationen zu gebrauchen lernen, wie in: „der Caÿster ist ein Fluß", dann haben wir zugleich mit dem Gebrauch der entsprechenden Ausdrücke auch gelernt, daß beispielsweise einige Eigenschaften für Flüsse nicht essentiell sind. Denn wir haben gelernt, daß der Caÿster auch noch der Caÿster ist, wenn er nach schweren Regenfällen schmutzigbraunes Wasser führt; wenn also der Caÿster selbst ein Fluß ist – und nicht bloß das Caÿster-*Stadium*, das wir (so nehme ich an) normalerweise vor uns haben, in dem nämlich der Caÿster blau ist –, dann kann es für Flüsse nicht essentiell sein, blau zu sein.

Trotzdem bleibt hier ein grundsätzliches Verifikations- und Falsifikationsproblem bestehen. Wenn wir im Prozeß des Hineinwachsens in eine Sprachgemeinschaft und der damit zusammenhängenden Adoption einer bestimmten Ontologie etwas darüber lernen, welche Zustände zu einem Individuum zu integrieren und nur mehr als Stadien eines und desselben Zugrundeliegenden aufzufassen sind, dann lernen wir dergleichen immer nur auf der Basis eines begrenzten Spektrums von Zuständen. Durch Entwicklung unserer technologischen Mittel können aber später Änderungen von Individuen möglich werden, die so radikal sind, daß sie weit außerhalb eines derartigen Spektrums liegen und auch noch außerhalb dessen, was auf der Basis eines derartigen Spektrums durch Induktion zu erfassen war. Die einmal erworbene Sprachkompetenz reicht dann unter Umständen nicht mehr aus, die Frage zu entscheiden, ob die fraglichen Änderungen, wo sie vorgenommen werden, wirklich nur Änderungen eines fortexistierenden Individuums sind oder ob sie Ersetzungen eines Individuums durch ein anderes darstellen. Damit reicht sie unter Umständen nicht mehr aus, die Frage zu entscheiden, ob es für die in Betracht kommenden Individuen essentiell ist, die Eigenschaft F zu haben – wenn F die Eigenschaft ist, den fraglichen Veränderungen nicht unterworfen (gewesen) zu sein. Nachdem man personale Identität am menschlichen Gehirn festzumachen geneigt ist, stellt sich beispielsweise für Mediziner heute die Frage, ob eine Implantation insbesondere solchen fremden Hirngewebes, in dem man höhere intellektuelle Funktionen lokalisiert, den Patienten als denselben Menschen übrig läßt oder nicht. Solange es nur um Begriffsumfänge geht, stellen diese Eingriffsmöglichkeiten kein großes Problem dar: daß der Träger des Implantats ein Mensch wäre, habe ich noch nicht bezweifeln hören.

Insoweit, sage ich, ist etwas dran an Maiers Äußerungen. Ich werde das hier berührte Thema unten noch einmal aufgreifen. Ein Fehler wäre es allerdings, gleich soweit zu gehen, daß der de-re-Charakter aristotelischer Modalaussagen geleugnet wird, wie es durch Maier zu geschehen scheint. Wenn unsere essentialistischen Intuitionen uns den Satz „jeder Mensch ist notwendig (essentiell) ein Lebewesen" als wahr anerkennen lassen, dann müssen wir auch dem Satz „für jedes Ding gilt: wenn es Sokrates ist oder Platon ist oder ... ist, dann ist es notwendig ein Lebewesen" zustimmen. Individuen und damit Werte für den hier auftretenden Quantor „für jedes Ding" werden erst konstituiert durch Anwendung bestimmter Sortale (nicht dagegen durch nackte Ostension), und die zu diesen Sortalen gehörenden Individuationsprinzipien, welche für Fragen der Essentialität maßgebend sind, werden dann wirksam auch unter Umständen, unter denen auf die betreffenden Individuen anders Bezug genommen wird als durch Verwendung der Sortale selbst.

Nachdem ich das Verifikationsproblem eingeräumt und damit auch eingeräumt habe, daß die modallogischen BE-Argumente anscheinend auf etwas wackligen essentialistischen Füßen stehen, muß ich die Frage stellen: ergibt sich daraus nicht für uns die Notwendigkeit, in den Fällen, in denen wir früher aristotelische BE-Argumente als korrekt eingestuft und die durch sie begründeten Behautungen akzeptiert haben, die fraglichen Behauptungen wieder zur Disposition zu stellen und für sie nach neuen, „metaphysikfreien" Begründungen zu suchen? Die Antwort lautet „nein". Die Begründung für diese Antwort habe ich, im Vorgriff auf das jetzt behandelte Thema, im wesentlichen schon in II.7. gegeben im Anschluß an die Erörterung von Buridans Argument gegen die Gültigkeit von *(33)*. Können wir ein modallogisches BE-Argument für eine Erfüllbarkeitsbehauptung korrekt nennen, so sind die in das Argument verwickelten syllogistischen Sätze wahr, *wenn* gewisse essentialistische Voraussetzungen gelten; und zwar essentialistische Voraussetzungen, die wir vielleicht aus was für Gründen immer nicht akzeptieren wollen, die aber nicht glatt inkonsistent sind. Dies genügt, um sagen zu können, daß in allen diesen Fällen Weltverfassungen – Ontologien eingeschlossen – immerhin möglich sind, bei denen die einschlägigen syllogistischen Sätze wahr sind. Und tatsächlich können wir in allen diesen Fällen den BE-Argumenten nachgebildete mögliche Weltverfassungen, modallogische Modelle nämlich, vereinbaren, welche die gewünschten Begründungen „metaphysikfrei" oder „rein logisch" leisten – so „metaphysikfrei" nämlich, wie es ein „logisches" Argument nur sein kann, das im Rahmen einer mögliche-Welten-Semantik geführt wird. (Daß die zuletzt gebrauchten Qualifikationen ohnehin ein wenig zu relativieren sind, habe ich früher deutlich gemacht.) Es ist klar, daß das immer geht. Ich will es nur einmal mit einem Beispiel untermauern. Gegen Ende von III.2.7. nannten wir das BE-Argument korrekt, welches Aristoteles für die Erfüllbarkeit von $\{A\ a_N B,\ A\ a_K C,\ B\ e_N C\}$ gibt mit der Wahl der Begriffsausdrücke: „... ist weiß" (für A); „... ist ein Schwan" (für B); „... ist ein Mensch" (für C). Ein entsprechendes Barcan-semantisches S5-Modell $\langle W, R, D, V\rangle$ für $\{\forall x N(B(x) \supset NA(x)), \forall x N(C(x) \supset KA(x)), \forall x N(C(x) \supset N\neg B(x))\}$ kann wie folgt aussehen.

> Es sei $W = \{w_0, w_1\}$ mit irgendzwei verschiedenen Gegenständen w_0 und w_1;
> $R = W \times W$;
> $D = \{1, 2, 3\}$.
> Im Hinblick auf V wird folgendermaßen vorgegangen. Für die Interpretation von B und C nehmen wir Mengen, die – wie im BE-Argument die Umfänge von „... ist ein Schwan" und „... ist ein Mensch" – nicht in irgendzwei möglichen Situationen etwas miteinander gemeinsam haben[53], etwa die Mengen $\{\langle 3,w_0\rangle, \langle 3,w_1\rangle\}$ bzw. $\{\langle 1,w_0\rangle, \langle 2,w_0\rangle, \langle 2,w_1\rangle\}$; A interpretieren wir so, daß die (ersten Komponenten der) Elemente der einen Menge sich im Hinblick auf die durchgängige Unterordnung unter A anders verhalten als die (ersten Komponenten der) Elemente der anderen Menge – so wie im BE-Argument die Schwäne als weiß in allen möglichen Situationen gelten, die Menschen dagegen nicht (hier haben wir es offensichtlich mit einer konsistenten Menge von essentialistischen Voraussetzungen zu tun, da zugleich die Exemplare von C mit denen von B nicht quer über die möglichen Situationen irgendetwas zu tun haben sollten); wir interpretieren nämlich A durch die Menge $\{\langle 1,w_0\rangle, \langle 2,w_0\rangle, \langle 3,w_0\rangle, \langle 3,w_1\rangle\}$; ansonsten soll V auf Grundzeichen beliebig interpretiert und auf Paare aus Formeln und Elementen von W so fortgesetzt werden, daß die im Modellbegriff festgelegten Bedingungen erfüllt sind.

Damit wird $\langle W, R, D, V\rangle$ tatsächlich ein S5-Modell für unsere Formelmenge. Die Struktur wurde gleich so gewählt, daß sie auch ein Modell für die Menge ist,

[53] Ich will es noch einmal mit Blick auf dieses Beispiel sagen: daß die Umfänge von „... ist ein Mensch" und „... ist ein Schwan" nicht in irgendzwei möglichen Situationen etwas miteinander gemeinsam haben, ist ein Sachverhalt, der relativ zur allgemein akzeptierten Metaphysik als wahr gelten kann. Es verhielte sich damit anders beispielsweise relativ zu einer Auffassung, nach der es ein gemeinsames Substrat für einen Menschen und einen Schwan etwa in Gestalt einer „Seele" geben kann, von der angenommen wird, daß sie als dieselbe fortexistierend nacheinander Individuen verschiedener Spezies „beseelen" könne und daß sie der eigentliche Träger von Eigenschaften wie dem Menschsein und dem Schwansein sei.

welche aus der ursprünglichen Menge durch Anreicherung um die in Betracht kommenden Existenzformeln $\exists xKC(x)$, $\exists xNC(x)$, $\exists xNB(x)$ hervorgeht.

Anders als in dem Fall sieht die Sache aus, wo BE-Argumente insofern zweifellos inkorrekt sind, als sie auf inkonsistenten essentialistischen Voraussetzungen beruhen. So verhält es sich mit dem ebenfalls an der genannten Stelle besprochenen BE-Argument gegen die Gültigkeit von Cesare KNX:
$A\ e_K\ B$
$\underline{A\ a_N\ C}$, also für die Erfüllbarkeit von $\{A\ e_K B,\ A\ a_N C,\ B\ i\ C\}$. Was man auch
$B\ e\ C$
für A, B, C mag einsetzen wollen: B und C können nicht etwas gemein haben, das heißt B i C wahr werden lassen, und zugleich so beschaffen sein, daß alle Vertreter von C essentiell über A verfügen und alle Vertreter von B dies nicht tun.

Sehen wir von gelegentlichen derartigen Fehlgriffen des Aristoteles ab, dann stellt sich die Lage bis hierhin so dar, als seien keine grundsätzlichen Bedenken gegenüber der logischen Substantialität modallogischer BE-Argumente angezeigt. Woran liegt es, daß die Summe der von Aristoteles vorgetragenen Argumente dieses Typs dann doch zu erheblichen Irritationen führt und insbesondere den von mir in den vorangegangenen Kapiteln entwickelten Interpretationsansatz schlecht aussehen läßt? Es liegt daran, daß diese Argumente nicht bloß in Einzelfällen, welche man als Versehen akzeptieren könnte, sondern in einem so beträchtlichen Umfang mit Fehlern behaftet zu sein scheinen, daß man dafür einen systematischen Grund annehmen möchte. Ich ordne die gemeinten Fehler nach den folgenden von (1) bis (6) numerierten Typen. Hier spreche ich, wie ich es schon in den vorangegangenen Kapiteln bei entsprechenden Gelegenheiten getan habe, der Einfachheit halber ohne Zusatz von Fehlern, obwohl ich später die damit gegebene Bewertung durch einen Vorbehalt einschränken werde.

(1) Das von Aristoteles in A15, 34b37–35a1, versuchte Argument gegen die Gültigkeit von Celarent XKN schließt einen quaternio terminorum ein.

Ich befasse mich unten näher mit dem Argument.

(2) Es kommen, ausdrücklich oder unausgesprochen, solche Zuschreibungen von Wahrheitswerten zu syllogistischen Sätzen, die in BE-Argumente eingehen, vor, welche miteinander unverträglich sind.

Beispielsweise soll mit den in A16, 36a29–31, angegebenen Prädikattripeln

„weiß“, „Lebewesen“, „Schnee“

und

„weiß“, „Lebewesen“, „Pech“,

die offenbar in dieser Reihenfolge jeweils für A, B, C zu substituieren sind, die Erfüllbarkeit von $\{A\ e_K B,\ B\ e_N C,\ A\ a_N C\}$ bzw. die von $\{A\ e_K B,\ B\ e_N C,\ A\ e_N C\}$ gezeigt sein. Dafür ist aber eine Voraussetzung, daß der Satz „alle Lebewesen sind kontingenterweise (nicht) weiß" als wahr anerkannt wird. Auf der anderen Seite zeigt etwa das im selben Kapitel, 36b10ff., skizzierte BE-Argument, daß Aristoteles ausgeht von der Wahrheit der Sätze „alle Schwäne sind (notwendig) Lebewesen" und „alle Schwäne sind ***notwendig*** weiß", daß er also ausgeht von der Existenz von Lebewesen, für die weiß zu sein nicht kontingent ist. Ferner, im Abschnitt 36b12–17 desselben Kapitels soll anscheinend gezeigt werden, daß Prämissenpaare aller vier folgenden Typen (*4*) bis (*7*) unschlüssig sind:

$$(4)\quad \begin{matrix} A\ i_N B \\ B\ i_K C \end{matrix}\ ;\quad (5)\ \begin{matrix} A\ o_N B \\ B\ i_K C \end{matrix}\ ;\quad (6)\ \begin{matrix} A\ i_K B \\ B\ i_N C \end{matrix}\ ;\quad (7)\ \begin{matrix} A\ i_K B \\ B\ o_N C \end{matrix}\ .$$

Für die Verträglichkeit mit $A\ a_N C$ gibt Aristoteles an: „Lebewesen", „weiß", „Mensch", für die Verträglichkeit mit $A\ e_N C$: „Lebewesen", „weiß", „unbeseelt". Aus den Äußerungen des Aristoteles in den Zeilen 15–17 geht hervor, daß er glaubt, Begriffsausdrücke gewählt zu haben, die es für alle Fälle (*4*) bis (*7*) tun. Denn offenbar mit Blick auf (*4*) heißt es:

(*8*) ›Lebewesen‹ kommt einem Weißen notwendig zu.

Und mit Blick auf (*5*):

(*9*) ›Lebewesen‹ kommt einem Weißen notwendig nicht zu.

Mit Blick auf (*6*):

(*10*) ›Weiß‹ kommt einem Unbeseelten notwendig zu.

Endlich mit Blick auf (*7*):

(*11*) ›Weiß‹ kommt einem Unbeseelten notwendig nicht zu.

Im Licht von BE-Argumenten, die anderswo vorkommen, darf man annehmen, daß Aristoteles den Satz (*11*) für wahr hält, indem er beispielsweise an Pech (das Nebenprodukt des Erdöls) denkt. Man darf des weiteren annehmen, daß er (*10*) für wahr hält, indem er beispielsweise an Schnee denkt. (*9*) hält Aristoteles vielleicht für wahr, indem er ebenfalls an Schnee denkt, vielleicht aber auch, indem er einfach an alles Weiße und darunter auch an kontingenterweise Weißes denkt, das kein Lebewesen und damit notwendig kein Lebewesen ist. Bloß im ersteren Fall hätten wir es auch hier mit einer Überlegung zu tun, die in Ansehung der Äquivalenz von $\exists x N(B(x) \wedge N\neg A(x))$ und $\exists x(NB(x) \wedge N\neg A(x))$ mit unsrer Strukturhypothese für $A\ o_N B$ konform wäre; zu diesem Thema vergleiche man unten Ziffer (6). Schließlich kann man annehmen, daß Aristoteles (*8*) vielleicht für wahr hält, indem er an Schwäne denkt, vielleicht aber wiederum auch, indem er an ein beliebiges

Weißes denkt, das ein Lebewesen ist. Wie dem auch sei, wenn die gewählten Prädikate wirklich für alle Fälle brauchbar sein sollen, dann benötigt Aristoteles ebenfalls, daß die Unterformeln von (*6*) und (*7*) in wahre Sätze übergehen, wenn für B, C die Einsetzungen „... ist weiß“ und „... ist ein Mensch“ vorgenommen werden. Es müßten also die Sätze „›Weiß‹ kommt notwendig einem Menschen zu“ und „›Weiß‹ kommt einem Menschen notwendig nicht zu“ wahr sein. Andererseits wird in einer in 36b3–7 vorgetragenen Argumentation davon Gebrauch gemacht, daß jeder Mensch kontingenterweise weiß sei.

(3) Es werden im Rahmen von BE-Argumenten partikuläre syllogistische Modalaussagen als wahr vorausgesetzt, die aus der Perspektive nicht nur eines aristotelischen Essentialismus klar falsch zu sein scheinen – jedenfalls sofern sie als Modalaussagen verstanden werden, die wesentlich vom de-re-Typ sind.

Beispiele sind die Aussagen „ein Weißes ist kontingenterweise ein Mensch“, „ein Weißes ist kontingenterweise ein Lebewesen“. (Dazu etwa A20, 39b2–6; vgl. III.2.8., Schluß.) Ein Mensch oder Lebewesen scheint jedes Individuum nur entweder essentiell sein oder essentiell nicht sein zu können. Wir haben es doch wohl hier, wenn überhaupt irgendwo, mit Beispielen für Angelellis „o-Prädikate“ zu tun.

(4) Es werden allgemeine syllogistische Modalaussagen wie „jedes schlafende Pferd schläft notwendig“ (im Kontext des in A22, 40a35–37, geführten BE-Arguments für die Erfüllbarkeit von {A a_KC, B e_NC, A a_NB}; vgl. III.2.10. über 40a35–38) und „alles Wache ist notwendig bewegt“ (im Kontext des in A19, 38a38–b2, geführten BE-Arguments für die Erfüllbarkeit von {A a_KB, A a_NC, B a C}; vgl. oben III.2.7., Schluß) als wahr vorausgesetzt, die als wahr höchstens relativ zu einer reinen de-dicto-Interpretation derartiger Aussagen gelten können. Denn die Prädikatstermini drücken Eigenschaften aus, die unter plausiblen essentialistischen Voraussetzungen nur des kontingenten Zukommens fähig zu sein scheinen.

(5) Es werden im Zuge der Durchführung eines BE-Arguments, welches in die Möglichkeitssyllogistik gehört, solche allgemeinen assertorischen Sätze als wahr vorausgesetzt, die höchstens als wahr in einer besonderen Situation gelten können, die aber nicht situationsungebunden oder in zeitlich ungebundenem Verständnis als wahr gelten können.

Ich meine die Sätze „jedes Lebewesen ist gesund“, „jedes Pferd ist gesund“, auf die wir in A18, 37b35–38, stoßen im Kontext des von Aristoteles versuchten Unschlüssigkeitsbeweises für das Paar $\frac{\text{A a B}}{\text{A } a_K \text{C}}$ (vgl. die Bemerkungen im Anschluß an Ziffer 1.) in III.2.6.).

Die Feststellungen (1) und (2) stellen ein Problem dar für jeden Interpretationsansatz ohne Einschränkung. Die Feststellungen (3) und (4) stellen ein

Problem dar für alle diejenigen Interpretationsansätze, welche den de-re-Charakter oder den – aus unserer Sicht jedenfalls auch vorhandenen – de-re-Anteil aristotelischer Modalaussagen berücksichtigen. Daran, daß dieser im Hinblick auf die aristotelischen Gültigkeitsbehauptungen berücksichtigt werden muß, kann kein Zweifel sein. Die Feststellung (5) stellt ein Problem für jeden Interpretationsansatz dar, der – auch wiederum im Hinblick auf die aristotelischen Gültigkeitsbehauptungen – den Passus 34b7–18 in A15 ernst nimmt und die gesamte Möglichkeitssyllogistik (bzw. den Teil davon, in dem assertorische Aussagen überhaupt betrachtet werden) in seinem Einzugsbereich sieht. Die nächsten Beobachtungen betreffen Probleme, die sich in besonderer Weise für den von mir verfolgten Interpretationsansatz stellen.

(6) Ein Charakteristikum unserer Strukturhypothesen für partikuläre Modalaussagen besteht darin, daß diesen Hypothesen zufolge die nach dem Beckerschen Paradigma hinter einem Existenzquantor plazierten de-re-Anteile $B(x) \land N(\neg)A(x)$, $B(x) \land K(\neg)A(x)$ und $B(x) \land M(\neg)A(x)$ solcher Aussagen durch je einen zusätzlichen Modaloperator zu modifizieren sind, und zwar durch einen solchen, der mit dem jeweils schon vorhandenen Operator übereinstimmt. Eine Folge davon ist, daß $A\ i(o)_N B$ gleichwertig wird mit $\exists x(NB(x) \land N(\neg)A(x))$ und daß analog $A\ i(o)_K B$ gleichwertig wird mit $\exists x(KB(x) \land K(\neg)A(x))$ – jedenfalls relativ zu S4 bzw. relativ zu S5. Während nun beispielsweise der im zweiten der unter Ziffer (2) besprochenen Beispiele erwähnte Satz „›Lebewesen‹ kommt einem Weißen notwendig nicht zu" sehr wohl auch dann für wahr gelten kann, wenn er logisch gleichwertig ist mit „es gibt etwas, das sowohl notwendig weiß als auch notwendig nicht ein Lebewesen ist", nämlich in Ansehung der Existenz von Schnee, gilt Entsprechendes keineswegs für den partikulären Kontingenzsatz „ein Mensch ist kontingenterweise weiß" (daß der Teint in die Verfügung eines jeden Menschen gestellt sei, wollen wir hier einmal einräumen): die durch den Subjektsterminus bezeichnete Eigenschaft scheint nicht von der Art zu sein, daß sie irgendeinem Individuum kontingenterweise zukommen könnte. Dasselbe Problem stellte sich im Hinblick auf Prädikatstermini unter Ziffer (3).

Die Wahrheit des erwähnten Satzes wird in A15, 35b14–19, benötigt in einem Kontext, in dem Aristoteles mit BE-Mitteln unter anderem die Unschlüssigkeit von Antezedentia des Typs $\begin{matrix} A\ i\ B \\ B\ i_K C \end{matrix}$ begründen will. Für den Nachweis der Verträglichkeit solcher Paare mit $A\ a_N C$ bietet Aristoteles die Prädikate „Lebewesen", „weiß", „Mensch" (zu substituieren für A, B, C) an. $B\ i_K C$ geht also über in den Satz „ein Mensch ist kontingenterweise weiß".

Wenn wir auf Inkonsistenzen wie die unter Ziffer (2) dargestellten so reagieren, daß wir uns entschließen, von der Anerkennung der Wahrheit von

„jedes Lebewesen ist kontingenterweise weiß" durch Aristoteles auszugehen, dann ist aus analogem Grund auch die Adäquatheit unserer Strukturformel für i_N-Aussagen in Frage gestellt; nämlich durch alle die Stellen, an denen Aristoteles die Wahrheit von „ein Weißes ist notwendig ein Lebewesen" zu benötigen scheint. Solche Stellen sind in A11 die Zeilen 32a1–4, man vergleiche dazu die Diskussion in III.1.4. um Wielands Gleichsetzung von X-Aussagen mit akzidentiellen Prädikationen; ferner in A16 die Zeilen 36b12–17, dazu oben Ziffer (2). In Verbindung damit steht die Schwierigkeit, daß A a_NC die Beziehung C i_NA und damit A i_NC implizieren soll, daß ferner „alles Wache ist notwendig bewegt" wahr sein soll (wie wir unter Ziffer (4) feststellten) und damit aufgrund unserer i_N-Strukturhypothese wahr sein müßte: „es gibt etwas, das sowohl notwendig wach als auch notwendig bewegt ist". Nicht nur also scheint hinsichtlich des Prädikatsterminus der Grundsatz verletzt, daß nichts oder jedenfalls kein Lebewesen als essentiell bewegt anzusehen sei, sondern dazu scheint auch hinsichtlich des Subjektsterminus der Grundsatz verletzt, daß nichts als essentiell wach gelten könne.

Wir können das Problem auch so beschreiben, daß eine Anerkennung der Wahrheit des Satzes „alles Wache ist notwendig bewegt" mit unserer Strukturhypothese für allgemeine N-Aussagen über den unter Ziffer (4) beachteten Aspekt hinaus insofern kollidiert, als die Existenzaussage „es gibt etwas, das notwendig wach ist", die dieser Hypothese zufolge zumindest ein disponibler Bestandteil des allgemeinen Satzes ist (zumal wenn er in Prämissenfunktion auftritt), falsch zu sein scheint.

Im Hinblick auf allgemeine Notwendigkeitsaussagen ist das Problem nicht sehr gravierend, da Aristoteles verständlicherweise dazu tendiert, anders als im soeben betrachteten Fall als Subjektstermini für wahrheitsfähige allgemeine Aussagen aller Modaltypen o-Prädikate anzusetzen. Doch wie man sich denken kann, ist es eben diese Tendenz, welche das entsprechende Problem auf der Seite der allgemeinen Kontingenzaussagen wegen der größeren Häufung der Fälle zu einem viel schwerer wiegenden Problem werden läßt. Aristoteles benutzt in der Tat regelmäßig die Wahrheit von solchen Sätzen des Typs A a,e_KB, bei denen die Stelle von B durch ein οὐσία-Prädikat eingenommen wird – so daß die gemäß unsrer Strukturhypothese zu A a,e_KB zu schlagende Teilformel $\exists x KB(x)$ regelmäßig in eine falsche Aussage übergeht.

Beispiele sind die Sätze „jedes Pferd ist kontingenterweise bewegt", „jeder Mensch ist kontingenterweise denkend", „jedes Lebewesen ist kontingenterweise weiß", „jeder Mensch ist kontingenterweise weiß". Sie werden bei der Durchführung von BE-Argumenten in 34b11–17, 34b31–37, 35a23f. und 36b5–7 als wahr vorausgesetzt.

Wie sollen wir auf diese Beobachtungen reagieren? Den unter Ziffer (1) angezeigten Defekt und ebenso vielleicht den unter Ziffer (5) angezeigten möchte man eventuell als vereinzelten Fehlgriff durchgehen lassen. Das erschiene insbesondere für (1) deshalb vertretbar, weil, wie wir bei der Diskussion von A15 sahen, Aristoteles selbst gemerkt und ausgesprochen hat, daß mit seinem gegen Celarent XKN gewendeten BE-Argument etwas nicht in Ordnung war. Wir wollen uns das Argument trotzdem näher ansehen, man kann daraus einige Einsichten allgemeinerer Natur gewinnen.

In der assertorischen Syllogistik ist Aristoteles gut damit gefahren, im Hinblick auf das Desiderat, bei der Durchführung von BE-Argumenten sich auf zeitlos („anerkanntermaßen“) wahre allgemeine Aussagen stützen zu können, als Subjekts- und Prädikatstermini solcher Aussagen Genus- und Speziesprädikate anzusetzen – Prädikate also, von denen man unter plausiblen essentialistischen Voraussetzungen sagen wird, daß sie allem, dem sie überhaupt zukommen, essentiell zukommen. Bei dieser bewährten Art des Vorgehens will Aristoteles offenbar in der modalen Syllogistik, wo immer das möglich ist, bleiben. Es ist denkbar, daß Aristoteles in dem Bestreben, für A, B, C Einsetzungen zu finden, welche A e B, B a_KC und ¬(A e_NC) in wahre Aussagen übergehen lassen, sich zunächst auf B a_KC konzentriert und in Übereinstimmung mit der besagten Tendenz zuerst einmal für C einen Speziesbegriff („... ist ein Mensch“) ausgewählt hat. Als Einsetzung für B mußte im vorliegenden Fall einer Kontingenzaussage dann allerdings der Ausdruck einer für Menschen kontingenten Eigenschaft gefunden werden, und Aristoteles hat dabei offenbar gedacht an: „... verfügt über Wissen(-schaft)“. Tatsächlich scheinen die am leichtesten greifbaren Fälle allgemeiner und ohne zeitliche Beschränkung wahrer Prädikationen unter dem Kontingenzoperator diejenigen Fälle zu sein, in denen von Individuen einer Spezies, für die es essentiell ist, über bestimmte Dispositionen oder Fähigkeiten zu verfügen, ausgesagt wird, daß sie eine solche Fähigkeit „aktualisieren“ können oder auch dies bleiben lassen können. Als Paradigma kann der Satz „jeder Mensch ist kontingenterweise in Bewegung“ dienen. Im vorliegenden Fall handelt es sich, in aristotelischen Termini, darum, daß über Wissenschaft zu verfügen die „erste Entelechie“ einer für Menschen essentiellen Fähigkeit zu höherer intellektueller Leistung ist. Wir werden uns diese Verhältnisse bei der eigenen Suche nach BE-Argumenten für gewisse Behauptungen zunutze machen. Falls Aristoteles in der anvisierten Weise vorgegangen ist, stellte sich im nächsten Schritt für ihn das Problem, durch eine geeignete Wahl für A die Formel A e B – mit dem Ausdruck „... verfügt über Wissen(-schaft)“ als Subjektsterminus – in eine zeitlos wahre Aussage zu überführen. Dabei mußte mit Blick auf ¬(A e_NC) die Nebenbedingung berücksichtigt werden, daß nicht für alle Menschen das Verfügen über non-A essentiell sei. Wiederum in Übereinstimmung mit der besagten Tendenz wird Aristoteles wahrscheinlich zuerst an Ausdrücke für solche Genera oder Spezies gedacht haben, für deren Exemplare es nach seiner Auffassung wesentlich ausgeschlossen war, höhere intellektuelle Zustände wie das Verfügen über Wissenschaft oder mentale Zustände überhaupt zu realisieren. Aristoteles mag also an Ausdrücke für Genera oder Spezies gedacht haben, die mit Menschen nichts zu tun haben, wie „... ist ein Pferd", „... ist ein Stein" und dergleichen (die Auswahl ist groß). Doch mit allen diesen Ausdrücken war die genannte Nebenbedingung nicht zu erfüllen. Möglicherweise ist Aristoteles an diesem Punkt des Gedankengangs klar geworden, Eigenschaften von welcher Art er, in abstracto gesprochen, benötigte: nämlich für A und B Eigenschaften, welche am besten beide für Menschen kontingent waren, deren gleichzeitiger Besitz aber analytisch ausgeschlossen war (in etwa so, wie im BE-Argument von 38a38-b2, wenn man die Dinge nicht zu kleinlich betrachtet, Wachsein das Unbewegtsein ausschließt). Wer einmal selbst BE-Argumente sich auszudenken versucht, wird rasch merken, zumal in Fällen, die komplizierter sind als der jetzt diskutierte Fall, daß man tatsächlich immer ziemlich schnell in abstracto angeben kann, was man braucht; daß die Konkretisierung dann aber schwer wird, vor allem, wenn man auch noch unkongenialen Einwänden zuvorkommen will (man ist auf den in kontingenter Weise begrenzten Begriffsvorrat einer natürlichen Sprache angewiesen!). Die Konkretisierung droht auf bizarre Zusammenstellungen von Prädikaten zu führen, sie wird aus den genannten Gründen schließlich lästig und erscheint am Ende verzichtbar – genügt es doch eingesehen zu haben, wie Begriffsausdrücke beschaffen sein *müßten* (auch wenn sie in der Sprache zufällig nicht vorkommen), damit man mit ihnen sein Ziel erreicht. Mag sein, daß Aristoteles ähnliche Erfahrungen gemacht hat, eilig war und daher im vorliegenden Fall sich ein wenig zu mogeln erlaubt hat, da er der logischen Sachlage ohnehin gewiß gewesen sein dürfte. Zu mogeln hätte er sich erlaubt, indem er für A „... ist bewegt" wählte und auf eine Ähnlichkeit oder oberflächliche Gleichheit von zwei in Wirklichkeit verschiedenen, mit Hilfe von ἐπιστήμη (≈ Wissen, Wissenschaft) zu bildenden Prädikaten setzte. Jede Wissenschaft (jede wissenschaftliche Disziplin, Theorie oder dergleichen) kann als Entität, die nicht in Raum und Zeit ist, für nicht bewegt, und zwar sogar für essentiell nicht bewegt, gelten. Das wäre die Wahrheit einer zeitlich unbeschränkt verstandenen Einsetzungsinstanz des Obersatzes A e B, in der an die Stelle von B das Prädikat „... *ist* eine Wissenschaft" getreten ist. Jeder Mensch hat die Möglichkeit, sich Wissenschaft anzueignen oder es bleiben zu lassen. Das wäre die Wahrheit von B a_KC mit „... *hat* Wissenschaft" an der Stelle von B, also mit einem von „... *ist* Wissenschaft" sehr verschiedenen Prädikat. Die Verifikation von ¬(A e_NC) war unter diesen Umständen natürlich nur noch eine Formsache: es sind nicht alle Menschen essentiell nicht bewegt, vielmehr ist sogar jeder Mensch, wie Aristoteles zweifellos behaupten würde, kontingenterweise bewegt.

Freilich muß man sagen, daß Aristoteles im vorliegenden Fall noch auf ganz korrektem Weg ans Ziel hätte kommen können, ohne sonderlich viel Einfallsreichtum zu entwickeln. Das kann in anderen Fällen schon anders aussehen. Wir sind jedenfalls fertig, wenn wir, wie gesagt, für A und B Eigenschaften haben, die Menschen jeweils besitzen und auch nicht besitzen können, deren gleichzeitiger Besitz aber analytisch ausgeschlossen ist. Man nehme etwa für A „... schläft", für B „... denkt". Selbstverständlich muß man auch bei dieser Wahl die Art von kongenialem Entgegenkommen in Anspruch nehmen, von der früher im Hinblick auf die unscharfen Ränder der Begriffsausdrücke der natürlichen Sprachen die Rede war. Der Begriff des Denkens muß als in einer Weise gebraucht gedacht werden, die ausschließt, daß man auch im Schlafen denken kann. Auch das Tripel „... schläft", „... denkt", „... ist ein Mensch" ist allerdings noch nicht optimal im Lichte unsrer Strukturhypothesen. Wenn völlige Konformität mit diesen Hypothesen hergestellt werden soll, muß für C ein Begriffsausdruck eintreten, mit dem – im Hinblick auf die Unterformel B a_KC – ∃xKC(x) in eine wahre Aussage übergeht. Zur Erfüllung dieser Nebenbedingung ersetze man etwa „... ist ein Mensch" durch „... spricht". Sprechen, so soll angenommen werden, können nur Menschen, und die können denken oder es bleiben lassen, mithin kommt ›denkend‹ kontingenterweise jedem Sprechenden zu; und es gibt etwas (jeder Mensch kommt hierfür in Frage), das sprechen oder schweigen kann; ferner gilt wie gehabt, daß jederzeit alles, was denkt, dann, wenn es denkt, nicht schläft; und schließlich wird man betreffs ¬(A e_NC) zwar sagen, daß jedes Individuum, welches spricht, dann, wenn es spricht, nicht schläft – aber es könnte zu sprechen und wach zu sein aufhören.

Wir wissen nicht, ob Aristoteles – was den wichtigsten der unter Ziffer (6) genannten Fehlertypen angeht – eine mit unserer Strukturhypothese für allgemeine K-Aussagen unter Einschluß der zugehörigen Existenzteilaussage konforme Weise, solche Aussagen aufzufassen, zwar gepflogen hat, bei der Durchführung von BE-Argumenten aber eventuell vor der zusätzlichen Schwierigkeit, auch noch die entsprechenden existentiellen Nebenbedingungen zu berücksichtigen, einfach kapituliert und sozusagen fünf hat gerade sein lassen; oder ob er dazu neigte, an die Existenzteilaussagen allgemeiner syllogistischer Aussagen vorzugsweise an den Stellen zu denken, an denen er sie zur Etablierung von Gültigkeitsbehauptungen brauchte, an deren Wahrheit er aufgrund von in der assertorischen Theorie erzielten Ergebnissen glaubte, und sie an den Stellen zu vergessen, an denen er aufgrund eben solcher Ergebnisse nicht mit dem Bestehen von Implikationsbeziehungen rechnete. Wir wissen schließlich nicht – um die dritte Alternative zu nennen –, ob unsere Strukturformel für allgemeine K-Aussagen in der fraglichen Hinsicht inadäquat ist.

Man beachte in diesem Zusammenhang übrigens folgendes. Wenn die Aufgabe, anders als in dem eben analysierten Fall, darin besteht, die Verträglichkeit eines Antezedens sowohl mit einer a_N- als auch mit der entsprechenden e_N-Formel zu zeigen, um dadurch die Unschlüssigkeit des Antezedens zu beweisen, braucht man der Sache nach nicht so weit zu gehen, die Verträglichkeit mit diesen jeweiligen Formeln unter Einschluß von entsprechenden N-Existenzaussagen zu zeigen. Denn die schwächsten allgemeinen oder partikulären potentiellen A-C-Conclusiones sind vom Standpunkt unserer Theorie Sätze der Form $\forall x(C(x) \supset M(\neg)A(x))$ bzw. $\exists xM(C(x) \wedge M(\neg)A(x))$, und alle diese Formeln sind unverträglich entweder mit $\forall xN(C(x) \supset NA(x)) \wedge \exists xC(x)$ oder mit $\forall xN(C(x) \supset N\neg A(x)) \wedge \exists xC(x)$. Demnach genügt es (von den Prämissenformeln einmal abgesehen), bei der Entwicklung von BE-Argumenten für Unschlüssigkeitsbehauptungen darauf zu achten, daß die Termini so gewählt sind, daß etwas im Modus der Faktizität unter den Unterbegriff fällt; unter Umständen muß man für eine Bezugswelt die *Verabredung* einführen, daß in ihr sich dies so verhält. Das ist die einzige Art von „Fiktionen", die zuzulassen in der Möglichkeitssyllogistik nötig werden kann. Solche Fiktionen können als marginale, vernachlässigbare Abweichungen vom Idealtyp des BE-Arguments betrachtet werden. Denn wo es sich etwa darum handelt, die Wahrheit des assertorischen $\exists xC(x)$ sicherzustellen mit einem Prädikat C, das eine Kontingenzeigenschaft bezeichnet wie das Bewegtsein oder Sprechen oder Schwimmen, ist eine Konstellation der benötigten Art mehr als bloß theoretisch herstellbar.

Bemerkenswert ist ferner diese Tatsache: in dem Moment, in dem Aristoteles bei der Argumentation um Celarent XKN nach den für B und C getroffenen Wahlen sich möglicherweise anschickte, A e B in Fortführung der früher erfolgreichen Praxis durch eine solche Einsetzung für A in einen zeitlos wahren Satz zu überführen, die zugleich auch A e_NB in einen wahren Satz zu überführen geeignet gewesen wäre, konnte er selbst seiner eigenen Theorie zufolge nicht mehr ohne Mogeln ans Ziel kommen. Denn aus A e_NB $\wedge$ B a_KC folgt nach Celarent NKX die Beziehung A e C, und zwar (relativ zu S5) A e C in zeitloser Version, d. h. A e C in der Version $\forall xN(C(x)$

$\supset \neg A(x))$ (vgl. dazu III.2.4., Ziffer 1.)). Weil ferner C so gewählt wurde, daß gilt $\forall xN(C(x) \supset NC(x))$, und weil mit A e C (relativ zu S4) wahr ist $\forall xN(NC(x) \supset N\neg A(x))$, folgt die Wahrheit von $\forall xN(C(x) \supset N\neg A(x))$, das ist die Wahrheit von A e_NC. Es entsteht also ein Problem, das dem früher erläuterten Problem, mit BE-Mitteln die Nichtgültigkeit von Barbara XNN zu zeigen, recht ähnlich ist. Doch während es im Fall von Barbara, wie wir sahen, prinzipiell ausgeschlossen ist, mit einem dem Idealtypus entsprechenden BE-Argument das Beweisziel zu erreichen, und man daher sagen kann, daß Aristoteles in diesem Fall durch die Sache selbst zu einer Abweichung vom Idealtyp gezwungen wurde, verhält sich das im Falle von Celarent und von anderen möglichkeitssyllogistischen BE-Argumenten nicht so. Bei der Argumentation um Celarent wird Aristoteles erst dann zu einem Fehler gezwungen, wenn er Wahlen trifft, die mit A e B auch A e_NB wahr werden lassen; und solche Wahlen *braucht* er keineswegs zu treffen, wie das von uns vorgeschlagene BE-Argument zeigt. Ich kann sogar sagen (ohne daß ich dies hier für alle Einzelfälle belegen will): *sämtliche* in der Möglichkeitssyllogistik gebotenen BE-Argumente, die zugunsten wahrer Erfüllbarkeitsbehauptungen angeführt werden (das ist die große Mehrheit), können zu BE-Argumenten optimiert oder durch BE-Argumente ersetzt werden, die mit den Strukturformeln vollständig zur Deckung kommen und dabei dem Idealtyp entsprechen. Ich erinnere hier daran, daß die Zulassung von Fiktionen wie bei den notwendigkeitssyllogistischen BE-Argumenten in der Möglichkeitssyllogistik nicht erzwungen wird, da keine Unterschiede zwischen zeitgebunden und zeitungebunden wahren Sätzen gemacht zu werden brauchen. Da, wo ich in den vorangegangenen Kapiteln die Existenzteilaussagen allgemeiner Modalaussagen zunächst der Einfachheit halber nicht berücksichtigt habe, wie bei dem in III.2.5. für die Erfüllbarkeit von $\{A\ e_K B, \neg(B\ e_K A)\}$ angebotenen BE-Argument, kann ich leicht die nötigen Verbesserungen vornehmen. In dem genannten Fall wäre etwa „... ist ein Mensch" zu ersetzen durch „... denkt".

Soviel zu Ziffer (1). Von Ziffer (2) wird am Ende des Kapitels im Zusammenhang mit den Ziffern (3) und (6) die Rede sein. Ich komme zunächst zu Ziffer (3). Man wird erwarten, daß die Neigung des Aristoteles, mit Genus- und Speziesprädikaten zu arbeiten, um zu zeitlos wahren Einsetzungsinstanzen von a- und e-Formeln zunächst im Modus der Faktizität zu kommen, erst recht dann wirksam wird, wenn es um Instanzen universeller Formeln des apodiktischen Typs geht. Man kann es daher nur als konsequent ansehen, wenn Aristoteles bei dem Versuch, die Unschlüssigkeit von Antezedentia vom Typ $\frac{A\ i_K C}{B\ i_K C}$ in 39b2–6 zu beweisen – was bei der von Aristoteles gewählten Beweisstrategie die Teilaufgabe einschließt, die Erfüllbarkeit von

$\{A\ i_K C, B\ i_K C, A\ a_N B\}$ zu beweisen –, mit Rücksicht auf $A\ a_N B$ als Einsetzungen für A und B die Begriffsausdrücke „... ist ein Lebewesen" und „... ist ein Mensch" respektive wählt. Diese Wahl hat andererseits die oben monierte Konsequenz, daß die Aussagen, es gebe etwas, das kontingenterweise ein Mensch, und etwas, das kontingenterweise ein Lebewesen sei, für wahr deklariert werden müssen. Über Gründe, aus denen solche Konsequenzen Aristoteles möglicherweise doch tragbar erschienen sind, habe ich am Schluß von III.2.8. bereits spekuliert. Der dritte der dort in Betracht gezogenen Gründe lief auf die Hypothese hinaus, Aristoteles könne eine Liberalisierung des BE-Verfahrens erwogen haben, nach der auch solche Welten als mögliche Welten in BE-Argumente einzubeziehen erlaubt wird, in denen andere *modale* Verhältnisse herrschen als in der tatsächlichen Welt – in Ausdehnung der Grenzen für Variationen, die gemäß der von mir zunächst gegebenen Beschreibung dem Verfahren gezogen waren. Um für den Sachverhalt einen Namen zu haben, will ich von der Hypothese der Zulassung ontologischer Variation sprechen. Ich werde diese Hypothese genauer in den Blick nehmen, wenn ich unten auf den Fehlertyp (4) eingehe.

Was unseren Fall der Antezedentia vom Typ $\begin{matrix} A\ i_K C \\ B\ i_K C \end{matrix}$ betrifft, so bleibt festzuhalten, daß die sachlich zutreffende Unschlüssigkeitsbehauptung des Aristoteles tatsächlich durch ein regelgerechtes BE-Argument, welches ohne die Postulierung irgendwelcher Variationen auskommt, begründet werden kann. Nur muß man dazu selbstverständlich von der erwähnten Neigung des Aristoteles abgehen und sich etwas mehr anstrengen, als Aristoteles es getan hat. Man braucht zunächst für A eine Eigenschaft, die zwar – im Hinblick auf $A\ a_N B$ – allen Exemplaren von B essentiell zukommt; die aber – im Hinblick auf $A\ i_K C$ – eben nicht von der Art ist, daß sie allem, dem sie überhaupt zukommt oder zukommen kann, essentiell zukommt. Mit der Generosität, die nun einmal beim Arbeiten mit BE-Argumenten in Anspruch genommen werden muß, kann die Eigenschaft, schwimmfähig zu sein (im Sinne der Fähigkeit zur selbstgesteuerten Fortbewegung im Wasser), als ein Beispiel für eine solche Eigenschaft durchgehen. Für Menschen ist die Schwimmfähigkeit eine kontingente Angelegenheit. Zwar mag die Fähigkeit, diese Schwimmfähigkeit zu erwerben, aus der Perspektive eines aristotelischen Essentialismus als Artmerkmal von Menschen und damit als für Menschen essentiell gelten; aber die Erfahrung zeigt, daß einige Menschen sich die letztere Fähigkeit aneignen, andere nicht. Dagegen mag, sagen wir, für Robben die Schwimmfähigkeit selbst als zur artgemäßen Ausstattung gehörig gelten. Wenn wir noch bedenken, daß aufgrund der oben vorgebrachten Überlegung zur Ersetzbarkeit von (EV-N) durch (EV-X) die Existenzteilaussage von A a_NB und A e_NB unberücksichtigt bleiben kann, zeigen die folgenden Prädikate die Erfüllbarkeit von {A i_KC, B i_KC, A a_NB}: „... ist schwimmfähig“ (für A); „... ist eine schwimmende Robbe“ (für B); „... ist bewegt“ (für C). Denn es gibt etwas, das kontingenterweise bewegt und kontingenterweise eine *schwimmende* Robbe ist (jede Robbe nämlich genügt dieser Beschreibung). Es gibt etwas, das kontingenterweise bewegt und kontingenterweise schwimmfähig ist (jeder Mensch genügt dieser Beschreibung). Schließlich ist jede (schwimmende) Robbe, bei genügender Generosität, essentiell schwimmfähig. Nichts ist essentiell eine *schwimmende* Robbe; aber das brauchen wir, wie gesagt, nicht. Zum Nachweis der Erfüllbarkeit von {A i_KC, B i_KC, A e_NB} eignen sich die folgenden Prädikate: „... denkt“ (für A); (für B) „... fliegt“ (im Sinne des Fliegens aus eigener Kraft nach Art der Vögel); „... ist bewegt“ (für C). Denn es gibt etwas, das kontingenterweise bewegt ist und kontingenterweise fliegt (z. B. jeder flugfähige Vogel). Es gibt etwas, das kontingenterweise bewegt ist und kontingenterweise denkt (z. B. jeder Mensch). Alles Fliegende denkt – da es kein Mensch ist – essentiell nicht. Daß Aristoteles für A „... ist ein Pferd“ und für B „... ist ein Mensch“ substituieren will, kann uns nach dem bisher Gesagten nicht mehr wundern.

Ich komme jetzt zum Fehlertyp (4). Wir haben bislang gesehen, daß Aristoteles sich bei der Entwicklung von BE-Argumenten das Leben schwer macht durch eine freilich nur zu gut begreifliche Neigung, in X- und N-Kontexten mit Prädikaten zu arbeiten, die jedem, dem sie zukommen, essentiell zukommen. Diese Neigung hat ihre Entsprechung bei K-Kontexten in der Tendenz, dann, wenn es um die Gewinnung wahrer allgemeiner Kontingenzaussagen geht, zuerst einmal an die für diesen Zweck nächstliegenden Prädikate zu denken, nämlich an solche, die (so ziemlich) jedem, dem sie überhaupt zukommen können, nur kontingenterweise zukommen können. Daß Aristoteles auch in der Verfolgung dieser Tendenz sich in Schwierigkeiten verwickeln muß, läßt sich leicht denken und wird belegt durch die Argumentation um die Unschlüssigkeit des Paars $\begin{matrix} A\ a_K C \\ B\ e_N C \end{matrix}$ (vgl. oben Ziffer (4)). Zum Nachweis der Erfüllbarkeit etwa von {A a_KC, B e_NC, A a_NB} muß man sich für A eine Eigenschaft einfallen lassen, die – mit Rücksicht auf A a_KC – zwar den Exemplaren von C kontingenterweise zukommt, nicht aber – mit Rücksicht auf A a_NB – den Exemplaren von B. Aristoteles tut sich offensichtlich schwer damit, dergleichen zu finden; obwohl er mit Weiße immerhin auf eine Eigenschaft zurückgreifen könnte, welche die Anforderung erfüllt, einigem kontingenterweise, anderem notwendig zuzukommen (sofern Aristoteles daran festzuhalten bereit ist, daß z. B. Schnee essentiell weiß ist, Menschen kontingenterweise weiß sind). Bei der Besprechung von A22 haben wir gesehen, daß Aristoteles, offenbar im Hinblick auf das erste der genannten Erfordernisse, zunächst für A das natürlich jedem Träger bloß kontingenterweise zukommende ›schlafend‹ wählt. Dann steht er vor dem Problem, daß er eine Klasse von Individuen benötigt, denen die Eigenschaft ›schlafend‹ essentiell zukommt – und eine solche Klasse scheint es nicht zu geben. Aristoteles versucht sich zu helfen mit (für B) der Zusammensetzung „... ist ein schlafendes Pferd". Daran sieht man übrigens, daß das Operieren mit durch Merkmalskonjunktion gewonnenen komplexeren Begriffsausdrücken, wie wir sie für die Optimierung von BE-Argumenten häufig brauchen (ich erinnere an die „schwimmende Robbe" im zuvor behandelten Beispiel), Aristoteles durchaus nicht fremd ist. Man hat hier ein Symptom des Drucks, angesichts der logischen Erfordernisse die Leistungsfähigkeit des BE-Verfahrens zu erhöhen durch ein Hinausgehen über den engen und aus logischer Sicht in ganz zufälliger Weise limitierten Vorrat der in einer natürlichen Sprache vorhandenen „einfachen" Begriffsausdrücke. Wir haben seinerzeit festgestellt, daß es aussieht, als entgehe Aristoteles bei der von ihm getroffenen Wahl von Einsetzungen für B und A betreffs des eigentlich vorgegebenen Ziels, eine wahre Instanz von A a_NB zu gewinnen, daß lediglich, wie es scheint, eine analytische Implikationsbeziehung und damit eine reine de-dicto-Notwendigkeit herausspringt. Für C bietet Aristoteles das Prädikat „... ist ein Mensch" an, und damit ist die Wahrheit von B e_NC ebenso wie die von A a_KC gesichert – bis auf die Tatsache, daß mit der für C vorgenommenen Einsetzung ein Fall des Fehlertyps (6) vorliegt relativ zu unserem Interpretationsansatz.

Ich will anhand des zur Debatte stehenden Falls ein letztes Mal einen Beleg für meine allgemeine Behauptung liefern, nach der für alle zutreffenden Erfüllbarkeitsbehauptungen der Möglichkeitssyllogistik – und mit solchen haben wir es hier wieder zu tun – regelgerechte BE-Argumente geführt werden können. Zum Nachweis der gemeinsamen Erfüllbarkeit von A a_KC, B e_NC und A a_NB tun es, wenn wir uns um die K-Existenzteilaussage (EV-K) des Obersatzes zunächst nicht kümmern, die folgenden Wahlen.

> Für A: „... ist schwimmfähig";
> für B: „... ist eine Robbe";
> für C: „... ist ein Mensch".

Mehr Aufwand treiben wir und relativ bizarre Überlegungen – ich habe sie angekündigt – stellen wir an, um unter den sonstigen Nebenbedingungen eine wahre Einsetzungsinstanz sogar von $\forall x N(C(x) \supset KA(x)) \wedge \exists x KC(x)$ zu bekommen. Wir haben in dem Fall sowohl für A als auch für C – mit

Rücksicht auf die K-Existenzteilaussage des Obersatzes und auf die N-Existenzteilaussage des Untersatzes – den Ausdruck einer Eigenschaft zu finden, die diesem essentiell, jenem kontingenterweise zukommt. Glücklicherweise ist der Vorrat an solchen Ausdrücken nicht gar so klein, wie man zunächst denken könnte. Wir kommen mit den folgenden Wahlen durch.

Für A: „... befindet sich in Griechenland";
für B: „... ist eine in Griechenland befindliche Stadt";
für C: „... ist schwimmfähig".

Betreffs der Wahrheit der entsprechenden Einsetzungsinstanz von $A\ a_K C$ können wir sagen, daß, erstens, etwas kontingenterweise schwimmfähig ist (z. B. wie gehabt jeder Mensch) und daß, zweitens, jedes Schwimmfähige ein Lebewesen ist und es damit für jedes schwimmfähige Individuum sowohl möglich ist, in Griechenland sich zu befinden, wie auch, sich dort nicht zu befinden; denn für kein Tier und keinen Menschen kann sein Aufenthaltsort im Sinne einer politisch-geographischen Einteilung essentiell sein. Selbstverständlich wird nicht jedes Tier über eine längere Spanne in Griechenland überleben können. Aber nicht einmal die biologischen Gesetze werden für irgendein Tier den Sachverhalt ausschließen, daß es sich für irgendeine sei es noch so kurze Zeit ohne Verlust der Identität – was hier nur heißen kann: lebend – in Griechenland befindet; nicht zu reden von den heute verfügbaren technischen Mitteln, Lebensbedingungen von so ziemlich jeder Art z. B. in Zoos künstlich herzustellen. Betreffs der Wahrheit der Aussage, in welche $B\ e_N C$ übergeht, bemerken wir: jedes Schwimmfähige ist, als Lebewesen, essentiell keine Stadt und damit notwendig keine in Griechenland befindliche Stadt; und es gibt etwas, das notwendig schwimmfähig ist (wie gehabt z. B. jede Robbe). Schließlich sage ich betreffs der Wahrheit von $A\ a_N B$: jede in Griechenland liegende Stadt ist, als geographische Entität, essentiell da lokalisiert, wo sie faktisch lokalisiert ist, und damit befindet sie sich insbesondere notwendig in Griechenland. Ich appelliere hier an die intuitive Akzeptierbarkeit eines Individuationsprinzips für Städte, nach dem die ersatzlose Versetzung der Gebäude und sonstigen Einrichtungen einer Stadt an einen anderen Ort nicht auf ein Fortbestehen derselben Stadt am neuen Ort hinausliefe, sondern auf die Beendigung der Existenz der alten Stadt und die Gründung einer neuen Stadt unter Verwendung von Bestandteilen der alten. Klar ist dabei, daß es zunächst keine sehr solide sprachliche Verankerung eines solchen Prinzips gibt, weil hier Transformationen von Individuen gedanklich in Betracht zu ziehen sind, wie sie faktisch bisher nicht vorkommen. Diese Feststellungen illustrieren zugleich unsere früheren Bemerkungen zum Verifikations- und Falsifikationsproblem für modalsyllogistische Sätze.

Für den Nachweis der gemeinsamen Erfüllbarkeit von A a_KC, B e_NC und A e_NB können wir arbeiten mit den Substitutionen

> für A: „... ist bewegt" (aus eigener Kraft nach Art der Lebewesen);
> für B: „... ist ein Stein";
> für C: „... ist schwimmfähig" (fähig zur Fortbewegung im Wasser nach Art der Lebewesen).

Nachdem es also akzeptable BE-Argumente für den einschlägigen Beweiszweck gibt, muß man sich die Frage vorlegen: warum gibt Aristoteles sich zufrieden mit einem derart defizitären Argument, wie es ein Argument zu sein scheint, welches die Wahrheit des Satzes „jedes schlafende Pferd schläft notwendig" voraussetzt – wobei dieser Satz als Satz von im wesentlichen der Form $\forall x N(B(x) \supset NA(x))$ aufzufassen ist? Verschiedene Antworten sind denkbar.
Die wohl wahrscheinlichste Antwort ist leider zugleich die am wenigsten befriedigende, sie würde lauten: Aristoteles hat den Fehler nicht gesehen; seine Konzeption der Modalaussagen und ihrer Semantik ist noch so ungefestigt, daß ihm insbesondere Verwechslungen von de-re- und de-dicto-Modalitäten unterlaufen können. Wieland beispielsweise tendiert dazu, in diesem Sinne die aristotelischen BE-Argumente insgesamt niedrig zu hängen. Er schreibt nämlich im Anschluß an die von Aristoteles selbst ausgesprochene Kritik an dem für die Nichtgültigkeit von Celarent XKN versuchten Argument:

> „Diese Stelle läßt vermuten, daß sich Aristoteles über die mögliche Belegung der Modalaussagen und damit auch über die Semantik der Modalfaktoren noch nicht endgültig klar war. ... Das System der Modalsyllogistik als solches wird dadurch jedoch nicht berührt. Man wird daher auch Einwände gegen die aristotelische Modallogik, die auf konkreten Belegungen beruhen (z. B. Kneale, William und Martha Kneale: The Development of Logic. Oxford 1964, S. 87 ff.), nicht zu hoch bewerten dürfen" (Wieland (1972), S. 147 n.45).

Der von Wieland hier gemeinte Knealesche Einwand ist der von mir in III.2.5. referierte.

Eine andere Möglichkeit sieht folgendermaßen aus. Aristoteles hat den Fehler zwar gesehen; aber ähnlich, wie wir es uns im Zusammenhang mit dem Argument gegen Celarent XKN vorgestellt haben, ist es ihm zu lästig geworden, den Aufwand für eine adäquate Konkretisierung zu treiben, welchen wir eben getrieben haben, nachdem ihm die Verhältnisse in abstracto klar waren. Wenn das so war, durfte man in dem jetzt erörterten Zusammenhang freilich mit einer ähnlich selbstkritischen Bemerkung rechnen, wie wir sie an der früheren Stelle vorfanden („man muß aber die Begriffe besser wählen").

Die dritte Möglichkeit: das aristotelische BE-Argument ist entgegen allem Anschein gar nicht defizitär; Aristoteles ist vielmehr im vollen Bewußtsein der Verhältnisse davon ausgegangen, daß (möglicherweise) schlafende Pferde notwendig schlafen auch im de-re-Sinn, alles Wache notwendig bewegt ist auch im de-re-Sinn, etc. Wie kann denn aber etwas beispielsweise essentiell bewegt sein? In der Tat ist es nicht ganz einfach, ein realistisches Beispiel eines Individuums anzugeben, dem ein solches Prädikat wie „... ist in Bewegung" essentiell attribuiert werden könnte. Ich will über die Gründe sprechen und dabei einige früher begonnene Überlegungen zur Individuation und zur Konstituierung von Individuen fortführen. Dazu hole ich etwas weiter aus und erlaube mir, mit Beispielen aus einer Lebenswelt zu arbeiten, welche nicht die des Aristoteles ist.

Was verstehen wir unter einem Hotel? Bei einem Hotel haben wir es mit einer bestimmmten Funktion (Institution, Organisation) zu tun, die an irgendeinem Gebäude realisiert ist. Wir individuieren hier so, daß wir eine Einheit aus Funktion und Funktionsträger als eigenes Individuum auffassen. Eine Konsequenz dieser Individuationsweise ist, daß ein bestimmtes Hotel dann für uns aufgehört hat zu existieren, wenn in dasselbe Gebäude, an dem einmal das Hotel realisiert war, Büros, Arztpraxen oder dergleichen eingezogen sind, vielleicht sogar, ohne daß wesentliche bauliche Veränderungen vorgenommen wurden. Für den Umstand, daß wir in einem solchen Fall so individuieren, wie wir es tun, sind offenbar pragmatische Gesichtspunkte relevant. Es gibt Situationen, in denen wir auf der Suche nach Gebäuden mit eben jener speziellen Funktion sind, und diese Funktion ist nicht eine, mit der man ein beliebiges Gebäude im Bedarfsfall relativ kurzfristig versehen könnte; vielmehr setzt sie eine aufwendigere Infrastruktur voraus, die man nicht Knall auf Fall schaffen kann. Daß solche Faktoren wesentlich dafür sind, daß sich bestimmte Weisen der Individuation etablieren, sieht man an unserer geringen Neigung, Kombinationen von Individuen und *Aktualisierungen* gewisser Fähigkeiten als neuartige, eigene Individuen zu konzipieren, wie eben z. B. als ›Mensch in Bewegung‹ oder als ›Wasserhahn, dem Wasser entströmt‹. Eine derartig feine Individuierung wie im letzteren Fall wäre pragmatisch nicht gerechtfertigt, weil wir, wenn wir Wasser brauchen, einen zugedrehten Hahn jederzeit aufdrehen können (während wir, wenn wir ein Hotel brauchen, nicht das erste beste Gebäude schnell zu einem machen können). Tatsächlich sind die Verhältnisse auch bei menschlichen Individuen anders und dem Fall des Hotels ähnlicher, sobald wir es mit funktionalen Zuständen längerfristiger Natur zu tun haben, welche dazu pragmatisch interessant sind.

Wenn beispielsweise ein Mathematiker durch einen Unfall oder dergleichen irreversibel neurologisch so geschädigt wurde, daß er seine mathematischen Fähigkeiten verloren hat, würden wir verstehen, was er meint, wenn er sein Schicksal etwa beklagte mit den Worten: „der Mathematiker N.N. hat aufgehört zu existieren". Anders sieht es dagegen wieder aus, wo wir Aktualisierungen mathematischer Kompetenz durch ein Individuum in den Blick nehmen. Wenn sich der Mathematiker N.N. nach getaner Denkarbeit zurücklehnt und den Rest seines Tages mit entspannenderen Tätigkeiten zu verbringen beschließt, können wir uns zwar vorstellen, daß er das Begehren eines Fachkollegen, noch einmal das und das Problem mit ihm zu diskutieren, abwehrt mit einer Äußerung wie: „nein, der Mathematiker N.N. hat für heute zu existieren aufgehört". Aber eine solche Äußerung nähmen wir natürlich als Scherz, nicht für bare ontologische Münze.

Weil sich das so verhält, ist es nicht einfach, reale Beispiele für solche Individuationsweisen zu finden, nach denen Individuen in Kombination mit Aktualisierungen von Dispositionen (wie ›Individuum in Bewegung‹) als eigene Individuen konstruiert werden. Was man immer tun kann, ist sich in einem Gedankenexperiment *vorstellen* (unter Vernachlässigung aller pragmatischen Aspekte), es werde entsprechend individuiert. Nur wird es, wenn man so vorgeht, ein bißchen problematisch zu behaupten, daß ein gedanklich derartig konzipiertes Individuum die entsprechende Eigenschaft habe (und sie essentiell habe). Denn wir bekommen es dann mit einem neuen Typ von Individuum zu tun, während wir die Semantik der Prädikate unserer Sprache und damit das adäquate Zu- und Absprechungsverhalten erlernt haben im Hinblick auf die nach der von uns tatsächlich akzeptierten Ontologie existierenden Individuen. Das heißt beispielsweise: für ›Individuum in Bewegung‹ ist einfach nicht klar, ob es bewegt genannt werden darf; denn ›Individuum in Bewegung‹ gehört, so wie unsere tatsächliche Ontologie nun einmal beschaffen ist, nicht zu den Individuen, im Hinblick auf welche wir im Prozeß des Spracherwerbs den Anwendungsbereich eines Prädikats wie „... ist bewegt" kennenlernen. Ich kann es mit einem anderen, der Realität etwas näheren Beispiel so sagen: nehmen wir an, daß diese bestimmte Pendelschwingung etwas Ähnliches ist wie ein aus diesem Pendel und einer Aktualisierung seiner Schwingungsfähigkeit kombiniert gedachtes Individuum ›dies Pendel in dieser Bewegung‹; dann läßt sich im Grunde die Frage nicht entscheiden, ob wir bereit sind zu sagen, diese Pendelschwingung sei in Bewegung, oder ob es eben nicht doch nur das Pendel ist, das uns als bewegt gilt. Zumal wir wohl dazu neigen, „diese Pendelschwingung" als Name für ein Ereignis anzusehen, und Ereignisse als Abstrakta nicht in Bewegung sein können.

Was also, wenn man keine individuationstheoretischen Gedankenexperimente anstellen will? Immerhin, selbst zu einem Prädikat wie „... ist in Bewegung" könnten wir mit einiger Mühe im Rahmen unserer *tatsächlichen* Ontologie wohl doch Individuen finden, für die es essentiell ist, die diesem Prädikat entsprechende Eigenschaft zu besitzen. Unter einem Fluß beispielsweise verstehen wir nämlich ein kontinuierlich fließendes Gewässer, im Unterschied zu stehenden Gewässern. Nehmen wir einmal an, daß ein Fluß durch technische Eingriffe zu einem während der meisten Zeit stehenden Gewässer gemacht wird. Das kann etwa dadurch geschehen, daß der Fluß im Oberlauf aufgestaut und im Unterlauf durch Einbau vieler kleiner Staustufen in mehrere Abschnitte konstanten Niveaus unterteilt sowie derartig reguliert wird, daß nur im Fall einer beträchtlichen Absenkung des Wasserspiegels in den Unterlaufabschnitten ausgleichsweise Wasser aus dem Stau des Oberlaufs zugelassen wird. Dann haben wir jedenfalls kein kontinuierliches Strömen mehr. Würden wir noch sagen, daß das so erhaltene Individuum ein Fluß ist? Vielleicht würden wir nur noch sagen, daß es eine Wasserstraße ist. Das wäre ein Indiz dafür, daß Bewegtsein im Sinne von kontinuierlich-Strömen Flüssen essentiell zukommt. Vielleicht würden wir aber auch anders reagieren. Man kann solche Fragen nicht eindeutig beantworten. Ich habe auf die Unschärfe der Begriffsausdrücke der natürlichen Sprachen hingewiesen sowie auf das Verifikationsproblem, das sich aus der Begrenztheit des Einzugsbereichs der je in einer Sprache verankerten Individuationsprinzipien ergibt. Wir stoßen an derartige Grenzen vermutlich in allen Fällen, in denen mit dem Anwachsen technischer Eingriffsmöglichkeiten dramatische Zustandsveränderungen von Individuen möglich werden, die bis dahin nicht möglich waren. Modifikationen und Anpassungen der bis dahin mit der Sprache gegebenen Individuationsprinzipien für Ausdrücke einschlägiger Kategorien, welche die neuen Veränderungsmöglichkeiten berücksichtigen, müssen erst mit einem in eine bestimmte Richtung sich entwickelnden Sprachverhalten etabliert werden. Natürlich gibt es oft gut vorhersehbare Sprachreaktionen bei den Mitgliedern von Sondergruppen von Sprachverwendern, auf die man sich in einem Fall wie dem der Flußstillegung berufen könnte. Beispielsweise würden Naturschützer möglicherweise schon bei viel weniger dramatischen Eingriffen in einen Fluß als den eben anvisierten dazu neigen zu sagen, daß man keinen Fluß mehr habe, sondern nur noch einen Kanal oder einen Abwassersammler oder Ähnliches. Die „Süddeutsche Zeitung" etwa meldet am 4.10.1989 die Auffassung von Vogelschützern, „daß es in Bayern keinen größeren Fluß mehr gibt, der diesen Namen noch verdiene".[54] Die Stoßrichtung einer sol-

[54] Dagegen heißt es, natürlich, im Lied auch von einem Gewässer, das nicht fließt:
„Well I'm standing by a river
But the water doesn't flow
(It boils with every poison you can think of)"
(Chris Rea, The Road to Hell (1989)).

chen Art zu reden wäre mir zwar sympathisch. Aber gleichzeitig ist klar, daß es hier darum gehen würde, besonders prägnante oder provokative Formulierungen vorzubringen, die eben wegen dieses Charakters höchstens mit Einschränkungen als Kriterien in ontologischen Angelegenheiten herangezogen werden können.

Doch egal, wie man sich zu derartigen Fällen verhalten will – die dritte der von mir unterschiedenen denkbaren Antworten auf die S. 390 gestellte Frage ist so gemeint, daß sie mit der Möglichkeit rechnet: Aristoteles *stellt* mit diversen seiner BE-Argumente individuationstheoretische Gedankenexperimente an; er ist nicht auf Grenzfälle angewiesen, an denen sich eine akzeptierte Ontologie als noch im Fluß befindlich zeigt. Zumindest *denkbar* als essentielle Attribute irgendwelcher Individuen sind sehr viel mehr Attribute als diejenigen, von denen man im allgemeinen annimmt, sie seien des essentiellen Zukommens fähig. Und das, das heißt diese Denkbarkeit, wäre der Sache nach genug für Aristoteles und seine modallogischen BE-Argumente. Bei der Durchführung solcher Argumente in der Notwendigkeitssyllogistik hat Aristoteles seine Bereitschaft explizit gemacht, von der Welt anzunehmen, sie sei in gewissen Hinsichten anders, als sie (aller Wahrscheinlichkeit nach) jemals tatsächlich ist. Der Sache nach könnte er sich auch erlauben anzunehmen, es werde in ihr anders individuiert, als tatsächlich individuiert wird, oder auch irgendwie individuiert, wo tatsächlich gar nicht individuiert wird. Daher könnte er sich weiter erlauben anzunehmen, es seien Prädikationen beispielsweise essentiell, die es tatsächlich nicht oder vielleicht nicht sind, oder auch Prädikationen kontingent, die im Rahmen der tatsächlichen Weltverhältnisse als essentiell gelten. Man vergegenwärtige sich hier die in Kapitel IV. zur möglichen Wahrheit von „alles Weiße ist möglicherweise kein Kleid" und von „ein Weißes ist kontingenterweise ein Mensch" vorgetragenen Überlegungen.

Es liegt mir fern zu behaupten, daß die Hypothese von der Zulassung ontologischer Variation durch Aristoteles den historischen Tatsachen entspreche. Dies wäre fast zu schön, um wahr zu sein. Ein überzeugender Beleg, wie es eine dem ἐνδέχεται γὰρ τὸ ζῷον μηδενὶ λευκῷ ὑπάρχειν (≈ „es kann nämlich sein, daß alles Weiße kein Lebewesen ist") von A10 analoge Äußerung wäre, liegt soweit ich sehe nicht vor. Andererseits kann das Zutreffen der Hypothese auch nicht zwingend ausgeschlossen werden, und daher handelt es sich um eine Möglichkeit, die wenigstens in Betracht zu ziehen ist.

Lassen wir uns einmal einen Moment lang auf die Annahme ein, die Hypothese träfe zu und die früher gegebene, sozusagen offizielle, Beschreibung des BE-Verfahrens wäre dementsprechend abzuändern. Dann könnten Aristoteles offensichtlich auch solche Besonderheiten seiner BE-Argumente, welche wir zunächst als Fehler unter die Typen (3) und (6) subsumiert haben, tolerabel erschienen sein. Es könnte, was die Existenzteilaussage von a_K-Aussagen betrifft, etwas als möglicherweise existent gelten, das kontingenterweise ein Pferd ist, ebenso etwas, das kontingenterweise ein Mensch ist, usw. Auch die „Inkonsistenzen", von denen unter Ziffer (2) die Rede war, wären unter jener Annahme akzeptabel. Denn für verschiedene Beweiszwecke dürften natürlich je verschiedene ontologische Variationen der tatsächlichen Weltverhältnisse vereinbart werden. Wenn ich oben bei der Aufstellung der Fehlerliste einen Vorbehalt gegenüber der Fehlerdiagnose angekündigt habe, hatte ich dabei die eben entwickelten Gedanken im Sinn. Aristoteles könnte gemerkt haben, daß er die Schwierigkeiten der Auffindung konkreter Begriffsausdrücke zu Bedingungen, welche oft in abstracto durchaus leicht als erfüllbar zu erkennen waren, gar nicht wirklich auf sich zu nehmen brauchte – weil er mit geeigneten Fiktionen ans Ziel kommen konnte. Man darf in diesem Zusammenhang auch den folgenden Aspekt nicht vergessen.

Zwar haben wir bei der inhaltlichen Deutung von aristotelischen Modalaussagen eine Deutung von Notwendigkeit in den Vordergrund gerückt, nach der Notwendigkeit als eine metaphysische oder ontologische Bestimmung, das heißt als eine auf akzeptablen Individuationsprinzipien gründende Bestimmung, aufgefaßt wird. Doch andererseits haben wir zu Beginn unserer Untersuchung in Kapitel II. uns an der Arbeitshypothese zu orientieren beschlossen, daß die aristotelische Modallogik in ihrer Geltung nicht auf einen bestimmten Typ von Möglichkeits- oder Notwendigkeitsbegriffen eingeschränkt sei, sondern sozusagen invariante Eigenschaften aller Elemente eines Spektrums solcher Typen zum Ausdruck bringe. In der Tat hat die bevorzugte inhaltliche Deutung dann keine Rolle bei der Validierung der aristotelischen Gültigkeitsbehauptungen gespielt. Falls diese Orientierung sachgemäß ist, ist es zulässig, für die Widerlegung von Gültigkeitsbehauptungen beispielsweise einen ganz speziellen Notwendigkeitsbegriff zugrunde zu legen. Dieser Gesichtspunkt ist für eine Bewertung der aristotelischen BE-Argumente insofern einschlägig, als wir Hinweise auf den Sachverhalt haben: Aristoteles ist mit Notwendigkeitsbegriffen umgegangen, nach denen es durchaus wahr ist, daß z. B. ein bestimmtes faktisch bewegtes Individuum auch notwendig bewegt ist. Zu derartigen Modalbegriffen vergleiche man die Bemerkungen über N. Hartmann in II.2. Hier ist einmal an das bekannte Diktum in *De interpretatione* 9 zu denken: „What is, necessarily is, when it is; and what is not, necessarily is not, when it is not"[55] (Ackrill (1966), S. 52). Zum anderen sind diejenigen Stellen im Buch Θ der „Metaphysik" einschlägig, welche Interpreten wie K. Bärthlein als Belege für die These nehmen, der

[55] τὸ μὲν οὖν εἶναι τὸ ὂν ὅταν ᾖ, καὶ τὸ μὴ ὂν μὴ εἶναι ὅταν μὴ ᾖ, ἀνάγκη (19a23f.).

aristotelische Möglichkeitsbegriff sei derjenige einer mit der Notwendigkeit zusammenfallenden „Totalmöglichkeit". Ich verweise in dem Zusammenhang auf Bärthlein (1963), S. 55.

Wir haben damit zwei Aspekte in die Bewertung der aristotelischen BE-Argumente einbezogen, unter denen wir sagen können: diese Argumente sind möglicherweise nicht so schlecht, wie sie zu sein scheinen, und zwar auch dann nicht, wenn man sie vor dem Hintergrund der von mir vorgetragenen Theorie über die logischen Formen der beteiligten Aussagen beurteilt. Das heißt umgekehrt, daß nicht notwendig die Theorie vor dem Hintergrund der BE-Argumente als schlecht beurteilt werden muß.

Was den ersten Aspekt anbelangt, ist noch festzuhalten: gedankliche ontologische Variation der tatsächlichen Weltverhältnisse für Beweiszwecke zuzulassen und damit das modallogische BE-Verfahren entscheidend zu liberalisieren, nimmt entgegen einer an früherer Stelle aufgekommenen Besorgnis dem Verfahren keineswegs seinen Sinn; ebenso wie die Freiheiten, über die wir bei der formalsemantischen Konstruktion modallogischer Modelle verfügen können, uns noch lange nicht alles und nichts zu zeigen erlauben. Es bleibt dabei, daß man gewisse Vereinbarungen nicht konsistent treffen kann, wie im Fall des zweiten der unter Ziffer (4) erwähnten BE-Argumente die Vereinbarungen, daß eine Eigenschaft A allen Inhabern einer Eigenschaft B nicht-notwendig, allen Inhabern einer Eigenschaft C dagegen notwendig zukomme und es zugleich Träger beider Eigenschaften B und C gebe. Hier hat Aristoteles für eine falsche Behauptung zu argumentieren versucht. Falsch ist auch die Behauptung, Antezedentia vom Typ $\begin{matrix} A\,a\,B \\ A\,a_K C \end{matrix}$ seien unschlüssig.

Möglicherweise ist Aristoteles – und darin besteht die Kehrseite der Medaille – durch eine von ihm als nötig empfundene Liberalisierung des BE-Verfahrens, über deren genaue Grenzen er sich nicht Rechenschaft abgelegt hat, auf für ihn unsicheren Boden geraten und dazu verleitet worden, BE-Argumente zu akzeptieren, welche nicht akzeptiert werden dürfen. So kann man davon ausgehen, daß Aristoteles wegen der früher von uns diagnostizierten Neigung zur Fixierung auf bestimmte Methoden des Gültigkeitsbeweises zunächst einmal das Vorurteil hatte, $\begin{matrix} A\,a\,B \\ A\,a_K C \end{matrix}$ sei unschlüssig, weil hier nicht wie im Falle von $\begin{matrix} A\,e\,B \\ A\,a_K C \end{matrix}$ durch Konversion der Oberformel eine Reduktion auf die erste Figur vorgenommen werden konnte. Ferner kann man sich leicht vorstellen, daß Aristoteles zum Zwecke eines endgültigen Nachweises der gemeinsamen Erfüllbarkeit von $\begin{matrix} A\,a\,B \\ A\,a_K C \end{matrix}$ und $B\,a_N C$ sowie von $\begin{matrix} A\,a\,B \\ A\,a_K C \end{matrix}$ und $B\,e_N C$ im Hinblick auf $B\,a_N C$, seiner üblichen Wahlpraxis entsprechend, an eine Genus-Spezies-Relation gedacht und so die Wahl „... ist ein Lebewesen“, „... ist ein Mensch“ für B, C getroffen hat. Falls er so tatsächlich vorgegangen ist, wird sein nächster Schritt darin bestanden haben, im Hinblick auf A a_KC für A eine für Vertreter der für C eingetretenen Spezies (›Mensch‹) kontingente Befindlichkeit zu suchen; seine Wahl ist auf den Zustand des Gesundseins gefallen. Die damit erhaltene Einsetzungsinstanz der Oberformel war der Satz „jedes Lebewesen ist gesund“. Nun hat Aristoteles möglicherweise, statt hinsichtlich des Wahrheitswertes diese Satzes stutzig zu werden und den logischen Fehler zu vermeiden, den zu begehen er im Begriff war, sich damit beruhigt, daß es im Falle vieler notwendigkeitssyllogistischer BE-Argumente das Übliche war (und in der Tat dort in Ordnung ging), die Wahrheit derartiger Sätze nötigenfalls einfach hypothetisch anzusetzen. Man kann den Irrtum auch folgendermaßen beschreiben. Daß *in jeder* möglichen Welt alle Lebewesen gesund seien (so entspricht der Sachverhalt der in der Möglichkeitssyllogistik geforderten Zeitlosigkeit assertorischer Aussagen), ist zwar ein Sachverhalt, den als wirklich zu vereinbaren zulässig wäre; doch dann würde es sich bei einer entsprechenden Vereinbarung schon um die Annahme einer ontologischen Variation handeln. Im Verein mit einem Festhalten an der Wirklichkeit des Sachverhalts, daß jeder Mensch kontingenterweise gesund und damit insbesondere möglicherweise nicht gesund ist, hätte die Vereinbarung die Konsequenz, daß jeder Mensch möglicherweise kein Lebewesen ist. Selbst wenn Aristoteles mehr oder weniger bewußt ontologische Variation für BE-Argumente zugelassen haben sollte: vielleicht hat er gerade im Bewußtsein der Zulässigkeit solcher Variation nicht mehr bei allen BE-Argumentationen hinreichend auseinander halten können, wo er für die Auswertung von Sätzen noch seine gewöhnlichen, an den tatsächlichen Weltverhältnissen orientierten essentialistischen Intuitionen anzuwenden hatte und wo er dies wegen etwa eingeführter Variationen und ihrer Konsequenzen bleiben lassen mußte; und so war er vielleicht aufgrund der gewöhnlichen Intuitionen sofort bereit, einem Satz wie „jeder Mensch ist notwendig ein Lebewesen“ auch unter solchen etwa selbst gesetzten Rahmenbedingungen zuzustimmen, unter denen dieser Satz durchaus in Frage gestellt werden mußte. Doch dies sind Spekulationen. Wegen der Dürftigkeit des Materials kann ich hier nicht mehr tun, als Möglichkeiten aufzuweisen.

Durch die Besonderheiten der Sachlage, wie sie sich in der Notwendigkeitssyllogistik ergaben, ist Aristoteles zweifellos dazu gezwungen worden, Annahmen über gewisse Variationen der realen Weltverhältnisse für BE-Argumentationen zu erlauben. Durch die Verhältnisse in der Möglichkeitssyllogistik ist er nicht im striktesten Sinne dazu gezwungen worden, Annahmen über weiter gehende Variationen zuzulassen. Er ist aber vielleicht in dem

Bestreben, gewissen Schwierigkeiten aus dem Weg zu gehen, welche zunächst die Sachlage selbst mit sich brachte und welche er dann noch verschärfte durch bestimmte unglückliche Tendenzen bei der Wahl von Begriffseinsetzungen, dahin gedrängt worden, solche weiter gehenden Variationen einzubeziehen. Wenn das, so unwahrscheinlich es sein mag, passiert sein sollte, war Aristoteles nicht so weit, sich voll zu vergegenwärtigen, was passierte. Egal wie man zur Frage der Realität dieser Möglichkeit Stellung beziehen will: die logikgeschichtliche Bedeutung der Art und Weise, in welcher Aristoteles in der Modallogik BE-Argumente gestaltet, liegt darin, daß Aristoteles sich jedenfalls ein Stück weit vom Idealtyp des BE-Arguments weg und zur freien Modellkonstruktion hin bewegt hat.

VI. Ergänzungen; Schluß

Ich habe in den vorangegangenen Kapiteln bei vielen Gelegenheiten darüber gesprochen, wie sich meine Überlegungen zu den Theorien anderer Autoren verhalten. Die Abfolge, in der Elemente solcher alternativer Theorien ins Spiel kamen, war dabei durch die Art und Weise bestimmt, in der ich meinen eigenen Gedankengang vorangetrieben habe. Unter diesen Umständen erschiene es vielleicht angezeigt, daß ich, nachdem ich den Gedankengang zum Ende gebracht habe, mich einer systematischen Behandlung der wichtigsten Ansätze anderer Interpreten zuwende. Abgesehen davon jedoch, daß ich ein Übermaß an Wiederholungen lieber vermeide: ich glaube, meine Ansichten so detailliert dargestellt zu haben, daß es beispielsweise für den Leser, welcher an den Aufsätzen Wielands zur aristotelischen Modallogik interessiert ist, keine Mühe mehr bedeutet, sich bei einer Lektüre dieser Aufsätze an jeder Stelle selbst zurechtzulegen, welchen Meinungen Wielands ich zustimme, welchen Meinungen ich widerspreche (das sind sehr viele) und aus welchen Gründen ich ihnen widerspreche. Ich will mich daher in diesem Kapitel darauf beschränken, zu drei früher nur angeschnittenen und von anderen Autoren behandelten Themen etwas zu sagen, von denen vor dem Hintergrund des bisher Entwickelten nicht ohne weiteres klar ist, wie ich mich dazu verhalte.

Wir haben zunächst über Vollkommenheit und Unvollkommenheit von Syllogismen zu sprechen. In der assertorischen Syllogistik gelten alle und nur die Syllogismen als vollkommen (≈ τέλειος), welche zur ersten Figur gehören. In der modalen Syllogistik bilden die als vollkommen ausgezeichneten Syllogismen eine echte Teilmenge der Menge der zur ersten Figur gehörenden Syllogismen. Einen Überblick über die Daten bieten im Anhang Beckers Tafeln. Mit Blick auf den assertorischen Fall hat Patzig in (1969) plausibel die These vertreten, die Vollkommenheit eines Syllogismus bestehe in seiner Evidenz, das heißt in der leichten Einsehbarkeit seiner Gültigkeit; und diese beruhe im Fall der Syllogismen der ersten Figur auf dem Umstand, daß hier, bei der von Aristoteles bevorzugten Art der Formulierung syllogistischer Sätze, jedesmal nach einem Vorbringen des jeweiligen Obersatzes der Untersatz nahtlos angeschlossen werden könne – nämlich aufgrund der *Identität* von Subjektsterminus des Ober- und Prädikatsterminus des Untersatzes –, wodurch sozusagen ein optimaler Fluß der Schlußbewegung vom Oberbegriff zum Unterbegriff ermöglicht werde. So soll das etwa in der Bewegung von „A kommt jedem B zu" über das „B kommt jedem C zu" zur Konklusion „A kommt jedem C zu“ geschehen. In dem Beispiel vertritt B den Subjektsterminus der ersten Prämisse und zugleich den Prädikatsterminus der zweiten. Die Termini „Subjektsterminus“ und „Prädikatsterminus“ sind mit Bezug auf die traditionelle Art der Formulierung syllogistischer Sätze geprägt, welche nicht die des Aristoteles ist. Die Tradition transformiert beispielsweise „B kommt jedem C zu“ in „alle C sind B“, und in Sätzen des zweiten Typs wird B Teil des grammatischen Prädikats, C Teil des grammatischen Subjekts. Nun ist klar, daß diese Bestimmung der Vollkommenheit nicht ohne Modifikation auf den modalen Fall übertragen werden kann. Entweder betrachten wir den (inneren) Modalfaktor eines modalsyllogistischen Satzes als Teil des Prädikatsterminus, so daß wir es mit Termini der Formen NB, KB usw. zu tun haben; oder wir tun das nicht. Im ersten Fall kollidiert die von Aristoteles etwa für Barbara XNX in Anspruch genommene Vollkommenheit mit der Hypothese, Patzigs Explikat für Vollkommenheit tauge in unveränderter Form auch für die modalen Modi. Denn hier wäre der Prädikatsterminus des Untersatzes vom Typ NB, der Subjektsterminus des Obersatzes gegeben durch B, und zwischen beiden besteht keine Identität. Im zweiten Fall kollidiert dieselbe Hypothese mit der von Aristoteles behaupteten Unvollkommenheit etwa von Barbara XKM und von Barbara NKM. Patzig vermutet in Ansehung der Befunde aus der modalen Syllogistik, daß Aristoteles die Trennungslinie zwischen vollkommenen und unvollkommenen Syllogismen so ziehen wolle: vollkommen sind genau diejenigen Syllogismen, die entweder assertorisch sind und eine Identität von Subjektsterminus des Obersatzes und Prädikatsterminus des Untersatzes aufweisen (und zugleich eine Identität von Prädikatsterminus des Obersatzes und Prädikatsterminus der Konklusion) oder die nicht-assertorisch sind, zur ersten Figur gehören und bei denen der Prädikatsterminus des Obersatzes identisch ist mit dem Prädikatsterminus der Konklusion. (Dazu Patzig a. a. O., S. 73.) Dabei sollen offenbar im Sinne des ersten der beiden eben unterschiedenen Fälle Modalfaktoren als Teile der Termini angesehen werden. Barbara XKM wäre danach trotz der Zugehörigkeit zur ersten Figur unvollkommen, weil der Prädikatsterminus der Konklusion eines jeden Syllogismus dieses Typs sich von dem Prädikatsterminus des jeweiligen Obersatzes, welcher assertorisch ist, durch Hinzutreten eines Ausdrucks der Möglichkeit unterscheidet. Barbara XNX wäre danach vollkommen, weil die Conclusio ebenso assertorisch ist wie der Obersatz. Mit Patzigs eigenen Worten:

> „Nicht also die fehlende Identität des *Mittelbegriffs*, sondern die fehlende Identität des Prädikats der ersten Prämisse und der Conclusio ist für Aristoteles Grund genug gewesen, die angegebenen Syllogismen [gemeint sind Barbara XKM und Barbara NKM] als unvollkommen, weil nicht evident, zu bezeichnen“ (a. a. O., S. 73).

Patzigs Vermutung ist extensional korrekt. Ich bin aber nicht sicher, ob sie das trifft, was Aristoteles *gemeint* hat, als er die Trennungslinie so zog, wie wir sie vorfinden. Leider können wir nur spekulieren über das Unterscheidungskriterium, welches Aristoteles im Sinn gehabt haben mag. Doch wenn Vollkommenheit etwas mit Evidenz zu tun hat, muß ein plausibles Kriterium etwas mit der entweder gegebenen oder fehlenden Glattheit des durch den Mittelbegriff vermittelten Übergangs vom Ober- zum Unterbegriff zu tun haben. Diese Bedingung, die durch das von Patzig für den assertorischen Fall vermutete Kriterium erfüllt wird, ist durch die für den modalen Fall in Betracht gezogene Modifikation des Kriteriums nicht erfüllt. Ich biete die folgende Lösung an.

Vollkommen sind erstens diejenigen Syllogismen, bei denen, mit etwas Metaphorik gesagt, die Schlußbewegung vollkommen nahtlos vom Oberbegriff zum Unterbegriff dadurch laufen kann, daß der Prädikatsterminus des Untersatzes identisch ist mit dem Subjektsterminus des Obersatzes. Das ist so im Falle der assertorischen Syllogismen der ersten Figur. Vollkommen sind zweitens diejenigen, bei denen – im modalen Fall – diese Bewegung relativ nahtlos deshalb vonstatten gehen kann, weil es nicht nötig ist, den Obersatz in einer anderen Bezugswelt auszuwerten, als es diejenige Welt ist, auf die man den Ober- und den Untersatz sich zunächst bezogen zu denken hat. Vollkommen sind keine anderen als die genannten Syllogismen. Die für den modalen Fall angegebene Charakterisierung meint Verhältnisse, wie wir sie bei der Analyse der aristotelischen Argumentation für die Gültigkeit von Barbara XKM kennengelernt haben. Ich erinnere hier an die in III.2.3. vorgetragene Rekonstruktion von Argument 2. Die Formel

$$(\forall x N(C(x) \supset KB(x)) \wedge \forall x N(B(x) \supset A(x))) \supset \forall x(N)(C(x) \supset MA(x))$$

war als gültig zu erweisen, das heißt als wahr in jeder beliebigen Bezugswelt x_0 einer jeden modallogischen Interpretationsstruktur. Es wird folgendermaßen geschlossen. $\forall x N(C(x) \supset KB(x))$ bzw. $\forall x(C(x) \supset KB(x))$ sei wahr in x_0. Wenn dann a ein beliebiges Exemplar von C in x_0 ist, erfüllt a die Formel KB(x) und damit die Formel MB(x) in x_0. Das heißt, daß a die Formel B(x) selbst in einer Alternative x_1 zu x_0 erfüllt. Um nun auf ein Verhältnis zu A schließen zu können, muß man den Obersatz in eben dieser Alternative zur Bezugswelt x_0 auswerten: a ist ein Exemplar von B in x_1 und damit – wegen der vorausgesetzten Wahrheit von $\forall x N(B(x) \supset A(x))$ in x_0, welche die Wahrheit von $\forall x(B(x) \supset A(x))$ in x_1 impliziert – ein Exemplar von A in x_1, mithin ein Exemplar von MA in der ursprünglichen Bezugswelt x_0. Analog verhält es sich, wenn die Gültigkeit von Barbara NKM einzusehen ist. Zur Validierung etwa von Barbara XNX ist es dagegen nicht erforderlich, zwischen den Welten hin und her zu wechseln: $\forall x(C(x) \supset NB(x))$ gelte in x_0, und a sei ein beliebiges Exemplar von C in x_0; dann erfüllt a in x_0 NB(x) und damit B(x), und aufgrund der vorausgesetzten Wahrheit von $\forall x(B(x) \supset A(x))$ in x_0 ist a in x_0 ein Exemplar von A.

Wenn wir dieses Kriterium der Vollkommenheit akzeptieren, ist die von Patzig herausgestellte Eigenschaft der unvollkommenen unter den modalen Syllogismen der ersten Figur ein Sekundärphänomen, welches durch das Fehlen von Vollkommenheit im Sinne unseres Kriteriums erklärt wird, nicht aber selbst den Grund für die mangelnde Evidenz der fraglichen Modi darstellt. Sobald wir es nämlich in der ersten Figur mit einem Untersatz vom Möglichkeitstyp zu tun haben, sobald wir also für Exemplare a des Unterbegriffs C lediglich über die Voraussetzung MB(a) als Implikat von KB(a) (anstelle von NB(a) oder B(a)) verfügen, müssen wir, um auf ein Verhältnis zu A weiterschließen zu können, syntaktisch gesprochen den hier ins Spiel gekommenen Möglichkeitsoperator über den Obersatz distribuieren; das heißt wir müssen z. B. von

$$\forall x N(B(x) \supset A(x))$$

zu

$$\forall x(N)(MB(x) \supset MA(x)),$$

von

$$\forall x N(B(x) \supset NA(x))$$

zu

$$\forall x(N)(MB(x) \supset MNA(x))$$

übergehen. Dies bedeutet, daß wir nicht auf ein Verhältnis zum Oberbegriff selbst – als dessen Bestandteil hier der jeweilige Modalfaktor gelten soll – schließen können, sondern nur auf ein Verhältnis zum durch Voranstellen eines Möglichkeitsfaktors abgeschwächten Oberbegriff. Daß man es der Sache nach relativ zu S5 nicht mit einer *wirklichen* Abschwächung im Verhältnis von MNA(x) zu NA(x) zu tun hat, können wir jetzt beiseite lassen.

Gegen die Adäquatheit unseres Kriteriums scheint lediglich die Tatsache zu sprechen, daß Aristoteles die Syllogismen der ersten Figur vom Modaltyp KKK vollkommen nennt. Denn auch hier müssen zunächst zur Validierung die Welten gewechselt werden: Träger a von C in einer Ausgangswelt x_0 erfüllen in x_0 KB(x) und MB(x), also in x_1 B(x) selbst, und mit der Wahrheit von $\forall x N(B(x) \supset KA(x))$ in x_0 hat man die Wahrheit von $\forall x(B(x) \supset KA(x))$ in x_1; daher erfüllen Träger a von C in x_0 die Formel KA(x) in x_1, mithin MKA(x) in x_0, also – nach S4-Prinzipien – auch KA(x) selbst in x_0. Doch wir haben gesehen (vgl. II.4. und III.2.1.), daß Aristoteles genau für die Kontingenzaussagen unter den allgemeinen Modalaussagen von der Möglichkeit ausgeht, für ihre Form sei eine ampliatio des Subjektsterminus anzusetzen dahin, daß auch *mögliche* Träger der durch den Terminus bezeichneten

Eigenschaft zu seinem Anwendungsbereich gezogen werden. Wenn in diesem Sinne etwa Barbara KKK symbolisiert wird durch die Formelfolge

$$\frac{\begin{array}{l}\forall x(N)(MB(x) \supset KA(x))\\ \forall x(N)(MC(x) \supset KB(x))\end{array}}{\forall x(N)(MC(x) \supset KA(x)),}$$

dann ist die Validierung des Modus offensichtlich in einer Weise möglich, die sich in der hier zur Diskussion stehenden Hinsicht nicht von der Validierung von Barbara XNX unterscheidet.

Da Patzig erhebliche Zweifel sogar an der Gültigkeit von Barbara KKK hat, empfindet er natürlich erst recht Unbehagen in Anbetracht der von Aristoteles für diesen Modus beanspruchten Vollkommenheit. (Dazu S. 70 n.1 a. a. O.). Nach allem, was wir jetzt und früher bei unserer Inspektion der aristotelischen Gültigkeitsbehauptungen gefunden haben, sollte klar sein, daß zu einem solchen Unbehagen nicht wirklich Anlaß besteht.

Das zweite der hier zu erörternden Themen wurde in Kapitel III., Abschnitt 2.10., eingeführt. Dort habe ich über die Kritik Beckers an solchen Argumenten des Aristoteles berichtet, durch die anscheinend in einem Zuge Reduktionen unvollkommener Syllogismen bewerkstelligt und Nichtgültigkeitsbehauptungen begründet werden sollen. Ich will jetzt, meiner damaligen Ankündigung entsprechend, hauptsächlich am Fall von Felapton mit KN-Antezedens belegen, daß die kritisierte Weise zu argumentieren sehr wohl logische Substanz hat.

Um die Idee zuerst anhand eines einfacheren Falles zu illustrieren, betrachte ich zunächst den assertorischen Modus Felapton – auch wenn die fragliche Argumentationsweise in der assertorischen Syllogistik keine Rolle spielt. Von den Prämissen von Felapton kann durch Übergang zu den Prämissen von Ferio gezeigt werden, daß sie eine o-Formel implizieren. Die Prämissen von Felapton sind nämlich

$$A\ e\ C\ (\ =:\ p)$$
$$B\ a\ C\ (\ =:\ q)\ ;$$

die Prämissen von Ferio sind

$$A\ e\ C\ (\ =\ p)$$
$$C\ i\ B\ (\ =:\ q').$$

Hier impliziert q, aufgefaßt als Ausdruck der Form $\forall x(C(x) \supset B(x)) \wedge \exists x C(x)$, die Formel q' ($\approx \exists x(B(x) \wedge C(x))$), während die Umkehrung nicht gilt. Jedoch kann man diese größere Stärke von $p \wedge q$ gegenüber der von $p \wedge q'$ gar nicht ausspielen, wenn man etwas über das Verhältnis von A und B erschließen will; und Aristoteles interessieren als Conclusiones nur Formeln, die A und B durch a, e, i oder o zueinander in Relation setzen. Daher sind $p \land q$ und $p \land q'$ im Hinblick auf die Formelmenge $\mathfrak{M} = \{A\ a\ B,\ A\ e\ B,\ A\ i\ B,\ A\ o\ B\}$ logisch gleichwertig, und was $p \land q'$ nicht als Implikat in $\mathfrak{M}$ hat, hat auch das gleichwohl stärkere $p \land q$ nicht als Implikat in $\mathfrak{M}$. Das ist intuitiv klar, man kann es aber auch wie folgt auf einen strikten Beweis gründen.

Satz 8: Für jede prädikatenlogische Formel $\mathfrak{A}$, in welcher das Prädikatensymbol C nicht vorkommt, gilt

$$\{\forall x(C(x) \supset \neg A(x)),\ \forall x(C(x) \supset B(x)),\ \exists x C(x)\} \Vdash_{PL} \mathfrak{A}$$

genau dann, wenn die Beziehung

$$\{\forall x(C(x) \supset \neg A(x)),\ \exists x(B(x) \land C(x))\} \Vdash_{PL} \mathfrak{A}$$

besteht. (Voraussetzung: $A, B \neq C$.)

Beweis: Sei $\mathfrak{A}$ beliebig wie in der Behauptung. Die Richtung von unten nach oben ist trivial. Von oben nach unten:

Sei $I = \langle D,V \rangle$ eine prädikatenlogische Interpretation mit $V(\mathfrak{A}) = 0$ und $V(\forall x(C(x) \supset \neg A(x)) \land \exists x(B(x) \land C(x))) = 1$. Sei $\hat{I} = \langle \hat{D},\hat{V} \rangle$ wie folgt erklärt:

$\hat{D} = D$;
$\hat{V}(C) = V(B) \cap V(C)$;
ansonsten sei auf von Formeln verschiedenen Zeichen $\hat{V} \equiv V$, und auf Formeln sei $\hat{V}$ nach den üblichen Regeln fortgesetzt.

Da C in $\mathfrak{A}$ nicht vorkommt, ist $\hat{V}(\mathfrak{A}) = V(\mathfrak{A}) = 0$. Wegen $V(\exists x(B(x) \land C(x))) = 1$ ist $V(B) \cap V(C) \neq \emptyset$, also $\hat{V}(C) \neq \emptyset$ und damit $\hat{V}(\exists x C(x)) = 1$. Ferner ist $\hat{V}(C) \subseteq V(B) = \hat{V}(B)$, also $\hat{V}(\forall x(C(x) \supset B(x))) = 1$. Schließlich ist $\hat{V}(C) \subseteq V(C) \subseteq D \setminus V(A)$ $(= \hat{D} \setminus \hat{V}(A))$ wegen $V(\forall x(C(x) \supset \neg A(x))) = 1$, mithin ist $\hat{V}(\forall x(C(x) \supset \neg A(x))) = 1$. Damit haben wir

$$\{\forall x(C(x) \supset \neg A(x)),\ \forall x(C(x) \supset B(x)),\ \exists x C(x)\} \not\Vdash_{PL} \mathfrak{A}.$$

Wie ich schon sagte, spielt bei Aristoteles im assertorischen Fall die Art von Argumenten, bei denen mit Reduktionen Überlegungen zu Nichtallgemeingültigkeitsbehauptungen verknüpft werden – wenn es sich denn dem Anspruch nach dabei wirklich um strikte Argumente und nicht bloß um Plausibilitätsbetrachtungen handelt –, keine Rolle. Bevor ich zum modallogischen Fall komme, will ich noch darauf hinweisen, daß dies die folgenden Gründe haben könnte.

Wenn Aristoteles in der assertorischen Syllogistik eine Reduktion eines Modus auf einen Modus der ersten Figur vollzogen hat, bei der er vom ursprünglich gegebenen Antezedens zu einer schwächeren Prämissenmenge übergegangen ist, könnte er sich natürlich zunächst auch die Frage stellen, ob nicht aus dem ersten Antezedens eine Formel folge, die stärker ist als die Conclusio des Modus, auf den reduziert wurde. Im assertorischen Fall könnte es sich dann nur darum handeln, daß statt einer i- sogar eine a- oder statt einer o- sogar eine e-Conclusio möglich wäre. Vermutlich lag es aber für Aristoteles auf der Hand, daß man aus Antezedentia mit einem partikulären Glied lediglich eine partikuläre Conclusio gewinnen kann; mithin brauchte er in allen den Fällen, in denen er durch Reduktion von einem Prämissensystem *mit partikulärem Glied* zeigen konnte, daß das System eine partikuläre Aussage der gewünschten Form implizierte, gar nicht mehr die Frage zu stellen, ob auch eine stärkere, das hieße: eine allgemeine, Conclusio möglich sei. Es bleiben die Modi Cesare, Camestres, Darapti und Felapton als Fälle, die die Frage hätten aufwerfen können. Cesare und Camestres werden so reduziert, daß *keine* Abschwächung der Prämissenmenge erfolgt. Das könnte man übrigens auch für jedes Prämissensystem mit partikulärem Glied sagen. Bei einem solchen System kann die Reduktion nicht durch partikuläre, d. i. abschwächende Konversion der allgemeinen Prämisse erfolgen, da aus *zwei* partikulären Prämissen keine in Betracht kommende Aussage folgt. Also müßte die partikuläre Prämisse umgeformt werden. Partikuläre Aussagen kann man aber nur so konvertieren, daß das Resultat der Konversion zum Ausgangspunkt äquivalent ist. Was schließlich Darapti und Felapton angeht, so lag es für Aristoteles möglicherweise wieder auf der Hand, daß man in der dritten Figur generell keine allgemeine Conclusio bekommen konnte.

Auch in der Modallogik, behaupte ich, wäre Aristoteles der Sache nach berechtigt gewesen, auf die soeben beschriebene Weise zu Nichtgültigkeitsbehauptungen zu gelangen. Ob Aristoteles tatsächlich Überlegungen der dazu benötigten Art angestellt hat, wird man nicht mit hinreichender Sicherheit entscheiden können. Immerhin steht fest, daß solche Überlegungen keineswegs ganz außerhalb seiner Möglichkeiten lagen. Man denke nur an die Gültigkeitsbeweise durch Ekthesis. Die kann man nämlich so darstellen, daß dabei ähnlich wie im Beweis von Satz 8 der zentrale Schritt ein solcher ist, welcher in der Abänderung einer prädikatenlogischen Interpretation auf einem der beteiligten Prädikatbuchstaben und in der Auswertung der Konsequenzen dieser Änderung für die induzierte Wahrheitsbewertung besteht. Ich werde das am Ende unserer Bemerkungen über Felapton erklären.

Den Modus Felapton mit KN-Antezedens diskutiert Aristoteles in A22, 40a19–25. Die Prämissen des Modus sind $\begin{smallmatrix} A\ e_K\ C \\ B\ a_N\ C \end{smallmatrix}$. Gemäß III.2.10., zu Ziffer 2.), gehe ich davon aus, daß Aristoteles eine Reduktion auf die erste Figur durch Transformation des Antezedens zu $\begin{smallmatrix} A\ e_K\ C \\ C\ i_N\ B \end{smallmatrix}$ im Sinn hat und mit Blick auf die früher erfolgte Erörterung von Ferio mit KN-Antezedens meint: das ursprüngliche Antezedens impliziert A o_KB, nicht aber A o B, weil auch Ferio KN über kein assertorisches Implikat verfügt. Man vergleiche dazu die Zusammenstellung der Gültigkeitsbehauptungen in III.2.4. Auch wenn wir dem Inhalt des Kausalsatzes nicht zustimmen (dazu III.2.4. über KN-Modi sowie III.2.10. zu Ziffer 2.)), können wir doch sagen, daß der Begründungszusammenhang selbst, auf den Aristoteles sich anscheinend berufen will, unter geeigneten Voraussetzungen besteht – ob Aristoteles selbst sich nun dessen bewußt war oder nicht. Denn *wenn* eine Formel von einem der in diesem Zusammenhang zu berücksichtigenden Typen aus

(*1*) A e_KC

und

(*2'*) C i_NB

nicht folgt, *dann* folgt sie auch nicht aus

(*1*) A e_KC

und

(*2*) B a_NC

– wobei B a_NC aufgefaßt wird als von der Form $\forall xN(C(x) \supset NB(x)) \wedge \exists xNC(x)$. Formeln der zu berücksichtigenden Typen sind hier natürlich Formeln A x_yB, wobei x die Relationssymbole a, e, i, o und y die Modalitätensymbole M, K, N und X – für die Faktizität – durchläuft. Wir können die behauptete Relation mit der folgenden etwas stärkeren Behauptung, die mit Bezug auf PL + S5 (+ Barcan-Formel) als zugrundeliegende Logik formuliert ist, und dem zugehörigen Beweis begründen. Beides hängt selbstverständlich von unserer speziellen Auffassungsweise der beteiligten syllogistischen Formeln mit ab, doch ist diese Abhängigkeit nicht entscheidend.

Satz 9: Für jede prädikatenlogisch-modallogische Formel $\mathfrak{A}$, in der C nicht vorkommt, gilt: wenn

$$\{\forall xN(C(x) \supset K(\neg)A(x)), \forall xN(C(x) \supset NB(x)), \exists xNC(x)\} \Vdash_{PL+S5} \mathfrak{A},$$

dann auch

$$\{\forall xN(C(x) \supset K(\neg)A(x)), \exists xN(B(x) \wedge NC(x))\} \Vdash_{PL+S5} \mathfrak{A}.$$

Der *Beweis* ist Routine. Angenommen, die untere Relation besteht nicht. Da wir im S5-Fall auf die Komponente R (Alternativitätsrelation) von Interpretationsstrukturen verzichten können und im Barcan-semantischen Fall auch auf die Komponente Q (zum entsprechenden Interpretationsbegriff: II.3., Ziffer (6)), bedeutet dies: es gibt eine Interpretation $I = \langle D, W, V\rangle$ und ein $w_0 \in W$ mit

$$V(\mathfrak{A}, w_0) = 0,$$
$$V((1), w_0) = 1 = V((2'), w_0).$$

Um im folgenden einige Dinge einfacher ausdrücken zu können, verabrede ich eine unwesentliche Modifikation der Begriffsbildung aus II.3.: Funktionen wie V sollen hier so aufgefaßt werden, daß sie nicht mehr Prädikatbuchstaben allein Teilmengen von $D^n \times W$ zuordnen, sondern Paaren aus Prädikatbuchstaben und Elementen von W Teilmengen von D^n zuordnen. Wenn V im Sinne der früheren Begriffsbildung dem n-stelligen Prädikatbuchstaben $\mathfrak{P}$, mit einer Indexmenge $\mathfrak{J}$, die Menge

$$\bigcup_{i \in \mathfrak{J}} M_i \times \{w_i\} \ (w_i \in W, M_i \subseteq D^n)$$

zuordnet, so soll V im Sinne der neuen Verabredung für jedes $i \in \mathfrak{J}$ das Paar $\langle \mathfrak{P}, w_i \rangle$ durch die Menge M_i interpretieren, also durch die „Extension von $\mathfrak{P}$ in w_i" im Sinne der seinerzeit gegebenen Erläuterung. Sei unter diesen Voraussetzungen $\hat{I} := \langle \hat{D}, \hat{W}, \hat{V} \rangle$ wie folgt bestimmt:

$$\hat{D} = D;$$
$$\hat{W} = W;$$
$$\text{für } w \in W\text{: } \hat{V}(C,w) = V(C,w) \cap \bigcap_{w' \in W} V(B,w');$$

ansonsten sei $\hat{V} \equiv V$ auf Individuenvariablen und auf Paaren aus Welten und Zeichen, die keine Formeln sind; auf Paare aus Formeln und Welten sei $\hat{V}$ wie üblich fortgesetzt.

Da C in $\mathfrak{A}$ nicht vorkommt, ist dann $\hat{V}(\mathfrak{A},w_0) = V(\mathfrak{A},w_0) = 0$. Es bleibt zu zeigen:

(1) $\hat{V}((1), w_0) = 1;$

(2) $\hat{V}((2), w_0) = 1.$

Zu (1): Sei $(\hat{V})'$ eine beliebige x-Variante von $\hat{V}$; wir haben zu zeigen, daß $(\hat{V})'(N(C(x) \supset K(\neg)A(x)), w_0) = 1$ ist. Dazu sei $w \in W$ beliebig. Es gilt $(\hat{V})'(C, w) = \hat{V}(C, w) \subseteq V(C, w)$ nach Definition von $\hat{V}$. Sei $(\hat{V})'(C(x), w) = 1$. Das heißt, $(\hat{V})'(x) \in (\hat{V})'(C, w)$. Mithin ist $(\hat{V})'(x) \in V(C, w)$. Sei V' die x-Variante von V mit $V'(x) = (\hat{V})'(x)$. Dann ist $V'(x) \in V(C, w) = V'(C, w)$, also $V'(C(x), w) = 1$. Nach Voraussetzung ist $V(\forall xN(C(x) \supset K(\neg)A(x)), w_0) = 1$, also $V'(N(C(x) \supset K(\neg)A(x)), w_0) = 1$, also $V'(C(x) \supset K(\neg)A(x), w) = 1$. Wegen $V'(C(x),w) = 1$ ist demnach $1 = V'(K(\neg)A(x),w) = (\hat{V})'(K(\neg)A(x),w)$.

Zu (2): Zunächst wollen wir zeigen: $\hat{V}(\exists xNC(x), w_0) = 1$. Nach Voraussetzung ist $V(\exists xN(B(x) \wedge NC(x)), w_0) = 1$. Also gibt es eine x-Variante V' von V mit: $V'(N(B(x) \wedge NC(x)), w_0) = 1$, mithin $V'(NB(x), w_0) = 1 = V'(NC(x), w_0)$. Demnach ist für alle $w \in W$ $V'(C(x),w) = 1$ sowie für alle $w' \in W$ $V'(B(x), w') = 1$, das heißt für alle $w \in W$: $V'(x) \in V'(C,w) = V(C,w)$ und für alle $w' \in W$ $V'(x) \in V'(B, w') = V(B, w')$. Also für alle $w \in W$: $V'(x)$

$\in V(C, w) \cap \bigcap_{w' \in W} V(B, w')$. Daher ist $V'(x) \in \hat{V}(C, w)$ für alle $w \in W$. Sei jetzt $(\hat{V})'$ diejenige x-Variante von $\hat{V}$, für die gilt: $(\hat{V})'(x) = V'(x)$. Dann ist $(\hat{V})'(C, w) = \hat{V}(C, w)$ für alle w, also $(\hat{V})'(x) \in (\hat{V})'(C, w)$ und $(\hat{V})'(C(x), w) = 1$ für alle $w \in W$. Das heißt: $(\hat{V})'(NC(x), w_0) = 1$, und damit haben wir $\hat{V}(\exists xNC(x), w_0) = 1$.

Es bleibt zu zeigen: $\hat{V}(\forall xN(C(x) \supset NB(x)), w_0) = 1$. Sei $(\hat{V})'$ eine beliebige x-Variante von $\hat{V}$ und $w \in W$ beliebig. Dann brauchen wir: $(\hat{V})'(C(x) \supset NB(x), w) = 1$. Sei also $(\hat{V})'(C(x), w) = 1$, das heißt: $(\hat{V})'(x) \in (\hat{V})'(C, w) = \hat{V}(C, w)$. Nach Definition von $\hat{V}$ ist $\hat{V}(C, w) \subseteq \bigcap_{w' \in W} V(B, w')$, also: $(\hat{V})'(x) \in \bigcap_{w' \in W} V(B, w') = \bigcap_{w' \in W} (\hat{V})'(B, w')$, das heißt: $(\hat{V})'(B(x), w') = 1$ für alle $w' \in W$, oder $(\hat{V})'(NB(x), w) = 1$.

Wir wollen abschließend sehen, daß ein Ekthesis-Beweis beispielsweise für den assertorischen Modus Bocardo so dargestellt werden kann, daß er im wesentlichen in der Variation einer vorgegebenen prädikatenlogischen Interpretation auf einem Prädikatsymbol besteht. Die Behauptung lautet: A o C und B a C implizieren A o B (unter Voraussetzung der Gültigkeit von Felapton oder Ferison[56]). Der Beweis nimmt die folgende Form an.

Gegeben sei eine beliebige prädikatenlogische Interpretation $I = \langle D, V \rangle$ mit $V(A \text{ o } C \wedge B \text{ a } C) = 1$. Zu zeigen ist $V(A \text{ o } B) = 1$. Der wesentliche Schritt soll im Übergang von A o C zu A e C bestehen. Dazu wird $\hat{I} = \langle \hat{D}, \hat{V} \rangle$ wie folgt erklärt:

> $\hat{D} = D$;
>
> $\hat{V}(C) = V(C) \cap D \setminus V(A)$
>
> (wir schneiden aus der Extension von C unter V denjenigen Anteil heraus, der zur Extension von A gehört);
>
> ansonsten sei auf Zeichen, die keine Formeln sind,
>
> $\hat{V} \equiv V$;
>
> auf Formeln sei $\hat{V}$ in Einklang mit den üblichen Bestimmungen fortgesetzt.

Dann gilt folgendes.

(1) $\hat{V}(A \text{ e } C) = \hat{V}(\forall x(C(x) \supset \neg A(x)) \wedge \exists xC(x)) = 1$,

[56] Es spielt hier keine Rolle, ob wir uns bei der Entwicklung eines Ekthesis-artigen Arguments für Bocardo vom assertorischen Typ an Patzigs Rekonstruktion des aristotelischen Arguments für Bocardo NNN (dazu S. 96) orientieren wollen oder an van Rijens Rekonstruktion desselben Arguments (dazu S. 98). Die erste Rekonstruktion geht über Felapton, die zweite über Ferison.

denn: $\hat{V}(C) \subseteq D \setminus V(A) = \hat{D} \setminus \hat{V}(A)$; und $\hat{V}(C) = V(C) \cap D \setminus V(A) \neq \emptyset$, da $V(\exists x(C(x) \wedge \neg A(x))) = V(A \text{ o } C) = 1$ nach Voraussetzung.

(2) $\hat{V}(B \text{ a } C) = \hat{V}(\forall x(C(x) \supset B(x)) \wedge \exists x C(x)) = 1$,

denn: $\hat{V}(\exists x C(x)) = 1$ wegen der zweiten Relation unter Ziffer (1); und $\hat{V}(\forall x(C(x) \supset B(x))) = 1$ wegen: $\hat{V}(C) = V(C) \cap D \setminus V(A) \subseteq V(C)$, und $V(C) \subseteq V(B)$ ($= \hat{V}(B)$), da $V(B \text{ a } C) = 1$ nach Voraussetzung.

(3) $\hat{V}(B \text{ i } C) = \hat{V}(\exists x(C(x) \wedge B(x))) = 1$

wegen der unter Ziffer (2) notierten Relationen. Wenn daher nach Felapton

$$(A \text{ e } C \wedge B \text{ a } C) \supset A \text{ o } B$$

als gültig vorausgesetzt werden kann, ist wegen (1) und (2) $\hat{V}(A \text{ o } B) = 1$ und damit $V(A \text{ o } B) = 1$; und wenn nach Ferison

$$(A \text{ e } C \wedge B \text{ i } C) \supset A \text{ o } B$$

als gültig vorausgesetzt werden kann, ist wegen (1) und (3) ebenfalls $V(A \text{ o } B) = \hat{V}(A \text{ o } B) = 1$ wie gewünscht.

Ich komme jetzt zum letzten der Themen, deren Diskussion noch ausstand. In Kapitel III., Abschnitt 2.5., habe ich eine Erklärung für die Tatsache angeboten, daß in der modalen Syllogistik, von den durch komplementäre Konversion von Kontingenzaussagen validierbaren Modi einmal abgesehen, keine Modi als gültig behauptet werden, deren rein assertorische Varianten nicht gültige Modi der assertorischen Syllogistik sind. Dieser Sachverhalt ist auch Angelelli der Erwähnung wert. Er schreibt mit der Notwendigkeitssyllogistik im Blick:

> „Given a non-conclusive AA form [gemeint sind syllogistische Prämissenpaare aus zwei *A*ssertorischen Gliedern], Aristotle does not bother to investigate whether perhaps the ***stronger*** versions NN, NA or AN are conclusive“ (Angelelli (1979), S. 181).

Über Angelellis Versuch einer Erklärung der Sachlage habe ich an der früheren Stelle geurteilt, daß er nicht funktioniere. Ich will jetzt die Begründung für meine Einschätzung nachliefern.

Unmittelbar im Anschluß an die eben zitierte Aussage heißt es bei Angelelli:

> „One plausible way to explain this is the just mentioned converse together with the equivalence of $Np \wedge Nq$ and $N(p \wedge q)$“ (a. a. O., S. 181).

Hierbei bezieht sich die Kennzeichnung „the just mentioned converse“ auf eine unserer Passage bei Angelelli vorangehende Aussage des Inhalts, daß Aristoteles nicht nur für wahr halte:

(*3*) wenn X das Y impliziert, dann impliziert NX das NY,

sondern auch die Umkehrung („the converse") für wahr zu halten scheine:

(*4*) wenn NX das NY impliziert, dann impliziert auch X das Y.

Angelellis Erklärung für den fraglichen Sachverhalt oder wenigstens für einen Teil davon hat man sich also offenbar folgendermaßen zu denken. X, Y und Z seien (assertorische) syllogistische Sätze mit

$$X \wedge Y \Vdash\!\!\!\!/\ Z;$$

falls dann die Relation

$$NX \wedge NY \Vdash NZ$$

besteht, gilt:

$$N(X \wedge Y) \Vdash NZ,$$

also nach (*4*)

$$X \wedge Y \Vdash Z,$$

im Widerspruch zur Voraussetzung. Angelellis Argument erscheint zunächst durchaus diskutabel, nämlich in Anbetracht der beiden folgenden Tatsachen.

(*5*) X und Y seien (modalfreie (!)) prädikatenlogische Formeln; wenn dann – etwa in PL + T – die Subjunktion NX ⊃ NY beweisbar (bzw. in der entsprechenden Semantik gültig) ist, ist in der Tat auch die Subjunktion X ⊃ Y beweisbar. (Dazu unten Näheres.)

(*6*) Es gibt eine Stelle in der „Metaphysik" des Aristoteles, an der explizit etwas von der Art von (*5*) behauptet wird, nämlich in Θ4, 1047b26ff.: „Und wenn aus der Möglichkeit von A notwendig die Möglichkeit von B folgt, so muß auch, für den Fall, daß A ist, notwendig B sein" (Seidl (Christ, Bonitz) (1978–80), S. 113). Also: wenn MA den Ausdruck MB impliziert, dann impliziert A den Ausdruck B; und ⊩ MA ⊃ MB bzw. ⊩ A ⊃ B sind äquivalent zu ⊩ N¬B ⊃ N¬A und zu ⊩ ¬B ⊃ ¬A respektive.

Ich will darauf hinaus, daß Angelellis Erklärungsansatz nicht wirklich weiterhilft. *Wenn* man sich aber auf ihn einläßt, dann sollte man ihn noch etwas verallgemeinern. Denn es wäre ja zunächst denkbar, daß es syllogistische Sätze X, Y, Z gibt von der Art, daß, obwohl X ∧ Y nicht Z impliziert, die stärkere Prämisse N(X ∧ Y) wenigstens *irgendeinen* in Betracht kommenden modalsyllogistischen Satz impliziert – und wenn es nicht NZ sein sollte, so doch vielleicht wenigstens das schwache MZ. Wollte man in der von Angelelli gewiesenen Richtung der Argumentation auch solche Fälle ausschließen, so könnte man sich darauf berufen, daß über (*5*) hinaus sogar gilt:

(*7*) unter Voraussetzungen wie bei (*5*) impliziert die Gültigkeit von NX ⊃ *MY* die Gültigkeit von X ⊃ Y.

Die Geltung von (*7*) und damit auch die von (*5*) ergibt sich aus dem

Satz 10: Sei $\mathfrak{A}$ eine (modalfreie) prädikatenlogische Formel, und sei $M\mathfrak{A}$ beweisbar bzw. gültig (etwa relativ zu einem T-Rahmen); dann ist $\mathfrak{A}$ (prädikatenlogisch) beweisbar.

Der Beweis des Satzes ist trivial, ich erinnere an die Bemerkungen zum Beweis von (*2*) und (*3*) in Kapitel V.

(*7*) ergibt sich jetzt durch die folgende Überlegung. Seien X und Y modalfrei, und sei die Subjunktion $X \supset Y$ nicht beweisbar / gültig. Dann ist nach Satz 10 $M(X \supset Y)$ nicht gültig oder $\neg M(X \supset Y)$ erfüllbar. Daher ist wegen

$$\neg M(X \supset Y) \text{ äquiv. } \neg(NX \supset MY)$$

die rechte Formel erfüllbar, demnach ist, wie in (*7*) behauptet, $NX \supset MY$ nicht gültig.

Ich habe nun Angelellis Erklärungsansatz gleichsam so stark wie möglich gemacht. Trotzdem ist er auch in der verallgemeinerten Form letztlich nicht brauchbar. Denn er funktioniert nur unter der Voraussetzung, daß modalsyllogistische Aussagen solche Aussagen sind, die man aus (modalfreien)[57] assertorischen syllogistischen Aussagen durch Voranstellen äußerer Modaloperatoren erhält. Sobald man mit der Annahme arbeitet – deren Unentbehrlichkeit ich glaube gezeigt zu haben –, daß auch innere Modaloperatoren vorkommen, gilt schon kein Analogon zu (*5*) mehr. Beispielsweise ist die Subjunktion

$$N((p \wedge M(\neg p \wedge q)) \vee N\neg q) \supset N\neg q$$

T-gültig (wobei übrigens das Vorderglied T-erfüllbar ist), während

$$((p \wedge M(\neg p \wedge q)) \vee N\neg q) \supset \neg q$$

nicht T-gültig ist.

Ich will noch darauf hinweisen, daß die oben hinzugezogene „Metaphysik"-Stelle Interesse in einem ganz anderen Zusammenhang als dem hier diskutierten beanspruchen kann. Sie ist nämlich von Interesse im Hinblick auf die Frage, ob Aristoteles durch logische Überlegungen dahin gelangt sein könnte, gewisse metaphysische Sätze wie das Prinzip der Totalmöglichkeit oder auch das Prinzip der Fülle („principle of plenitude") für wahr oder zumindest für erwägenswert zu halten. Denn nehmen wir einmal an – nachdem sich S4 als in die modale Syllogistik verwickelt erwiesen hat –, daß Aristoteles das charakteristische S4-Axiom $MMp \supset Mp$ als gültig akzeptiert hat. Wenn er dann weiter mit der unter Ziffer (*6*) zitierten Behauptung soviel wie (*5*) akzeptiert hat, jedoch irrtümlich ohne die Einschränkung auf den

[57] Ich mache den parenthetischen Zusatz natürlich deshalb, weil meiner Interpretation zufolge die „assertorischen" Sätze der Möglichkeitssyllogistik *nicht* modalfrei sind.

modalfreien Fall, konnte er von $\Vdash$ MMp $\supset$ Mp bzw. von $\Vdash$ Np $\supset$ NNp sofort zu $\Vdash$ Mp $\supset$ p bzw. zu $\Vdash$ p $\supset$ Np überzugehen sich berechtigt glauben.

In logikgeschichtlicher Hinsicht haben wir die folgenden Ergebnisse erzielt.

Aristoteles hat ein gelungenes Stück prädikatenlogischer Modallogik vorgelegt. Das Theoriestück ist, wenn man es auf die darin enthaltenen Gültigkeitsbehauptungen einschränkt und von einer vergleichsweise sehr geringen Zahl nachvollziehbarer Irrtümer absieht, nicht falsch oder inkonsistent, sondern lediglich – in Maßen – unvollständig. Das Theoriestück stellt eine nicht-triviale Erweiterung der assertorischen Syllogistik dar. Die Erweiterung ist, erstens, in dem Sinne nicht-trivial, daß es sich dabei nicht um eine bloße Ausdehnung der assertorischen Theorie auf solche Termini handelt, die durch Modaloperatoren modifiziert sein können (wie Kneale und Kneale sich das vorstellen; man vergleiche dazu meine Bemerkungen in II.4. über die Knealeschen Einwände gegen die Gültigkeit von Barbara KKK). Sie ist, zweitens, viel subtiler, als eine modale Syllogistik im theophrastischen Stil es jemals sein kann.

Aristoteles ist in der Lage, zur Begründung von modallogischen Gültigkeitsbehauptungen und Nichtgültigkeitsbehauptungen semantische Argumente zu entwickeln, die den modernen Beweisführungen auf der Basis von Semantiken vom Kripke-Typ für modale Sprachen in entscheidenden Aspekten gleichkommen. Ich empfehle in diesem Zusammenhang, neben dem objektsprachlichen Gebrauch des Ausdrucks ἐνδέχεσθαι (≈ können, möglich sein) und seiner Formen bei Aristoteles zwei im Effekt metasprachliche Gebrauchsweisen desselben Ausdrucks zu unterscheiden. In der ersten dieser metasprachlichen Gebrauchsweisen bedeutet, daß es möglich sei, daß …, ungefähr dasjenige, was wir heute ausdrücken würden mit einer Formulierung wie: „es gibt eine modallogische Interpretationsstruktur und darin eine mögliche Welt mit …“. (Man vergleiche dazu II.3. sowie V.) In der zweiten dieser Gebrauchsweisen bedeutet, daß es möglich sei, daß …, ungefähr diejenige Art von Sachverhalt, welche wir beim Argumentieren relativ zu einer fest gegebenen modallogischen Interpretationsstruktur ausdrücken mit Formulierungen wie: „es gibt (in der zugrundeliegenden Struktur) eine mögliche Welt mit …“. (Dazu vergleiche man meine Analyse der Argumentation des Aristoteles für die Gültigkeit von Barbara XKM in III.2.3.)

Gewisse charakteristische Besonderheiten der Verhältnisse im modallogischen Fall veranlassen Aristoteles dazu, die von ihm in der assertorischen Syllogistik mit Erfolg benutzte Methode, Nichtgültigkeits- bzw. Unschlüssigkeitsbeweise zu führen, mit Modifikationen zu versehen. Die Modifikationen, welche Aristoteles ins Spiel bringt, zeigen ihn auf dem Weg von der traditionellen Begriffseinsetzungsmethode hin zu dem heute üblichen Verfahren der freien Konstruktion von Modellen.

Zur philosophischen Seite der Angelegenheit können wir dies festhalten:

Sollte Aristoteles die modale Syllogistik für wichtig aufgrund von wissenschaftstheoretischen Implikationen gehalten haben, so hat er damit ihre Bedeutung vermutlich überschätzt. Seine Überlegungen und vor allem die Schwierigkeiten, in die er sich gelegentlich mit ihnen zu verwickeln scheint, geben jedoch Anlaß zu interessanten Erwägungen über das Verhältnis von Logik und Metaphysik; über das Verhältnis von Logik als Objekt- und als Metatheorie; über die Konstituierung von Individuen und den Zusammenhang von Sprache und Ontologie.

Daß die aristotelische Logik nicht von der aristotelischen oder irgendeiner Metaphysik in der relativ vordergründigen Weise abhängt, wie einige Autoren das angenommen haben, ist durch in den letzten Jahrzehnten betriebene Untersuchungen zum Thema (wie diejenigen Patzigs) für den assertorischen Teil dieser Logik klargestellt worden; es bleibt richtig, wenn man auch die Modallogik einbezieht.

Auf der philologischen Seite möchte ich das Fazit ziehen:

Etwaige Zweifel an der Echtheit von Teilen der modalsyllogistischen Kapitel der *Analytica priora* werden durch inhaltliche Gesichtspunkte nicht bestätigt.

Übersicht über die Aristotelisc

	Zwei Notwendigkeits-Prämissen				Obersatz e
I. Figur	8 I 1 29 b 36—30 a 2	VI a	$BaNA$ ΓaNB ——— ΓaNA	σ. τέλειος	9 A 1 30 a 15—
	8 I 2 29 b 36—30 a 2	VI a	$BeNA$ ΓaNB ——— ΓeNA	σ. τέλειος	9 A 2 30 a 15—
	8 I 3 29 b 36—30 a 2	VI a	$BaNA$ ΓiNB ——— ΓiNA	σ. τέλειος	9 A 3 30 a 33—
	8 I 4 29 b 36—30 a 2	VI a	$BeNA$ ΓiNB ——— ΓoNA	σ. τέλειος	9 A 4 30 b 1 f.
II. Figur	8 II 1 29 b 36—30 a 2	VI b	$BeNA$ ΓaNA ——— ΓeNB	aus 8 I 2	10 A 1 30 b 9—1
	8 II 2 29 b 36—30 a 2	VI b	$BaNA$ ΓeNA ——— ΓeNB	aus 8 I 2	10 A 2 30 b 18—
	8 II 3 29 b 36—30 a 2	VI b	$BeNA$ ΓiNA ——— ΓoNB	aus 8 I 3	10 A 3 31 a 5—1
	8 II 4 30 a 5—14	VI c	$BaNA$ ΓoNA ——— ΓoNB	d. ἔκθεσις	10 A 4 31 a 10—1
III. Figur	8 III 1 29 b 36—30 a 2	VI b	ΓaNA ΓaNB ——— $BiNA$	aus 8 I 3	11 A 1 31 a 24—3
	8 III 2 29 b 36—30 a 2	VI b	ΓeNA ΓaNB ——— $BoNA$	aus 8 I 4	11 A 2 31 a 33—3
	8 III 3 29 b 36—30 a 2	VI b	ΓaNA ΓiNB ——— $BiNA$	aus 8 I 3	11 A 3 31 b 19 f.
	8 III 4 29 b 36—30 a 2	VI b	ΓeNA ΓiNB ——— $BoNA$	aus 8 I 4	11 A 4 31 b 33—3
	8 III 5 29 b 36—30 a 2	VI b	ΓiNA ΓaNB ——— $BiNA$	aus 8 I 3	11 A 5 31 b 31—3
	8 III 6 30 a 5—14	VI c	ΓoNA ΓaNB ——— $BoNA$	d. ἔκθεσις	11 A 6 31 b 37—32

* Entnommen aus Becker (1933), S. 24/25 und S. 88/89.
Zur Erläuterung des in den Tafeln gebrauchten Bezeichnungssystem

ersichtstafeln*

II

vendigkeitsschlüsse (vgl. S. 29 f.).

Jotwendigkeits- und eine assertorische Prämisse					
endigkeitsaussage		Untersatz eine Notwendigkeitsaussage			
B a N A Γ a B ——— Γ a N A	σ. τέλειος	9 B 1 30 a 23—32	V a	B a A Γ a N B ——— Γ a A	σ. τέλειος
B e N A Γ a B ——— Γ e N A	σ. τέλειος	9 B 2 30 a 32 f.	V a	B e A Γ a N B ——— Γ e A	σ. τέλειος
B a N A Γ i B ——— Γ i N A	σ. τέλειος	9 B 3 (30 b 2—6)	V a	B a A Γ i N B ——— Γ i A	σ. τέλειος
B e N A Γ i B ——— Γ o N A	σ. τέλειος	9 B 4 (30 b 2—6)	V a	B e A Γ i N B ——— Γ o A	σ. τέλειος
B e N A Γ a A ——— Γ e N B	aus 9 A 2	10 B 1 (30 b 18—20)	V b	B e A Γ a N A ——— Γ e B	aus 9 B 2
B a N A Γ e A ——— Γ e B	aus 9 B 2	10 B 2 30 b 14—18	IV b	B a A Γ e N A ——— Γ e N B	aus 9 A 2
B e N A Γ i A ——— Γ o N B	aus 9 A 4	10 B 3 (31 a 1—5)	V b	B e A Γ i N A ——— Γ o B	aus 9 B 4
B a N A Γ o A ——— Γ o B	vgl. S 40	10 B 4 30 a 15—17	V c	B a A Γ o N A ——— Γ o B	vgl. S. 40
Γ a N A Γ a B ——— B a N A	aus 9 A 3	11 B 1 31 a 31—33	IV b	Γ a A Γ a N B ——— B i N A	aus 9 A 3
Γ e N A Γ a B ——— B o N A	aus 9 A 4	11 B 2 31 a 37—b 10	V b	Γ e A Γ a N B ——— B o A	aus 9 B 4
Γ a N A Γ i B ——— B i N A	aus 9 A 3	11 B 3 31 b 20–31	V b	Γ a A Γ i N B ——— B i A	aus 9 B 3
Γ e N A Γ i B ——— B o N A	aus 9 A 4	11 B 4 31 b 37—32 a 3	V b	Γ e A Γ i N B ——— B o A	aus 9 B 4
Γ i N A Γ a B ——— B i A	aus 9 B 3	11 B 5 31 b 12—19	IV b	Γ i A Γ a N B ——— B i N A	aus 9 A 3
Γ o N A Γ a B ——— B o A	vgl. S 40	11 B 6 31 b 31—32 a 1	V c	Γ o A Γ a N B ——— B o A	vgl. S. 40

: und S. 338 f. des vorliegenden Buchs.

Übersicht über die Aristotel

	Zwei Möglichkeits-Prämissen				Eine Möglichkeits- und eine assertorisc				
					Obersatz eine Möglichkeitsaussage				Unter
I. Figur	14,1 32 b 38—33 a 1	III a	$E_2 B a E_2 A$ $\Gamma a E_2 B$ — $\Gamma a E_2 A$	σ. τέλειος	15 A 1 33 b 33—36	I a	$B a E_2 A$ $\Gamma a B$ — $\Gamma a E_2 A$	σ. τέλειος	15 B 1 34 a 34—b 6
	14,2 33 a 1—5	III a	$E_2 B e E_2 A$ $\Gamma a E_2 B$ — $\Gamma e E_2 A$	σ. τέλειος	15 A 2 33 b 36—40	I a	$B e E_2 A$ $\Gamma a B$ — $\Gamma e E_2 A$	σ. τέλειος	15 B 2 34 b 19—31
	14,3 33 a 23—25	III a	$E_2 B a E_2 A$ $\Gamma i E_2 B$ — $\Gamma i E_2 A$	σ. τέλειος	15 A 3 35 a 30—35	I a	$B a E_2 A$ $\Gamma i B$ — $\Gamma i E_2 A$	σ. τέλειος	15 B 3 35 a 35—40
	14,4 33 a 25—27	III a	$E_2 B e E_2 A$ $\Gamma i E_2 B$ — $\Gamma o E_2 A$	σ. τέλειος	15 A 4 35 a 30—35	I a	$B e E_2 A$ $\Gamma i B$ — $\Gamma o E_2 A$	σ. τέλειος	15 B 4 35 a 35—40
II. Figur					18 A 1 37 b 39 f.	X b	$B a E_2 A$ $\Gamma e A$ — $\Gamma e E_1 B$	aus 15 B 2	18 B 1 37 b 23—28
									18 B 2 38 a 3 f.
III. Figur	20, 1 39 a 14—19	III b	$E_2 \Gamma a E_2 A$ $\Gamma a E_2 B$ — $B i E_2 A$	aus 14, 3	21 A 1 39 b 16 f.	I b	$\Gamma a E_2 A$ $\Gamma a B$ — $B i E_2 A$	aus 15 A 3	21 B 1 39 b 11—14
	20, 2 39 a 19—23	III b	$E_2 \Gamma e E_2 A$ $\Gamma a E_2 B$ — $B o E_2 A$	aus 14, 4	21 A 2 39 b 17—19	I b	$\Gamma e E_2 A$ $\Gamma a B$ — $B o E_2 A$	aus 15 A 4	21 B 2 39 b 17—19
	20, 3 39 a 31—35	III b	$E_2 \Gamma a E_2 A$ $\Gamma i E_2 B$ — $B i E_2 A$	aus 14, 3	21 A 3 (39 b 26—30)	I b	$\Gamma a E_2 A$ $\Gamma i B$ — $B i E_2 A$	aus 15 A 3	21 B 3 (39 b 26—30)
	20, 4 39 a 36—38	III b	$E_2 \Gamma e E_2 A$ $\Gamma i E_2 B$ — $B o E_2 A$	aus 14, 4	21 A 4 (39 b 26—30)	I b	$\Gamma e E_2 A$ $\Gamma i B$ — $B o E_2 A$	aus 15 A 4	21 B 4 (39 b 26—30)
	20, 5 39 a 35 f.	III b	$\Gamma i E_2 A$ $E_2 \Gamma a E_2 B$ — $B i E_2 A$	aus 14, 3	21 A 5 (29 b 26—30)	X b	$\Gamma i E_2 A$ $\Gamma a B$ — $B i E_1 A$	aus 15 B 3	21 B 5 (39 b 26—30)
					21 A 6 39 b 31—39	VIII	$\Gamma o E_2 A$ $\Gamma a B$ — $B o E_1 A$	╳ $B a N A$ $\Gamma a B$ — $\Gamma a N A$ 9 A 1	

I.

glichkeitsschlüsse (vgl. S. 29 f.).

e öglichkeitsaussage	Eine Möglichkeits- und eine Notwendigkeits-Prämisse							
	Obersatz eine Möglichkeitsaussage				Untersatz eine Möglichkeitsaussage			
$\begin{array}{l} A \\ E_2 B \\ \hline E_1 A \end{array}$ ⤫ $\begin{array}{l} \Gamma o N A \\ \Gamma a B \\ \hline B o A \end{array}$ 11 A 6	16 A 1 36 a 2—7	II a	$\begin{array}{l} B a E_2 A \\ \Gamma a N B \\ \hline \Gamma a E_2 A \end{array}$	σ. τέλειος	16 B 1 35 b 38—36 a 2	IX a	$\begin{array}{l} B a N A \\ \Gamma a E_2 B \\ \hline \Gamma a E_1 A \end{array}$ ⤫ $\begin{array}{l} B a N A \\ \Gamma o N A \\ \hline \Gamma o N B \end{array}$	8 II 4
$\begin{array}{l} A \\ E_2 B \\ \hline E_1 A \end{array}$ ⤫ $\begin{array}{l} \Gamma i N A \\ \Gamma a B \\ \hline B i A \end{array}$ 11 A 5	16 A 2 36 a 17—25	II a	$\begin{array}{l} B e E_2 A \\ \Gamma a N B \\ \hline \Gamma e E_2 A \end{array}$	σ. τέλειος	16 B 2 36 a 7—15	VII a	$\begin{array}{l} B e N A \\ \Gamma a E_2 B \\ \hline \Gamma e A \\ \Gamma e E_1 A \text{ a fortiori} \end{array}$ ⤫ $\begin{array}{l} A e N B \\ \Gamma i A \\ \hline \Gamma o N B \end{array}$	9 A 4
$\begin{array}{l} A \\ E_2 B \\ \hline E_1 A \end{array}$ ⤫ $\begin{array}{l} \Gamma e N A \\ \Gamma i B \\ \hline B o A \end{array}$ 11 A 4	16 A 3 (35 b 23—28)	II a	$\begin{array}{l} B a E_2 A \\ \Gamma i N B \\ \hline \Gamma i E_2 A \end{array}$	σ. τέλειος	16 B 3 36 a 39—b 3	IX a	$\begin{array}{l} B a N A \\ \Gamma i E_2 B \\ \hline \Gamma i E_1 A \end{array}$ ⤫ $\begin{array}{l} B a N A \\ \Gamma e N A \\ \hline \Gamma e N B \end{array}$	8 II 2
$\begin{array}{l} A \\ E_2 B \\ \hline E_1 A \end{array}$ ⤫ $\begin{array}{l} \Gamma a N A \\ \Gamma i B \\ \hline B i A \end{array}$ 11 A 3	16 A 4 36 a 39—b 3	II a	$\begin{array}{l} B e E_2 A \\ \Gamma i N B \\ \hline \Gamma o E_2 A \end{array}$	σ. τέλειος	16 B 4 36 a 34—39	VII a	$\begin{array}{l} B e N A \\ \Gamma i E_2 B \\ \hline \Gamma o A \\ \Gamma o E_1 A \text{ a fortiori} \end{array}$ ⤫ $\begin{array}{l} A e N B \\ \Gamma a A \\ \hline \Gamma e N B \end{array}$	9 A 2
$\begin{array}{l} A \\ E_2 A \\ \hline E_1 B \end{array}$ aus 15 B 2	19 A 1 38 a 25 f.	VII b	$\begin{array}{l} B a E_2 A \\ \Gamma e N A \\ \hline \Gamma e B \\ \Gamma e E_1 B \text{ a fortiori} \end{array}$	aus 16 B 2	19 B 1 38 a 16—25	VII b	$\begin{array}{l} B e N A \\ \Gamma a E_2 A \\ \hline \Gamma e B \\ \Gamma e E_1 B \text{ a fortiori} \end{array}$	aus 16 B 2
$\begin{array}{l} A \\ E_2 A \\ \hline E_1 B \end{array}$ aus 15 B 4					19 B 2 38 b 25—27	VII b	$\begin{array}{l} B e N A \\ \Gamma i E_2 A \\ \hline \Gamma o B \\ \Gamma o E_1 B \text{ a fortiori} \end{array}$	aus 16 B 4
$\begin{array}{l} A \\ E_2 B \\ \hline E_1 A \end{array}$ aus 15 B 3	22 A 1 40 a 16—18	II b	$\begin{array}{l} \Gamma a E_2 A \\ \Gamma a N B \\ \hline B i E_2 A \end{array}$	aus 16 A 3	22 B 1 40 a 11—16	IX b	$\begin{array}{l} \Gamma a N A \\ \Gamma a E_2 B \\ \hline B i E_1 A \end{array}$	aus 16 B 3
$\begin{array}{l} A \\ E_2 B \\ \hline E_1 A \end{array}$ aus 15 B 4	22 A 2 40 a 18—25	II b	$\begin{array}{l} \Gamma e E_2 A \\ \Gamma a N B \\ \hline B o E_2 A \end{array}$	aus 16 A 4	22 B 2 40 a 25—32	VII b	$\begin{array}{l} \Gamma e N A \\ \Gamma a E_2 B \\ \hline B o A \\ B o E_1 A \text{ a fortiori} \end{array}$	aus 16 B 4
$\begin{array}{l} A \\ E_2 B \\ \hline E_1 A \end{array}$ aus 15 B 3	22 A 3 (40 a 39—b 8)	II b	$\begin{array}{l} \Gamma a E_2 A \\ \Gamma i N B \\ \hline B i E_2 A \end{array}$	aus 16 A 3	22 B 3 (40 a 39—b 8)	IX b	$\begin{array}{l} \Gamma a N A \\ \Gamma i E_2 B \\ \hline B i E_1 A \end{array}$	aus 16 B 3
$\begin{array}{l} A \\ E_2 B \\ \hline E_1 A \end{array}$ aus 15 B 4	22 A 4 (40 a 39—b 8)	II b	$\begin{array}{l} \Gamma e E_2 A \\ \Gamma i N B \\ \hline B o E_2 A \end{array}$	aus 16 A 4	22 B 4 (40 a 39—b 8)	VII b	$\begin{array}{l} \Gamma e N A \\ \Gamma i E_2 B \\ \hline B o A \\ B o E_1 A \text{ a fortiori} \end{array}$	aus 16 B 4
$\begin{array}{l} A \\ E_2 B \\ \hline E_2 A \end{array}$ aus 15 A 3	22 A 5 (40 a 39—b 8)	IX b	$\begin{array}{l} \Gamma i E_2 A \\ \Gamma a N B \\ \hline B i E_1 A \end{array}$	aus 16 B 3	22 B 5 (40 a 39—b 8)	II b	$\begin{array}{l} \Gamma i N A \\ \Gamma a E_2 B \\ \hline B i E_2 A \end{array}$	aus 16 A 3

Literatur

(1) Ausgaben, Übersetzungen und Kommentierungen von Schriften des Aristoteles

Ackrill, J. L., ^{2}1966 Aristotle's Categories and De interpretatione; transl. with notes by Ackrill, Oxford: Oxford University Press.

Alexander von Aphrodisias, 2./3. Jhdt. Kommentar zu Analytica priora A; moderne Ausgabe: Wallies (1883).

Allan, D. J., 1936, Aristotelis De caelo libri quattuor; rec., adnot. critica instr. Allan, Oxford: Oxford University Press.

Barnes, J., 1975, Aristotle's Posterior Analytics; transl. with notes by Barnes, Oxford: Oxford University Press.

Drossaart Lulofs, H. J., 1965, Aristotelis De generatione animalium; rec., adnot. critica instr. Drossaart Lulofs, Oxford: Oxford University Press.

Frede, M., Patzig, G., 1988, Aristoteles, „Metaphysik Z" I, II; Einl., Text, Übers. und Komm., München: C. H. Beck.

Jaeger, W., 1957, Aristotelis Metaphysica; rec., adnot. critica instr. Jaeger, Oxford: Oxford University Press.

Johannes Philoponos 6. Jhdt. Kommentar zu Analytica priora; moderne Ausgabe: Wallies (1905).

Mignucci, M., 1969, Aristotele, Gli Analitici Primi; traduz., introduz. e comm. di Mignucci, Neapel: L. Loffredo.

Minio-Paluello, L., 1949, Aristotelis Categoriae et Liber de interpretatione; rec., adnot. critica instr. Minio-Paluello, Oxford: Oxford University Press.

Pacius, J., 1598, Aristotelis Stagiritae Peripateticorum Principis Organum; rec., in Lat. linguam conv., notis illustr. Pacius, Frankfurt: A. Wechels Erben.

Rolfes, E., 1921 Aristoteles, Lehre vom Schluss oder Erste Analytik (Organon III); mit Anmerkungen vers. Übers., Leipzig: F. Meiner. (Nachgedruckt Hamburg 1975.)

Rolfes, E., 1922, Aristoteles, Lehre vom Beweis oder Zweite Analytik (Organon IV); mit Anmerkungen vers. Übers., Leipzig: F. Meiner. (Nachgedruckt Hamburg 1975.)

Rolfes, E., ^{2}1925, Aristoteles, Kategorien – Lehre vom Satz (Peri hermeneias) (Organon I/II) mit Porphyrius, Einleitung in die Kategorien; mit Anmerkungen vers. Übers., Leipzig: F. Meiner. (Nachgedruckt Hamburg 1974.)

Ross, W. D. (Jenkinson, A. J., et al.), 1928, The Works of Aristotle I; transl. into Engl. under the editorship of Ross, Analytica priora by Jenkinson, London: Oxford University Press.

Ross, W. D., 1949, Aristotle's Prior and Posterior Analytics; rev. text with introduction and commentary, Oxford: Oxford University Press.

Ross, W. D., 1956, Aristotelis De anima; rec., adnot. critica instr. Ross, Oxford: Oxford University Press.

Ross, W. D., ^{3}1970, Aristotelis Topica et Sophistici Elenchi; rec., adnot. critica instr. Ross, Oxford: Oxford University Press.

Ross, W. D., Minio-Paluello, L., [3]1978, Aristotelis Analytica priora et posteriora; rec., adnot. critica instr. Ross; praefatione et appendice aux. Minio-Paluello, Oxford: Oxford University Press.

Seidl, H. (Christ, W., Bonitz, H.), 1978–80, Aristoteles' Metaphysik (in 2 Bdn.); griech. Text in der Ed. von Christ, Übers. von Bonitz, bearb. und komm. von Seidl; Hamburg: F. Meiner.

Smith, R., 1989, Aristotle: Prior Analytics; transl., with introduc., notes, and commentary by Smith, Indianapolis: Hackett Publ. Comp.

Themistios, 4. Jhdt., Paraphrase zu Analytica priora A; moderne Ausgabe: Wallies (1884).

Tredennick, H., Cook, H. P., 1962, Aristotle – The Categories, On Interpretation, Prior Analytics; Prior Analytics transl. by Tredennick, London: W. Heinemann.

Waitz, Th., 1844–46, Aristotelis Organon Graece I, II; rec., scholiis et comm. instr. Waitz, Leipzig: Hahn.

Wallies, M., 1883, Alexandri in Aristotelis Analyticorum priorum librum I commentarium (Commentaria in Aristotelem graeca II, 1), Berlin: G. Reimer.

Wallies, M., 1884, Themistii quae fertur in Aristotelis Analyticorum priorum librum I paraphrasis (Commentaria in Aristotelem graeca XXIII, 3), Berlin: G. Reimer.

Wallies, M., 1905, Ioannis Philoponi in Aristotelis Analytica priora commentaria (Commentaria in Aristotelem graeca XIII, 2), Berlin: G. Reimer.

(2) Hilfsmittel

Bonitz, H., 1870, Index Aristotelicus, Berlin: G. Reimer. (Nachgedruckt Graz 1955.)

Liddell, H. G., Scott, R., [10]1968, A Greek-English Lexicon, Oxford: Oxford University Press.

Passow, F., Rost, V., et al., [5]1841–57, Handwörterbuch der griechischen Sprache I, II, Leipzig: F. C. W. Vogel.

(3) Sonstige Literatur

Abaelard, P., 1. Hälfte 12. Jhdt., Dialectica; moderne Ausgabe: de Rijk (1970).

Angelelli, I., 1979, „The Aristotelian Modal Syllogistic in Modern Modal Logic", Konstruktionen versus Positionen II (P. Lorenzen zum 60. Geburtstag), 176–215, Berlin: de Gruyter.

Bärthlein, K., 1963, „Untersuchungen zur aristotelischen Modaltheorie", Archiv f. Gesch. der Philosophie, 45, 43–67.

Barnes, J., 1982, „Sheep Have Four Legs", Proceedings of the World Congress on Aristotle Thessaloniki 1978, 113–119, Athen.

Becker, A., 1933, Die Aristotelische Theorie der Möglichkeitsschlüsse – Eine logisch-philologische Untersuchung der Kapitel 13–22 von Aristoteles' Analytica priora I, Berlin: Junker und Dünnhaupt.

Buridan, J., ca. 1335, De consequentiis; moderne Ausgabe: Hubien (1976).

Buridan, J., 14. Jhdt., Sophismata; moderne Ausgabe: Scott (1977).

Frege, G., 1918, „Der Gedanke – Eine logische Untersuchung“, Beiträge zur Philosophie des Deutschen Idealismus, 1, 58–77. (Wieder abgedruckt in Patzig (1966).)

Hager, F.-P., 1972, Logik und Erkenntnislehre des Aristoteles, Darmstadt: Wissenschaftl. Buchgesellschaft.

Hartmann, N., ²1949, Möglichkeit und Wirklichkeit, Meisenheim am Glan: A. Hain.

Hintikka, J., 1973, Time and Necessity – Studies in Aristotle's Theory of Modality, Oxford: Oxford University Press.

Hubien, H., 1976, Iohannis Buridani tractatus De consequentiis; ed. critique par Hubien, Louvain: Publications Universitaires.

Hughes, G. E., Cresswell, M. J., ²1972, An Introduction to Modal Logic, London: Methuen.

Johnson, F., 1989, „Models for Modal Syllogisms“, Notre Dame Journal of Formal Logic, 30, 271–284.

King, P., 1985, Jean Buridan's Logic – The Treatise on Supposition, The Treatise on Consequences; transl. with a philosophical introduction, Dordrecht: D. Reidel.

Kneale, W., Kneale, M., ⁶1975, The Development of Logic, Oxford: Oxford University Press.

Kripke, S., 1963, „Semantical Analysis of Modal Logic I: Normal Modal Propositional Calculi“, Zeitschr. f. Mathemat. Logik und Grundlagen d. Mathematik, 9, 67–96.

Kripke, S., ²1980, Naming and Necessity, Oxford: B. Blackwell.

Kutschera, F. von, Breitkopf, A., ⁵1985, Einführung in die moderne Logik, München: K. Alber.

Lenzen, W., o.J., „Precis of the History of Logic from the Point of View of the Leibnitian Calculus“, Actas del II Simposio de Historia de la Logica, 321–340.

Łukasiewicz, J., ²1957, Aristotle's Syllogistic from the Standpoint of Modern Formal Logic, Oxford: Oxford University Press.

Maier, H., 1896–1900, Die Syllogistik des Aristoteles I, II.1, II.2, Tübingen: H. Laupp. (Nachgedruckt Hildesheim 1969–70.)

Mates, B., 1969, Elementare Logik – Prädikatenlogik der ersten Stufe, Göttingen: Vandenhoeck & Ruprecht.

McCall, St.,1963, Aristotle's Modal Syllogisms, Amsterdam: North-Holland.

Meggle, G., Wessels, U., 1994, Analyomen 1 – Proceedings of the 1st Conference „Perspectives in Analytical Philosophy“, Berlin: W. de Gruyter.

Mendelson, E., ³1987, Introduction to Mathematical Logic, Monterey: Wadsworth & Brooks/Cole.

Menne, A., Öffenberger, N., 1985, Zur modernen Deutung der aristotelischen Logik II, Hildesheim: G. Olms.

Mignucci, M., 1972, On a Controversial Demonstration of Aristotle's Modal Syllogistic – An Enquiry on Prior Analytics A15, Padua: Editrice Antenore.

Nortmann, U., 1990, „Über die Stärke der aristotelischen Modallogik“, Erkenntnis, 32, 61–82.

Patterson, R., 1989, „The Case of the two Barbaras: Basic Approaches to Aristotle's Modal Logic“, Oxford Studies in Ancient Philosophy VII, 1–40, Oxford: Oxford University Press.

Patterson, R., 1990, „Conversion Principles and the Basis of Aristotle's Modal Logic“, History and Philosophy of Logic, 11, 151–172.

Patzig, G., 1966, Gottlob Frege, Logische Untersuchungen, Göttingen: Vandenhoeck & Ruprecht.

Patzig, G., [3]1969, Die Aristotelische Syllogistik – Logisch-philologische Untersuchungen über das Buch A der „Ersten Analytiken", Göttingen: Vandenhoeck & Ruprecht.
Plantinga, A., 1974, The Nature of Necessity, Oxford: Oxford University Press.
Quine, W. V. O., [3]1963, From a Logical Point of View, New York: Harper & Row.
Quine, W. V. O., 1969, Ontological Relativity and Other Essays, New York: Columbia University Press.
Rijen, J. van, 1989, Aspects of Aristotle's Logic of Modalities, Dordrecht: Kluwer.
Rijk, L. M. de, [2]1970, Petrus Abaelardus, Dialectica; Edition mit Einleitg., Assen: van Gorcum.
Scott, T. K., 1966, John Buridan, Sophisms on Meaning and Truth; transl. with an introduction by Scott, New York: Appleton-Century-Crofts.
Scott, T. K., 1977, Johannes Buridanus, Sophismata; crit. ed. with introduc. by Scott, Stuttgart: frommann-holzboog.
Seel, G., 1982, Die Aristotelische Modaltheorie, Berlin: de Gruyter.
Smirnov, V. A., 1986, „Modality De Re and Vasiliev's Imaginary Logics", Logique et Analyse, 29, 205–212.
Striker, G., 1985, „Notwendigkeit mit Lücken – Aristoteles über die Kontingenz der Naturvorgänge", Neue Hefte für Philosophie, 24/25, 146–164.
Waterlow, S., 1982, Passage and Possibility – A Study of Aristotle's Modal Concepts, Oxford: Oxford University Press.
Weidemann, H., 1984, Artikel „Modallogik II", Histor. Wörterbuch der Philosophie Bd. 6 (hg. von J. Ritter und K. Gründer), Sp. 23–41, Basel: Schwabe.
Weidemann, H., 1986, „Die Aristotelische Modaltheorie – Eine Auseinandersetzung mit dem gleichnamigen Buch von Gerhard Seel", Zeitschrift für Philos. Forschung, 40, 104–120.
Wieland, W., 1966, „Die aristotelische Theorie der Notwendigkeitsschlüsse", Phronesis, 11, 35–60. (Wieder abgedruckt in und zitiert nach Hager (1972).)
Wieland, W., 1972, „Die Aristotelische Theorie der Möglichkeitsschlüsse", Phronesis, 17, 124–152. (Wieder abgedruckt in Menne/Öffenberger (1985).)
Wieland, W., 1975, „Die aristotelische Theorie der Syllogismen mit modal gemischten Prämissen", Phronesis, 20, 77–92.
Wieland, W., 1980, „Die aristotelische Theorie der Konversion von Modalaussagen", Phronesis, 25, 109–116. (Wieder abgedruckt in Menne/Öffenberger (1985).)
Williams, M. F., 1984, Studies in the Manuscript Tradition of Aristotle's Analytica, Königstein/Ts.: A. Hain.
Wolf, U., 1979, Möglichkeit und Notwendigkeit bei Aristoteles und heute, München: W. Fink.

Indizes

Personen und Sachen

Stellen

Analytica priora

Griechische Wendungen

ἀναγκαῖον; τὸ –	anangkaion; to –	notwendig; das Notwendige
ἀνάγκη; – ἐστίν	anangkē; – estin	Notwendigkeit; es besteht die Notwendigkeit, daß …
ἐξ ἀνάγκης	ex anangkēs	mit Notwendigkeit, notwendig
τὸ ἐξ ἀνάγκης	to ex anangkēs	das mit Notwendigkeit (Geschehende, Geltende), das Notwendige
δύνασθαι	dynasthai	können, vermögend sein, möglich sein

ὑπάρχειν	hyparchein	zukommen; vorliegen; (der Fall) sein
ὑπάρχον (ein zu obenstehendem Infinitiv gehöriges Partizip)	hyparchon	zukommend; Zukommendes
δυνατὸν ὑπάρχειν	dynaton hyparchein	zuzukommen vermögend; zuzukommen Vermögendes; es ist möglich, daß ... zukommt
ἀδύνατον; τὸ –	adynaton; to –	unmöglich; das Unmögliche
ἐνδέχεσθαι	endechesthai	können, vermögend sein, möglich sein
ἐνδεχέσθω (ein zugehöriger Imperativ)	endechestō	er / sie / es soll können, könne, sei als (z. B. zukommen) könnend angenommen
ἐνδέχεται (ὑπάρχειν)	endechetai (hyparchein)	er / sie / es vermag (zuzukommen), (kommt) möglicherweise (zu); es besteht die Möglichkeit, daß (zukommt)
ἐνδεχόμενον (zugehöriges Partizip)	endechomenon	vermögend; Vermögendes, Mögliches
τὸ κατὰ τὸν διορισμὸν ἐνδεχόμενον	to kata ton dihorismon endechomenon	das Mögliche im Sinne der (definitorischen) Bestimmung
κατὰ παντός (κατηγορεῖσθαι)	kata pantos (katēgoreisthai)	von jedem, ausnahmslos (ausgesagt werden)
καθ' αὑτό (ὑπάρχον)	kath' hauto (hyparchon)	(einem Ding) gemäß ihm selbst / gemäß seiner Natur / essentiell (Zukommendes)
καθ' οὗ (τὸ B λέγεται)	kath' hū (to B legetai)	wovon, von welchem (das B ausgesagt wird)
κατὰ χρόνον ὁρίσας	kata chronon horisas	(etwas, z. B. einen generalisierenden Ausdruck) hinsichtlich der Zeit begrenzend
τὸ παντὶ ὑπάρχειν; – ὑπάρχον	to panti hyparchein; – hyparchon	das jedem-Zukommen; das jedem-Zukommend; das (die Wendung) „kommt jedem zu“
παντὶ τῷ B (ὑπάρχειν)	panti tōi B (hyparchein)	jedem B (zukommen)
οὐ / μὴ παντὶ τῷ B (ὑπάρχειν)	ū / mē panti tōi B (hyparchein)	nicht jedem B (zukommen)
οὐδενὶ / μηδενὶ τῷ B	ūdeni / mēdeni tōi B	keinem B
τινὶ τῷ B	tini tōi B	(irgend-)einem B
ἀκολουθεῖν ἀλλήλοις	akolūthein allēlois	(auf-, aus-)einander folgen
ἀόριστον	aoriston	unbestimmt; Unbestimmtes
ἁπλῶς	haplōs	schlechthin, ohne Ausnahme
ἀπόδειξις (Pl. ἀποδείξεις)	apodeixis (apodeixeis)	Beweis (Beweise)
γενέσθαι	genesthai	entstehen, werden
διὰ τῆς ἀντιστροφῆς	dia tēs antistrophēs	(Beweis) durch die Umkehrung

διὰ τοῦ ἀδυνάτου	dia tū adynatū	(Beweis) durch das Unmögliche; (indirekter Beweis) durch Ableitung eines Widerspruchs (aus der Annahme, es gelte das Gegenteil des zu Erweisenden)
εἶναι	einai	sein
εἶναι ἐν τῷ ὑπάρχειν	einai en tōi hyparchein	im Zukommen sein
τὸ ἐκτεθέν	to ektethen	das (im Ekthesis-Beweis) Herausgestellte
ἐν τῷδε τῷ χρόνῳ	en tōide tōi chronōi	in / zu dieser (bestimmten) Zeit
λόγος	logos	Wort, Definition; Satz, Rede; Grund; Rechenschaft, Erklärung, Argument
συλλογισμός; τέλειος –	syllogismos; teleios –	Syllogismus, (logischer) Schluß; vollkommener –
τὸ συμβαῖνον	to symbainon	das sich Ereignende, Ergebende
τοῦτο (Gen. τούτου)	tūto (tūtū)	dies (dieses)
ψεῦδος; ψεῦδός ἐστιν	pseudos; – estin	Unwahrheit, Falsches; … ist etwas Falsches, ist falsch
ὡς ἐπὶ τὸ πολύ	hōs epi to poly	den Hauptteil hindurch, meistenteils

Häufig benutzte Symbole

$\neg\alpha$	nicht: α; es ist nicht der Fall, daß α
$\alpha \vee \beta$	α oder β, wenigstens eins von beidem
$\alpha \wedge \beta$ (definiert als $\neg(\neg\alpha \vee \neg\beta)$)	α und β
$\alpha \supset \beta$ (definiert als $\neg\alpha \vee \beta$)	wenn α, dann β; nicht: α, jedoch β nicht
$\alpha \equiv \beta$ (definiert als $(\alpha \supset \beta) \wedge (\beta \supset \alpha)$)	α genau dann, wenn β
$N\alpha$	notwendig: α; es gilt notwendigerweise, daß α (wobei offen gelassen wird, um welche Art von Notwendigkeit es sich handelt)
$M\alpha$ (definiert als $\neg N \neg \alpha$)	möglicherweise: α; es ist möglich, daß α
$K\alpha$ (definiert als $M\alpha \wedge M\neg\alpha$)	es ist eine Sache der Kontingenz, ob α; α kann der Fall, kann aber auch nicht der Fall sein
$\forall x$ … (gebräuchlich auch: $\bigwedge x$ …)	für jedes (Individuum) x gilt, daß …
$\exists x$ … (definiert als $\neg \forall x \neg$ …; gebräuchlich auch: $\bigvee x$ …)	es gibt (mindestens) ein (Individuum) x mit …; – von der Art, daß …
x-Variante V′ von V (wenn V eine Funktion ist, welche Individuenvariable und Prädikatbuchstaben über einem Bereich D interpretiert)	jede Funktion, welche für alle Individuenvariablen und Prädikatbuchstaben, allenfalls mit Ausnahme von x, jeweils denselben Wert in D hat wie V
$M \vdash_{(\mathfrak{S})} \alpha$ (mit einer Formelmenge M)	α ist aus M ableitbar (im System $\mathfrak{S}$)
$M \Vdash_{(\mathfrak{S})} \alpha$	α folgt aus M (in der $\mathfrak{S}$-Semantik)

$\beta \vdash_{(\mathfrak{S})} \alpha$	α ist aus {β} ableitbar (in 𝔖)
$\beta \Vdash_{(\mathfrak{S})} \alpha$	analog
$\vdash_{(\mathfrak{S})} \alpha$	α ist aus der leeren Menge ableitbar (in 𝔖); α ist beweisbar (in 𝔖)
$\Vdash_{(\mathfrak{S})} \alpha$	α folgt aus der leeren Menge (in der 𝔖-Semantik); α ist (𝔖-) gültig
$\beta \Rightarrow \alpha$	α folgt aus β
$S \subseteq T$ (mit logischen Systemen S und T)	jedes S-Theorem ist ein T-Theorem; T ist mindestens so stark wie S
$S = T$	S ist genauso stark wie T; alles, was in T beweisbar ist, ist auch in S beweisbar und umgekehrt
$\langle a,b \rangle$	das geordnete Paar (das Dupel) mit a als erstem und b als zweitem Glied
$\langle a,b,c \rangle$	das Tripel / die Folge mit a als erstem, b als zweitem und c als drittem Glied (analog für längere Folgen)
$\emptyset$	die leere Menge
$M \times N$ (mit Mengen M und N)	das cartesische Produkt von M und N, das ist: die Menge aller geordneten Paare, deren erstes Glied zu M und deren zweites Glied zu N gehört (analog für cartesische Produkte mit mehr als zwei Faktoren)
M^n	das n-fache cartesische Produkt von M, das ist: die Menge aller n-gliedrigen Folgen mit Gliedern aus M
$M \setminus N$	M „ohne" N, das ist: die Menge derjenigen Elemente von M, die nicht auch Elemente von N sind
$M \cap N$; $\bigcap_i M_i$ (wobei i irgendeine Menge durchläuft)	der Durchschnitt der Mengen M und N; – der Mengen M_i
$M \cup N$; $\bigcup_i M_i$	die Vereinigung der Mengen M und N; – der Mengen M_i
M^C	das Komplement der Menge M, das ist: die Menge der nicht zu M gehörenden Dinge
$f \equiv g$ (auf M) (mit Funktionen f und g)	f fällt mit g zusammen (auf M); f hat (für Elemente von M) jeweils den gleichen Funktionswert wie g

Logic, Action, and Information

Essays on Logic in Philosophy and Artificial Intelligence

Herausgegeben von André Fuhrmann und Hans Rott

Groß-Oktav. X, 476 Seiten. 1995. Ganzleinen
ISBN 3-11-013994-4

Formale Theorien zu Logik von Wissen und Handlungen.

Inhalt: *Action:* J. Czelakowski, Elements of Formal Action Theory – K. Segerberg, The Delta Operator at Three Levels of Analysis · *Belief Change:* S. O. Hansson, Hidden Structures of Belief – W. Rabinowicz, Stable Revision, or is Preservation Worth Preserving? – M. D. Ryan, Belief Revision and Ordered Theory Presentations – E. Weydert, Doxastic Normality Logic: A Qualitative Probabilistic Modal Framework for Defaults and Belief · *Conditionals and Non-Monotonicity:* G. Crocco/L. Fariñas del Cerro, Counterfactuals: Foundations for Nonmonotonic Inferences. Sequent systems – L. Fariñas del Cerro/ A. Herzig, Revisions, Updates, and Interference – St. Lindström, The Ramsey Test and the Indexicality of Conditionals: A Proposed Resolution of Gärdenfors' Paradox – K. Schlechta, Some Completeness Results for Classical Preferential Models · *Non-Classical Logic and Logic Programming:* J. Dix, Semantics of Logic Programs: Their Intuitions and Formal Properties. An Overview – D. M. Gabbay/H. Wansing, What is Negation in a System? Negation in Structured Consequence Relations – E. Orlowska, Relational Environment for Semigroup Logics – D. Pearce, Answer Sets and Constructive Logic. Part I: Monotonic Databases – G. Wagner, Logics Based on Knowledge Representation Systems – C. Witteveen, Belief Revision in Truth Maintenance.

Walter de Gruyter · W DE G · Berlin · New York

Wolfgang Heydrich

Relevanzlogik und Situationssemantik

Groß-Oktav. VIII, 328 Seiten. 1995. Ganzleinen
ISBN 3-11-014399-2
(Grundlagen der Kommunikation und Kognition/Foundations of Communication and Cognition)

Entwurf einer neuen Bedeutungstheorie für natürliche Sprachen mit dem Versuch eines Brückenschlags zwischen referenzbezogenen (logischen, sprachphilosophischen) und repräsentationalen (linguistischen, psychologischen) Bedeutungstheorien.

„Relevanzlogik und Situationssemantik" enthält Erkundungen zur Syntax und Semantik relevanzlogischer Systeme im Lichte situationssemantischer Begriffsbildungen. Ziel ist die Erschließung der Dimension thematischen Gehalts für die Bedeutungstheorie natürlicher Sprachen. Im Zentrum steht dabei die Verstärkung des Folgerungsbegriffs und des Begriffs der semantischen Gleichwertigkeit: beim Übergang von den Prämissen zur Konklusion soll es nicht nur um den Erhalt von Wahrheit gehen, sondern zusätzlich auch um die Bewahrung des thematischen Gehalts.

Walter de Gruyter · Berlin · New York